Berechnung und Bemessung elektrischer Maschinen

Asynchronmotor, Synchronmaschine,
Gleichstrommaschine, elektrische Schlupfkupplung

Von

Dr.-Ing. Johannes Klamt
Oberingenieur

Mit 233 Abbildungen und 24 Tabellen

Springer-Verlag Berlin Heidelberg GmbH 1962

ISBN 978-3-642-48241-0   ISBN 978-3-642-48240-3 (eBook)
DOI 10.1007/978-3-642-48240-3

Alle Rechte, insbesondere das der Übersetzung in fremde Sprachen, vorbehalten
Ohne ausdrückliche Genehmigung des Verlages ist es auch nicht gestattet,
dieses Buch oder Teile daraus auf photomechanischem Wege
(Photokopie, Mikrokopie) zu vervielfältigen

© Springer-Verlag Berlin Heidelberg 1962
Ursprünglich erschienen bei Springer-Verlag OHG., Berlin/Göttigen/Heidelberg 1962.

Die Wiedergabe von Gebrauchsnamen, Handelsnamen, Warenbezeichnungen usw. in diesem Buche berechtigt auch ohne besondere Kennzeichnung nicht zu der Annahme, daß solche Namen im Sinne der Warenzeichen- und Markenschutz-Gesetzgebung als frei zu betrachten wären und daher von jedermann benutzt werden dürften

Vorwort

Während es über die Theorie der elektrischen Maschinen viele gute Werke gibt, sind über die Bemessung und Berechnung dieser Maschinen bisher nur wenige Bücher erschienen, bei denen — wie z. B. früher im III. Band der Buchreihe „Die elektrischen Maschinen" von LIWSCHITZ oder in neuerer Zeit in NÜRNBERGS Buch „Die Asynchronmaschine" — insbesondere der *Gang der Vorausberechnung* an eingehend durchgerechneten Beispielen genau verfolgt werden kann. Die Zurückhaltung in der Veröffentlichung solcher Bücher ist wohl darin begründet, daß die Angabe mancher Bemessungswerte wie auch mancher Berechnungsmethode oder mancher vereinfachten Gleichung zur Vorausberechnung ein gewisses Wagnis bedeutet, auch wenn die praktische Brauchbarkeit erwiesen ist.

In dem vorliegenden Buch sind solche Formeln zur Vorausberechnung angegeben, und zwar wurde mit Rücksicht auf den Umfang des Buches eine Beschränkung auf die klassischen Maschinen — den Asynchronmotor, die Synchronmaschine, die Gleichstrommaschine — sowie die elektrische Schlupfkupplung (als Mittel zwischen der Asynchron- und der Synchronmaschine) als zweckmäßig erachtet; die Kenntnis der Grundgesetze elektrischer Maschinen wird vorausgesetzt. Es bleibt in jedem Falle dem als Berechner praktisch tätigen Ingenieur — an den sich das Buch vorzugsweise wendet — überlassen, die angegebenen Formeln, z. B. durch Korrekturfaktoren, seinen Erfahrungen anzupassen.

In dem der Einführung dienenden I. Teil des Buches werden der magnetische Kreis, die Streuung, die Verluste und die Erwärmung behandelt, während der II. Teil Sonderabschnitten vorbehalten ist, wie z. B. den Gleichungen des Asynchronmotors mit Stromverdrängungsläufer, der Anlaufdauer und der Anlaufwärme der Käfigwicklung von Asynchronmotoren bzw. selbstanlaufenden Synchronmotoren, den Drehmomentschwankungen von Asynchron- und Synchronmotoren beim Antrieb von Kolbenverdichtern. Die weiteren vier Teile (III bis VI) sind den obengenannten klassischen Maschinen bzw. der elektrischen Schlupfkupplung gewidmet. Im Schrifttumsverzeichnis sind — unterteilt nach den Hauptabschnitten des Buches — einige Bücher und einige (nach 1945 veröffentlichte) Aufsätze angegeben, die dem tieferen Eindringen in das eine oder andere Sondergebiet dienen können; auf weiteres Schrifttum ist im Text in der Regel durch eine Fußnote hingewiesen.

Für Unterstützung durch Berechnungsunterlagen und Mitteilung wertvoller Erfahrungen bin ich zu Dank verpflichtet meinen Berufskameraden: Herr Obering. Dr.-Ing. E. h. J. TITTEL, Herr Obering. Dipl.-Ing. M. ZORN, Herr Obering. Dr. techn. Ing. G. LEINER, Herr Obering. O. DINGER, Herr Dipl.-Ing. G. CARLSTAEDT.

Meinen besonderen Dank spreche ich dem Verlag aus für die bestens bekannte Sorgfalt bei der Ausstattung des Buches und die vor und während der Drucklegung erfahrene Freundlichkeit.

Berlin, im Herbst 1961

J. Klamt

Die Arbeiten am Manuskript des Buches wurden im Jahre 1957 begonnen; entsprechend der Verlautbarung des „Ausschusses für Einheiten und Formelgrößen (AEF) im Deutschen Normenausschuß" in Heft 18 der ETZ 1957 anläßlich der Vorlage eines neuen Normenentwurfes von „Formelzeichen für den Elektromaschinenbau" wurde daher der Bezeichnung der Formelgrößen im wesentlichen — d. h. mit für zweckmäßig erachteten Ausnahmen — noch DIN VDE 121 vom Juli 1939 zugrunde gelegt.

Inhaltsverzeichnis

	Seite
I. Einführung (Allgemeines)	1
A. Der magnetische Kreis	1
1. Grundbegriffe des magnetischen Feldes	1
2. Die magnetischen Teilspannungen	2
a) Die magnetische Luftspaltspannung	2

α) ideelle Polbreite b_i S. 2. — β) ideelle Ankerlänge l_i S. 4. γ) Der CARTERsche Faktor S. 5.

b) Die magnetische Zahnspannung	6
c) Die magnetische Jochspannung	7
d) Die magnetische Spannung am Einzelpol	7
B. Die Streuung	8
1. Definition der magnetischen Streuung	8
2. Definition der induktiven Streuung	9
3. Die praktische Berechnung der Streuung umlaufender elektrischer Maschinen	11
a) Die Nutstreuung	11

α) Einschichtwicklung S. 11. — β) Zweischichtwicklung S. 13.

b) Die Spulenkopfstreuung	15

α) Einschichtwicklung S. 15. — β) Zweischichtwicklung S. 16. — γ) Kurzschlußwicklung S. 16.

c) Die doppelt verkettete Streuung	17
d) Die Zahnkopfstreuung	21
C. Die Verluste	22
1. Die Eisenverluste im Leerlauf	22
a) Die Verluste in Eisenblechen	22
b) Die Zahn- und Jochverluste	23
c) Die Oberflächen- und Zahnpulsationsverluste	24
2. Die Reibungsverluste	27
a) Die Lager- und Luftreibungsverluste	27
b) Die Bürstenreibungsverluste	29
3. Die Verluste bei Last	29
a) Die Wicklungsverluste	29

α) Ohmsche Verluste S. 29. — β) Zusätzliche Wicklungsverluste S. 30.

b) Die zusätzlichen Eisenverluste	33
c) Die Bürstenübergangsverluste	34
D. Die Erwärmung	34
1. Die Wärmeleitfähigkeiten der aktiven Materialien und Isolierstoffe	35
2. Die Wärmeübertragung durch Leitung	40
3. Die Wärmeübertragung durch Strahlung	41
4. Die Wärmeübertragung durch Konvektion	42
a) Die Wärmeabgabeziffer bei freier Konvektion	43
b) Die Wärmeabgabeziffer bei erzwungener Konvektion	43

α) Die Wärmeübergangszahl der radialen Kühlschlitze S. 44. — β) Die Wärmeübergangszahl der Spulenköpfe S. 46. — γ) Die Wärmeübergangszahl der konzentrierten Erregerwicklungen (Polwicklungen) S. 47. — δ) Die Wärmeübergangszahl des Kommutators S. 48.

Inhaltsverzeichnis

	Seite
5. Die Erwärmung und Abkühlung eines homogenen Körpers	49
6. Die Gleichungen der Wärmeströmung und der Erwärmung des Wicklungsmetalles und des aktiven Eisens elektrischer Maschinen	52
a) Die Erwärmung des Wicklungsmetalles und des aktiven Eisens im Ständer	52

α) Der Spulenkopf S. 52. — β) Der im aktiven Eisen liegende Spulenteil und das aktive Eisen S. 53. — γ) Der im Kühlschlitz liegende Spulenteil S. 55. — δ) Der im Kühlschlitz und der in *einem* Blechpaket liegende Spulenteil S. 56.

   b) Die Erwärmung des Wicklungsmetalles und des aktiven Eisens im Läufer ... 57
   c) Der Einfluß verschiedener Parameter auf die Wärmeströmung und die Erwärmung ... 58

II. Sonderabschnitte ... 59

  A. Darstellung sinusförmiger Ströme und Spannungen durch Vektoren und komplexe Zahlen ... 59
  B. Die Gleichungen der gewöhnlichen Asynchronmaschine ... 61
  C. Die Gleichungen der Asynchronmaschine mit Kommutator-Hintermaschine ... 65
  D. Die Gleichungen des Asynchronmotors mit Stromverdrängungsläufer ... 66
    1. Hochstabläufer ... 66
    2. Doppelkäfigläufer ... 70
    3. Stromverdrängungsläufer mit zwei Stäben je Nut und getrennten Kurzschlußringen ... 74
      a) Die Stromdichteverteilung ... 75

α) 1 Stab je Nut S. 76. — β) 2 Stäbe je Nut S. 76.

      b) Die Widerstandsvermehrung und die Induktivitätsverminderung ... 77
  E. Der Asynchronmotor mit Massivläufer ... 80
  F. Die Anlaufdauer und die Anlaufwärme des Käfigläufers von Asynchronmotoren und des Läufers mit Käfigwicklung von Synchronmotoren ... 82
  G. Das Anlaufdrehmoment und der Anlaufstrom von Schenkelpol-Synchronmotoren mit Käfigwicklung ... 85
  H. Die Drehmomentschwankungen von Synchron- und Asynchronmotoren beim Antrieb von Kolbenverdichtern ... 90
  J. Das asynchrone Umsteuern der Synchronmotoren bei einem turboelektrischen bzw. dieselelektrischen Schraubenantrieb ... 93
    1. Turboelektrischer Antrieb ... 94
    2. Dieselelektrischer Antrieb ... 100
  K. Die Beziehungen bei unsymmetrischen Mehrphasensystemen ... 101
  L. Die Reaktanzen (Blindwiderstände) und Zeitkonstanten von Synchronmaschinen ... 105
    1. Definitionen ... 105
    2. Formeln zur Berechnung ... 108

III. Die Asynchronmaschine (Drehstrom-) ... 114

  A. Der Entwurf und die Bemessung ... 114
    1. Die gegebenen und die zunächst angenommenen Werte ... 114
      a) Der Wirkungsgrad und der Leistungsfaktor normaler Motoren 115

Seite
b) Der Höchstwert des Leistungsfaktors und die Überlastbarkeit 118
c) Der relative Magnetisierungsstrom und die relative Streuspannung 120
2. Die Ausnutzungsziffer und der mittlere Drehschub 121
3. Die Bestimmung der Hauptabmessungen 123
4. Die magnetischen und elektrischen Beanspruchungen 126
5. Die Ständerwicklung und die Ständernutung 127
   a) Die induzierte EMK der Wechselstromwicklung 127
   b) Die Wicklung 130
   c) Die Nutung 132
6. Die Läuferwicklung und die Läufernutung 133
   a) Die Stillstandsspannung, der Strom und der Schlupf des Schleifringläufers 133
   b) Die Wicklung und die Nutung des Schleifringläufers 134
   c) Die Stillstandsspannung, der Strom und der Schlupf des Kurzschlußläufers 135
   d) Die Wicklung und die Nutung des Kurzschlußläufers 136
      α) Zusätzliche asynchrone Drehmomente S. 137. — β) Synchrone Drehmomente S. 138. — γ) Rüttelkräfte S. 139.
7. Der Magnetisierungsstrom 140
   a) Die Felderregerkurve der Wechselstromwicklungen 140
   b) Die praktische Berechnung des Magnetisierungsstromes . . . 142
8. Das Kreisdiagramm (der HEYLAND-Kreis) als praktisches Mittel zur Kontrolle vorausberechneter Werte 145
B. Berechnungsbeispiele 146
  1. Berechnung eines Drehstrommotors mit Schleifringläufer 146
  2. Berechnung eines Drehstrommotors mit Hochstabläufer 165
  3. Berechnung eines Drehstrommotors mit Doppelkäfigläufer . . . 178

IV. Die Schenkelpolmaschine für Drehstrom 183
A. Der Entwurf und die Bemessung 183
  1. Die Ausnutzungsziffer und die Bestimmung der Hauptabmessungen 183
  2. Die magnetischen und elektrischen Beanspruchungen 185
  3. Die Ständerwicklung und die Ständernutung 186
    a) Die induzierte EMK der Wechselstromwicklung 186
    b) Die Streureaktanzspannungen 187
    c) Die Wicklung und die Nutung 188
       α) Die Ganzlochwicklungen S. 188. — β) Die Bruchlochwicklungen S. 191. — γ) Das Wicklungsersatzbild S. 196.
  4. Die Erregerwicklung 198
  5. Die Erregerdurchflutung 198
    a) Die Erregerdurchflutung bei Leerlauf 198
    b) Die Erregerdurchflutung bei Belastung 201
       α) Rechteckpole S. 201. — β) Sinuspole S. 203. — γ) Das Spannungs- und Durchflutungsdiagramm S. 207.
B. Berechnungsbeispiele 209
  1. Beispiel der Berechnung eines Kompressor-Synchronmotors . . . 209
  2. Entwurf des Anlaufkäfigs und Vorausberechnung der Anlaufverhältnisse 228
  3. Berechnung der Drehmomenten- und Stromschwankungen . . . 235
  4. Vorausberechnung der Ständererwärmung bei Nennbetrieb . . . 241

Inhaltsverzeichnis

Seite
    5. Vorausberechnung der Erwärmung der Erregerwicklung bei Nennbetrieb 248
    6. Reaktanzen eines Synchron-Schenkelpolgenerators 250

V. Die elektrische Schlupfkupplung 252
  A. Zweck, Aufbau, Arbeitsweise und Vorzüge 252
    1. Die Bedeutung für den Dieselschiffsantrieb 252
    2. Der Aufbau und die Arbeitsweise 254
    3. Die Drehmomentkennlinien 255
    4. Das Umsteuern der Schiffsschraube 259
    5. Die Abschaltbarkeit 261
  B. Richtlinien für den Entwurf 262
    1. Analytische Beziehungen 262
    2. Die Wahl des Nennbetriebsschlupfes und des Luftspaltes 264
    3. Die Bestimmung der Schwingungsdämpfung 265
  C. Berechnungsbeispiel 271

VI. Die Gleichstrommaschine 281
  A. Der Entwurf und die Bemessung 281
    1. Die Ausnutzungsziffer und die Bestimmung der Hauptabmessungen 281
      a) Die Ausnutzungsziffer und der Wirkungsgrad 281
      b) Der Ankerdurchmesser und die Ankerlänge 283
      c) Die Polzahl, der Polbogen und der Hauptpolluftspalt 284
      d) Die Kommutatorabmessungen und die Lamellenspannung . . 288
        α) Der Kommutatordurchmesser und die Kommutatorlänge S. 288. — β) Die Lamellenspannung S. 289.
    2. Die magnetischen und elektrischen Beanspruchungen 290
    3. Die Ankerwicklung und die Ankernutung 291
      a) Die Wicklungsregeln 291
      b) Die Symmetriebedingungen 292
      c) Das Spannungsvieleck 293
      d) Wicklungsbeispiele 293
      e) Die mittlere Leiterlänge, die Isolierung und die Nuttiefe . . . 296
    4. Die Wendepolwicklung und der magnetische Wendepolkreis . . . 297
      a) Die Reaktanzspannung 297
      b) Die Stromwendespannung und der Wendepolfluß 299
      c) Die Wendepolerregung und die Windungszahl je Polpaar . . . 300
        α) bei unkompensierten Maschinen S. 300. — β) bei kompensierten Maschinen S. 301.
      d) Der Wendepolluftspalt 302
    5. Die Hauptpolwicklung 303
    6. Die Ankerrückwirkung und die Kompensationswicklung 303
      a) Die Ankerrückwirkung 303
      b) Die Kompensationswicklung 304
  B. Berechnungsbeispiel 305

VI a. Der Einankerumformer 323

Schrifttum 326

Sachverzeichnis 332

I. Einführung

A. Der magnetische Kreis

1. Grundbegriffe des magnetischen Feldes

Den im folgenden für die praktische Berechnung des magnetischen Kreises der elektrischen Maschinen zusammengestellten Begriffen und Größen des magnetischen Feldes liegt die Vorstellung des von Kraft- oder Feldlinien erfüllten magnetischen Raumes nach FARADAY zugrunde.

1. Der magnetische Fluß Φ ist die Gesamtzahl der von einer stromdurchflossenen Spule erzeugten Feldlinien; Maßeinheiten sind Voltsekunde (Vs) und Maxwell (1 Voltsekunde $= 10^8$ Maxwell).

2. Die Induktion oder Felddichte B ist die Zahl der Feldlinien je Flächeneinheit; Maßeinheiten sind Maxwell/cm² $=$ Gauß und Voltsekunde/cm² (1 Gauß $= 10^{-8}$ Voltsekunde/cm²); es ist

$$\Phi = B \cdot F \tag{1}$$

unter der Voraussetzung, daß die Felddichte an allen Stellen der Fläche gleich und die Fläche F senkrecht zur Feldlinienrichtung gelegt ist.

3. Die magnetische Feldstärke H ist die an jeder Stelle des magnetischen Feldes erregende Kraft; Maßeinheiten sind Amp/cm und Örsted (1 Amp/cm $= 0{,}4\pi$ Örsted).

4. Die magnetische Durchlässigkeit Π ist eine Größe, deren Produkt mit der Feldstärke H bei den unter 2. genannten Voraussetzungen die Felddichte B ergibt; Maßeinheiten sind Gauß$\left/\dfrac{\text{Amp}}{\text{cm}}\right.$, Gauß/Örsted und $\dfrac{\text{Voltsekunde}}{\text{cm}^2}\left/\dfrac{\text{Amp}}{\text{cm}}\right. =$ Henry/cm; es ist

$$B = \Pi \cdot H. \tag{2}$$

Der Zusammenhang zwischen der Felddichte B und der Feldstärke H wird praktisch durch versuchsweise ermittelte Schaulinien dargestellt (für Eisenbleche vgl. DIN VDE 6400); die magnetische Durchlässigkeit für das Vakuum ist $\Pi_0 = 0{,}4\,\pi$ Gauß$\left/\dfrac{\text{Amp.}}{\text{cm}}\right.$.

5. Die magnetische Umlaufspannung $\sum V$ über einen in sich geschlossenen Weg (längs einer geschlossenen Feldlinie) ist die Summe der Produkte aus den Wegstrecken $l_1, l_2, \ldots$ und den längs dieser als konstant angesehenen Feldstärken $H_1, H_2, \ldots$; es ist

$$\sum V = V_1 + V_2 + \cdots = H_1 l_1 + H_2 l_2 + \cdots \tag{3}$$

6. Die Durchflutung Θ einer magnetischen Feldlinie ist der gesamte elektrische Strom, der die von ihr umschlossene Fläche durchsetzt; treten w Windungen einer Spule durch sie hindurch, so ist

$$\Theta = i \cdot w, \tag{4}$$

wenn alle Leiter vom gleichen Strom i durchflossen werden. Nach dem *Durchflutungsgesetz* ist

$$\sum V = \Theta. \tag{5}$$

2. Die magnetischen Teilspannungen

a) Die magnetische Luftspaltspannung V_L (Amp) ist

$$V_L = \frac{B_L \cdot \delta}{\mu_0} \approx 0{,}8 \cdot B_L \cdot \delta, \tag{6}$$

wenn δ die Luftspaltbreite (cm) und

$$B_L = \frac{\Phi}{b_i \cdot l_i} \tag{7}$$

die Felddichte (Gauß) im Luftspalt ist; hierbei ist

$$b_i = \alpha_i \cdot \tau_p \tag{8}$$

die ideelle Polbreite (cm), τ_p die Polteilung im Luftspalt (cm), l_i die ideelle Ankerlänge (cm).

α) *Ideelle Polbreite* b_i. Die über dem abgewickelten Ankerumfang aufgetragene Felddichte ergibt die *Feldkurve* (Abb. 1). Die Breite des Rechtecks, das bei derselben Höchstfelddichte B_L denselben Flächeninhalt wie die Feldkurve hat, wird als *ideelle Polbreite* (oder ideeller Polbogen) bezeichnet; durch die Verhältniszahl α_i wird sie auf die Polteilung im Luftspalt bezogen.

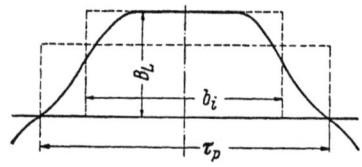

Abb. 1. Feldkurve und ideeller Polbogen b_i

Bei schwach gesättigten *Asynchronmaschinen* und bei *Wechselstrom-Kommutatormaschinen* (außer dem Einphasen-Reihenschlußmotor) ist die Feldkurve praktisch sinusförmig und daher $\alpha_i = \dfrac{2}{\pi} = 0{,}637$. Ist die Feldkurve infolge starker Sättigung in den Zähnen abgeflacht, so wird α_i mit zunehmendem Sättigungsfaktor

$$k_s = \frac{V_L + V_{zS} + V_{zL}}{V_L} \quad (9)$$

größer als $\frac{2}{\pi}$ (Abb. 2); V_{zS} ist die magnetische Spannung an den Ständerzähnen, V_{zL} die an den Läuferzähnen.

Bei *Synchronmaschinen mit Einzelpolen* hängt die Form der Feldkurve hauptsächlich von der Polbogenbreite b_p und von der Polschuhform, weniger (wegen des verhältnismäßig großen Luftspaltes) von

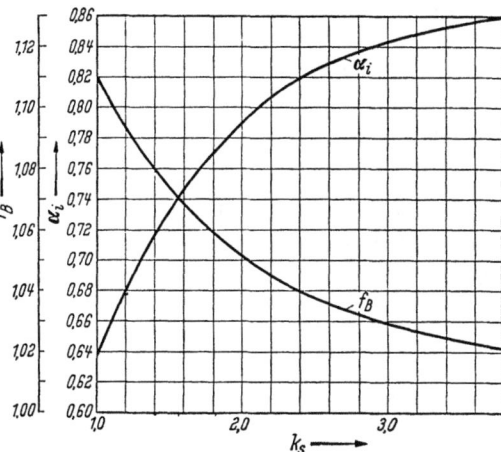

Abb. 2. α_i und f_B in Abhängigkeit von k_s für Asynchronmaschinen (nach LIWSCHITZ)

der Sättigung in den Zähnen ab. Abb. 3 zeigt die Polschuhform zur Erzielung einer im Bereich des Polbogens b_p sinusförmigen Feldkurve;

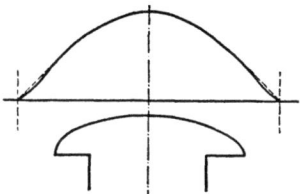

Abb. 3. Polschuhform einer Synchronmaschine zur Erzielung einer sinusförmigen Feldkurve

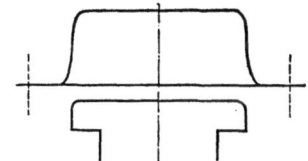

Abb. 4. Polschuhform einer Synchronmaschine zur Erzielung einer rechteckigen Feldkurve

für die Praxis genügt es, wenn die radial gemessene Luftspaltbreite δ_x an der von der Polmitte aus gerechneten Stelle

$$\delta_x = \frac{\delta_{\text{Mitte}}}{\cos\left(\dfrac{\pi}{\tau_p} \cdot x\right)} \quad (10)$$

ist.

Abb. 4 zeigt die Polschuhform, die bei konstantem Luftspalt eine angenähert rechteckige Feldkurve ergibt; zur Verminderung der Amplituden der in der Feldkurve enthaltenen Oberwellen dient die Abschrägung oder Abrundung der Polschuhkanten.

In den Schaulinienbildern, welche die Verhältniszahl α_i für die beiden Polschuhformen in Abhängigkeit von $\dfrac{b_p}{\tau_p}$ — d. h. von der auf die Polteilung bezogenen Polbogenbreite — zeigen (Abb. 5 und 6) ist für späteren Gebrauch der Formfaktor f_B der Feldkurve, d. h. der Quotient aus dem Effektivwert der Felddichte im Luftspalt B_L und ihrem Mittelwert B, dargestellt. Die α_i-Werte stehen mit den in der Praxis gebräuchlichen und auch im Schrifttum[1] angegebenen β-Werten $\left(\beta = \dfrac{B_L}{B_1}\right.$, B_1 Amplitude der Grundwelle der Felddichte im Luftspalt) durch die Gleichung

$$\alpha_i = \frac{\frac{2}{\pi}}{\beta} \cdot \frac{1{,}11}{f_B} \qquad (11)$$

in Verbindung.

β) *Ideelle Ankerlänge l_i.* Ist L die Ankerlänge (cm), sind l_{s_1} und l_{s_2}

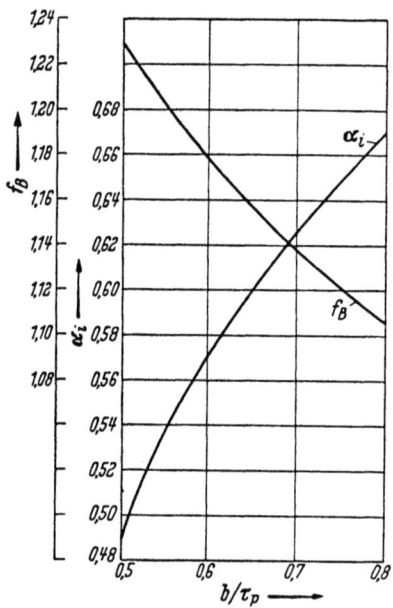

Abb. 5. α_i und f_B in Abhängigkeit von $\dfrac{b}{\tau_p}$ bei Synchronmaschinen mit Einzelpolen und sinusförmiger Feldkurve

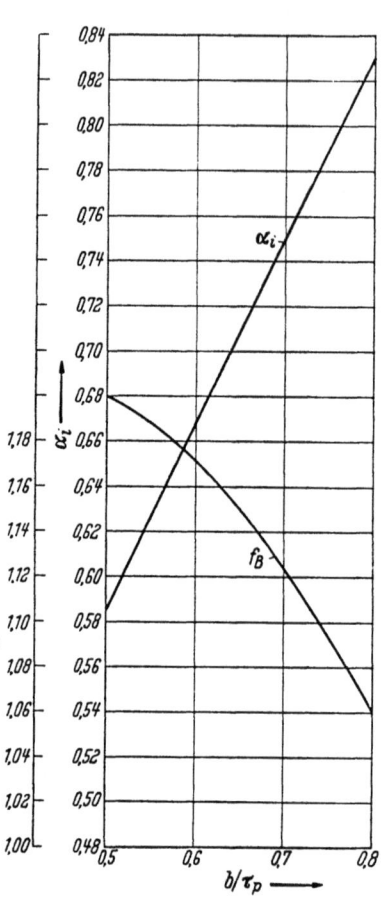

Abb. 6. α_i und f_B in Abhängigkeit von $\dfrac{b}{\tau_p}$ bei Synchronmaschinen mit Einzelpolen und angenähert rechteckiger Feldkurve

Besteht zwischen dem Polwinkel x (in elektr. Graden) und dem Luftspalt δ_x der Zusammenhang:

x	0°	30°	45°	60°	67,5°	75°
$\dfrac{\delta_x}{\delta_{\min}}$	1,0	1,0	1,15	1,43	1,71	2,48,

so ist $\alpha_i \approx 0{,}7 \cdot \dfrac{b}{\tau_p} + 0{,}22$

$f_B \approx 1{,}39 - 0{,}43 \cdot \dfrac{b}{\tau_p}$

---

[1] RZIHA-GENTHE, Starkstromtechnik 2. Teil, S. 438, Abb. 16.

die Breiten der Luftschlitze in den Blechpaketen (cm), so ist bei nicht versetzten Schlitzen (Abb. 7a)

$$l_i = L - \frac{1}{2}(\sum l'_{s_1} + \sum l'_{s_2}), \qquad (12)$$

$$l'_{s_1} = l_{s_1} - \frac{5 \cdot l_{s_1}}{5 + \frac{l_{s_1} + l_{s_2}}{\delta}}, \quad l'_{s_2} = l_{s_2} - \frac{5 \cdot l_{s_2}}{5 + \frac{l_{s_1} + l_{s_2}}{\delta}}; \qquad (13), (14)$$

bei versetzten Luftschlitzen (Abb. 7b) ist

$$l_i = L - (\sum l'_{s_1} + \sum l'_{s_2}), \qquad (15)$$

$$l'_{s_1} = l_{s_1} - \frac{5 \cdot l_{s_1}}{5 + \frac{l_{s_1}}{\delta}}, \; l'_{s_2} = l_{s_2} - \frac{5 \cdot l_{s_2}}{5 + \frac{l_{s_2}}{\delta}}. \qquad (16), (17)$$

Für $l_{s_1} = l_{s_2} = 1$ cm bzw. 1,5 cm sind die l'_s-Werte bzw. l''_s-Werte in Abhängigkeit von der Luftspaltseite δ bei nicht versetzten Schlitzen (Schaulinie a) und bei versetzten Schlitzen (Schaulinie b) in der Abb. 8 dargestellt.

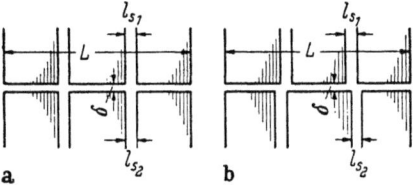

Abb. 7a u. b. Blechpakete mit (b) versetzten und (a) nicht versetzten Luftschlitzen

γ) *Der Cartersche Faktor.* Um die Vergrößerung der Luftspaltspannung des genuteten Ankers gegenüber dem (bei der Bestimmung des

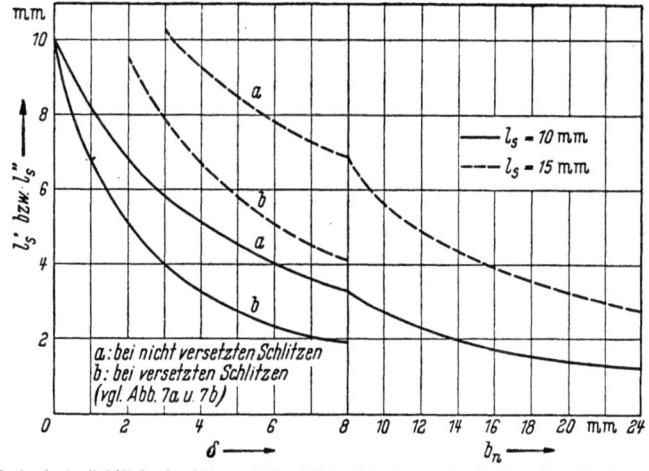

Abb. 8. Reduzierte Schlitzbreite l'_s bzw. l''_s in Abhängigkeit von der Luftspaltbreite δ für die Kühlschlitzbreite $l_s = 1$ cm bzw. $l_s = 1,5$ cm

ideellen Polbogens vorausgesetzten) glatten Anker zu berücksichtigen, ersetzt man den genuteten durch einen glatten Anker und führt statt des wirklichen Luftspaltes δ den fiktiven Luftspalt

$$\delta' = k_c \cdot \delta \qquad (18)$$

ein. Der CARTERsche Faktor k_C ist

$$k_c = \frac{\tau_n}{\tau_n - \gamma \cdot \delta} \quad \text{mit } \gamma \approx \frac{\left(\frac{s_n}{\delta}\right)^2}{5 + \left(\frac{s_n}{\delta}\right)}, \qquad (19), (20)$$

wobei τ_n die Nutteilung am Luftspalt (cm) und s_n die Nutschlitzbreite ist; sind Ständer (1) und Läufer (2) der Maschine genutet, so ist

$$k_c = k_{c_1} \cdot k_{c_2} = \frac{\tau_{n_1}}{\tau_{n_1} - \gamma_1 \delta} \cdot \frac{\tau_{n_2}}{\tau_{n_2} - \gamma_2 \delta}. \qquad (21)$$

b) Die magnetische Zahnspannung V_z (Amp) ist

$$V_z = l_z \cdot H_z, \qquad (22)$$

wenn l_z die Zahnhöhe (cm) und H_z die Zahnfeldstärke (Amp/cm) ist, dieser entspricht die Zahnfelddichte B_z (Gauß).

Bei Zahnfelddichten < 18000 Gauß wird angenommen, daß der ganze auf eine Nutteilung τ_n entfallende Flußanteil $\Phi' = B_L \cdot l_i \cdot \tau_n$ durch den Zahnquerschnitt $q_z = k_e \cdot l \cdot b_z$ hindurchgeht; k_e ist der Eisenfüllfaktor, l die Eisenlänge einschließlich der Blechisolation (cm), b_z die (auf den gleichen Durchmesser wie die Nutteilung τ_n bezogene) Zahnbreite (cm).

Die Zahnfelddichte ist

$$B_z' = \frac{\Phi'}{q_z} = \frac{l_i}{k_e \cdot l} \cdot \frac{\tau_n}{b_z} \cdot B. \qquad (23)$$

Bei Zahnfelddichten > 18000 Gauß ist zu berücksichtigen, daß von dem Flußanteil Φ' nur der Teil Φ_z durch den Zahnquerschnitt q_z, der übrige Teil Φ_n durch den Luftquerschnitt $q_n = l(\tau_n - k_e \cdot b_z)$ hindurchgeht. Für die wirkliche Zahnfelddichte B_z ergibt sich

$$B_z = B_z' - k_z \cdot \Pi \cdot H_z, \qquad (24)$$

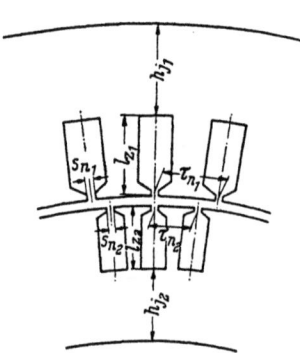

Abb. 9. Ständer- und Läuferblechschnitt einer Asynchronmaschine

wobei

$$k_z = \frac{q_n}{q_z} = \frac{\tau_n - k_e \cdot b_z}{k_e \cdot b_z} \qquad (25)$$

und H_z die der Zahnfelddichte B_z zugeordnete Feldstärke ist.

Bei Maschinen mit parallelen Nutflanken (Nutbreite b_n konstant) ändert sich die Zahnbreite b_z mit dem Kreisdurchmesser (Abb. 9); die Felddichte B_z und die Feldstärke müssen also für mehrere Stellen des Zahnes ermittelt werden. Beschränkt man sich auf den Zahnfuß, die

Zahnmitte und den Zahnkopf, so ist nach der SIMPSONschen Regel die mittlere Feldstärke

$$H_{z_m} = \frac{1}{6}\left(H_{z_{Fuss}} + 4 H_{z_{Mitte}} + H_{z_{Kopf}}\right). \qquad (26)$$

c) **Die magnetische Jochspannung** V_j (Amp) ist

$$V_j = l_j \cdot H_j, \qquad (27)$$

wenn l_j ein mittlerer Kraftlinienweg (cm) und H_j die der mittleren Jochfelddichte B_j (Gauß) entsprechende Jochfeldstärke (Amp/cm) ist; die mittlere Jochfelddichte ist

$$B_j = \frac{\Phi_j/2}{k_e \cdot l \cdot h_j}, \qquad (28)$$

wobei $\Phi_{j/2}$ der durch die Mittelebene des Joches hindurchtretende Fluß (Maxwell) und h_j die Jochhöhe (cm) ist.

Der mittlere (fiktive) Kraftlinienweg kann wie folgt bestimmt werden: Bezeichnet τ_{p_n} die Polteilung am Nutengrund, so kann aus der Abb. 10 der in Abhängigkeit von dem Quotienten $\frac{h_j}{\tau_{p_n}}$ dargestellte Faktor k_A entnommen werden, der mit der Polteilung τ_{p_n} multipliziert den mittleren Kraftlinienweg l_j ergibt; der aus der Abb. 11 zu entnehmende Faktor k_j berücksichtigt die mittlere Jochfelddichte B_j, und es ist

$$l_j = k_j \cdot \tau_{p_n}. \qquad (29)$$

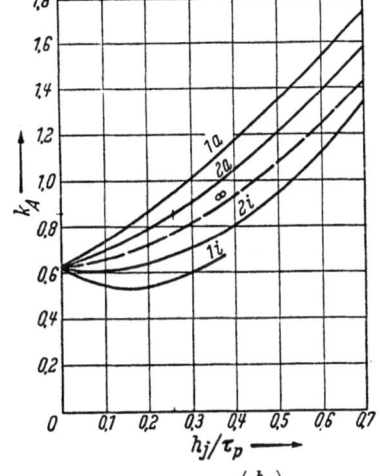

Abb. 10. $k_A = f\left(\frac{h_j}{\tau_{p_n}}\right)$
1, 2, ∞ Polpaarzahl
a Außenanker, i Innenanker

d) **Die magnetische Spannung am Einzelpol** V_k (Amp) ist bei Vernachlässigung der Verschiedenheit des Polschuh- und des Polkernquerschnittes

$$V_k = l_k \cdot H_k, \qquad (30)$$

wenn l_k die Summe aus Polschaft- und Polschuhhöhe (cm) und H_k die der Polkernfelddichte B_k (Gauß) entsprechende Polkernfeldstärke (Amp/cm) ist; ist der Fluß im Polkern Φ_k (Maxwell) und der Polkernquerschnitt q_k (cm²), so ist

$$B_k = \frac{\Phi_k}{q_k}. \qquad (31)$$

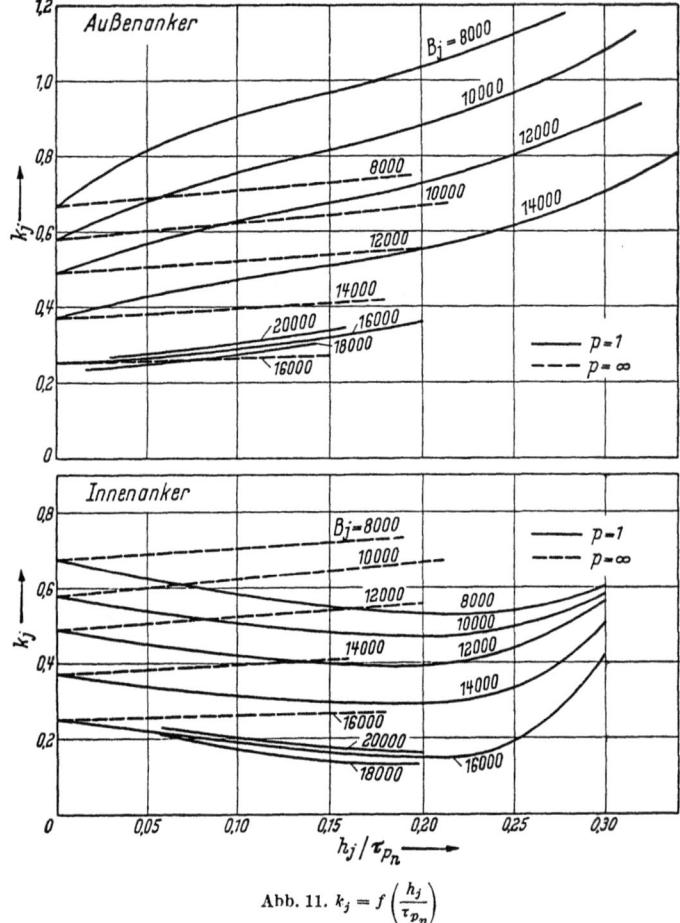

Abb. 11. $k_j = f\left(\dfrac{h_j}{\tau_{p_n}}\right)$

B. Die Streuung

Im folgenden werden zwei Streuungsarten unterschieden[1]: Die *magnetische* Streuung als „Streuung der magnetischen Feldlinien" und die *induktive* Streuung als „Streuung der induktiven Verkettung" bei transformatorischen Beziehungen zwischen zwei Wicklungen.

1. Definition der magnetischen Streuung

Bei elektrischen Maschinen und Geräten wird der magnetische Fluß durch den Einbau von Eisen in bestimmte Bahnen gelenkt, um nütz-

---

[1] Vgl. BÖDEFELD, Streuungsrechnung und Feldbild in der Elektrotechnik, ETZ 1931, H. 24, S. 763—768.

liche Wirkungen zu erzielen. Feldlinien, die außerhalb des vorgesehenen Eisenweges verlaufen, sind „Streulinien" und bilden den „Streufluß" im Gegensatz zu dem im Eisenweg verlaufenden „Nutzfluß"; das Verhältnis von Streufluß zu Nutzfluß wird als Streuziffer bezeichnet $\left(\sigma = \dfrac{\Phi_s}{\Phi_n}\right)$.

Beispiel. Bei der Gleichstrommaschine erzeugen die Feldmagnete einen magnetischen Fluß, der in den Anker eintreten soll, damit durch Schneiden dieser Feldlinien eine elektrische Spannung erzeugt werden kann. Feldlinien, die nicht in den Anker eintreten, tragen zur Aufgabe des Nutzflusses nichts bei und sind daher Streulinien.

2. Definition der induktiven Streuung

Die Grundbegriffe sollen an zwei *linearen Wechselstromkreisen ohne Eisen* erläutert werden, bei denen das magnetische Feld dem erregenden Strom proportional ist (Abb. 12); die Wicklungsquerschnitte seien so klein, daß sie für die gegenseitige Induktion als punktförmig angesehen werden dürfen. Wenn zunächst nur in der primären Wicklung Strom fließt, so ist der gesamte magnetische Fluß der Primärwicklung (*1*) dem Strom i_1 proportional: $\Phi_{10} = L_1 \cdot i_1$. Entsprechend ist der gesamte magnetische Fluß der Sekundärwicklung (*2*) dem Strom i_2 proportional, wenn nur in der sekundären Wicklung Strom fließt: $\Phi_{20} = L_2 \cdot i_2$. Führen beide Wicklungen Strom, so ist der magnetische

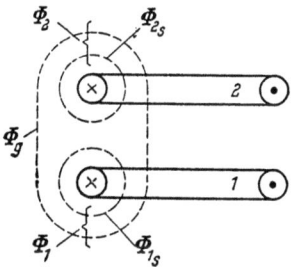

Abb. 12. Schema der induktiven Verkettung zweier linearer Stromkreise

Fluß Φ_1 durch die Primärwicklung gleich der Summe aus dem Fluß Φ_{10} und einem Teil des Flusses Φ_{20}, der magnetische Fluß Φ_2 durch die Sekundärwicklung gleich der Summe aus dem Fluß Φ_{20} und einem Teil des Flusses Φ_{10}:

$$\Phi_1 = L_1 \cdot i_1 + \varkappa_1 \cdot L_2 i_2 = (L_1 - \varkappa_1 L_2) i_1 + \varkappa_1 L_2 (i_1 + i_2), \qquad (32), (32a)$$

$$\Phi_2 = L_2 \cdot i_2 + \varkappa_2 \cdot L_1 i_1 = (L_2 - \varkappa_2 L_1) i_2 + \varkappa_2 L_1 (i_1 + i_2). \qquad (33), (33a)$$

Die Übertragung der elektromagnetischen Energie von einem Stromkreis auf den anderen erfolgt durch die Flüsse, die von beiden Strömen gleichzeitig abhängen, d. h. von den Flüssen $\varkappa_1 L_2 (i_1 + i_2)$ und $\varkappa_2 L_1 (i_1 + i_2)$. Da Energie zwischen beiden Stromkreisen nicht verschwinden kann, müssen sie einander gleich sein; hieraus folgt

$$\varkappa_1 L_2 = \varkappa_2 L_1 = M, \qquad (34)$$

wobei M als die gegenseitige Induktivität der beiden verketteten Stromkreise bezeichnet wird, während die Proportionalitätskonstanten L_1 und

L_2 die Induktivität[1] des primären bzw. des sekundären Stromkreises genannt werden. Die aus Gl. (32), (33) und (34) sich ergebenden Gleichungen

$$\Phi_1 = (L_1 - M)\, i_1 + M\,(i_1 + i_2), \qquad (35),$$

$$\Phi_2 = (L_2 - M)\, i_2 + M\,(i_1 + i_2) \qquad (36)$$

enthalten außer dem gemeinsamen Fluß $\Phi_g = M\,(i_1 + i_2)$ noch Flüsse, die nur vom Strom des einen oder anderen Kreises allein abhängen und nicht am Induktionsvorgang beteiligt sind, also nutzlos erzeugt werden: $\Phi_{1s} = (L_1 - M)\, i_1$ ist der primäre und $\Phi_{2s} = (L_2 - M)\, i_2$ der sekundäre *Streufluß*. Bezieht man den primären Streufluß auf den primären Anteil am gemeinsam erzeugten Fluß und den sekundären Streufluß auf den sekundären Anteil am gemeinsamen erzeugt Fluß, so erhält man die primäre bzw. sekundäre *Streuziffer*:

$$\tau_1 = \frac{(L_1 - M)\, i_1}{M \cdot i_1} = \frac{L_1 - M}{M}, \quad \tau_2 = \frac{(L_2 - M)\, i_2}{M \cdot i_2} = \frac{L_2 - M}{M}. \qquad (37),\ (38)$$

Bezeichnet

$$\varkappa = \sqrt{\varkappa_1 \cdot \varkappa_2} = \frac{M}{\sqrt{L_1 \cdot L_2}} \qquad (39)$$

den *Kopplungsgrad*, so ist die *Gesamtstreuziffer* (BLONDELscher Streufaktor) des Systems

$$\sigma = 1 - \varkappa^2 = 1 - \frac{M^2}{L_1 \cdot L_2} = 1 - \frac{1}{(1 + \tau_1)(1 + \tau_2)}; \qquad (40),\ (40\text{a}),\ (40\text{b})$$

sie ist mit dem HEYLANDschen Streufaktor $\tau = \tau_1 + \tau_2 + \tau_1 \cdot \tau_2$ durch die Gleichung

$$\sigma = \frac{\tau}{1 + \tau} \qquad (41)$$

verbunden.

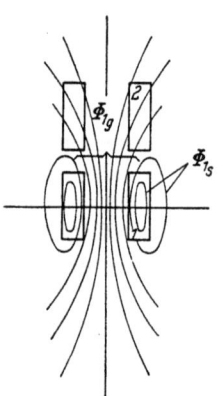

Abb. 13. Skizze des Feldbildes bei körperlichen Spulen, Primärspule allein erregt

Bei zwei linearen Stromschleifen weicht bei Erregung der primären Schleife allein die in der sekundären Schleife induzierte EMK von der EMK der Selbstinduktion der primären Schleife um einen Betrag (die Streu-EMK) ab, welcher der magnetischen Streuung entspricht. Bei körperlichen Spulen (Abb. 13) ist der primäre magnetische Streufluß Φ_{1s} gegenüber der sekundären Spule gegeben durch diejenigen Flußröhren, die keine Windungen der sekundären Spule umschließen. Zum gemeinsamen magnetischen Fluß Φ_1

---

[1] Im Elektromaschinenbau ist es üblich, nicht mit den Induktivitäten, sondern mit den entsprechenden Blindwiderständen zu rechnen, die sich aus den Induktivitäten durch Multiplikation mit der Kreisfrequenz ω ergeben.

gehören alle Flußröhren, die Windungen — und sei es nur eine einzige — der sekundären Spule umschließen. Die sekundär vollverketteten Flußröhren induzieren sämtliche Windungen; die nur mit einem Teil der sekundären Windungen verketteten Flußröhren liefern einen entsprechend kleineren Betrag zur Gesamt-EMK, als wenn sie mit allen Windungen verkettet wären. Daher ist die sekundäre EMK kleiner als die EMK in einer Spule, bei der alle Windungen den gleichen magnetischen Fluß Φ_1 umfassen. Bei körperlichen Spulen tritt somit im Vergleich zu linearen Stromkreisen bei dem gleichen gemeinsamen magnetischen Fluß ein Verkettungsverlust auf, und zwar sowohl in der primären als auch in der sekundären Spule. Für die Differenz der EMKe in den beiden Spulen ist somit nicht nur die magnetische Streuung, sondern auch die Differenz der Verkettungsverluste maßgebend. Diese Differenz der Verkettungsverluste ist unter der nicht gerade glücklich gewählten Bezeichnung „doppelt verkettete Streuung" bekannt; sie und die magnetische Streuung ergeben zusammen die *induktive Streuung*.

3. Die praktische Berechnung der Streuung umlaufender elektrischer Maschinen

Die Anwendung der Streuungsdefinitionen zur exakten Vorausberechnung der Streuung elektrischer Maschinen — insbesondere der Streuung von synchronen und asynchronen *Mehrphasen*maschinen — bildet außerordentliche Schwierigkeiten. Man ist daher dazu übergegangen, die induktive Streuung in Teilen zu berechnen, und zwar unterscheidet man die *Nuten*streuung, die *Spulenkopf*streuung und die *Spalt*streuung[1], für die im Schrifttum auch andere Bezeichnungen — wie Zahnkopfstreuung, Oberwellenstreuung, doppelt verkettete Streuung — gebräuchlich sind.

Zur Berechnung der Teilstreuungen benutzt man in der Praxis Näherungsgleichungen, deren praktische Brauchbarkeit erwiesen ist.

a) Die Nutstreuung. α) *Einschichtwicklung*. Der Streufluß quer durch die Nut ist bei Vernachlässigung der magnetischen Spannung am Eisen ihrer Durchflutung proportional. Die dem Nutenquerfluß entsprechende Selbstinduktivität einer Spule mit z_n Windungen ist

$$L_n = \Sigma z_x \cdot \Phi_x = \Sigma z_x \cdot 0{,}4\pi \cdot z_x \cdot 2 l_n \cdot \lambda_x \qquad (42)$$
$$= 0{,}8\pi \cdot l_n \cdot \Sigma z_x^2 \cdot \lambda_x = 0{,}8\pi \cdot l_n \cdot z_n^2 \cdot \lambda_n;$$

$\lambda_n = \dfrac{1}{z_n^2} \cdot \Sigma z_x^2 \cdot \lambda_x$ ist die Leitfähigkeit je cm Blechpaketlänge einer idealen Nut, bei der jede Kraftlinie mit allen z_n Leitern der Nut ver-

---
[1] Siehe RICHTER, Bd. IV, Abschn. G.

kettet ist. Für einen Wicklungsstrang mit q Nuten je Pol und $w = z_n \cdot p \cdot q$ Windungen (p = Polpaarzahl) ist:

$$L_n = 0{,}8\,\pi \cdot z_n^2 \cdot p \cdot q \cdot l_n \cdot \lambda_n \cdot 10^{-8} = 0{,}8\,\pi\, \frac{w^2}{p \cdot q} \cdot l_n \cdot \lambda_n \cdot 10^{-8}\ [\text{H}],$$

(43), (43a)

der Streublindwiderstand der Nutstreuung daher

$$x_n = 2\pi \cdot f \cdot L_n = 1{,}6\,\pi^2 \cdot f \cdot \frac{w^2}{p} \cdot l_n \cdot \frac{\lambda_n}{q} \cdot 10^{-8}\ [\text{Ohm}]. \qquad (44)$$

Die für die Nutstreuung maßgebende Länge l_n (cm) wird ähnlich wie die ideelle Ankerlänge l_i nach Gl. (12) aus der Beziehung

$$l_n = L - \sum l_s'' \qquad (45)$$

ermittelt, wobei die l_s''-Werte mit den l_s'-Werten der Schaulinie a der Abb. 8 identisch sind, wenn statt der Luftspaltbreite δ die Nutbreite b_n gesetzt wird. Für die fiktive Breite b_3 der *halbgeschlossenen* Nut nach Abb. 14 gilt

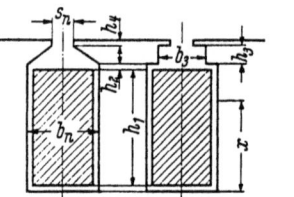
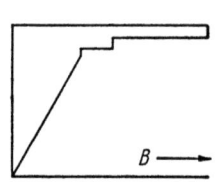

Abb. 14. Halbgeschlossene Nut mit Ersatzbild und Induktionsverteilung (nach LIWSCHITZ)

$$b_3 = \frac{b_n - s_n}{2{,}3 \cdot \lg b_n/s_n}; \qquad (46)$$

im Teil h_1 ist $z_x = \frac{z_n}{h_1} \cdot x$ und $\lambda_x = \frac{d_x}{b_n}$, in den übrigen Teilen ist $z_x = z_n$ und $\lambda_x = \frac{d_x}{b}$, daher

$$\lambda_n = \frac{1}{z_n^2}\left[\int_0^{h_1}\left(\frac{z_n}{h_1}x\right)^2\frac{dx}{b_n} + z_n^2\frac{h_2}{b_n} + z_n^2\frac{h_3}{b_3} + z_n^2\frac{h_n}{s_n}\right] \qquad (47)$$

$$= \frac{h_1}{3\,b_n} + \frac{h_2}{b_n} + \frac{h_3}{b_3} + \frac{h_4}{s_n}. \qquad (47a)$$

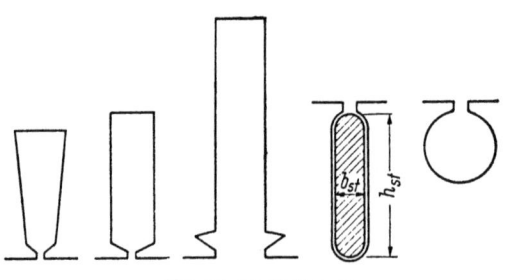

Abb. 15—19. Nutformen

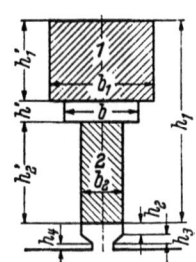

Abb. 20. Halbgeschlossene Nut mit zwei Wicklungen (nach LIWSCHITZ)

Bei trapezförmigen Nuten (Abb. 15) ist nach UNGER für b_n die kleinste Nutbreite einzuführen, und bei der offenen Nut (Abb. 17) fallen die beiden letzten Glieder der Gl. (47a) fort.

Für die Ovalnut (Abb. 18) bzw. die Rundnut (Abb. 19) gilt

$$\lambda_n = \frac{h_{st} - b_{st}}{3 b_n} + 0{,}623 + \frac{h_4}{s_n} \quad \text{bzw.} \quad 0{,}623 + \frac{h_4}{s_n}. \qquad (48), (49)$$

Bei *geschlossenen* Nuten ist die Streuleitfähigkeit des Steges

$$\lambda_{\text{Steg}} \approx \frac{B_{\text{Steg}} \cdot h_4}{\frac{\pi}{\sqrt{2}} \cdot 0{,}8 \cdot J \cdot z_n} = \frac{B_{\text{Steg}} \cdot h_4}{1{,}78 \cdot J \cdot z_n}, \qquad (50), (50\text{a})$$

wobei z_n die Anzahl der Leiter in der Nut, J der Leiterstrom und h_4 (cm) die Steghöhe ist; bei Steghöhen von 0,03 bis 0,05 cm kann $B_{\text{Steg}} = 21000$ Gauß angenommen werden.

Für Kurzschlußläufer ist

$$x_n = 1{,}6\,\pi^2 \cdot \frac{f}{2p} \cdot l_n \cdot \lambda_n \cdot 10^{-8} \; [\text{Ohm}]. \qquad (51)$$

β) *Zweischichtwicklung.* In dem allgemeinen Fall einer Nut nach Abb. 20, in der sich zwei Spulenseiten mit den Leiterzahlen z_1 und z_2 und den Leiterströmen J_1 und J_2 befinden, ist

$$\lambda_{n_{11}} = \frac{h'_1}{3 b_1} + \frac{h'}{b'} + \frac{h'_2 + h_2}{b_2} + \frac{h_3}{b_3} + \frac{h_4}{s_n}, \qquad (52)$$

$$\lambda_{n_{12}} = \lambda_{n_{21}} = \frac{h'_2}{2 b_2} + \frac{h_2}{b_2} + \frac{h_3}{b_3} + \frac{h_4}{s_n}, \qquad (53)$$

$$\lambda_{n_{22}} = \frac{h'_2}{3 b_2} + \frac{h_2}{b_2} + \frac{h_3}{b_3} + \frac{h_4}{s_n}; \qquad (54)$$

mit $w_1 = z_1 \cdot p \cdot q$ und $w_2 = z_2 \cdot p \cdot q$ ist

$$x_{n_1} = 1{,}6\,\pi^2 \cdot f \cdot \frac{w_1^2}{p \cdot q} \cdot l_n \left(\lambda_{n_{11}} + \frac{z_2}{z_1} \cdot \frac{J_2}{J_1} \cdot \lambda_{n_{21}} \right) \cdot 10^{-8} \; [\text{Ohm}], \qquad (55)$$

$$x_{n_2} = 1{,}6\,\pi^2 \cdot f \cdot \frac{w_2^2}{p \cdot q} \cdot l_n \left(\lambda_{n_{22}} + \frac{z_1}{z_2} \cdot \frac{J_1}{J_2} \cdot \lambda_{n_{12}} \right) \cdot 10^{-8} \; [\text{Ohm}], \qquad (56)$$

wobei

$$\frac{J_2}{J_1} = \frac{J_2}{J_1}(\cos\gamma + j \cdot \sin\gamma) \quad \text{und} \quad \frac{J_1}{J_2} = \frac{J_1}{J_2}(\cos\gamma - j \cdot \sin\gamma) \qquad (57), (57\text{a})$$

ist (J_1 eilt J_2 um den Winkel γ voraus).

In dem praktisch wichtigsten Fall der gesehnten *Zweischichtwicklung* als Ständerwicklung von Synchron- oder Asynchronmaschinen ist $z_1 = z_2 = \frac{z_n}{2}$ (daher $w_1 = w_2 = \frac{w}{2}$) und $J_1 = J_2$.

Der Winkel γ der Phasenverschiebung zwischen J_1 und J_2 ist wegen der Sehnung nicht in allen Nuten der gleiche, so daß mit Mittelwerten von $\cos\gamma$ und $\sin\gamma$ über alle $2q$ Spulenseiten des Wicklungsstranges zu rechnen ist. Bei allen Dreiphasen- und Zweiphasenwicklungen ist $\frac{1}{2q} \cdot \Sigma \sin\gamma = 0$; setzt man $\frac{1}{2q} \cdot \Sigma \cos\gamma = g$, so ergibt sich aus Gl. (55) und (56)

$$x_n = x_{n_1} + x_{n_2} = 1{,}6\,\pi^2 \cdot f \cdot \frac{\left(\frac{w}{2}\right)^2}{p \cdot q} \cdot l_n (\lambda_{n_{11}} + \lambda_{n_{22}} + 2g \cdot \lambda_{n_{12}}) \cdot 10^{-8} \; [\text{Ohm}]. \qquad (58)$$

Die gebräuchliche Zweischichtwicklung ist in der Regel in Nuten nach Abb. 21 untergebracht, für welche $h_1' = h_2'$ und $b_1 = b' = b_2 = b_n$ ist; bei Vernachlässigung der Nuthöhe h' $\left(h' = 0, h_1' = h_2' = \dfrac{h_1}{2}\right)$ ist

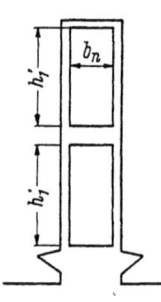

Abb. 21.
Offene Nut mit Zweischichtwicklung

$$\frac{1}{4}(\lambda_{n_{11}} + \lambda_{n_{22}} + 2g \cdot \lambda_{n_{12}}) =$$
$$= \frac{5 + 3g}{8} \cdot \frac{h_1}{3b_n} + \frac{1+g}{2}\left(\frac{h_2}{b_n} + \frac{h_3}{b_3} + \frac{h_4}{s_n}\right). \quad (59)$$

Durch Einführung von Korrektionsfaktoren — nämlich eines (k_L) für den vom Leiter ausgefüllten Nutteil und eines anderen (k_N) für den übrigen Nutteil — kann also die gegenseitige Induktion der beiden Schichten berücksichtigt und die Berechnung der Nutenstreuung der Zweischichtwicklung auf die der Einschichtwicklung zurückgeführt werden:

$$x_n = 1{,}6\,\pi^2 \cdot f \cdot \frac{w^2}{p} \cdot \frac{l_n}{q} \cdot \lambda_n \cdot 10^{-8}\;[\text{Ohm}] \quad (60)$$

mit

$$\lambda_n = k_L \cdot \frac{h_1}{3b_n} + k_N\left(\frac{h_2}{b_n} + \frac{h_3}{b_3} + \frac{h_4}{s_n}\right); \quad (60\text{a})$$

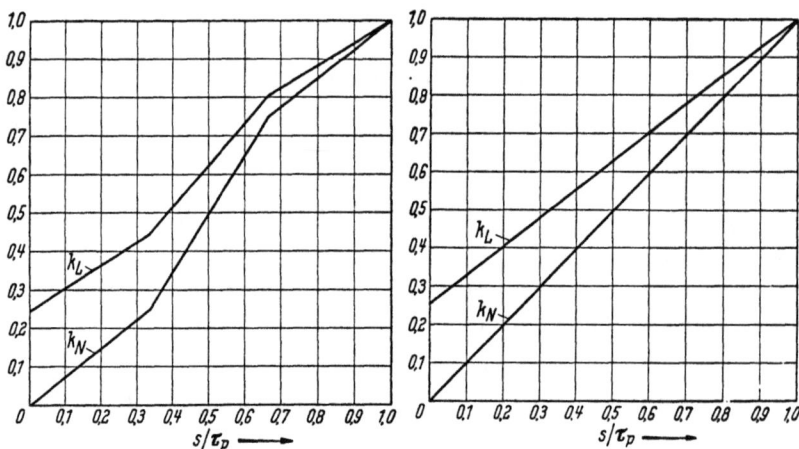

Abb. 22. Korrekturfaktoren k_L und k_N bei Dreiphasenwicklungen in Abhängigkeit von der Sehnung $\dfrac{s}{\tau_p}$ (nach LIWSCHITZ)

Abb. 23. Korrekturfaktoren k_L und k_N bei Zweiphasenwicklungen in Abhängigkeit von der Sehnung $\dfrac{s}{\tau_p}$ (nach LIWSCHITZ)

die Werte von k_L und k_N für Dreiphasen- und Zweiphasenwicklungen in Abhängigkeit von der Sehnung $\dfrac{s}{\tau_p}$ sind in den Abb. 22 und 23 als Schaulinien dargestellt.

b) Die Spulenkopfstreuung. Der Streublindwiderstand der Spulenkopfstreuung ist

$$x_s = 1{,}6\,\pi^2 \cdot f \cdot \frac{w^2}{p} \cdot \Lambda_s \cdot 10^{-8}\ [\text{Ohm}]. \tag{61}$$

Die exakte Bestimmung der Streuleitfähigkeit Λ_s ist kaum möglich, da der Verlauf der Streulinien im Bereich der Wickelköpfe von deren Form sowie von der Nähe anderer Wicklungsstränge oder Wicklungen und des Eisens beeinflußt wird.

α) *Einschichtwicklung.* Es ist versucht worden, unter Verwandlung des alle q Spulen enthaltenden Spulenkopfes eines Wicklungsstranges in ein Rechteck (Abb. 24) durch Vergleich der gegenüberliegenden Seiten mit einer Doppelleitung[1] sowie durch Berücksichtigung des Einflusses der anderen Wicklungsstränge eine Formel für Λ_s abzuleiten, die praktisch brauchbare Werte ergibt. Als Mittelwerte der Streuleitfähigkeit der Ständerwicklungs-Spulenköpfe wurden gefunden:

Für *Asynchronmaschinen*, bei denen die Einzelspulen im Spulenkopf nebeneinander liegen (Dreiphasen-Zweietagenwicklungen)

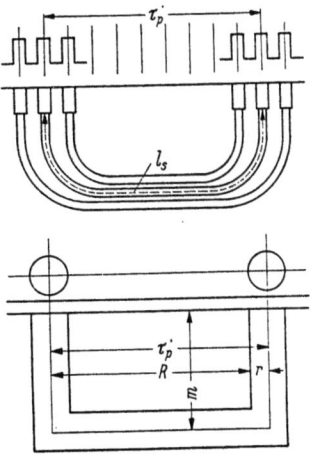

Abb. 24. Spulenkopf einer Dreiphasen-Einschichtwicklung und Ersatzbild (Rechteck) (nach LIWSCHITZ)

$$\Lambda_s = 0{,}67\,(l_s - 0{,}64 \cdot \tau_p'), \tag{62}$$

für *Asynchronmaschinen*, bei denen die q Einzelspulen in zwei Spulenköpfe gespalten sind (Dreiphasen-Dreietagenwicklungen, Zweiphasenwicklungen)

$$\Lambda_s = 0{,}425\,(l_s - 0{,}715 \cdot \tau_p'), \tag{62a}$$

für *Synchronmaschinen*

$$\Lambda_s = 0{,}6\,(l_s - 0{,}5 \cdot \tau_p'); \tag{63}$$

hierbei ist l_s (cm) die Spulenkopflänge und τ_p' (cm) die in der Nutmitte gemessene Polteilung. Die für Asynchronmaschinen angegebenen Λ_s-Werte gelten sowohl bei Vorhandensein eines Schleifringläufers als auch eines Kurzschlußläufers mit, am Eisen anliegenden Ringen; bei einem Kurzschlußläufer mit vom Eisen abstehenden Ringen sind die angegebenen Werte mit etwa 0,9 zu multiplizieren.

---

[1] Induktivität einer Doppelleitung $L = \left(4 \cdot \ln \dfrac{\tau_p' - r}{r} + 1\right) m \cdot 10^{-1}$ (H).

β) *Zweischichtwicklung.* Für diese (Abb. 25) ergibt sich die Streuleitfähigkeit

$$\Lambda_s = 1{,}13 \cdot \xi_s^2 \, (h + 0{,}5 \cdot m) \quad (64),$$

$$\text{mit} \quad m = \frac{Z \cdot \tau_{n_m}(b_L + d)}{2 \sqrt{\tau_{n_m}^2 - (b_L + d)^2}}, \quad (65)$$

wobei

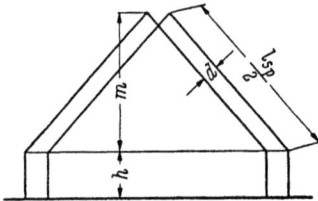

Abb. 25. Schema des Spulenkopfes einer Zweischicht-Trommelwicklung

$\xi_s = \sin\left(\dfrac{\pi}{2} \cdot \dfrac{s}{\tau_p}\right)$, $Z = \dfrac{s}{\tau_p} \cdot \dfrac{N}{2p}$ ist und

Z die Anzahl der von einer Windung umfaßten Zähne (N Nutenzahl),
τ_{n_m} die mittlere Nutteilung,
b_L die Breite der isolierten Einzelspule im Kopf (cm),
d den Luftabstand zweier benachbarter Einzelspulen,
ξ_s den der Sehnung $\dfrac{s}{\tau_p}$ entsprechenden Sehnungsfaktor der Grundwelle

bezeichnet.

Die Gl. (64) und (65) gelten sowohl für die Ständer- als auch für die Läuferwicklung von *Asynchronmotoren*; für die Ständerwicklung von *Synchronmaschinen* mit Zweischichtwicklungen gilt (im synchr. Betrieb)

$$\Lambda_s = 0{,}43 \cdot l_s \cdot \xi_s^2 \quad \text{mit} \quad l_s = l_l - L \quad [l_l \text{ nach Gl. (392)}]. \quad (66), (67)$$

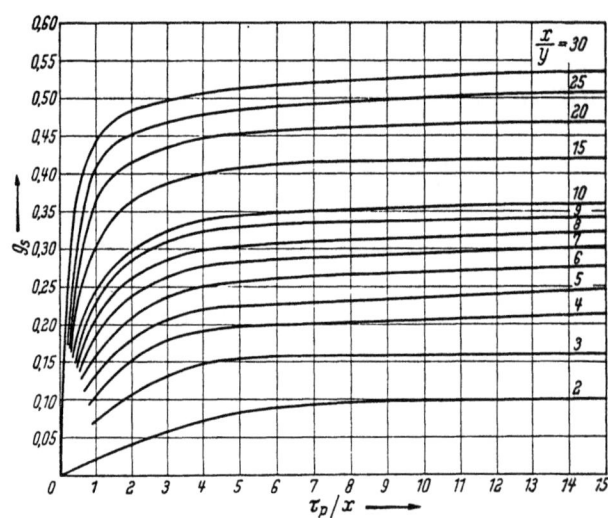

Abb. 26. Faktor g_s zur Bestimmung der Spulenkopfstreuung des Kurzschlußläufers (nach BAFFREY)

γ) *Kurzschlußkäfigwicklung.* Der sekundäre Streublindwiderstand je Phase, der dem Stirnstreufluß entspricht, ist

$$x_{s_2} = 1{,}6\,\pi^2 \cdot \frac{f}{2p} \cdot \Lambda_{s_2} \cdot 10^{-8} \text{ [Ohm]} \quad \text{mit} \quad \Lambda_{s_2} = \frac{Z_2}{2p \cdot m_1} \cdot \tau_p \cdot g_s, \quad (68), (69)$$

wobei
  Z_2 die gesamte Stabzahl des Kurzschlußläufers,
  m_1 die primäre Strangzahl,
  τ_p die Polteilung (cm)
bezeichnet. Die Werte von g_s sind in der Abb. 26 in Abhängigkeit von $\dfrac{\tau_p}{x}$ und $\dfrac{x}{y}$ als Schaulinien aufgetragen, wobei $y = 0{,}223\,(b_r + h_r)$ ist[1] (Abb. 27).

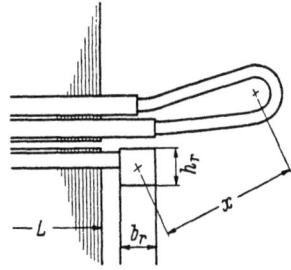

Abb. 27. Spulenkopf einer Ständer-Zweischichtwicklung und einer Läufer-Käfigwicklung

Anmerkung. Im Abschn. 26 (Stirnstreuung) seines Buches „Die Asynchronmaschine" hat NÜRNBERG eine Tabelle der für die *Ständer- und Läuferwicklung gemeinsam* geltenden Streuleitwerte λ_s angegeben, die aus Meßergebnissen an ausgeführten Maschinen ermittelt wurden und gut mit den von RICHTER[2] angegebenen übereinstimmen:

λ_s mit der Spulenkopflänge l_s multipliziert ergibt Λ_s		Ständerwicklung	
		Einschicht-	Zweischicht-
Läufer-wicklung	Einschicht-	0,5	0,4 ··· 0,3
	Zweischicht-	0,4	0,3
	Käfig-	0,35	0,25 ··· 0,15

c) **Die doppelt verkettete Streuung** tritt bei Maschinen in Erscheinung, bei denen sich eine Ständer- und eine Läuferwicklung mit ungleicher Verteilung der Leiter und in nicht deckungsgleicher örtlicher Stellung gegenüberstehen. Zur Berechnung dieser Streuung muß die treppenförmige Durchflutungskurve in ihre Harmonischen aufgelöst und der Einfluß der Oberfelder summiert werden. Der Streublindwiderstand der doppelt verketteten Streuung je Strang ist

$$x_d = 1{,}6\,\pi^2 \cdot f \cdot \frac{w^2}{p} \cdot \Lambda_d \cdot 10^{-8}\ [\text{Ohm}] \quad \text{mit} \quad \Lambda_d = \tau_p \cdot l_i \cdot \frac{m}{\pi^2} \frac{1}{k_c \cdot k_s \cdot \delta}\,K; \qquad (70),\,(71)$$

der Koeffizient K der Oberwellenspannung[3] ist

$$K = \sum \left(\frac{\xi_\nu}{\nu}\right)^2 = \sum \left(\frac{1}{\nu} \frac{\dfrac{\nu\pi}{2m}}{q \cdot \sin \dfrac{\nu\pi}{2mq}} \cdot \sin \nu \frac{s}{\tau_p} \cdot \frac{\pi}{2} \right)^2, \qquad (72),\,(72\text{a})$$

wobei
  m die Strangzahl,
  ν die Ordnungszahl der Harmonischen,
  ξ_ν den Wicklungsfaktor der ν-ten Harmonischen bedeutet.

---

[1] Siehe BAFFREY, Arch. f. El. 1920, S. 208.
[2] RICHTER, R., El. Masch., Bd. IV, Abschn. G 3.
[3] Siehe BAFFREY, Arch. f. El. 16 (1926) S. 97ff. u. 17 (1926) S. 207ff.

Die Koeffizienten K sind in der folgenden Tab. 1 bei verschiedenen Werten der Sehnung $\frac{s}{\tau_p}$ und bei $q = 2$ bis 10 für Dreiphasen- und Zwei-

Tabelle 1. *Koeffizienten zur Berechnung der doppelt verketteten Streuung bei Dreiphasen- und Zweiphasenwicklungen*

		Dreiphasenwicklungen						Zweiphasenwicklungen	
$q = 2$	$\frac{s}{\tau_p}$	1,0	0,835	0,66				1,0	$\sim$0,66
	K	0,0265	0,0205	0,0199				0,0717	
$q = 3$	$\frac{s}{\tau_p}$	1,0	0,89	0,78	0,66			1,0	$\sim$0,66
	K	0,0129	0,0103	0,0090	0,0097			0,0388	0,0177
$q = 4$	$\frac{s}{\tau_p}$	1,0	0,92	0,835	0,75	0,66		1,0	$\sim$0,66
	K	0,0082	0,0066	0,0055	0,0054	0,0061		0,0270	0,0107
$q = 5$	$\frac{s}{\tau_p}$	1,0	0,935	0,865	0,8	0,735	0,66	1,0	$\sim$0,66
	K	0,0059	0,0050	0,0038	0,0034	0,0038	0,0044	0,0216	0,0075

		$\frac{s}{\tau_p} = 1,0$	$\left(\frac{s}{\tau_p}\right)$min $\sim 0,8$	$\left(\frac{s}{\tau_p}\right)$max $\sim 0,6$	$\left(\frac{s}{\tau_p}\right)$min $\sim 0,4$		$\frac{s}{\tau_p} = 1,0$	$\left(\frac{s}{\tau_p}\right)$min $\sim 0,66$
$q = 6$	K	0,0047	0,0025	0,0034	0,0013		0,0187	0,0054
$q = 7$	K	0,0040	0,0018	0,0030	0,0010		0,0169	0,0045
$q = 8$	K	0,0035	0,0015	0,0026	0,0010		0,0157	0,0036
$q = 9$	K	0,0032	0,0012	0,0023	0,0008		0,0149	0,0031
$q = 10$	K	0,0030	0,0010	0,0022	0,0008		0,0143	0,0029
$q = \infty$	K	0,0020	0,0002	0,0015	0,0004		0,0119	0,0013

phasenwicklungen angegeben; in der Abb. 28 sind diese Werte zur Gewinnung der K-Werte für Dreiphasenwicklungen bei anderen Werten der Sehnung durch gestrichelte Linien miteinander verbunden (ξ_z Zonenfaktor der Grundwelle).

Anmerkung. Aus den Gleichungen $E_1 = 4{,}44 f \cdot w_1 \cdot \xi_1 \cdot \Phi \cdot 10^{-8}$ (für die EMK je Strang), $\Phi = B_L \cdot \frac{2}{\pi} \cdot \tau_p \cdot l_i$, $J_\mu = \frac{p \cdot 2 V_L \cdot k_s}{0{,}9 \cdot m_1 \cdot w_1 \cdot \xi_1} = \frac{p \cdot 1{,}6 \cdot k_c \cdot k_s \cdot \delta}{0{,}9 \cdot m_1 \cdot w_1 \cdot \xi_1}$

(bei Vernachlässigung des Eisenweges) folgt

$$\frac{E_1}{J_\mu} = 1{,}6 \pi^2 \cdot f \cdot \frac{w^2}{p} \left(\tau_p \cdot l_i \cdot \frac{m_1}{\pi^2} \cdot \frac{1}{k_c \cdot k_s \cdot \delta} \right) \cdot \xi_1^2 \cdot 10^{-8};$$

somit ist für einen Wicklungsstrang der Ständerwicklung $x_{d_1} = \dfrac{E_1}{J_\mu} \cdot \dfrac{K}{\xi_1^2}$ mit $\xi_1 = \xi_{z_1} \cdot \xi_{s_1}$ als Wickungsfaktor.

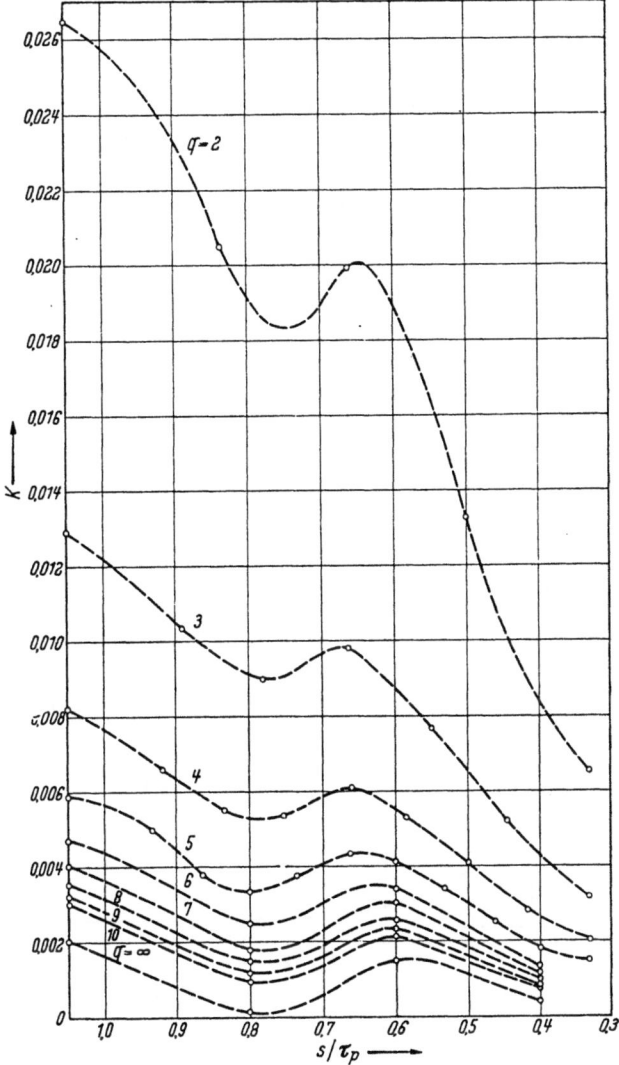

Abb. 28. Faktoren der doppelt verketteten Streuung bei Dreiphasenwicklungen

q	ξ_z	q	ξ_z
2	0,96593	7	0,95582
3	0,95979	8	0,95561
4	0,95766	9	0,95547
5	0,95688	10	0,95536
6	0,95614	∞	0,95493

Nach Rziha[1] gilt für den Blindwiderstand der Spaltstreuung für einen Strang der Ständerwicklung $x_{1\sigma} = \sigma_{10} \cdot x_{1h}$ mit $x_{1h} = \dfrac{U_1}{J_\mu} - x_{1_\sigma} = \dfrac{E_1}{J_\mu}$ und $\sigma_{10} = \Sigma \left(\dfrac{\xi_{1\nu}}{\nu \cdot \xi_1}\right)^2$; die Werte von σ_{10} (die dort tabellarisch angegeben sind) entsprechen also dem Wert $\dfrac{K}{\xi_1^2}$.

Während für den Streublindwiderstand der doppelt verketteten Streuung der Läuferwicklung eines Asynchronmotors mit Schleifringläufer die Gln. (70), (71) und (72) gelten, sind für die Berechnung des Streublindwiderstandes je Strang einer *Kurzschlußkäfigwicklung* mit Z_2 Stäben die folgenden Gleichungen gültig:

$$x'_{d_2} = 1{,}6\,\pi^2 \cdot \dfrac{f}{2p} \cdot \Lambda_{d_2} \cdot 10^{-8}\ [\text{Ohm}] \text{ mit } \Lambda_{d_2} = \dfrac{Z_2}{2p \cdot m_1} \cdot \dfrac{m_1}{\pi^2} \cdot \dfrac{\tau_p \cdot l_i}{k_c \cdot k_s \cdot \delta} \cdot K_2;$$

(73), (74)

die Werte für den Koeffizienten $K_2 = \Sigma \left(\dfrac{1}{2\dfrac{Z_2}{2p}\nu \pm 1}\right)^2$ sind in der Abb. 29 in Abhängigkeit von $\dfrac{Z_2}{2p}$ tabellarisch und als Schaulinie angegeben.

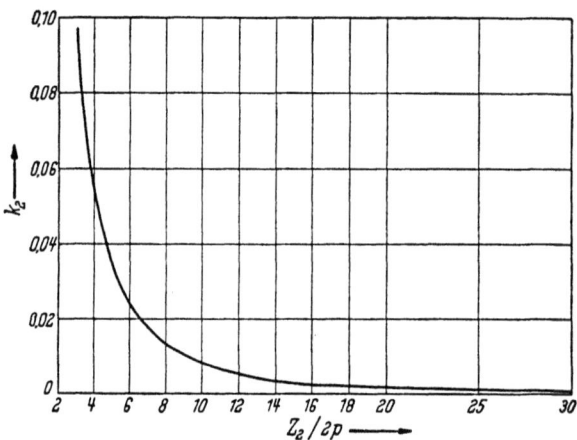

Abb. 29. Faktoren der doppelt verketteten Streuung bei Kurzschlußläufern

$\dfrac{Z}{2p}$	3	4	5	6	7	8	9	10
k_2	0,097	0,053	0,036	0,023	0,017	0,013	0,010	0,083

$\dfrac{Z}{2p}$	12	15	20	25	30	40	50	∞
k_2	0,0057	0,0036	0,0021	0,0013	0,0009	0,0005	0,0003	0

---

[1] Rziha, Starkstromtechnik, 2. Teil (Berlin 1952), Abschn. B VI c.

Anmerkung. Durch Multiplikation von x'_{d_2} mit dem Faktor $\dfrac{m_1 \cdot (w_1 \xi_1)^2}{\dfrac{Z_2}{p}\left(\dfrac{1}{2}\cdot 1\right)^2}$ zur Umrechnung der Widerstände des sekundären Kreises der Asynchronmaschine auf den Primärkreis ergibt sich der auf den Primärkreis bezogene Streublindwiderstand x_{d_2} der Käfigwicklung je Strang zu

$$x_{d_2} = \frac{E_1}{J_\mu} \sum \left(\frac{1}{\dfrac{Z_2}{p} \pm 1}\right)^2 \approx \frac{1}{3}\frac{E_1}{J_\mu}\left(\frac{p\pi}{Z_2}\right)^2.$$

Der Wert $\dfrac{1}{3}\left(\dfrac{p\pi}{Z_2}\right)$ entspricht dem von RICHTER[1] angegebenen Wert σ_{20} für ungeschrägte Läufernuten; für geschrägte Läufernuten gilt hiernach

$$\sigma_{20} \approx \frac{1}{3}\left(\frac{p\pi}{Z_2}\right)^2\left[1 + \left(\frac{b}{\tau_{n_2}}\right)^2\right],$$

wobei $\dfrac{b}{\tau_{n_2}}$ die *Nutschrägung* der Läufernuten (in der Regel um eine Ständernutteilung) gegenüber den Ständernuten über die Ankerlänge ist (Abb. 30). Da bei besonders inniger Berührung zwischen den Käfigstäben und dem Eisen (z. B. infolge des Einschiebens der Stäbe unter Beifügung einer Metallfolie) bei geschrägten Nuten ein Teil des Läuferstromes in Richtung der Ständernuten durch das Eisen fließt und z. T. die örtliche Ständerdurchflutung aufhebt, wird der Einfluß der Nutschrägung auf die Streuung teilweise wieder unwirksam. Es hat sich daher praktisch als zweckmäßig erwiesen, auf die Berücksichtigung der Nutschrägung bei der Bestimmung der Streublindwiderstände zu verzichten.

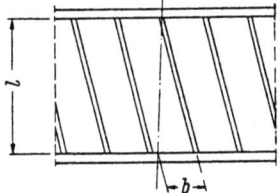

Abb. 30. Nutschrägung der Läufernuten gegenüber den Ständernuten über die Ankerlänge

d) Die Zahnkopfstreuung. Während bei den Asynchronmaschinen (und bei den Drehstrom-Kommutatormaschinen), die mit kleinem Luftspalt arbeiten, die doppelt verkettete Streuung von großer Bedeutung ist, ist sie bei den Synchronmaschinen mit Einzelpolen wegen des großen Luftspaltes vernachlässigbar; bei dieser Maschinenart ist dagegen die *Zahnkopf*streuung bedeutsam, welche die von Zahnkopf zu Zahnkopf verlaufenden Streulinien erfaßt. Der Streublindwiderstand der Zahnkopfstreuung je Strang ist

$$x_k = 1{,}6\,\pi^2 \cdot f \cdot \frac{w^2}{p} \cdot l_i \cdot \frac{\lambda_k}{q} \cdot 10^{-8}\ [\text{Ohm}] \quad \text{mit} \quad \lambda_k = \frac{5\dfrac{\delta}{s_n}}{5 + 4\dfrac{\delta}{s_n}} \cdot \frac{b_p}{\tau_p}, \qquad (73'),\ (74')$$

wobei b_p die Polschuhbreite ist (in RZIHA-GENTHE, Starkstromtechnik, 2. Teil, Synchronmaschinen, ist als Leitwertzahl der Zahnkopfstreuung $\lambda_z = \dfrac{2{,}3}{\pi}\log\dfrac{\vartheta_1}{s_n}$ angegeben mit ϑ_1 als Nutteilung und s_n als Schlitzbreite an der Nutöffnung).

---

[1] Siehe RICHTER, IV. Bd., Abschn. G 1 f.

C. Die Verluste

1. Die Eisenverluste im Leerlauf

a) Die Verluste in Eisenblechen. Durch die wechselnde und drehende Ummagnetisierung in den einzelnen Teilen des magnetischen Kreises treten die Ummagnetisierungsverluste mit den beiden Komponenten *Hysteresis*- und *Wirbelstrom*verluste auf. Die Hysteresisverluste entsprechen der in Wärme umgewandelten Ummagnetisierungsenergie und sind proportional dem Flächeninhalt der Hystereseschleife sowie der Zahl der Ummagnetisierungen, jedoch unabhängig von der Blechstärke. Die Wirbelstromverluste werden von den Strömen erzeugt, die den im Eisen durch die Ummagnetisierung induzierten EMKen entsprechen, und sind von der Blechstärke abhängig. Bei Ummagnetisierung mit der Frequenz f und zwischen den beiden Frequenzwerten der Induktion $+B$ und $-B$ gilt für den spezifischen Hysteresisverlust v_H bzw. für den spezifischen Wirbelstromverlust v_W

$$v_H = \sigma_H \frac{f}{100} \left(\frac{B}{10000}\right)^2 \left[\frac{W}{kg}\right], \quad v_W = \sigma_W \left(\Delta \cdot \frac{f}{100} \cdot \frac{B}{10000}\right)^2 \left[\frac{W}{kg}\right];$$

(75), (76)

σ_H und σ_W sind Materialkonstanten, Δ ist die Blechdicke in mm, $\frac{1}{\varrho}$ ist die elektrische Leitfähigkeit des Eisens. Die Summe der beiden spezifischen Verluste v_H und v_W ist die „Verlustziffer"

$$v = \left[\sigma_H \cdot \frac{f}{100} + \sigma_W \left(\Delta \frac{f}{100}\right)^2\right] \left(\frac{B}{10000}\right)^2 \left[\frac{W}{kg}\right], \quad (77)$$

die bei der Frequenz $f = 50$ Hz und der Induktion $B = 10000$ Gauß als v_{10} bezeichnet wird; bei konstanter Ummagnetisierungsfrequenz f ist v dem Quadrat der Induktion B proportional: $v = v_{10} \left(\frac{B}{10000}\right)^2$ (bei $f = 40$ Hz ist $0{,}77 \cdot v_{10}$, bei $f = 60$ Hz ist $1{,}25 \cdot v_{10}$ statt v_{10} zu setzen).

In der folgenden Tab. 2 sind für einige Blechsorten und -dicken die v_H- und v_W-Werte (bezogen auf die Verlustziffer) wie auch die σ_H- und σ_W-Werte als Mittelwerte früherer und neuerer Messungen zusammengestellt. Bei sehr hohen Ummagnetisierungsfrequenzen oder sehr großen Blechdicken nimmt infolge der Rückwirkung der Wirbelströme die Induktion von den Blechseitenwänden nach der Mittelebene ab. Die hieraus folgende Verminderung der Wirbelstromverluste wird durch Multiplikation der spezifischen Wirbelstromverluste v_W mit dem Rückwirkungsfaktor[1]

$$f_W = \frac{3}{\xi} \frac{\sinh \xi - \sin \xi}{\cosh \xi - \cos \xi} \quad \text{mit} \quad \xi = \frac{\Delta}{10} \cdot 2\pi \sqrt{\frac{\mu \cdot f}{10^5 \cdot \varrho}} \quad (78), (79)$$

---

[1] Vgl. DREYFUS, Arch. f. El. 4 (1915) S. 99.

Tabelle 2. *Materialkonstanten* (σ_H, σ_W) *und spezifische Verlustziffer* (v_H, v_W) *bei verschiedenen Blechsorten*

Blechsorte (vgl. DIN 46400)	Δ mm	V_{10} W/kg	$\dfrac{v_H}{v_{10}} \cdot 100$	$\dfrac{v_W}{v_{10}} \cdot 100$	σ_H	σ_W	$\sigma_W \cdot \Delta^2$
1. I 3,6	0,5	3,6	66,7	33,3	4,8	19,2	4,8
2.	0,35	3,15	74,6	25,4	4,7	26,1	3,2
3. II 3,0	0,5	3,0	78,3	21,7	4,7	10,4	2,6
4. III 2,3	0,5	2,3	82,5	17,5	3,8	6,4	1,6
5. III 2,0	0,5	2,0	73	27	2,92	8,64	2,16
6.	0,5	1,8	83,3	16,7	3,0	4,8	1,2
7. IV 1,7	0,5	1,7	83,8	16,2	2,85	4,4	1,1
8.	0,3	1,55	88	12	2,73	8,27	0,74
9. IV 1,35	0,35	1,35	88,9	11,1	2,4	4,9	0,6
10.	0,35	1,2	75	25	1,8	9,8	1,2

2, 6, 9 nach RICHTER I (1951) S. 157.

berücksichtigt (ξ „reduzierte Blechdicke", $\mu = \dfrac{ll}{ll_0}$ Permeabilität); in der Abb. 31 ist f_W in Abhängigkeit von ξ als Schaulinie dargestellt.

b) Die Zahn- und Jochverluste. Die Eisenverluste in den Zähnen und im Joch elektrischer Maschinen werden als Produkte aus den spezifischen Verlusten v_z und v_j und dem Gewicht der Zähne G_z (kg) bzw. des Joches G_j (kg) bestimmt; es gelten die Gleichungen

$$V_z = v_z \cdot G_z \cdot k \ [\text{W}] \ \text{bzw.}$$

$$V_j = v_j \cdot G_j \cdot k_j \ [\text{W}].$$

(80), (81)

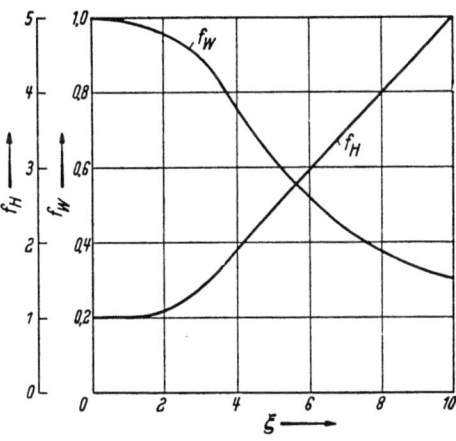

Abb. 31. Rückwirkungsfaktoren f_W und f_H in Abhängigkeit von der reduzierten Blechstärke ξ

k ist ein Bearbeitungsfaktor zur Berücksichtigung der zusätzlichen Eisenverluste durch Stanzen, Schleifen, Überdrehen der Bleche; er kann im Mittel zu 1,3 angenommen werden. Der Faktor k_j berücksichtigt sowohl diese zusätzlichen Eisenverluste als auch den Einfluß der ungleichförmigen Verteilung der Induktion im Joch auf die Hysteresis- bzw. Wirbelstromverluste. Bei $2p = 4/8/16/24/32$ Polen kann $k_j = 1{,}3/1{,}5/1{,}8/1{,}9/2{,}0$ gesetzt werden. Für eine genauere Berechnung der Eisenverluste im Joch gilt nach ALGER die Gleichung

$$V_j = \left[k_{H_j} \cdot \sigma_H \cdot \frac{f}{100} + k_{W_j} \cdot \sigma_W \left(\Delta \frac{f}{100}\right)^2\right] \left(\frac{B}{10\,000}\right)^2 \cdot G_j \cdot k \ [\text{W}]; \qquad (82)$$

die Korrektionsfaktoren k_{H_j} und k_{W_j} sind abhängig vom Verhältnis der Bohrung zum Außen- bzw. Innendurchmesser des Joches und von der Polzahl[1].

c) **Die Oberflächen- und Zahnpulsationsverluste.** Die Oberflächenverluste werden bei elektrischen Maschinen, deren äußerer und innerer Teil — wie bei den Asynchronmaschinen und Drehstromkommutatormaschinen — geschlitzte Nuten haben, in einem Teil (1 bzw. 2) durch die Nutung des anderen Teiles (2 bzw. 1) verursacht. Die Oberflächenverluste im Teil 1 sind das Produkt aus den spezifischen Oberflächenverlusten (W/m²) und der Eisenoberfläche in der Bohrung $\pi D_i \cdot \frac{\tau_{n_1} - s_{n_1}}{\tau_{n_1}} \cdot l_1$ (m²):

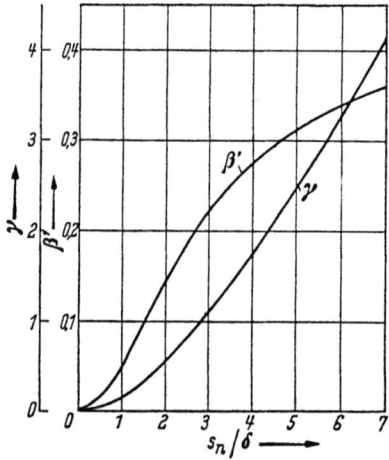

Abb. 32. Faktoren β' und γ in Abhängigkeit von $\frac{s_n}{\delta}$ (nach RICHTER)

$$V_{0_1} = \frac{k_0}{2} \left(\frac{N_2 \cdot n}{10^4}\right)^{1,5} \left(\frac{\tau_{n_1} \cdot \beta'_2 \cdot k_{c_2} \cdot B_L}{10^3}\right)^2 \cdot \pi D_i \cdot \frac{\tau_{n_1} - s_{n_1}}{\tau_{n_1}} \cdot l_1 \ [\text{W}], \qquad (83)$$

wobei

$k_0 = 2{,}5$ für 0,5 mm dicke Dynamobleche
  4,8 „ 1,0 mm „ „
  2,0 „ 1,0 mm Stahlbleche

gesetzt werden und der für die Einsattelung der Feldkurve an den Nutschlitzen maßgebende Faktor β'_2 in Abhängigkeit von $\frac{s_{n_2}}{\delta}$ der β'-Schaulinie der Abb. 32 entnommen werden kann; N_2 ist die Nutenzahl im Teil 2, n die Drehzahl in U/min, D_i der Bohrungsdurchmesser (m). l_1 die Eisenlänge ohne Luftschlitze (m) des Teiles 1.

Die Zahnpulsationsverluste bei elektrischen Maschinen mit genutetem äußeren und inneren Teil werden durch die Schwankungen des Zahn-

---

[1] Vgl. ALGER u. EKSERGIAN, J. AJEE 1920, S. 906.

flusses infolge der wechselnden gegenseitigen Lage der Zähne hervorgerufen. Die Zahnpulsationsverluste im Teil 1 sind das Produkt aus den spezifischen Zahnpulsationsverlusten (W/kg) und dem Zahngewicht G_{z_1} (kg):

$$V_{P_1} = \frac{k_P}{2} \cdot \sigma_W \cdot \frac{1}{36} \left(\varDelta \frac{N_2 \cdot n}{10^4} \cdot \frac{B_{P_1}}{10} \right)^2 \cdot G_{z_1} \quad [W], \qquad (84)$$

wobei $k_P = 2{,}0$ gesetzt werden kann und

$$B_{P_1} = \frac{\gamma_2 \cdot \delta}{2 \cdot \tau_{n_1}} \cdot B_{z_{1m}} \quad \text{mit} \quad \gamma_2 = \frac{(s_{n_1}/\delta)^2}{5 + s_{n_1}/\delta} \qquad (85),\,(86)$$

die Amplitude der Induktionsschwankungen ist; $B_{z_{1m}}$ ist die mittlere Zahninduktion im Teil 1, γ_2 kann auch in Abhängigkeit von s_{n_1}/δ der γ-Schaulinie der Abb. 32 entnommen werden. Für die Oberflächen- und Zahnpulsationsverluste im Teil 2 gelten die Gln. (83) bis (85), wenn die Zeiger 1 und 2 vertauscht werden. Bei offenen Nuten ist als Schlitzbreite

$$s'_n = \frac{b_n}{3} \left(1 + 0{,}5 \frac{\tau_n}{b_z + x \cdot \delta} \right) \qquad (87)$$

einzuführen; b_z ist die Zahnbreite, x ist in der Abb. 33 in Abhängigkeit von s_n/δ als Schaulinie dargestellt. In manchen Fällen genügt die näherungsweise Ermittlung der Oberflächen- und Zahnpulsationsverluste als zusätzliche Eisenverluste im Leerlauf durch Multiplikation der Verluste $(V_z + V_j)$ mit dem Faktor $(k_v - 1)$; k_v ist in Abhängigkeit von $s_n/\delta \cdot \tau_n{}^1$ als Schaulinie in der Abb. 34 dargestellt. Für *Synchronmaschinen mit Einzelpolen* und lamellierten Sinusfeldpolschuhen sind auch zur nähe-

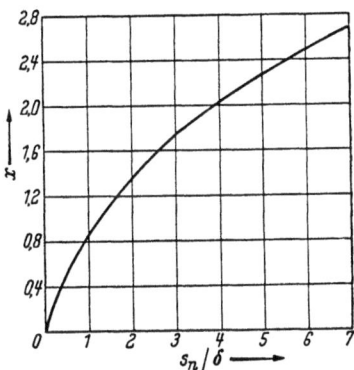

Abb. 33. Faktor x in Abhängigkeit von $\frac{s_n}{\delta}$ (nach ARNOLD)

rungsweisen Ermittlung der zusätzlichen Eisenverluste Schaulinien des Zuschlagsfaktors k_{Fe} in Abhängigkeit von $b_n/\delta \cdot \tau_n/\delta$ angegeben worden[2], die in der Abb. 35 wiedergegeben sind. Diese Schaulinien fußen — ebenso wie die der Abb. 34 — auf den Mittelwerten aus einer großen Anzahl von Messungen an ausgeführten Maschinen.

---

[1] NÜRNBERG setzt für Asynchronmaschinen die Eisenverluste einschl. der Pulsationsverluste proportional dem Quadrat des CARTERschen Faktors.
[2] Vgl. RZIHA, Starkstromtechnik, 2. Teil, 1952, S. 482.

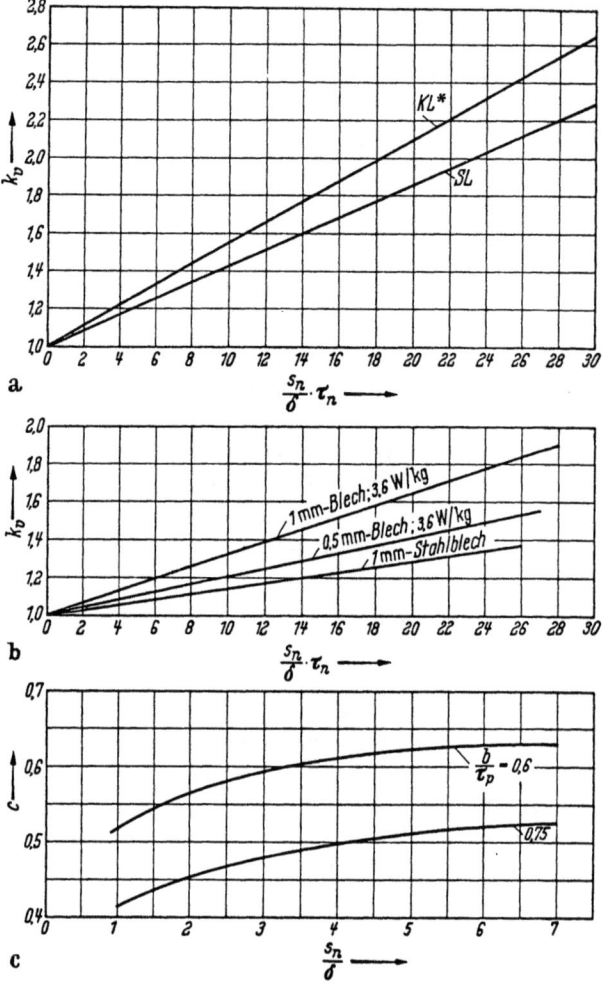

Abb. 34a—c. Zuschlagsfaktor k_v in Abhängigkeit von $\dfrac{s_n}{\delta} \cdot \tau_n$

a) Für *Asynchronmaschinen*
2 W-Bleche im Ständer; 3,6 W-Bleche im Läufer

* Vergrößerung der Wirbelstromverluste infolge Überbrückung der Blechisolation durch Gratbildung bei Bearbeitung der Nuten (z. B. Ausdornen) berücksichtigt!

b) Für *Synchronmaschinen* (Sinuspole)
Die (nur bei genutetem Läufer vorhandenen) Oberflächenverluste im Ständer sind vernachlässigbar gering.

c) Hilfsschaulinien für $\dfrac{b}{\tau p} = 0{,}6$ bzw. 0,75

Die Verluste 27

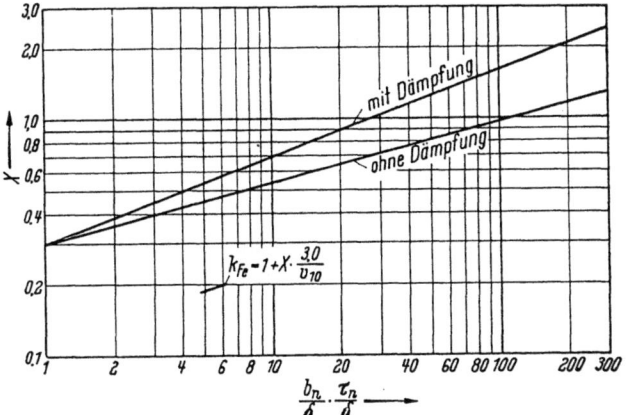

Abb. 35. Zuschlagsfaktor k_{Fe} in Abhängigkeit von $\frac{b_n}{\delta} \cdot \frac{\tau_n}{\delta}$ (nach RZIHA)

2. Die Reibungsverluste

a) **Die Lager- und Luftreibungsverluste.** Die in den Abb. 36 und 37 dargestellten Schaulinien sollen in etwa die Abhängigkeit der auf die Nennleistung N_n bezogenen Lager- und Luftreibungsverluste V_R bei Asynchron- und Synchronmaschinen von der Polzahl $2p$ und bei ver-

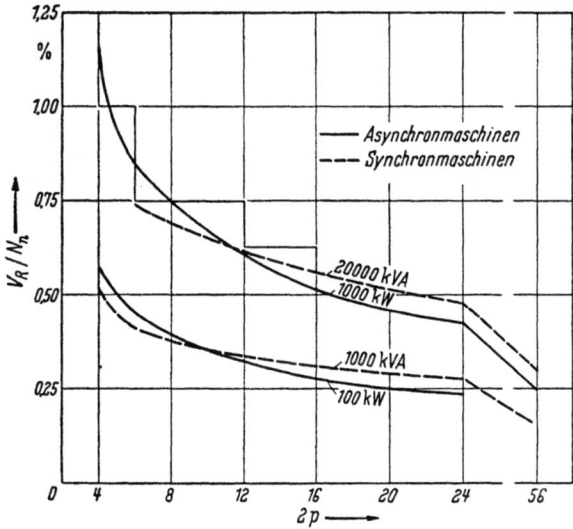

Abb. 36. Relative Reibungsverluste von Asynchron- und Synchronmaschinen in Abhängigkeit von der Polzahl und Nennleistung

schiedenen Nennleistungen (Abb. 36), bei Gleichstrommaschinen von der Ankerumfangsgeschwindigkeit v (Abb. 37) zeigen. Der Abb. 38 können für Synchronmaschinen verschiedener Bauarten mit Einzelpolen sowie für Asynchronmaschinen (mit Ausnahme der zweipoligen) in Abhängigkeit von der Umfangsgeschwindigkeit des Läufers Faktoren k_R in $\dfrac{kW}{m^2 \cdot \left(\dfrac{m}{s}\right)^2}$ entnommen werden, die nach Multiplikation mit dem Bohrungsdurchmesser D_i (m), mit der Eisenlänge L (m) und mit dem Quadrat der Umfangsgeschwindigkeit v (m/s) die Reibungsverluste V_R (kW) ergeben:

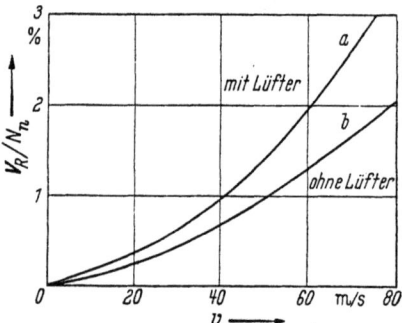

Abb. 37. Relative Reibungsverluste von Gleichstrommaschinen in Abhängigkeit von der Umfangsgeschwindigkeit (nach RZIHA)

$$V_R = k_R \cdot D_i \cdot L \cdot v^2 \cdot 10^{-3} \ [\text{kW}]; \tag{88}$$

die bei Synchronmaschinen mit großen zusätzlichen Schwungmassen größeren Reibungsverluste müssen durch einen Zuschlag berücksichtigt werden. Nach NÜRNBERG gilt mit den obigen Bezeichnungen und

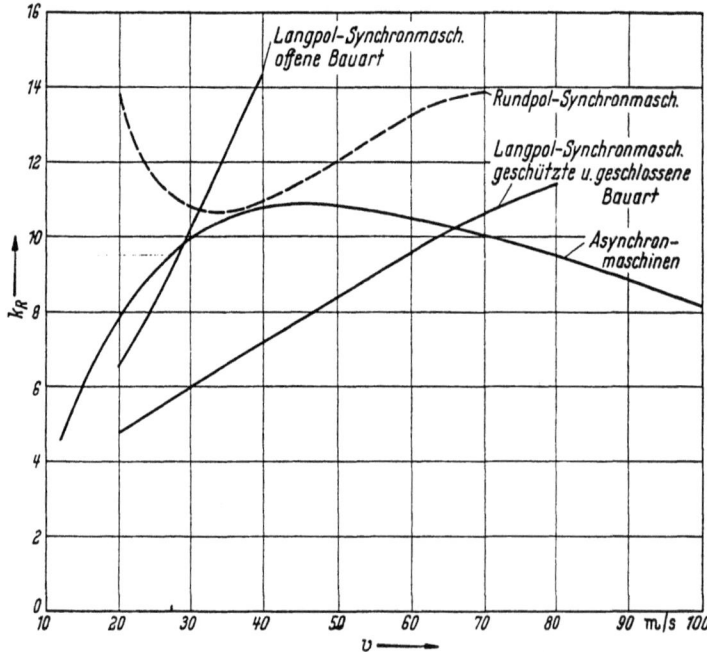

Abb. 38. Reibungsverluste von Rundpol- und Langpol-Synchronmaschinen sowie von Asynchronmaschinen in Abhängigkeit von der Umfangsgeschwindigkeit

Dimensionen für die Reibungsverluste der Asynchronmaschinen (mit Ausnahme der zweipoligen) als erprobte Formel[1]

$$V_R = 8 \cdot 10^{-3} \cdot D_i \, (L + 0{,}15) \cdot v^2 \; [\text{kW}]. \tag{89}$$

Es ist bekannt, daß bei Verwendung von Wasserstoff als Kühlmittel die Ventilationsverluste wesentlich geringer sind als bei Luftkühlung (bei 3000tourigen Turbogeneratoren etwa 10%).

b) Die Bürstenreibungsverluste V_B werden aus der Auflagefläche F_b aller Bürsten, dem Bürstenauflagedruck p_b (kg/cm²), der Reibungszahl μ_b der Bürsten und der Umfangsgeschwindigkeit v_k (m/s) des Kommutators zu

$$V_B = 9{,}81 \cdot 10^{-3} \cdot F_b \cdot p_b \cdot \mu_b \cdot v_k \; [\text{kW}] \tag{90}$$

ermittelt; als Mittelwerte können $p_b = 0{,}2$ und $\mu_b = 0{,}2$ angenommen werden.

3. Die Verluste bei Last

a) Die Wicklungsverluste. α) *Ohmsche Verluste.* Die in einer Wicklung mit dem Gleichstromwiderstand R (Ohm) von dem Gleichstrom oder — unter der Annahme gleichmäßiger Verteilung über den Leiterquerschnitt — von dem Effektivwert des Wechselstromes J (Amp) erzeugten Wicklungsverluste sind

$$V_W = J^2 \cdot R \cdot 10^{-3} \; [\text{kW}] \quad \text{mit} \quad R = \frac{\varrho \cdot 2W \cdot l_t}{a_1 \cdot q} \; [\text{Ohm}]; \tag{91}, (92)$$

hierin ist

ϱ der spezifische Widerstand des Leitermaterials $\left(\dfrac{\text{Ohm} \cdot \text{mm}^2}{\text{m}}\right)$,

l_t die mittlere Leiterlänge (m),

$W = \dfrac{z/a_2}{2}$ die Zahl der hintereinander geschalteten Windungen,

Z die Zahl der hintereinander geschalteten Einzelleiter (a_2-fache Parallelschaltung),

a_1 die Zahl der parallelen Wicklungszweige,

q der Leiterquerschnitt (mm²).

Für den spezifischen Widerstand ϱ gilt in Abhängigkeit von der Temperatur

$$\varrho_t = \varrho_{20} \left[1 + \alpha'(t - 20)\right] \left[\frac{\text{Ohm} \cdot \text{mm}^2}{\text{m}}\right], \tag{93}$$

---

[1] Vgl. auch R. RICHTER: Kurzes Lehrbuch der elektr. Maschinen. Berlin/Göttingen/Heidelberg: Springer 1949, Gl. 152.

wobei ϱ_{20} der spezifische Widerstand bei 20 °C und α' der Temperaturkoeffizient ist; in der Tab. 3 sind die Werte α', $1 + \alpha'(t-20)$, ϱ_{20} und ϱ_{75} der gebräuchlichsten Materialien zusammengestellt. Formeln zur Bestimmung der mittleren Leiterlänge werden bei den einzelnen Maschinenarten angegeben werden.

Tabelle 3. α, ϱ_{20}, $1 + \alpha(t-20)$, ϱ_{75} der gebräuchlichsten Leitermaterialien

Leitermaterial	$\alpha' \cdot 10^{3*}$ [°C]$^{-1}$	ϱ_{20} $\Omega \cdot$ mm^2/m	$1 + \alpha(t-20)$ für $t = 75°$	ϱ_{75} $\Omega \cdot$ mm^2/m
Kupfer	3,9	0,01785	1,215	0,0215
Aluminium	3,7	0,0305	1,205	0,0365
Messing	1,5	0,0645	1,085	0,07

* Lt. Hütte IV A, 1957.

β) *Zusätzliche Wicklungsverluste.* Die wahren Wicklungsverluste in den von Wechselströmen durchflossenen Leitern sind höher als die mit dem Gleichstromwiderstand R errechneten Werte. Zu den Ohmschen Verlusten nach Gl. (91) treten bei Wechselstrom- und Gleichstromwicklungen sowohl die vom Nutenquerfeld herrührenden *Stromverdrängungs*verluste als auch durch das Hauptfeld verursachte Zusatzverluste hinzu.

Die ungleichmäßige Verteilung der Stromdichte über der Leiterhöhe infolge der vom Nutenquerfeld verursachten Stromverdrängung ist in der Abb. 39 für einen Stab je Nut bzw. für zwei übereinander angeordnete Stäbe je Nut dargestellt. Bei Leitern, die aus mehreren *übereinander* angeordneten parallel geführten Teilleitern zusammengesetzt sind, tritt außer der Stromverdrängung in den Teilleitern ein Ausgleich ihrer verschieden großen Ströme auf, der sich wie die Stromverdrängung durch eine Erhöhung der Verluste gegenüber den Ohmschen Verlusten auswirkt.

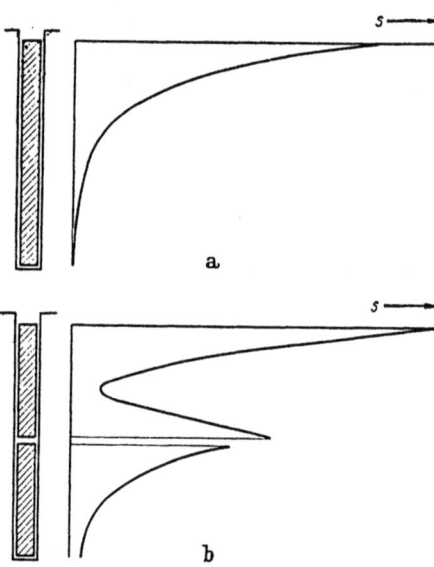

Abb. 39a u. b. Verteilung der Stromdichte über der Leiterhöhe bei einer Wicklung (a) mit 1 Stab je Nut bzw. (b) mit 2 Stäben je Nut (nach LIWSCHITZ)

Die zusätzlichen Verluste V_{zus_1} (kW) infolge der Ausgleichsströme zwischen den einzelnen Teilleitern bzw. die mittleren zusätzlichen Verluste V_{zus_2} (kW) in den Teilleitern infolge der Stromverdrängung ergeben sich (bei Vernachlässigung der Teilleiterisolation) näherungsweise aus den Gleichungen[1]

für Einschichtwicklungen:

$$\frac{V_{zus_1}}{V_w} = \frac{0{,}15}{[1 + \alpha'(t-20)]^2} \cdot \left(\frac{\chi}{\chi_{Cu}}\right)^2 \cdot \left(\frac{f}{50}\right)^2 \left(\frac{l}{l_l} \cdot r \cdot \frac{n^2 \cdot h_t^2}{m}\right)^2, \qquad (94)$$

für *unverdrillte* Zweischichtwicklungen:

$$\frac{V_{zus_1}}{V_w} = \frac{0{,}007}{[1 + \alpha'(t-20)]^2} \cdot \left(\frac{\chi}{\chi_{Cu}}\right)^2 \cdot \left(\frac{f}{50}\right)^2 \left(\frac{l}{l_l} \cdot r \cdot \frac{n^2 \cdot h_t^2}{m}\right)^2, \qquad (94\text{a})$$

für Einschicht- und Zweischichtwicklungen:

$$\frac{V_{zus_2}}{V_w} = \frac{0{,}15}{[1 + \alpha'(t-20)]^2} \cdot \frac{l}{l_l} \cdot \left(\frac{\chi}{\chi_{Cu}}\right)^2 \cdot \left(\frac{f}{50}\right)^2 (r \cdot m \cdot h_t^2)^2 \cdot \psi \qquad (95)$$

mit $\psi = 0{,}44 + 0{,}55 \cdot s/\tau_p$ für Dreiphasenwicklungen bis $s/\tau_p = 2/3$ und $r = \frac{b_L}{b_n} \cdot \frac{h_t'}{h_t}$. Hierin bedeutet

χ die Leitfähigkeit des Leitermaterials (χ_{Cu} für Kupfer),

f die Frequenz des Wechselstromes,

l/l_l das Verhältnis der Eisenlänge zur mittleren Leiterlänge,

h_t die Höhe eines Teilleiters in cm (h_t' einschl. Isolation),

n die Anzahl der Teilleiter übereinander (Abb. 40),

m die Anzahl der Leiter je Spulenseite übereinander,

b_L/b_n das Verhältnis der Leiterbreite zur Nutbreite.

Durch Verdrillung der Teilleiter im Spulenkopf wird eine wesentliche Verminderung der durch die Ausgleichsströme zwischen den Teilleitern erzeugten zusätzlichen Verluste erreicht.

Die Gln. (94) und (95) gelten nur unter der bei den ein- und zweischichtigen Wicklungen aus wickeltechnischen Gründen verwirklichten

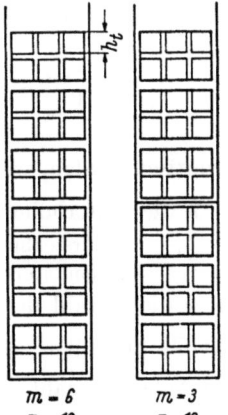

$m=6$ $m=3$
$n=12$ $n=12$
Einschicht-   Zweischichtwicklung   wicklung

Abb. 40. Zur Erläuterung der Gl. (94) und (95)

Bedingung, daß die Teilleiterhöhe $h_t < 1$ cm ist. Bei Stabwicklungen ist diese Bedingung nicht erfüllt, so daß für diese die angegebenen Näherungsgleichungen nicht mehr gelten; die genauen Gleichungen werden im Abschnitt über die Stromverdrängungsläufer der Asynchronmotoren angegeben. In allen Fällen — außer bei den eben genannten Strom-

---

[1] Vgl. SUMMERS: Trans. AJEE 1927, S. 101ff.

verdrängungsläufern — ist man bei Wechselstromwicklungen bestrebt, die sog. „kritische Leiterhöhe" h_{krit} (cm) nicht zu überschreiten, da bei einer Leiterhöhe $> h_{krit}$ — also trotz Vergrößerung des Leiterquerschnittes — die Wicklungsverluste nicht geringer werden. Für die kritische Leiterhöhe gilt bei Einschichtwicklungen

$$h_{krit} \approx \frac{1{,}32}{\alpha \cdot \sqrt{m}}, \qquad (96)$$

bei Zweischichtwicklungen

$$h_{krit} \approx \frac{1{,}41}{\alpha \cdot \sqrt{m}}, \qquad (96a)$$

wobei

$$\alpha = 2\pi \sqrt{\frac{b_L}{b_n} \cdot \frac{f}{\varrho \cdot 10^5}} \quad [\text{cm}^{-1}], \qquad (97)$$

b_L die Leiterbreite, b_n die Nutbreite und ϱ der spezifische Widerstand $\left(\frac{\text{Ohm} \cdot \text{mm}^2}{\text{m}}\right)$ des Leitermaterials ist. Die auch bei den von Wechselstrom durchflossenen Gleichstromankerwicklungen infolge des Nutenquerfeldes auftretenden Stromverdrängungsverluste — die Stromwendeverluste — können näherungsweise aus der Gleichung

$$\frac{V'_{zus}}{V_{w_a}} = \frac{l}{l_a} \frac{3\xi^2}{2+\gamma} \quad \text{mit} \quad \gamma = \frac{31}{\xi^2} \cdot \frac{\frac{b_b}{\tau_k} + u - 1}{\frac{k}{p}} \qquad (98), (99)$$

ermittelt werden, wobei

h die Leiterhöhe (cm), $\xi = \alpha \cdot h$ die reduzierte Leiterhöhe (cm), $\frac{b_b}{\tau_k} = \frac{\text{Bürstenbreite}}{\text{Kommutatorteilung}}$, $\frac{k}{p}$ die Segmentzahl je Polpaar,

u die Anzahl der in der Nut nebeneinanderliegenden Stäbe ist; in der Gl. (97) für α ist $f = \frac{p \cdot n}{60}$ die Ankerfrequenz und n (Umdr./min) die Ankerdrehzahl. Für die „kritische Stabhöhe" gelten bei Annahme einer unendlich kleinen Kurzschlußzeit T_k bzw. bei beliebiger Kurzschlußzeit die Gleichungen

$$h_{krit} = \frac{\sqrt{3\pi}}{2m\alpha} \sqrt{\frac{l}{l_l}} \; [\text{cm}] \quad \text{bzw.} \quad h_{krit} \approx \frac{1{,}2}{\alpha} \sqrt[3]{\frac{l}{l_l}} \sqrt{2f \cdot T_k} \; [\text{cm}]; \qquad (100), (100a)$$

die Kurzschlußzeit T_k ist die von einem Punkt am Kommutatorumfang für den Weg $b_b + (u-1)\tau_k$ benötigte Zeit.

Außer vom Nutenquerfluß werden auch von dem bei hohen Zahnsättigungen in den Nutenraum eindringenden Hauptfluß zusätzliche

---

* Vgl. DREYFUS: E. u. M. 1914, S. 281 u. Arch. f. El. 1915, S. 273.

Wirbelstromverluste in den Leitern erzeugt. Für diese Verluste, die bereits im Leerlauf vorhanden und nur in geringem Maße von der Belastung abhängig sind, gilt (bei scheinbaren Zahninduktionen $B'_z >$ 16 000 Gauß) für große Gleichstrommaschinen näherungsweise die Gleichung

$$\frac{V''_{zus}}{V_{wa}} = \frac{l}{l_a} \left[\left(\frac{2 q_0 \cdot q_u}{q_0 + q_u} \right) c \cdot h \cdot \frac{1}{\varrho} \cdot f \left(\frac{B'_z}{1000} - 16 \right) \cdot 10^{-4} \right]^2 \frac{1}{(J/2a)^2}, \quad (101)$$

wobei $c = 2{,}5$ für normale große Gleichstrommaschinen anzusetzen ist.

Während sich der Strom in den in der Luft liegenden Spulenteilen, also in den Spulenköpfen, in der Regel gleichmäßig verteilt, kann bei großen Maschinen und großen Wickelkopf- und Leiterquerschnitten eine ungleichmäßige Stromverteilung auftreten. Es wird davon abgesehen, für die hieraus sich ergebenden zusätzlichen Wicklungsverluste Näherungsgleichungen anzugeben, denen zu viele Annahmen zugrunde liegen; eine Abschätzung wird gewöhnlich genügen.

b) Die zusätzlichen Eisenverluste bei Last. Eisenverluste bei Last werden durch die in der Ankerfeldkurve enthaltenen Oberwellen 5., 7., 11., 13., ... Ordnung und die ihnen überlagerten Zahnoberwellen hervorgerufen. Während die von den Oberwellen der Ankerfeldkurve im geblätterten Eisen erzeugten *Oberflächenverluste* gering sind, können die Läuferoberflächenverluste bei Synchronmaschinen mit massiven Polschuhen nicht unbeachtlich sein. Für diese Läuferoberflächenverluste gilt die Gleichung

$$V_{0_{zus_1}} = p \cdot l \cdot (A_1 \cdot \tau_p)^2 \cdot f \cdot C_1 \cdot 10^{-10} \; [\text{W}], \quad (102)$$

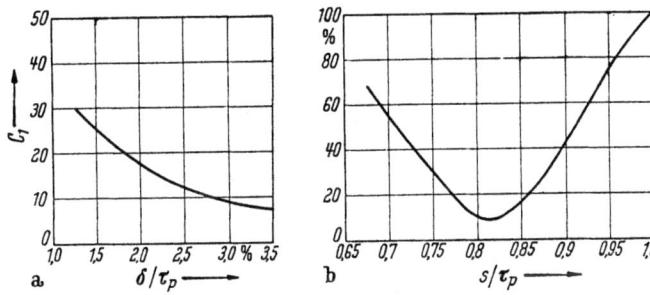

Abb. 41. a) Faktor C_1 in Abhängigkeit von $\frac{\delta}{\tau_p}$; b) Einfluß der Sehnung $\frac{s}{\tau_p}$ auf den Faktor C_1 (nach LIWSCHITZ)

wobei A_1 (A/cm) der Strombelag im Ständer, τ_p die Polteilung (cm) und C_1 eine im wesentlichen von dem Verhältnis δ/τ_p und der Sehnung s/τ_p abhängiger Faktor ist, welcher der Abb. 41 entnommen werden kann.

Für die durch die Zahnoberfelder erzeugten *Oberflächenverluste* gilt (bei Sinusfeldpolen) die Gleichung

$$V_{0_{zus_2}} = 0{,}79 \cdot \frac{k_0}{2} \left(\frac{N \cdot n}{10^4}\right)^{1{,}5} \cdot \left(\frac{\tau_n}{\delta}\right)^2 \cdot \left(\frac{A_1 \cdot \tau_n}{10^3}\right)^2 \cdot C_2 \cdot \pi D_i \cdot l \ [\text{W}], \qquad (103)$$

wobei die Nutteilung τ_n in cm, der Bohrungsdurchmesser D_i und die Eisenlänge l in m einzusetzen sind; der Faktor C_2 ist in Abhängigkeit von τ_n/δ und s_n/δ den Schaulinien der Abb. 42 zu entnehmen (bei Rechteckfeldpolen ist k_0 statt $\frac{k_0}{2}$ zu setzen).

Zu den zusätzlichen Eisenverlusten bei Last gehören auch die vom Ankerstrom im Wickelkopfraum hervorgerufenen Verluste, die *Stirnraumverluste*; eine verläßliche Formel zur Vorausberechnung kann nicht angegeben werden.

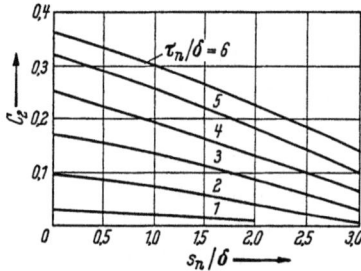

Abb. 42. Faktor C_2 in Abhängigkeit von $\frac{s_n}{\delta}$ und $\frac{\tau_n}{\delta}$ (nach LIWSCHITZ)

Näherungswerte für die Zusatzverluste von Induktions- und Kommutatormaschinen bei Vollast sind der Tafel 12 des § 61 der REM 1959[1] zu entnehmen; es wird angenommen, daß sich die Zusatzverluste quadratisch mit dem Belastungsstrom ändern.

c) **Die Bürstenübergangsverluste.** Der beim Stromübergang zwischen Bürsten und Kommutator bzw. Bürsten und Schleifringen auftretende Spannungsabfall u_b (Volt), dessen Größe von der Bürstenstromdichte, der Stromrichtung, dem Auflagedruck, der Umfangsgeschwindigkeit und der Lauflächenbeschaffenheit abhängt, ergibt — mit dem Ankerstrom (bei Gleichstrommaschinen und Einphasen-Kommutatormaschinen) bzw. mit dem Effektivwert des Wechselstromes einer Phase (bei Drehstrommaschinen) multipliziert — die Bürstenübergangsverluste

$$V_{B_{\ddot{u}b}} = u_b \cdot J \cdot 10^{-3} \ [\text{kW}]; \qquad (104)$$

nach § 60 d der REM 1959 ist bei der Berechnung der Bürstenübergangsverluste als Spannungsabfall unter einer Bürstenreihe für kohle- und graphithaltige Bürsten 1,0 V, für metallhaltige Bürsten 0,3 V einzusetzen.

D. Die Erwärmung

Die Verluste der elektrischen Maschinen, die fast ausschließlich im aktiven Material — d. h. in der Wicklung und im aktiven Eisen — ent-

---

[1] Regeln für elektrische Maschinen (VDE 0530/3.59).

stehen, werden in Wärme umgesetzt. Die durch die Wärmeerzeugung bewirkte Temperaturerhöhung (Übertemperatur) ist um so geringer, je besser der Wärmeausgleich im aktiven Material und je größer seine Wärmeabgabefähigkeit an die Umgebung ist. Da die Temperaturerhöhung mit Rücksicht auf die Lebensdauer der elektrischen Maschinen in bestimmten von den elektrotechnischen Verbänden vorgeschriebenen Grenzen (z. B. VDE 0530/3.59, Regeln für elektrische Maschinen) gehalten werden muß, ist ihre Vorausbestimmung wünschenswert. Die Vorausbestimmung ist aber — im Vergleich zu anderen technischen Aufgaben — schwierig, da eine vollständige theoretische Behandlung nicht möglich ist, so daß in der Regel immer wieder auf Versuchsergebnisse zurückgegriffen werden muß, deren Gültigkeit und Brauchbarkeit für einen vorliegenden Fall jeweils abzuschätzen ist.

1. Die Wärmeleitfähigkeiten der aktiven Materialien und Isolierstoffe

Für alle Erwärmungs-Vorausberechnungen ist die Kenntnis der Wärmeleitfähigkeit der verwendeten Materialien Grundbedingung. Die in der folgenden Zusammenstellung angegebenen spezifischen Wärmeleitfähigkeiten λ sind unter Umrechnung auf den Maßstab $\frac{W}{m \cdot °C}$ dem folgenden Schrifttum entnommen:

[1] LANDOLT-BÖRNSTEIN: Physikalisch-chemische Tabellen, Berlin: Springer 1923—1936.
[2] WIEN-HARMS: Handbuch der Experimentalphysik, Leipzig: Akademische Verlagsgesellschaft 1929.
[3] LISCHWITZ, M.: Die elektrischen Maschinen, 3. Bd. Leipzig u. Berlin: Teubner 1934.
[4] MEISSNER: Isolierstoffe mit erhöhter Wärmeleitfähigkeit, ETZ 55 (1934) S. 1194.
[5] OBURGER: Die Isolierstoffe der Elektrotechnik, Wien: Springer 1957.
[6] POTTHOFF: Isolierstoffe und Isolierungen, ETZ 79 (1958) S. 877.

Über die Wärmeleitfähigkeit der „keramischen Isolierstoffe für die Elektrotechnik" unterrichtet DIN 40685, über die Wärmeleitfähigkeit werkstattmäßig hergestellter Isolierungen:

POHL: Bestimmung der Wärmeleitfähigkeit werkstattmäßig hergestellter Isolierungen, Arch. f. El. 17 (1927) S. 473.

JANET: Conductibilité calorifique des gaines isolantes. Rev. gén. Electr. 9 (1921) S. 393.

GOTTER, G.: Erwärmung und Kühlung elektrischer Maschinen. Berlin/Göttingen/Heidelberg: Springer 1954.

Stoff	Temp. °C	$\lambda \dfrac{W}{m \cdot °C}$	Quelle
1. Metalle und Legierungen			
Aluminium, $\gamma = 2{,}7$, 99,1%	18	203	[1]
	100	206	[1]
99,6% Aluminium, harter Draht	15	207	[1]
geglühter Draht	15	205	[1]
Constantan (60 C + Ni)	18	20,6	[1]
	100	26,8	[1]
Eisen, roh		4,6	[3]
„ , rein		58÷70	[3]
Eisenbleche für elektrische Maschinen			
unlackiert ‖ zur Fläche	40	42,5	[1]
„ ⊥ „ „	40	0,62	[1]
lackiert ⊥ „ „	20	0,57	[1]
lackiert und asphaltiert ⊥ „ „	20	1,97	[1]
0,5 mm Bleche mit 0,05 mm Papier			
Oberfläche glatt ‖ zur Fläche	60	56,5	[1]
„ „ ⊥ „ „		1,05	[1]
Oberfläche rauh, 0,5 kg/cm² ⊥ „ „	50	0,5	[1]
„ „ , 3,5 kg/cm² ⊥ „ „	50	0,54	[1]
hochlegierte Bleche (Siliziumbleche)			
unlackiert ‖ zur Fläche	40	16,5	[1]
„ ⊥ „ „	20	0,56	[1]
lackiert ⊥ „ „	60	0,52	[1]
lackiert und asphaltiert ⊥ „ „	60	1,94	[1]
Kupfer, reinstes elektrolyt. Cu	0	391	[1]
„ , elektrolyt., besonders rein	0÷100	393	[1]
„ , elektrolyt., sehr rein	0÷100	385	[1]
„ , elektrolyt., rein	30	381	[1]
„ , Handels-Cu		348	[3]
Manganin	18	22,1	[2]
Messing		64÷128	[3]
Neusilber	20	26,8	[2]
Nickel (99%)	18	58,7	[1]
	10	59,3	[2]
Silber, besonders rein	18	450	[1]
		418	[2]
Stahl	10÷100	40÷60	[1]
2. Anorganische Isolierstoffe			
Aluminiumoxyd, gepr. Pulver $\gamma = 1{,}84$	46,8	0,68	[1]
Asbest, $\gamma = 1{,}09$	20	0,16	
Asbestpapier, $\gamma = 0{,}5$, 0,2 mm dick	20	0,093	
„ , $\gamma = 0{,}5$ aus dünnen Lagen			
„ , zusammengestellt	30	0,071	[1]
„ , $\gamma = 0{,}98$	20	0,144	[1]
Asbestpappe, $\gamma = 1{,}93$	20	0,745	[1]
Glas (25 verschiedene Gläser)	45	0,66÷1,14	[1]
Flintglas	12,5	0,6	[1]
Glaswolle, $\gamma = 0{,}051$—$0{,}133$	10	0,042	[1]
„ , $\gamma = 0{,}16$, ‖ zur Faserrichtung	32	0,081	[1]

Stoff	Temp. °C	$\lambda \dfrac{W}{m \cdot °C}$	Quelle
Glaswolle, $\gamma = 0{,}16$, $\perp$ zur Faserrichtung	32	0,038	[1]
Glasseidefaden		0,58÷1,2	[5]
Glimmer	41,3	0,36	[1]
„ , verschiedene Probestücke	50	0,42÷0,59	[1]
Glimmerpräparate			
Mikanitrohr mit 19% Schellack	51,3	0,103	[1]
„ „ 11% „	61,8	0,120	[1]
Preßglimmerplatten, $\gamma = 2{,}26 \div 2{,}43$	60	0,23÷0,303	[1]
Mikanit (Handelsware)	30	0,21÷0,42	[1]
Glimmerband		0,264	[3]
Mikartafolium		0,14/0,232	[3]
Mikartithülsen		0,20/0,24	]3]
Resistit (Micarta)		0,26	[3]
Marmor, $\gamma = 2{,}69$	20	2,44	
Porzellan	95	1,04	[1]
„ , Berliner Porzellan $\gamma = 2{,}26$	20	1,37	
„ , Drehporzellan $\gamma = 2{,}31$	20	1,39	
Schlackenwolle, $\gamma = 0{,}247$	10	0,045	[1]
3. Feste organische Stoffe			
Batist, in Lack getränkt		0,225/0,25	[3]
Baumwolle, $\gamma = 0{,}081$	0÷100	0,057÷0,070	[1]
„ , $\gamma = 0{,}032 \div 0{,}053$, volltrockene Fasern	32	0,034÷0,036	[1]
„ , in Lack getränkt		0,24÷0,27	[3]
„ , schwarzes Diagonalband		0,245	[3]
Fiber, $\gamma = 1{,}22$	20	0,277	[1]
„ , Vulkanfiber, rot	50	0,21÷0,33	[1]
Gummi, vulkanisiert	25	0,134÷0,284	[1]
„ , Hartgummi, $\gamma = 1{,}19$	37,5	0,159	[4]
Holz, Kiefer, $\parallel$ zur Faser	20	0,349	[1]
„ , $\perp$ zur Faser	15	0,151	
„ , Rotbuche, ölgetränkt	20	0,206	
Korkplatten, $\gamma = 0{,}061 \div 0{,}189$	0	0,038÷0,047	[1]
÷0,242	0	0,049÷0,069	[1]
÷0,483	0	0,050÷0,109	[1]
Leder	84	0,176	[1]
Lederspan		0,182/0,202	[3]
Leinwand, grob	50	0,0125	[1]
Leinwandband, gefirnist und getrocknet	63	0,146	[1]
Lackleinen		0,150	[4]
Leinen in Lack getränkt		0,146	[3]
Excelsiorleinen		0,140	[3]
Papier		0,05÷0,13	[4]
„ , lackgetränkt		0,125÷0,167	[4]
„ , Leinenpapier in Öl getränkt		0,142	[3]
„ , „ „ Lack „		0,170	[3]
„ , geleimt		0,135	[3]
„ , geleimt und lackiert		0,165	[3]

Stoff	Temp. °C	λ $\frac{W}{m \cdot °C}$	Quelle
Hartpapier		0,25	[6]
Pappe, $\gamma = 0,79$	0	0,138	[1]
Preßspan, unimprägniert	53,7	0,248	[1]
„ , Fullerboard		0,170/0,174	[3]
„ , ölgetränkt		0,227	[3]
„ , lackiert		0,083÷0,140	[4]
„ , ölgetränkt		0,125÷0,250	[4]
Repelit, $\gamma = 1,32 \div 1,39$		0,303÷0,270	
Seide, $\gamma = 0,101$		0,044÷0,051	[1]
	50	0,057	[1]
	100	0,059	[1]
„ , mit Luft gemischt	9	0,026	
4. Flüssige Isolierstoffe, Tränkmittel und Gase			
Asphalt		0,70	[3]
Clophen		0,100÷0,110	
Compoundmasse, normal		0,096	[4]
Helium		0,141	[3]
Kohlendioxyd		0,014	[3]
Luft, frei von CO_2	0	0,0245	[1]
„ , frei von CO_2, trocken	24	0,0251	[1]
„ , ganz dünne Luftschichten		0,025÷0,050	[4]
„ , 0,3 mm-Schicht	20	0,0281	
Öle			
Petroleum	13	0,148	[1]
„ , (Kaiseröl)	17	0,160	[1]
Transformatorenöl, $\gamma = 0,841$	20	0,134	[1]
„ ,		0,165	[3]
„ , geringer Umlauf		0,125÷0,200	[4]
„ , guter Umlauf		0,31÷0,42	[4]
Schweröl		0,100÷0,125	[4]
Paraffin, $\gamma = 0,87$	14	0,247	[1]
Sauerstoff		0,237	[3]
Wasserstoff	0	0,170÷0,175	[1]
Wasser	4,1	0,540	[1]
	7,8	0,564	[1]
	12	0,570	[1]
5. Verschiedenes			
Silikongummi		0,3	[5]
Lackglasband		0,22	
Glasseide + Glimmer		0,16	
Epoxydharz-Glasseidenhartgewebe		0,29	[6]
Epoxydharz		0,23	[6]
Bitumen mit 150% Quarzmehl		0,88	[6]
Epoxydharz mit 200% Quarzmehl		0,98	[6]
Schellackhülse		0,22	
Kunstharzhülse		0,33	
Thermalasticisolation		0,25	

Zur Umrechnung der in anderen Maßstäben angegebenen Wärmeleitfähigkeit λ bzw. des Wärmewiderstandes $\varrho_t \left(\text{in Wärmeohm } \Omega_t = \frac{\text{cm} \cdot {}^\circ\text{C}}{\text{W}}\right)$ wurden die folgenden Umrechnungsformeln verwendet:

$$\lambda \left[\frac{\text{W}}{\text{m} \cdot {}^\circ\text{C}}\right] = 100 \cdot \lambda \left[\frac{\text{W}}{\text{cm} \cdot {}^\circ\text{C}}\right] = 0{,}1 \cdot \lambda \left[\frac{\text{m W}}{\text{cm} \cdot {}^\circ\text{C}}\right] = \frac{100}{\varrho_t \, [\Omega_t]}$$

$$= 418{,}4 \cdot \lambda \left[\frac{\text{cal}}{\text{cm} \cdot \text{s} \cdot {}^\circ\text{C}}\right] = \frac{1}{0{,}86} \cdot \lambda \left[\frac{\text{kcal}}{\text{m} \cdot \text{h} \cdot {}^\circ\text{C}}\right]. \quad (105)$$

In vielen Fällen ist der Werkstoff durch die Angabe seines spez. Gewichtes γ (g/cm^3) besonders gekennzeichnet worden.

Es ist nützlich, für einige Materialien den spezifischen Wärmewiderstand ϱ_t — d. h. den Kehrwert der Wärmeleitfähigkeit λ — auf denjenigen des Kupfers ϱ_{t_a} bezogen anzugeben (Tab. 4); hieraus ist ersichtlich, daß

Tabelle 4. *Wärmeleitfähigkeit verschiedener Stoffe*

Stoff	$\dfrac{\lambda}{\frac{\text{W}}{\text{m} \cdot {}^\circ\text{C}}}$	$\dfrac{\varrho_t}{\varrho_{t_{Cu}}} = \dfrac{\lambda_{Cu}}{\lambda}$
Kupfer	381	1,0
Aluminium	206	1,85
Papier, lackgetränkt	0,125÷0,167	3050÷2280
Preßspan (unimprägniert)	0,248	1535
Mikanit	0,21÷0,42	1815÷910
Glasseide + Glimmer	0,16	2380
Silikongummi	0,3	1270
Schellackhülse	0,22	1730
Kunstharzhülse	0,33	1155
Thermalasticisolation	0,25	1525
Luft	0,0245	15550
Wasserstoff	0,170÷0,175	2240÷2170

die üblichen Isolierstoffe und dünne Wasserstoffschichten den etwa 2000fachen, dünne Luftschichten den etwa 15000fachen Wärmewiderstand des Kupfers haben.

Die Längswärmeleitfähigkeit der Dynamobleche ist je nach der Blechsorte 30 bis 100mal so groß wie die Querwärmeleitfähigkeit; diese ist bei Blechpaketen außer von der Blechsorte noch vom Pressungsdruck und vom Füllfaktor abhängig[1].

---

[1] Vgl. G. Gotter.: Erwärmung und Kühlung elektrischer Maschinen, Springer Berlin/Göttingen/Heidelberg 1954, Abschn. II A.

2. Die Wärmeübertragung durch Leitung

Die Verluste in den Leitern werden mittels *Leitung* durch die Wicklungsisolation hindurch an die Oberfläche befördert. Zur rechnerischen Verfolgung dieses Vorganges ist es zweckmäßig, die formale Analogie zwischen elektrischen und Wärmeströmungen zu nutzen. Dem Ohmschen Gesetz der Stromleitung $U = J \cdot R$ entspricht das Wärmegesetz

$$\Delta t = r \cdot W \qquad \text{mit} \qquad r = \frac{\delta}{\lambda \cdot F}, \qquad (106), (107)$$

wobei die Übertemperatur Δt (Temperaturspanne) der elektrischen Spannung U, der Wärmestrom W (Watt) dem elektrischen Strom J und der Wärmewiderstand r dem Ohmschen Widerstand R entspricht; F ist die Querschnittsfläche des Wärmestromes (m²), δ die Dicke der jeweiligen Isolationsschicht (m), λ die Wärmeleitfähigkeit $\left(\frac{W}{m \cdot °C}\right)$. Da die Isolation einer Wicklung aus mehreren Schichten verschiedener Stärke und verschiedenen Materials (verschiedener Wärmeleitfähigkeit) zusammengesetzt ist, ergibt sich die Übertemperatur aus

$$\Delta t = W(r_1 + r_2 + \cdots) = \frac{W}{F}\left(\frac{\delta_1}{\lambda_1} + \frac{\delta_2}{\lambda_2} + \cdots\right) = \frac{W}{F} \frac{\delta_1 + \delta_2 + \cdots}{\lambda_s} \qquad (108)$$

mit der resultierenden spezifischen Wärmeleitfähigkeit

$$\lambda_s = \frac{\delta_1 + \delta_2 + \cdots}{\frac{\delta_1}{\lambda_1} + \frac{\delta_2}{\lambda_2} + \cdots} \qquad \left[\frac{W}{m \cdot °C}\right] \qquad (109)$$

und der resultierenden totalen Wärmeleitfähigkeit

$$\lambda_t = \frac{\lambda_s}{\delta_1 + \delta_2 + \cdots} = \frac{1}{\frac{\delta_1}{\lambda_1} + \frac{\delta_2}{\lambda_2} + \cdots} \qquad \left[\frac{W}{m^2 \cdot °C}\right]. \qquad (110)$$

Anmerkung. Auch die Querwärmeleitfähigkeit λ_q der Eisenbleche ist als resultierende Wärmeleitfähigkeit mehrerer Schichten zu bestimmen, nämlich des Eisenbleches mit der Längswärmeleitfähigkeit λ_l, der Papier- bzw. Lackschicht und der Luftschicht.

Zahlenbeispiel. 0,35 mm-Blech mit $\lambda_l = 20 \frac{W}{m \cdot °C}$, Papierschicht 20 μ mit $\lambda_{Pap} = 0,1 \frac{W}{m \cdot °C}$ bzw. Lackschicht mit $\lambda_{Lack} = 0,3 \frac{W}{m \cdot °C}$, Luftschicht 1 μ mit $\lambda_L = 0,029 \frac{W}{m \cdot °C}$.

$$\lambda_q = \frac{(20 + 1 + 350) \cdot 10^{-6}}{\left(\frac{20}{0,1} + \frac{1}{0,029} + \frac{350}{20}\right) \cdot 10^{-6}} = 1,47$$

bzw. $\lambda_q = \dfrac{(20 + 1 + 350) \cdot 10^{-6}}{\left(\dfrac{20}{0,3} + \dfrac{1}{0,029} + \dfrac{350}{20}\right) 10^{-6}} = 3,13.$

Bei einer *Wasserstoff*schicht $1\,\mu$ mit $\lambda_{H2} = 0{,}175\,\frac{W}{m \cdot °C}$ ergibt sich bei papierisolierten Blechen $\lambda_q = 1{,}66$, bei lackisolierten Blechen $\lambda_q = 4{,}13$[1].

Für die resultierende totale Wärmeleitfähigkeit $\lambda_t\left(\frac{W}{m^2 \cdot °C}\right)$ der Ständernutisolation luftgekühlter Wechselstrommaschinen in Abhängigkeit von der Nennspannung wie auch der Läufernutisolation luftgekühlter Gleichstrom- und Asynchronmaschinen in Abhängigkeit von der Nennspannung bzw. von der Stillstandsspannung sind früher[2] Schaulinien angegeben worden. Sie werden hier nochmals wiedergegeben (Abb. 43 und 44), um die grundsätzliche Abhängigkeit der totalen Wärmeleitfähigkeit λ_t von der Maschinenlänge zu zeigen: die geringere Wärmeleitfähigkeit der langen Maschine gegenüber der kurzen Maschine ergibt sich, weil bei ihr aus mechanischen Gründen eine dickere Hülse gewählt wird und außerdem das Spiel zwischen Hülse und Nutenwand größer ist als bei der kurzen Maschine.

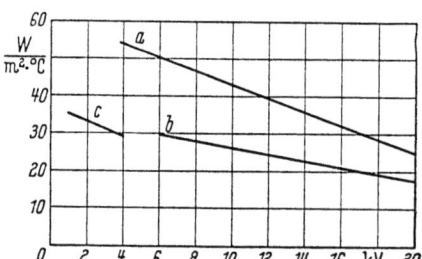

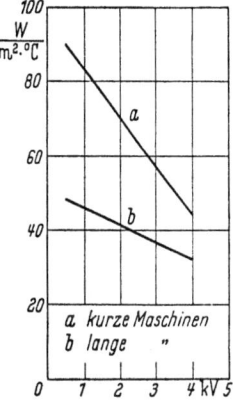

Abb. 43. Resultierende totale Wärmeleitfähigkeit der Ständernutisolation von Wechselstrommaschinen in Abhängigkeit von der Nennspannung (nach LIWSCHITZ)

a kurze Maschinen
b lange Maschinen } Isolation nach kl. B der REM

c Isolation nach Kl. A der REM

Abb. 44. Resultierende totale Wärmeleitfähigkeit der Läufernutisolation von Gleichstrom- und Asynchronmaschinen in Abhängigkeit von der Nennspannung bzw. Stillstandsspannung (Mikartitisolation) (nach LIWSCHITZ)

3. Die Wärmeübertragung durch Strahlung

Die Strahlung als elektromagnetischer Vorgang vollzieht sich bei den im Elektromaschinenbau vorkommenden Anordnungen in ruhiger oder auch bewegter Luft in praktisch gleicher Weise wie im Vakuum. Die der Strahlung entsprechende Wärmeübergangszahl ist

$$\alpha_s = \frac{w_s}{\vartheta_W - \vartheta_R}\left[\frac{W}{m^2 \cdot °C}\right] \text{ mit } w_s = C_W\left[\left(\frac{T_W}{100}\right)^4 - \left(\frac{T_R}{100}\right)^4\right]\left[\frac{W}{m^2}\right], \quad (111), (111a)$$

---

[1] Vgl. hierzu G. GOTTER: Erwärmung und Kühlung elektr. Maschinen, Berlin/Göttingen/Heidelberg: Springer 1954, Tab. 2 u. 3.

[2] LIWSCHITZ-RAYMUND: Zur Frage der Erwärmung elektr. Maschinen, Wiss. Veröff. Siemens Bd. XII. 2, S. 64.

wobei

w_s die je Zeit- und Flächeneinheit abgegebene Wärmemenge $\left(\frac{W}{m^2}\right)$,

$T_W = 273 + \vartheta_W$ die absolute Temperatur (°K) der abstrahlenden Fläche,

$T_R = 273 + \vartheta_R$ die absolute Temperatur (°K) des umgebenden Raumes,

$T_W - T_R = \vartheta_W - \vartheta_R$ die Übertemperatur oder Erwärmung (°C),

$C_W = \varepsilon \cdot C_S$ die Strahlungszahl der abstrahlenden Fläche $\left(\frac{W}{m^2 \cdot °K^4}\right)$ des grauen[1] Körpers,

$C_S = 5{,}77$ die bekannte Strahlungszahl des absolut schwarzen Körpers $\left(\frac{W}{m^2 \cdot °K^4}\right)$,

ε das Emissionsverhältnis (= Absorptionsverhältnis bei elektromagnetischer Strahlung) entsprechend Tab. 5 bezeichnet.

Tabelle 5. *Emissionsverhältnis verschiedener Stoffe*

Stoff	ε
Silber, hochglanzpoliert	0,02
Aluminium	0,08
Kupfer, schwach poliert	0,17
Messing, matt	0,2÷0,23
Schmiedeeisen, hoch poliert ..	0,29
„ matt	0,95
Gußeisen, rauh	0,96
Aluminiumlack	0,4÷0,55
Bronzefarbe	0,8
Papier- und Faserisolation ...	0,9
Anstriche, Emaillacke.....	0,8÷0,9
Asbestpapier	0,95

Nimmt man für die im Elektromaschinenbau vorkommenden wärmeabstrahlenden Flächen die Strahlungszahl $C_W = 5 \frac{W}{m^2 \cdot °K^4}$ entsprechend dem mittleren Emissionsverhältnis $\varepsilon = 0{,}87$ an, so ergeben sich bei $\vartheta_R = 20°$ und $\vartheta_w = 30/40/50/60\,°C$, die Wärmeübergangszahlen $\alpha_s = 5{,}86/6{,}16/6{,}47/6{,}8 \frac{W}{m^2 \cdot °C}$, im Mittel $6{,}3 \frac{W}{m^2 \cdot °C}$.

4. Die Wärmeübertragung durch Konvektion

Bei der natürlichen oder freien Konvektion erfolgt die Wärmeübertragung zunächst durch Leitung an das magnetische Medium und die Wärmeabfuhr durch das (infolge des Auftriebes der erwärmten

---

[1] Graue Körper sind solche, die Strahlen aller Wellenlängen gleich stark reflektieren.

Teile) „natürlich" bewegte Medium; bei der erzwungenen Konvektion erfolgt die Wärmeabfuhr durch das künstlich bewegte Medium.

a) Die Wärmeabgabeziffer bei freier Konvektion. RICHTER gibt für die Wärmeabgabeziffer (Wärmeübergangszahl) bei freier Konvektion in Luft die Näherungsgleichung

$$\alpha_k = 6{,}5 + 0{,}05\,(\vartheta_{\mathrm{Ob}} - \vartheta_R)\,\left[\frac{\mathrm{W}}{\mathrm{m}\cdot{}^\circ\mathrm{C}}\right] \qquad (112)$$

an, wobei $\vartheta_{\mathrm{Ob}} - \vartheta_R$ (°C) der Temperaturunterschied zwischen der Oberfläche und der zuströmenden Luft ist; für den Durchschnittswert $\vartheta = 35\,°\mathrm{C}$ ergibt sich hiernach $\alpha_k = 8{,}25\,\frac{\mathrm{W}}{\mathrm{m}^2\cdot{}^\circ\mathrm{C}}$.

Nach GOTTER[1] werden durch die für eine Umgebungstemperatur $\vartheta_R = 20\,°\mathrm{C}$ gültige Näherungsgleichung

$$\alpha_k = 2{,}42\,\sqrt[4]{\vartheta_{\mathrm{Ob}} - \vartheta_R} \qquad (113)$$

praktisch brauchbarere Werte der Wärmeabgabeziffer gewonnen; für $(\vartheta_{\mathrm{Ob}} - \vartheta_R) = 30/40/50/60\,°\mathrm{C}$ ist $\alpha_K = 5{,}66/6{,}09/6{,}44/6{,}74\,\frac{\mathrm{W}}{\mathrm{m}^2\cdot{}^\circ\mathrm{C}}$, im Mittel $6{,}15\,\frac{\mathrm{W}}{\mathrm{m}^2\cdot{}^\circ\mathrm{C}}$. Die angegebenen Werte für die Wärmeabgabeziffer gelten für normale Druckverhältnisse ($p_0 = 760$ Torr); bei abnormalen Druckverhältnissen sind diese Werte bei freier Konvektion mit dem Faktor $\left(\frac{p}{p_0}\right)^{0{,}5}$ zu multiplizieren. Bezeichnet h (km) die Höhe über dem Meeresspiegel, so ist für

h (km)	0	0,5	1	2	3	4	5
$\frac{p}{p_0}$	1,0	0,942	0,887	0,784	0,692	0,608	0,533

b) Die Wärmeabgabeziffer bei erzwungener Konvektion. Es werden im folgenden die nachstehend genannten *dimensionslosen* Kennziffern verwendet[2]:

Die REYNOLDSsche Kennziffer $\quad Re = \dfrac{v\cdot l}{\nu},\qquad (114)$

v Geschwindigkeit des Kühlmittels, ν seine kinematische Zähigkeit, l eine für die betrachtete Anordnung maßgebende Länge;

die PECLETsche Kennziffer $\quad Pe = \dfrac{v\cdot l}{a},\qquad (115)$

$a = \dfrac{\lambda}{C_p}$ die Temperaturleitzahl, C_p die spezifische Wärme;

die NUSSELTsche Kennziffer $\quad Nu = \alpha\cdot\dfrac{l}{\lambda};\qquad (116)$

---
[1] GOTTER, G.: Erwärmung und Kühlung elektrischer Maschinen, Berlin/Göttingen/Heidelberg: Springer 1954.
[2] Vgl. DIN 1341, Ausg. Dez. 1937.

außerdem sind zu nennen:

die PRANDTLsche Kennziffer $\quad Pr = \dfrac{\nu}{a}$, $\hfill$ (117)

die GRASHOFsche Kennziffer $\quad Gr = \dfrac{g \cdot \beta}{\nu^2} \cdot l^3 \cdot \vartheta$ $\hfill$ (118)

(g Fallbeschleunigung, β Wärmeausdehnungszahl).

α) *Die Wärmeübergangszahl der radialen Kühlschlitze.* Wird die abgegebene Wärmemenge auf die Differenz $\vartheta = \vartheta_W - \vartheta_K$ zwischen der als konstant angenommenen Schlitzwandtemperatur ϑ_W und der Kühlmitteltemperatur ϑ_K bezogen, so kann die Wärmeübergangszahl der radialen Kühlschlitze bei Luftkühlung aus den folgenden Gleichungen[1] ermittelt werden:

$$\alpha = C_p \cdot v_k \cdot 0{,}65 \cdot \left(\frac{2l}{d}\right)^{-0{,}214} \cdot \left(\frac{N_u}{P_e} \cdot \xi_W\right)^{0{,}786} \left[\frac{\mathrm{W}}{\mathrm{m}^2 \cdot {}^\circ\mathrm{C}}\right], \hfill (119)$$

$$\frac{N_u}{P_e} = \frac{0{,}0356}{1 - 0{,}418 \cdot Re^{-0{,}10}} \cdot \frac{1}{\sqrt[4]{Re}}, \quad \xi_W = 1{,}128 \left(\frac{Re}{92{,}7} \cdot \frac{d}{l}\right)^{0{,}175}, \hfill (120),(121)$$

wobei C_p die spezifische Wärme $\left(\dfrac{\mathrm{Ws}}{\mathrm{m}^3 \cdot {}^\circ\mathrm{C}}\right)$, v_k die Luftgeschwindigkeit $\left(\dfrac{\mathrm{m}}{\mathrm{s}}\right)$, ξ_W der Wirbelfaktor, d die Kühlschlitzbreite (cm) und l die Kühlschlitzlänge (cm) ist; bei der REYNOLDSschen Kennziffer $Re = \dfrac{v \cdot d}{\nu}$ ist die Luftgeschwindigkeit in $\dfrac{\mathrm{cm}}{\mathrm{s}}$ und die kinematische Zähigkeit in $\dfrac{\mathrm{cm}^2}{\mathrm{s}}$ einzusetzen.

Bei Wasserstoff als Kühlmittel gilt die Gleichung

$$\frac{N_u}{P_e} = \frac{0{,}0356}{1 - 0{,}494 \cdot Re^{-0{,}10}} \cdot \frac{1}{\sqrt[4]{Re}}. \hfill (120\mathrm{a})$$

In der Tab. 6 sind die Werte C_p und ν bei Normaldruck in Abhängigkeit von der Übertemperatur $\vartheta = \vartheta_W - \vartheta_K$ für Luft, Wasserstoff und Wasser als Kühlmittel angegeben.

Zahlenbeispiel. Es sei $v_k = 14$ m/s (bzw. $14 \cdot 10^2$ cm/s), $d = 1$ cm, $l = 20$ cm, $C_p = 1{,}171 \cdot 10^3 \,\dfrac{\mathrm{Ws}}{\mathrm{m}^3 \cdot {}^\circ\mathrm{C}}$ (entspr. $\vartheta = 30\,{}^\circ\mathrm{C}$), $\nu = 0{,}160 \,\dfrac{\mathrm{cm}^2}{\mathrm{s}}$ (entspr. $\vartheta = 30\,{}^\circ\mathrm{C}$), also $Re = \dfrac{14 \cdot 10^2 \cdot 1}{0{,}160} = 8750$, dann ist $\dfrac{N_u}{P_e} = 4{,}43 \cdot 10^{-3}$, $\xi_W = 1{,}48$, $\alpha = 1{,}171 \cdot 10^3 \cdot 14 \cdot 0{,}65 \cdot 0{,}455 \cdot 0{,}0193 = 93{,}5 \,\dfrac{\mathrm{W}}{\mathrm{m}^2 \cdot {}^\circ\mathrm{C}}$.

---

[1] Abgeleitet unter frdl. genehmigter Benutzung einer unveröffentlichten Arbeit von Dr. LEINER über die Grundgesetze der Berechnung der Erwärmung elektrischer Maschinen.

Die Wärmeübertragung durch Konvektion

Nach der von LIWSCHITZ und RAYMUND angegebenen Gleichung[1]

$$\alpha = 12 \cdot v_k^{0,75} \cdot \left(\frac{20}{l}\right)^{0,25} \left[\frac{W}{m^2 \cdot °C}\right] \quad (122)$$

ergibt sich für das obige Zahlenbeispiel $\alpha = 12 \cdot 14^{0,75} = 87 \frac{W}{m^2 \cdot °C}$.

Tabelle 6. *Stoffwerte für Luft, Wasserstoff, Wasser bei Normaldruck*

ϑ °C	Luft		Wasserstoff		Wasser	
	C_{p_0} $\frac{Ws}{m^3 \cdot °C}$	ν $\frac{cm^2}{s}$	C_{p_0} $\frac{Ws}{m^3 \cdot °C}$	ν $\frac{cm^2}{s}$	C_{p_0} $\frac{Ws}{m^3 \cdot °C}$	ν $\frac{cm^2}{s}$
0	1297	0,1330	1280	0,930	4204	
10	1252	0,1417	1238	0,987	4191	13,119
20	1210	0,1506	1198	1,046	4172	9,982
30	1171	0,1597	1161	1,106	4156	7,974
40	1134	0,1691	1126	1,168	4141	6,618
50	1100	0,1788	1092	1,231	4125	5,595
60	1063	0 1886	1061	1,295	4109	4,784
70	1037	0,1987	1031	1,361	4091	4,136
80	1009	0,2090	1003	1,428	4073	3,621
90	982	0,2195	967	1,496		
100	956	0,2303	950	1,565		

Weicht der Druck vom Normwert $p_0 = 760$ Torr $= 1,033$ kg/cm² ab, dann ist
$C_p = C_{p_0} \frac{p}{p_0}$ und $\nu = \nu_0 \frac{p_0}{p}$.

In der Abb. 45 sind die aus den Gln. (119) und (122) ermittelten Werte der Wärmeübergangszahl α in Abhängigkeit von der Geschwindigkeit der Luft in den Kühlschlitzen ($d = 1$ cm, $l = 20$ cm, $\vartheta = 30$ °C) als Schaulinien dargestellt. Aus Versuchen an den Ständern von Synchron- und Asynchronmaschinen[2] wurden die in der Abb. 46 dargestellten Schaulinien der mittleren Luftgeschwindigkeit v_k in den Ständerluftschlitzen von Syn-

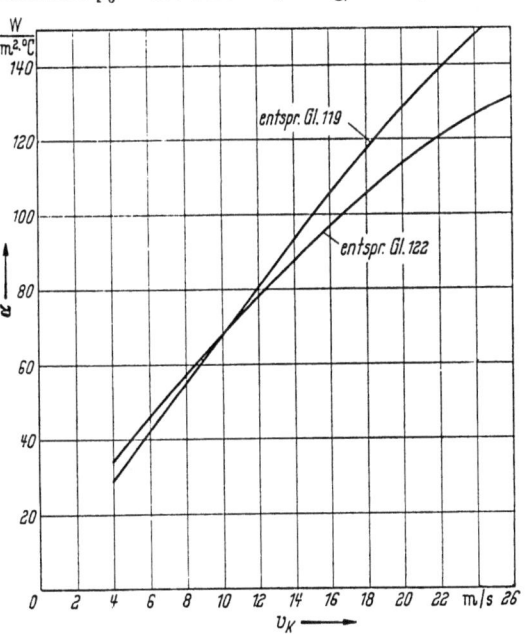

Abb. 45. Wärmeabgabeziffer in den Kühlschlitzen

[1,2] LIWSCHITZ-RAYMUND: Zur Frage der Erwärmung elektrischer Maschinen, Wiss. Veröff. Siemens Bd. XII. 2, S. 75.

chronmaschinen mit ausgeprägten Polen bzw. von Asynchronmaschinen in Abhängigkeit von dem Verhältnis Maschinenlänge L zu Polteilung τ_p gewonnen ($v_\text{Lüfter}$ Umfangsgeschwindigkeit des Lüfters).

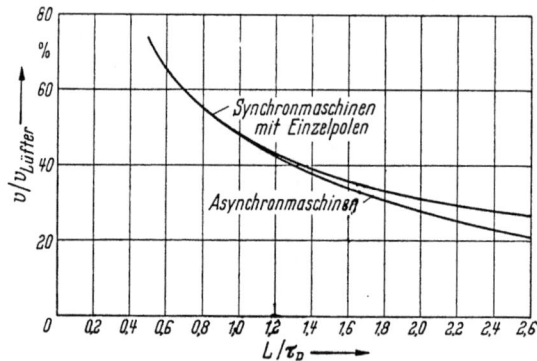

Abb. 46. Mittlere Luftgeschwindigkeit in den Ständerluftschlitzen von Synchronmaschinen mit ausgeprägten Polen bzw. von Asynchronmaschinen

β) *Die Wärmeübergangszahl der Spulenköpfe.* Bei Luftkühlung kann die Wärmeübergangszahl der Spulenköpfe einer Zweischichtwicklung aus den folgenden Gleichungen ermittelt werden:

$$\alpha = C_p \cdot v_\text{sp} \cdot 1{,}1 \left(\frac{Nu}{Pe} \xi_W\right) \left[\frac{\text{W}}{\text{m}^2 \cdot {}^\circ\text{C}}\right], \quad \frac{Nu}{Pe} = \frac{0{,}2769}{Re^{0{,}39}}, \quad (123), (124)$$

wobei v_sp die Geschwindigkeit $\left(\frac{\text{m}}{\text{s}}\right)$ der zwischen den Spulenköpfen hindurchtretenden Luft ist. Bei der REYNOLDSschen Kennziffer $Re = \frac{v_\text{sp} \cdot d}{\nu}$ ist auch hier die Luftgeschwindigkeit in $\frac{\text{cm}}{\text{s}}$ und die kinematische Zähigkeit in $\frac{\text{cm}^2}{\text{s}}$ einzusetzen; für d ist $\frac{U}{\pi}$ (U = Spulenseitenumfang in cm) zu setzen.

Bei Wasserstoff als Kühlmittel gilt die Gleichung

$$\frac{Nu}{Pe} = \frac{0{,}2901}{Re^{0{,}39}}. \qquad (124\text{a})$$

Zahlenbeispiel. Es sei $v_\text{sp} = 10\,\frac{\text{m}}{\text{s}}$ (bzw. $10 \cdot 10^2$ cm/s), $d = \frac{U}{\pi} = \frac{8}{\pi} = 2{,}55$ cm, $C_p = 1{,}171 \cdot 10^3\,\frac{\text{Ws}}{\text{m}^3 \cdot {}^\circ\text{C}}$ (entspr. $\vartheta = 30\,^\circ\text{C}$), $\nu = 0{,}160\,\frac{\text{cm}^2}{\text{s}}$ (entspr. $\vartheta = 30\,^\circ\text{C}$), also $Re = \frac{10 \cdot 10^2 \cdot 2{,}55}{0{,}16} = 15950$, dann ist $\frac{Nu}{Pe} = 6{,}35 \cdot 10^{-3}$, $\alpha = 1{,}171 \cdot 10^{-3} \cdot 10 \cdot 1{,}1 \cdot 6{,}35 \cdot 10^{-3} = 82\,\frac{\text{W}}{\text{m}^2 \cdot {}^\circ\text{C}}$ (für $\xi_W = 1$).

Aus den Gln. (123) und (124) ergibt sich

$$\alpha = C_p \cdot v_{\mathrm{sp}}^{0{,}61} \cdot 0{,}0505 \cdot \left(\frac{\nu}{d}\right)^{0{,}39} \cdot \xi_W \quad \left[\frac{\mathrm{W}}{\mathrm{m}^2 \cdot {}^\circ\mathrm{C}}\right], \qquad (125)$$

d. h. die Wärmeübergangszahl ist der 0,61ten Potenz der Luftgeschwindigkeit proportional. Aus Versuchen an ausgeführten Synchron- und Asynchronmaschinen[1] wurden die in der Abb. 47a dargestellten Schaulinien gewonnen; den Zusammenhang zwischen der Umfangsge-

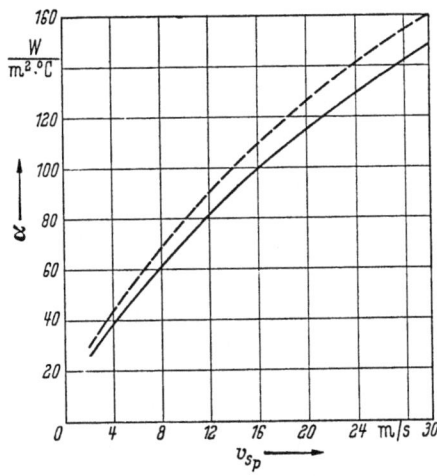

Abb. 47a. Wärmeabgabeziffer des Spulenkopfes in Abhängigkeit von der Luftgeschwindigkeit im Spulenkopf (nach LUKE, ROTH)

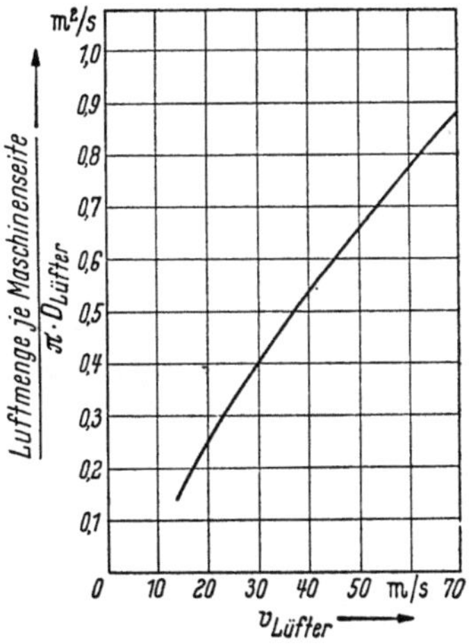

Abb. 47b. Einfluß der Umfangsgeschwindigkeit des Lüfters auf die durch die Spulenkopfzwischenräume von Synchron- und Asynchronmaschinen hindurchtretende Luftmenge (nach LIWSCHITZ)

schwindigkeit $v_{\text{Lüfter}}$ (m/s) des Lüfters und der durch die Spulenkopfzwischenräume (mit der Durchschnittsfläche F_{sp} in m²) hindurch geförderten Luftmenge $Q_{\mathrm{sp}} \left(\frac{\mathrm{m}^3}{\mathrm{s}}\right)$, bezogen auf den Lüfterumfang $\pi \cdot D_L$ (m), zeigt Abb. 47b; die Geschwindigkeit der zwischen den Spulenköpfen hindurchtretenden Luft ist $v_{\mathrm{sp}} = \frac{Q_{\mathrm{sp}}}{F_{\mathrm{sp}}}$.

Eine zuverlässige Angabe über die Größe des Wirbelfaktors ξ_W ist nicht möglich.

Auch zur Ermittlung der Wärmeübergangszahl der Hülsen in den radialen Kühlschlitzen können die Gln. (123) und (124) benutzt werden; die mittlere Luftgeschwindigkeit in den Kühlschlitzen ist der Abb. 46 zu entnehmen.

γ) *Die Wärmeübergangszahl der konzentrierten Erregerwicklungen (Polwicklungen).* Nachrechnungen der Erwärmung *einlagiger* Erregerwick-

---

[1] LIWSCHITZ-RAYMUND: Zur Frage der Erwärmung elektrischer Maschinen, Wiss. Veröff. Siemens Bd. XII. 2, S. 75.

lungen von Synchronmaschinen mit Einzelpolen liegen der in der Abb. 48 dargestellten Schaulinie[1] der Wärmeabgabe in Abhängigkeit von der Luftgeschwindigkeit zugrunde. Während als Luftgeschwindigkeit an den Stirnseiten der Erregerwicklung die mittlere Umfangsgeschwindigkeit der Pole angenommen werden kann, muß die Luftgeschwindigkeit an den Flanken v_{Fl} (m/s) als Quotient aus der durchgehenden Luftmenge Q_K (m³/s) und dem freien Durchtrittsquerschnitt F_L (m²) des Läufers ermittelt werden; Q_K wird als Produkt aus der freien Eintrittsfläche des Ständerblechpaketes F_{St} (m²) und der mittleren Luftgeschwindigkeit in den Kühlschlitzen v_K (m/s) gewonnen.

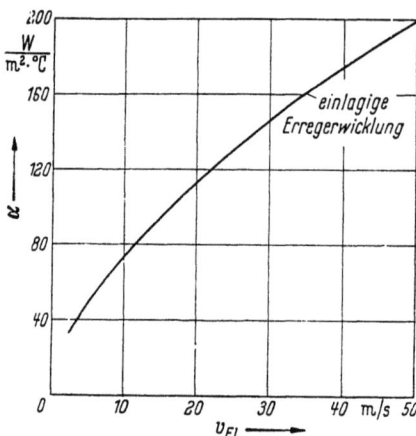

Abb. 48. Wärmeabgabeziffer einlagiger Erregerwicklungen von Einzelpolmaschinen in Abhängigkeit von der Luftgeschwindigkeit (nach LIWSCHITZ-RAYMUND)

In der Abb. 49 sind die Wärmeübergangszahlen für *mehrlagige* Erregerwicklungen von Einzelpolmaschinen in Abhängigkeit von der Umfangsgeschwindigkeit v_L (m/s) des Läufers als Schaulinien[1] dargestellt; sie stellen Versuchsergebnisse an Synchron- und Gleichstrommaschinen dar.

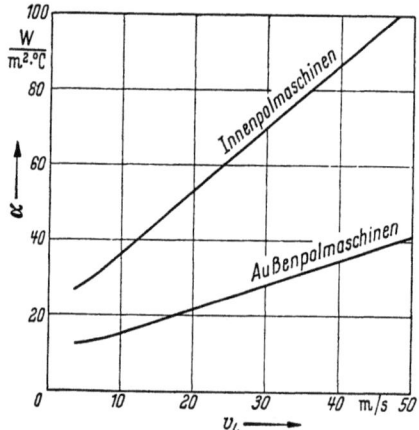

Abb. 49. Wärmeabgabeziffer mehrlagiger Erregerwicklungen von Einzelpolmaschinen in Abhängigkeit von der Luftgeschwindigkeit (nach LIWSCHITZ-RAYMUND)

δ) *Die Wärmeübergangszahl des Kommutators.* Für die Wärmeübergangszahl des Kommutators liegen verläßliche Angaben noch nicht vor. Die in der Abb. 50 dargestellten Schaulinien der Wärmeübergangszahl α_{Komm} in Abhängigkeit von der Umfangsgeschwindigkeit v_k des Kommutators lassen den nach den angegebenen Näherungsgleichungen möglichen zu großen Spielraum erkennen.

---

[1] LIWSCHITZ-RAYMUND: s. Fußnote 1, S. 45.

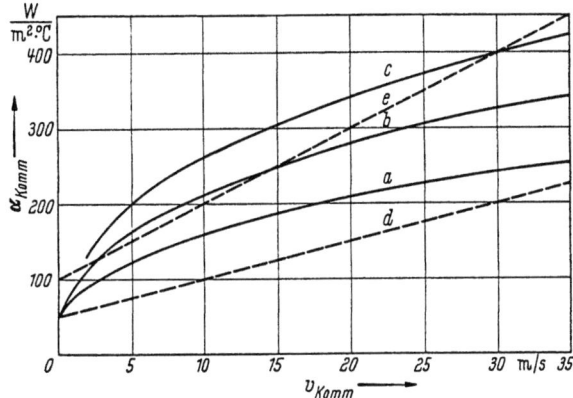

Abb. 50. Wärmeabgabeziffer von Kommutatoren in Abhängigkeit von der Kommutatorumfangsgeschwindigkeit (nach LIWSCHITZ-RAYMUND)

a ohne besondere Belüftung, $c_k = 0{,}7$
b mit besonderer Belüftung, $c_k = 1{,}0$ $\alpha = 50\,(1 + c_k \cdot \sqrt{v_{\text{komm}}})$ nach LIWSCHITZ
c mit besonderer Belüftung, $c_k = 1{,}3$
d $\alpha = 50\,(1 + 0{,}1 \cdot v_{\text{komm}})$
e $\alpha = 100\,(1 + 0{,}1 \cdot v_{\text{komm}})$ nach RICHTER

5. Die Erwärmung und Abkühlung eines homogenen Körpers

Bezeichnet Q (Watt) die in der Zeiteinheit entwickelte Wärme, $C\left(\dfrac{Ws}{°C}\right)$ die Wärmekapazität, d. h. die zur Erhöhung der Temperatur um 1 °C erforderliche Wärmemenge, $A\left(\dfrac{W}{°C}\right)$ die je °C in der Zeiteinheit (durch Strahlung und Konvektion) abgegebene Wärme, so gilt für die Erwärmung des homogenen Körpers die Differentialgleichung

$$Q\,dt = C\,d\vartheta + \vartheta \cdot A \cdot dt \tag{126}$$

$$\text{mit}\quad C = c \cdot G \quad \text{und}\quad A = F \cdot \alpha, \tag{127, 128}$$

wobei $c = \dfrac{C_p}{\gamma}$ die spezifische Wärme des Körpers in $\dfrac{Ws}{\text{kg} \cdot °C}$, C_p die spezifische Wärme in $\dfrac{Ws}{m^3 \cdot °C}$, γ das spezifische Gewicht in kg/m³, G das Gewicht des Körpers in kg, F die Abkühlungsfläche in m² und α die Wärmeabgabeziffer in $\dfrac{W}{m^2 \cdot °C}$ ist. Für den stationären Zustand ($d\vartheta = 0$) ergibt sich aus der Gl. (126) die Höchsttemperatur

$$\vartheta_{\max} = \frac{Q}{A}. \tag{129}$$

Führt man dieren Wert und den als *Erwärmungszeitkonstante* bekannten Quotienten

$$T = \frac{C}{A} \tag{130}$$

in die Gl. (126) ein, so ergibt sich die Differentialgleichung

$$dt = \frac{T}{\vartheta_{\max} - \vartheta}\,d\vartheta, \tag{131}$$

deren Lösung $t = -T \cdot \ln(\vartheta_{max} - \vartheta) + C'$ ist. Für den Anfangszustand ist $t = 0$, $\vartheta = \vartheta_0$, daher ist die Integrationskonstante $C' = T \cdot \ln(\vartheta_{max} - \vartheta_0)$, so daß $t = T \ln \dfrac{\vartheta_{max} - \vartheta_0}{\vartheta_{max} - \vartheta}$ folgt; durch Auflösung nach ϑ ergibt sich die allgemeine Gleichung des Erwärmungsvorganges ($\vartheta_0 < \vartheta_{max}$) bzw. des Abkühlungsvorganges ($\vartheta_0 > \vartheta_{max}$)

$$\vartheta = \vartheta_{max}\left(1 - e^{\frac{-t}{T}}\right) + \vartheta_0 \cdot e^{\frac{-t}{T}}. \tag{132}$$

Für den einfachen *Erwärmungs*vorgang mit der Anfangstemperatur $\vartheta_0 = 0$ ist

$$\vartheta = \vartheta_{max}\left(1 - e^{\frac{-t}{T}}\right), \tag{133}$$

für den einfachen *Abkühlungs*vorgang ($\vartheta_{max} = 0$) ist

$$\vartheta = \vartheta_0 \cdot e^{\frac{-t}{T}}; \tag{134}$$

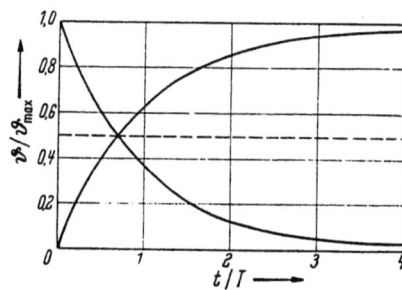

Abb. 51. Erwärmungs- und Abkühlungskurve eines homogenen Körpers

in beiden Fällen verläuft der Vorgang nach einer Exponentialkurve, wobei die eine das Spiegelbild der anderen ist. In der Abb. 51 sind die der Gl. (132) entsprechenden Werte $\dfrac{\vartheta}{\vartheta_{max}}$ für den Erwärmungsvorgang in Abhängigkeit von $\dfrac{t}{T}$ dargestellt: Zur Zeit $t = T/2T/3T$ ist die Übertemperatur $\vartheta = (0{,}632/0{,}865/0{,}950) \cdot \vartheta_{max}$, weitere Werte können der Tab. 7 entnommen werden. Auch die der Gl. (133) entsprechenden

Tabelle 7. *Funktionswerte von $e^{-t/T}$ und $1 - e^{-t/T}$*

$\dfrac{t}{T}$	$e^{-\frac{t}{T}}$	$1 - e^{-\frac{t}{T}}$	$\dfrac{t}{T}$	$e^{-\frac{t}{T}}$	$1 - e^{-\frac{t}{T}}$	$\dfrac{t}{T}$	$e^{-\frac{t}{T}}$	$1 - e^{-\frac{t}{T}}$
0	1,0	0,0	0,60	0,549	0,451	2,2	0,111	0,889
0,05	0,951	0,049	0,70	0,497	0,503	2,4	0,091	0,909
0,10	0,905	0,095	0,80	0,449	0,551	2,6	0,074	0,926
0,15	0,860	0,140	0,90	0,407	0,593	2,8	0,061	0,939
0,20	0,819	0,181	1,0	0,368	0,632	3,0	0,050	0,950
0,25	0,779	0,221	1,2	0,301	0,699	3,5	0,030	0,970
0,30	0,741	0,259	1,4	0,247	0,753	4,0	0,018	0,982
0,40	0,670	0,330	1,6	0,202	0,798	4,5	0,011	0,989
0,50	0,607	0,393	1,8	0,165	0,835	5,0	0,007	0,993
			2,0	0,135	0,865	6,0	0,002	0,998

Werte $\dfrac{\vartheta}{\vartheta_0}$ für den Abkühlungsvorgang — und zwar für den Fall $\vartheta_0 = \vartheta_{max}$ — sind in der Abb. 51 dargestellt; in diesem Falle ist die Abkühlungsschaulinie das Spiegelbild der Erwärmungsschaulinie in bezug auf die Symmetrielinie $\frac{\vartheta}{\vartheta_{max}} = \frac{1}{2}$. Die zeitliche Änderung der Übertemperatur $\frac{d\vartheta}{dt} = \frac{\vartheta_{max} - \vartheta}{T}$ ist in jedem Punkt der Erwärmungsschaulinie proportional der Differenz zwischen dem Endwert ϑ_{max} und dem Momentanwert ϑ der Übertemperatur (Proportionalitätsfaktor $\frac{1}{T}$). Die Erwärmungszeitkonstante T, welche die zur Erwärmung des Körpers bei reiner Wärmeaufspeicherung (ohne Wärmeabgabe) auf die Übertemperatur ϑ_{max} erforderliche Zeit darstellt, wird als Subtangente der Erwärmungsschaulinie gewonnen (Abb. 52).

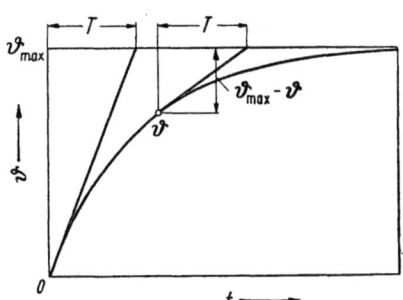

Abb. 52. Zur Bestimmung der Zeitkonstanten eines homogenen Körpers (nach LIWSCHITZ)

Aus der Gleichung folgt für die Übertemperatur ϑ die Gleichung

$$\vartheta = -\frac{d\vartheta}{dt} \cdot T + \vartheta_{max}, \qquad (135)$$

welche die Gleichung einer Geraden darstellt, die auf der Abszissenachse (also für $\vartheta = 0$) die Größe $\frac{\vartheta_{max}}{T}$ und auf der Ordinatenachse (also für $\frac{d\vartheta}{dt} = 0$) die Größe ϑ_{max} abschneidet (Abb. 53). Zur Bestimmung der dem stationären Endzustand entsprechenden Übertemperatur ϑ_{max} genügt es somit, für zwei beliebige Zeitpunkte t_1 und t_2 (mit den zugehörigen Übertemperaturen ϑ_1 und ϑ_2) die Quotienten $\frac{d\vartheta}{dt}$ durch eine Tangentenkonstruktion zu ermitteln.

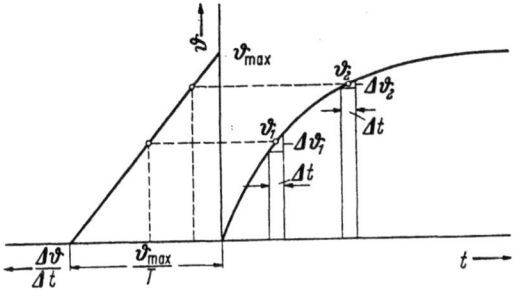

Abb. 53. Zur Bestimmung der dem statischen Endzustand entsprechenden Übertemperatur ϑ_{max}

Anmerkung. Da die an elektrischen Maschinen gemessenen Erwärmungskurven insbesondere bei Beginn der Erwärmung von der einfachen Exponentialkurve abweichen, wurde auch eine Darstellung durch *zwei* Exponentialkurven angegeben; hierbei ist angenommen, daß die elektrische Maschine nur aus den drei homogenen Körpern Wicklung, aktives Eisen, Kühlmittel besteht und (bei Vernachlässigung des inneren Temperaturgefälles) nur mit mittleren Temperaturen gerechnet werden kann.[1]

---

[1] Vgl. W. SCHUISKY: Elektromotoren, Wien: Springer 1951, Abschn. IX B.

6. Die Gleichungen der Wärmeströmung und der Erwärmung des Wicklungsmetalles und des aktiven Eisens elektrischer Maschinen[1]

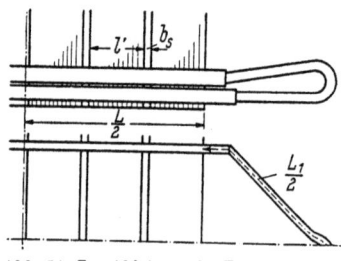

Abb. 54. Zur Ableitung der Erwärmungsgleichungen der Wicklung und des Eisens

Die Vorausberechnung der Erwärmung der Wicklungsmetalle und des aktiven Eisens elektrischer Maschinen ist praktisch nur möglich, wenn man sich darauf beschränkt, eine *eindimensionale* Wärmeströmung anzunehmen. Bei dieser ist das Wärmegleichgewicht im Beharrungszustand durch die Gleichung

$$v_0(1 + \alpha\,\vartheta) - \frac{u \cdot w}{f} + \lambda \frac{\partial^2 \vartheta}{\partial x^2} = 0 \qquad (136)$$

gegeben, wobei

- v_0 die in der Volumeneinheit bei der Umgebungstemperatur entwickelte Wärmemenge in W/m³,
- α' den Temperaturkoeffizienten des Wärmeleiters in $\frac{1}{°C}$,
- ϑ die Übertemperatur gegenüber der Umgebungstemperatur in °C,
- u den Umfang des Wärmeleiters in m,
- f den Querschnitt des Wärmeleiters in m²,
- w die von der Oberflächeneinheit des Wärmeleiters abgeführte Wärmemenge in W/m²,
- λ die Wärmeleitfähigkeit des Wärmeleiters in $\frac{W}{m \cdot °C}$

bezeichnet. Bei der Anwendung der Wärmeströmungsgleichung auf den Spulenkopf und den im Eisen liegenden Spulenteil einer elektrischen Maschine wird im folgenden der Koordinatenanfang in die Mitte des Spulenkopfes bzw. in die Maschinenmitte gelegt (Abb. 54).

a) Die Erwärmung des Wicklungsmetalles und des aktiven Eisens im Ständer.

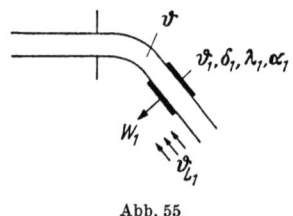

Abb. 55

α) *Der Spulenkopf*

Bezeichnungen (vgl. Abb. 55):

- w_1 die von der Oberflächeneinheit der Spule an das Kühlmittel abgeführte Wärmemenge in W/m²,
- ϑ die Übertemperatur des Wicklungsmetalles in °C,

---

[1] Vgl. hierzu LIWSCHITZ-RAYMUND: Zur Frage der Erwärmung elektrischer Maschinen, Wiss. Veröff. Siemens, Bd. XII, 2, S. 64ff.

ϑ_1 die Übertemperatur der Oberfläche der Isolierhülle in °C,

λ_1 die Wärmeleitfähigkeit der Isolierteile in $\frac{W}{m \cdot °C}$,

δ_1 die Dicke der Isolierhülle in m,

α_1 die Wärmeabgabeziffer des Spulenkopfes in $\frac{W}{m^2 \cdot °C}$,

ϑ_{L_1} die Übertemperatur des Kühlmittels (°C), das dieses auf dem Wege zum Spulenkopf angenommen hat.

Aus den Gleichungen $w_1 = \frac{\lambda_1}{\delta_1}(\vartheta - \vartheta_1)$ und $w_1 = \alpha_1(\vartheta_1 - \vartheta_{L_1})$ folgt:

$$w_1 = \alpha_{r_1}(\vartheta - \vartheta_{L_1}) \quad \text{und} \quad \alpha_{r_1} = \frac{\alpha_1 \frac{\lambda_1}{\delta_1}}{\alpha_1 + \frac{\lambda_1}{\delta_1}}.$$ Die Gleichung der Wärmeströmung ist daher

$$\frac{\partial^2 \vartheta}{\partial x_1^2} - a_1^2 \vartheta + b_1 = 0 \tag{137}$$

mit

$$a_1^2 = \frac{1}{\lambda_1}\left(\frac{u_1 \cdot \alpha_{r_1}}{f_1} - v_{10} \cdot \alpha'\right) \text{ und } b_1 = \frac{1}{\lambda}\left(\frac{u_1 \cdot \alpha_{r_1}}{f} \vartheta_{L_1} + v_{10}\right); \quad (138), (139)$$

ihre Lösung ist

$$\vartheta = 2 A_1 \cosh a_1 x_1 + \frac{b_1}{a_1^2}. \tag{140}$$

β) Der im aktiven Eisen liegende Spulenteil und das aktive Eisen.

Bezeichnungen (vgl. Abb. 56):

W_{Fe} die innerhalb *eines* Blechpaketes (Länge l' in m) von der Spulenoberfläche F (m²) an das aktive Eisen abgeführte Wärmemenge in W,

ϑ_{Fe} die mittlere Übertemperatur *eines* Blechpaketes in °C (Längs-Wärmeleitfähigkeit der Eisenbleche $\lambda_l = \infty$ angenommen),

λ_2 die Wärmeleitfähigkeit der Isolierhülse in $\frac{W}{m \cdot °C}$,

δ_2 die Dicke der Isolierhülse in m;

V'_{Fe} die Eisenverluste *eines* Blechpaketes in W,

λ_q die Querwärmeleitfähigkeit der Eisenbleche in $\frac{W}{m \cdot °C}$,

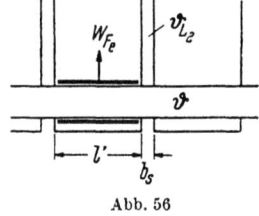

Abb. 56

W_s die von der Oberfläche Fs (m²) der Seitenwände *eines* Blechpaketes an das Kühlmittel abgegebene Wärmemenge in W,

ϑ_s die Übertemperatur der Seitenwände in °C,

α_s die Wärmeabgabeziffer der Seitenwände in $\frac{W}{m^2 \cdot °C}$,

ϑ_{L_s} die Übertemperatur des Kühlmittels (°C), das dieses auf dem Wege zu den Kühlschlitzen angenommen hat,

W_m die von der (inneren) Mantelfläche Fm (m²) *eines* Blechpaketes an das Kühlmittel abgegebene Wärmemenge in W,

α_m die mittlere Wärmeabgabeziffer eines Blechpaketes in $\frac{W}{m^2 \cdot °C}$.

Mit $F = u_2 \cdot l' \cdot N$ (N = Nutenzahl) und $\alpha_{Fe} = \dfrac{\lambda_2}{\delta_2}$ ist

$$W_{Fe} = \alpha_{Fe} \cdot F(\vartheta - \vartheta_{Fe}); \qquad (141)$$

ferner ist

$$W_s = \alpha_s \cdot F_s(\vartheta_s - \vartheta_{L_2}) \quad \text{und} \quad W_m = \alpha_m \cdot F_m(\vartheta_{Fe} - \vartheta_{L_2}). \qquad (142), (143)$$

Für das aktive Eisen ist das Wärmegleichgewicht im Beharrungszustand durch die Gleichung

$$\frac{W_s}{\frac{1}{2} \cdot F_s \cdot l} + \lambda_q \frac{\partial^2 \cdot \vartheta}{\partial x^2} = 0$$

gegeben, deren Lösung

$$\vartheta_{Fe} = - \frac{W_s}{\frac{1}{2} \cdot F_s \cdot l'} x^2 + A x + B$$

bzw. $\vartheta_{Fe} = \vartheta_s + \dfrac{W_s}{\frac{1}{2} \cdot F_s \cdot l'} \cdot \dfrac{l'^2}{8 \cdot \lambda_q} \left[1 - \left(\dfrac{2x}{l'}\right)^2\right]$

ist (die Integrationskonstanten ergeben sich aus den Grenzbedingungen

$$\vartheta = \vartheta_s \quad \text{für} \quad x = -\frac{l'}{2} \quad \text{und} \quad x = +\frac{l'}{2}$$

zu $\quad A = 0 \quad$ und $\quad B = \vartheta_s + \left(\dfrac{W_s}{\frac{1}{2} \cdot F_s \cdot l'} \cdot \dfrac{l'^2}{8 \cdot \lambda_q}\right).$

Der Höchstwert bzw. der Mittelwert von ϑ_{Fe} ist

$$\vartheta_{Fe_{max}} = \vartheta_s + \frac{W_s}{\frac{1}{2} \cdot F_s \cdot l'} \cdot \frac{l'^2}{8 \cdot \lambda_q} \quad \text{bzw.} \quad \vartheta_{Fe} = \vartheta_s + \frac{W_s}{\frac{1}{2} \cdot F_s \cdot l'} \cdot \frac{l'^2}{12 \cdot \lambda_q};$$

(144), (145)

dieser ergibt sich aus der Gleichung $\vartheta_{Fe} = \dfrac{1}{l'} \displaystyle\int_{-\frac{l'}{2}}^{+\frac{l'}{2}} \vartheta\, dx$, jener wenn $\dfrac{d\vartheta_{Fe}}{dx}$

gleich 0 gesetzt wird. Aus den Gln. (144) und (145) folgt

$$\delta_{Fe_{max}} = 1{,}5 \cdot \delta_{Fe} - 0{,}5 \cdot \delta_s. \qquad (146)$$

Aus den Gln. (141) und (145) folgt

$$\vartheta_{Fe} - \vartheta_{L_2} = \left(1 + \frac{\alpha_s}{\alpha_q}\right)(\vartheta_s - \vartheta_{L_2}) \quad \text{mit} \quad \alpha_q = \frac{6\lambda_q}{l'}; \qquad (147), (148)$$

daher

$$\vartheta - \vartheta_{Fe} = (\vartheta - \vartheta_{L_2}) - (\vartheta_{Fe} - \vartheta_{L_2}) = (\vartheta - \vartheta_{L_2}) - \left(1 + \frac{\alpha_s}{\alpha_q}\right)(\vartheta_s - \vartheta_{L_2}).$$

(149), (149a)

Im Beharrungszustand gilt die Gleichung

$$W_{\text{Fe}} + V'_{\text{Fe}} = W_s + W_m, \qquad (150)$$

mit Berücksichtigung der Gln. (141), (142), (143) also die Gleichung

$$\alpha_{\text{Fe}} \cdot F(\vartheta - \vartheta_{\text{Fe}}) + V'_{\text{Fe}} = \alpha_s \cdot F_s(\vartheta_s - \vartheta_{L_2}) + \alpha_m \cdot F_m(\vartheta_{\text{Fe}} - \vartheta_{L_2}); \qquad (150\text{a})$$

aus dieser und den Gln. (147) und (149a) folgt

$$\vartheta_s - \vartheta_{L_2} = \frac{\alpha_{\text{Fe}} \cdot F(\vartheta - \vartheta_{L_2}) + V'_{\text{Fe}}}{\alpha_s \cdot F_s + (\alpha_m \cdot F_m + \alpha_{\text{Fe}} \cdot F)\left(1 + \frac{\alpha_s}{\alpha_q}\right)}. \qquad (151)$$

Mit den Abkürzungen

$$c_1 = \alpha_s \cdot F_s + \alpha_m F_m\left(1 + \frac{\alpha_s}{\alpha_q}\right), \; c_2 = \alpha_{\text{Fe}} \cdot F\left(1 + \frac{\alpha_s}{\alpha_q}\right), \; d = 1 + \frac{\alpha_s}{\alpha_q}$$

$$(152), (153), (154)$$

ergibt sich somit aus den Gln. (141), (142), (143)

$$W_{\text{Fe}} = \frac{\alpha_{\text{Fe}} \cdot F}{c_1 + c_2}[c_1(\vartheta - \vartheta_{L_2}) - d \cdot V'_{\text{Fe}}], \qquad (155)$$

$$W_s = \frac{\alpha_s \cdot F_s}{c_1 + c_2}[\alpha_{\text{Fe}} \cdot F(\vartheta - \vartheta_{L_2}) + V'_{\text{Fe}}], \qquad (156)$$

$$W_m = \frac{\alpha_m \cdot F_m}{c_1 + c_2} d \, [\alpha_{\text{Fe}} \cdot F(\vartheta - \vartheta_{L_2}) + V'_{\text{Fe}}]. \qquad (157)$$

γ) *Der im Kühlschlitz liegende Spulenteil*

Bezeichnungen (vgl. Abb. 57):

W_L die innerhalb eines Kühlschlitzes (Breite b_s in m) von der Spulenoberfläche F_H (m²) an das Kühlmittel abgegebene Wärmemenge in W,

ϑ_2 die Übertemperatur der Oberfläche der Isolierhülse in °C.

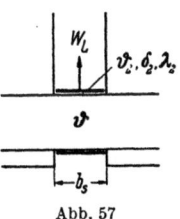

Abb. 57

Aus den Gleichungen

$$W_L = \frac{\lambda_2}{\delta_2} F_H(\vartheta - \vartheta_2) \quad \text{und} \quad W_L = \alpha_2 \cdot F_H(\vartheta_2 - \vartheta_{L_2})$$

folgt mit $F_H = u_2 \cdot b_s \cdot N$:

$$\frac{W_L}{F_H} = \alpha_{r_2}(\vartheta - \vartheta_{L_2}) \quad \text{und} \quad \alpha_{r_2} = \frac{\alpha_2 \cdot \frac{\lambda_2}{\delta_2}}{\alpha_2 + \frac{\lambda_2}{\delta_2}}.$$

δ) *Der im Kühlschlitz und der in einem Blechpaket liegende Spulenteil.* Zur Vereinfachung wird — statt mit den von diesen beiden Spulenteilen abgegebenen Wärmemengen W_L und W_{Fe} — mit der über die Länge $b_s + l'$ abgegebenen mittleren Wärmemenge je Oberflächeneinheit $w = \dfrac{W_L + W_{Fe}}{F + F_H} \left(\dfrac{W}{m^2}\right)$ gerechnet. Die Gleichung der Wärmeströmung ist

$$\frac{\partial^2 \vartheta}{\partial x_2^2} - a_2^2 \vartheta + b_2 = 0 \qquad (158)$$

mit

$$a_2^2 = \frac{1}{\lambda_1} \left(\frac{\mu_2}{f} \frac{\alpha_{r_2} \cdot F_W + \alpha_{Fe} \cdot F \dfrac{c_1}{c_1 + c_2}}{F + F_H} - v_{20} \cdot \alpha' \right) \qquad (159)$$

und

$$b_2 = \frac{1}{\lambda_1} \left(\frac{\mu_2}{f} \frac{\alpha_{r_2} \cdot F_W + \alpha_{Fe} \cdot F \cdot \dfrac{c_1}{c_1 + c_2}}{F + F_H} \vartheta_{L_2} + \frac{u_2}{f} \frac{\alpha_{Fe} \cdot F \cdot \dfrac{d \cdot V'_{Fe}}{c_1 + c_2}}{F + F_H} + v_{20} \right); \qquad (160)$$

ihre Lösung ist

$$\vartheta = 2 A_2 \cdot \cosh a_2 x_2 + \frac{b_2}{a_2^2}. \qquad (161)$$

Für $x_1 = \dfrac{L_1}{2}$ und $x_2 = \dfrac{L}{2}$ muß sich aus den Gln. (140) und (161) die gleiche Übertemperatur ergeben, d. h. es muß

$$2 A_1 \cdot \cosh a_1 \frac{L_1}{2} + \frac{b_1}{a_1^2} = 2 A_2 \cdot \cosh a_2 \cdot \frac{L}{2} + \frac{b_2}{a_2^2} \qquad (162)$$

sein; ferner muß sich für die angegebenen Werte von x_1 und x_2 aus den Gleichungen

$$\frac{d\vartheta}{dx_1} = 2 a_1 A_1 \cdot \sinh a_1 x_1 \quad \text{und} \quad \frac{d\vartheta}{dx_2} = 2 a_2 A_2 \cdot \sinh a_2 x_2 \qquad (163), (164)$$

das entgegengesetzt gleiche Temperaturgefälle ergeben, d. h. es muß

$$2 a_1 \cdot \sinh a_1 \frac{L_1}{2} = -2 a_2 \cdot \sinh a_2 \cdot \frac{L}{2} \qquad (165)$$

sein. Aus den Gln. (162) und (163) folgt

$$2 A_1 = -\left(\frac{b_1}{a_1^2} - \frac{b_2}{a_2^2}\right) \frac{a_2}{e} \sinh a_2 \frac{L}{2}, \quad 2 A_2 = \left(\frac{b_1}{a_1^2} - \frac{b_2}{a_2^2}\right) \frac{a_1}{e} \cdot \sinh a_1 \frac{L_1}{2}$$

(166), (167)

mit

$$e = a_1 \cdot \sinh a_1 \frac{L_1}{2} \cdot \cosh a_2 \frac{L}{2} + a_2 \sinh a_2 \frac{L}{2} \cdot \cosh a_1 \frac{L_1}{2}. \qquad (168)$$

Als ausgezeichnete Werte der Übertemperatur $\left(\text{für } \frac{d\vartheta}{dx} = 0\right)$ ergeben sich aus den Gln. (140) und (161)

$$\vartheta_{\min} = 2A_1 + \frac{b_1}{a_1^2} \quad \text{und} \quad \vartheta_{\max} = 2A_2 + \frac{b_2}{a_2^2}, \qquad (169), (170)$$

diese als Übertemperatur in der Maschinenmitte, jene als Übertemperatur in der Mitte des Spulenkopfes. Der Mittelwert der Übertemperatur in der Spule — wie er durch die Widerstandsmessung bestimmt wird — ist gegeben durch die Gleichung

$$\vartheta_{\text{mittel}} = \frac{1}{\frac{L+L_1}{2}} \left(\int_0^{\frac{L_1}{2}} \vartheta \, dx_1 + \int_0^{\frac{L}{2}} \vartheta \, dx_2 \right) \qquad (171)$$

$$= \frac{2}{L+L_1} \left(\frac{2A_1}{a_1} \cdot \sinh a_1 \frac{L_1}{2} + \frac{b_1 L_1}{2a_1^2} + \frac{2A_2}{a_2} \cdot \sinh a_2 \frac{L}{2} + \frac{b_2 L}{2a_2^2} \right).$$
(171a)

Die mittlere Übertemperatur der Seitenwände ergibt sich aus den Gln. (151) bis (154)

$$\vartheta_s = \vartheta_{L_2} + \frac{1}{c_1 + c_2} \left[\alpha_{\text{Fe}} \cdot F(\vartheta_m - \vartheta_{L_2}) + V'_{\text{Fe}} \right], \qquad (172)$$

die des Blechpaketes aus den Gln. (147) und (152) bis (154) zu

$$\vartheta_{\text{Fe}} = \vartheta_{L_2} + \frac{d}{c_1 + c_2} \left[\alpha_{\text{Fe}} \cdot F(\vartheta_m - \vartheta_{L_2}) + V'_{\text{Fe}} \right], \qquad (173)$$

wobei für ϑ_m der Wert entspr. der Gl. (170) eingesetzt wird.

b) Die Erwärmung des Wicklungsmetalles und des aktiven Eisens im Läufer. Hierbei sind die für die Erwärmung des Wicklungsmetalles und des aktiven Eisens im Ständer angegebenen Gleichungen sinngemäß anzuwenden. Die unter den Bandagen der Läufer von Asynchron- und Gleichstrommaschinen liegenden Wicklungsteile nehmen an der Wärmeabführung nicht teil. Bei den Gleichstrommaschinen ist die Wärmeabführung durch die Kommutatorfahnen zu berücksichtigen; bezeichnet ϑ_F ihre Übertemperatur (°C), so nehmen die Integrationskonstanten A_1 und A_2 die Werte

$$2A_1 = \vartheta_F - \frac{b_1}{a_1^2}, \quad 2A_2 = \frac{1}{\cosh a_2 \frac{L}{2}} \left[\left(\vartheta_F - \frac{b_1}{a_1^2} \right) \cosh a_1 \frac{L_1}{2} + \left(\frac{b_1}{a_1^2} - \frac{b_2}{a_2^2} \right) \right]$$

an. (174), (175)

Wird die konzentrierte Erregerwicklung der Gleichstrommaschinen und der Synchronmaschinen mit ausgeprägten Polen als ein in einer Nut

58 Einführung

angeordnetes Leiterbündel angesehen, so gilt zur Vorausberechnung der Erwärmung die gleiche Berechnungsmethode wie für eine in Nuten eingebettete Wicklung.

c) Der Einfluß verschiedener Parameter auf die Wärmeströmung und die Erwärmung. Außer dem Arbeitsspiel zwischen Hülse und Nutenwand ist die Einzelblechpaketlänge von besonderem Einfluß auf die Erwärmung; dies wird verdeutlicht durch die Schaulinienscharen der Abb. 58[1], welche die höchstzulässige Blechpaketlänge in Abhängigkeit von dem Verhältnis Eisenlänge zu Spulenkopflänge für Asynchron- und Synchronmaschinen bei verschiedenen Stromdichten zeigen.

Die Vorteile der Verwendung des Wasserstoffs als Kühlmittel sind aus praktischen Erfahrungen und aus dem Schrifttum[2] bekannt. Zur Berechnung der Wärmeabgabeziffern wurden die Gln. (120a) und (124a) angegeben; in der Tab. 8 sind zum Vergleich einige Kennwerte verschiedener Kühlmittel — bezogen auf die Kennwerte der Luft — zusammengestellt.

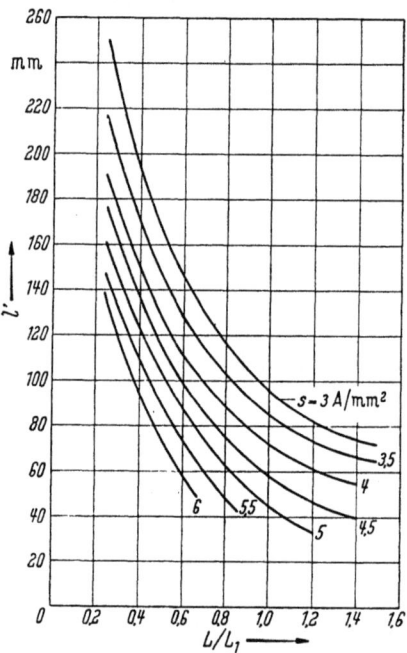

Abb. 58. Einfluß des Verhältnisses $\frac{\text{Eisenlänge}}{\text{Spulenkopflänge}}$ auf die Breite des Einzelblechpaketes bei verschiedenen Stromdichten (nach LIWSCHITZ-RAYMUND)

Tabelle 8. *Kennwerte einiger Kühlmittel bezogen auf die der Luft (nach Götze)*

Kühlmittel	H_2 2 ata	H_2 1 ata	He 1 ata	CO_2 1 ata	Luft	H_2O	Öl
Spezifisches Gewicht .	$\frac{1}{7,2}$	$\frac{1}{14,4}$	$\frac{1}{7,2}$	1,52	1	860	750
Wärmeleitfähigkeit . .	7,1	7,1	5,8	0,62	1	23	5,3
Kinematische Zähigkeit	3,6	7,3	6,6	0,5	1	1/16	2,2
Wärmeabgabeziffer* .	2,75	1,7	1,34	1,02	1	570	22,2

* *Durchschnittswerte*

[1] Vgl. LIWSCHITZ-RAYMUND: s. Fußn. 1, S. 52.
[2] Vgl. insb. G. GOTTER: Erwärmung und Kühlung elektrischer Maschinen. Berlin/Göttingen/Heidelberg: Springer 1954, S. 302—306.

II. Sonderabschnitte

A. Darstellung sinusförmiger Ströme und Spannungen durch Vektoren und komplexe Zahlen

Die Gleichung für die resultierende Spannung eines Wechselstromkreises mit dem Ohmschen Widerstand R, der Selbstinduktivität L und der Kapazität C in Hintereinanderschaltung ist

$$u = i \cdot R + L \frac{di}{dt} + \frac{1}{C} \int i \, dt. \tag{176}$$

Bei sinusförmigem Strom $i = J \cdot \sin \omega t$ ergibt sich

$$u = J \cdot R \cdot \sin \omega t + J \omega L \cdot \sin\left(\omega t + \frac{\pi}{2}\right) - J \frac{1}{\omega C} \cdot \sin\left(\omega t - \frac{\pi}{2}\right); \tag{176a}$$

die resultierende Spannung kann also als geometrische Summe der Vektoren $J \cdot R$, $J \cdot \omega L$ und $J \cdot \frac{1}{\omega C}$ gewonnen werden, wobei der Vektor $J \cdot \omega L$ gegenüber dem Vektor $J \cdot R$ um 90° vorausgedreht ist (entgegen dem Uhrzeigersinne), der Vektor $J \cdot \frac{1}{\omega C}$ dagegen um 90° zurückgedreht ist (Abb. 59).

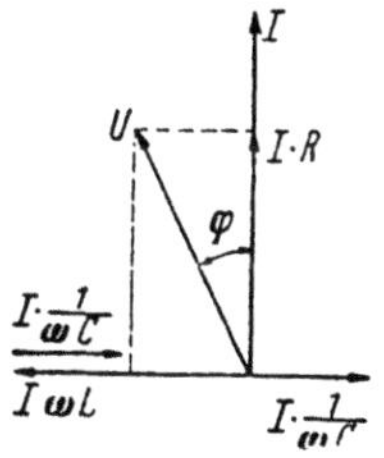

Der Vektor $\boldsymbol{J} = J \cdot \sin(\omega t + \varphi)$ kann auch als Darstellung der komplexen Zahl $J \cdot e^{j\varphi}$ aufgefaßt werden; es ist also:

$$\boldsymbol{J} = J \cdot e^{j\varphi} = J(\cos \varphi + j \cdot \sin \varphi) = a + jb \tag{177}$$

mit

$$J = \sqrt{a^2 + b^2} \quad \text{und} \quad \tan \varphi = \frac{b}{a}. \tag{178}, (179)$$

Abb. 59. Spannungsdiagramm eines Stromkreises mit R, L und C

Da $e^{\pm j\frac{\pi}{2}} = \cos \frac{\pi}{2} \pm j \cdot \sin \frac{\pi}{2} = \pm j$ ist, so bedeutet die Multiplikation einer komplexen Zahl mit $\pm j$ die Drehung des Vektors um $\pm 90°$; die Gl. (176a) kann also wie folgt geschrieben werden:

$$u = \boldsymbol{J} \cdot R + j \boldsymbol{J} \cdot \omega L - j \boldsymbol{J} \cdot \frac{1}{\omega C} = \boldsymbol{J} \left[R + j\left(\omega L - \frac{1}{\omega C}\right)\right] = \boldsymbol{J} \cdot \mathfrak{R}. \tag{176b}$$

Der absolute Betrag $|\mathfrak{R}|$ des „Widerstandsoperators" $\mathfrak{R}$ ist der Scheinwiderstand $R_s = \sqrt{R^2 + \left(\omega L - \frac{1}{\omega C}\right)^2}$, ferner ist $\tan \varphi = \dfrac{\omega L - \dfrac{1}{\omega C}}{R}$. Für die praktische Rechnung mit komplexen Zahlen ist zu beachten (vgl. Hütte I/1955, S. 61):

Die *Summe* (*Differenz*) zweier komplexer Zahlen

$$\mathfrak{r}_1 = a_1 + j \cdot b_1 \quad \text{und} \quad \mathfrak{r}_2 = a_2 + j \cdot b_2 \quad \text{(Komponentenform)}$$

bzw.

$$\mathfrak{r}_1 = r_1 \cdot e^{j\varphi_1} \quad \text{und} \quad \mathfrak{r}_2 = r_2 \cdot e^{j\varphi_2} \quad \text{(Exponentenform)}$$

ist die komplexe Zahl (r_1, r_2 Module; φ_1, φ_2 Argumente)

$$\mathfrak{r} = \mathfrak{r}_1 + \mathfrak{r}_2 = (a_1 \pm a_2) + j(b_1 \pm b_2) = r_1 \cdot e^{j\varphi_1} + r_2 \cdot e^{j\varphi_2} \quad (180)$$

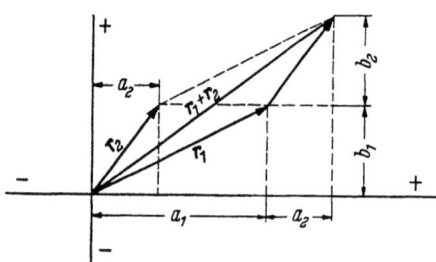

Abb. 60. Addition komplexer Zahlen

(Abb. 60). Zwei komplexe Zahlen sind einander gleich, wenn sowohl ihre reellen als auch ihre imaginären Teile je für sich gleich sind, d. h. es muß sein

$$a_1 = a_2, \quad b_1 = b_2,$$
$$r_1 = r_2, \quad \varphi_1 = \varphi_2;$$

eine Gleichung zwischen komplexen Zahlen kann also in zwei Gleichungen zwischen reellen Größen aufgelöst werden.

Die *Multiplikation* der beiden komplexen Zahlen

$$\mathfrak{r}_1 = a_1 + j\,b_1 = r_1(\cos\varphi_1 + j\sin\varphi_1) = r_1 \cdot e^{j\varphi_1}$$
$$\mathfrak{r}_2 = a_2 + j\,b_2 = r_2(\cos\varphi_2 + j\sin\varphi_2) = r_2 \cdot e^{j\varphi_2}$$

ergibt

$$\mathfrak{r} = \mathfrak{r}_1 \cdot \mathfrak{r}_2 = r_1 \cdot r_2[\cos(\varphi_1 + \varphi_2) + j \cdot \sin(\varphi_1 + \varphi_2)] = r_1 r_2 \cdot e^{j(\varphi_1 + \varphi_2)}; \quad (181)$$

die *Division* ergibt

$$\mathfrak{r} = \frac{\mathfrak{r}_1}{\mathfrak{r}_2} = \frac{r_1}{r_2}[\cos(\varphi_1 - \varphi_2) + j \cdot \sin(\varphi_1 - \varphi_2)] = \frac{r_1}{r_2} \cdot e^{j(\varphi_1 - \varphi_2)}. \quad (182)$$

Der Quotient $\mathfrak{r} = \dfrac{a + j\,b}{c + j\,d}$ der beiden komplexen Zahlen $a + j\,b$ und $c + j\,d$ wird durch Multiplikation des Zählers und Nenners mit der *konjugiert komplexen* Zahl $(c - j\,d)$ verwandelt in

$$\mathfrak{r} = \frac{a\,c + b\,d}{c^2 + d^2} + j\,\frac{b\,c - a\,d}{c^2 + d^2}; \quad \text{es ist} \quad |\mathfrak{r}|^2 = \frac{a^2 + b^2}{c^2 + d^2}. \quad (183), (184)$$

Das Produkt $r = (a + j\,b) \cdot (c + j\,d)$ der beiden komplexen Zahlen $(a + j\,b)$ und $(c + j\,d)$ ergibt

$$\mathfrak{r} = (a\,c - b\,d) + j\,(b\,c + a\,d); \quad \text{es ist} \quad |\mathfrak{r}|^2 = (a^2 + b^2)(c^2 + d^2).$$

(185), (186)

B. Die Gleichungen der gewöhnlichen Asynchronmaschine

Unter Zugrundelegung der in der Abb. 61 dargestellten Ersatzschaltung und des in der Abb. 62 (für einen beliebigen Schlupf) wiedergegebenen Spannungs- und Stromdiagrammes der gewöhnlichen Asynchronmaschine gelten für diese die Spannungs- bzw. Stromgleichungen

$$U_1 - J_1(r_1 + j\,x_1) + E_1 = 0$$

$$E_1 = -j \cdot J_\mu \cdot x_\mu{}^* \qquad (187), (189)$$

$$s\,E_2 - J_2(r_2 + j\,s\,x_2) = 0$$

$$J_1 + J_2 = J_\mu. \qquad (188), (190)$$

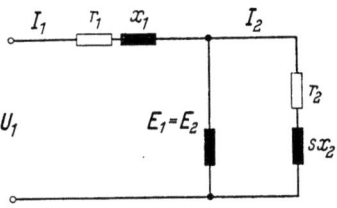

Abb. 61. Ersatzschaltung der gewöhnlichen Asynchronmaschine

Hierin bezeichnet r_1 bzw. x_1 den Ohmschen bzw. den Streublindwiderstand je Strang der Ständerwicklung, U_1 die aufgedrückte Strangspannung, E_1 die EMK, J_μ den Magnetisierungsstrom, $x_\mu = \dfrac{E_1}{J_\mu}$ den Hauptblindwiderstand je Strang, J_1 bzw. J_2 den Strom je Strang der Ständer- bzw. der Läuferwicklung, r_2 bzw. x_2 den Ohmschen bzw. den Streublindwiderstand der Läuferwicklung und s den Schlupf; *alle Läufergrößen seien auf den Ständer reduziert* (daher $E_1 = E_2$). Aus den vier angegebenen Gleichungen folgt mit $\tau_1 = \dfrac{x_1}{x_\mu}$ und $\tau_2 = \dfrac{x_2}{x_\mu}$

$$\frac{J_1}{U_1} = \frac{(1+\tau_2) + j\,\dfrac{-r_2/s}{x_\mu}}{\left[r_1(1+\tau_2) + \dfrac{r_2}{s}(1+\tau_1)\right] + j\left[x_1 + x_2(1+\tau_1) - \dfrac{r_1\,r_2/s}{x_\mu}\right]} = \frac{f + j\,h}{p + j\,q},$$

$$(191), (191\text{a})$$

$$\frac{J_2}{U_1} = \frac{-1}{p+j\,q}, \quad \frac{J_\mu}{U_1} = \frac{(f-1) + j\,h}{p+j\,q}, \qquad (192)\,(193)$$

$$\frac{E_1}{U_1} = \frac{E_2}{U_1} = -j\,x_\mu\,\frac{(f-1)+j\,h}{p+j\,q} = x_\mu\,\frac{h - j(f-1)}{p+j\,q}, \qquad (194)\,(194\text{a})$$

$$\tan\varphi_1 = \tan(\widehat{U_1 J_1}) = \frac{f\,q - h\,p}{f\,p + h\,q}, \quad \tan\varphi_2 = \tan(-\widehat{U_1 J_2}) = \frac{q}{p} \quad (195), (196)$$

$$\text{wobei } f = (1+\tau_2), \quad h = \dfrac{-r_2}{\dfrac{s}{x_\mu}}, \qquad (197), (198)$$

$$p = r_1(1+\tau_2) + \frac{r_2}{s}(1+\tau_1), \quad q = x_1 + x_2(1+\tau_1) - \frac{r_1\,\dfrac{r_2}{s}}{x_\mu} \quad (199), (200)$$

---

* Bei Vernachlässigung der Eisenverluste.

ist. Für die absoluten Beträge ergibt sich

$$\frac{J_1}{U_1} = \sqrt{\frac{f^2 + h^2}{p^2 + q^2}}, \quad \frac{J_2}{U_1} = \sqrt{\frac{1}{p^2 + q^2}}, \quad (201), (202)$$

$$\frac{J_\mu}{U_1} = \sqrt{\frac{(f-1)^2 + h^2}{p^2 + q^2}}, \quad \frac{E_1}{U_1} = \frac{E_2}{U_1} = x_\mu \sqrt{\frac{(f-1)^2 + h^2}{p^2 + q^2}}. \quad (203), (204)$$

Bezeichnet N_d (W) die über das Drehfeld vom Ständer auf den Läufer übertragene Leistung, N_{mech} (W) die mechanische Leistung (einschl. der Reibungsverluste) und N_{el} (W) die elektrische Leistung des Läufers, V_{W_2} (W) die Wicklungsverluste im Läufer, M (mkg) das Drehmoment, n_s die synchrone Drehzahl, so gelten die Gleichungen

$$N_d = N_d (1 - s) + N_d \cdot s = N_{\text{mech}} + N_{\text{el}},$$
(205), (205a)

$$N_{\text{mech}} = \frac{M(1-s) \cdot n_s}{0{,}975},$$

$$N_{\text{el}} = V_{W_2} = m_1 \cdot J_2^2 \cdot r_2; \quad (206), (207)$$

hieraus folgt (m_1 = Strangzahl der Ständerwicklung):

$$M = N_d \cdot \frac{0{,}975}{n_s} = \frac{V_{W_2}}{s} \cdot \frac{0{,}975}{n_s}$$

$$= m_1 \cdot J_2^2 \cdot \frac{r_2}{s} \cdot \frac{0{,}975}{n_s}. \quad (208), (208a), (208b)$$

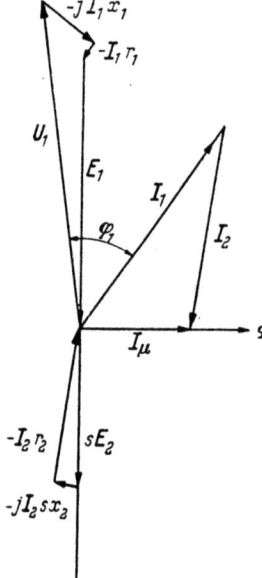

Abb. 62. Spannungs- und Stromdiagramm der gewöhnlichen Asynchronmaschine

Aus den Gln. (208b) und (202) folgt

$$M = m_1 \cdot U_1^2 \cdot \frac{\frac{r_2}{s}}{p^2 + q^2} \cdot \frac{0{,}975}{n_s} \quad \text{(entspricht } N_{\text{mech}} = (1-s) \cdot N_d\text{)}. \quad (209)$$

Der ausgezeichnete Wert des Schlupfes s — der Kippschlupf s_k —, dem der Höchstwert des Drehstromendes M — das Kippmoment M_k — entspricht, ergibt sich, wenn die 1. Ableitung

$$\left(\frac{M}{m_1 \cdot U_1^2 \cdot \frac{0{,}975}{n_s}}\right)' = \left(\frac{r_2 \cdot s}{[r_1 s(1 + \tau_2) + r_2(1 + \tau_1)]^2 + \left\{s[x_1 + x_2(1 + \tau_1)] - \frac{r_1 r_2}{x_\mu}\right\}^2}\right)'$$

gleich 0 gesetzt wird:

$$s_k = \sqrt{\frac{[r_2(1 + \tau_1)]^2 + \left(\frac{-r_1 \cdot r_2}{x_\mu}\right)^2}{[r_1(1 + \tau_2)]^2 + [x_1 + x_2(1 + \tau_1)]^2}} \quad \text{bzw.} \quad s_k \atop (r_1 = 0) = \frac{r_2(1 + \tau_1)}{x_1 + x_2(1 + \tau_1)};$$

(210), (210a)

das Kippmoment ist daher (für $r_1 = 0$)

$$M_k = m_1 \cdot U_1^2 \cdot \frac{0{,}975}{n_s} \cdot \frac{r_2 \cdot s_k}{[r_2(1+\tau_1)]^2 + s^2[x_1 + x_2(1+\tau_1)]^2}$$

$$= \frac{\frac{m_1}{2} \cdot U_1^2 \cdot \frac{0{,}975}{n_s}}{(1+\tau_1)[x_1 + x_2(1+\tau_1)]}.\qquad (211), (211\text{a})$$

Anmerkung. Für $r_1 = 0$ ist $M = m_1 \cdot U_1^2 \cdot \dfrac{0{,}975}{n_s} \cdot \dfrac{r_2 \cdot s}{[r_2(1+\tau_1)]^2 + s^2[x_1 + x_2(1+\tau_1)]^2}$;

hieraus und aus den Gln. (211) und (210a) folgt $\dfrac{M}{M_k} = \dfrac{2}{\dfrac{s_k}{s} + \dfrac{s}{s_k}}$.[1] $\dfrac{J_1}{U_1}$ erreicht bei

$s = \infty$ den Höchstwert der für $r_1 = 0$ $\left(\dfrac{J_1}{U_1}\right)_{\max} = \dfrac{1+\tau_2}{x_1 + x_2(1+\tau_1)}$ ist; hiermit wird

$$M_k = \frac{\frac{m_1}{2} \cdot U_1^2 \cdot \frac{0{,}975}{n_s} \cdot \left(\frac{J_1}{U_1}\right)_{\max}}{(1+\tau_1)(1+\tau_2)} \quad \text{und} \quad s_k = \frac{1+\tau_1}{1+\tau_2} \cdot r_2 \cdot \left(\frac{J_1}{U_1}\right)_{\max}.$$

Wird die Gl. (191) in der Form

$$\frac{J_1}{U_1} = \frac{j\left(\dfrac{-r_2}{x_\mu}\right) + s(1+\tau_2)}{r_2(1+\tau_1) + jr_1\left(\dfrac{-r_2}{x_\mu}\right) + s\{r_1(1+\tau_2) + j[x_1 + x_2(1+\tau_1)]\}} = \frac{A + B \cdot s}{C + D \cdot s}$$

(212), (212a)

geschrieben, so ist ersichtlich, daß sich der Endpunkt des Stromes J_1 bei konstanter Spannung U_1 in Abhängigkeit vom Schlupf s auf einem *Kreis* bewegt. Die Mittelpunktskoordinaten und der Radius dieses Kreises können ermittelt werden, wenn in die aus der Gl. (212a) folgende Gleichung $J_1 \cdot C - U_1 \cdot A = s(U_1 \cdot B - J_1 D)$ die in der Abb. 63 erläuterte Beziehung $J_1 = m - jn$ und außerdem die Beziehungen[2]

$$A = a_1 + ja_2, \qquad B = b_2 + jb_2,$$
$$C = c_1 + jc_2, \qquad D = d_1 + jd_2$$

eingesetzt werden, woraus — bei Gleichsetzung der reellen und der imaginären Teile je für sich — die beiden Gleichungen

$$c_1 m + c_2 n - U_1 a_1 = s(U_1 b_1 - d_1 m - d_2 n)$$
$$c_2 m - c_1 n - U_1 a_2 = s(U_1 b_2 - d_2 m + d_1 n)$$

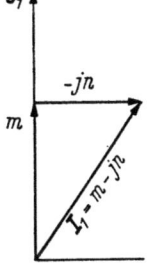

Abb. 63. Darstellung des Vektors $J_1 = m - jn$

---

[1] Vgl. KLOSS: Drehmoment und Schlüpfung des Drehstrommotors. Arch. f. El. 5 (1916) S. 59.

[2] Durch Vergleich mit den Gln. (212) und 212a) ergibt sich:

$$a_1 = 0 \qquad a_2 = -\frac{r_2}{x_\mu} \qquad b_1 = 1 + \tau_2 \qquad b_2 = 0$$
$$c_1 = r_2(1+\tau_1) \qquad c_2 = r_1 a_2 \qquad d_1 = r_1 b_1 \qquad d_2 = x_1 + x_2(1+\tau_1).$$

folgen und sich schließlich durch Elimination von s die Gleichung
$$\frac{c_1 m + c_2 n - U_1 a_1}{c_2 m - c_1 n - U_1 a_2} = \frac{U_1 b_1 - d_1 m - d_2 n}{U_1 b_2 - d_2 m + d_1 n}$$
als Kreisgleichung in rechtwinkligen Koordinaten ergibt.

Zur genauen oder praktisch genügend genauen Konstruktion des HEYLAND- bzw. des OSSANNA-*Kreises* der Asynchronmaschine aus den Leerlauf- und Kurzschlußmeßergebnissen bzw. aus den vorausberechneten Daten der Maschine sind im Schrifttum sehr viele Möglichkeiten

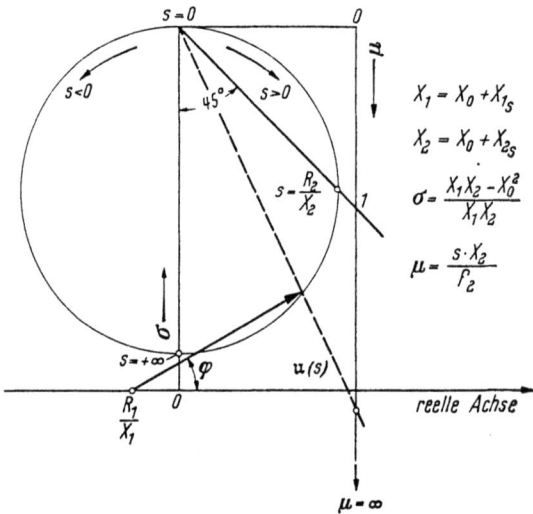

Abb. 64. Widerstandsdiagramm der Asynchronmaschine (nach FRAUNBERGER)

angegeben worden[1]. Bemerkenswert im neueren Schrifttum[2] ist die Empfehlung der Konstruktion des *Widerstands*diagrammes (statt des *Leitwert*diagrammes) der Asynchronmaschine, dessen Gleichung sich durch Umformung der Gl. (191) ergibt zu

$$\frac{U_1}{J_1} = X_1 \left(\frac{r_1}{X_1} + j \frac{\frac{r_2}{X_2} + j s \sigma}{\frac{r_2}{X_2} + j s} \right) \quad (213)$$

mit $X_1 = x_1 + x_\mu$, $X_2 = x_2 + x_\mu$, $\sigma = \frac{1}{X_1 X_2}(x_1 x_2 + x_1 x_\mu + x_2 x_\mu)$; für $s = 0$ ist $\frac{U_1}{J_1} = X_1\left(\frac{r_1}{X_1} + j\right)$, für $s = \pm\infty$ ist $\frac{U_1}{J_1} = X_1\left(\frac{r_1}{X_1} + j\sigma\right)$, für $s = \frac{r_2}{X_2}$ ist $\frac{U_1}{J_1} = X_1\left\{\frac{r_1}{X_1} + \frac{1}{2}[(1-\sigma) + j(1+\sigma)]\right\}$ (Abb. 64).

---

[1] Siehe u. a. W. NÜRNBERG: Die Asynchronmaschine. Berlin/Göttingen/Heidelberg: Springer 1952, 41. Kap., und RZIHA-GENTHE: Starkstromtechnik, 2. Teil, B IIb.

[2] FRAUNBERGER: Das Widerstandsdiagramm der Asynchronmaschine. ETZ 78 (1957), H. 17, S. 611/613.

C. Die Gleichungen der Asynchronmaschine mit Kommutator-Hintermaschine

Wird dem Läufer der Asynchronmaschine durch eine Kommutator-Hintermaschine die Spannung $U_2 = - U_1(\alpha + j\beta)$ bei elektrischer Kupplung der Hintermaschine bzw. $U_2 = - U_1(\alpha + j\beta)(1-s) = - U_1(\alpha' + j\beta')$ bei mechanischer Kupplung der Hintermaschine aufgedrückt (Abb. 65), so lautet die Spannungsgleichung für den Läufer [an Stelle der Gl. (188)]

$$U_2 + sE_2 - J_2(r_2 + jsx_2) = 0. \tag{214}$$

Aus dieser Gleichung und den Gln. (187), (188) und (190) folgt (bei elektr. Kupplung der Hintermaschine)

$$\frac{J_1}{U_1} = \frac{(1+\tau_2) - \frac{1}{s}\frac{U_2}{U_1} + j\frac{-\frac{r_2}{s}}{x_\mu}}{\left[r_1(1+\tau_2) + \frac{r_2}{s}(1+\tau_1)\right] + j\left[(x_1+x_2)1 + \tau_1) - \frac{r_1\frac{r_2}{s}}{x_\mu}\right]} \tag{215}$$

$$= \frac{\left[(1+\tau_2) + \frac{\alpha}{s}\right] + j\left[\frac{\beta}{s} + \frac{-\frac{r_2}{s}}{x_\mu}\right]}{p+jq} = -\frac{f'+jh'}{p+jq}, \tag{215a), (215b)}$$

$$\frac{J_2}{U_1} = -\frac{1 - \frac{1}{s}\frac{U_2}{U_1}\left[1 - \frac{j}{x_\mu}(r_1 + jx_1)\right]}{p+jq} \tag{216}$$

$$= -\frac{\left[1 + \frac{\alpha}{s}(1+\tau_1) + \frac{\beta}{s}\frac{r_1}{x_\mu}\right] + j\left[\frac{\beta}{s}(1+\tau_1) - \frac{\alpha}{s}\frac{r_1}{x_\mu}\right]}{p+jq} = -\frac{f''+jh''}{p+jq}, \tag{216a), (216b)}$$

$$\tan\varphi_1 = \tan(\widehat{U_1 J_1}) = \frac{f'q - h'p}{f'p + h'q}, \quad \tan\varphi_2 = \tan(-\widehat{U_1 J_2}) = \frac{f''q - h''p}{f''p + h''q}, \tag{217), (218}$$

wobei

$$f' = (1+\tau_2) + \frac{\alpha}{s}, \quad h' = \frac{\beta}{s} + \frac{-\frac{r_2}{s}}{x_\mu}, \tag{219), (220}$$

$$f'' = 1 + \frac{\alpha}{s}(1+\tau_1) + \frac{\beta}{s}\frac{r_1}{x_\mu}, \quad h'' = \frac{\beta}{s}(1+\tau_1) - \frac{\alpha}{s}\frac{r_1}{x_\mu}, \tag{221), (222}$$

$$p = r_1(1+\tau_2) + \frac{r_2}{s}(1+\tau_1), \quad q = x_1 + x_2(1+\tau_1) - \frac{r_1\frac{r_2}{s}}{x_\mu} \tag{199), (200}$$

ist (bei mechanischer Kupplung der Hintermaschine ist $\alpha' = \alpha(1-s)$ bzw. $\beta' = \beta(1-s)$ an Stelle von α bzw. β zu setzen); für die absoluten

Beträge ergibt sich

$$\frac{J_1}{U_1} = \sqrt{\frac{f'^2 + h'^2}{p^2 + q^2}}, \quad \frac{J_2}{U_1} = \sqrt{\frac{f''^2 + h''^2}{p^2 + q^2}}. \qquad (223), (224)$$

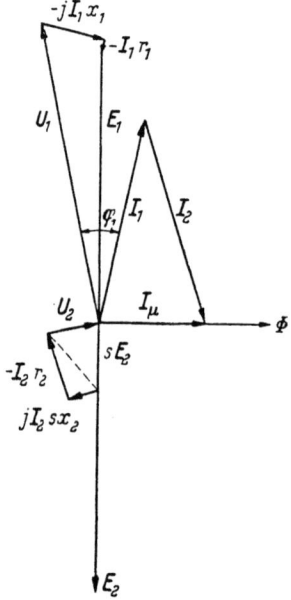

Abb. 65. Spannungs- und Stromdiagramm der Asynchronmaschine mit Kommutator-Hintermaschine

Bei der Asynchronmaschine mit Kommutator-Hintermaschine wird ein bestimmter Wert des Leistungsfaktors $\cos \varphi_1$ gefordert; hierdurch und durch die geforderte Leistung der Asynchronmaschine ist bei gegebener Strangspannung U_1 der Ständerstrom J_1 bestimmt. Es liegt in diesem Falle also die Aufgabe vor, aus den Werten von J_1 und $\cos \varphi_1$ (bzw. $\tan \varphi_1$) die Werte von α und β (bzw. α' und β') zu ermitteln, durch welche dann U_2 und J_2 bestimmt sind. Wird

$$\left(\frac{J_1}{U_1}\right)^2 = \frac{f'^2 + h'^2}{p^2 + q^2} = A$$

und $\quad \tan \varphi_1 = \dfrac{f' q - h' p}{f' p + h' q} = B$

(225), (226)

gesetzt, so ergibt sich aus diesen beiden Gleichungen

$$f' = (p + qB) \sqrt{\frac{A}{1 + B^2}} = (p + qB) \left(\frac{J_1}{U_1}\right) \cdot \cos \varphi_1, \qquad (227)$$

$$h' = (q - pB) \sqrt{\frac{A}{1 + B^2}} = (q - pB) \left(\frac{J_1}{U_1}\right) \cdot \cos \varphi_1 \qquad (228)$$

und aus den Gln. (219) und (220)

$$\alpha = s \left[f' - (1 + \tau_2) \right], \quad \beta = s \left[h' - \left(\frac{-r_2}{x_\mu}\right) \right]; \qquad (229), (230)$$

ferner ist

$$\frac{U_2}{U_1} = \sqrt{\alpha^2 + \beta^2}. \qquad (231)$$

D. Die Gleichungen des Asynchronmotors mit Stromverdrängungsläufer

1. Hochstabläufer

Es gelten dieselben Gleichungen wie für die gewöhnliche Asynchronmaschine, jedoch ist zu beachten, daß der Ohmsche Widerstand und der Streublindwiderstand des Läufers infolge der Stromverdrängung und der Induktivitätsverminderung in dem in der Nut liegenden Stabteil (Länge l) nicht konstant, sondern schlupfabhängig sind[1]; das Stromdiagramm des Asynchronmotors mit Stromverdrängungsläufer ist also *kein Kreis*.

Für den Stromverdrängungsfaktor K_w bzw. den Induktivitätsverminderungsfaktor K_i gelten die Gleichungen

$$K_w = \xi \frac{\sinh 2\xi + \sin 2\xi}{\cosh 2\xi - \cos 2\xi}, \quad K_i = \frac{3}{2\xi} \frac{\sinh 2\xi - \sin 2\xi}{\cosh 2\xi - \cos 2\xi}, \quad (232), (233)$$

wobei

$$\xi = 2\pi \cdot h \sqrt{\frac{b_L}{b_n} \cdot \frac{s \cdot f_1}{\varrho \cdot 10^5}} = T \quad \text{(für 1 Stab je Nut)} \quad (234), (234a)$$

ist (h Stabhöhe in cm, b_L Leiterbreite, b_n Nutbreite, ϱ spez. Widerstand in $\frac{\text{Ohm} \cdot \text{mm}^2}{\text{m}}$ des Leitermaterials, f_1 Ständerfrequenz in Hz); K_w und K_i sind in Abhängigkeit von T in der Abb. 66a bzw. 66b als Schaulinien dargestellt (T in cm ist die „numerische Nutentiefe").

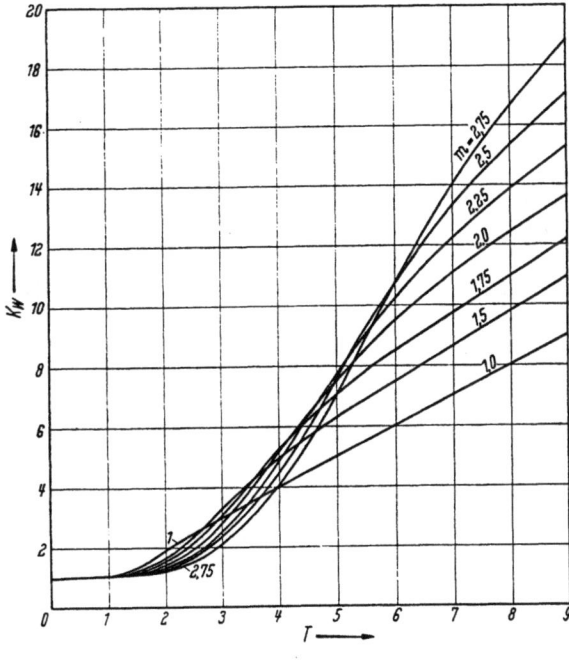

Abb. 66a. $K_w = f(T)$

---

[1] Bei der Benutzung der Gl. (210) bzw. (210a) zur Berechnung des Kippschlupfes s_k für den *Motor mit Stromverdrängungsläufer* muß jedoch die (bis $s = s_k$ nur geringe) Stromverdrängung unberücksichtigt bleiben!

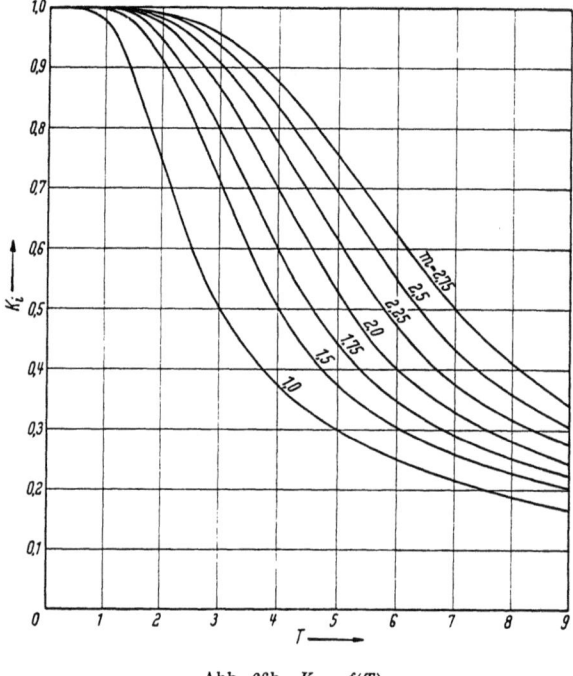

Abb. 66b. $K_i = f(T)$

Der Ohmsche bzw. der Streublindwiderstand der Käfigwicklung mit Hochstäben ist

$$r_2' = \frac{1}{2}\left[K_w \cdot R_{St} \cdot \frac{l}{l_{St}} + R_{St}\left(1 - \frac{l}{l_{St}}\right) + \left(\frac{Z_2}{2\pi p}\right)^2 \cdot 2R_R\right] \text{[Ohm]}, \quad (235)$$

$$x_2' = 1{,}6\,\pi^2 \cdot \frac{f_1}{2p}\left[l_n\left(K_i\frac{h_1}{3b_n} + \frac{h_2}{b_n}\right) + \Lambda_{s_2} + \Lambda_{d_2}\right] \cdot 10^{-8} \text{ [Ohm]}. \quad (236)$$

Durch ' wird angezeigt, daß es sich um den wirklichen, nicht um den auf den Ständerkreis umgerechneten Widerstand handelt. Da beim Käfigläufer die Windungszahl je Strang $w_2 = \frac{1}{2}$ und der Wicklungsfaktor $\xi_2 = 1$ ist, so ist der Reduktionsfaktor für die Widerstände auf den Primärkreis

$$\frac{m_1 \cdot (w_1 \xi_1)^2}{m_2 \cdot (w_2 \xi_2)^2} = \frac{m_1 \cdot (w_1 \xi_1)^2}{\frac{Z_2}{p} \cdot \left(\frac{1}{2} \cdot 1\right)^2} = \frac{4 \cdot m_1 (w_1 \xi_1)^2}{Z_2} \cdot p.$$

Anmerkung. Wird die Käfigwicklung mit Z_2 Stäben als Mehrphasenwicklung mit $m_2 = \frac{Z_2}{p}$ Strängen und dem Phasenwinkel $\alpha = \frac{2\pi}{m_2} = \frac{2\pi \cdot p}{Z_2}$ aufgefaßt, und

Die Gleichungen des Asynchronmotors mit Stromverdrängungsläufer 69

werden die beiden Kurzschlußringe durch einen ersetzt, dessen Ohmscher und Streublindwiderstand gleich dem der beiden Ringe ist, so gilt — wenn die Ringstücke durch zusätzliche Stabstücke ersetzt werden — für die aus zwei benachbarten Stäben und dem dazwischenliegenden Ringsegment gebildete Schleife (Abb. 67):

$$E'_{St_1} - E'_{St_2} = J'_{St_1} \cdot \mathfrak{z}'_{St} - J'_{St_2} \cdot \mathfrak{z}'_{St} + 2 J'_R \cdot \mathfrak{z}'_R.$$

Aus der Abb. 67 folgt: $\sin \dfrac{\alpha}{2} = \dfrac{\dfrac{J'_{St}}{2}}{J'_R}$, daher $J'_R = \dfrac{J'_{St}}{2 \cdot \sin \dfrac{\alpha}{2}}$; ferner $\sin \dfrac{\alpha}{2} = \dfrac{\dfrac{J'_R}{2}}{A}$,

daher

$$A = \dfrac{J'_R}{2 \cdot \sin \dfrac{\alpha}{2}} = \dfrac{J'_{St}}{\left(2 \cdot \sin \dfrac{\alpha}{2}\right)^2};$$

$$J'_R = A_1 - A_2 = \dfrac{J'_{St_1} - J'_{St_2}}{\left(2 \cdot \sin \dfrac{\alpha}{2}\right)^2},$$

daher

$$E'_{St_1} - E'_{St_2} = J'_{St_1} \mathfrak{z}'_{St} - J'_{St_2} \mathfrak{z}'_{St}$$
$$+ \dfrac{J'_{St_1} - J'_{St_2}}{\left(2 \sin \dfrac{\alpha}{2}\right)^2} \cdot 2 \mathfrak{z}'_R$$
$$= (J'_{St_1} - J'_{St_2}) \left[\mathfrak{z}'_{St} + \dfrac{2 \mathfrak{z}'_R}{\left(2 \cdot \sin \dfrac{\alpha}{2}\right)^2}\right],$$

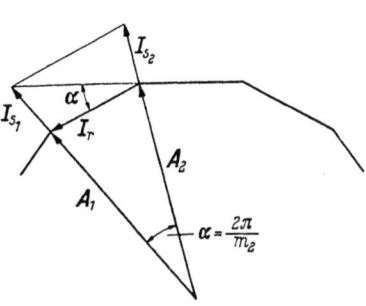

Abb. 67. Ersatzschema einer Käfigwicklung (nach LIWSCHITZ)

daher

$$E'_{St} = J'_{St} \left[\mathfrak{z}'_{St} + \dfrac{2 \mathfrak{z}'_R}{\left(2 \cdot \sin \dfrac{\alpha}{2}\right)^2}\right];$$

d. h. die beiden Kurzschlußringe wirken so, als ob der Scheinwiderstand jedes Stabes um den Betrag $\dfrac{2 \mathfrak{z}'_R}{\left(2 \cdot \sin \dfrac{\alpha}{2}\right)^2} \approx \dfrac{2 \mathfrak{z}'_R}{\left(\dfrac{2\pi p}{Z_2}\right)^2} = \left(\dfrac{Z_2}{2\pi p}\right)^2 \cdot 2 z'_R$ vergrößert wäre.

Bezeichnet E_1 die je Strang der Ständerwicklung induzierte EMK, N_w (Watt) die an die Welle abgegebene Leistung, $V_R + V_{O+P}$ die Summe der Reibungs-, Oberflächen- und Zahnpulsationsverluste (Watt), m_1 die primäre Strangzahl, w_1 die primäre Windungszahl je Strang, ξ_1 den primären Wicklungsfaktor, so ist

$$E'_2 = E'_{St} = \dfrac{1}{2 w_1 \xi_1} E_1, \qquad J'_{St} \dfrac{J'_2}{p} = \dfrac{N_w + V_R + V_{O+P}}{Z_2 \cdot E'_2 (1-s) \cdot \cos \psi_2}.$$

Über verschiedene Abarten des Hochstabläufers ist im Schrifttum vielfach berichtet worden[1].

---

[1] Siehe u. a. LAIBLE: Stromverdrängung in Nutenleitern mit *trapezförmigem* und dreieckigem Querschnitt. Arch. f. El. 27 (1933) S. 558.

2. Doppelkäfigläufer

Unter Zugrundelegung der in der Abb. 68 dargestellten Ersatzschaltung und der Bezeichnungen der Abb. 69, welche die grundsätzliche Ausführung der Doppelnuten eines Doppelkäfigläufers zeigt, gelten die Spannungs- bzw. Stromgleichungen

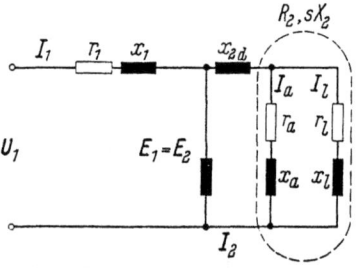

Abb. 68. Ersatzschaltung des Doppelkäfigläufermotors

$$E_2 = J_a(r_a + j s x_a) + j s x_{al} J_l,$$
$$E_2 = J_2 (R_2 + j s X_2), \quad (237), (239)$$
$$E_2 = J_l(r_l + j s x_l) + j s x_{al} J_a,$$
$$J_2 = J_a + J_l. \quad (238), (240)$$

x_a und x_l sind die Streublindwiderstände (Nut- und Spulenkopfstreuung), x_{al}* der Streublindwiderstand, welcher der gegenseitigen Induktion durch die Nutenstreuflüsse entspricht; der „resultierende Ohmsche Widerstand" R_2 und der „resultierende Streublindwiderstand" X_2 sind schlupfabhängig, das Stromdiagramm des Asynchronmotors mit Doppelkäfigläufer ist daher *kein Kreis*. Aus den Gln. (237) bis (240) folgt

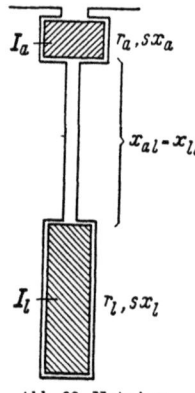

Abb. 69. Nut eines Doppelkäfigläufers

$$R_2 = \frac{r_a r_l (r_a + r_l) + s^2 [r_a(x_l - x_{al})^2 + r_l(x_a - x_{al})^2]}{(r_a + r_l)^2 + s^2 [(x_a - x_{al}) + (x_l - x_{al})]^2} \quad (241)$$

$$= \frac{r_a[r_l^2 + s^2(x_l - x_{al})^2] + r_l[r_a^2 + s^2(x_a - x_{al})^2]}{(r_a + r_l)^2 + s^2 [(x_a - x_{al}) + (x_l - x_{al})]^2}$$

$$= \frac{r_a \cdot a + r_l \cdot b}{c + d} \quad (241\text{a}), (241\text{b})$$

mit

$$a = r_l^2 + s^2(x_l - x_{al})^2, \quad b = r_a^2 + s^2(x_a - x_{al})^2, \quad (242), (243)$$
$$c = (r_a + r_l)^2, \quad d = s^2 [(x_a - x_{al}) + (x_l - x_{al})]^2, \quad (244), (245)$$

$$X_2 = \frac{r_a^2(x_l - x_{al}) + r_l^2(x_a - x_{al}) + x_{al}(r_a + r_l)^2 + s^2(x_a x_l - x_{al}^2)[(x_a - x_{al}) + (x_l - x_{al})]}{(r_a + r_l)^2 + s^2 [(x_a - x_{al}) + (x_l - x_{al})]^2} = \quad (246)$$

$$\frac{x_a(r_l^2 + s^2 x_l^2) + x_l(r_a^2 + s^2 x_a^2) + 2x_{al}(r_a r_l - s^2 x_a x_l) - s^2 x_{al}^2[(x_a - x_{al}) + (x_l - x_{al})]}{(r_a + r_l)^2 + s^2 [(x_a - x_{al}) + (x_l - x_{al})]^2} \quad (246\text{a})$$

$$\left(\frac{J_a}{J_2}\right)^2 = \frac{a}{c+d}, \quad \left(\frac{J_l}{J_2}\right)^2 = \frac{b}{c+d}, \quad \tan\left(\mathbf{J}_a \widehat{\mathbf{J}}_l\right) = s \frac{r_a(x_l - x_{al}) - r_l(x_a - x_{al})}{r_a r_l + s^2(x_a - x_{al})(x_l - x_{al})}.$$
$$\quad (247), (248), (249)$$

---

* Für runde Nuten ist $x_{al} = \dfrac{\pi}{4}$, für rechteckige Nuten $\dfrac{h_1}{2 b_n}$.

Die Gleichungen des Asynchronmotors mit Stromverdrängungsläufer 71

Für kleine Werte des Schlupfes ($s \leqq s_n$) ist:

$$R_2 \approx \frac{r_a r_l}{r_a + r_l} = \frac{r_l}{1 + \frac{r_l}{r_a}}, \text{ daher } r_l = R_2\left(1 + \frac{r_l}{r_a}\right), r_a = R_2 \frac{1 + \frac{r_l}{r_a}}{\frac{r_l}{r_a}},$$

(250), (250a), (251), (252)

$$X_2 \approx \frac{x_a r_l^2 + x_l r_a^2}{(r_a + r_l)^2} = c_x \frac{x_l r_v^2}{(r_a + r_l)^2}, \text{ daher } x_l = \frac{X_2}{c_x}\left(1 + \frac{r_l}{r_a}\right)^2.$$

(253), (253a), (254)

Für die Ströme und die Phasenverschiebungswinkel des Asynchronmotors mit Doppelkäfigläufer gelten dieselben Gleichungen wie für die gewöhnliche Asynchronmaschine, wenn als (auf den Ständer reduzierte) Läuferwiderstände

$$r_2 = R_2 \text{ und } x_2 = X_2 + x_{2_d} \qquad (255), (256)$$

(x_{2_d} doppelt verkettete Streuung) eingesetzt werden.

Zur Vorausberechnung eines Asynchronmotors für bestimmte geforderte Anlaufverhältnisse (relatives Anzugsdrehmoment $\frac{M_a}{M_n}$ und relativer Anzugsstrom $\frac{J_{1_a}}{J_{1_n}}$) unter Einhaltung von Mindestwerten der sekundären Wicklungsverluste (des Wirkungsgrades) und des Leistungsfaktors beim Nennbetrieb ($s = s_n$) dienen die folgenden Gleichungen:

$$r_{2_n} = R_{2_n} = \frac{V_{W_2}}{m_1 \cdot J_{2_n}^2} = \frac{V_{W_2}}{m_1 (c_r \cdot J_{1_n})^2}, \qquad (257), (257a)$$

$$x_{2_n} = X_{2_n} + x_{2_d} \approx \frac{1}{1 + 3\tau_1} \qquad (258), (258a)$$

$$\times \left[\frac{R_{2_n}}{s_n} \cdot \tan\varphi_{1_n} - \frac{1}{x_\mu}\left(\frac{R_{2_n}}{s_n}\right)^2 (1 + \tau_1) - x_1 + r_1 \cdot \tan\varphi_{1_n}\right],$$

$$r_l = R_{2_n} \frac{1 + \frac{r_a}{r_l}}{\frac{r_a}{r_l}}, r_a = R_{2_n}\left(1 + \frac{r_a}{r_l}\right), x_l = \frac{X_{2_n}}{c_x}\left(\frac{1 + \frac{r_a}{r_l}}{\frac{r_a}{r_l}}\right)^2;$$

(251a), (252a), (254a)

für c_r und c_x gelten Erfahrungswerte ($c_r \approx 0{,}9$, $c_x \approx 1{,}05$).

1. Anmerkung. Lt. Gl. (195) ist $\tan\varphi_{1_n} = \frac{fq - hp}{fp + hq}$, woraus folgt

$q = p\dfrac{h + f \cdot \tan\varphi_{1_n}}{f - h \cdot \tan\varphi_{1_n}}$ und — unter Berücksichtigung der Gln. (199) und (200) und bei Vernachlässigung von r_1 —

$$x_1 + x_{2n}(1+\tau_1) = \frac{r_{2n}}{s_n}(1+\tau_1) \frac{-\frac{1}{x_\mu}\frac{r_{2n}}{s_n} + (1+\tau_2)\cdot\tan\varphi_{1n}}{(1+\tau_2) + \frac{1}{x_\mu}\frac{r_{2n}}{s_n}\cdot\tan\varphi_{1n}},$$

$$x_{2n}[\tau_1 + \tau_2(1+\tau_1) + (1+\tau_1)] \approx x_{2n}(1+3\tau_1)$$

$$= \frac{r_{2n}}{s_n}\cdot\tan\varphi_{1n} - \frac{1}{x_\mu}\left(\frac{r_{2n}}{s_n}\right)^2(1+\tau_1) - x_1.$$

Unter Zugrundelegung von r_a, r_l, x_l | lt. Gl. (251), (252), (254) in Abhängigkeit von $\frac{r_l}{r_a}$

und von x_a, x_{al} | von $\frac{r_l}{r_a}$ praktisch unabhängig

werden für den Schlupf $s = 1$ (Stillstand) und in Abhängigkeit von $\frac{r_l}{r_a}$

R_2 und X_2	lt. Gl. (241) und (246)
bzw. r_2 und x_2	lt. Gl. (255) und (256)
und anschließend $\frac{J_{1a}}{J_{1n}}$ und $\frac{M_a}{M_n}$	lt. Gl. (201) und (209)

errechnet.

Für die Ausführung wird das den geforderten Anlaufverhältnissen am besten entsprechende Verhältnis $\frac{r_l}{r_a}$ gewählt; das Verhältnis $\frac{\frac{M_a}{M_n}}{\frac{J_{1a}}{J_{1n}}}$ ist das *Güteverhältnis* des Asynchronmotors mit Kurzschlußläufer.

Eine recht anschauliche Methode der Vorausberechnung des Asynchronmotors mit Doppelkäfigläufer ist von NÜRNBERG (Die Asynchronmaschine) angegeben worden; erfahrungsgemäß führt aber auch die vorstehend angegebene Methode schnell zum Ziel. Dies ist auch der Fall, wenn die Ohmschen und induktiven Widerstände einer *Widerstandskombination* im Läuferkreis eines *Asynchronmotors mit Schleifringläufer* zu bestimmen sind, durch welche (ohne Anordnung einer Drehstromerregermaschine) eine praktisch konstante Leistungsabgabe zwischen dem Nennschlupf $s = s_n$ und einem anderen Schlupfwert (z. B. $s = 0{,}1\cdot s_n$) erzielt werden soll[1].

---

[1] Vgl. LEUKERT: Das Betriebsverhalten von asynchronen Schleifringankermotoren mit schlupfabhängigen Impedanzen, ETZ 1950, H. 12, S. 313.

Die Gleichungen der Asynchronmotors mit Stromverdrängungsläufer 73

2. *Anmerkung.* Bei Vernachlässigung von $x_a - x_{al}$ ergeben sich für R_2 und X_2 beim Schlupf $s = 1$ die einfachen Gleichungen:

$$R_2 = \frac{r_a r_l (r_a + r_l) + r_a (x_l - x_{al})^2}{(r_a + r_l)^2 + (x_l - x_{al})^2} = \frac{r_a r_l}{r_a + r_l} \cdot \frac{1 + \left(\frac{x_l - x_{al}}{r_a + r_l}\right)^2 \frac{r_a + r_l}{r_l}}{1 + \left(\frac{x_l - x_{al}}{r_a + r_l}\right)^2}$$

$$= \frac{r_a r_l}{r_a + r_l} \cdot k_r,^* \quad (259)$$

$$X_2 = \frac{r_a^2 (x_l - x_{al}) + x_{al}(r_a + r_l)^2 + (x_a x_l - x_{al}^2)(x_l - x_{al})}{(r_a + r_l)^2 + (x_l - x_{al})^2}$$

$$= \frac{r_a^2 (x_l - x_{al})}{(r_a + r_l)^2} \cdot \frac{1 + \frac{x_{al}}{x_l - x_{al}} \left(\frac{r_a + r_l}{r_a}\right)^2 + \frac{x_a x_l - x_{al}^2}{r_a^2}}{1 + \left(\frac{x_l - x_{al}}{r_a + r_l}\right)^2}$$

$$= \left(\frac{r_a}{r_a + r_l}\right)^2 (x_l - x_{al}) \cdot k_x^2. \quad (260)$$

Für den Nennschlupf ist näherungsweise $R_{2n} = \frac{r_a r_l}{r_a + r_l}$ [s. Gl. (250)] und (bei Vernachlässigung von $x_a - x_{al}$)

$$X_{2n} = \frac{r_a^2 (x_l - x_{al}) + x_{al}(r_a + r_l)^2}{(r_a + r_l)^2} = \frac{r_a^2 (x_l - x_{al})}{(r_a + r_l)^2} \left[1 + \frac{x_{al}}{x_l - x_{al}} \left(\frac{r_a + r_l}{r_a}\right)^2\right]$$

$$= \left(\frac{r_a}{r_a + r_l}\right)^2 (x_l - x_{al}) \cdot c_x' \quad \text{mit} \quad c_x' = 1 + \frac{x_{al}}{x_l - x_{al}} \left(1 + \frac{r_l}{r_a}\right)^2 \approx \frac{x_l}{x_l - x_{al}},$$

so daß sich ergibt $R_2 = R_{2n} \cdot k_r$, $X_2 = \frac{X_{2n}}{c_x'} \cdot k_x$. Ferner ergibt sich der Quotient

$$\frac{\frac{X_{2n}}{c_x'}}{R_{2n}} = \frac{x_l - x_{al}}{r_a + r_l} \cdot \frac{r_a}{r_l}, \text{ so daß folgt}$$

$$k_r = \frac{1 + \left(\frac{\frac{X_{2n}}{c_x'}}{R_{2n}}\right)^2 \left(\frac{r_l}{r_a}\right) \left(1 + \frac{r_l}{r_a}\right)}{1 + \left(\frac{\frac{X_{2n}}{c_x'}}{R_{2n}}\right)^2 \left(\frac{r_l}{r_a}\right)^2}, \quad k_x = \frac{c_x' + \frac{x_a x_l - x_{al}'}{r_a^2}}{1 + \left(\frac{\frac{X_{2n}}{c_x'}}{R_{2n}}\right)^2 \left(\frac{r_l}{r_a}\right)^2};$$

bei Vernachlässigung von $\frac{x_a x_l - x_{al}^2}{r_a^2}$ gegenüber c_x' ist daher

$$\frac{R_2}{R_{2n}} = \frac{1 + \left(\frac{\frac{X_{2n}}{c_x'}}{R_{2n}}\right)^2 \left(\frac{r_l}{r_a}\right) \left(1 + \frac{r_l}{r_a}\right)}{1 + \left(\frac{\frac{X_{2n}}{c_x'}}{R_{2n}}\right)^2 \left(\frac{r_l}{r_a}\right)^2}, \quad \frac{X_2}{X_{2n}} = \frac{1}{1 + \left(\frac{\frac{X_{2n}}{c_x'}}{R_{2n}}\right)^2 \left(\frac{r_l}{r_a}\right)^2}.$$

(259a), (260a)

---

* Vgl. KÜBLER: Stromverdrängung bei Doppelstabläufern. ETZ 1935, S. 637.

Die Werte $\frac{R_2}{R_{2n}}$ und $\frac{X_2}{X_{2n}}$ sind in Abhängigkeit von $\frac{r_l}{r_a}$ für verschiedene Werte von $\frac{X_{2n}}{c'_x}$ in Abb. 70 und 71 als Schaulinien dargestellt.

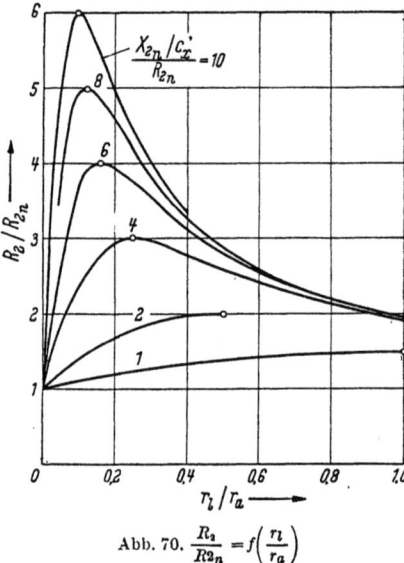

Abb. 70. $\frac{R_2}{R_{2n}} = f\left(\frac{r_l}{r_a}\right)$

Für die auf die gesamten Wicklungsverluste in der Läuferwicklung $V_2 = m_1 \cdot J_2^2 \cdot R_2$ bezogenen Wicklungsverluste im oberen Käfig $V_a = m_1 \cdot J_a^2 \cdot r_a$ bzw. im unteren Käfig $V_l = m_1 \cdot J_l^2 \cdot r_l$ gelten die Gleichungen

$$\frac{V_a}{V_2} = \frac{A}{A+1} \quad \text{bzw.}$$

$$\frac{V_l}{V_2} = \frac{1}{A+1} \quad (261)$$

mit

$$A = \frac{r_l}{r_a} \times \left[1 + s^2 \left(\frac{X_{2n}}{c'_x}\right)^2 \left(1 + \frac{r_l}{r_a}\right)^2\right]. \quad (262)$$

Die Werte $\frac{V_a}{V_2}$ bei $s = 1$ sind in Abhängigkeit von $\frac{r_l}{r_a}$ für verschiedene Werte von $\frac{X_{2n}}{c'_x}$ in Abb. 72 als Schaulinien dargestellt.

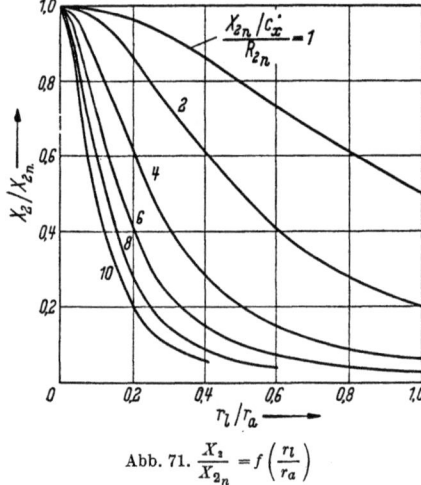

Abb. 71. $\frac{X_2}{X_{2n}} = f\left(\frac{r_l}{r_a}\right)$

3. Stromverdrängungsläufer mit zwei Stäben je Nut und getrennten Kurzschlußringen

Bei Stromverdrängungsläufern für schweren Anlauf kann es zweckmäßig sein, an Stelle eines sehr hohen schmalen Stabes je Nut zwei ohne Zwischenlage übereinander angeordnete Stäbe zu verwenden und die Ober- bzw. Unterstäbe voneinander getrennt durch Kurzschlußringe kurzzuschließen. Die zur Vorausberechnung der Stromdichteverteilung sowie der

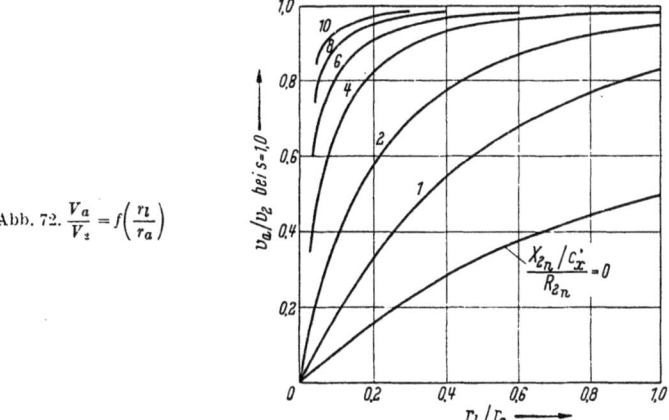

Abb. 72. $\dfrac{V_a}{V_z} = f\left(\dfrac{r_l}{r_a}\right)$

Widerstandsvermehrung und der Induktivitätsverminderung bei einem Stab, bzw. bei zwei Stäben je Nut gültigen Gleichungen werden im folgenden angegeben.

a) **Die Stromdichteverteilung.** Die Aufgabe[1], die örtliche Erwärmung eines hohen schmalen Stabes vorauszuberechnen, kann als gelöst angesehen werden, doch genügt zur Beurteilung der Erwärmungsverhältnisse schon die Kenntnis von der Verteilung der Stromdichte längs des Stabes; dies gilt auch für den Fall der Unterteilung des Stabes in zwei (oder mehrere) gleiche Teilstäbe. Die Grundlagen für die Berechnung der Stromdichte

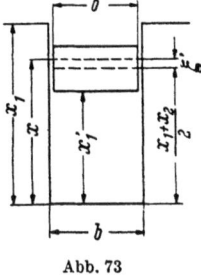

Abb. 73

sind in EMDES Aufsatz „Einseitige Stromverdrängung in Ankernuten"[2] gegeben. Liegen in einer Nut mehrere Stäbe, und betrachtet man den zwischen $x = x_1$ und $x = x_2$ liegenden Stab mit der Höhe $x_2 - x_1$ (Abb. 73), welcher den Strom mit dem Effektivwert J führt, während die Summe der Effektivwerte der Ströme in den darunter liegenden Stäben J_1 sei, so ergibt sich unter Berücksichtigung der folgenden Beziehungen und Bezeichnungen (nach EMDE)

$$x = \frac{x_1 + x_2}{2} + \xi', \quad \xi' = \frac{p}{m}, \quad x_2 - x_1 = \frac{P}{m}, \quad m = \sqrt{\frac{2\pi \omega}{\varrho} \cdot \frac{b'}{b}}$$

$$f = \frac{4\pi \cdot J_1}{b}, \quad h = \frac{4\pi \cdot J}{b}, \quad \omega = 2\pi f_2, \quad \varrho = \frac{10^5}{\chi},$$

---

[1] ROSSMAIER: Der Temperaturverlauf in einem Stab eines Stromverdrängungs-Käfigläufermotors in Abhängigkeit von Ort und Zeit während des Hochlaufes. Arch. f. El. 32 (1938) H. 2, S. 124—131.
[2] E. u. M. 1908, H. 33, S. 703 u. H. 34, S. 726.

f_2 Frequenz des Stabstromes in Hz,

χ elektrische Leitfähigkeit in $\dfrac{\text{m}}{\text{Ohm} \cdot \text{mm}^2}$

für das mit dem Faktor $\left(\dfrac{1}{2} \cdot \dfrac{4\pi}{m} \cdot \dfrac{b'}{b}\right)^2$ multiplizierte Quadrat der Stromdichte i_x die Gleichung

$$\left(\frac{1}{2} \cdot \frac{4\pi}{m} \cdot \frac{b'}{b}\right)^2 \cdot i_x^2 = \left(f + \frac{1}{2}h\right)^2 \frac{\cosh 2p - \cos 2p}{\cosh P + \cos P} + \left(\frac{1}{2}h\right)^2 \frac{\cosh 2p + \cos 2p}{\cosh P - \cos P}$$

$$+ \left(f + \frac{1}{2}h\right) h \frac{\sinh P \cdot \sinh 2p - \sin P \cdot \sin 2p}{\sinh^2 P + \sin^2 P}. \quad (263)$$

α) *Es ist nur ein Stab je Nut vorhanden.* Er führt den Strom J, während $J_1 = 0$ ist; es ist somit $f = 0$, und für die Stromdichte ergibt sich die Gleichung

$$i_x = \frac{J}{b'(x_2 - x_1)} \cdot P \cdot \sqrt{2} \cdot \sqrt{\frac{\cosh(P + 2p) + \cos(P + 2p)}{\cosh 2P - \cos 2P}}. \quad (264)$$

In der Abb. 74 ist über der Stabhöhe die relative Stromdichte

$$P \cdot \sqrt{2} \cdot \sqrt{\frac{\cosh(P + 2p) + \cos(P + 2p)}{\cosh 2P - \cos 2P}},$$

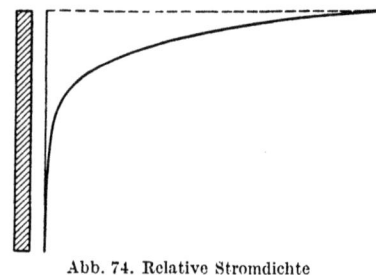

Abb. 74. Relative Stromdichte bei 1 Stab je Nut

d. h. die auf die Stromdichte $\dfrac{J}{b'(x_2 - x_1)}$ bei gleichmäßiger Verteilung über den Stabquerschnitt bezogene Stromdichte aufgetragen, und zwar für die Stabhöhe $(x_2 - x_1) = 8$ cm, wenn Kupfer als Stabmaterial dient und die Netzfrequenz 50 Hz beträgt $\left(m = \sqrt{\dfrac{2\pi \cdot 2\pi \cdot 50}{10^5/50}}\right.$

~ 1 cm^{-1}, $P = m(x_2 - x_1)$; $\dfrac{J}{b'(x_2 - x_1)}$ wurde gleich 1 gesetzt$\Big)$.

β) *Es sind zwei Stäbe je Nut vorhanden.* Der Oberstab führt den Strom J, während der Unterstab den Strom J_1 führt. Wird $\dfrac{J}{J_1} = \dfrac{h}{f} = n$ gesetzt, so ergibt sich für die Stromdichte des *Oberstabes* die Gleichung

$$i_{x_o} = \frac{J_1}{b'(x_{2_o} - x_{1_o})} \cdot \frac{P_o \cdot \sqrt{2}}{\sqrt{\cosh 2P_o - \cos 2P_o}}$$

$$\times \sqrt{\begin{array}{l} n(2+n)[\cosh(P_o + 2p_o) + \cos(P_v + 2p_o)] \\ - 2n(\cosh P_o \cdot \cos 2p_o + \cosh 2p_o \cdot \cos P_o) \\ + 2(\cosh P_o - \cos P_o)(\cosh 2p_o - \cos 2p_o) \end{array}} \quad (265)$$

Die Gleichungen des Asynchronmotors mit Stromverdrängungsläufer 77

mit den Grenzwerten

$$i_{x_o} = \frac{J}{b'(x_{2_o} - x_{1_o})} \cdot P_o \cdot \sqrt{2} \sqrt{\frac{\cosh(P_o + 2p_o) + \cos(P_o + 2p_o)}{\cosh 2P_o - \cos 2P_o}} \quad \text{für } n = \infty \quad (265\,\text{a})$$
$$(\text{d. h. } f = 0),$$

$$i_{x_o} = \frac{J_1}{b'(x_{2_o} - x_{1_o})} \cdot P_o \cdot \sqrt{2} \sqrt{\frac{\cosh 2p_o - \cos 2p_o}{\cosh P_o + \cos P_o}} \quad \text{für } n = 0 \quad (265\,\text{b})$$
$$(\text{d. h. } h = 0),$$

während für die Stromdichte des *Unterstabes* die Gleichung

$$i_{x_u} = \frac{J_1}{b'(x_{2_u} - x_{1_u})} \cdot P_u \cdot \sqrt{2} \cdot \sqrt{\frac{\cosh(P_u + 2p_u) + \cos(P_u + 2p_u)}{\cosh 2P_u - \cos 2P_u}} \quad (266)$$

gilt. In der Abb. 75 ist für den Fall gleicher Höhe der Teilstäbe (je 4 cm) die relative Stromdichte

$$\frac{J_1}{J_{1n=1}} \cdot \frac{P_o \cdot \sqrt{2}}{\sqrt{\cosh 2P_o - \cos 2P_o}}$$

$$\times \sqrt{\begin{array}{c} n(2+n)[\cosh(P_o + 2p_o) + \cos(P_o + 2p_o)] \\ -2n(\cosh P_o \cdot \cos 2p_o + \cosh 2p_o \cdot \cos P_o) \\ +2(\cosh P_o - \cos P_o)(\cosh 2p_o - \cos 2p_o)\end{array}}$$

bzw.

$$\frac{J_1}{J_{1n=1}} \cdot P_u \cdot \sqrt{2} \cdot \sqrt{\frac{\cosh(P_u + 2p_u) + \cos(P_u + 2p_u)}{\cosh 2P_u - \cos 2P_u}},$$

d. h. die auf die Stromdichte $\frac{J_{1n=1}}{b'(x_2 - x_1)}$ bei gleichmäßiger Verteilung über den Stabquerschnitt bezogene Stromdichte aufgetragen, und zwar für die Stromverhältnisse $\frac{J}{J_1} = n$ = 0,5/1/1,5, wenn Kupfer als Stabmaterial dient und die Netzfrequenz 50 Hz beträgt $\left(\frac{J_{1n=1}}{b'(x_2 - x_1)}\right.$ wurde gleich 1 gesetzt$\Big)$[1].

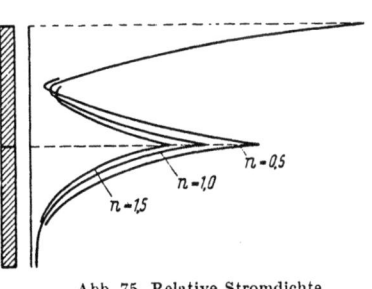

Abb. 75. Relative Stromdichte bei 2 Stäben je Nut

b) Die Widerstandsvermehrung und die Induktivitätsverminderung.
Bei der Ausführung mit zwei Stäben je Nut und getrennten Kurzschlußringen ist das Verhältnis der Ströme und der Winkel der Phasenverschiebung noch nicht bekannt; diese Werte müssen vielmehr erst nach

---
[1] Zur Erleichterung der Berechnung werden am besten die fünfstelligen Tafeln der Kreis- und Hyperbelfunktionen von HAYASHI (Berlin: de Gruyter 1944) verwendet.

den für einen Doppelkäfigläufer gültigen Beziehungen ermittelt werden. Hierzu ist die Kenntnis der Ohmschen Widerstände und der Streublindwiderstände erforderlich, die aber erst unter Berücksichtigung der auftretenden Widerstandsvermehrung und Induktivitätsverminderung ermittelt werden können, wenn die Stromverteilung bekannt ist. Der praktische Weg zur Lösung ist, zunächst eine Stromverteilung — z. B. 1 : 1 — anzunehmen, die Widerstandsvermehrung und Induktivitätsverminderung hierbei und somit die Ohmschen Widerstände und Streublindwiderstände zu ermitteln und unter Zugrundelegung dieser Widerstände die Stromverteilung zu berechnen; dieses Verfahren ist zu wiederholen, bis die angenommene und die berechnete Stromverteilung übereinstimmen.

Der *Faktor für die Widerstandsvermehrung* des p-ten Stabes ist nach RICHTER

$$K_{W_p} = \varphi(\xi) + \left[\left(\frac{J_1}{J_p}\right)^2 + \left(\frac{J_1}{J_p}\right)\cos\gamma\right] \cdot \psi(\xi), \qquad (267)$$

wenn J_p der Strom des p-ten Stabes, J_1 (wie früher) die Summe der Ströme in den darunterliegenden Stäben und γ der Winkel der Phasenverschiebung zwischen J_p und J_1 ist; für $\varphi(\xi)$ und $\psi(\xi)$ gelten die Beziehungen

$$\varphi(\xi) = \xi\,\frac{\sinh 2\xi + \sin 2\xi}{\cosh 2\xi - \cos 2\xi} \quad \text{bzw.} \quad \psi(\xi) = 2\xi\,\frac{\sinh \xi - \sin \xi}{\cosh \xi + \cos \xi} \qquad (268),(269)$$

mit $\xi = 2\pi\cdot h\,\sqrt{\dfrac{b'}{b}\cdot\dfrac{f_2}{\varrho\cdot 10^5}}$ [vgl. Gl. (234)]. Wenn nur ein Stab je Nut angeordnet ist (d. h. $J_{p=1} = J$, $J_1 = 0$), so ist $K_{W_p} = \varphi(\xi)$ [vgl. Gl. (232) für K_W]; bei zwei Stäben je Nut (Strom im Oberstab $J_{p=2} = J_o$, Strom im Unterstab $J_{p=1} = J_u$) ist

$$K_{W_o} = \varphi(\xi) + \left(\frac{J_u}{J_o}\right)\left(\frac{J_u}{J_o} + \cos\gamma\right)\cdot\psi(\xi), \quad K_{W_u} = \varphi(\xi). \qquad (270),(271)$$

Der *Faktor für die Induktivitätsverminderung* des p-ten Stabes ist nach RICHTER

$$K_{i_p} = \frac{\varphi'(\xi) + 3\left[\left(\dfrac{J_1}{J_p}\right)^2 + \left(\dfrac{J_1}{J_p}\right)\cos\gamma\right]\cdot\psi'(\xi)}{1 + 3\left[\left(\dfrac{J_1}{J_p}\right)^2 + \left(\dfrac{J_1}{J_p}\right)\cdot\cos\gamma\right]}; \qquad (272)$$

für $\varphi'(\xi)$ und $\psi'(\xi)$ gelten die Beziehungen

$$\varphi'(\xi) = \frac{3}{2\xi}\,\frac{\sinh 2\xi - \sin 2\xi}{\cosh 2\xi - \cos 2\xi} \quad \text{bzw.} \quad \psi'(\xi) = \frac{1}{\xi}\,\frac{\sinh \xi + \sin \xi}{\cosh \xi + \cos \xi}. \qquad (273),(274)$$

Die Gleichungen des Asynchronmotors mit Stromverdrängungsläufer 79

Wenn nur ein Stab je Nut angeordnet ist (d. h. $J_{p=1} = J$, $J_1 = 0$), so ist $K_{i_p} = \varphi'(\xi)$ [vgl. Gl. (233) für K_i]; bei zwei Stäben je Nut (Strom im Oberstab $J_{p=2} = J_o$, Strom im Unterstab $J_{p=1} = J_u$) ist

$$K_{i_o} = \frac{\varphi'(\xi) + 3\left(\frac{J_u}{J_o}\right)\left(\frac{J_u}{J_o} + \cos\gamma\right)\psi'(\xi)}{1 + 3\left(\frac{J_u}{J_o}\right)\left(\frac{J_u}{J_o} + \cos\gamma\right)},$$

$$K_{i_u} = \varphi'(\xi). \qquad (275), (276)$$

In Abhängigkeit von der numerischen Nutentiefe ξ sind die Werte von φ und ψ in der Abb. 76, die Werte von φ' und ψ' in der Abb. 77 als Schaulinien dargestellt.

Anmerkung. Bei der Ermittlung des Verlaufes der Stromdichte im Ober- und Unterstab ist zu beachten, daß die EMDEschen Gleichungen für Phasengleichheit von J und J_1 gelten; es ist daher der Vorausberechnung der Stromdichte der Strom

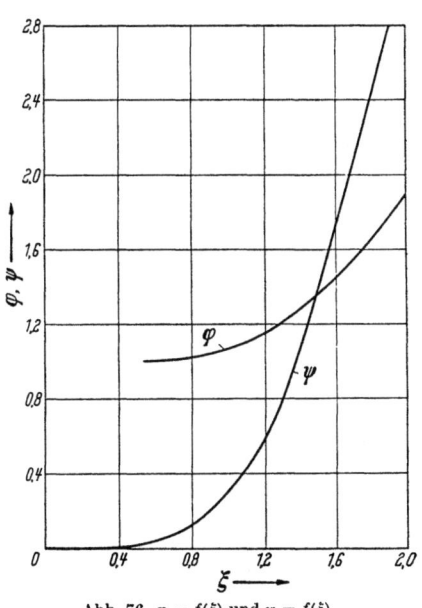

Abb. 76. $\varphi = f(\xi)$ und $\psi = f(\xi)$

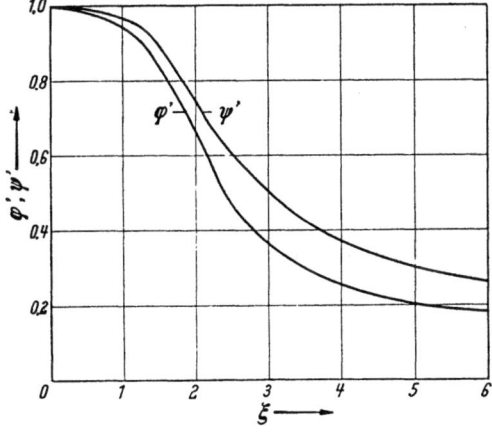

Abb. 77. $\varphi' = f(\xi)$ und $\psi' = f(\xi)$

$J = J_o$ im Oberstab und der Strom $J_1 = J_u \cdot \cos\gamma$ im Unterstab, also das Verhältnis $\dfrac{h}{f} = n = \dfrac{J_o}{J_u \cdot \cos\gamma}$ zugrunde zu legen.

E. Der Asynchronmotor mit Massivläufer

ROSENBERG hat in seinem Aufsatz „Massive Eisenleiter und Wirbelstrombremsen"[1] für den Verlust je cm² der zylindrischen Ankeroberfläche einer *Wirbelstrombremse* die Gleichung

$$\frac{L_B}{\pi \cdot D \cdot L} = 2{,}4 \cdot 10^{-4} \cdot \sqrt{\varrho \cdot \nu \cdot B \cdot N^3} \left[\frac{W}{cm^2}\right] \qquad (277)$$

angegeben, wobei

D den dem Magnetsystem zugewendeten wirksamen Durchmesser des Bremsankers in cm,

L seine Länge in cm,

ϱ den spezifischen Widerstand des Massiveisens in $\frac{Ohm \cdot cm^2}{cm}$,

ν die Frequenz in Hz,

B die Kraftliniendichte in Gauß,

N die AW/cm

bedeutet. Diese Gleichung kann auch mit praktisch genügender Genauigkeit zur Vorausberechnung des Anzugsdrehmomentes eines Massivläufers dienen, wenn der Faktor 2,4 der Gl. (277) durch das Produkt $2 \cdot \sqrt{\frac{l'}{l}}$[2] ersetzt wird, wobei

$l' = l + d \cdot \tau_p$ die „fiktive Stablänge" in cm,

l die Breite des Ständerblechpaketes in cm,

τ_p die Polteilung im Luftspalt in cm,

d ein Erfahrungswert

ist; für die Eindringtiefe gilt die Gleichung

$$a = 6700 \sqrt{\frac{l'}{l}} \cdot \sqrt{\frac{\varrho \cdot N}{\nu \cdot B}}. \qquad (278)$$

TRASSL gibt in dem Aufsatz „Wirbelstromheizung mit Niederfrequenz"[3] zur Vorausberechnung der spezifischen Heizleistung eines „*Wirbelstromerhitzers* (mit Belag B)" unter der Annahme konstanter Permeabilität die Gleichung

$$N_{Fe+B} = 2{,}5 \cdot 10^{-3} \cdot B_{Fe}^2 \cdot \frac{f}{\mu} \left(t_{Fe} + \frac{\varrho_{Fe}}{\varrho_b} \cdot 2\Delta\right) \quad \left[\frac{W}{cm^2}\right] \qquad (279)$$

---

[1] ETZ 1923, S. 1055—1057 und S. 1074—1078.
[2] Vgl. GIBBS: Induction and synchronous motors with unlaminated rotors. J. I. E. E. Part II, 95 (1948) S. 411—420.
[3] VDE-Fachberichte 1937, S. 104—109.

an mit

$$B_l = B_{Fe} \cdot \frac{\pi}{\tau} \cdot \frac{t_{Fe}}{\sqrt{2}} \cdot \sqrt{1 + 2\delta \cdot a + \delta^2 [(a + b\varDelta)^2 + a^2]} \quad [\text{Gauß}], \tag{280}$$

$$t_{Fe} = \frac{1}{2\pi} \sqrt{\frac{\varrho_{Fe} \cdot 10^9}{\mu \cdot f}} \; [\text{cm}], \quad \mu = \frac{B_{Fe}}{0{,}4\pi \cdot \frac{AW}{cm}} \cdot 0{,}75, \tag{281}, 282$$

$$a = \frac{1}{\mu \cdot t_{Fe}} \; [\text{cm}^{-1}], \quad b = \frac{2}{t_b^2} = \frac{4\pi\,\omega}{\varrho_b \cdot 10^9} \; [\text{cm}^{-2}], \tag{283}, (284)$$

$$E = 2\tau \cdot f \cdot B_l \cdot 10^{-8} \left[\frac{V}{cm}\right], \quad A = \frac{N_{Fe+B}}{E \cdot \cos\varphi_2} \left[\frac{A}{cm}\right], \tag{285}, (286)$$

$$\tan\varphi_2 = \frac{a + \delta \left[\left(\frac{\pi}{\tau}\right)^2 + (a + b\varDelta)^2 + a^2\right]}{a + b\varDelta}. \tag{287}$$

Hierin bedeutet

B_l die Luftinduktion an der Eisenoberfläche in Gauß,
B_{Fe} die Randinduktion im Eisen in Gauß,
t_{Fe} die Eindringtiefe des Feldes und Stromes in die magnetische Wand in cm (nach THOMSON),
ϱ_{Fe}, ϱ_b den spezifischen Widerstand in Ohm · cm des Eisens bzw. des Belages
τ die Polteilung in cm,
f die Frequenz in Hz,
$\varDelta$ die Belagdicke in cm (für einen Körper ohne Belag ist $\varDelta = 0$),
μ die Wechselstrompermeabilität (der als Mittelwert aus vielen Versuchen bestimmte Faktor 0,75 berücksichtigt die veränderliche magnetische Permeabilität),
E die Spannung in V/cm,
A den Strombelag in A/cm.

Aus den Gln. (279), (281) und (282) ergibt sich (für $\varDelta = 0$) die Gleichung $N_{Fe+B} = 2{,}73 \cdot 10^{-4} \cdot \sqrt{\varrho_{Fe} \cdot f \cdot B_{Fe} \cdot \left(\frac{AW}{cm}\right)^3}$, die sich nur durch den Faktor 2,73 gegenüber dem Faktor 2,4 bzw. $2 \cdot \sqrt{\frac{l'}{l}}$ der Gl. (277) unterscheidet. Die praktische Brauchbarkeit der angegebenen Gln. (277) bzw. (279) zur Vorausberechnung des Anzugsdrehmomentes eines Massivläufers [vgl. auch Gl. (208)] ist beschränkt, weil die Bestimmung der richtigen Eindringtiefe schwierig ist. Diese Schwierigkeit liegt (wie auch GIBBS betont) in der Unsicherheit der Feststellung des von der *Erwärmungstemperatur abhängigen* spezifischen Widerstandes des Massiveisens; unsicher ist aber auch die Feststellung der magnetischen Feldstärke bei den hohen im Massiveisen auftretenden Induktionen (> 20000 Gauß) etwa aus einer extrapolierten Magnetisierungskennlinie.

Über Versuche an einem vierpoligen Asynchronmotor für 5,5 kW mit einem ungenuteten bzw. genuteten Massivläufer — ohne eingelegte Stäbe, jedoch mit an die Stirnflächen angeschraubten Ringen — ist von SCHENFER im Arch. für Elektrotechnik[1] berichtet worden.

F. Die Anlaufdauer und die Anlaufwärme des Käfigläufers von Asynchronmotoren und des Läufers mit Käfigwicklung von Synchronmotoren

Die Käfigwicklung des Asynchronmotors oder des Synchronmotors muß so ausgelegt werden, daß während des Anlaufvorganges

bei dem gegebenen Gegenmoment der Arbeitsmaschine und

bei dem gegebenen Schwungmoment des Motorläufers und der Arbeitsmaschine,

unter Berücksichtigung des gewählten Anlaufverfahrens (direkte Einschaltung, Stern/Dreieck-Umschaltung, Anlaßtransformator)

ein Drehmoment entwickelt wird, das beim zugelassenen Ständerstrom und innerhalb einer

mit Rücksicht auf die mechanische Beanspruchung einerseits und

mit Rücksicht auf die Forderungen des Betriebes andererseits

nicht zu langen und nicht zu kurzen Zeitspanne sowie einer

mit Rücksicht auf das Material der Käfigwicklung

zulässigen Erwärmung den Anlauf gewährleistet. Beim Asynchronmotor muß außerdem beachtet werden, daß das Nenndrehmoment mit Rücksicht auf einen hohen Wirkungsgrad bei möglichst geringem Schlupf entwickelt wird; diese Rücksicht entfällt beim Synchronmotor mit Anlaufwicklung.

Bezeichnet

M das Drehmoment des Motors in mkg beim Schlupf $s = \dfrac{n_d - n}{n_d}$,

M_n das Nenndrehmoment des Motors beim Nennschlupf s_n,

M_g das Gegendrehmoment der Arbeitsmaschine bei der dem Schlupf s entsprechenden Drehzahl n,

GD^2 das gesamte Schwungmoment des Antriebes in kgm², bezogen auf die Drehzahl des Motors,

n, n_n, n_d die Drehzahl, die Nenndrehzahl, die Drehfelddrehzahl des Motors in Uml/min,

---

[1] Der Rotor des Asynchronmotors in der Form des massiven Eisenzylinders. Arch. f. El. 1926, S. 168.

so gelten für die Anlaufdauer t_A (s) und für die in der Käfigwicklung erzeugte Anlaufwärme A_2 (kWs) (Anlauf vom Stillstand bis zur Nenndrehzahl) die Beziehungen

$$t_A = T_A \int_{s=1}^{s=s_n} \frac{ds}{\frac{M}{M_n} - \frac{M_g}{M_n}}, \quad A_2 = 2 A_{2_0} \int_{s=1}^{s=s_n} \frac{s \cdot ds}{1 - \frac{\frac{M_g}{M_n}}{\frac{M}{M_n}}}. \quad (288), (289)$$

Hierin ist

$$T_A = \frac{GD^2}{4g} \cdot \frac{2\pi}{60} \cdot \frac{n_d}{M_n} = \frac{GD^2 \cdot n_d}{375 \cdot M_n} \text{ [s]} \quad (290), (290\text{a})$$

diejenige Zeitspanne, die für den Hochlauf des Antriebes vom Stillstand bis zur Nenndrehzahl erforderlich wäre, wenn stetig das Nenndrehmoment M_n zur Verfügung stände und das Gegendrehmoment gleich Null wäre. T_A wird als die Nennanlaufdauer[1] bezeichnet; ihr entspricht die bei *reiner Massenbeschleunigung* in der Käfigwicklung entwickelte Anlaufwärme

$$A_{2_0} = \frac{1}{2} \left(\frac{\pi}{60}\right)^2 \cdot GD^2 \cdot n_d^2 \cdot 10^{-3} = \frac{GD^2 \cdot n_d^2}{730 \cdot 10^3} \text{ [kWs]}. \quad (291), (291\text{a})$$

Bezeichnet $N_n = \frac{M_n \cdot n_n}{975}$ die Nennleistung des Motors in kW, so ist

$$A_{2_0} \approx \frac{1}{2} \cdot T_A \cdot N_n \text{ [kWs]}. \quad (291\text{b})$$

Die Gln. (288) und (289) werden zweckmäßig praktisch gelöst, indem die Werte $\dfrac{1}{\frac{M}{M_n} - \frac{M_g}{M_n}}$ bzw. $\dfrac{s \cdot \frac{M}{M_n}}{\frac{M}{M_n} - \frac{M_g}{M_n}}$ in Abhängigkeit vom Schlupf s aufgetragen werden und die Fläche zwischen der durch sie dargestellten Schaulinie und der Abszissenachse (begrenzt durch die den Schlupfwerten $s = 0$ und $s = s_n$ entsprechenden Ordinaten) planimetriert wird. Näherungswerte für die Anlaufdauer bzw. die Anlaufwärme ergeben sich aus den Gleichungen

$$t'_A \approx T_A \frac{1}{\frac{M_{b_m}}{M_n}} \quad \text{und} \quad A'_2 \approx \frac{1}{2} \cdot T_A \cdot N_n \frac{\frac{M_m}{M_n}}{\frac{M_{b_m}}{M_n}}, \quad (292), (293)$$

wobei M_{b_m} ein mittleres abzuschätzendes Beschleunigungsmoment und M_m ein mittleres abzuschätzendes Motordrehmoment bezeichnet.

---

[1] Die hierfür oft benutzte Bezeichnung „Anlaufzeitkonstante" (richtiger Anlaufzeit-Konstante) kann mißdeutet werden!

Anmerkung. Für den Sonderfall $\frac{M_g}{M_n} = 0$ (d. h. bei reiner Massenbeschleunigung ohne Gegenmoment wie z. B. bei Zentrifugen) ergibt sich aus Gl. (289) als *Bremswärme* (zwischen den Schlupfwerten $s = 2$ und $s = 1$)

$$A_{2B} = 2 A_{2_0} \left[\frac{s^2}{2}\right]_1^2 = 3 A_{2_0},$$

d. h. die dreifache Anlaufwärme.

Wenn angenommen wird, daß die beim Anlauf der Motoren in der Käfigwicklung entwickelte Anlaufwärme in den Käfigstäben allein entstanden ist, sich gleichmäßig über den Querschnitt der Stäbe verteilt und in den Stäben bleibt (Wärmespeicherung ohne Wärmeabgabe an das Eisen), so ist die *mittlere* Übertemperatur bestimmt durch die Gleichung

$$\vartheta = \frac{A_2 \cdot 10^3}{c \cdot G_2} \; [°C]. \tag{294}$$

Hierin bezeichnet c die spezifische Wärme des Stabmaterials in Ws/°C·kg (z. B. 390 für Kupfer, 380 für Messing, 870 für Aluminium) und G_2 das Gewicht aller Stäbe in kg. Zur Vorausbestimmung der *wirklichen* Übertemperatur ist folgendes zu beachten:

Beim *Hochstabläufer* führt bei großem Schlupf der Stabteil an der Nutenöffnung den größten Strom. Die von der Stabkante am Nutengrund bis zu der Stabkante an der Nutenöffnung unterschiedliche wirkliche Übertemperatur ist vor allem — außer von der Anlaufdauer und der Wärmeleitfähigkeit des Materials — abhängig davon, in welchem Maße das Eisen an der Wärmekapazität der Käfigwicklung teilnimmt, d. h. wieviel von der entwickelten Anlaufwärme noch in den Stäben bleibt; wegen der erforderlichen Einbautoleranz der Stäbe ist nämlich nicht mit einem gleichmäßigen Wärmeübergang an das Eisen zu rechnen. Eine genaue Vorausberechnung der wirklichen Übertemperatur unter Berücksichtigung aller ihre Größe beeinflussenden Faktoren ist schwierig; in der Regel genügt ihre Vorausbestimmung als Produkt aus der mittleren Übertemperatur und einem Korrektionsfaktor, der aus den Meßergebnissen grundsätzlicher Erwärmungsversuche an Stromverdrängungsstäben ermittelt wird. Beim *Doppelkäfigläufer* wird die Anlaufwärme zum größten Teil im Anlaufkäfig entwickelt. Zur Bestimmung der mittleren Übertemperatur der Anlaufstäbe nach Gl. (294) ist nur ein Teil der Anlaufwärme einzusetzen, der je nach Ausführung des Doppelkäfigs abzuschätzen ist; hierzu dient die Abb. 72, in der das Verhältnis der Wicklungsverluste $\frac{V_a}{V_2}$ beim Schlupf $s = 1$ in Abhängigkeit von $\frac{r_l}{r_a}$ für verschiedene Werte von $\frac{X_{2n}}{\frac{c'_x}{R_{2n}}}$ in Schaulinien dargestellt ist.

G. Das Anlaufdrehmoment und der Anlaufstrom von Schenkelpol-Synchronmotoren mit Käfigwicklung

Zur Ermittlung praktisch brauchbarer Gleichungen wird das resultierende (sinusförmig angenommene) Feld in zwei Komponenten zerlegt — das *Längs-* und das *Querfeld* mit den Amplituden in der Polmitte bzw. über der Pollücke (Abb. 78a) — und die Käfigwicklung in bezug auf das Längsfeld durch die *Längsfeldwicklung* mit in Reihe geschalteten Käfigstäben (Abb. 78b) und in bezug auf das Querfeld durch die *Querfeldwicklung* mit in Reihe geschalteten Käfigstäben (Abb. 78c) ersetzt; die Verschiedenheit der EMKe der einzelnen Maschen wird durch die Einführung der *effektiven Windungszahlen* berücksichtigt.

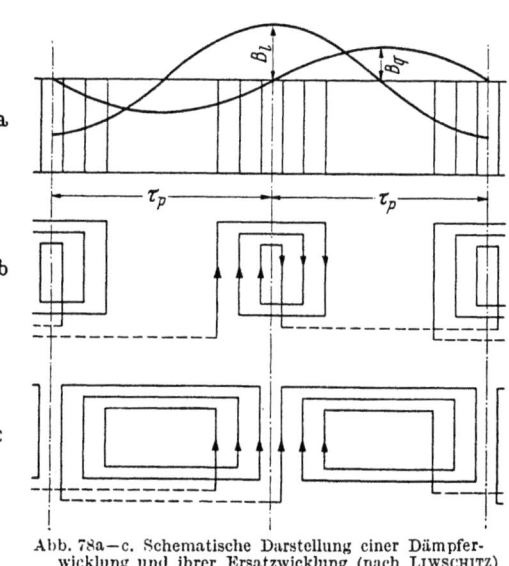

Abb. 78a—c. Schematische Darstellung einer Dämpferwicklung und ihrer Ersatzwicklung (nach LIWSCHITZ)

Bezeichnet N_P die Anzahl der Nuten je Schenkelpol, τ_{n_2} die Nutteilung und τ'_p die Polteilung (beide in Nutmitte), so gilt für die effektiven Windungszahlen[1]

$$w_{d_l} = 2p \frac{\sin\left[\frac{N_p-1}{4} \cdot \frac{\tau_{n_2}}{\tau'_p}\pi\right] \cdot \sin\left[\frac{N_p+1}{4} \cdot \frac{\tau_{n_2}}{\tau'_p}\pi\right]}{\sin\left(\frac{1}{2}\frac{\tau_{n_2}}{\tau'_p}\pi\right)} \quad \text{bei ungeradem } N_P,$$

(295)

$$w_{d_l} = 2p \frac{\sin^2\left(\frac{N_P}{4} \cdot \frac{\tau_{n_2}}{\tau'_p}\pi\right)}{\sin\left(\frac{1}{2}\frac{\tau_{n_2}}{\tau'_p}\pi\right)} \quad \text{bei geradem } N_P \quad (296)$$

$$w_{d_q} = 2p \frac{\sin\left(\frac{N_P}{2}\frac{\tau_{n_2}}{\tau'_p}\cdot\pi\right)}{2\cdot\sin\left(\frac{1}{2}\frac{\tau_{n_2}}{\tau'_d}\pi\right)} \quad \text{bei geradem und ungeradem } N_P; \quad (297)$$

---

[1] Vgl. M. LIWSCHITZ: Drehmoment der Dämpferwicklung einer Mehrphasen-Synchronmaschine. Arch. f. El. 10 (1921) S. 96.

die Werte $\frac{w_{d_l}}{2p}$ und $\frac{w_{d_q}}{2p}$ sind in Abhängigkeit von $\frac{\tau_{n_2}}{\tau'_p} \cdot 180°$ für verschiedene Werte von N_P in den Abb. 79 und 80 als Schaulinien dargestellt.

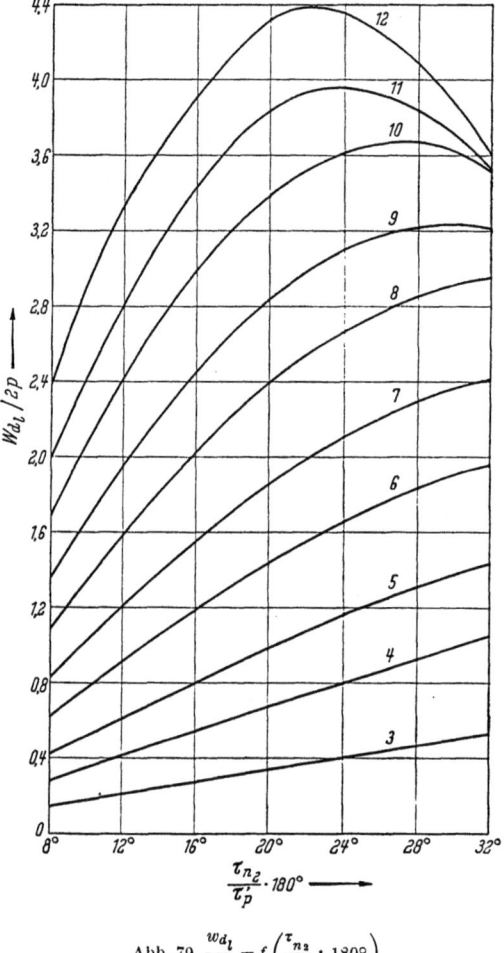

Abb. 79. $\frac{w_{d_l}}{2p} = f\left(\frac{\tau_{n_2}}{\tau'_p} \cdot 180°\right)$

Der Faktor zur Umrechnung der Widerstände $r_{d'_l}$, $x_{d'_l}$ bzw. $r_{d'_q}$, $x_{d'_q}$ der die Käfigwicklung ersetzenden Wicklungen auf den Ständerkreis ist — wenn w_1 die Windungszahl je Strang, ξ_1 der Wicklungsfaktor, m_1 die Strangzahl der Ständerwicklung ist — für die Längsfeldwicklung $\frac{m_1}{2}\left(\frac{w_1 \xi_1}{w_{d_l}}\right)^2$, für die Querfeldwicklung $\frac{m_1}{2}\left(\frac{w_1 \xi_1}{w_{d_q}}\right)^2$. Ist w_e die Windungszahl der Erregerwicklung, so ist der Umrechnungsfaktor für die Widerstände r'_e und x'_e dieser Wicklung $\dfrac{m_1}{\sin\dfrac{b}{\tau_p}\cdot\dfrac{\pi}{2}}\left(\dfrac{w_1\zeta_1}{w_e}\right)^2$; dieser Umrechnungsfaktor ergibt sich als Quotient aus dem Umrechnungsfaktor für die

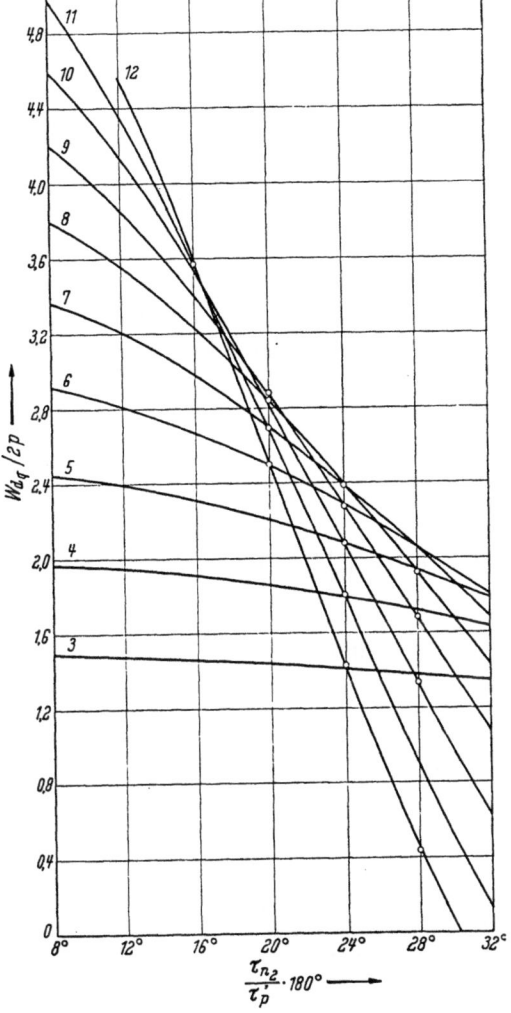

Abb. 80. $\dfrac{w_{d_q}}{2p} = f\left(\dfrac{\tau_{n_2}}{\tau'_p}\cdot 180°\right)$

Spannungen $\dfrac{E_1}{E_2} \approx \dfrac{2w_1\xi_1}{w_e}$ und dem für die Ströme $\dfrac{J_1}{J_2} = \dfrac{w_e\cdot\sin\alpha\dfrac{\pi}{2}}{\dfrac{m_1}{2}\cdot w_1\xi_1\cdot\sin\psi\cdot C_l}$

$\approx \dfrac{w_e\cdot\sin\alpha\dfrac{\pi}{2}}{\dfrac{m_1}{2}\cdot w_1\xi_1}$ [C_l lt. Gl. (344), $\measuredangle\,\psi$ s. Abb. 165].

Die Längsfeldwicklung und die Erregerwicklung, deren gemeinsame Mittelachse durch die Polmitte geht, können — ähnlich wie die beiden Käfigwicklungen eines Doppelkäfig-Kurzschlußläufers — durch eine Wicklung ersetzt werden, deren resultierende Widerstände sich mit genügender Genauigkeit aus den Gleichungen

$$r'_{2l} = \frac{r'_e (r'^2_{d'_l} + s^2 x'^2_{d'_l}) + r'_{d'_l}(r'^2_e + s^2 x'^2_e)}{(r'_e + r'_{d'_l})^2 + s^2 (x'_e + x'_{d'_l})^2}, \qquad (298)$$

$$x'_{2l} = \frac{x'_e (r'^2_{d'_l} + s^2 x'^2_{d'_l}) + x'_{d'_l}(r'^2_e + s^2 x'^2_e)}{(r'_e + r'_{d'_l})^2 + s^2 (x'_e + x'_{d'_l})^2} \qquad (299)$$

ergeben. Bedeuten die ohne ′ versehenen Bezeichnungen die auf den Ständerkreis umgerechneten Widerstände, so gelten für das „asynchrone" Drehmoment M und den Ständerstrom J_1 des Schenkelpol-Synchronmotors mit Käfigwicklung die folgenden als praktisch brauchbar erprobten Näherungsgleichungen:

$$M = m_1 \cdot U_1^2 \cdot \frac{1}{2} \left(\frac{\frac{r_{2l}}{s}}{p_l^2 + q_l^2} + \frac{\frac{r_{d_q}}{s}}{p_q^2 + q_q^2} \right) \cdot \frac{0{,}975}{n_s} \qquad (300)$$

und

$$J_1 = U_1 \cdot \frac{1}{2} \left(\sqrt{\frac{f_l^2 + h_l^2}{p_l^2 + q_l^2}} + \sqrt{\frac{f_q^2 + h_q^2}{p_q^2 + q_q^2}} \right), \qquad (301)$$

wobei

$$f_l = 1 + \tau_{2l}, \; h_l = -\frac{\frac{r_{2l}}{s}}{x_l} \quad \substack{(302),\\(303)} \qquad f_q = 1 + \tau_{2q}, \; h_q = -\frac{\frac{r_{d_q}}{s}}{x_q} \quad \substack{(306),\\(307)}$$

$$p_l \approx r_1 + (1 + \tau_{1_l}) \frac{r_{2l}}{s} \quad (304) \qquad p_q \approx r_1 + (1 + \tau_{1_q}) \frac{r_{d_q}}{s} \quad (308)$$

$$q_l \approx x_1 + (1 + \tau_{1_l}) x_{2l} \quad (305) \qquad q_q \approx x_1 + (1 + \tau_{1_q}) x_{d_q} \quad (309)$$

ist[1].

Anmerkung. Da bei einem Antrieb mit Synchronmotoren außer dem Anlauf auch ein sicheres Intrittgehen beim Zuschalten der Erregung gewährleistet sein muß, ist es erforderlich, daß beim Anlauf mit Sicherheit der sog. *Intrittfallschlupf* s_i als größtmöglicher Schlupf vor dem Intrittgehen erreicht wird. Er ist außer von der Überlastbarkeit des Motors insbesondere von dem Schwungmoment des Antriebes abhängig und ist nach EDGERTON[2] aus der Gleichung

$$s_i = \frac{8{,}06}{n_s} \sqrt{\frac{N_k}{f \cdot GD^2}} \qquad (310)$$

---

[1] Vgl. M. LIWSCHITZ: Starting performance of salientpole synchronous motors, Trans. A. J. E. E. 59 (1940), S. 913ff.

[2] EDGERTON: Trans. A. I. E. E. 1931, S. 430.

zu bestimmen; hierbei bezeichnet N_k die Kippleistung in kVA, GD^2 das Schwungmoment in tm², f die Frequenz in Hz und n_s die synchrone Drehzahl in U/min.

Bei Synchronmaschinen, die in Speicherkraftwerken zusammengekuppelt mit den Wasserkraftmaschinen zeitweise als von diesen angetriebene Generatoren, zeitweise als Motoren im Pumpenbetrieb arbeiten müssen, ist es aussichtsreich, durch *voneinander getrennte* Längsfeld- und Querfeld-Käfigwicklungen sowohl gute Anlaufverhältnisse als auch eine gute Pendeldämpfung bei generatorischem Betrieb zu erzielen, wobei für die Längsfeld-Käfigwicklung Stäbe aus Material geringer Leitfähigkeit und für die Querfeld-Käfigwicklung Stäbe aus Kupfer verwendet werden. Die Berechnung der erzielbaren Drehmomente bei getrennter Längsfeld- und

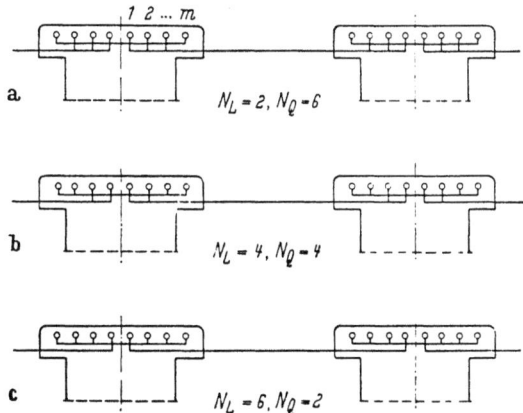

Abb. 81a—c. Verschiedene Möglichkeiten der Aufteilung der Stäbe auf die Längsfeldwicklung (N_L) und auf die Querfeldwicklung (N_Q).

Querfeldwicklungen weicht insofern von derjenigen bei einer sowohl als Längsfeld- wie als Querfeld wirkenden Käfigwicklung ab, als für die effektiven Windungszahlen w_{d_l} und w_{d_q} der Längsfeld- und der Querfeldwicklung trotz gleichbleibender Stabzahl je Pol N_p andere Werte gelten. Wird zweckmäßigerweise eine gerade Zahl N_p der Stäbe je Pol gewählt, so ergibt sich je nach der Aufteilung der Stäbe auf die Längsfeldwicklung (N_L) und auf die Querfeldwicklung (N_Q) (vgl. Abb. 81)

$$w_{d_l} = 2p \frac{\sin^2\left(\frac{N_P}{4} \cdot \frac{\tau_{n_2}}{\tau'_p}\pi\right) - \sin^2\left(\frac{N_Q}{4} \cdot \frac{\tau_{n_2}}{\tau'_p}\pi\right)}{\sin\left(\frac{1}{2} \cdot \frac{\tau_{n_2}}{\tau'_p} \cdot \pi\right)}, \qquad (296\text{a})$$

$$w_{d_q} = 2p \frac{\sin\left(\frac{N_Q}{2} \cdot \frac{\tau_{n_2}}{\tau'_p}\pi\right)}{2 \cdot \sin\left(\frac{1}{2} \cdot \frac{\tau_{n_2}}{\tau'_p} \cdot \pi\right)}. \qquad (297\text{a})$$

Für beispielsweise $N_p = 8$ Stäbe je Pol und die in Abb. 81 dargestellten Möglichkeiten der Aufteilung auf die Längsfeld- und die Querfeldwicklung ergeben sich mithin die effektiven Windungszahlen entsprechend der Tab. 9.

Tabelle 9. *Effektive Windungszahlen* w_{d_l} *und* w_{d_q}

N_L	N_Q	W_{d_l}	W_{d_q}
0	8	0	$2p \dfrac{\sin\left(4 \cdot \dfrac{\tau_{n_2}}{\tau'_p}\pi\right)}{2 \cdot \sin\left(\dfrac{1}{2} \cdot \dfrac{\tau_{n_2}}{\tau'_p}\pi\right)}$
2	6	$2p \dfrac{\sin^2\left(2\dfrac{\tau_{n_2}}{\tau'_p}\pi\right) - \sin^2\left(\dfrac{3}{2} \cdot \dfrac{\tau_{n_2}}{\tau'_p}\pi\right)}{\sin\left(\dfrac{1}{2} \cdot \dfrac{\tau_{n_2}}{\tau'_p}\pi\right)}$	$2p \dfrac{\sin\left(3\dfrac{\tau_{n_2}}{\tau'_p}\pi\right)}{2 \cdot \sin\left(\dfrac{1}{2} \cdot \dfrac{\tau_{n_2}}{\tau'_p}\pi\right)}$
4	4	$2p \dfrac{\sin^2\left(2\dfrac{\tau_{n_2}}{\tau'_p}\pi\right) - \sin^2\left(\dfrac{\tau_{n_2}}{\tau'_p}\pi\right)}{\sin\left(\dfrac{1}{2} \cdot \dfrac{\tau_{n_2}}{\tau'_p}\pi\right)}$	$2p \dfrac{\sin\left(2\dfrac{\tau_{n_2}}{\tau'_p}\pi\right)}{2 \cdot \sin\left(\dfrac{1}{2} \cdot \dfrac{\tau_{n_2}}{\tau'_p}\pi\right)}$
6	2	$2p \dfrac{\sin^2\left(2\dfrac{\tau_{n_2}}{\tau'_p}\pi\right) - \sin^2\left(\dfrac{1}{2} \cdot \dfrac{\tau_{n_2}}{\tau'_p}\pi\right)}{\sin\left(\dfrac{1}{2} \cdot \dfrac{\tau_{n_2}}{\tau'_p}\pi\right)}$	$2p \dfrac{\sin\left(\dfrac{\tau_{n_2}}{\tau'_p}\pi\right)}{2 \cdot \sin\left(\dfrac{1}{2} \cdot \dfrac{\tau_{n_2}}{\tau'_p}\pi\right)}$
8	0	$2p \dfrac{\sin^2\left(2\dfrac{\tau_{n_2}}{\tau'_p}\pi\right)}{\sin\left(\dfrac{1}{2} \cdot \dfrac{\tau_{n_2}}{\tau'_p}\pi\right)}$	0

H. Die Drehmomentenschwankungen von Synchron- und Asynchronmotoren beim Antrieb von Kolbenverdichtern

Die Größe der beim Antrieb eines Kolbenverdichters durch einen Synchron- oder Asynchronmotor auftretenden Drehmomentenschwankungen und der entsprechenden Stromschwankungen ist bei einem bestimmten Belastungszustand des Verdichters — d. h. bei gegebener Drehkraftkennlinie — abhängig von dem Schwungmoment der umlaufenden Massen und den elektromagnetischen Eigenschaften des Antriebsmotors. Durch geeignete Bemessung des Antriebsmotors in elektrischer und konstruktiver Hinsicht ist es also möglich, die Stromschwankungen auf ein bestimmtes, den jeweiligen Netzverhältnissen angepaßtes Maß zu beschränken. Wird der periodisch sich ändernde Teil der Drehkraftkennlinie durch die harmonische Analyse in Harmonische mit der Ordnungszahl ν zerlegt[1], so ist

$$\sum C_\nu \cdot \sin(\nu \omega_r t + \alpha_\nu) = \sum A_\nu \cdot \cos(\nu \omega_r t) + \sum B_\nu \cdot \sin(\nu \omega_r t), \quad (311)$$

wobei

$$C_\nu = \sqrt{A_\nu^2 + B_\nu^2} \quad \text{und} \quad \tan \alpha_\nu = \frac{A_\nu}{B_\nu} \quad (312), (313)$$

ist[2]. Wird der Verdichter durch einen *Synchron*motor mit ausgeprägten Polen angetrieben, so lautet bei Vernachlässigung des bei solchen Motoren in der Nähe der synchronen Drehzahl nur geringen Dämpfungsmomentes die Drehmomentengleichung

$$\frac{GD^2}{4gp} \cdot \frac{d^2(\vartheta - \vartheta_m)}{dt^2} + S(\vartheta - \vartheta_m) = \sum C_\nu \cdot \sin(\nu \omega_r t + \alpha_\nu), \quad (314)$$

während bei Antrieb des Verdichters durch einen *Asynchron*motor die Drehmomentengleichung

$$\frac{GD^2}{4gp} \cdot \frac{d(\omega - \omega_m)}{dt} + \frac{k}{\omega_d}(\omega - \omega_m) = \sum C_\nu \cdot \sin(\nu \omega_r t + \alpha_\nu) \quad (315)$$

lautet[3].

Hierbei bezeichnet

GD^2	das Schwungmoment aller umlaufenden Massen in kgm²,
g	die Erdbeschleunigung in m/s²,
p	die Polpaarzahl des Motors, f die Netzfrequenz in Hz,
$\omega_d = \dfrac{2\pi p \cdot n_s}{60}$	die elektrische Winkelgeschwindigkeit des Drehfeldes in s⁻¹,
$\omega = \dfrac{2\pi p \cdot n}{60}$	die elektrische Winkelgeschwindigkeit des Läufers in s⁻¹,
$\omega = \dfrac{2\pi n}{60}$	die räumliche Winkelgeschwindigkeit des Läufers in s⁻¹,
ϑ	den Winkel der Phasenverschiebung zwischen induzierter EMK und Klemmenspannung des Synchronmotors,
S	das dem Winkel ϑ entsprechende synchronisierende Drehmoment des Synchronmotors in mkg,
M_n	das Nenndrehmoment des Motors in mkg,
s_n	den dem Nenndrehmoment entsprechenden Schlupf des Asynchronmotors,

---

[1] RUNGE, C.: Methode der Zerlegung in Sinuswellen. ETZ 1905, H. 11, S. 247. — HUSSMANN, A.: Rechnerische Verfahren zur harmonischen Analyse und Synthese. Berlin: Springer 1938.

[2] Vgl. M. LIWSCHITZ: Schwungmomente von Kolbenkompressoren bei Antrieb durch Asynchron- und Synchronmotoren. E. u. M. 1934, H. 14, S. 159.

[3] Diese Gleichung berücksichtigt nicht eine (nach neueren Untersuchungen) gleichfalls wirksame *synchronisierende Kraft*; sie darf daher nur mit Vorbehalt als Näherungsgleichung verwendet werden.

$k = \dfrac{M_n}{s_n}$ den statischen Proportionalitätsfaktor zwischen Drehmoment und Schlupf bei Annahme eines geradlinigen Verlaufes der Drehmomentenkennlinie des Asynchronmotors,

n_s, n die Drehzahl des Ständerdrehfeldes bzw. des Läufers in U/min.

Aus den angegebenen Drehmomentengleichungen ergibt sich für die resultierende Drehmomentschwankung, wenn sie auf das der mittleren induzierten Leistung entsprechende Drehmoment M_m bzw. $M'_m = \dfrac{M_m}{1-s_n}$ bezogen wird,

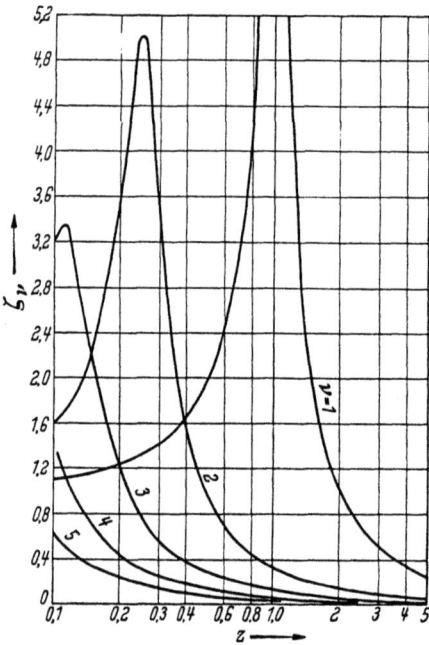

Abb. 82. Reduktionsfaktor der einzelnen Harmonischen bei synchronem Antrieb (nach LIWSCHITZ)

1. Für den Synchronmotor

$$\dfrac{100 \cdot S}{M_m} \Sigma (\vartheta - \vartheta_m)_\nu$$
$$= \Sigma \zeta_\nu \cdot c_\nu \cdot \sin(\nu \omega_r t + \alpha_\nu) \quad (316)$$

mit

$$\zeta_\nu = \dfrac{1}{1 - \nu^2 \cdot z}, \quad z = \left(\dfrac{\omega_r}{\omega_{ei}}\right)^2$$
$$= T_a \cdot \dfrac{\omega_d}{p} \cdot \dfrac{1}{p \cdot \dfrac{S}{M_n}};$$

(317), (318)

2. für den Asynchronmotor

$$\dfrac{100 \cdot k}{M'_m \cdot \omega_d} \Sigma (\omega - \omega_m)_\nu$$
$$= \Sigma \zeta'_\nu \cdot c_\nu \cdot \sin(\nu \omega_r t + \alpha_\nu - \beta'_\nu) \quad (319)$$

mit

$$\zeta'_\nu = \dfrac{1}{\sqrt{1 + (\nu z')^2}}, \quad \tan \beta'_\nu = \nu z', \quad z' = T_a \cdot \dfrac{\omega_d}{p} \cdot s_n. \quad (320), (321), (322)$$

$T_a = \dfrac{GD^2 \cdot n_s}{375 \cdot M_n}$ (s^{-1}) ist die *Nennanlaufdauer* des Antriebsmotors, c_ν die auf den mittleren Tangentialdruck T_m (kg) der Drehkraftkennlinie bezogene Amplitude der ν-ten Harmonischen. Die *Reduktionsfaktoren* ζ_ν und ζ'_ν sind in Abhängigkeit von z bzw. z' bei verschiedenen Werten von ν in den Abb. 82 und 83 als Schaulinien dargestellt. Es empfiehlt sich, zur Ermittlung der Werte $\Sigma (\zeta'_\nu \cdot c_\nu) \cdot \sin(\nu \omega_r t + \alpha_\nu)$ bzw. $\Sigma (\zeta'_\nu \cdot c_\nu) \cdot \sin(\nu \omega_r t + \alpha_\nu - \beta \nu')$ — an Stelle der zeitraubenden Aufzeichnung und Zusammensetzung von sinus-Linien — ein aus der Theorie der Harmonischen abgeleitetes Syntheseschema[1] (gleichwie bei der Zerlegung in Harmonische ein Analyseschema) zu benutzen. Aus der Aufzeichnung der *resultierenden* Drehmomentenschwankung wird alsdann der Höchstwert $(\zeta_\nu \cdot c_\nu)_{max}$ bzw. $(\zeta'_\nu \cdot c_\nu)_{max}$ und der Niedrigstwert $(\zeta_\nu \cdot c_\nu)_{min}$ bzw. $(\zeta'_\nu \cdot c_\nu)_{min}$ der *Drehmomentenschwankung* bestimmt; aus den diesen Werten entsprechenden *Leistungsschwankungen* ergibt sich in bekannter Weise (beim Synchronmotor aus der Kennlinie für konstante Erregung, beim Asynchronmotor aus dem Kreisdiagramm[2]) der Höchstwert bzw. der Niedrigstwert der resultierenden *Stromschwankung*.

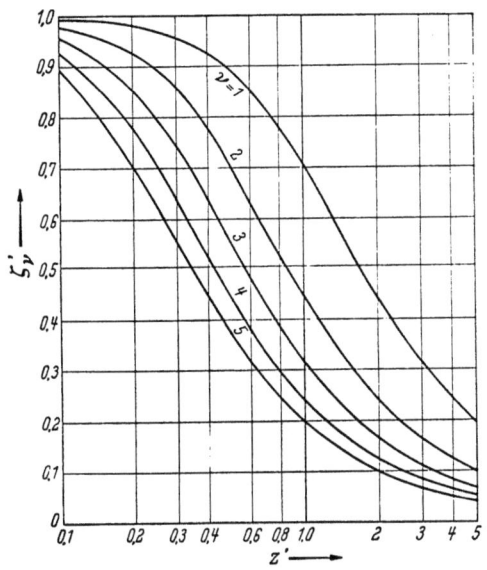

Abb. 83. Reduktionsfaktor der einzelnen Harmonischen bei asynchronem Antrieb (nach LIWSCHITZ)

J. Das asynchrone Umsteuern der Synchronmotoren bei einem turbo- bzw. dieselelektrischen Schraubenantrieb

Die in den Polschuhen angeordnete Käfigwicklung verleiht dem Synchronmotor beim Umsteuern und Anlauf die Eigenschaften eines Asynchronmotors. Der von der Ständerwicklung bei Drehzahlen, die nicht nahe der synchronen Drehzahl liegen, aufgenommene Strom ist ein Vielfaches des Stromes beim synchronen Nennbetrieb. Daher würde bei einem Schiffsantrieb, bei dem der Motor und der ihn speisende Generator etwa für die gleiche Leistung bemessen sind, die Spannung des speisenden Generators und damit das dem Quadrat dieser Spannung proportionale Drehmoment des Motors stark absinken, wenn nicht der Generator für die Dauer des asynchronen Betriebszustandes „stoßerregt" werden würde. Dieser Stoßerregerstrom ist ein Mehrfaches des Nennerregerstromes beim synchronen Betrieb.

---

[1] HUSSMANN, P.: s. Fußn. 1, S. 91.
[2] oder aus den Kennlinien $\frac{M}{M_n} = f(s)$ und $\frac{J_1}{J_{1n}} = f(s)$.

1. Turboelektrischer Antrieb

Erfolgt beim *turboelektrischen* Antrieb das Umsteuern durch Abbremsen des hierbei asynchron laufenden Synchronmotors auf den stoßerregten Generator, so wird die erforderliche Bremsleistung aus der kinetischen Energie der Schwungmassen des auslaufenden Turbogenerators gedeckt, damit die Frequenz abnimmt und der Motor bei möglichst geringer Rückwärtsdrehzahl, also bei möglichst geringem Gegenmoment der Schraube in den synchronen Betriebszustand übergeht (Intrittfallen des Motors). Um den Motor abzubremsen, muß das Ständerdrehfeld seinen Drehsinn umkehren; diese Umkehr wird durch Vertauschen zweier Zuleitungen zur Ständerwicklung des Motors bewirkt. Zur Bremsung bzw. Umkehrung des Motors sind also folgende Schalthandlungen erforderlich:

> Sperrung der Dampfzufuhr zur Turbine,
> Entregen des Synchronmotors und des Turbogenerators,
> Vertauschen zweier Zuleitungen zur Motorständerwicklung
>   (Umlegen des Fahrtrichtungsschalters),
> Stoßerregen des Turbogenerators.

Während der hierfür erforderlichen Schaltzeit t_{sch} geht die Schraube auf die Leerlaufdrehzahl zurück, diese ist also die Anfangsdrehzahl beim asynchronen Umsteuern.

Die *Kennlinien des Motors*, die den Verlauf des Drehmomentes und des Ständerstromes des Synchronmotors bei asynchronem Betrieb darstellen, sind bei gegebener Ständerspannung im wesentlichen abhängig von der Streuung der Ständerwicklung sowie dem Ohmschen und dem Streublindwiderstand der Käfigwicklung. Während die Ständerstreuung ein bestimmtes Maß nicht unterschreiten darf, wenn eine wirtschaftliche Ausnutzung des Maschinenmodells gewahrt bleiben soll, kann die Wahl insbesondere des Ohmschen Widerstandes der Käfigwicklung den geforderten Brems- und Anlaufverhältnissen angepaßt werden, da — im Gegensatz zur Läuferwicklung des Asynchronmotors — die Käfigwicklung des Synchronmotors *nur* für das Bremsen bzw. den Anlauf zu bemessen ist. Da die Frequenz des Ständerstromes sich während des Abbremsens des Motors auf den auslaufenden stoßerregten Generator ändert, müßte der Verlauf des Drehmomentes M_M und des Ständerstromes J_M bei konstantem Feld in Abhängigkeit vom Schlupf s bei verschiedenen Frequenzen berechnet werden. Diese Berechnung kann jedoch auf die Nennfrequenz f_n beschränkt werden, wenn der Ohmsche Widerstand der Ständerwicklung vernachlässigt und außerdem berücksichtigt wird, daß bei konstantem Feld die Ständerspannung U_1 des Generators sich proportional der Frequenz ändert. Da sich während des Abbremsens des Motors auf den auslaufenden stoßerregten Generator auch die Größe des Feldes (wegen der Änderung des vom Motor aufgenommenen Ständerstromes) ändert, werden die Kennlinien des Motors bei asynchronem Betrieb zweckmäßigerweise in der Form

$$\frac{\dfrac{M_M}{M_{M_n}}}{\left(\dfrac{U}{U_n \cdot \dfrac{f}{f_n}}\right)^2} \quad \text{bzw.} \quad \frac{\dfrac{J_M}{J_{M_n}}}{\dfrac{U}{U_n \cdot \dfrac{f}{f_n}}}$$

in Abhängigkeit von $s \cdot \dfrac{f}{f_n}$ aufgetragen (Abb. 84). Hierbei bezeichnet

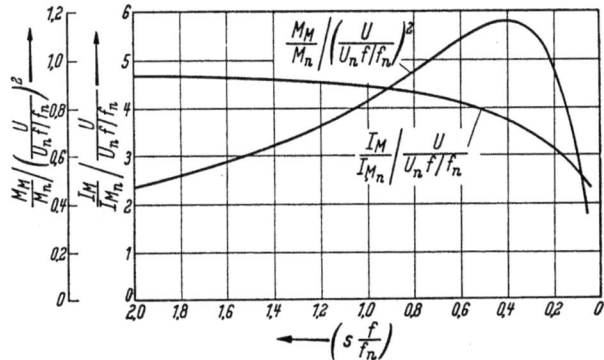

Abb. 84. Drehmoment- und Stromkennlinie eines Synchronmotors bei asynchronem Betrieb (für die Vorausberechnung zweckmäßige Darstellung)

$s = \dfrac{n_d - n}{n_d}$ den Schlupf des asynchron laufenden Motors,

n \quad die Drehzahl des Läufers in U/min,

n_d \quad die Drehfelddrehzahl bei der Frequenz f in U/min,

U \quad die Spannung je Strang der Ständerwicklung in V,

M_M \quad das Drehmoment in mkg,

J_M \quad den Ständerstrom je Strang in Amp und

$\dfrac{U}{U_n \cdot \dfrac{f}{f_n}}$ \quad gibt die relative Größe des Feldes an; die Bezeichnungen mit dem Index „n" beziehen sich auf den Nennbetrieb.

Um die *Kennlinien des Turbogenerators* darzustellen, muß der Verlauf der Spannung U in Abhängigkeit vom Ständerstrom J_T bei der gewählten Stoßerregung und bei verschiedenen Leistungsfaktoren errechnet werden. Der Leistungsfaktor während des größeren Teiles des Umsteuervorganges ist etwa 0,2 bis 0,3. Da die Abhängigkeit der Spannung vom Strome bei kleinen Werten des Leistungsfaktors sich nur wenig gegenüber derjenigen beim Leistungsfaktor 0 ändert, kann zur Vereinfachung der Vorausberechnung und sicherheitshalber der Leistungsfaktor 0 während des ganzen Umsteuervorganges zugrunde gelegt werden. Bei gegebenen Kennlinien des Motors und der Schraube darf die gewählte Stoßerregung weder zu lange Umsteuerzeiten ergeben, die mit dem Zwecke der Bremsung des Schiffes unvereinbar sind, noch zu kurze Umsteuerzeiten, die eine außerordentliche mechanische Beanspruchung des Schraubenantriebes und des Schiffes bedeuten. Für den praktischen Gebrauch werden die Kennlinien des Generators in der Form $\dfrac{U}{U_n \cdot \dfrac{f}{f_n}}$ in Abhängigkeit von $\dfrac{J_T}{J_{T_n}}$ bzw. $\dfrac{\dfrac{J_T}{J_{T_n}}}{\dfrac{U}{U_n \cdot \dfrac{f}{f_n}}}$ aufgetragen (Abb. 85).

Zur Ermittlung der *Kennlinien der Schiffsschraube* müssen die Drehmomente und Schübe der hinter dem Schiffsmodell arbeitenden Modellschraube in Abhängigkeit von der Drehzahl n bei verschiedenen Schiffsgeschwindigkeiten v gemessen und auf das wirkliche Schiff unter Berück-

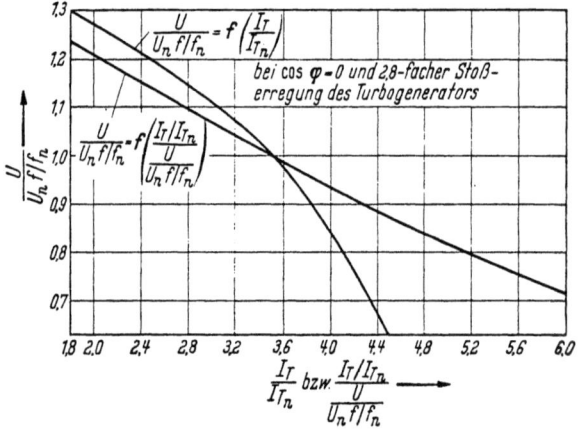

Abb. 85. Für die Vorausberechnung zweckmäßige Darstellung der Turbogenerator-Kennlinien

sichtigung des Modellmaßstabes nach bekannten Ähnlichkeitsgesetzen übertragen werden. Die Auswertung zahlreicher Versuchsergebnisse hat gezeigt, daß es für die Vorausberechnung der Umsteuerverhältnisse der Schraube bis zu nicht zu geringen Schiffsgeschwindigkeiten hinab und für den praktisch in Betracht kommenden Drehzahlbereich zulässig ist, die für die verschiedenen Schiffsgeschwindigkeiten v in Abhängigkeit von der Schraubendrehzahl n ermittelten Werte $\dfrac{M_W}{M_{W_n}}$ (bzw. $\dfrac{S}{S_n}$) durch eine einzige in Abhängigkeit von $\dfrac{\frac{n}{n_n}}{\frac{v}{v_n}}$ dargestellte Schaulinie $\dfrac{\frac{M_W}{M_{W_n}}}{\left(\frac{v}{v_n}\right)^2}$ bzw. $\dfrac{\frac{S}{S_n}}{\left(\frac{v}{v_n}\right)^2}$ zu ersetzen (Abb. 86). Hierbei bezeichnet

v_n die Nenn-Schiffsgeschwindigkeit in m/s,

n_n die der Nenn-Schiffsgeschwindigkeit v_n entsprechende Nenn-Schraubendrehzahl in U/min,

S_n den der Nenn-Schiffsgeschwindigkeit v_n und der Nenndrehzahl n_n entsprechenden Schraubenschub in kg,

M_{W_n} das der Nenn-Schiffsgeschwindigkeit v_n und der Nenndrehzahl n_n entsprechende Schraubendrehmoment in mkg;

die Bezeichnungen v, n, S, M_W ohne den Index „n" beziehen sich auf andere Betriebsverhältnisse. Der Punkt L entspricht den *ideellen Leerlaufdrehzahlen* der Schraube bei den verschiedenen Schiffsgeschwindigkeiten, wobei als ideelle Leerlaufdrehzahl n_L bei einer bestimmten Schiffsgeschwindigkeit v derjenige Wert gilt, bei dem das Schraubendrehmoment M_W gleich Null ist. Die wirkliche Leerlaufdrehzahl, auf die die Schraube bei Unterbrechung der Leistungszufuhr zurückgeht, ist dem zur Überwindung der gesamten Reibung der Schraubenwelle bei dieser Drehzahl erforderlichen negativen Schraubendrehmoment zugeordnet; sie ist nur

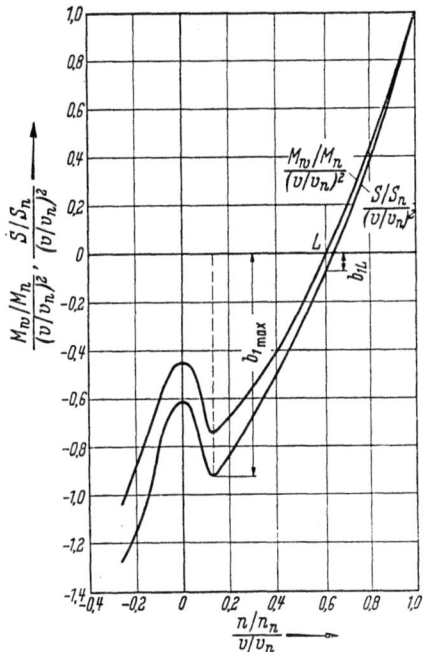

Abb. 86. Relative Drehmoment- und Schubkennlinien einer Schiffsschraube

wenig kleiner als die ideelle Leerlaufdrehzahl, so daß mit dieser gerechnet werden kann.

Die Kennlinien der Schraube, des Motors und des Generators werden der Vorausberechnung der Umsteuerverhältnisse zugrunde gelegt;

hierbei wird zunächst — um dem Berechner ein „Gefühl" für die verschiedenen Abhängigkeiten zu geben — eine *schrittweise* Vorausberechnung mittels verhältnismäßig einfacher (für kleine Änderungen der Schraubendrehzahl gültiger) Gleichungen empfohlen.

a) Sowohl wenn der Läufer bei gegenlaufendem Ständerdrehfeld mit dem Motordrehmoment M_M entgegen dem Schraubendrehmoment M_W von der Leerlaufdrehzahl bis zum Stillstand gebremst wird, als auch wenn der Läufer bei mitlaufendem Ständerdrehfeld mit dem Motordrehmoment entgegen dem Schraubendrehmoment anläuft, wird die dem Motordrehmoment (bei Vernachlässigung der Reibungsverluste) während des Zeitabschnittes Δt entsprechende Arbeit aufgezehrt durch die dem Gegenmoment entsprechende Arbeit und die Verzögerungs- bzw. Beschleunigungsarbeit der auf der Schraubenwelle angeordneten Schwungmassen. Werden diese während des Zeitabschnittes Δt_{12} von der Drehzahl n_1 auf die Drehzahl n_2 verzögert, so ergibt sich[1], wenn mit den Mittelwerten der Leistungen $\dfrac{M_M \cdot n}{0{,}975}$ bzw. $\dfrac{M_W \cdot n}{0{,}975}$ gerechnet wird

$$\Delta t_{12} = C_M \frac{\left(\dfrac{n_1}{n_n}\right)^2 - \left(\dfrac{n_2}{n_n}\right)^2}{\left(\dfrac{M_{M_1}}{M_n} + \dfrac{M_{W_1}}{M_n}\right)\dfrac{n_1}{n_n} + \left(\dfrac{M_{M_2}}{M_n} + \dfrac{M_{W_2}}{M_n}\right)\dfrac{n_2}{n_n}}, \qquad (323)$$

wobei

$C_M = \dfrac{GD^2_{\text{schr}} \cdot n_n^2}{365 \cdot 10^3 \cdot N_n}$ die Nennanlaufdauer des Motors,

GD^2_{schr} das Schwungmoment aller auf einer Schraubenwelle angeordneten umlaufenden Massen (einschl. Schraube und Wasser) in kgm²,

N_n die Leistung des Generators und Motors bei Nennbetrieb in kW $\left(N_n = \dfrac{M_n \cdot n_n}{975},\ M_n = M_{M_n} = M_{W_n}\right)$

bezeichnet.

b) Aus der mechanisch auf den Läufer übertragenen Leistung ergibt sich die gesamte auf den Läufer übertragene Leistung, d. h. die Drehfeldleistung durch Multiplikation mit $\dfrac{1}{1-s}$. Addiert man zu dieser die den Ohmschen (und zusätzlichen) Verlusten der Ständerwicklung des Motors und Generators entsprechende Leistung, so erhält man (bei Vernachlässigung der Reibungsverluste des Turboaggregates und der Eisenverluste des Motors und Generators) die durch die Verzögerung der Schwungmassen des Turbogenerators zu deckende Leistung. Werden

---

[1] Vgl. KLAMT: Elektrische Schiffsschraubenantriebe mit Drehstrom unter besonderer Berücksichtigung der Umsteuerverhältnisse. Forschungshefte für Schiffstechnik 1954, H. 7.

diese während des Zeitabschnittes Δt_{12} von der Drehzahl n_{T_1} auf die Drehzahl n_{T_2} verzögert, so ergibt sich, wenn mit den Mittelwerten der Leistungen $\dfrac{M_M \cdot n}{0{,}975}\left(\dfrac{1}{1-s}\right)$ bzw. $\left(\dfrac{J}{J_n}\right)^2 \cdot v_{1_n} \cdot 10^3$ gerechnet wird und je ein Generator auf einen Motor arbeitet,

$$\left(\frac{n_{T_1}}{n_{T_n}}\right)^2 - \left(\frac{n_{T_2}}{n_{T_n}}\right)^2 = \frac{1}{C_T}\left\{\left(\frac{M_{M_1}}{M_n}\cdot\frac{f_1}{f_n} + \frac{M_{M_2}}{M_n}\cdot\frac{f_2}{f_n}\right) + \frac{V_{1_n}}{N_n}\left[\left(\frac{J_1}{J_n}\right)^2 + \left(\frac{J_2}{J_n}\right)^2\right]\right\}\cdot\Delta t_{12}, \tag{324}$$

wobei

$C_T = \dfrac{GD_T^2 \cdot n_{T_n}^2}{365 \cdot 10^3 \cdot N_n}$ die Nennanlaufdauer des Generators,

GD_T^2 das Schwungmoment des Turboaggregates (Turbogenerator und Turbine) in kgm²,

n_T die Drehzahl des Turbogenerators in U/min,

J den Ständerstrom des Generators und Motors in Amp,

V_{1_n} die Summe der Ohmschen und zusätzlichen Verluste im Ständer des Generators und Motors bei Nennbetrieb in kW

ist; die Bezeichnungen mit dem Index „n" beziehen sich auf den Nennbetrieb.

c) Während die Schraube innerhalb des Zeitabschnittes Δt_{12} vom Wert n_1 auf den Wert n_2 verzögert wird, nimmt die Schiffsgeschwindigkeit vom Wert v_1 auf den Wert v_2 ab. Wird der Schubwert S_1 der Drehzahl n_1 und der Schiffsgeschwindigkeit v_1, der Schubwert S_2 der Drehzahl n_2 und der Schiffsgeschwindigkeit v_2 zugeordnet, und wird während des Zeitabschnittes Δt_{12} mit den Mittelwerten der Schubwerte und der Schiffswiderstände gerechnet, so ergibt sich

$$-\left(\frac{v_1}{v_n}\right)^2 + \left(\frac{v_2}{v_n}\right)^2 = \frac{1}{0{,}53 \cdot K}\left\{\left(\frac{v_1}{v_n}\right)^2\left[\frac{\frac{S_1}{S_n}}{\left(\frac{v_1}{v_n}\right)^2} - 1\right] + \left(\frac{v_2}{v_n}\right)^2\left[\frac{\frac{S_2}{S_n}}{\left(\frac{v_2}{v_n}\right)^2} - 1\right]\right\}\Delta t_{12}; \tag{325}$$

hierbei ist

$$K = \frac{D \cdot v_n^2}{z \cdot \eta_{\text{schr}_n} \cdot N_n}, \tag{326}$$

D die Wasserverdrängung des Schiffes in t,

z die Anzahl der Schiffsschrauben,

η_{schr_n} der der Nenn-Schiffsgeschwindigkeit v_n und der Nenndrehzahl n_n entsprechende Schraubenwirkungsgrad.

Das Verfahren der schrittweisen Berechnung wird bis zu dem Werte der Schraubendrehzahl durchgeführt, der dem „Intrittfallschlupf" des Motors entspricht, d. h. bis zur Synchronisierdrehzahl. Sobald die Frequenz auf den dieser Drehzahl entsprechenden Wert gesunken ist —, was mit Rücksicht auf baldigen Beginn der synchronen Bremsung möglichst eintreten soll, bevor der Motor die Intrittfalldrehzahl erreicht hat — wird dem Turbogenerator von der Turbine aus Leistung zugeführt und die Drehzahl des Turboaggregates und somit die Frequenz konstant gehalten. Bei konstant gehaltener Frequenz wird die zur Bremsung bzw. zum Anlaufen des Motors erforderliche Leistung also nicht mehr aus der lebendigen Kraft der Schwungmassen des Turboaggregates, sondern vom Turbinenantrieb geliefert.

Die Gleichung für die elektrisch auf den Läufer während des Zeitabschnittes Δt_{12} übertragene Arbeit lautet

$$(\Delta \mathfrak{A}_2)_{12} = \frac{1}{2} \cdot N_n \cdot 10^3 \left(\frac{M_{M_1}}{M_n} \cdot \frac{f_1}{f_n} s_1 + \frac{M_{M_2}}{M_n} \cdot \frac{f_2}{f_n} \cdot s_2 \right) \cdot \Delta t_{12}; \qquad (327)$$

$\mathfrak{A}_2 = \sum (\Delta \mathfrak{A}_2)$ ist ein Maß für die Erwärmung der Käfigwicklung während der Umsteuerzeit $\sum (\Delta t)$.

2. Dieselelektrischer Antrieb

Beim dieselelektrischen Antrieb wird die zum Bremsen des Motors erforderliche Leistung vom Dieselaggregat gedeckt, dessen Drehzahl vor Beginn des Umsteuervorganges durch Verminderung der zugeführten Brennstoffmenge auf die Synchronisierdrehzahl heruntergeholt wird. Diese darf nicht zu niedrig liegen, da sonst das Dieseldrehmoment schnell abnimmt und der Diesel zum Stillstand kommt. Sie muß hoch genug liegen, damit während des Umsteuer- bzw. Anlaufvorganges die bei konstant gehaltener Dieseldrehzahl und konstantem Dieseldrehmoment konstante Dieselleistung größer ist als die jeweils geforderte Brems- und Anfahrleistung. Diese Leistungskontrolle muß während der schrittweisen Vorausberechnung der Umsteuerverhältnisse durchgeführt werden; sie ergibt auch, ob die gewählte Stoßerregung des Dieselgenerators nicht zu groß ist mit Rücksicht auf die sehr beschränkte Überlastbarkeit des Dieselmotors.

Zur Bremsung bzw. Umsteuerung des Motors sind folgende Schalthandlungen erforderlich:

> Herunterregulieren der Dieseldrehzahl auf den der Umsteuerfrequenz entsprechenden Wert,
> Entregen des Motors und des Dieselgenerators,
> Vertauschen zweier Zuleitungen zur Motorständerwicklung (Umlegen des Fahrtrichtungsschalters),
> Stoßerregen des Dieselgenerators.

Zur Berechnung der Umsteuerverhältnisse dienen wiederum die Gln. (323) und (325) und — wenn g Generatoren auf m Motoren arbeiten — die Gleichung

$$\left(\frac{n_{D_1}}{n_{D_n}}\right)^2 - \left(\frac{n_{D_2}}{n_{D_n}}\right)^2 = \frac{1}{C_D}\left\{\frac{m}{g}\left(\frac{M_{M_1}}{M_n}\cdot\frac{f_1}{f_n}+\frac{M_{M_2}}{M_n}\cdot\frac{f_2}{f_n}\right)\right.$$
$$\left.+ d\left[\left(\frac{J_{D_1}}{J_{D_n}}\right)^2+\left(\frac{J_{D_2}}{J_{D_n}}\right)^2\right]\right\}\cdot\Delta t_{12}, \qquad (328)$$

wobei

$$d = \frac{g}{m}\left(\frac{J_{D_n}}{J_{M_n}}\right)^2\cdot\frac{V_{1_{M_n}}}{N_{M_n}}+\frac{V_{1_{D_n}}}{N_{M_n}}, \qquad (329)$$

$C_D = \dfrac{GD_D^2\cdot n_{D_n}^2}{365\cdot 10^3\cdot N_n}$ die Nennanlaufdauer des Generators,

GD_D^2 das Schwungmoment des Dieselaggregates in kgm²,

n_D die Drehzahl des Dieselaggregates in U/min,

J_D, J_M der Ständerstrom des Generators bzw. des Motors in Amp.,

$V_{1_{D_n}}, V_{1_{M_n}}$ die Summe der Ohmschen und zusätzlichen Verluste im Ständer des Generators bzw. des Motors bei Nennbetrieb in kW,

N_{D_n}, N_{M_n} die Leistung des Generators bzw. des Motors bei Nennbetrieb in kW

ist; die Bezeichnungen mit dem Index „n" beziehen sich auf den Nennbetrieb. Gegenüber der Vorausberechnung der Umsteuerverhältnisse bei Speisung der Synchronmotoren durch einen Turbogenerator besteht bei Speisung durch einen Dieselgenerator eine Erleichterung, da in diesem Falle mit annähernd konstanter Frequenz gerechnet werden kann.

K. Die Beziehungen bei unsymmetrischen Mehrphasensystemen

Die Vektoren V_1, V_2, V_3 stellen ein symmetrisches Dreiphasensystem I dar, die Vektoren V_{14}, V_{25}, V_{36} ein zweites symmetrisches Dreiphasensystem II, das sich vom ersten außer durch die Länge der Vektoren dadurch unterscheidet, daß die zeitliche Phasenfolge vertauscht ist; es ist $V_1 + V_2 + V_3 = 0$ und $V_{14} + V_{25} + V_{36} = 0$ (Abb. 87a).

Die Addition der entsprechenden Vektoren beider Systeme ergibt die drei Vektoren V_4, V_5, V_6, die ein unsymmetrisches Dreiphasensystem darstellen, dessen Phasenfolge die gleiche wie die des größeren der beiden symmetrischen Systeme ist; auch hier ist die Summe der drei Vektoren gleich Null, d. h. $V_4 + V_5 + V_6 = 0$.

Zwischen den Beträgen V_4, V_5, V_6 der Vektoren des unsymmetrischen Systems und den Beträgen V_I, V_II der beiden um den Winkel δ gegen-

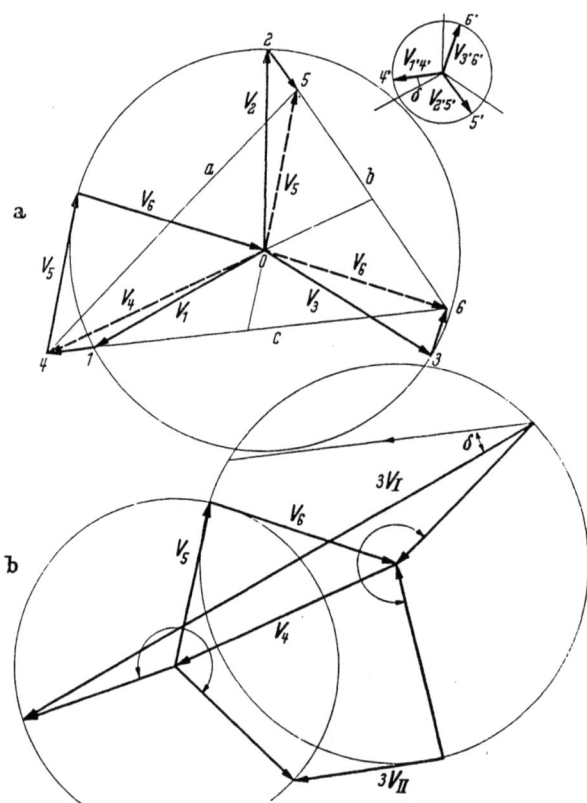

Abb. 87a u. b. Beziehungen bei unsymmetrischen Mehrphasensystemen

einander verdrehten symmetrischen Systeme bestehen die Beziehungen:

$$V_4^2 = V_\mathrm{I}^2 + V_\mathrm{II}^2 + 2 V_\mathrm{I} \cdot V_\mathrm{II} \cdot \cos \delta \quad = \frac{1}{9}(2a^2 - b^2 + 2c^2),$$
(330), (330a)

$$V_5^2 = V_\mathrm{I}^2 + V_\mathrm{II}^2 + 2 V_\mathrm{I} \cdot V_\mathrm{II} \cdot \cos(120 + \delta) = \frac{1}{9}(2a^2 + 2b^2 - c^2),$$
(331), (331a)

$$V_6^2 = V_\mathrm{I}^2 + V_\mathrm{II}^2 + 2 V_\mathrm{I} \cdot V_\mathrm{II} \cdot \cos(120 - \delta) = \frac{1}{9}(-a^2 + 2b^2 + 2c^2),$$
(332), (332a)

daher

$$V_\mathrm{I}^2 + V_\mathrm{II}^2 = \frac{1}{3}(V_4^2 + V_5^2 + V_6^2). \tag{333}$$

Der Flächeninhalt des Dreiecks 456 ergibt sich mit $s = \frac{a+b+c}{2}$ zu

$$F_{456} = \frac{3}{4} \cdot \sqrt{3}(V_I^2 - V_{II}^2) = \sqrt{s(s-a)(s-b)(s-c)}, \quad (334), (334a)$$

d. h. er ist gleich der Differenz der Flächeninhalte der Dreiecke 123 und 4'5'6'. Für die Seiten a, b, c des Dreiecks 456 ergeben sich die Beziehungen:

$$a^2 = 3\,[V_I^2 + V_I \cdot V_{II}(\cos\delta - \sqrt{3}\cdot\sin\delta) + V_{II}^2] = 2V_4^2 + 2V_5^2 - V_6^2,$$
$$(335), (335a)$$

$$b^2 = 3\,[V_I^2 + V_I \cdot V_{II}(-2\cdot\cos\delta) + V_{II}^2] \qquad = -V_4^2 + 2V_5^2 + 2V_6^2,$$
$$(336), (336a)$$

$$c^2 = 3\,[V_I^2 + V_I \cdot V_{II}(\cos\delta + \sqrt{3}\cdot\sin\delta) + V_{II}^2] = 2V_4^2 - V_5^2 + 2V_6^2,$$
$$(337), (337a)$$

daher

$$V_I^2 = \frac{1}{18}(a^2 + b^2 + c^2 + 4\cdot\sqrt{3}\cdot F_{456}), \quad (338)$$

$$V_{II}^2 = \frac{1}{18}(a^2 + b^2 + c^2 - 4\cdot\sqrt{3}\cdot F_{456}), \quad (339)$$

$$\cos\delta = \frac{1}{18\cdot V_I\cdot V_{II}}(a^2 - 2b^2 + c^2), \quad \sin\delta = \frac{\sqrt{3}}{18\cdot V_I\cdot V_{II}}(c^2 - a^2).$$
$$(340), (341)$$

Die *graphische Zerlegung* des unsymmetrischen Systems wird wie folgt ausgeführt (vgl. FRAENCKEL, Theorie der Wechselströme, 2. Aufl., Abschn. 49): Der gegenüber V_4 nacheilende Vektor V_5 wird um 120° nach vorwärts, der gegenüber V_4 voreilende Vektor V_6 um 120° nach rückwärts gedreht; die Verbindungslinie der freien Endpunkte der gedrehten Vektoren ist die dreifache Länge des Vektors V_1 des mitlaufenden symmetrischen Systems I. Wird der Vektor V_5 um 120° nach rückwärts, der Vektor V_6 um 120° nach vorwärts gedreht, so ist die Verbindungslinie der freien Endpunkte der gedrehten Vektoren die dreifache Länge des Vektors V_2 des gegenlaufenden symmetrischen Systems II (Abb. 87b).

Werden alle Beträge auf den Betrag V_4 des Vektors V_4 bezogen, so ist

$$a^2 + b^2 + c^2 = 3(V_4^2 + V_5^2 + V_6^2) = 3V_4^2\left[1 + \left(\frac{V_5}{V_4}\right)^2 + \left(\frac{V_6}{V_4}\right)^2\right],$$

$$\left(\frac{V_I}{V_4}\right)^2 = \frac{1}{6}\left[1 + \left(\frac{V_5}{V_4}\right)^2 + \left(\frac{V_6}{V_4}\right)^2\right] + \frac{2}{\sqrt{3}}\frac{\frac{1}{3}\cdot F_{456}}{V_4^2}, \quad (338a)$$

$$\left(\frac{V_{II}}{V_4}\right)^2 = \frac{1}{6}\left[1 + \left(\frac{V_5}{V_4}\right)^2 + \left(\frac{V_6}{V_4}\right)^2\right] - \frac{2}{\sqrt{3}}\frac{\frac{1}{3}\cdot F_{456}}{V_4^2}. \quad (339a)$$

Tabelle 10. *Aufteilung eines unsymmetrischen Drehstromsystems in zwei symmetrische*

$\frac{J_3}{J_1}$	$\frac{J_2}{J_1}=1{,}0$	0,95	0,90	0,85	0,80	0,75	0,70	0,65	0,60	0,55
0	0,5774									
0,05	0,5522 0,6022	0,5635								
0,10	0,5266 0,6266	0,5197 0,6061	0,5508							
0,15	0,5007 0,6507	0,4914 0,6326	0,4946 0,6055	0,5393						
0,20	0,4745 0,6745	0,4640 0,6574	0,4625 0,6347	0,4728 0,6033	0,5292					
0,25	0,4478 0,6978	0,4367 0,8114	0,4330 0,6608	0,4378 0,6351	0,4545 0,6008	0,5204				
0,30	0,4209 0,7208	0,4093 0,7047	0,4043 0,6855	0,4065 0,6626	0,4164 0,6348	0,4392 0,5983	0,5132			
0,35	0,3935 0,7435	0,3827 0,7276	0,3745 0,7099	0,3764 0,6882	0,3838 0,6634	0,3995 0,6341	0,4264 0,5961	0,5075		
0,40	0,3657 0,7657	0,3537 0,7499	0,3474 0,7321	0,3468 0,7122	0,3529 0,6896	0,3664 0,6638	0,3858 0,6334	0,4172 0,5945	0,5036	
0,45	0,3376 0,7875	0,3254 0,7719	0,3188 0,7545	0,3179 0,7353	0,3229 0,7141	0,3339 0,6905	0,3512 0,6639	0,3758 0,6328	0,4112 0,5932	0,5008
0,50	0,3090 0,8090	0,2978 0,7933	0,2900 0,7762	0,2890 0,7576	0,2937 0,7374	0,3041 0,7154	0,3200 0,6911	0,3416 0,6640	0,3697 0,6324	0,4079 0,5925
0,55	0,2801 0,8309	0,2678 0,8144	0,2611 0,7975	0,2602 0,7793	0,2651 0,7568	0,2755 0,7388	0,2910 0,7161	0,3114 0,6914	0,3367 0,6639	0,3677 0,6323
0,60	0,2508 0,8505	0,2384 0,8358	0,2319 0,8183	0,2315 0,8005	0,2371 0,7813	0,2481 0,7611	0,2643 0,7395	0,2843 0,7164	0,3085 0,6915	
0,65	0,2210 0,8710	0,2087 0,8553	0,2027 0,8385	0,2032 0,8208	0,2099 0,8021	0,2223 0,7825	0,2393 0,7485	0,2602 0,7398		
0,70	0,1908 0,8908	0,1786 0,8750	0,1734 0,8582	0,1754 0,8407	0,1840 0,8223	0,1984 0,7961	0,2172 0,7828			
0,75	0,1602 0,9102	0,1488 0,8943	0,1443 0,8775	0,1486 0,8600	0,1601 0,8417	0,1772 0,8228				
0,80	0,1291 0,9292	0,1178 0,9130	0,1163 0,8962	0,1239 0,8787	0,1394 0,8606					
0,85	0,0976 0,9476	0,0873 0,9313	0,0895 0,9144	0,1031 0,8969						
0,90	0,0656 0,9656	0,0578 0,9491	0,0679 0,9321							
0,95	0,0331 0,9831	0,0336 0,9664								
1,0	0,0 1,0									

$J_1, J_2, J_3 =$ Ströme des unsymmetrischen Drehstromsystems.

In jedem Feld gibt die obere Zahl den Wert $\frac{J_{II}}{J_1}$ des gegenlaufenden und die untere Zahl den Wert $\frac{J_I}{J_1}$ des mitlaufenden symmetrischen Systems an.

Für ein unsymmetrisches *Strom*system mit den Strömen J_1, J_2, J_3 sind für gegebene Werte von $\frac{J_2}{J_1}$ und $\frac{J_3}{J_1}$ die Werte $\frac{J_I}{J_1}$ des symmetrischen mitlaufenden und die Werte $\frac{J_{II}}{J_1}$ des symmetrischen gegenlaufenden Systems in der Tab. 10 angegeben.

L. Die Reaktanzen (Blindwiderstände) und Zeitkonstanten von Synchronmaschinen

1. Definitionen

Im folgenden wird § 9 der „Regeln für elektrische Maschinen" (VDE 0530/3.59) wörtlich zitiert:

Im allgemeinen ist zu unterscheiden zwischen den Reaktanzen in der *Längs*achse (Direktachse, Index *d*) und den Reaktanzen in der Querachse (Index *q*). Für die Ermittlung der Kurzschlußströme genügen gewöhnlich die Reaktanzen der Längsachse.

Die Reaktanzen sind im allgemeinen vom Sättigungszustand abhängig. Man unterscheidet:

a) Reaktanzen für stationäre Vorgänge (bezogen auf *einen* Strang):

1. *Ankerreaktanz* (synchrone Reaktanz) X_d ist die gesamte Reaktanz (Summe aus Hauptreaktanz und Streureaktanz). Sie ist der Quotient aus Nennspannung und Dauerkurzschlußstrom bei Luftspalterregung. Soll die Sättigung berücksichtigt werden, ist statt der Luftspalterregung die Leerlauferregung einzusetzen (Abb. 88).

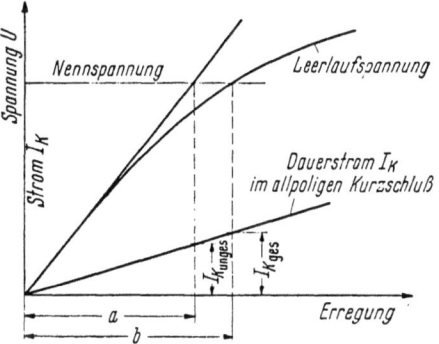

Abb. 88. Ermittlung der Ankerreaktanz (Synchronreaktanz) ohne und mit Berücksichtigung der Sättigung (VDE 0530/3.59).
a Luftspalterregung; *b* Leerlauferregung;
$X_d = U/I_K$ ungesättigt;
X_d gesättigt $= U/I_K$ gesättigt

2. *Gegenreaktanz* (inverse Reaktanz) X_2 ist der Quotient aus Spannung und Strom, wenn nur ein gegenlaufendes Spannungssystem[1] wirksam ist.

3. *Nullreaktanz* X_0 ist der Quotient aus Spannung und Strom, wenn nur ein Nullsystem[1] wirksam ist.

---
[1] Siehe DIN 40108.

b) Reaktanzen für Ausgleichvorgänge (Stoßreaktanzen):

1. *Anfangsreaktanz* (subtransitorische Reaktanz) X_d'' ist der Quotient aus Nennspannung und Stoßkurzschluß-Wechselstrom. Für sie ist maßgebend die Streuung zwischen Anker-, Erreger- und Dämpferwicklung sowie anderen dämpfend wirkenden Metallteilen, z. B. massiven Polschuhen.

2. *Übergangsreaktanz* (transitorische Reaktanz) X_d' ist der Quotient aus Scheitelwert der Nennspannung und dem durch Extrapolation auf

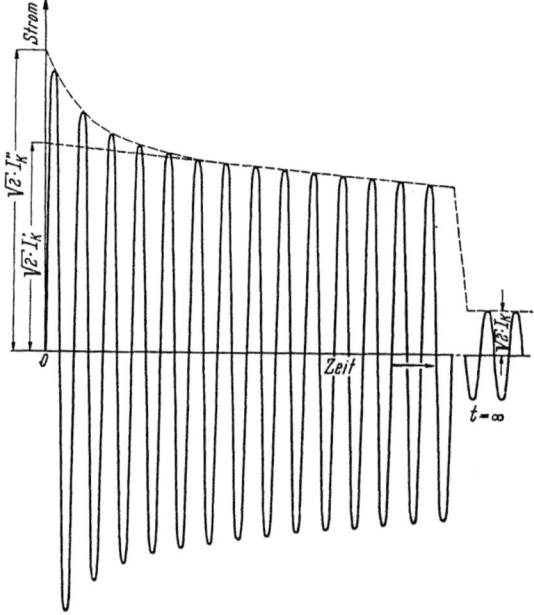

Abb. 89. Zur Erläuterung der Anfangs- und Übergangsreaktanzen sowie der Anfangs- und Übergangszeitkonstanten an Hand des Verlaufes des Kurzschlußwechselstromes (ohne Gleichstromanteil) (VDE 0530/3.59)

I_K'' Stoßkurzschluß-Wechselstrom, I_K' Übergangskurzschluß-Wechselstrom, I_K Dauerstrom im Kurzschluß bei Leerlauferregung, $I_K'' - I_K$ abklingend mit der Anfangs-Zeitkonstanten T_d'', $I_K' - I_K$ abklingend mit der Übergangs-Zeitkonstanten T_d', $X_d'' = U/I_K''$ Anfangsreaktanz (subtransitorische Reaktanz), $X_d' = U/I_K'$ Übergangsreaktanz (transitorische Reaktanz)

den Schaltaugenblick bestimmten Scheitelwert des Anteiles des langsam abklingenden Kurzschlußwechselstromes (Übergangs-Kurzschlußwechselstrom s. Abb. 89 und 90). Für die Übergangsreaktanz ist die Streuung zwischen Anker- und Erregerwicklung maßgebend.

Die *Anfangsreaktanz* ist maßgebend für die Höhe des Stoßkurzschluß-Wechselstromes, die *Übergangsreaktanz* für den Verlauf des Kurzschlußstromes nach dem Abklingen der Dämpferströme.

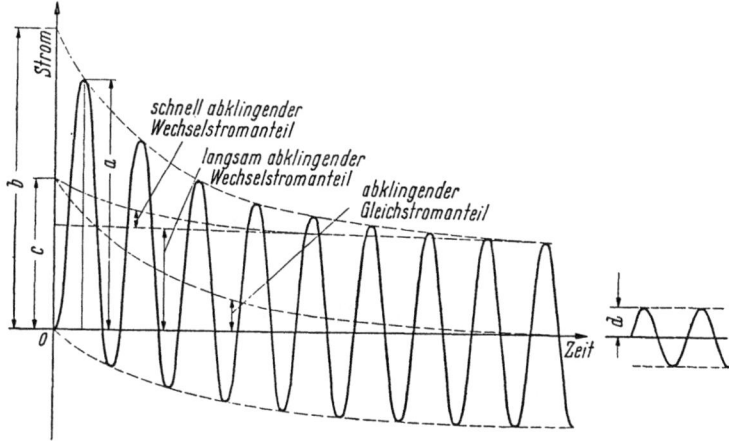

Abb. 90. Verlauf des Kurzschlußstromes (VDE 0530/3.59).
a Stoßkurzschlußstrom; $\frac{b}{2\sqrt{2}}$ Stoßkurzschluß-Wechselstrom; c Stoßkurzschluß-Gleichstrom; d Dauerstrom im Kurzschluß bei Leerlauferregung

c) Relative Reaktanzen:

1. Unter relativen Reaktanzen (x oder ε) versteht man die Reaktanzen X, multipliziert mit dem Quotienten aus Nennstrom und Nennspannung. Sie werden häufig in Prozenten ausgedrückt.

2. Der Kehrwert der relativen auf die gesättigte Maschine bezogenen Ankerreaktanz wird als *Leerlaufkurzschlußverhältnis* bezeichnet. Dieses ist das Verhältnis von Dauerkurzschlußstrom bei Leerlauferregung zum Nennstrom.

d) Zeitkonstanten[1]:

1. *Leerlauf-Zeitkonstante* der Erregung T'_{d_0} ist kennzeichnend für den Aufbau und das Verschwinden des Erregerfeldes. Sie ist angenähert gleich dem Quotienten aus mittlerer Induktivität der Erregerwicklung bei offenem Ankerkreis und Erregung auf Nennspannung zum Widerstand der Erregerwicklung. Die hierbei zu verwendende mittlere Induktivität ist aus dem Quotienten des Flusses bei Nennerregung und dem hierzu erforderlichen Erregerstrom zu ermitteln. Dies ist nur deshalb

---

[1] Vgl. JAIN: Die Definition, Berechnung und experimentelle Ermittlung der verschiedenen Zeitkonstanten einer Synchronmaschine mit ausgeprägten Polen. E. u. M. 75 (1959) H. 22, S. 617.

angenähert der Fall, weil der Einfluß der dämpfenden Kreise nicht berücksichtigt ist. Bei Berücksichtigung dieser Kreise ist die Leerlaufzeitkonstante etwas größer.

2. *Anfangs-Zeitkonstante* T''_d ist kennzeichnend für das anfänglich rasche Abklingen des Kurzschlußstromes (subtransitorischer Zeitabschnitt).

3. *Übergangs-Zeitkonstante* T'_d ist kennzeichnend für das spätere langsame Abklingen des Kurzschlußstromes (transitorischer Zeitabschnitt).

4. *Gleichstrom-Zeitkonstante* T_d ist kennzeichnend für das Abklingen des Gleichstromanteils des Kurzschlußstromes.

Nachstehend wird noch ein Teil des § 8 (Spannungs- und Strombegriffe) der „Regeln für elektrische Maschinen" wörtlich zitiert:

e) **Stoßkurzschlußstrom** einer Maschine ist der höchste Augenblickswert des Stromes, der bei plötzlichem Klemmenkurzschluß der mit Nenndrehzahl leerlaufenden, auf Nennspannung erregten Maschine im ungünstigsten Schaltmoment auftreten kann. Er setzt sich bei Wechselstrommaschinen aus einem Gleichstrom- und einem Wechselstromanteil zusammen, wobei der Gleichstromanteil sehr rasch abklingt und der Wechselstromanteil aus einem schnell abklingenden und einem langsam auf den Dauerstrom im Kurzschluß bei Leerlauferregung abklingenden Teil besteht (Abb. 90).

Stoßkurzschluß-Wechselstrom ist der Effektivwert des Wechselstromanteils des Stoßkurzschlußstromes zu Beginn des Kurzschlusses (Zeit $t = 0$).

f) **Stoßkurzschlußverhältnis** ist das Verhältnis des Stoßkurzschluß-Wechselstromes zum Nennstrom.

g) **Dauerkurzschlußstrom** einer Maschine ist der Dauerstrom bei Nennerregung, der sich bei allpoligem Klemmenkurzschluß einstellt.

2. Formeln zur Berechnung

Alle Reaktanzen werden im folgenden als bezogene Werte (per unit) angegeben.

Synchrone Reaktanzen X_d, X_q (vgl. VDE 0530, § 9a, 1):

$$X_d = X_{1\sigma} + \frac{A_g}{A_l} = \frac{1}{\frac{J_{k_0}}{J_n}}, \qquad (342), (342a)$$

$$X_d = X_{1\sigma} + X_{h_d}, \qquad (342b)$$

$$X_q = X_{1\sigma} + X_{h_q} \quad \text{mit} \quad X_{h_q} = \frac{C_q}{C_l} \cdot X_{h_d}; \qquad (343), (343a)$$

hierbei bezeichnet

$X_{1\sigma}$ die Ständerstreureaktanz

$\dfrac{J_{k_0}}{J_n}$ das Leerlaufkurzschlußverhältnis (ungesättigt),

$A_a = \gamma \cdot \dfrac{\xi_1}{\dfrac{3}{\pi}} \cdot A_1$ den der Ankerrückwirkung entsprechenden Strombelag in A/cm,

A_l den dem Luftspalt-AW entsprechenden Strombelag in A/cm,

X_{h_d} die Ständer-Hauptfeldreaktanz in der Längsachse,

X_{h_q} die Ständer-Hauptfeldreaktanz in der Querachse,

$\dfrac{C_q}{C_l} = \dfrac{c_q}{c_l}$ das Verhältnis der Minderungsfaktoren bei Synchronmaschinen mit ausgeprägten Polen, das in der Abb. 91 in Abhängigkeit von $\dfrac{b}{\tau_p}$ bei sinusförmigem bzw. konstantem Luftspalt und für $\dfrac{\delta}{\tau_p} = 0{,}01$ bzw. $0{,}03$ dargestellt ist.

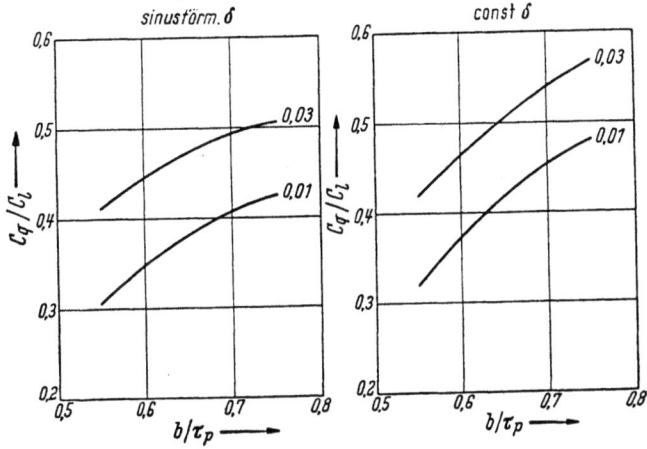

Abb. 91. $\dfrac{C_q}{C_l} = f\left(\dfrac{b}{\tau_p}\right)$ bei Synchronmaschinen mit Einzelpolen (aus Feldbildern)

Theoretisch ergibt sich mit $\alpha = \dfrac{b}{\tau_p}$ (vgl. Kap. IV A 5b):

$$\left. \begin{aligned} C_l &= \dfrac{\alpha\pi + \sin\alpha\pi}{\pi} = \dfrac{4 \cdot \sin\alpha\dfrac{\pi}{2}}{\pi} \cdot c_l \\ C_q &= \dfrac{\alpha\pi - \sin\alpha\pi + 2/3 \cdot \cos\alpha\dfrac{\pi}{2}}{\pi} = \dfrac{4 \cdot \sin\alpha\dfrac{\pi}{2}}{\pi} \cdot c_q \end{aligned} \right\} \text{bei Rechteckpolen}$$

$$\left. \begin{aligned} C_l &= \dfrac{4}{3} \cdot \dfrac{\sin\alpha\dfrac{\pi}{2}\left(\cos^2\alpha\dfrac{\pi}{2} + 2\right)}{\pi} = \dfrac{\alpha\pi + \sin\alpha\pi}{\pi} \cdot c_l \\ C_q &= \dfrac{4}{3} \cdot \dfrac{\sin^3\alpha\dfrac{\pi}{2} + \dfrac{1}{4}\cos^2\alpha\dfrac{\pi}{2}}{\pi} = \dfrac{\alpha\pi + \sin\alpha\pi}{\pi} \cdot c_q \end{aligned} \right\} \text{bei Sinuspolen}$$

(344)

Die Ständerstreureaktanz $X_{1\sigma}$ kann entsprechend den im Kap. I B 3 angegebenen Gleichungen oder aber nach vereinfachenden Näherungsgleichungen berechnet werden.

Anmerkung. Die Streuspannung wird meist bei herausgenommenem Läufer gemessen; die Streuung erhöht sich dann um den Betrag der *Bohrungsstreuung*, für welche die Gleichung

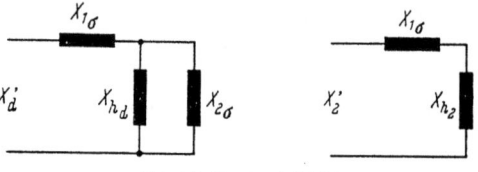

Abb. 92. Ersatzschaltbild

$$\frac{E_B}{U_1} = 1{,}76 \cdot \xi_1 \cdot \frac{A_1}{B_1} \qquad (345)$$

gilt (ξ_1 Wicklungsfaktor der Ständerwicklung, A_1 primärer Strombelag in AW/cm, B_1 Amplitude der Grundwelle).

Transiente Reaktanzen X_d', X_q' (vgl. VDE 0530, § 9 b, 2; Ersatzschaltung nach Abb. 92):

$$X_d'^* = X_{1\sigma} + \frac{X_{h_d} \cdot X_{2\sigma}}{X_{h_d} + X_{2\sigma}}, \quad X_q' = X_q, \qquad (346), (347)$$

$$X_{2\sigma} = 1{,}65 \cdot \xi_1 \cdot \gamma \cdot \frac{\Lambda'}{l} \cdot \frac{A_1}{B_1}; \qquad (348)$$

hierbei ist

$X_{2\sigma}$ der auf den Ständer reduzierte Streublindwiderstand der Erregerwicklung,
γ der Umrechnungsfaktor, um einen bestimmten Ständerstrombelag A_1 durch einen äquivalenten Läuferstrombelag A_2 auszudrücken, dargestellt in der Abb. 93 in Abhängigkeit von $\frac{b}{\tau_p}$ bei Rechteckfeld bzw. Sinusfeld,
ξ_1 den Wicklungsfaktor der Ständerwicklung,
l die aktive Eisenlänge in cm,
Λ' den Leitwert der Streuung der Erregerwicklung (mit $^2/_3$ verkettetem Schaftanteil) in $\frac{V_s}{A}$,

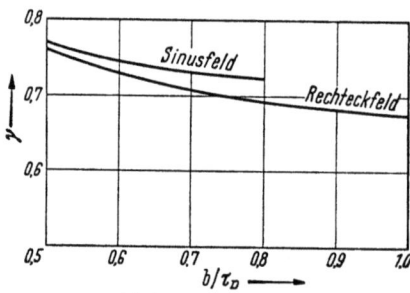

Abb. 93. $\gamma = f\left(\frac{b}{\tau_p}\right)$ bei Synchronmaschinen mit Einzelpolen

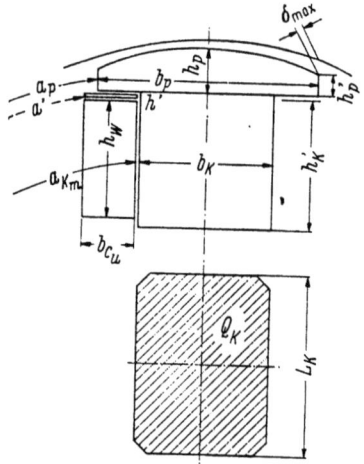

Abb. 94. Polabmessungen.

---

* Ungesättigter Wert; $X_{d_{ges}}' \approx 0{,}88 \cdot X_d'$.

Die Reaktanzen und Zeitkonstanten von Synchronmaschinen

$$\Lambda' = \Lambda'_p + \Lambda'_k \quad \text{(Abb. 94)}, \tag{349}$$

$$\Lambda'_p = 4 \cdot h_{p_m} \cdot \lg\left(1 + \frac{\pi}{2} \frac{b_p}{a_p}\right) + 2{,}5 \cdot \frac{h'_p + \frac{\delta_{\max}}{2}}{a_p} L'_p, \tag{350}$$

$$\Lambda'_k = \frac{4}{3} \cdot h'_k \lg\left(1 + \frac{\pi}{2} \frac{b_k}{a_{k_m}}\right) + \frac{2{,}5}{3} h'_k \cdot \frac{L'_k}{a_{k_m}}, \tag{351}$$

$$h_{p_m} = \frac{h_p + h'_p}{2}, \quad L'_p = L_k + b_{c_u}, \quad L'_k = \frac{Q_k}{b_k}. \tag{352}, (353), (354)$$

Anmerkung. Die analytischen Gleichungen für den Streuleitwert ergeben immer nur Näherungswerte, richtige Werte werden nur durch praktische Auswertung der Feldbilder erhalten. Die Streuleitwerte nach Gl. (349) und (350) gelten für große Polzahlen, bei kleineren gilt der korrigierte Wert $\Lambda'_{\text{korr}} \approx \Lambda'\left(1 + \frac{2}{p}\right)$.

Bei der Vorausberechnung der Anlaufverhältnisse von Synchronmotoren hat sich die folgende Gleichung für den Streublindwiderstand der Erregerwicklung (Ohm) als zweckmäßig erwiesen:

$$x'_e = 1{,}6\,\pi^2 \cdot f_1 \cdot \frac{w_e^2}{p} \cdot L_p \cdot 10^{-8} \left\{ \left[\frac{h_{p_m}}{a_p} + \frac{h'}{a'} + \frac{h_w}{\frac{3}{c_u} \cdot a_0} \right] + \right.$$
$$\left. + \frac{1}{4} \left[\frac{4(L_p - L + 2 h_w + 0{,}5 b_k)}{L_p} \right] \right\} \tag{355}$$

$\left(L \text{ Maschinenlänge in cm}, a_{k_m} = \frac{a_0 + a_u}{2}, L_p \approx L_k, \right.$

für $\frac{a_0}{a_u} = 1{,}0 \mid 1{,}4 \mid 1{,}8 \mid 2{,}0 \mid 2{,}2 \mid 2{,}4$

ist $c_u = 1{,}0 \mid 1{,}09 \mid 1{,}155 \mid 1{,}17 \mid 1{,}185 \mid 1{,}195\left.\right)$;

der auf die Ständerwicklung bezogene Streublindwiderstand ist

$$x_e = \frac{m_1}{\sin\frac{b}{\tau_p} \cdot \frac{\pi}{2}} \left(\frac{w_1 \xi_1}{w_e}\right)^2 \cdot x'_e \;[\text{Ohm}]. \tag{355a}$$

Subtransiente Reaktanzen X''_d, X''_q (vgl. VDE 0530, § 9,b 1; Ersatzschaltung nach Abb. 95):

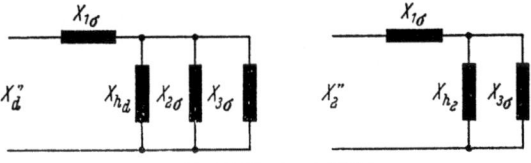

Abb. 95. Ersatzschaltbild

$$X''_d = X_{1\sigma} + \frac{1}{\frac{1}{X_{hd}} + \frac{1}{X_{2\sigma}} + \frac{1}{X_{3\sigma}}}, \quad X''_q = X_{1\sigma} + \frac{1}{\frac{1}{X_{hq}} + \frac{1}{X_{3\sigma}}}, \tag{356}, (357)$$

$$X_{3\sigma} = 5{,}6 \cdot \xi_1 \cdot \frac{\frac{\Lambda_p}{N_p}}{l} \cdot \frac{A_1}{B_1}; \tag{358}$$

hierbei ist

$X_{3\sigma}$ die auf den Ständer reduzierte Streuung der Dämpferwicklung (ohne Berücksichtigung der Ringstreuung und der Pollücke),
N_P die Zahl der Dämpferstäbe je Pol,
Λ_D der Leitwert der Streuung der Dämpferstäbe in $\dfrac{V_s}{A}$ ($\Lambda_D = L_K \cdot \lambda_{\nu_n}$; λ_{D_n} kann entsprechend den im Kap. I B 3 angegebenen Gleichungen berechnet werden).

Inversreaktanz X_2 (vgl. VDE 0530, § 9a, 2):

$$X_2 = \frac{X_d'' + X_q''}{2}. \tag{359}$$

Nullreaktanz X_0 (vgl. VDE 0530, § 9a, 3):

$$X_0 = 0{,}8 \cdot X_{1\sigma}. \tag{360}$$

Reaktanzwerte ausgeführter Synchronmaschinen (deutsche Fabrikate) sind auf S. 240, Tab. 102 des ,,Siemens-Formel- und Tabellenbuches" angegeben.

Leerlaufzeitkonstante T_{d_0}' (vgl. VDE 0530, § 9d, 1; Ersatzschaltung nach Abb. 96):

$$T_{d_0}' = \frac{X_{hd} + X_{2\sigma}}{\omega \cdot R_e} \; [\text{s}], \tag{361}$$

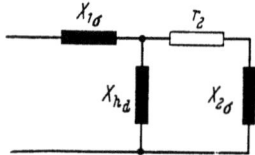
Abb. 96. Ersatzschaltbild

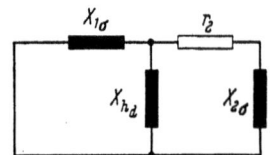
Abb. 97. Ersatzschaltbild

wobei

$\omega = 2\pi f$ die Kreisfrequenz in s^{-1},
w_e die Windungszahl der gesamten Erregerwicklung,
r_e' der Ohmsche Widerstand der gesamten Erregerwicklung in Ohm,
R_e der auf den Ständer reduzierte Ohmsche Widerstand der Erregerwicklung,

$$R_e = \frac{\pi}{12} \cdot \frac{10^8}{f \cdot \dfrac{w_e^2}{p}} \cdot \xi_1 \cdot \gamma \cdot \frac{A_1}{l \cdot B_1} \cdot r_e' \tag{362}$$

ist.

Transiente Zeitkonstante T_d' (vgl. VDE 0530, § 9d, 3; Ersatzschaltung nach Abb. 97):

$$T_d' = T_{d_0}' \cdot \frac{X_d'}{X_d} = \frac{X_{2\sigma} + \dfrac{X_{1\sigma} \cdot X_{hd}}{X_{1\sigma} + X_{hd}}}{\omega \cdot R_e} \; [\text{s}]. \tag{363}$$

Die Reaktanzen und Zeitkonstanten von Synchronmaschinen

Subtransiente Zeitkonstante T''_d, T''_q (vgl. VDE 0530, § 9d, 2; Ersatzschaltung nach Abb. 98):

$$T''_d = \frac{X_{3\sigma} + \dfrac{1}{\dfrac{1}{X_{hd}} + \dfrac{1}{X_{1\sigma}} + \dfrac{1}{X_{2\sigma}}}}{\omega \cdot R_D} \quad [\text{s}], \tag{364}$$

$$T''_q = \frac{X_{3\sigma} + \dfrac{X_{1\sigma} \cdot X_{hq}}{X_{1\sigma} + X_{hq}}}{\omega \cdot R_D} \quad [\text{s}], \tag{365}$$

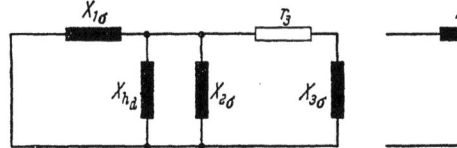

Abb. 98. Ersatzschaltbild

wobei
r'_{St} der Ohmsche Widerstand eines Dämpferstabes in Ohm,
R_D der auf den Ständer reduzierte Ohmsche Widerstand der Dämpferstäbe

$$R_D = \frac{\sqrt{2}}{2} \cdot \frac{10^8}{N_p \cdot f} \cdot \xi_1 \cdot \frac{A_1}{l \cdot B_1} \cdot r'_{St} \tag{366}$$

ist.

Zeitkonstante des Gleichstromgliedes T_g (vgl. VDE 0530, § 9d, 4):

$$T_g = \frac{X_2}{\omega \cdot R_1} \quad [\text{s}], \tag{367}$$

wobei R_1 der Ohmsche Widerstand je Strang der Ständerwicklung $\left(R_1 = \dfrac{V_{Cu_1}}{N_n}\right.$, V_{Cu_1} Kupferverluste einschl. der Zusatzverluste in kW, N_n Scheinleistung in kVA$)$ ist.

Zeitkonstanten für zweipoligen Kurzschluß:

$$T'_{d_E} = T'_d \frac{1 + \dfrac{X_2}{X'_d}}{1 + \dfrac{X_2}{X_d}}, \qquad T''_{d_E} = T''_d \frac{1 + \dfrac{X_2}{X''_d}}{1 + \dfrac{X_2}{X'_d}}, \qquad T''_{q_E} = T''_q \frac{1 + \dfrac{X_2}{X''_q}}{1 + \dfrac{X_2}{X'_q}},$$

wobei

$$X_{d_E} = \frac{1}{\sqrt{3}}(X_d + X_2), \quad X'_{d_E} = \frac{1}{\sqrt{3}}(X'_d + X_2), \quad X''_{d_E} =$$
$$= \frac{1}{\sqrt{3}}(X''_d + X_2), \quad X'_{q_E} = \frac{1}{\sqrt{3}}(X'_q + X_2), \quad X''_{q_E} = \frac{1}{\sqrt{3}}(X''_q + X_2)$$

die Reaktanzen für Einphasenbetrieb sind.

8 Klamt, Elektrische Maschinen

III. Die Asynchronmaschine

A. Der Entwurf und die Bemessung

Beim Entwurf elektrischer Maschinen müssen nicht nur die elektromagnetischen Eigenschaften berücksichtigt werden, sondern auch die Wirtschaftlichkeit in der Herstellung und im Betrieb. Für ihre Bemessung sind außer den thermischen Eigenschaften der Isolierstoffe und dem Wirkungsgrad je nach der Maschinenart verschiedene Faktoren maßgebend: so bei den *kommutatorlosen Maschinen* die Überlastbarkeit, der Leistungsfaktor, die Anlaufverhältnisse, dagegen bei den *Kommutatormaschinen* die Kommutierung.

Für die praktische Berechnung von *Maschinenreihen* ist die Erkenntnis bedeutsam, daß sowohl die elektrischen als auch die mechanischen Konstanten der einzelnen Maschinen sich nach bestimmten Gesetzen in Abhängigkeit von der Leistung ändern; eine Zusammenstellung der Proportionalitäten zwischen der Leistung und verschiedenen Größen der Maschinenreihe hat z. B. SCHUISKY in seinem Buch „Elektromotoren" (Kap. I, G, Die Maschinenreihe und ihre Eigenschaften) gegeben[1].

Eine graphische Methode zur Erleichterung des Entwurfs elektrischer Maschinen ist von LEINER[2] angegeben worden.

1. Die gegebenen und die zunächst angenommenen Werte

Für die — in der Regel als ein von einem Drehstromnetz zu speisender *Motor* — in Auftrag gegebene Asynchronmaschine sind die Nennleistung N_n (kW), die Netzspannung U_N (V), die Netzfrequenz (f_1 Hz) und die synchrone Drehzahl n_s (U/min) gegeben; bezeichnet U_1 (V) die Spannung je Strang der Ständerwicklung und p die Polpaarzahl, so ist $U_N = U_1 \cdot \sqrt{3}$ (bei Sternschaltung), $n_s = \dfrac{60 \cdot f_1}{p}$.

Da die für die Stromaufnahme der Ständerwicklung maßgebende Scheinleistung N_i (kVA) von den Werten des Wirkungsgrades η und des Leistungsfaktors $\cos \varphi$ abhängt, müssen diese Werte zunächst — z. B. durch Vergleich mit ausgeführten ähnlichen Maschinen — geschätzt werden; bezeichnet J_1 (A) den Ständerstrom je Strang, so ist bei *Nennbetrieb* (Index „n") $J_{1n} = \dfrac{N_{sn} \cdot 10^3}{U_N \cdot \sqrt{3}} = \dfrac{N_n \cdot 10^3}{\eta_n \cdot \cos \varphi_n \cdot U_N \cdot \sqrt{3}}$.

---

[1] Siehe auch CERNAVIN u. GÖTZ: Berechnung von Typenreihen im Drehstrommotorenbau. ETZ 65 (1944) H. 21/22, S. 207 u. H. 51/52, S. 437.

[2] LEINER: E. u. M. 1933, H. 46, S. 606.

a) **Der Wirkungsgrad und der Leistungsfaktor normaler Motoren.**
Für offene 50-Hz-Drehstrommotoren mit Kurzschlußläufer von 0,125 bis 100 kW und für offene 50-Hz-Drehstrommotoren mit Schleifringläufer von 1,1 bis 250 kW, und zwar für die Drehzahlen 3000/1500/1000/750/600/500 U/min, für die Ausführung mit normalem Luftspalt und Spannungen von 220 bis 500 V sind seinerzeit (Juni 1923) u. a. auch die Werte des Wirkungsgrades und des Leistungsfaktors bei Nennbetrieb durch DIN VDE 2650 bzw. 2651 festgelegt worden (vgl. Tab. 11 und 12); diese Normblätter sind zurückgezogen und bisher nicht ersetzt worden. Einen Überblick über die η- und $\cos\varphi$-Werte bei Nennbetrieb, die

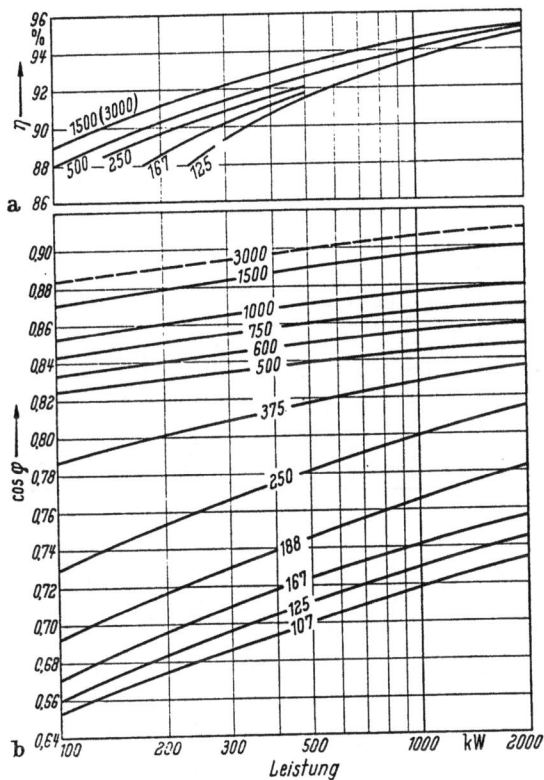

Abb. 99a u. b. η und $\cos\varphi$ in Abhängigkeit von der Nennleistung bei Asynchronmaschinen

zumindest für die erste Durchrechnung normaler Motoren größerer Leistung und bei Nennspannungen von 5000 V und 6000 V brauchbar sind, geben die Schaulinien der Abb. 99 (a und b); bei der Netzfrequenz

Tabelle 11. η, $\cos\varphi$ bei Asynchronmotoren mit Kurzschlußläufer
(DIN VDE 2650, zurückgezogen!)
Drehzahl in Umdr./min, Luftspalt in mm, Wirkungsgrad in %

Nenn-Leistung		Wirkungsgrad für Drehzahl						Leistungsfaktor für Drehzahl						Anlauf-moment für Drehzahl	Anlaufstrom für Drehzahl				Kipp-moment für Drehzahl		Luftspalt Kleinstmaß					
kW	PS etwa	3000	1500	1000	750	600	500	3000	1500	1000	750	600	500	3000÷500	3000 und 1500	1000 und 750	600 und 500		3000 bis 1000	750 bis 500	normal für Drehzahl		vergrößert f. Drehzahl			
																					3000	1500 bis 500	3000	1500 bis 500		
0,125	0,17	66,5	69,5	66,5				0,78	0,70	0,66											0,25	0,2	0,4	0,3		
0,2	0,27	70	72,5	69,5	64,5			0,80	0,73	0,69	0,60										0,25	0,2	0,4	0,3		
0,33	0,45	73,5	74,5	72,5	68,5			0,82	0,76	0,71	0,64										0,3	0,25	0,5	0,4		
0,5	0,7	76	76,5	75	71,5			0,84	0,79	0,73	0,67										0,3	0,25	0,5	0,4		
0,8	1,1	78,5	79,5	77,5	75			0,86	0,80	0,75	0,70			2	6,4	5,6					0,3	0,25	0,5	0,4		
1,1	1,5	80	81,5	79,5	77			0,87	0,82	0,77	0,72										0,35	0,3	0,5	0,5		
1,5	2	81,5	82,5	81	78,5			0,88	0,83	0,78	0,74								2 bis 2,5	1,6 bis 2	0,35	0,3	0,5	0,5		
2,2	3	83	83,5	82,5	80,5			0,89	0,85	0,80	0,76			1,6							0,35	0,3	0,5	0,5		
3	4	84	84,5	83,5	81,5			0,89	0,86	0,81	0,78										0,4	0,35	0,65	0,5		
4	5,5	84,5	85,5	84,5	82,5			0,89	0,87	0,82	0,80										0,4	0,35	0,65	0,5		
5,5	7,5	85,5	86,5	85,5	83,5			0,89	0,87	0,83	0,82			1,25	7,2	6,4					0,5	0,35	0,8	0,5		
7,5	10	86	87	86	84	84		0,89	0,87	0,84	0,82	0,81									0,5	0,4	0,8	0,65		
11	15	86,5	87,5	86,5	85	85	84	0,89	0,87	0,84	0,82	0,82	0,79				5				0,65	0,4	1	0,65		
15	20	86,5	87,5	86,5	86	85,5	85	0,89	0,87	0,85	0,84	0,82	0,79								0,65	0,4	1	0,65		
22	30	87,5	88	87,5	87	86,5	86	0,90	0,88	0,85	0,85	0,83	0,79								0,8	0,5	1,25	0,8		
30	40	88,5	89	88,5	88	87,5	87	0,90	0,89	0,87	0,86	0,83	0,80	1	8	7,2	5,6		2 bis 2,5		0,8	0,5	1,25	0,8		
40	55	89	89,5	89	89	88,5	88	0,90	0,90	0,88	0,87	0,84	0,81								0,8	0,5	1,25	0,8		
50	68	89,5	90	90	89,5	89	88,5	0,91	0,90	0,88	0,87	0,85	0,82								1	0,65	1,5	1		
64	87	90	90,5	90,5	90	89,5	89	0,91	0,90	0,89	0,88	0,86	0,83								1	0,65	1,5	1		
80	110	90	90,5	90,5	90,5	90	90	0,91	0,90	0,89	0,88	0,86	0,85				6,4				1	0,65	1,5	1		
100	136	90,5	91	91	91	90,5	90,5	0,91	0,90	0,89	0,88	0,86	0,85								1,25	0,8	1,75	1,25		

Die Zahlen für Wirkungsgrad und Leistungsfaktor gelten nur für Ausführung mit normalem Luftspalt und Spannungen von 220 bis 500 V. Bei den Motoren mit Dreieckschaltung für 1,5 kW und 380 V ist der Wirkungsgrad 1% geringer. Die Wirkungsgrade werden nach dem Einzelverlustverfahren bestimmt. Es gelten die in den REM angegebenen Toleranzen.

Tabelle 12. η, $\cos\varphi$ bei Asynchronmotoren mit Schleifringläufer (DIN VDE 2651, zurückgezogen!) Drehzahl in Umdr./min, Luftspalt in mm, Wirkungsgrad in %

Nenn-Leistung		Wirkungsgrad für Drehzahl					Leistungsfaktor für Drehzahl					Kippmoment für Drehzahl		Luftspalt Kleinstmaß			
														normal für Drehzahl		vergrößert für Drehzahl	
kW	PS etwa	3000	1500	1000	750	600	500	3000	1500	1000	750	600	500	3000 bis 1000	750 bis 500	3000	1500 bis 500	3000	1500 bis 500
1,1	1,5				73,5						0,66					0,35	0,3	0,5	0,5
1,5	2		79,5	75,5	75,5				0,80	0,71	0,69					0,35	0,3	0,5	0,5
2,2	3	80,5	80,5	79,5	77,5			0,86	0,82	0,74	0,72			2 bis 2,5	1,6 bis 2	0,35	0,3	0,5	0,5
3	4	81,5	82	81	79			0,86	0,83	0,76	0,75					0,4	0,35	0,65	0,5
4	5,5	82	83,5	82	80			0,86	0,84	0,78	0,77					0,4	0,35	0,65	0,5
5,5	7,5	82	84,5	83	81			0,87	0,84	0,80	0,79					0,5	0,35	0,8	0,5
7,5	10	83	85	84	83,5	83,5		0,87	0,85	0,82	0,81	0,79	0,77			0,5	0,4	0,8	0,65
11	15	84	85,5	86	84,5	84,5	83,5	0,88	0,86	0,83	0,82	0,80	0,78			0,65	0,4	1	0,65
15	20	85	87,5	86,5	86	85,5	85	0,89	0,87	0,84	0,84	0,81				0,65	0,4	1	0,65
22	30	87,5	88	87,5	87	86,5	86	0,90	0,88	0,85	0,85	0,82	0,79			0,8	0,5	1,25	0,8
30	40	88,5	89	88,5	88	87,5	87	0,90	0,89	0,86	0,86	0,83	0,81			0,8	0,5	1,25	0,8
40	55	89	89,5	89	89	88,5	88	0,90	0,90	0,87	0,87	0,84	0,82			0,8	0,5	1,25	0,8
50	68	89,5	90	90	89,5	89	88,5	0,91	0,90	0,88	0,87	0,85	0,83	2 bis 2,5		1	0,65	1,5	1
64	87	90	90,5	90,5	90	89,5	89	0,91	0,90	0,89	0,88	0,86	0,84			1	0,65	1,5	1
80	110	90	90,5	90,5	90,5	90	90	0,91	0,90	0,89	0,88	0,86	0,85			1	0,65	1,5	1
100	136	90,5	91	91	91	90,5	90,5	0,91	0,91	0,89	0,88	0,86	0,85			1,25	0,8	1,75	1,25
125	170	91	91,5	91,5	91	91	91	0,92	0,91	0,90	0,89	0,87	0,86			1,25	0,8	1,75	1,25
160	217	91,5	92	92	91,5	91,5	91,5	0,92	0,91	0,90	0,89	0,87	0,86			1,25	0,8	1,75	1,25
200	271	92	92,5	92	92	92	92	0,92	0,91	0,90	0,89	0,88	0,86			1,5	1	2	1,5
250	339	92,5	93	93	92,5	92,5	92,5	0,92	0,91	0,90	0,89	0,88	0,87			1,5	1	2	1,5

Die Ausführung der Motoren *über* der unteren Stufenlinie ist normal ohne Bürstenabheber (Kurzschluß- und Bürstenabhebevorrichtung). Die Motoren *zwischen* den Stufenlinien können auch mit Bürstenabheber ausgeführt werden. In diesem Falle ist der Wert der Wirkungsgrade um 1,5 zu erhöhen. (Anormale Ausführung.)
Die Motoren *unter* der unteren Stufenlinie sind normal mit Bürstenabheber. Sie können auch für Betrieb mit aufliegenden Bürsten ausgeführt werden; die Wirkungsgrade sind dann zu vermindern bei einer Leistung bis zu 22 kW um 1,5,
von 30÷100 " " 1,0,
125÷250 " " 0,5.

Die Wirkungsgrade werden nach dem Einzelverlustverfahren bestimmt.
Die Zahlen für Wirkungsgrad und Leistungsfaktor gelten nur für Ausführung mit normalem Luftspalt und Spannungen von 220 bis 500 V.
Es gelten die in den REM angegebenen Toleranzen.

von 50 Hz entsprechen den Polzahlen $2p = 2 \cdots 56$ die in der nachstehenden Zusammenstellung angegebenen Drehzahlen n_s in U/min:

$2p$	2	4	6	8	10	12	16
n_s	3000	1500	1000	750	600	500	375

$2p$	20	24	28	32	36	40	48	56
n_s	300	250	214	188	167	150	125	107

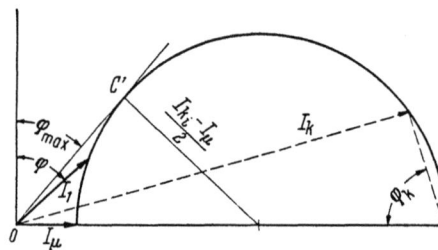

Abb. 100. Zur Bestimmung des maximalen Leistungsfaktors und der Überlastungsfähigkeit (nach LIWSCHITZ)

b) Der Höchstwert des Leistungsfaktors und die Überlastbarkeit. Vernachlässigt man den Ohmschen Widerstand der Ständerwicklung (was bei Maschinen größerer Leistung stets zulässig ist), so ergibt sich aus dem vereinfachten HEYLAND-Diagramm (Abb. 100) für den Höchstwert des Leistungsfaktors

$$\cos \varphi_{\max} = \frac{J_{ki} - J_\mu}{J_{ki} + J_\mu} = \frac{\dfrac{J_{ki}}{J_\mu} - 1}{\dfrac{J_{ki}}{J_\mu} + 1}, \qquad (368), (368a)$$

wobei $J_{ki} = \dfrac{U_1}{x_1 + x_2}$ den ideellen Kurzschlußstrom und $J_\mu = J_0 \cdot \sin \varphi_0$ den Magnetisierungsstrom im *Leerlauf* bezeichnet (x_2 ist auf den Ständer bezogen. Man wird bestrebt sein, den Motor so zu entwerfen, daß der Höchstwert des Leistungsfaktors bei der Nennleistung auftritt. Der dem Tangentenabschnitt $\overline{OC'}$ im HEYLAND-Kreis entsprechende Ständerstrom ist

$$J'_{1n} = \sin \varphi_{\max} \cdot \frac{J_k + J_\mu}{2} = \sqrt{J_{ki} \cdot J_\mu},$$

woraus folgt

$$\frac{J_\mu}{J'_{1n}} = \frac{J'_{1n}}{J_{ki}} = \frac{J'_{1n}(x_1 + x_2)}{U_1} = \frac{E_s}{U_1}, \qquad (369), (369a), (369b)$$

d. h. der relative Magnetisierungsstrom $\dfrac{J_\mu}{J'_{1n}}$ muß gleich der relativen Streuspannung $\dfrac{E_s}{U_1}$ sein.

Für $s = 0$ und $r_1 = 0$ ergibt sich aus Gl. (203) mit den Gln. (197) bis (200) $\frac{J_\mu}{U_1} = \frac{1}{x_\mu(1+\tau_1)}$, für $s = \infty$ und $r_1 = 0$ ergibt sich aus Gl. (201) mit den Gln. (197) bis (200) $\frac{J_{1\max}}{U_1} = \frac{1+\tau_2}{x_1 + x_2(1+\tau_1)}$; daher ist

$$\frac{J_{1\max}}{U_1} - \frac{J_\mu}{U_1} = \frac{1}{(1+\tau_1)(1+\tau_2)} \cdot \frac{J_{1\max}}{U_1}$$

und der Höchstwert des Drehmoments

$$M_k = \frac{\frac{m_1}{2} \cdot U_1^2 \cdot \frac{0{,}975}{n_s} \cdot \frac{J_{1\max}}{U_1}}{(1+\tau_1)(1+\tau_2)} =$$

$$= m_1 \cdot U_1 \cdot \frac{0{,}975}{n_s} \cdot \frac{J_{1\max} - J_\mu}{2} \approx m_1 \cdot U_1 \cdot \frac{0{,}975}{n_s} \cdot \frac{J_{ki} - J_\mu}{2}.$$

Da das Nenndrehmoment $M_n = m_1 \cdot U_1 \cdot J_{1n} \cdot \eta_n \cdot \cos\varphi_n \cdot \frac{0{,}975}{n}$ ist, so gilt für die Überlastbarkeit

$$\ddot{u} = \frac{M_k}{M_n} = \frac{\frac{J_{ki} - J_\mu}{2} \cdot \frac{n}{n_s}}{J_{1n} \eta_n \cdot \cos\varphi_n} \approx \frac{J_{ki} - J_\mu}{2 \cdot J_{1n} \cdot \cos\varphi_n} \quad \left\} \begin{array}{l}\text{für mittlere} \\ \text{und größere} \\ \text{Motoren.}\end{array}\right. \quad (370), (370\text{a})$$

Aus Gl. (368) folgt

$$\frac{J_\mu}{J_{ki}} = \frac{1 - \cos\varphi_{\max}}{1 + \cos\varphi_{\max}}, \quad (371)$$

und aus den Gln. (369) bis (371) ergeben sich für den Fall, daß der Höchstwert des Leistungsfaktors bei der Nennleistung auftritt, die Gleichungen

$$\frac{J_\mu}{J'_{1n}} = \frac{J'_{1n}}{J_{ki}} = \frac{E_s}{U_1} = \sqrt{\frac{1 - \cos\varphi_{\max}}{1 + \cos\varphi_{\max}}}, \quad (372)$$

$$\ddot{u} = \frac{\sqrt{\dfrac{1+\cos\varphi_{\max}}{1-\cos\varphi_{\max}}} - \sqrt{\dfrac{1-\cos\varphi_{\max}}{1+\cos\varphi_{\max}}}}{2 \cdot \cos\varphi_{\max}}, \quad (373)$$

$$\cos\varphi_{\max} = \frac{1 - \left(\dfrac{E_s}{U_1}\right)^2}{1 + \left(\dfrac{E_s}{U_1}\right)^2}, \quad \ddot{u} = \frac{1 + \left(\dfrac{E_s}{U_1}\right)^2}{2 \cdot \dfrac{E_s}{U_1}}; \quad (374), (375)$$

die Werte $\frac{J_\mu}{J_{ki}}$, $\frac{J_\mu}{J'_{1n}} = \frac{J'_{1n}}{J_{ki}}$, $\ddot{u}$ sind in Abhängigkeit von $\cos\varphi_{\max}$ in der

Abb. 101, die Werte $\cos\varphi_{max}$ und $ü$ in Abhängigkeit von $\frac{E_s}{U_1}$ in der Abb. 102 als Schaulinien dargestellt.

Anmerkung. Der Höchstwert des Leistungsfaktors kann in der Regel nur bei Maschinen mit kleiner Polzahl erreicht werden; mit der Polpaarzahl nimmt das Verhältnis des Luftspaltes zur Polteilung zu, und der relative Magnetisierungsstrom wird größer, als es der Bedingung $\frac{J_\mu}{J'_{1n}} = \frac{E_s}{U_1}$ entspricht. Die Überlastbarkeit der Asynchronmotoren muß nach § 40 der „Regeln für elektrische Maschinen" (VDE 0530/3.59) für alle in § 18 genannten Nennbetriebsarten (mit Ausnahme des Aussetzbetriebes AB) mindestens den Wert 1,6 (2,0 für AB) haben. Über die Überlastbarkeit offener 50-Hz-Drehstrommotoren mit KL bis 100 kW und mit SL bis 250 kW geben die bereits genannten (ehemaligen) Normblätter DIN VDE 2650 und 2651 eine

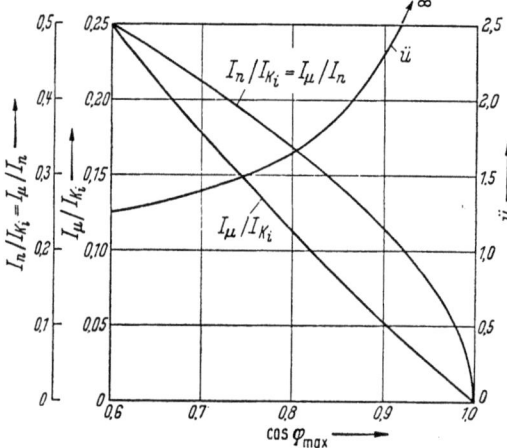

Abb. 101. $\frac{J_n}{J_{k_i}} = \frac{J_\mu}{J_n}$, $\frac{J_\mu}{J_{k_i}}$ und $ü$ in Abhängigkeit von $\cos\varphi_{max}$ (nach LIWSCHITZ)

Übersicht. — Der Zusammenhang zwischen dem Kippmoment M_K und dem Kippschlupf s_k (für $r_1 = 0$) ist durch die Gleichung $\frac{M}{M_k} = \frac{2}{\frac{s_k}{s} + \frac{s}{s_k}}$ gegeben.

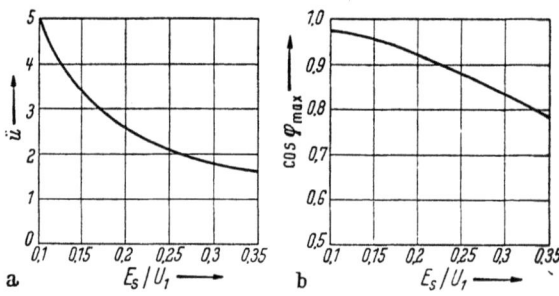

Abb. 102 a u. b. Überlastungsfähigkeit $ü$ und maximaler Leistungsfaktor $\cos\varphi_{max}$ in Abhängigkeit von $\frac{E_s}{U_1}$ (nach LIWSCHITZ)

c) **Der relative Magnetisierungsstrom und die relative Streuspannung.**
Wie später gezeigt wird, gilt für den Magnetisierungsstrom der Asyn-

chronmaschine die Gleichung

$$J_\mu = \frac{p \cdot \Sigma V}{0{,}9 \cdot m_1 w_1 \cdot \xi_1}, \qquad (376)$$

wobei ΣV die Summe der magnetischen Teilspannungen für den geschlossenen Umlaufweg über ein Polpaar, p die Polpaarzahl, m_1 die Strangzahl der Ständerwicklung, w_1 die Windungszahl je Strang und ξ_1 den Wicklungsfaktor bezeichnen. Wird ΣV durch die Einführung des Sättigungsfaktors k_s [vgl. Gl. (9)] auf die Luftspaltspannung $V_L = 0{,}8 \cdot B_L \cdot \delta'$ [vgl. Gln. (6) und (18)] zurückgeführt, so ergibt sich unter Berücksichtigung des Strombelages $A_1 = \frac{m_1 \cdot 2 w_1 \cdot J_{1n}}{2p \cdot \tau_p}$ beim Nennbetrieb

$$\frac{J_\mu}{J_{1n}} = 1{,}78 \cdot \frac{k_s \cdot k_c}{\xi_1} \cdot \frac{\delta}{\tau_p} \cdot \frac{B_L}{A_1}; \qquad (377)$$

der relative Magnetisierungsstrom ist also sowohl dem Verhältnis $\frac{\delta}{\tau_p}$ als auch dem Verhältnis $\frac{B_L}{A_1}$ proportional. Da auch — wie aus späteren Darlegungen folgt — der Quotient $\frac{U_1}{J_{1n}}$ dem Verhältnis $\frac{B_L}{A_1}$ proportional ist, so ist die relative Streuspannung $\frac{J_{1n}(x_1 + x_2)}{U_1}$ dem Verhältnis $\frac{A_1}{B_L}$ proportional; bezeichnet Λ die Streuziffer (die bei gegebener Polteilung annähernd eine Konstante ist), so ist

$$\frac{E_s}{U_1} = \frac{J_{1n}(x_1 + x_2)}{U_1} = \Lambda \cdot \frac{A_1}{B_L}. \qquad (378), (378a)$$

Anmerkung. Für den Fall, daß der Höchstwert des Leistungsfaktors bei der Nennleistung auftritt — d. h. für $\frac{J_\mu}{J_{1n}} = \frac{E_s}{U_1}$ [s. Gl. (369)] — ist

$$1{,}78 \cdot \frac{k_s \cdot k_c}{\xi_1} \cdot \frac{\delta}{\tau_p} \cdot \frac{B_L}{A_1} = \Lambda \frac{A_1}{B_L}, \quad \text{daher} \quad \frac{\delta}{\tau_p} = \frac{\Lambda}{1{,}78} \cdot \frac{\xi_1}{k_s \cdot k_c} \cdot \left(\frac{A_1}{B_L}\right)^2.$$

2. Die Ausnutzungsziffer und der mittlere Drehschub

Zur Bestimmung der Hauptabmessungen der Wechselstrommaschinen geht man von der Scheinleistung im Nennbetrieb $N_{s_n} = \frac{N_n}{\eta_n \cdot \cos \varphi_n} =$
$= m_1 \cdot U_1 \cdot J_{1n} \cdot 10^{-3}$ (kVA) aus. Unter Voraussetzung eines sinusförmigen Feldes ist

$$\frac{U_1}{1 + \tau_1} = E_1 = 4{,}44 \cdot f_1 \cdot w_1 \cdot \xi_1 \cdot \Phi \cdot 10^{-8}, \quad \Phi = \frac{2}{\pi} \cdot \tau_p \cdot l_i \cdot B_L;$$
$$(379), (380)$$

mit

$$f_1 = \frac{p \cdot n_s}{60}, \quad \tau_p = \frac{\pi D}{2p}, \quad A_1 = \frac{m_1 \cdot 2 w_1 \cdot J_{1n}}{\pi D}$$

ist daher

$$N_{s_n} = \frac{10^{-11}}{8{,}6} \cdot D^2 \cdot l_i \cdot n_s \cdot \xi_1 \cdot B_L \cdot A_1 (1 + \tau_1) \quad (\text{bei } D \text{ und } l_i \text{ in cm}), \quad (381)$$

$$N_{s_n} = \frac{10^{-5}}{8{,}6} \cdot D^2 \cdot l_i \cdot n_s \cdot \xi_1 \cdot B_L \cdot A_1 (1 + \tau_1) \quad (\text{bei } D \text{ und } l_i \text{ in m}).$$

(381a)

Aus Gl. (381a) folgt der als Essonsche *Ausnutzungsziffer* bekannte Wert

$$C = \frac{N_{s_n}}{D_i^2 \cdot l_i \cdot n_s} = \frac{10^{-5}}{8{,}6} \cdot \xi_1 \cdot B_L \cdot A_1 \cdot (1 + \tau_1) \left[\frac{kW \cdot \min}{m^3}\right]. \quad (382), (382\text{a})$$

Bezeichnet man die dem Drehmoment M_n beim Nennbetrieb entsprechende Umfangskraft je cm² der Mantelfläche (Durchmesser D, Länge l_i) als *mittleren Drehschub* σ, so ist

$$\sigma = \frac{\dfrac{M_n\,[\mathrm{m\,kg}]}{\dfrac{D}{2}\,[\mathrm{m}]}}{\pi D\,[\mathrm{cm}] \cdot l_i\,[\mathrm{cm}]} \left[\frac{\mathrm{kg}}{\mathrm{cm}^2}\right]$$

und mit

$$M_n = \frac{N_n\,[\mathrm{kW}] \cdot 10^3}{n\,[\mathrm{Uml/min}]} \cdot 0{,}975 = \frac{N_n \cdot 10^3}{n_s(1 - s_n)} \cdot 0{,}975 = \frac{N_{d_n} \cdot 10^3}{n_s} \cdot \frac{60}{2\pi} \cdot \frac{1}{9{,}81}$$

$$\sigma = \frac{6}{\pi^2} \cdot \frac{1}{9{,}81} \cdot \frac{N_{d_n}\,[\mathrm{kW}]}{D^2\,[\mathrm{m}^2] \cdot l_i\,[\mathrm{m}] \cdot n_s\,[\mathrm{Uml/min}]} \left[\frac{\mathrm{kg}}{\mathrm{cm}^2}\right] \quad (383)$$

$$= \frac{60}{\pi^2} \cdot \frac{N_{d_n}}{D^2 \cdot l_i \cdot n_s} \left[\frac{\mathrm{kJ}}{\mathrm{m}^3}\right]. \quad (383\text{a})$$

Für die Ausnutzung der Maschine ist nicht die Drehfeldleistung $N_{d_n} = \dfrac{N_n}{1 - s_n}$, sondern die innere Scheinleistung

$$N_{s_{in}} = \frac{E_1}{U_1} \cdot \frac{N_n}{\eta_n \cdot \cos \varphi_n} = \frac{E_1}{U_1} \cdot N_{s_n} \quad (N_{s_n} \text{ Scheinleistung})$$

maßgebend. Man führt daher den Begriff des *scheinbaren mittleren Drehschubes* σ_s ein, für den entsprechend der Gl. (383a) also die Gleichung

$$\sigma_s = \frac{60}{\pi^2} \cdot \frac{N_{s_{in}}}{D^2 \cdot l_i \cdot n_s} = \frac{60}{\pi^2} \cdot \frac{E_1}{U_1} \cdot \frac{N_{s_n}}{D^2 \cdot l_i \cdot n_s} = \frac{60}{\pi^2} \cdot \frac{E_1}{U_1} \cdot C \left[\frac{\mathrm{kJ}}{\mathrm{m}^3}\right]$$

(384), (384a), (384b)

gilt. Aus den Gln. (383a) und (384b) folgt

$$\frac{\sigma_s}{\sigma} = \frac{1 - s_n}{\eta_n \cdot \cos \varphi_n};$$

aus Gl. (384b) folgt

$$C = \frac{\sigma_s}{\frac{60}{\pi^2} \cdot \frac{E_1}{U_1}} \approx \frac{\sigma_s}{6}.$$

Werte der Ausnutzungsziffer C für eine Überlastbarkeit $\ddot{u} \geqq 1,6$ und unter Einhaltung der nach den „Regeln für elektrische Maschinen" zulässigen Erwärmung sind den Schaulinien der Abb. 103 in Abhängigkeit von der Polteilung τ_p (cm) zu entnehmen (für Niederspannungsmaschinen gilt die Schaulinie a, zur Einhaltung der η- und $\cos \varphi$-Werte

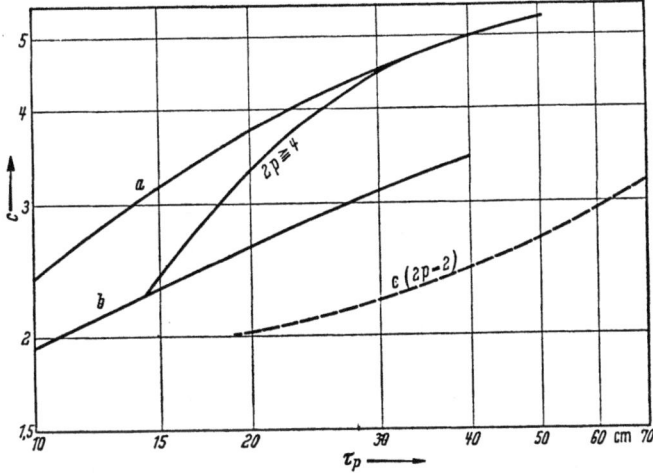

Abb. 103. Ausnutzungsziffer C von Asynchronmaschinen in Abhängigkeit von der Polteilung τ_p

lt. Tab. 11 und 12 jedoch die Schaulinie b bzw. die Schaulinie c für $2p = 2$). Durch Vergleich dieser C-Werte mit den von anderen Autoren (z. B. RICHTER, LIWSCHITZ, RAYMUND, NÜRNBERG) und zu anderen Zeiten angegebenen C-Werten kann man sich überzeugen, daß die Ausnutzung der Maschinen stetig gesteigert worden ist. Die angegebenen C-Werte gelten auch immer nur mit der Einschränkung, daß bestimmte Forderungen hinsichtlich der Überlastbarkeit, des Wirkungsgrades oder des Leistungsfaktors (mit Rücksicht auf die jeweiligen Betriebsverhältnisse), der Anlaufverhältnisse sowie die Berücksichtigung der Fertigungsbedingungen (z. B. vorhandene Schnitte) u. U. wesentliche Abweichungen bedingen.

3. Die Bestimmung der Hauptabmessungen

Der Zusammenhang zwischen der Nennleistung N_n (kW) und der Polteilung τ_p (cm) normaler Asynchronmaschinen bei verschiedenen Polzahlen $2p$ ist aus den Schaulinien der Abb. 104 ersichtlich. Nachdem hiernach τ_p — somit auch der Durchmesser $D_i = \dfrac{10^{-2}}{\pi} \cdot 2p \cdot \tau_p$ (m) — und aus den Schaulinien der Abb. 103 die Ausnutzungsziffer C bestimmt worden sind, ergibt sich aus der Gl. (382) für die gegebene Scheinleistung N_{s_n} die Ankerlänge l_i (m). Es ist zweckmäßig, den Durchmesser (mit Rücksicht auf vorhandene Schnitte) und das Verhältnis $\dfrac{l_i}{\tau_p}$ (mit Rücksicht auf gute Belüftungsverhältnisse) mit den Daten ausgeführter

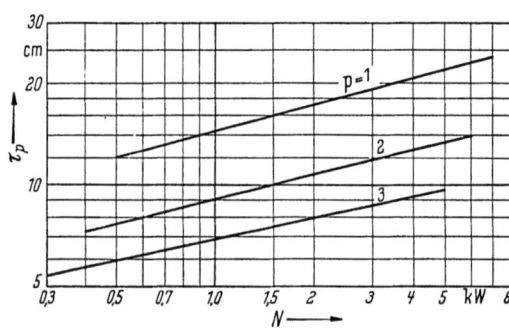

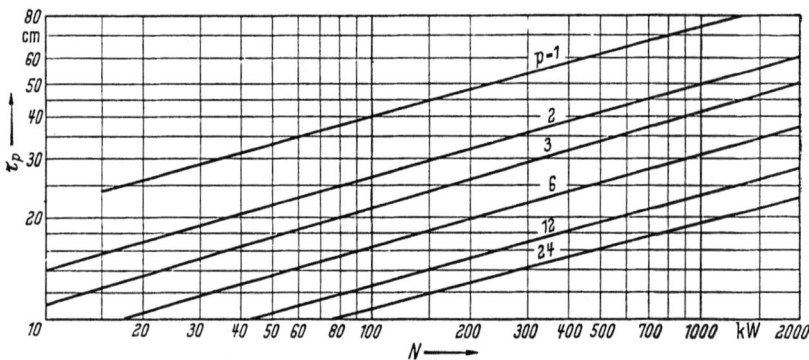

Abb. 104a u. b. Polteilung τ_p in Abhängigkeit von der Nennleistung (nach LIWSCHITZ)

Maschinen etwa gleicher Leistung und Drehzahl zu vergleichen; als Richtwert für $\dfrac{l_i}{\tau_p}$ kann bei den Polzahlen $2p > 2$ der Wert $\sqrt[3]{p}$ gelten[1]. Bei Eisenlängen bis zu 150 mm wird in der Regel auf Luftschlitze verzichtet; bei größeren Eisenlängen wird das Blechpaket durch Luftschlitze von 10 mm Breite in einzelne Teilpakete unterteilt, deren Länge auf etwa 50 bis 70 mm bemessen wird.

Der Luftspalt sollte aus mechanischen Gründen möglichst groß gewählt werden, zumal bei einem größeren Luftspalt geringe zusätzliche Eisenverluste, eine geringere doppelt verkettete Streuung und eine

---

[1] Über das Problem „langer oder kurzer Motor" unterrichtet überzeugend KADE: „Die Wachstumsgesetze des Induktionsmotors". ETZ A 1952, H. 19, S. 629—630.

geringere Geräuschstärke auftreten. Mit Rücksicht auf den Magnetisierungsstrom (und damit den Leistungsfaktor) muß aber der Luftspalt möglichst klein gehalten werden. Für Kurzschlußläufer bis zu 100 kW und für Schleifringläufer bis zu 250 kW bei $2p = 2 \cdots 6$ sind in den bereits genannten Normblättern DIN VDE 2650 und 2651 (vgl. Tab. 11 und 12) Mindestwerte für einen „normalen" und einen (um etwa 60%) „vergrößerten" Luftspalt angegeben worden.

Anmerkung (s. Erläuterungen zu DIN 2650). Die Ausführung mit vergrößertem Luftspalt wird vielfach in Schwerbetrieben, bei denen es auf erhöhte Betriebssicherheit[1] und weniger auf einen guten Leistungsfaktor ankommt, bevorzugt. Während der Wirkungsgrad bei dieser Ausführung sich nicht wesentlich ändert, ändert sich der Leistungsfaktor etwa wie folgt

$\cos \varphi$ bei δ_{normal}	0,9	0,85	0,8	0,75	0,7
$\cos \varphi$ bei $\delta_{\text{vergr.}}$	0,86	0,8	0,73	0,68	0,63

Für Maschinen normaler Bauart ist die Größe des Luftspaltes δ (mm) in Abhängigkeit von der Polteilung τ_p (cm) bei verschiedenen Polzahlen in der Abb. 105 dargestellt. Bei Maschinen mit großen Durchmessern

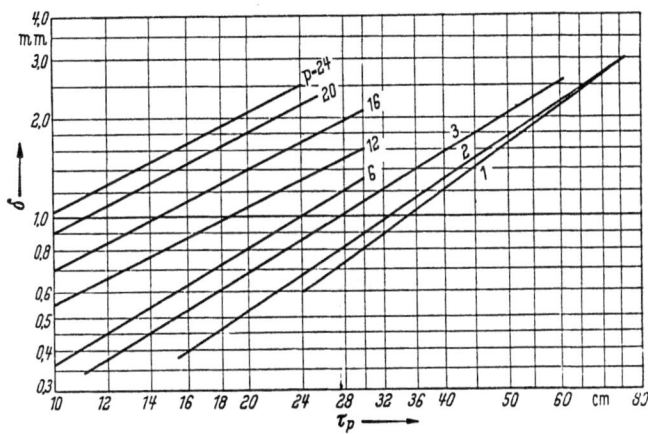

Abb. 105. Luftspalt δ normaler Asynchronmaschinen in Abhängigkeit von der Polteilung τ_p (nach LIWSCHITZ)

und Polpaarzahlen soll mit Rücksicht auf die Durchbiegung des Gehäuses und der Welle[2] das Verhältnis $\dfrac{\delta}{D_i} = 0,00007 \cdots 0,0010$ möglichst nicht

---

[1] Siehe auch VDE 0170/171/IV 44, Vorschriften für schlagwetter- und explosionsgeschützte elektrische Betriebsmittel, § 35 (Maschinen).

[2] Der einseitige magnetische Zug (kg) bei $1/10$ Exzentrizität $\left(\dfrac{\varepsilon}{\delta} = 0,1\right)$ ist $Z \approx \dfrac{1}{16}\left(\dfrac{B_L}{1000}\right)^2 \cdot D_i\,[\text{cm}] \cdot l_i\,[\text{cm}] \cdot 0,1015$ (vgl. ROSENBERG, ETZ 1918, S. 1/15/25).

unterschritten werden. NÜRNBERG gibt im Abschn. 45 seines Buches „Die Asynchronmaschine" die folgenden Werte für den Luftspalt an (alle Maße in mm):

Mittlere Maschinen ($>$ 30 kW) und Großmaschinen $\quad \delta = \dfrac{D_i}{1200}\left(1 + \dfrac{q}{2p}\right)$ bei 2 bis 16 Polen,

Langsamläufer $\quad\quad\quad\quad\quad\quad \delta = \dfrac{D_i}{1600} + 0{,}6 \quad$ bei 18 bis 56 Polen.

4. Die magnetischen und elektrischen Beanspruchungen

Aus der Gl. (382a) ist ersichtlich, daß die Ausnutzungsziffer C dem Produkt $B_L \cdot A_1$ proportional ist. Die Zerlegung dieses Produktes in die beiden Faktoren muß unter Berücksichtigung der Gl. (377) für den relativen Magnetisierungsstrom bzw. der Gl. (378) für die relative Streuspannung erfolgen.

Für die Luftspaltinduktion B_L werden je nach der Polteilung und Polpaarzahl Werte zwischen 7000 und 9000 Gauß (und darüber) gewählt, wobei die kleineren Werte den Schnelläufern zugeordnet sind. Für den primären Strombelag ergeben sich alsdann — entsprechend den C-Werten nach Abb. 103 — Werte bis zu 600 A/cm.

Als normale magnetische Beanspruchungen (scheinbare Induktionen) im aktiven Eisen von Asynchronmaschinen für 50 Hz gelten die folgenden Werte:

12 bis 15 000 Gauß im (ungeschwächten) Ständerjoch,
14 bis 17 000 „ in der Zahnmitte der Ständerzähne,
16 bis 21 000 „ am Zahnkopf der Ständerzähne,
15 bis 18 000 „ in der Zahnmitte der Läuferzähne,
17 bis 22 000 „ am Zahnfuß der Läuferzähne,
12 bis 16 000 „ im (ungeschwächten) Läuferjoch.

Bei offenen Nuten sollen die Zahninduktion mit Rücksicht auf die Pulsationsverluste möglichst unter den genannten Höchstwerten liegen. Für die durch Aussparungen zur Befestigung der Bleche am Gehäuse und Rad oder auch durch axiale Lüftungskanäle geschwächten Jochquerschnitte sind Induktionen bis zu 18 000 Gauß zulässig, wenn diese Beanspruchung auf relativ kurze Weglängen beschränkt bleibt.

Die Stromdichte in der Ständerwicklung wird zu $s_1 = 3$ bis 5 A/mm², in der (besser gekühlten) Läuferwicklung zu 4 bis 6 A/mm² gewählt[1]. Zweckmäßig ist eine Kontrolle der thermischen Beanspruchung der Nutoberfläche insbesondere des Ständers durch Vergleich des Wertes der „spezifischen Nutbelastung" v_{sp_1} [W/dm²] mit den — je nach der Polzahl und der Ankerumfangsgeschwindigkeit verschiedenen — Werten ausgeführter Maschinen etwa gleicher Leistung und Drehzahl. Bezeichnet

---
[1] Bei Kurzschlußläufern je nach Leitermaterial.

A_1 den Strombelag in A/cm, s_1 die primäre Stromdichte in A/mm², τ_{n_1} die primäre Nutteilung in cm, χ die elektrische Leitfähigkeit in $\frac{\text{m}}{\text{mm}^2 \cdot \text{Ohm}}$, $U_{\text{Nut}_1} = (2t_1 + b_1)$ den wirksamen Nutumfang in cm (t_1 Nuttiefe, b_1 Nutbreite), so ist

$$v_{sp_1} = \frac{A_1 \cdot s_1 \cdot \tau_{n_1}}{\chi \cdot U_{\text{Nut}_1}} \left[\frac{\text{W}}{\text{dm}^2}\right]; \tag{385}$$

v_{sp_1} bedeutet die Wicklungsverluste in den Leitern (im aktiven Eisen allein) bezogen auf die Oberfläche der N_1 Nuten im Ständer.

5. Die Ständerwicklung und die Ständernutung

a) Die induzierte EMK der Wechselstromwicklung und der Wicklungsfaktor. Der Effektivwert der in einer beliebigen Wicklung mit w Windungen vom mittleren Windungsfluß Φ_N induzierten EMK (in V) ist bei sinusförmiger Änderung des Induktionsflusses

$$E = \frac{4}{T} \cdot \frac{\pi}{2 \cdot \sqrt{2}} \cdot w \cdot \Phi_w \cdot 10^{-8} = 4{,}44 \cdot f \cdot w \cdot \Phi_w \cdot 10^{-8} \text{ [V]},$$

(386), (386a)

bei nicht sinusförmiger Änderung des Induktionsflusses

$$E = 4 \cdot f_B \cdot w \cdot \Phi_w \cdot 10^{-8} \text{ [V]}, \tag{386b}$$

wobei T die Periodendauer in s, f die Frequenz in Hz, f_B den *Formfaktor* bezeichnet; die Werte des Formfaktors sind in Abhängigkeit von dem Sättigungsfaktor k_s in der Abb. 2 dargestellt.

Der Effektivwert der je Strang der Ständerwicklung mit w_1 Windungen vom Polfluß Φ induzierten EMK ist

$$E_1 = w \cdot f_B \cdot f_1 \cdot w_1 \cdot \xi_1 \cdot \Phi \cdot 10^{-8} \text{ [V]}; \tag{387}$$

$\xi_1 \cdot \Phi$ entspricht der Amplitude des mittleren Windungsflusses Φ_w der Wicklung, $\xi_1 = \frac{\Phi_w}{\Phi}$ ist der *Wicklungsfaktor*. Dieser ist von der Verteilung der Wicklung am Ankerumfang und von der Spulenweite abhängig und gleich dem Produkt aus dem *Zonenfaktor* ξ_{z_1} und dem *Sehnungsfaktor* ξ_{s_1}, also

$$\xi_1 = \xi_{z_1} \cdot \xi_{s_1}; \tag{388}$$

ξ_1 ist nur wenig kleiner als der Wicklungsfaktor $\xi_{\nu=1}$ der Grundwelle und kann gleich diesem gesetzt werden.

Anmerkung. Ist $q = \dfrac{N}{2p \cdot m}$ die Anzahl der Nuten je Pol und Strang, $Q = m \cdot q$ die Nutenzahl je Pol, so sind die einzelnen Nuten im Felde gegeneinander um $\dfrac{\pi}{Q}$ elektrische Grade verschoben. In der Abb. 106a ist für das Beispiel $q = 4$, $m = 3$ das Spannungspolygon der in den vier Windungen (die den vier Nuten entsprechen, und deren Spulenweite gleich der Polteilung ist) induzierten EMKe E_w dargestellt; die Summe $\overline{AE}$ der Vektoren $\overline{AB} = \overline{BC} = \overline{CD} = \overline{DE}$ entspricht der resultierenden

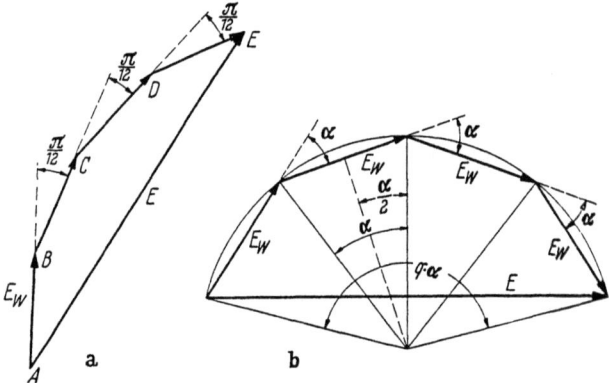

Abb. 106a u. b. Zur Erläuterung des Begriffes „Wicklungsfaktor" (nach LIWSCHITZ)

EMK E. Bei Anordnung der vier Windungen in nur einer Nut wären die in ihnen induzierten EMKe in Phase, und die Summe $4 \cdot \overline{AB}$ würde der resultierenden EMK E entsprechen. Das Verhältnis $\dfrac{\overline{AE}}{4\,\overline{AB}}$, d. h. allgemein das Verhältnis $\xi_z = \dfrac{E}{q \cdot E_w}$ ist der Zonenfaktor der Wicklung. Aus der Abb. 106b folgt $\left(\text{mit } \alpha = \dfrac{\pi}{Q}\right)$

$$\xi_z = \frac{2R \cdot \sin\dfrac{q\,\alpha}{2}}{q \cdot 2 \cdot R \cdot \sin\dfrac{\alpha}{2}} = \frac{\sin\dfrac{q}{Q} \cdot \dfrac{\pi}{2}}{q \cdot \sin\dfrac{1}{Q} \cdot \dfrac{\pi}{2}}.$$

Der Zonenfaktor der ν-ten Oberwelle ist

$$\xi_{z_\nu} = \frac{\sin\dfrac{q}{Q} \cdot \nu\dfrac{\pi}{2}}{q \cdot \sin\dfrac{1}{Q} \cdot \nu\dfrac{\pi}{2}} = \frac{\sin\nu\dfrac{\pi}{2} \cdot \dfrac{1}{m}}{q \cdot \sin\nu\dfrac{\pi}{2} \cdot \dfrac{1}{m \cdot q}}; \quad (389),\,(389a)$$

die Werte der Zonenfaktoren der dreiphasigen Ganzlochwicklungen sind in der Tab. 13 für die Harmonischen ungerader Ordnung (bis $\nu = 11$) angegeben. Der Sehnungsfaktor für das Verhältnis $\dfrac{s}{\tau_p}$ der Spulenweite zur Polteilung ist

$$\xi_{s_\nu} = \sin\nu\frac{\pi}{2} \cdot \sin\frac{s}{\tau_p} \cdot \nu\frac{\pi}{2}; \quad (390)$$

die Werte der Sehnungsfaktoren der Wicklungen mit verkürztem Schritt bis zu $\frac{s}{\tau_p} = \frac{2}{3}$ sind in der Tab. 14 für die Harmonischen ungerader

Tabelle 13. *Zonenfaktoren der dreiphasigen Ganzlochwicklungen*

q	$\nu = 1$	$\nu = 3$	$\nu = 5$	$\nu = 7$	$\nu = 9$	$\nu = 11$
1	1,0	1,0	1,0	1,0	1,0	1,0
2	0,966	0,707	0,259	−0,259	−0,707	−0,966
3	0,960	0,667	0,217	−0,178	−0,333	−0,178
4	0,958	0,653	0,204	−0,157	−0,271	−0,126
6	0,956	0,642	0,197	−0,145	−0,236	−0,102
10	0,955	0,639	0,193	−0,139	−0,220	−0,092
∞	0,955	0,637	0,191	−0,136	−0,212	−0,088

Ordnung (bis $\nu = 11$) angegeben. Aus der Abb. 107, in der die Sehnungsfaktoren der Harmonischen ungerader Ordnung ($\nu = 1$ bis 11) in Abhängigkeit von der Sehnung $\left(\text{für den Bereich } \frac{s}{\tau_p} = \frac{2}{3} \text{ bis } 0,96\right)$ als

Tabelle 14. *Sehnungsfaktoren von Wicklungen mit verkürztem Schritt*

$\frac{s}{\tau_p}$	$\nu = 1$	$\nu = 3$	$\nu = 5$	$\nu = 7$	$\nu = 9$	$\nu = 11$
180/180 = 1,0	1,0	1,0	1,0	1,0	1,0	1,0
170/180 = 0,944	0,996	0,966	0,906	0,819	0,707	0,574
160/180 = 0,889	0,985	0,866	0,643	0,342	0	−0,342
150/180 = 0,833	0,966	0,707	0,259	−0,259	−0,707	−0,966
140/180 = 0,777	0,940	0,5	−0,174	−0,766	−1,0	−0,766
130/180 = 0,722	0,906	0,259	−0,574	−0,996	−0,707	0,087
120/180 = 0,667	0,866	0	−0,866	−0,866	0	0,866

Schaulinien dargestellt sind, ist die Zweckmäßigkeit der bei Dreiphasenmaschinen in Sternschaltung angestrebten $\frac{5}{6}$-Sehnung $\left(\frac{s}{\tau_p} = 0{,}833\right)$ ersichtlich; die bei Synchronmaschinen in Dreieckschaltung regelmäßig ausgeführte $^2/_3$-Sehnung wird bei Asynchronmaschinen nur zur Verringerung der Wickelkopflänge von zweipoligen und großen vierpoligen Maschinen angewendet.

9 Klamt, Elektrische Maschinen

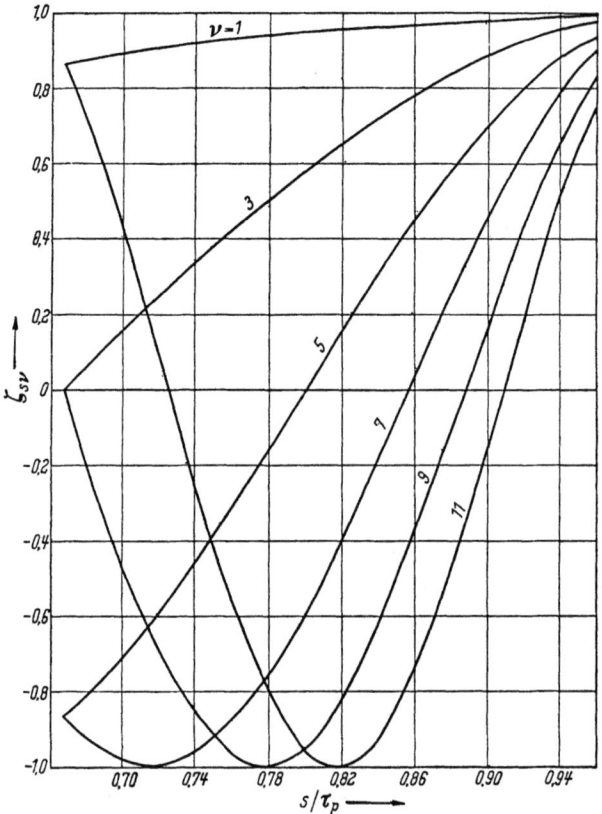

Abb. 107. Sehnungsfaktoren ξ_{sv} in Abhängigkeit von der Sehnung $\frac{s}{\tau_p}$
In der Klemmenspannung einer in Stern geschalteten Mehrphasenwicklung treten die Wellen nicht auf, deren Ordnungszahl v durch die Phasenzahl m teilbar ist!

b) Die Wicklung. Die mittlere Leiterlänge l_l (cm) (halbe Windungslänge) der *Einschicht-Spulenwicklung* kann nach der Gleichung

$$l_l = L + 2 U_N + 1{,}8 \cdot s' + a \; [\text{cm}] \tag{391}$$

berechnet werden, wobei L die Länge des Ständerblechpaketes in cm, U_N die Netzspannung in kV, s' die mittlere Spulenweite in cm (in der Bohrung gemessen) und a ein von der Polzahl, der Leiterart und der u. U. erforderlichen Versteifung der Spulenköpfe abhängiger Zuschlag in cm ist. Für die mittlere Leiterlänge l_l (cm) der *Zweischicht-Spulenwicklung*, die als Wicklungsart bevorzugt wird, gilt die Gleichung

$$l_l = L + a + b + 2c + \frac{Z \cdot \tau_{n_m}^2}{\sqrt{\tau_{n_m}^2 - (b_L + d)^2}} + \left(r + \frac{h_{sp}}{2}\right)\pi + 4 \; [\text{cm}], \tag{392}$$

wobei
- a den Überstand der langen Hülse (vom Druckfinger ab) in cm,
- b den Überstand der kurzen Hülse (vom Druckfinger ab) in cm,
- c die Druckfingerdicke in cm (1,5 bis 2 cm),
- τ_{n_m} die Nutteilung in der Nutmitte in cm,
- $Z \cdot \tau_{n_m}$ die Spulenweite (in der Nutmitte gemessen) in cm,
- b_L die Breite des isolierten Spulenkopfes in cm,
- d den Luftabstand zwischen den Einzelspulen im Wickelkopf in cm,
- r den Krümmungsradius der Kröpfung in cm (1,5 bis 2,5 cm),
- h_{sp} die Spulenhöhe in cm (s. Abb. 108)

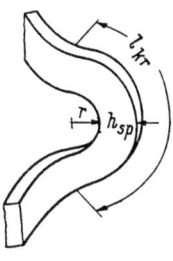

Abb. 108

bezeichnet. $\dfrac{1}{2} \cdot \dfrac{Z \cdot \tau_{n_m}^2}{\sqrt{\tau_{n_m}^2 - (b_L + d)^2}}$ entspricht der Länge $\dfrac{l_{sp}}{2}$ in der Abb. 25 und ist gleich $\dfrac{\tau_{n_m}}{b_L + d} \cdot m$ (vgl. Gl. (65))]; die Werte von $\dfrac{1}{\sqrt{1 - \left(\dfrac{b_L + d}{\tau_{n_m}}\right)^2}}$ und

$\dfrac{1}{2} \cdot \dfrac{\dfrac{b_L + d}{\tau_{n_m}}}{\sqrt{1 - \left(\dfrac{b_L + d}{\tau_{n_m}}\right)^2}}$ sind in Abhängigkeit von $\dfrac{b_L + d}{\tau_{n_m}}$ in der Abb. 109 als Schaulinien dargestellt.

Für normale Prüfspannungen (entsprechend VDE 0530/3.59 § 45, Tafel 9, Nr. 1 bis 5) können brauchbare Werte für die Überstände a und b sowie für den Luftabstand d in cm aus den Näherungsgleichungen[1]

$a \geqq 0,9 \cdot U_N$ (mind. 2,5 cm),

$b \geqq 0,7 \cdot U_N$ (mind. 1,5 cm),

(393), (393a)

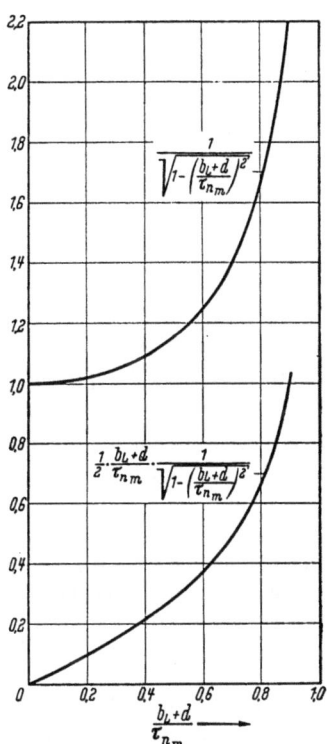

Abb. 109. Wickelkopflänge und -ausladung bei Zweischichtwicklungen

$d \geqq 2 + 0,5 \cdot U_N$ (bis zu $U_N = 11$ kV, mindestens 0,3 cm) (393b)

ermittelt werden.

---

[1] Vgl. RZIHA: Starkstromtechnik, 2. Teil, 6. Abschn., B. VIIId.

Von der Prüfspannung ist auch die Dicke d_U der Umpressung jeder der beiden Spulenseiten der Zweischicht-Spulenwicklung abhängig; brauchbare Werte für d_U in cm ergibt (für kurze bis lange Maschinen) die Näherungsgleichung[1]

$$d_U \approx (0{,}5 \div 1{,}0) + 0{,}25 \cdot U_N. \qquad (394)$$

Um die Spulenseiten auch im Spulenkopf ausreichend isolieren zu können, ist zwischen ihnen in der Nut ein Zwischenschieber (je nach der Prüfspannung) von 2 bis 7 mm (bis zu $U_N = 11$ kV) anzuordnen; zwischen Umpressung und Nutenwand ist in der Nutbreite je nach der Eisenlänge ein Spiel von $2 \times (0{,}2$ bis $0{,}5)$ mm, in der Nuttiefe je nach der Spannung ein Spiel von 0,5 bis 2 mm vorzusehen.

Zur Isolierung der Leiter werden je nach der Isolationsklasse (entsprechend VDE 0530/3.59, § 33, Tafel 4) verschiedene Materialien verwendet; die beiden wichtigsten Klassen sind die Klasse A für Erwärmungen bis 60° und die Klasse B für Erwärmungen bis 80°. Der Isolationsauftrag ist von der Spannung und vom Leiterquerschnitt abhängig; brauchbare Werte (beidseitiger Auftrag) für die Isolationsklasse A ergibt die Näherungsgleichung[1]

$$d_J \approx 0{,}4 + 0{,}03 \cdot U_N. \qquad (395)$$

Das zwischen den Leitern erforderliche Spiel beträgt bei gefädelten Wicklungen etwa 5%, bei umpreßten Wicklungen etwa 3% der Leiterhöhe bzw. der Leiterbreite; bei asphaltierten Wicklungen sind für den Asphalt zwischen Umpressung und Leiter und zwischen den Leitern weitere Zuschläge erforderlich.

Zweckmäßig ist in jedem Falle eine Nachprüfung der Leiterhöhe durch die Gl. (96) bzw. (96a) für die kritische Leiterhöhe.

Anmerkung. Die oben angegebenen Werte für den Isolationsauftrag der Leiter, die Dicke der Umpressung der Spulenseiten, die Überstände der Hülsen, den Luftspaltstand und das Spiel sind nur als Richtwerte anzusehen. Es ist üblich, die in jedem Werk durch langjährige Praxis erprobten Werte — auch diejenigen für die Isolierung der Spulenköpfe, für Sonderisolierungen und den Glimmschutz — nur für den werkseigenen Gebrauch in besonderen Isolationstabellen zusammenzufassen.

c) **Die Nutung.** Als Lochzahl q_1 (Anzahl der Nuten je Pol und Phase) wird fast ausnahmslos eine ganze Zahl gewählt, möglichst unter Vermeidung der Werte $q_1 = 1$ und $q_1 = 2$, da bei ihnen die doppelt verkettete Streuung sehr groß und die Überlastbarkeit daher gering ist. Die Wahl der Lochzahl erfolgt auch mit Rücksicht auf die Nutteilung, die etwa in den Grenzen 1,0 bis 4,5 cm (für kleine bis große Polteilungen) ausgeführt wird.

---

[1] Vgl. RZIHA: Starkstromtechnik, 2. Teil, 6. Abschn., B. VIIId.

Der Entwurf und die Bemessung 133

Bei größeren und Großmaschinen sind offene Ständernuten (s. Abb. 21) die Regel, wobei die Nuthöhe je nach der Polteilung (bei Langsamläufern) zu 60 bis 100 mm gewählt wird; kleinere und mittlere Maschinen für Niederspannung werden mit halbgeschlossenen Nuten von (um etwa 15 mm) geringerer Höhe ausgeführt. Die Nutbreite ist durch die zulässigen Zahninduktionen bestimmt (s. S. 126).

6. Die Läuferwicklung und die Läufernutung

a) Die Stillstandspannung, der Strom und der Schlupf des Schleifringläufers. Die in der Läuferwicklung je Strang im Leerlauf induzierte EMK (bezogen auf die Netzfrequenz) ist

$$E_2^{'*} = (U_1 - J_\mu\, x_1) \frac{w_2 \cdot \xi_2}{w_1 \cdot \xi_1} = U_1 \frac{1}{1 + \tau_1} \cdot \frac{w_2\, \xi_2}{w_1\, \xi_1}, \qquad (396)$$

wobei w_2 die Anzahl der Windungen je Strang und ξ_2 den Wicklungsfaktor der Läuferwicklung bezeichnet. Der Läuferstrom je Strang bei Belastung ist

$$J_2^{'*} = \frac{s \cdot N_d \cdot 10^3}{m_2 \cdot s\, E_2' \cdot (1-\varepsilon) \cdot \cos\psi_2} = \frac{\dfrac{N_W + V_R + V_{O+P}}{1-s} \cdot 10^3}{m_2 \cdot E(1-\varepsilon) \cdot \cos\psi_2}, \qquad (397),\ (397\text{a}),\ (397\text{b})$$

wobei

- N_W die an der Welle abgegebene Leistung in Watt,
- V_R die Luft- und Lagerreibungsverluste in Watt,
- V_{O+P} die Oberflächen- und Zahnpulsationsverluste in Watt,
- m_2 die Strangzahl der Läuferwicklung,
- s den Schlupf,
- ψ_2 den Phasenverschiebungswinkel $\widehat{E_2'\, J_2}$,
- $1-\varepsilon$ den Faktor zur Berücksichtigung des Spannungsabfalles bei Belastung (gegenüber demjenigen bei Leerlauf)

bezeichnet; es ist $(1-\varepsilon)\cdot\cos\psi_2 = 0{,}92$ bis $0{,}95$ für kleine bis große Maschinen.

Der Schlupf ist

$$s = \frac{V_{w_2}}{N_d} = \frac{m_2 \cdot J_2^{'2} \cdot r_2'}{m_2 \cdot E_2'(1-\varepsilon) \cdot J_2' \cdot \cos\psi_2} = \frac{J_2' \cdot r_2'}{E_2'(1-\varepsilon) \cdot \cos\psi_2}, \qquad (398),\ (398\text{a}),\ (398\text{b})$$

wobei r_2' den (warmen) Ohmschen Widerstand je Strang der Läuferwicklung bezeichnet; der Schlupf s beträgt bei Motoren kleiner Leistung zwischen etwa 6 und 3%, bei Motoren größerer Leistung zwischen etwa 2 und 1% und der von Großmaschinen unter 1%.

---

* Wie bereits früher angegeben wird durch ' angezeigt, daß es sich um die wirklichen, also nicht um die auf den Primärkreis reduzierten sekundären Größen handelt.

Aus der Gleichung $s = \dfrac{V_{W_2}}{N_n + V_R + V_{O+P} + V_{W_2}}$ folgt für die relativen Ohmschen Verluste in der Läuferwicklung

$$\frac{V_{w_2}}{N_n} = \left(1 + \frac{V_R + V_{O+P}}{N_n}\right) \frac{s}{1-s}. \tag{398c}$$

Die Reduktionsfaktoren auf den Primärkreis sind

$\dfrac{w_1 \xi_1}{w_2 \xi_2}$ für die Spannung, $\quad \dfrac{m_2 \cdot w_2 \xi_2}{m_1 \cdot w_1 \xi_1}$ für die Ströme, $\quad$ (399), (400)

$$\frac{m_1 \cdot (w_1 \xi_1)^2}{m_2 \cdot w(_2 \xi_2)^2} \text{ für die Widerstände.} \tag{401}$$

b) Die Wicklung und die Nutung des Schleifringläufers. Mittlere und große Maschinen werden in der Regel mit einer Zweistabwicklung ausgeführt. Für die mittlere Leiterlänge l_l (cm) gilt bei Einschichtwicklungen (für kleine Maschinen) die Gleichung

$$l_l = L + 1{,}2 \cdot \tau_p \quad [\text{cm}] \quad (\tau_p \text{ Polteilung}), \tag{402}$$

bei Zweischichtwicklungen (Zweistabwicklungen) die Gleichung

$$l_l = L + a + b + 2c + \frac{Z \cdot \tau_{n_m}^2}{\sqrt{\tau_{n_m}^2 - (b_L + d)^2}} + 2e + 3 \quad [\text{cm}], \tag{402a}$$

wobei e der Teil des Stabes ist, der innerhalb der Ober- und Unterstab miteinander verbindenden Zwinge liegt. Für Spannungen bis zu 2 kV können brauchbare Werte für die Überstände a und b aus den Näherungsgleichungen

$$a \geqq 2{,}5 \cdot U \text{ (mind. 3 cm)}, \quad b \geqq 1{,}5 \cdot U \text{ (mind. 1,5 cm)} \tag{403, 403a}$$

ermittelt werden; der Luftabstand d soll an der engsten Stelle mindestens 0,1 cm betragen.

Brauchbare Werte für die Abzüge, die für die Isolierung und das Spiel in der Nutbreite und Nuttiefe erforderlich sind, ergeben die Näherungsgleichungen[1]

$$a_{Br} \approx 0{,}2 + 0{,}1 \cdot U \; [\text{cm}], \quad a_T \approx 0{,}3 + 0{,}3 \cdot U \; [\text{cm}]. \tag{404, 404a}$$

Auch für die oben angegebenen Werte für die Überstände der Hülsen, den Luftabstand und die Abzüge in der Nutbreite und Nuttiefe gilt die Anmerkung auf S. 132.

Die Lochzahl q_2 des Schleifringläufers wird (ebenfalls fast ausnahmslos) ganzzahlig und — zur Vermeidung von „Tot"stellungen beim Anlauf — um (möglichst nur) 1 von der Lochzahl q_1 des Ständers abweichend ausgeführt; bei größeren Abweichungen der Lochzahlen steigen die zusätzlichen Eisenverluste merklich an.

---

[1] Vgl. Rziha: Starkstromtechnik, 2. Teil, 6. Abschn., B VIII e.

Die halbgeschlossenen Läufernuten sind fast immer (um etwa 20%) niedriger als die Ständernuten; die Nutform bei axial eingeschobenen Stäben weicht von der bei radial eingelegten Stäben ab (s. Abb. 110).

c) **Die Stillstandsspannung, der Strom und der Schlupf des Kurzschlußläufers.** Für die Käfigwicklung mit Z_2 Stäben, die als Mehrphasenwicklung mit $m_2 = \dfrac{Z_2}{p}$ Strängen und dem Phasenwinkel $\alpha = \dfrac{2\pi}{m_2} = \dfrac{2\pi \cdot p}{Z_2}$

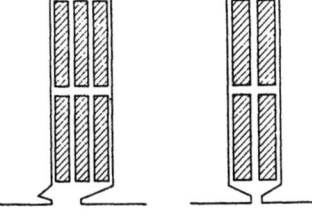

Abb. 110. Läufernuten

aufgefaßt wird, ist die je Stab (je Strang) im Leerlauf induzierte EMK in V (bezogen auf die Netzfrequenz)

$$E'_{St} = E'_2 = (U_1 - J_\mu x_1) \frac{\frac{1}{2} \cdot 1}{w_1 \xi_1} \quad [\text{V}] \qquad (405)$$

und der Stabstrom

$$J'_{St} = \frac{J'_2}{p} \approx \frac{N_w + V_R + V_{O+P}}{Z_2 \cdot E'_2 (1-s)} \quad (\text{vgl. Gl. [397]}) \qquad (406)$$

der Ringstrom ist

$$J'_R = \frac{\frac{1}{2} J'_{St}}{\sin \frac{\alpha}{2}} = \frac{J'_{St}}{2 \cdot \sin \frac{\pi p}{Z_2}} \approx \frac{J'_{St}}{\frac{2\pi p}{Z_2}} = \frac{Z_2}{2\pi p} \cdot J'_{St}. \qquad (407), (407\text{a}), (407\text{b}), (407\text{c})$$

Für den Schlupf gelten auch beim Kurzschlußläufer die Gln. (398), wobei ist

$$r'_2 = \frac{1}{p} \left[R_{St} + \left(\frac{Z_2}{2\pi p}\right)^2 \cdot 2 R_R \right] \quad [\text{vgl. Gl. (323)}] \qquad (408)$$

(R_{St} Ohmscher Widerstand des Stabes, R_R Ohmscher Widerstand des Ringteiles zwischen zwei benachbarten Stäben).

Die Reduktionsfaktoren auf den Primärkreis sind

$$\frac{w_1 \xi_1}{\frac{1}{2} \cdot 1} \text{ für die Spannung}, \quad \frac{\frac{Z_2}{p} \cdot \frac{1}{2} \cdot 1}{m_1 \cdot w_1 \xi_1} \text{ für die Ströme}, \qquad (409), (410)$$

$$\frac{m_1 \cdot (w_1 \xi_1)^2}{\frac{Z_2}{p} \left(\frac{1}{2} \cdot 1\right)^2} = \frac{4 m_1 (w_1 \xi_1)^2}{\frac{Z_2}{p}} \text{ für die Widerstände}; \qquad (411)$$

es ist also

$$r_2 = \frac{4 m_1 (w_1 \xi_1)^2}{\frac{Z_2}{p}} \cdot r_2' = \frac{4 m_1 (w_1 \xi_1)^2}{Z_2} \left[R_{St}' + \left(\frac{Z_2}{2\pi p}\right)^2 \cdot 2 R_R \right], \qquad (412)$$

$$x_2 = \frac{4 m_1 (w_1 \xi_1)^2}{\frac{Z_2}{p}} \cdot x_2' = \frac{4 m_1 (w_1 \xi_1)^2}{Z_2} \cdot 0{,}8 \pi^2 \cdot f \cdot 10^{-8} (\sum \Lambda_2) \qquad (413)$$

[vgl. hierzu Gl. (235) und Gl. (236)].

d) Die Wicklung und die Nutung des Kurzschlußläufers. Mit den Bezeichnungen l_{St} (in m) für die Stablänge, χ_{St} bzw. χ_R (in $\frac{\text{m}}{\text{mm}^2 \cdot \text{Ohm}}$) für die elektrische Leitfähigkeit des Stabes bzw. des Ringes, q_{St} bzw. q_R (in mm²) für den Querschnitt des Stabes bzw. des Ringes, d_R (in m) für den mittleren Ringdurchmesser ist

$$R_{St} + \left(\frac{Z_2}{2\pi p}\right)^2 \cdot 2 R_R = \frac{l_{St}}{\chi_{St} \cdot q_{St}} + \left(\frac{Z_2}{2\pi p}\right)^2 \cdot 2 \frac{\frac{\pi d_R}{Z_2}}{\chi_R \cdot q_R} = \frac{l_{St} + \Delta l_{St}}{\chi_{St} \cdot q_{St}},$$

(414), (414a)

wobei

$$\Delta l_{St} = \frac{2}{\pi} \cdot \frac{\pi d_R}{2p} \cdot \frac{\frac{Z_2}{2\pi p} \cdot q_{St}}{q_R} \cdot \frac{\chi_{St}}{\chi_R} \qquad (415)$$

ist. Verwendet man für die Stäbe und die Ringe das gleiche Material, und führt man den Ringquerschnitt $q_R = \frac{Z_2}{2\pi p} \cdot q_{St}$ aus, so ist $\Delta l_{St} = \frac{2}{\pi} \cdot \frac{\pi d_R}{2p}$, d. h. gleich 0,637 × Polteilung des Ringes; das gleiche Ergebnis tritt ein, wenn bei Verwendung verschiedener Materialien für die Stäbe (z. B. Messing) und für die Ringe (z. B. Cu) der Ringquerschnitt q_R so gewählt wird, daß

$$q_R \cdot \chi_R = \frac{Z_2}{2\pi p} \cdot q_{St} \cdot \chi_{St}$$

ist.

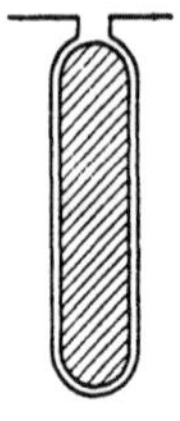

Abb. 111
Läufernut

Die Stäbe des Kurzschlußkäfigs — mit Ausnahme derjenigen gegossener Käfige — werden mit Rücksicht auf einen funkenfreien Anlauf und gute Wärmeabfuhr beim Anlauf bzw. beim Umsteuern des Motors blank (gegebenenfalls unter Beifügung einer Metallfolie) in die Nuten des Läufers eingeschoben. Das Spiel in der Breite und in der Höhe der halbgeschlossenen (insbesondere bei Schnelläufern) oder der geschlossenen Nut beträgt 0,5 mm; die Nutform ist von der Käfigart (z. B. Hochstab- oder Doppelkäfig) und von den verlangten Anlaufverhältnissen abhängig (s. Abb. 111).

Die Nutenzahl des Kurzschlußläufers ist so zu wählen, daß zusätzliche asynchrone und synchrone Drehmomente oder Rüttelkräfte durch die Ständer- und Läuferoberfelder nicht auftreten und außerdem möglichst Geräuschfreiheit erzielt wird.

Bei den für Asynchronmaschinen in der Regel verwendeten *Ganzlochwicklungen im Ständer* treten Oberwellen der Polpaarzahl (Ordnungszahl $\nu = \nu' \cdot p$) auf, deren Winkelgeschwindigkeit der ν-te Teil der Geschwindigkeit des Hauptfeldes ist. Die Kennzahl ν' der auftretenden Oberwellen ist immer ungerade, wobei Vielfache der Phasenzahl m_1 ausgeschlossen sind, da sie kein Drehfeld erzeugen. Es ist

$$\nu = p\,\nu' = p\,(2\,m_1\,g' + 1) \quad \text{mit} \quad g' = 0, \pm 1, \pm 2 \cdots; \quad (416)$$

$g' = 0$ ergibt mit $\nu = p$ das Hauptfeld, positive Ordnungszahlen ergeben in Richtung des Hauptfeldes umlaufende Oberfelder, negative Ordnungszahlen entgegengesetzt umlaufende Oberfelder (Umlaufgeschwindigkeit $\Omega_\nu = \dfrac{\omega}{\nu}$ mit $\omega = 2\,\pi\,f$, f Netzfrequenz). Die Oberwellen, die in der *Käfigwicklung des Läufers* von den Strömen der Hauptwellen des Ständerfeldes allein[1] erzeugt werden, haben die Ordnungszahl

$$\lambda = p\,\lambda' = p\left(\frac{N_2}{p}\,g'' + 1\right) \quad \text{mit} \quad g'' = 0, \pm 1, \pm 2 \cdots. \quad (417)$$

α) *Asynchrone Drehmomente* treten nur zwischen solchen Ständer- und Läuferwellen auf, die gleiche Polzahl haben und relativ zum Ständer bei jeder Drehzahl mit derselben Geschwindigkeit umlaufen. Sie überlagern sich — wie von kleinen Induktionsmotoren zusätzliche erzeugte Drehmomente — dem Drehmoment der Grundwelle und machen sich besonders bei niedriger Drehzahl bemerkbar (s. Abb. 112).

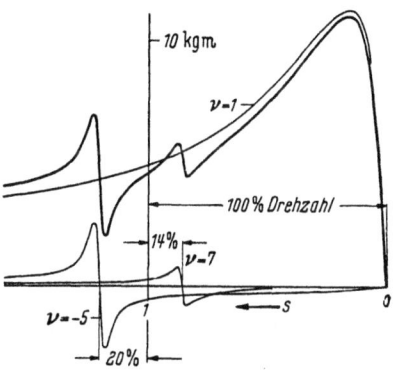

Abb. 112. Asynchrone Momente (nach RICHTER)

Bei gewöhnlichen Kurzschlußläufermotoren ist das Oberfeld 7. Ordnung

$$(\nu' = 2 \cdot 3 \cdot 1 + 1)$$

und das Oberfeld mit der Ordnungszahl $\nu' = g \cdot \dfrac{N_1}{p} + 1$ (die sog. „Nutungs"oberwelle, $g = \pm 1, \pm 2, \ldots$) gefährlich. Zur Verminderung der Wirkung des ersteren ist eine Schrittverkürzung der Ständer-

---

[1] Außer der Hauptwelle des Ständerfeldes erzeugen aber auch alle weiteren Felder mehr oder weniger große Ströme im Läufer.

wicklung um $1/7$ der Polteilung zweckmäßig; um das von der Nutenharmonischen verursachte zusätzliche asynchrone Drehmoment klein zu halten, soll

$$N_2 \leqq 1{,}25 \, |-N_1 + p| \qquad (418)$$

gewählt und die Ständer- oder Läufernut um etwa eine Ständernutteilung geschrägt werden (das zusätzliche asynchrone Drehmoment wird gleich Null bei Schrägung der Nut um $b = \dfrac{\tau_{n_2} \cdot N_2}{g\, N_1 + p}$, d. h. um $b = \dfrac{\tau_{n_2} \cdot N_2}{N_1 + p}$ bei $g = 1$).

β) *Synchrone Drehmomente* entstehen, wenn der von einem Ständeroberfeld erzeugte Läuferstrom ein Oberfeld erregt, dessen Polzahl mit der irgendeines anderen Ständeroberfeldes übereinstimmt. Das Läuferoberfeld mit der Ordnungszahl λ_2 und das Ständeroberfeld mit der Ordnungszahl ν_1 laufen synchron und bilden ein synchrones Drehmoment, wenn sie mit

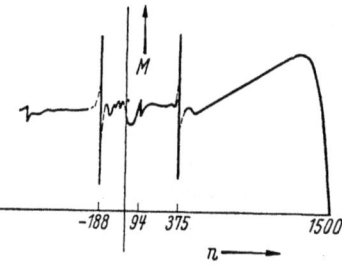

Abb. 113. Beispiele für synchrone Momente bei Lauf ($N_2 = 16$, $N_1 = 36$) (nach RICHTER)

gleicher Geschwindigkeit umlaufen; aus der Gleichheit der Geschwindigkeiten $v_{\nu_1} = \dfrac{v_1}{\nu_1}$ und $v_{\lambda_2} = \dfrac{v_1}{\lambda_2}[1 + (\lambda - \nu)(1-s)]$ folgt mit $\lambda_2 - \nu_1 = \dfrac{N_2}{p} g''$

$$\frac{1}{\nu_1} = \frac{1}{\lambda_2}\left[1 + (\lambda_2 - \nu_1)(1-s)\right] = \frac{1}{\lambda_2}\left[1 + \frac{N_2}{p} g''(1-s)\right]. \qquad (419)$$

Diese Gleichung wird erfüllt

1. für $\nu_1 = \lambda_2$, d. h. $p(6g' + 1) = p\left(\dfrac{N_2}{p} g'' + 1\right)$, d. h. $N_2 = \dfrac{6g'}{g''} \cdot p$, wenn $s = 1$ ist (also im Stillstand); die als „Kleben" bezeichnete Wirkung ist am stärksten

   für den Fall $\nu_1' = g\dfrac{N_1}{p} + 1$ (Nutungsoberwelle) und $\lambda_2' = g''\dfrac{N_2}{p} + 1$, d. h. für $N_2 = \dfrac{g}{g''} \cdot N_1$, also $N_2 = N_1$ bei $|g| = |g''| = 1$;

2. für $\nu_1 = -\lambda_2$, d. h. $p(6g' + 1) = -p\left(\dfrac{N_2}{p} g'' + 1\right)$, d. h. $N_2 = -\dfrac{6g' + 2}{g''} \cdot p$, wenn $\dfrac{n_{\text{sch}}}{n_s} = 1 - s = \dfrac{-2p}{N_2 \cdot g''}$ ist; die bei den „Schleich"drehzahlen n_{sch} (s. Abb. 113) auftretende Wirkung ist wiederum am stärksten

   für den Fall $\nu_1' = g\dfrac{N_1}{p} + 1$ (Nutungsoberwelle) und $\lambda_2' = g''\dfrac{N_2}{p} + 1$, d. h. für $N_2 = -\dfrac{g}{g''} \cdot N_1 - \dfrac{2p}{g''}$, also $N_2 = N_1 \pm 2p$ bei $|g| = |g''| = 1$.

γ) *Rüttelkräfte.* Ständer- und Läuferstrombelag verursachen ein Feld im Luftspalt, das in eine große Anzahl von Wellen (Radialkraftwellen) zerlegt werden kann, die am Ständer und Läufer umlaufen. Die radialen Zugkräfte bewirken eine elastische Verformung, die bei niedriger Frequenz Vibrationen erzeugt und bei höherer Frequenz die Ursache einer Schallabstrahlung aus dem Ständer oder auch aus dem Läufer ist. Die Schallabstrahlung — also das Geräusch — wird besonders stark, im Resonanzfall, d. h. wenn die Frequenz der Rüttelkräfte übereinstimmt mit der Eigenfrequenz eines schwingungsfähigen Maschinenteiles, insbesondere des Blechpaketes oder des Gehäuses. Unterscheiden sich die Ordnungszahlen zweier Induktionswellen um 1, so setzen sich die Induktionswellen zu einer Schwebungswelle derart zusammen, daß eine Zone mit größerer Induktion einer Zone mit geringerer diametral gegenüberliegt und somit eine einseitige radiale Zugkraft entsteht. Unterscheiden sich die Ordnungszahlen der Induktionswellen um $\Delta > 1$, so entstehen am Ankerumfang symmetrisch verteilt Δ Zonen mit größerer und Δ Zonen mit geringerer Induktion. Ist $\nu_1 - \lambda_2 = 1$, so ergibt sich aus $p(6g' + 1) - p\left(\dfrac{N_2}{p} g'' + 1\right) = 1$ die kritische Läufernutenzahl

$$N_2 = \frac{6g'}{g''} p - \frac{1}{g''} ; \qquad (423)$$

am stärksten sind die Rüttelkräfte für den Fall $\nu_1' = g \dfrac{N_1}{p} + 1$ (Nutungsoberwelle) und $\lambda_2' = g'' \dfrac{N_2}{p} + 1$, wobei die kritische Läufernutenzahl $N_2 = \dfrac{g}{g''} \cdot N_1 - \dfrac{1}{g''}$, also $N_2 = N_1 \pm 1$ bei $|g| = |g''| = 1$ ist.

Die systematische Untersuchung der verschiedenen möglichen Kombinationen von Ständer- und Läuferwicklungen zeigt, daß die Kombination Dreiphasen-Bruchlochwicklung im Ständer und Käfigwicklung im Läufer das reichste Wellenspektrum ergibt. *In jedem Falle* aber — also auch für den Fall einer Dreiphasen-Ganzlochwicklung im Ständer und einer Käfigwicklung im Läufer — ist *eine sorgfältige Überprüfung der Möglichkeit des Auftretens von Rüttelkräften zweckmäßig*[1].

Zur Wahl der Nutenzahl des Kurzschlußläufers gibt NÜRNBERG im Kap. 46 seines Buches ,,Die Asynchronmaschine" an[2]:

Bei Käfigläufern kann man mit gutem Erfolg die gleichen Nutenzahlen, also die gleichen Lochzahlen q_2 wie beim Schleifringanker wählen. Man wird keine ausgesprochenen Versager bekommen. Noch besser bewährt sich eine gebrochene Lochzahl q_2, die sich statt um 1 um $^2/_3$ von q_1 unterscheidet. Das heißt also, daß die

---

[1] Vgl. hierzu insbesondere JORDAN: Der geräuscharme Elektromotor. Essen: Girardet 1950.
[2] NÜRNBERG, W.: Die Asynchronmaschine, Berlin/Göttingen/Heidelberg: Springer 1952.

Nutenzahl Q_2 je Pol im Läufer sich um 2 von der Nutenzahl Q_1 im Ständer unterscheidet. Man kann daher setzen:

gedachte Läuferlochzahl q_2 je Pol und Strang bei Käfigankern $\quad\Big\}\quad q_2 = \dfrac{N_2}{3 \cdot 2p} = q_1 \pm \dfrac{2}{3}.$

... Bei hoher Lochzahl im Ständer macht man die Läufernutenzahl q_2 kleiner, benutzt also oben das —-Zeichen. Bei wenig Ständernuten benutzt man das +-Zeichen.

7. Der Magnetisierungsstrom

a) Die Felderregerkurve der Wechselstromwicklungen. Die Durchflutungskurve oder Felderregerkurve einer Einphasenwicklung oder eines Stranges einer Mehrphasenwicklung mit einer Nut je Pol und z_N Leitern je Nut, die vom Strom $J \cdot \sqrt{2}$ durchflossen wird, ist ein Rechteck mit der Höhe $\dfrac{\sqrt{2}}{2} \cdot J \cdot z_N$ (s. Abb. 114). Zerlegt man die rechteckige Kurve

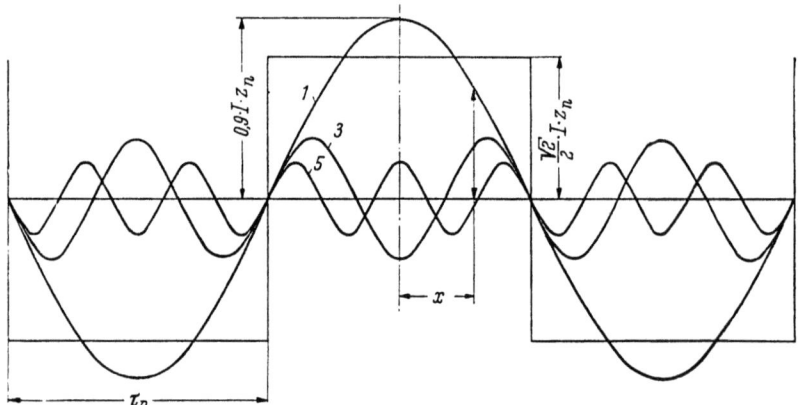

Abb. 114. Auflösung der rechteckigen Durchflutungskurve in Grundwelle und Oberwellen

in ihre Grundwelle und ihre Oberwellen, so ist die Amplitude der Grundwelle gleich $\dfrac{\sqrt{2}}{2} \cdot J \cdot z_N \cdot \dfrac{4}{\pi} = \dfrac{2 \cdot \sqrt{2}}{\pi} \cdot J \cdot z_N$. Unter Berücksichtigung des durch den Scheitel der Grundwelle gelegten Koordinatensystems und der Änderung des Stromes mit der Zeit ergibt sich als Gleichung der Felderregerkurve des *Wechselfeldes*

$$f = \dfrac{2 \cdot \sqrt{2}}{\pi} \cdot J \cdot z_N \cdot \sin \omega t \cdot \cos \dfrac{x}{\tau_p} \pi = F \cdot \sin \omega t \cdot \cos \dfrac{x}{\tau_p} \pi,$$

(424), (424a)

wobei

$$F = \dfrac{2\sqrt{2}}{\pi} \cdot J \cdot z_N = 0{,}9 \cdot J \cdot z_N \qquad (425), (425\text{a})$$

Der Entwurf und die Bemessung 141

ist. Für eine Dreiphasenwicklung mit einer Nut je Pol und Strang, deren Wicklungsstränge räumlich um 120 elektrische Grade gegenein-

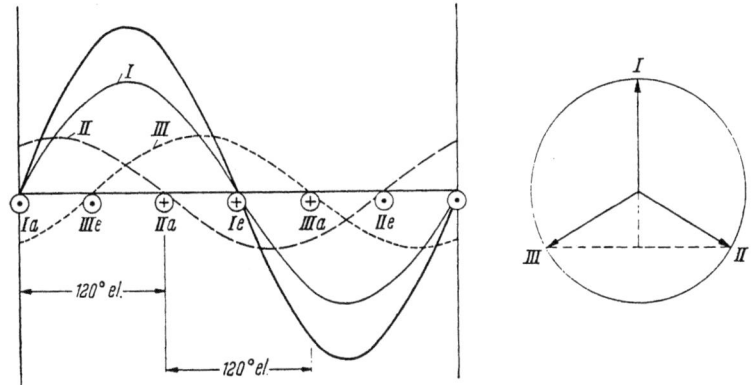

Abb. 115. Grundwelle der Durchflutungskurve einer Dreiphasenwicklung mit 1 Nut je Pol und Strang (für einen bestimmten Zeitaugenblick)

ander verschoben sind (s. Abb. 115), lautet die Gleichung der Felderregerkurve des *Drehfeldes*

$$f = F \cdot \sin \omega t \cdot \cos \frac{x}{\tau_p} \pi + F \cdot \sin (\omega t - 120°) \cdot \cos \left(\frac{x}{\tau_p} \pi - 120° \right)$$
$$+ F \cdot \sin (\omega t - 240°) \cdot \cos \left(\frac{x}{\tau_p} \pi - 240° \right) = \frac{3}{2} F \left(\omega t - \frac{x}{\tau_p} \pi \right).$$

(426), (426a)

Hat die Einphasenwicklung oder jeder Strang einer Mehrphasenwicklung q Nuten je Pol, so ist die Amplitude der Grundwelle
bei der Einphasenwicklung

$$F = 0{,}9 \cdot J \cdot z_N \cdot q \cdot \xi$$
$$= 0{,}9 \cdot \frac{w \xi}{p} \cdot J, \quad (427),(427\text{a})$$

bei der Mehrphasenwicklung

$$F = \frac{m_1}{2} \cdot 0{,}9 \cdot J \cdot z_N \cdot q \cdot \xi$$
$$= 0{,}45 \cdot m_1 \cdot \frac{w \xi}{p} \cdot J,$$

(428), (428a)

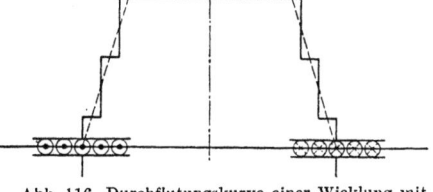

Abb. 116. Durchflutungskurve einer Wicklung mit mehreren Nuten je Pol und Strang

wobei $w = \dfrac{z_N \cdot q \cdot 2p}{2}$ die Windungszahl (je Strang), ξ der Wicklungsfaktor und m_1 die Strangzahl ist.

Anmerkung. Die Durchflutungskurve einer Dreiphasenwicklung mit mehreren Nuten je Pol und Strang ($q > 1$) hat die Form einer treppenförmigen (nahezu trapezförmigen) Kurve (s. Abb. 116). Das Drehfeld ist nicht konstant, sondern schwankt zwischen zwei Grenzwerten, die sich nach 60° jedesmal wiederholen (6fache Periodenzahl des Stromes); der Mittelwert aus den beiden Höchstwerten

$$\sqrt{2}\cdot J\cdot q\cdot z_N \quad \text{und} \quad \frac{\sqrt{3}}{2}\cdot \sqrt{2}\cdot J\cdot q\cdot z_N \text{ ist}$$

$$\frac{1+0{,}866}{2}\cdot \sqrt{2}\cdot J\cdot q\cdot z_N = 1{,}32\cdot J\cdot q\cdot z_N, \text{ d. h.} \approx \frac{3}{2}\cdot 0{,}9\cdot J\cdot q\cdot z_N.$$

b) Die praktische Berechnung des Magnetisierungsstromes. Die Asynchronmaschine arbeitet zwischen Leerlauf und Vollast mit annähernd konstantem Kraftfluß, so daß die Vorausberechnung nur *eines* Punktes der Leerlaufkennlinie — und zwar des für Leerlauf — genügt; aus dem Leerlauf- und Kurzschlußzustand ist das Verhalten der Asynchronmaschine auch bei Last ohne weiteres bestimmbar. Aus der Gl. (379) bzw. (387) folgt für den Kraftfluß Φ

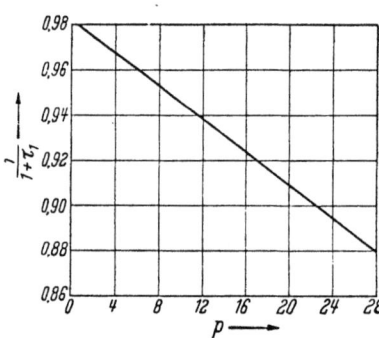

Abb. 117. Spannungsabfall $\frac{1}{1+\tau_1}$ normaler Asynchronmaschinen im Leerlauf von der Polpaarzahl p (nach LIWSCHITZ)

$$\Phi = \frac{\dfrac{U_1}{1+\tau_1}\cdot 10^8}{4\cdot f_B\cdot f_1\cdot w_1\,\xi_1} \text{ (Maxwell),} \quad (429)$$

wobei für normale Maschinen die durch die Schaulinie der Abb. 117 gegebene Abhängigkeit des Faktors $\frac{1}{1+\tau_1}$ von der Polzahl $2p$ gilt[1]. Der Luftspaltfluß Φ ist der Berechnung der magnetischen Spannungen am Luftspalt sowie an den Zähnen und im Joch des Läufers zugrunde zu legen. Da der dem Streublindwiderstand x_1 entsprechende Streufluß teilweise durch die Ständerzähne und durch das Ständerjoch verläuft, müssen der Berechnung der magnetischen Spannungen dieser Teile des Umlaufweges größere Flüsse zugrunde gelegt werden, und zwar (näherungsweise)

$\Phi(1+\tau_1)$ für das Joch und den Zahnfuß,

$\Phi\left(1+\dfrac{2}{3}\tau_1\right)$ für die Zahnmitte,

$\Phi\left(1+\dfrac{1}{3}\tau_1\right)$ für den Zahnkopf.

---

[1] Bei $p>2$ gilt näherungsweise: $\dfrac{1}{1+\tau_1} = 0{,}98 - 0{,}004\cdot p$ (vgl. GENTHE: Starkstromtechnik. II. Teil, B V).

Die Induktionen in den einzelnen Teilen des Umlaufweges sind daher

$$B_L = \frac{\Phi}{\alpha_i \cdot \tau_p \cdot l_i}, \qquad (430)$$

$$\left.\begin{array}{ll} B_{Z_1f} = \dfrac{l_i}{k_e \cdot l} \cdot \dfrac{\tau_{n_1}}{b_{Z_1f}} \cdot B_L (1+\tau_1) & B_{Z_2f} = \dfrac{l_i}{k_e \cdot l} \cdot \dfrac{\tau_{n_2}}{b_{Z_2f}} \cdot B_L \\[2mm] B_{Z_1m} = \dfrac{l_i}{k_e \cdot l} \cdot \dfrac{\tau_{n_1}}{b_{Z_1m}} \cdot B_L \left(1+\dfrac{2}{3}\tau_1\right) & B_{Z_2m} = \dfrac{l_i}{k_e \cdot l} \cdot \dfrac{\tau_{n_2}}{b_{Z_2m}} \cdot B_L \\[2mm] B_{Z_1k} = \dfrac{l_i}{k_e \cdot l} \cdot \dfrac{\tau_{n_1}}{b_{Z_1k}} \cdot B_L \left(1+\dfrac{1}{3}\tau_1\right) & B_{Z_2k} = \dfrac{l_i}{k_e \cdot l} \cdot \dfrac{\tau_{n_2}}{b_{Z_2f}} \cdot B_L \\[2mm] B_{j_1} = \dfrac{\dfrac{\Phi}{2}(1+\tau_1)}{k_e \cdot l \cdot h_{j_1}} & B_{j_2} = \dfrac{\dfrac{\Phi}{2}}{k_e \cdot l \cdot h_{j_2}} \end{array}\right\} \qquad (431)$$

Hierin bezeichnen τ_{n_1}, τ_{n_2} die Nutteilungen, b_{z_1}, b_{z_2} die Zahnbreiten und h_{j_1}, h_{j_2} die Jochhöhen im Ständer bzw. im Läufer; l (in cm) ist die Eisenlänge ohne Luftschlitze, k_e der Eisenfüllfaktor ($k_e = 0{,}91$ für papierisolierte 0,5-mm-Bleche, $k_e = 0{,}93 \div 0{,}94$ für lackisolierte Bleche).

Anmerkung. Bei der Berechnung des Flusses Φ nach Gl. (429) wie auch der Luftspaltinduktion $B_L = \dfrac{\Phi}{\alpha_i \cdot \tau_p \cdot l_i}$ nach Gl. (430) ist zu beachten, daß die vom Sättigungsfaktor k_s [s. Gl. (9)] abhängigen Faktoren f_B und α_i den in der Abb. 2 dargestellten Schaulinien zunächst für einen *geschätzten* Wert von k_s entnommen und nach Durchrechnung des magnetischen Kreises korrigiert werden müssen.

ARNOLD gibt im 3. Kap. des V. Bandes (1. Teil, Die Induktionsmaschinen) zur Bestimmung von

$$B_L = \frac{\Phi}{\alpha_i \cdot \tau_p \cdot \pi} = \frac{E_1 \cdot 10^8}{4{,}44 \cdot \dfrac{f_B}{1{,}11} \cdot f_1 \cdot w_1 \xi_1} \cdot \frac{1}{\alpha_i' \cdot \tau_p \cdot l_i} = \frac{E_1 \cdot 10^8}{4{,}44 \cdot f_1 \cdot w_1 \xi_1} \cdot \frac{1}{\alpha_i' \cdot \tau_p \cdot l_i}$$

eine Schaulinie (I) für $\alpha_i' = \dfrac{f_B}{1{,}11} \cdot \alpha_i$ und eine Hilfsschaulinie (II) in Abhängigkeit vom Sättigungsfaktor k_s (s. Abb. 118) an. Zunächst ist $\alpha_i' = \dfrac{2}{\pi}$ anzunehmen, und mit diesem Wert sind die Luft- und Zahninduktionen bzw. die erforderlichen AW zu ermitteln; hiermit wird ein vorläufiger Wert von k_s erhalten, zu dem der zugehörige Wert von α_i' der Hilfskurve I zu entnehmen ist.

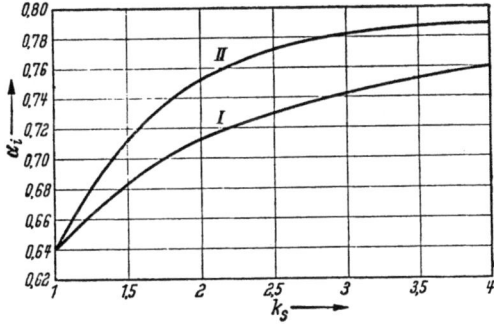

Abb. 118. Schaulinien zur Bestimmung von α_i (nach ARNOLD)

Mit diesem neuen α_i'-Wert muß dann nochmals der magnetische Kreis durchgerechnet werden, womit

144 Die Asynchronmaschine

sich ein neuer k_s-Wert ergibt. Der zu diesem neuen k_s-Wert zugehörige Wert von α_i' ist der α'-Schaulinie II zu entnehmen und muß mit dem ersten ermittelten α_i-Wert übereinstimmen.

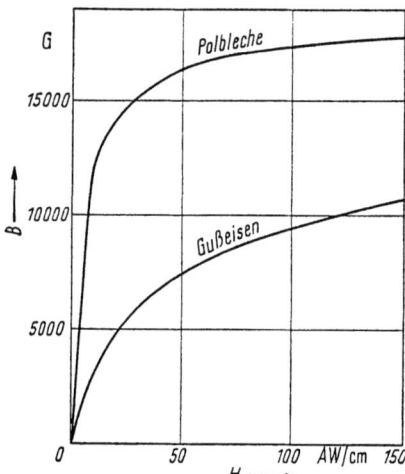

Die den Induktionen B nach Gl. (430) und (431) entsprechenden magnetischen Teilspannungen sind

$$2V_L = 1{,}6 \cdot k_c \cdot \delta \cdot B_L, \quad (432)$$

$$\left.\begin{array}{l} 2V_{z_1} = 2 \cdot l_{z_1} \cdot H_{z_1}, \\ 2V_{z_2} = 2 \cdot l_{z_2} \cdot H_{z_2}, \\ V_{j_1} = l_{j_1} \cdot H_{j_1}, \\ V_{j_2} = l_{j_2} \cdot H_{j_2}. \end{array}\right\} \quad (433)$$

Der Faktor „2" in $2V_L$, $2V_{z_1}$, $2V_{z_2}$ ist darin begründet, daß im geschlossenen Umlaufweg der Luftspalt und die Zähne zweimal durchlaufen werden. Die magnetischen Feldstärken H (in AW/cm) sind den *Magnetisierungskurven* des verwendeten Bleches[1] — wie sie beispielsweise in der Abb. 119 dargestellt sind — in Abhängigkeit von der Induktion B (in Gauß) zu entnehmen.

Die Summe der magnetischen Spannungen für den geschlossenen Umlaufweg

$$\begin{aligned}\Sigma V &= V_L + V_{z_1} + V_{j_1} + V_{z_2}\\ &\quad + V_L + V_{z_2} + V_{j_2} + V_{z_1}\\ &= 2V_L + 2V_{z_1}\\ &\quad + 2V_{z_2} + V_{j_1} + V_{j_2}\end{aligned}$$

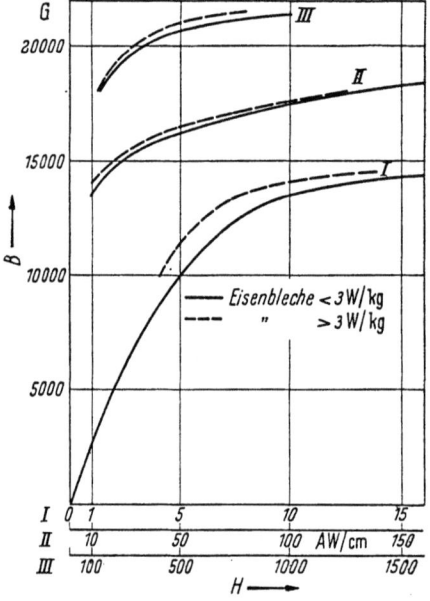

Abb. 119a u. 119b. Magnetisierungskurven

erfordert die Erregerdurchflutung

$$2F = 0{,}9 \cdot m_1 \cdot \frac{w_1 \xi_1}{p} \cdot J_\mu,$$

[1] In der Regel 0,5-mm-Bleche für 2 W/kg im Ständer, für 3,6 W/kg im Läufer.

daher ist

$$J_\mu = \frac{p \cdot \Sigma V}{0{,}9 \cdot m_1 \cdot w_1 \xi_1} \quad \text{[s. Gl. (376)]}.$$

Bei Asynchronmaschinen, die läuferseitig durch eine Drehstrom-Erregermaschine erregt werden, ist bei der Vorausberechnung der magnetischen Spannungen zu berücksichtigen, daß die Streuflüsse nicht vom Ständer, sondern vom Läufer aus gedeckt werden, die Sättigung der einzelnen Teile des geschlossenen Umlaufweges also eine andere ist als bei den (normalen) ständerseitig erregten Asynchronmaschinen; Abb. 120 zeigt das Vektordiagramm der Spannungen und Ströme der läufererregten Asynchronmaschine für den Fall $\cos \varphi = 1$.

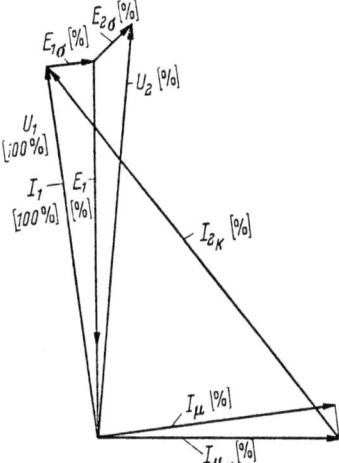

Abb.120. Spannungs- und Stromdiagramm bei Betrieb mit $\cos \varphi = 1$ (Asynchronmaschine mit Drehstromerregermaschine)

8. Das Kreisdiagramm (der Heyland-Kreis) als praktisches Mittel zur Kontrolle vorausberechneter Werte

Der Magnetisierungsstrom J_μ ist die Blindkomponente des Leerlaufstromes J_0; die Wirkkomponente ist $J_v = \dfrac{V_{\text{Fe}} + V_R + V_{\text{Cu}_0}}{m_1 \cdot U_1}$, der resultierende Leerlaufstrom daher $J_0 = \sqrt{J_\mu^2 + J_v^2}$ und der Leistungsfaktor im Leerlauf $\cos \varphi_0 = \dfrac{V_0}{m_1 \cdot U_1 \cdot J_0}$ ($V_0 = V_{\text{Fe}} + V_R + V_{\text{Cu}_0}$ ist gleich der Summe aus den Eisen- und Reibungsverlusten und den Ständerwicklungsverlusten entsprechend dem Leerlaufstrom J_0). Der Kurzschlußstrom ist $J_k = \dfrac{U_1}{z_k} = \dfrac{U_1}{\sqrt{r_k^2 + x_k^2}} = \dfrac{U_1}{\sqrt{(r_1 + r_2)^2 + (x_1 + x_2)^2}}$ [s. Gl. (197) bis (201)], der Leistungsfaktor im Kurzschluß $\cos \varphi_K = \dfrac{r_K}{z_K}$.

Legt man die Strangspannung U_1 in die Ordinatenachse, so ergeben der unter dem Winkel φ_0 aufgetragene Leerlaufstrom $J_0 = \overline{OP_0}$ und der unter dem Winkel φ_k aufgetragene Kurzschlußstrom $J_k = \overline{OP_k}$ die Punkte P_0 und P_k des Kreisdiagrammes; die Ordinate des ideellen Leerlaufpunktes P_0' liegt um den Wirkstrom $\dfrac{V_R}{m \cdot U_1}$ unterhalb des Leerlaufpunktes P_0. Die Mittelsenkrechte auf der Verbindungslinie $\overline{P_0' P_k}$ schneidet die Abszissenparallele durch den Halbierungspunkt der Strecke

$\overline{P'_0 R}$ im Kreismittelpunkt M (s. Abb. 121). Teilt man die Ordinate des Kurzschlußpunktes P_k im Verhältnis $\frac{r_2}{r_1}$ auf, verbindet den so erhaltenen Punkt P'_k mit O und verlängert die Gerade $\overline{OP'_k}$ über P'_K hinaus bis zum Schnitt mit dem Kreis, so erhält man den dem Strom $J_{1s=\infty}$ entsprechenden Punkt P_∞; die Gerade $\overline{P'_0 P_\infty}$ ist die „Drehmomentenlinie", die Gerade $\overline{P_0 P'_K}$ die „Leistungslinie". Die Tangenten an den Kreis parallel zur Leistungslinie bzw. parallel zur Drehmomentenlinie ergeben die Punkte P_L und l_1 bzw. P_D und d_1; Parallelen

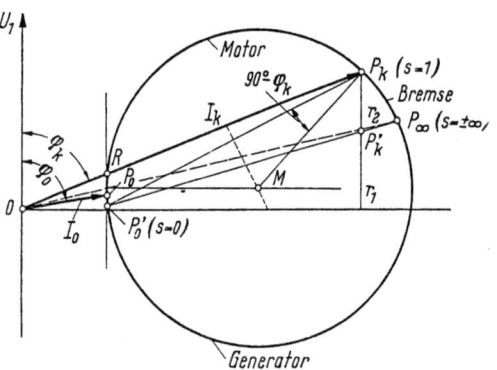

Abb. 121. Kreisdiagramm der Asynchronmaschine (nach RZIHA)

(durch P und P'_0) zur Leistungs- bzw. zur Drehmomentenlinie bestimmen auch die Punkte l_2 und d_2 bzw. l_3 und d_3 auf der Ordinatenachse (s. Abb. 122). *Der Quotient $\frac{l_1 l_3}{l_2 l_3}$ entspricht der auf die Nennleistung bezogenen höchsten Leistung (Kippleistung), der Quotient $\frac{d_1 d_3}{d_2 d_3}$ dem auf das Nenndrehmoment bezogenen höchsten Drehmoment (Kippmoment)*; der Winkel zwischen der Geraden $\overline{OP}$ (P entspricht dem Nennstrom J_{1n}) und der Ordinatenachse ist φ_{1_n} (es ist $\overline{AP} = J_{1_{nw}}$, $\overline{BP} \approx M_n$, $\overline{CP} \approx N_{\text{mech}_n}$, $\overline{P_D B_D} \approx M_{\text{max}}$, $\overline{P_L C_L} \approx N_{\text{max}}$).

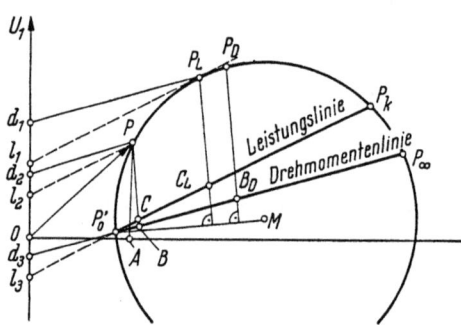

Abb. 122. Leistungs- und Drehmomentenlinie der Asynchronmaschine (nach RZIHA)

B. Berechnungsbeispiele

1. Beispiel der Berechnung eines Drehstrommotors mit Schleifringläufer

Nenndaten: 1500 kW, 6000 V, 50 Hz, 1500 U/min synchron; der Wirkungsgrad und der Leistungsfaktor werden zunächst zu

$$\eta_n = 95\% \quad \text{und} \quad \cos\varphi_n = 0{,}9$$

angenommen (s. Abb. 99a und b). Die Scheinleistung ist daher

$$N_{s_n} = \frac{N_n}{\eta_n \cdot \cos \varphi_n} = \frac{1500}{0{,}95 \cdot 0{,}9} = 1755 \text{ kVA}$$

und der Nennstrom

$$J_{1_n} = \frac{N_{s_n}}{U_N \cdot \sqrt{3}} = \frac{1755 \cdot 10^3}{6000 \cdot \sqrt{3}} = 169 \text{ A}.$$

Die *Polpaarzahl* ergibt sich aus der Drehzahl $n_s = 1500$ U/min und der Frequenz $f_1 = 50$ Hz zu

$$p = \frac{60 \cdot f_1}{n_s} = \frac{60 \cdot 50}{1500} = 2.$$

Hauptabmessungen. Der Leistung $N_n = 1400$ kW bei $p = 2$ entspricht nach Abb. 104 die Polteilung $\tau_p = 55$ cm, so daß sich der Bohrungsdurchmesser zu $D_i = \frac{10^{-2}}{\pi} \cdot 2p \cdot \tau_p = \frac{10^{-2}}{\pi} \cdot 4 \cdot 55 = 0{,}7$ m ergeben würde; mit Rücksicht auf einen vorhandenen Schnitt wird jedoch

$$D_i = 0{,}65 \text{ m und somit } \tau_p = \frac{10^2 \cdot \pi \cdot D_i}{2p} = \frac{10^2 \cdot \pi \cdot 0{,}65}{4} = 51 \text{ cm}$$

gewählt. Der Abb. 103 wird für diese Polteilung die Ausnutzungsziffer $C = 5{,}35 \frac{\text{kW} \cdot \text{min}}{\text{m}^3}$ entnommen, und aus der Gl. (382) folgt für diesen Wert die ideelle Ankerlänge $l_i = \frac{N_{s_n}}{D_i^2 \cdot n_s \cdot C} = \frac{1755}{0{,}65^2 \cdot 1500 \cdot 5{,}35} = 0{,}517$ m. Der Polteilung $\tau_p = 51$ cm und der Polpaarzahl $p = 2$ entspricht nach Abb. 105 die Luftspaltbreite $\delta = 1{,}8$ mm; gewählt wird (für die Ausführung mit Gleitlagern)

$$\delta = 2{,}5 \text{ mm}.$$

Ständer und Läufer werden mit der gleichen Eisenlänge $l = 520$ mm und mit der gleichen Anzahl ($n_s = 8$) versetzter Kühlschlitze ($l_{s_1} = l_{s_2} = 10$ mm) ausgeführt, so daß die gesamte Ankerlänge

$$L = l + n_s \cdot l_s = 520 + 8 \cdot 10 = 600 \text{ mm}$$

ist. Der Abb. 8 wird für $\delta = 2{,}5$ mm der Wert $l'_s = 4{,}4$ mm entnommen; nach Gl. (15) ist daher

$$l_i = L - 2n_s \cdot l'_s = 600 - 2 \cdot 8 \cdot 4{,}4 = 529{,}5 \text{ mm};$$

mit diesem Wert ergibt sich nach Gl. (382) die Ausnutzungsziffer

$$C = \frac{N_{s_n}}{D_i^2 \cdot l_i \cdot n_s} = \frac{1755}{0{,}65^2 \cdot 0{,}5295 \cdot 1500} = 5{,}23 \frac{\text{kW} \cdot \text{min}}{\text{m}^3}.$$

Ständerwicklung. Es wird eine $\frac{15}{18}$ gesehnte Zweischichtwicklung in offenen Nuten mit $q_1 = 6$ Nuten je Pol und Strang, d. h. mit insgesamt

$$N_1 = 2p \cdot q_1 \cdot m_1 = 4 \cdot 6 \cdot 3 = 72$$

Nuten vorgesehen (Abb. 123); die Nutteilung an der Bohrung ist

$$\tau_{n_1} = \frac{\pi D_i}{N_1} = \frac{\pi \cdot 65}{72} = 2{,}84 \text{ cm}.$$

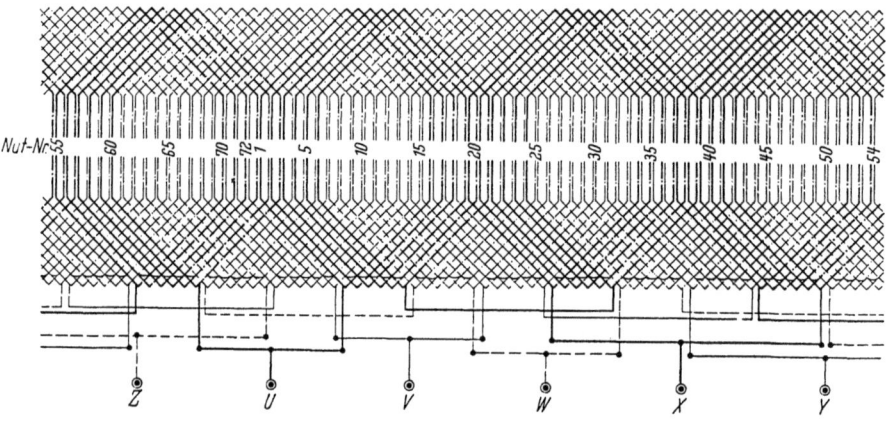

Abb. 123. Schaltbild der Ständerwicklung

Der Zonenfaktor der Grundwelle für $q_1 = 6$ ist nach Tab. 13 $\xi_{z_1} = 0{,}956$, der Sehnungsfaktor der Grundwelle für $\frac{s}{\tau_p} = \frac{15}{18} = 0{,}833$ ist nach Tab. 14 $\xi_{s_1} = 0{,}966$; der Wicklungsfaktor der Grundwelle ist daher

$$\xi_1 = \xi_{z_1} \cdot \xi_{s_1} = 0{,}956 \cdot 0{,}966 = 0{,}9235.$$

Der Sättigungsfaktor wird zu $k_s = 1{,}2$ geschätzt; für diesen Wert ergibt sich aus der Abb. 2 der Formfaktor $f_B = 1{,}095$ und $\alpha_i = 0{,}68$, mithin die ideelle Polbreite

$$b_i = \alpha_i \cdot \tau_p = 0{,}68 \cdot 51 = 34{,}7 \text{ cm}.$$

Wird die maximale Luftspaltinduktion zu $B_L = 7000$ Gauß angenommen, so ist der Fluß $\Phi = B_L \cdot b_i \cdot l_i = 7000 \cdot 34{,}7 \cdot 52{,}95 = 12{,}85 \cdot 10^6$ Maxwell. Die in Reihe geschaltete Anzahl der Windungen je Strang ergibt sich $\left(\text{mit } \frac{1}{1+\tau_1} = 0{,}975 \text{ für } p=2 \text{ gemäß Abb. 117}\right)$ aus der Gl. (429) zu

$$w_1 = \frac{U_1 \frac{1}{1+\tau_1} \cdot 10^8}{4 \cdot f_B \cdot f_1 \cdot \xi_1 \cdot \Phi} = \frac{3460 \cdot 0{,}975 \cdot 10^8}{4 \cdot 1{,}095 \cdot 50 \cdot 0{,}9235 \cdot 12{,}85 \cdot 10^6} = 130 \text{ Wdg/Strang};$$

ausführbar ist

$$w_1 = 132 \text{ Wdg Strang},$$

so daß sich ergibt

$$B_L = \frac{130}{132} \cdot 7000 = 6900 \text{ Gauß} \quad \text{und}$$

$$\Phi = \frac{130}{132} \cdot 12{,}85 \cdot 10^6 = 12{,}65 \cdot 10^6 \text{ Maxwell}.$$

Die gesamte Leiterzahl (für alle drei Stränge) ist $z_1 = 2 m_1 \cdot w_1 = 2 \cdot 3 \cdot 132 = 792$ Leiter, der primäre Strombelag daher

$$A_1 = \frac{z_1 \cdot J_{1n}}{\pi \cdot D_i} = \frac{792 \cdot 169}{\pi \cdot 65} = 655 \text{ A/cm}.$$

Bei $N_1 = 72$ Nuten ist die Anzahl der wirksamen Leiter je Nut $\frac{792}{72} = 11$; ausgeführt werden 22 Leiter je Nut zu je zwei parallelen Drähten und eine zweifache Parallelschaltung der Wicklung. Es werden Cu-Drähte mit den Abmessungen 4,3 mm mal 2,7 mm blank — bzw. 4,75 mm mal 3,15 mm isoliert — gewählt; bei einem wirksamen Drahtquerschnitt von 11,3 mm² ist somit die Stromdichte $s_1 = \dfrac{169}{2 \cdot 2 \cdot 11{,}3}$ = 3,75 A/mm². Die Isolierung der asphaltierten Wicklung gegen das Zahneisen erfolgt durch eine Hülse von 1,9 mm Stärke; zwischen den beiden Spulenseiten wird eine Zwischenlage von 4 mm vorgesehen (Abb. 124).

Aufrechnung der Nutbreite und der Nuttiefe:

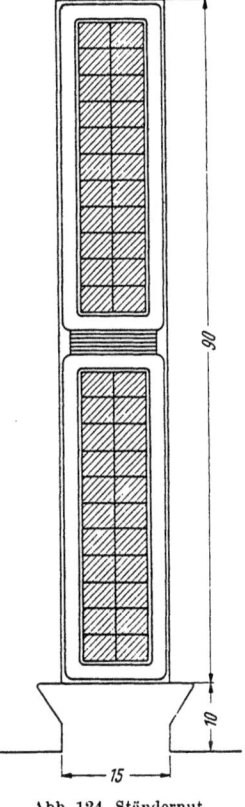

Abb. 124. Ständernut

Nutbreite

Hülse	$2 \times 1{,}9$ =	3,8 mm
isolierte Drähte	$2 \times 4{,}75$ =	9,5 mm
Asphalt zwischen den Leitern	$1 \times 0{,}1$ =	0,1 mm
„ „ Leiter und Hülse	$2 \times 0{,}5$ =	1,0 mm
Spiel „ Hülse und Nutwand		0,5 mm
		14,9 mm

Nuttiefe

Hülse	$2 \times 1{,}9$ =	3,8 mm
isolierte Drähte	$11 \times 3{,}15$ =	34,7 mm
Zwischenlagen zwischen den Leitern	$10 \times 0{,}17$ =	1,7 mm
Asphalt „ „ „	$10 \times 0{,}1$ =	1,0 mm
„ „ Leiter und Hülse . . .	$2 \times 0{,}5$ =	1,0 mm
für 1 Spulenseite		42,2 mm

150 Die Asynchronmaschine

$$\begin{aligned}
\text{für 2 Spulenseiten} &\ldots\ldots\ldots\ldots\ldots\ldots & 84{,}4 \text{ mm}\\
\text{Zwischenlage zwischen den Spulenseiten} &\ldots\ldots\ldots & 4{,}0 \text{ mm}\\
\text{Spiel} &\ldots\ldots\ldots\ldots\ldots\ldots\ldots\ldots & \underline{0{,}5 \text{ mm}}\\
& & 88{,}9 \text{ mm}
\end{aligned}$$

Mit den Nutabmessungen 15 mm mal 90 (100) mm wird die scheinbare Zahninduktion am Zahnkopf kontrolliert. Der nach Gl. (431) errechnete Wert

$$B_{z_{1k}} = \frac{l_i}{k_e \cdot l} \frac{\tau_{n_1}}{b_{z_{1k}}} \cdot B_L \left(1 + \frac{1}{3}\tau_1\right) =$$

$$= \frac{52{,}95}{0{,}91 \cdot 52} \cdot \frac{2{,}84}{2{,}84 - 1{,}5} \cdot 6900 \cdot 1{,}0085 = 16550 \text{ Gauß}$$

liegt innerhalb der auf S. 126 als normale Beanspruchungen genannten Werte.

Die spezifische Nutbelastung ergibt sich (bezogen auf 75 °C) nach Gl. (385) zu

$$v_{sp_1} = \frac{A_1 \cdot s_1 \cdot \tau_{n_1}}{\chi \cdot U_{\text{Nut}_1}} = \frac{655 \cdot 3{,}75 \cdot 2{,}84}{46(2 \cdot 9{,}0 + 1{,}5)} = 7{,}78 \text{ W/dm}^2.$$

Die mittlere Leiterlänge ist nach Gl. (392)

$$l_{l_1} = L + a + b + 2c + \frac{Z \cdot \tau_{nm}}{\sqrt{1 - \left(\frac{b_L + d}{\tau_{nm}}\right)^2}} + \left(r + \frac{h_{sp}}{2}\right)\pi + 4$$

$$= 60 + 6{,}5 + 5{,}0 + 2 \cdot 2{,}0 + \frac{15 \cdot 3{,}27}{\sqrt{1 - \left(\frac{1{,}5 + 0{,}5}{3{,}27}\right)^2}} + \left(2{,}5 + \frac{4{,}5}{2}\right)\pi + 4$$

$$= 60 + 15{,}5 + 62 + 15 + 4 = 60 + 96{,}5 = 156{,}5 \text{ cm} \quad (\sim 160 \text{ cm}).$$

Anmerkung. Aus Abb. 109 ergibt sich bei $\frac{b_L + d}{\tau_{nm}} = \frac{1{,}5 + 0{,}5}{3{,}27} = 0{,}612$ für $\frac{1}{\sqrt{1 - \left(\frac{b_L + d}{\tau_{nm}}\right)^2}}$ der Wert 1,265; daher ist $\frac{Z \cdot \tau_{nm}}{\sqrt{1 - \left(\frac{b_L + d}{\tau_{nm}}\right)^2}} = 15 \cdot 3{,}27 \cdot 1{,}265 = 62$ cm.

Die Gesamtlänge der $2 \cdot 2 \cdot 792 = 3168$ Cu-Drähte ist

$$L_1 = 3168 \cdot 1{,}6 = 5070 \text{ m},$$

ihr Gewicht daher $\left(\text{mit } \gamma \text{ in } \frac{\text{kg}}{\text{dm}^3}, L_1 \text{ in m}, q_1 \text{ in mm}^2\right)$

$$G_1 = \gamma \cdot L_1 \cdot q_1 \cdot 10^{-3} = 8{,}9 \cdot 5070 \cdot 11{,}3 \cdot 10^{-3} = 510 \text{ kg},$$

der Ohmsche Widerstand (der zweifach parallel geschalteten Wicklung) je Strang bei 75 °C ist

$$r_1 = \frac{1}{2} \frac{\frac{z_1}{m_1} \cdot l_{t_1}}{\chi_1 \cdot q_1} = \frac{1}{2} \frac{\frac{792}{3} \cdot 1{,}6}{\frac{56}{1{,}215} \, 2 \cdot 11{,}3} = 0{,}204 \text{ Ohm}.$$

Außendurchmesser des Ständers. Bei der zunächst angenommenen Jochinduktion $B_{j_1} = 13\,500$ Gauß ergibt sich aus der Gl. (431) die Jochhöhe zu

$$h_{j_1} = \frac{\frac{\Phi}{2} \cdot (1 + \tau_1)}{k_e \cdot l \cdot B_{j_1}} = \frac{\frac{12{,}65 \cdot 10^6}{2} \cdot 1{,}0255}{0{,}91 \cdot 52 \cdot 13\,500} = 10{,}15 \text{ cm};$$

es wird $h_{j_1} = 10$ cm gewählt, so daß der Außendurchmesser

$$D_a = D_i + 2h_{n_1} + 2h_{j_1} = 0{,}65 + 2 \cdot 0{,}1 + 2 \cdot 0{,}1 = 1{,}05 \text{ m}$$

ist (diesem Wert entspricht die Jochinduktion $B_{j_1} = 13\,700$ Gauß).

Läuferwicklung. Es wird eine $\frac{12}{15}$ gesehnte dreiphasige Zweistabwicklung in halbgeschlossenen Nuten mit $q_2 = 5$ Nuten je Pol und Strang, d. h. mit insgesamt

$$N_2 = 2p \cdot q_2 \cdot m_2 = 4 \cdot 5 \cdot 3 = 60$$

Nuten vorgesehen (Abb. 125); die Nutteilung am Läuferaußendurchmesser $d_a = D_i - 2\delta$ ist

$$\tau_{n_2} = \frac{\pi d_a}{N_2} = \frac{\pi (65 - 2 \cdot 0{,}25)}{60} = 3{,}38 \text{ cm}.$$

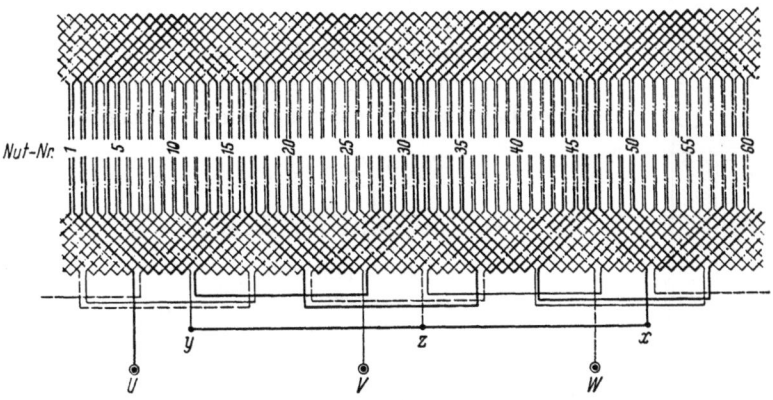

Abb. 125. Schaltbild der Läuferwicklung (Schleifringläufer)

Der Zonenfaktor der Grundwelle für $q_1 = 5$ ist nach Tab. 13 $\xi_{z_2} = 0{,}957$, der Sehnungsfaktor der Grundwelle für $\frac{s}{\tau_p} = \frac{12}{15} = 0{,}8$ ist nach Tab. 14 $\xi_{s_2} = 0{,}951$; der Wicklungsfaktor der Grundwelle ist daher

$$\xi_2 = \xi_{z_2} \cdot \xi_{s_2} = 0{,}957 \cdot 0{,}951 = 0{,}91.$$

Die Anzahl der Windungen je Strang der Zweistabwicklung ist (mit m_2 = drei Strängen)

$$w_2 = \frac{z_{2n} \cdot N_2}{2 m_2} = \frac{2 \cdot 60}{2 \cdot 3} = 20 \text{ Wdg/Strang};$$

die je Strang induzierte EMK ist daher nach Gl. (396)

$$E_2' = U_1 \frac{1}{1 + \tau_1} \cdot \frac{w_2 \xi_2}{w_1 \xi_1} = 3460 \cdot 0{,}975 \cdot \frac{20 \cdot 0{,}91}{132 \cdot 0{,}9235} = 505 \text{ V/Strang}.$$

Für die Luft- und Lagerreibungsverluste ergibt sich nach Gl. (88) — einschl. eines Zuschlages von 10% für die Ausführung als Schleifringläufer — der Wert

$$V_R = 1{,}1 \cdot k_R \cdot D_i \cdot L \cdot v^2 \cdot 10^{-3} =$$
$$= 1{,}1 \cdot 10{,}8 \cdot 0{,}65 \cdot 0{,}6 \cdot 50{,}7^2 \cdot 10^{-3} = 11{,}9 \text{ kW},$$

wobei der Faktor $k_R = 10{,}8$ der Schaulinie der Abb. 38 bei der Ankerumfangsgeschwindigkeit $v_a = \frac{\pi d_a n}{60} = \frac{\pi \cdot 0{,}645 \cdot 1500}{60} = 50{,}7$ m/s ent-

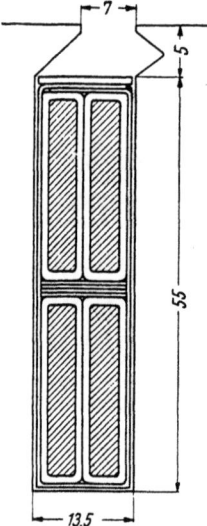

Abb. 126. Läufernut (Schleifringläufer)

nommen wird. Die Zahnpulsations- und Oberflächenverluste werden zunächst zu 0,4% der Nennleistung, d. h. zu $V_{O+P} = 0{,}4 \cdot 10^{-2} \cdot 1500 = 6{,}0$ kW geschätzt; der Nennschlupf wird mit $s_n = 0{,}011$ angenommen und der Spannungsabfall bei Belastung sowie der sekundäre Phasenverschiebungswinkel durch $(1 - \varepsilon) \cdot \cos \psi_2 = 0{,}95$ berücksichtigt. Somit ergibt sich nach Gl. (397a) der Läuferstrom je Strang beim Nennbetrieb zu

$$J_{2n}' = \frac{\dfrac{N_n + V_R + V_{O+P}}{1 - s_n} \cdot 10^3}{m_2 \cdot E_2'(1 - \varepsilon) \cdot \cos \psi_2}$$

$$= \frac{\dfrac{1500 + 11{,}9 + 6}{0{,}989} \cdot 10^3}{3 \cdot 505 \cdot 0{,}96 \cdot 0{,}99} = 1065 \text{ A}.$$

Es werden zwei Cu-Stäbe je Nut zu je zwei parallelen Stäben mit den Abmessungen 4,7 mm mal 24 mm blank — bzw. 6,1 mm mal 25,4 mm isoliert — gewählt; bei einem wirksamen Stabquerschnitt von 112 mm² ist daher die Stromdichte $s_2 = \frac{1065}{2 \cdot 112} = 4{,}75$ A/mm².

Aufrechnung der Nutbreite und der Nuttiefe (Abb. 126):

Nutbreite		Nuttiefe	
Isolierte Stäbe $2 \times 6,1 =$	12,2 mm	Isolierte Stäbe $2 \times 25,4 =$	50,8 mm
Zwischenlage	0,3 mm	Zwischenlage	2,0 mm
Nutauskleidung $2 \times 0,3 =$	0,6 mm	Nutauskleidung $3 \times 0,3 =$	0,9 mm
		Schutzstreifen (oben)	0,4 mm
Spiel	0,4 mm	Spiel	0,5 mm
	13,5 mm		54,6 mm

Mit den Nutabmessungen 13,5 mm mal 55 (60) mm wird die scheinbare Zahninduktion am Zahnfuß kontrolliert: der nach Gl. (431) errechnete Wert

$$B_{z_{2f}} = \frac{l_i}{k_e \cdot l} \cdot \frac{\tau_{n_2}}{b_{z_{2f}}} \cdot B_L = \frac{52,95}{0,91 \cdot 52} \cdot \frac{3,38}{2,75 - 1,35} \cdot 6900 = 18650 \text{ Gauß}$$

liegt innerhalb der auf S. 126 als normale Beanspruchungen genannten Werte. Die spezifische Nutbelastung ergibt sich (bezogen auf 75 °C) mit

$$A_2 = \frac{z_2 \cdot J'_{2n}}{\pi \cdot d_a} = \frac{120 \cdot 1065}{\pi \cdot 64,5} = 633 \text{ A/cm}$$

zu

$$v_{sp_2} = \frac{A_2 \cdot s_2 \cdot \tau_{n_2}}{\chi \cdot U_{Nut_2}} = \frac{633 \cdot 4,75 \cdot 3,38}{46 (2 \cdot 5,5 + 1,35)} = 17,89 \text{ W/dm}^2.$$

Die mittlere Leiterlänge ist nach Gl. (402)

$$l_{l_2} = L + a + b + 2c + \frac{Z \cdot \tau_{nm}}{\sqrt{1 - \left(\frac{b_L + d}{\tau_{nm}}\right)^2}} + 2e + 3$$

$$= 60 + 3,5 + 2,0 + 2 \cdot 1,5 + \frac{12 \cdot 3,04}{\sqrt{1 - \left(\frac{1,45 + 0,2}{3,04}\right)^2}} + 2 \cdot 3 + 3$$

$$= 60 + 8,5 + 43,5 + 6 + 3 = 60 + 61 = 121 \text{ cm} (\sim 125 \text{ cm}).$$

Anmerkung. Aus Abb. 109 ergibt sich bei $\frac{b_L + d}{\tau_{nm}} = \frac{1,45 + 0,2}{3,04} = 0,543$ für

$\frac{1}{\sqrt{1 - \left(\frac{b_L + d}{\tau_{nm}}\right)^2}}$ der Wert 1,19; daher ist $\frac{Z \cdot \tau_{nm}}{\sqrt{1 - \left(\frac{b_L + d}{\tau_{nm}}\right)^2}} = 12 \cdot 3,04 \cdot 1,19 =$

$= 43,5$ cm.

Die Gesamtlänge der $2 \cdot 120 = 240$ Cu-Stäbe ist

$$L_2 = 240 \cdot 1,25 = 300 \text{ m},$$

ihr Gewicht daher

$$G_2 = \gamma \cdot L_2 \cdot q_2 \cdot 10^{-3} = 8,9 \cdot 300 \cdot 112 \cdot 10^{-3} = 300 \text{ kg};$$

154   Die Asynchronmaschine

der Ohmsche Widerstand je Strang bei 75 °C ist

$$r_2' = \frac{\frac{z_2}{m_2} \cdot l_{t_2}}{\chi_2 \cdot q_2} = \frac{\frac{120}{3} \cdot 1{,}25}{\frac{56}{1{,}215} \cdot 2 \cdot 112} = 0{,}00485 \text{ Ohm}.$$

Innendurchmesser des Läufers. Bei der zunächst angenommenen Jochinduktion $B_{j_2} = 11000$ Gauß ergibt sich aus der Gl. (431) die Jochhöhe zu

$$h_{j_2} = \frac{\frac{\Phi}{2}}{k_e \cdot l \cdot B_{j_2}} = \frac{\frac{12{,}65 \cdot 10^6}{2}}{0{,}91 \cdot 52 \cdot 11000} = 12{,}1 \text{ cm};$$

es wird $h_{j_2} = 12{,}25$ cm gewählt, so daß der Innendurchmesser

$$d_i = d_a - 2h_{n_2} - 2h_{j_2} = 0{,}645 - 2 \cdot 0{,}06 - 2 \cdot 0{,}1225 = 0{,}28 \text{ m}$$

ist (diesem Wert entspricht die Jochinduktion 10850 Gauß).

Berechnung des Magnetisierungsstromes. Mit den bisher festgelegten Abmessungen ergeben sich als Zahnbreiten am Zahnfuß, in der Zahnmitte und am Zahnkopf des Ständers bzw. des Läufers die folgenden Werte

$b_{z_{1f}} = 37 - 15 = 22$ mm, $b_{z_{2k}} = 33{,}8 - 13{,}5 = 20{,}3$ mm,

$b_{z_{1m}} = 32{,}7 - 15 = 17{,}7$ mm, $b_{z_{2m}} = 30{,}6 - 13{,}5 = 17{,}1$ mm,

$b_{z_{1k}} = 28{,}4 - 15 = 13{,}4$ mm, $b_{z_{2f}} = 27{,}5 - 13{,}5 = 14$ mm,

denen nach Gl. (431) — außer den bereits angegebenen Zahninduktionen $B_{z_{1k}} = 16550$ Gauß und $B_{z_{2f}} = 18650$ Gauß — die folgenden Zahninduktionen entsprechen:

$$B_{z_{1f}} = \frac{l_i}{k_e \cdot l} \cdot \frac{\tau_{n_1}}{b_{z_{1f}}} \cdot B_L (1 + \tau_1) =$$

$$= \frac{52{,}95}{0{,}91 \cdot 52} \cdot \frac{2{,}84}{2{,}2} \cdot 6900 \cdot 1{,}0255 = 10200 \text{ Gauß},$$

$$B_{z_{1m}} = \frac{l_i}{k_e \cdot l} \cdot \frac{\tau_{n_1}}{b_{z_{1m}}} \cdot B_L \cdot \left(1 + \frac{2}{3}\tau_1\right) =$$

$$= \frac{52{,}95}{0{,}91 \cdot 52} \cdot \frac{2{,}84}{1{,}77} \cdot 6900 \cdot 1{,}017 = 12600 \text{ Gauß},$$

$$B_{z_{2k}} = \frac{l_i}{k_e \cdot l} \cdot \frac{\tau_{n_2}}{b_{z_{2k}}} \cdot B_L = \frac{52{,}95}{0{,}91 \cdot 52} \cdot \frac{3{,}38}{2{,}03} \cdot 6900 = 12900 \text{ Gauß},$$

$$B_{z_{2m}} = \frac{l_i}{k_e \cdot l} \cdot \frac{\tau_{n_2}}{b_{z_{2m}}} \cdot B_L = \frac{52{,}95}{0{,}91 \cdot 52} \cdot \frac{3{,}38}{1{,}71} \cdot 6900 = 15300 \text{ Gauß}.$$

Unter Benutzung der Magnetisierungskurven der Abb. 119 ermittelt man für diese Zahninduktionen die zugehörigen Feldstärken in A/cm

$$H_{z_{1f}} = 5{,}2, \quad H_{z_{1m}} = 7{,}85, \quad H_{z_{1k}} = 64,$$
$$H_{z_{2k}} = 6{,}5, \quad H_{z_{2m}} = 24, \quad H_{z_{2f}} = 155,$$

denen nach der SYMPSONschen Regel Gl. (26) die mittleren Feldstärken in A/cm

$$H_{z_1} = \frac{1}{6}\left(H_{z_{1f}} + 4H_{z_{1m}} + H_{z_{1k}}\right) = \frac{1}{6}(5{,}2 + 4 \cdot 7{,}85 + 64) = 16{,}8,$$

$$H_{z_2} = \frac{1}{6}\left(H_{z_{2k}} + 4H_{z_{2m}} + H_{z_{2f}}\right) = \frac{1}{6}(6{,}5 + 4 \cdot 24 + 155) = 42{,}9$$

entsprechen; die *magnetische Teilspannung an den Ständer- bzw. Läuferzähnen* ist daher nach Gl. (433)

$$2V_{z_1} = 2l_{z_1} \cdot H_{z_1} = 2 \cdot 10 \cdot 16{,}8 = 336 \text{ A},$$
$$2V_{z_2} = 2l_{z_2} \cdot H_{z_2} = 2 \cdot 6 \cdot 42{,}9 = 514 \text{ A}.$$

Der CARTERsche Faktor für den Ständer und den Läufer wird nach den Gl. (19), (20), (21) wie folgt errechnet:

$$k_{c_1} = \frac{\tau_{n_1}}{\tau_{n_1} - \gamma_1 \cdot \delta} = \frac{2{,}84}{2{,}84 - 3{,}28 \cdot 0{,}25} =$$

$$= 1{,}405 \quad \text{mit} \quad \gamma_1 = \frac{\left(\frac{s_{n_1}}{\delta}\right)^2}{5 + \left(\frac{s_{n_1}}{\delta}\right)} = \frac{\left(\frac{15}{2{,}5}\right)^2}{5 + \left(\frac{15}{2{,}5}\right)} = 3{,}28,$$

$$k_{c_2} = \frac{\tau_{n_2}}{\tau_{n_2} - \gamma_2 \cdot \delta} = \frac{3{,}38}{3{,}38 - 1{,}005 \cdot 0{,}25} =$$

$$= 1{,}08 \quad \text{mit} \quad \gamma_2 = \frac{\left(\frac{s_{n_2}}{\delta}\right)^2}{5 + \left(\frac{s_{n_2}}{\delta}\right)} = \frac{\left(\frac{7}{2{,}5}\right)^2}{5 + \left(\frac{7}{2{,}5}\right)} = 1{,}005,$$

$$k_c = k_{c_1} \cdot k_{c_2} = 1{,}405 \cdot 1{,}08 = 1{,}52;$$

die *magnetische Spannung am Luftspalt* ist daher nach Gl. (432)

$$2V_L = 1{,}6 \cdot k_c \cdot \delta \cdot B_L = 1{,}6 \cdot 1{,}52 \cdot 0{,}25 \cdot 6900 = 4195 \text{ A}.$$

Als Sättigungsfaktor ergibt sich somit nach Gl. (9)

$$k_s = \frac{2V_L + 2V_{z_1} + 2V_{z_2}}{2V_L} = \frac{4195 + 336 + 514}{4195} = \frac{5045}{4195} = 1{,}205;$$

dieser Wert stimmt mit dem zunächst angenommenen genügend genau überein.

Aus den Magnetisierungskurven der Abb. 119 entnimmt man zu der Jochinduktion $B_{j_1} = 13\,700$ Gauß des Ständers

$$\text{die Feldstärke } H_{j_1} = 10{,}8 \text{ A/cm},$$

zu der Jochinduktion $B_{j_2} = 10\,850$ Gauß des Läufers

$$\text{die Feldstärke } H_{j_2} = 4{,}6 \text{ A/cm}.$$

Als mittlere Kraftlinienwege errechnet man nach Gl. (29) die Werte

$$l_{j_1} = k_{A_1} \cdot \tau_{p_{n_1}} = 0{,}75 \cdot \frac{\pi \cdot 85}{4} = 0{,}75 \cdot 66{,}6 = 50 \text{ cm},$$

$$l_{j_2} = k_{A_2} \cdot \tau_{p_{n_2}} = 0{,}71 \cdot \frac{\pi \cdot 52{,}5}{4} = 0{,}71 \cdot 41{,}25 = 29{,}3 \text{ cm},$$

wobei die Werte k_{A_1} und k_{A_2} den Schaulinien der Abb. 10 als den Abszissen

$$\frac{h_{j_1}}{\tau_{p_{n_1}}} = \frac{10}{66{,}6} = 0{,}15 \quad \text{und} \quad \frac{h_{j_2}}{\tau_{p_{n_2}}} = \frac{12{,}25}{41{,}25} = 0{,}3$$

zugehörige Ordinaten entnommen werden. Die *magnetische Teilspannung am Ständer- bzw. Läuferjoch* ist nach Gl. (433) somit

$$V_{j_1} = l_{j_1} \cdot H_{j_1} = 50 \cdot 10{,}8 = 540 \text{ A},$$

$$V_{j_2} = l_{j_2} \cdot H_{j_2} = 29{,}3 \cdot 4{,}6 = 135 \text{ A}.$$

Die Summe der magnetischen Teilspannungen ist

$$\Sigma V = 2 V_L + 2 V_{z_1} + 2 V_{z_2} + V_{j_1} + V_{j_2} =$$
$$= 5045 + 675 = 5720 \text{ A} \quad (\sim 5800 \text{ A})$$

und der Magnetisierungsstrom nach Gl. (376)

$$J_\mu = \frac{p \cdot \Sigma V}{0{,}9 \cdot m_1 \cdot w_1 \xi_1} = \frac{2 \cdot 5800}{0{,}9 \cdot 3 \cdot 0{,}9235} = 35{,}3 \text{ A}$$

($= 20{,}9\%$ von $J_{1_n} = 169$ A).

Der Streublindwiderstand der Ständerwicklung. Für die Sehnung $\frac{s}{\tau_p} = \frac{15}{18} = 0{,}833$ werden die Korrekturfaktoren k_L und k_N der Abb. 22 zu

$$k_L = 0{,}9 \quad \text{und} \quad k_N = 0{,}87$$

entnommen; die Streuleitfähigkeit der Nut je cm ist daher mit den Abmessungen der Ständernut nach Abb. 124 entsprechend der Gl. (60a)

$$\lambda_{n_1} = k_L \cdot \frac{h_1}{3 b_n} + k_N \cdot \frac{h_2}{b_n} = 0{,}9 \cdot \frac{8{,}36}{3 \cdot 1{,}5} + 0{,}87 \cdot \frac{1{,}215}{1{,}5} = 2{,}375.$$

Die effektive Eisenlänge l_n ist nach Gl. (45) und unter Benutzung der Schaulinie a der Abb. 8 (für $b_n = 15$)

$$l_{n_1} = L - \Sigma l_s'' = 60 - 8 \cdot 0{,}19 = 58{,}48 \text{ cm};$$

Berechnung eines Drehstrommotors mit Schleifringläufer 157

daher ist die Streuleitfähigkeit der Ständernut [vgl. Gl. (44)]

$$\Lambda_{N_1} = l_{n_1} \cdot \frac{\lambda_{n_1}}{q_1} = 58,48 \cdot \frac{2,375}{6} = 23,15.$$

Die Streuleitfähigkeit des Spulenkopfes ist mit

$$m = \frac{Z \cdot \tau_{n_m}}{2\sqrt{1-\left(\frac{b_L+d}{\tau_{n_m}}\right)^2}} \cdot \frac{b_L+d}{\tau_{n_m}} = \frac{15 \cdot 3,27}{2\sqrt{1-\left(\frac{1,5+0,5}{3,27}\right)^2}} \cdot \frac{1,5+0,5}{3,27} = 19 \text{ cm}$$

nach Gl. (65), mit $h = \dfrac{a+b+2c}{2} = \dfrac{6,5+5,0+2\cdot 2,0}{2} = 7,75$ cm und $\xi_{s_1} = 0,966$ entsprechend Gl. (64)

$$\Lambda_{s_1} = 1,13 \cdot \xi_{s_1}^2 (h + 0,5\,m) = 1,13 \cdot 0,966^2 (7,75 + 0,5 \cdot 19) = 18,25.$$

Anmerkung. Aus Abb. 109 ergibt sich bei $\dfrac{b_L+d}{\tau_{n_m}} = \dfrac{1,5+0,5}{3,27} = 0,612$ für

$\dfrac{1}{2\sqrt{1-\left(\frac{b_L+d}{\tau_{n_m}}\right)^2}} \cdot \dfrac{b_L+d}{\tau_{n_m}}$ der Wert 0,385; daher ist $\dfrac{Z \cdot \tau_{n_m}}{2\sqrt{1-\left(\frac{b_L+d}{\tau_{n_m}}\right)^2}} \cdot \dfrac{b_L+d}{\tau_{n_m}}$

$= 15 \cdot 3,27 \cdot 0,385 = 18,9$ cm.

Die Leitfähigkeit der doppelt verketteten Streuung ist mit $K_1 = 0,0027$ für $q_1 = 6$ und $\dfrac{s}{\tau_p} = 0,833$ (aus Tab. 1 bzw. Abb. 28) entsprechend Gl. (71)

$$\Lambda_{d_1} = \tau_p \cdot l_i \cdot \frac{m_1}{\pi^2} \frac{1}{k_c \cdot k_s \cdot \delta} \cdot K_1 = 51 \cdot 52,95 \cdot \frac{3}{\pi^2} \cdot \frac{1}{1,52 \cdot 1,205 \cdot 0,25} \cdot$$
$$\cdot 0,0027 = 4,8.$$

Als gesamter Streublindwiderstand ergibt sich somit nach Gl. (60), (61), (70)

$$x_1 = 1,6\,\pi^2 \cdot f_1 \cdot \frac{w_1^2}{p} (\Lambda_{N_1} + \Lambda_{s_1} + \Lambda_{d_1}) \cdot 10^{-8}$$

$$= 1,6 \cdot \pi^2 \cdot 50 \cdot \frac{132^2}{2} (23,15 + 18,25 + 4,8) \cdot 10^{-8} = 3,19 \text{ Ohm},$$

und es ist $\dfrac{x_1 \cdot J_{1_n}}{U_1} \cdot 100 = \dfrac{3,19 \cdot 169}{3460} \cdot 100 = 15,6\%$.

Der Streublindwiderstand der Läuferwicklung. Der Sehnung $\dfrac{12}{15} = 0,8$ entsprechen lt. Abb. 22 die Korrekturfaktoren

$$k_L = 0,885 \quad \text{und} \quad k_N = 0,85;$$

die Streuleitfähigkeit der Nut je cm ist daher mit den Abmessungen der Läufernut nach Abb. 126 und mit

$$b_3 = \frac{b_n - s_n}{2{,}3 \lg \frac{b_n}{s_n}} = \frac{1{,}35 - 0{,}7}{2{,}3 \lg \frac{1{,}35}{0{,}7}} = 0{,}99$$

nach Gl. (46) entsprechend der Gl. (60a)

$$\lambda_{n_2} = k_L \cdot \frac{h_1}{3b_n} + k_N \left(\frac{h_2}{b_n} + \frac{h_3}{b_3} + \frac{h_4}{b_4} \right)$$

$$= 0{,}885 \cdot \frac{5{,}28}{3 \cdot 1{,}35} + 0{,}85 \left(\frac{0{,}125}{1{,}35} + \frac{0{,}4}{0{,}99} + \frac{0{,}1}{0{,}7} \right) = 1{,}695.$$

Die effektive Eisenlänge l_n ist nach Gl. (45) und entsprechend der Schaulinie a der Abb. 8 (für $b_n = 13{,}5$)

$$l_{n_2} = 60 - 8 \cdot 0{,}21 = 58{,}32 \text{ cm};$$

daher ist die Streuleitfähigkeit der Läufernut

$$\Lambda_{N_2} = l_{n_2} \cdot \frac{\lambda_{n_2}}{q_2} = 58{,}32 \cdot \frac{1{,}695}{5} = 19{,}8.$$

Die Streuleitfähigkeit des Spulenkopfes ist mit

$$m = \frac{Z \cdot \tau_{n_m}}{2 \sqrt{1 - \left(\frac{b_L + d}{\tau_{n_m}} \right)^2}} \cdot \frac{b_L + d}{\tau_{n_m}} = \frac{12 \cdot 3{,}04}{2 \sqrt{1 - \left(\frac{1{,}45 + 0{,}2}{3{,}04} \right)^2}} \cdot$$

$$\cdot \frac{1{,}45 + 0{,}2}{3{,}04} = 11{,}8 \text{ cm}$$

nach Gl. (65), mit $h = \frac{a + b + 2c}{2} = \frac{3{,}5 + 2{,}0 + 2 \cdot 1{,}5}{2} = 4{,}25$ cm und $\xi_{s_2} = 0{,}951$ entsprechend Gl. (64)

$$\Lambda_{s_2} = 1{,}13 \cdot \xi_{s_2}^2 (h + 0{,}5\,m) = 1{,}13 \cdot 0{,}951^2 (4{,}25 + 0{,}5 \cdot 11{,}8) = 10{,}4.$$

Anmerkung. Aus Abb. 109 ergibt sich bei $\frac{b_L + d}{\tau_{n_m}} = \frac{1{,}45 + 0{,}2}{3{,}04} = 0{,}543$ für

$$\frac{1}{2 \sqrt{1 - \left(\frac{b_L + d}{\tau_{n_m}} \right)^2}} \cdot \frac{b_L + d}{\tau_{n_m}} \text{ der Wert } 0{,}325; \text{ daher ist } \frac{Z \cdot \tau_{n_m}}{2 \sqrt{1 - \left(\frac{b_L + d}{\tau_{n_m}} \right)^2}} \cdot \frac{b_L + d}{\tau_{n_m}}$$

$$= 12 \cdot 3{,}04 \cdot 0{,}325 = 11{,}8 \text{ cm}.$$

Für die Leitfähigkeit der doppelt verketteten Streuung ergibt sich mit $K_2 = 0{,}0034$ für $q_1 = 5$ und $\frac{s}{\tau_p} = 0{,}8$ (aus Tab. 1 bzw. Abb. 28) entsprechend Gl. (71)

$$\Lambda_{d_2} = \tau_p \cdot l_i \cdot \frac{m_2}{\pi^2} \cdot \frac{1}{k_e \cdot k_s \cdot \delta} \cdot K_2 = 51 \cdot 52{,}95 \cdot$$

$$\cdot \frac{3}{\pi^2} \frac{1}{1{,}52 \cdot 1{,}205 \cdot 0{,}25} \cdot 0{,}0034 = 6{,}05.$$

Der gesamte Streublindwiderstand ist daher nach Gl. (60), (61), (70) (bezogen auf die Netzfrequenz)

$$x_2' = 1{,}6\,\pi^2 \cdot f_1 \cdot \frac{w_2^2}{p}(\varLambda_{N_2} + \varLambda_{s_2} + \varLambda_{d_2}) \cdot 10^{-8}$$

$$= 1{,}6\,\pi^2 \cdot 50 \cdot \frac{20^2}{2}(19{,}8 + 10{,}4 + 6{,}05) \cdot 10^{-8} = 0{,}0575 \text{ Ohm}.$$

Berechnung des Kurzschlußstromes. Mit Berücksichtigung des Faktors zur Reduktion der Widerstände auf den Primärkreis

$$\frac{m_1 \cdot (w_1\,\xi_1)^2}{m_2 \cdot (w_2 \cdot \xi_2)^2} = \frac{3 \cdot (132 \cdot 0{,}9235)^2}{3 \cdot (20 \cdot 0{,}91)^2} = 45$$

ist der auf den Primärkreis reduzierte Streublindwiderstand je Strang der Läuferwicklung

$$x_2 = 45 \cdot 0{,}0575 = 2{,}58 \text{ Ohm}[1],$$

der auf den Primärkreis reduzierte Ohmsche Widerstand je Strang der Läuferwicklung

$$r_2 = 45 \cdot 0{,}00485 = 0{,}218 \text{ Ohm}.$$

Der Hauptblindwiderstand je Strang ist

$$x_\mu = \frac{U_1 - J_\mu \cdot x_1}{J_\mu} = \frac{3460 - 35{,}3 \cdot 3{,}19}{35{,}3} = 94{,}85 \text{ Ohm}[2];$$

daher sind die Streufaktoren

$$\tau_1 = \frac{x_1}{x_\mu} = \frac{3{,}19}{94{,}85} = 0{,}0335, \quad \tau_2 = \frac{x_2}{x_\mu} = \frac{2{,}58}{94{,}85} = 0{,}0272.$$

Für $s = 1$ ergeben sich daher nach Gl. (197), (198), (199), (200) die Werte

$$f = 1 + \tau_2 = 1{,}0272, \quad h = \frac{-\dfrac{r_2}{s}}{x_\mu} = \frac{-0{,}218}{94{,}85} = -0{,}0023,$$

$$p = r_1(1 + \tau_2) + \frac{r_2}{s}(1 + \tau_1) = 0{,}204 \cdot 1{,}0272 + 0{,}218 \cdot 1{,}0335$$

$$= 0{,}2095 + 0{,}2255 = 0{,}435,$$

$$q = x_1 + x_2(1 + \tau_1) - \frac{r_1 \cdot \dfrac{r_2}{s}}{x_\mu} = 3{,}19 + 2{,}58 \cdot 1{,}0335 - 0{,}204 \cdot 0{,}0023$$

$$= 5{,}86 - 0{,}00047 = 5{,}86.$$

---

[1] Es ist $\dfrac{x_2 \cdot J_{1_n}}{U_1} \cdot 100 = \dfrac{2{,}58 \cdot 169}{3460} \cdot 100 = 12{,}6\%$.

[2] Es ist $E_1 = U_1 - J_\mu \cdot x_1 = 3347{,}5$ V gegenüber $\dfrac{U_1}{1 + \tau_1} = 3373{,}5$ V.

160 Die Asynchronmaschine

Der Kurzschlußstrom ist daher nach Gl. (201)

$$J_k = J_{1_{(s=1)}} = U_1 \sqrt{\frac{f^2+h^2}{p^2+q^2}} = \frac{3460 \cdot 1{,}0272}{\sqrt{0{,}435^2+5{,}86^2}} = 606 \text{ A}$$

bzw. $\dfrac{J_k}{J_{1_n}} = \dfrac{606}{169} = 3{,}58$,

und der zugehörige Leistungsfaktor ergibt sich mit

$$\tan \varphi_k = \frac{fq-hp}{fp+hq} = \frac{1{,}0272 \cdot 5{,}86 + 0{,}0023 \cdot 0{,}435}{1{,}0272 \cdot 0{,}435 - 0{,}0023 \cdot 5{,}86} = 13{,}9 \quad \text{[nach Gl. (195)]}$$

zu

$$\cos \varphi_k = \frac{1}{\sqrt{1+\tan^2 \varphi_k}} = \frac{1}{\sqrt{1+13{,}9^2}} = 0{,}0717.$$

Anmerkung. Es empfiehlt sich, anschließend die Nennbetriebsdaten — d. h. Ströme, Drehmoment und Leistungsfaktor beim Nennschlupf — zu kontrollieren; dieser ist nach Gl. (398)

$$s_n = \frac{V_{cv_2}}{N_d} = \frac{J_2' \cdot r_2'}{E_2'(1-\varepsilon) \cdot \cos \psi_2} = \frac{1065 \cdot 0{,}00485}{505 \cdot 0{,}96 \cdot 0{,}99} = 0{,}0108,$$

wobei $(1-\varepsilon) = 0{,}96$ und $\cos \psi_2 = 0{,}99$ angenommen worden ist. Nach Gl. (197), (198), (199), (200) ist für $s_n = 0{,}0108$

$$f = 1 + \tau_2 = 1{,}0272, \quad h = \frac{-r_2}{s} = \frac{-0{,}0023}{0{,}0108} = -0{,}213,$$

$$p = r_1(1+\tau_2) + \frac{r_2}{s}(1+\tau_1) = 0{,}2095 + \frac{0{,}2255}{0{,}0108} = 21{,}09,$$

$$q = x_1 + x_2(1+\tau_1) - \frac{r_1 \cdot \frac{r_2}{s}}{x_\mu} = 5{,}86 - \frac{0{,}00047}{0{,}0108} = 5{,}815$$

und daher nach Gl. (201), (202)

$$J_{1_n} = J_{1_{s=0{,}0108}} = U_1 \sqrt{\frac{f^2+h^2}{p^2+q^2}} = 3460 \sqrt{\frac{1{,}0272^2+0{,}213^2}{21{,}09^2+5{,}815^2}} = 166 \text{ A},$$

$$J_{2_{s=0{,}0108}} = U_1 \sqrt{\frac{1}{p^2+q^2}} = 158 \text{ A}, \quad J'_{2_{s=0{,}0108}} = \frac{158}{0{,}15} = 1053 \text{ A}$$

(wobei $0{,}15 = \dfrac{m_2 \cdot w_2 \cdot \xi_2}{m_1 \cdot w_1 \cdot \xi_1}$ der Faktor zur Reduktion der Ströme auf den Primärkreis ist). Nach Gl. (209) ist

$$M_{s=0{,}0108} = m_1 \cdot U_1^2 \frac{\frac{r_2}{s}}{p^2+q^2} \cdot \frac{0{,}975}{n_s}$$

$$= 3 \cdot 3460^2 \frac{\frac{0{,}218}{0{,}0108}}{21{,}09^2+5{,}815^2} \cdot \frac{0{,}975}{1500} = 985 \text{ mkg}$$

$$\left(M_n = \frac{1500 \cdot 10^3 \cdot 0{,}975}{1500\,(1 - 0{,}0108)} = 985 \text{ mkg}\right) \text{ und nach Gl. (195)}$$

$$\tan \varphi_{1s = 0{,}0108} = \frac{fq - hp}{fp + hq} = \frac{1{,}0272 \cdot 5{,}815 + 0{,}213 \cdot 21{,}09}{1{,}0272 \cdot 21{,}09 - 0{,}213 \cdot 5{,}815} = 0{,}512,$$

so daß der Leistungsfaktor $\cos \varphi_1 = \dfrac{1}{\sqrt{1 + \tan^2 \varphi_1}} = 0{,}8905$ ist; ferner ist

$$\tan \psi_2 = \frac{s \cdot x_2}{r_2} = \frac{0{,}0108 \cdot 2{,}58}{0{,}218} = 0{,}128, \quad \text{daher} \quad \cos \psi_2 = 0{,}992$$

und nach Gl. (204)

$$\frac{E_2}{U_1} = x_\mu \sqrt{\frac{(f-1)^2 + h^2}{p^2 + q^2}} = 94{,}85 \, \frac{0{,}213}{21{,}85} = 0{,}935,$$

$$\text{daher} \quad \frac{E_2}{U_1 \dfrac{1}{1 + \tau_1}} = \frac{0{,}935}{0{,}975} = 0{,}96.$$

Der Kippschlupf ist nach Gl. (210a) $s_k = \dfrac{r_2 (1 + \tau_1)}{x_1 + x_2 (1 + \tau_1)} = 0{,}0385$

und das auf das Nenndrehmoment bezogene Kippmoment (für $r_1 = 0$)

$$\frac{M_k}{M_n} = \frac{1}{2}\left(\frac{s_k}{s_n} + \frac{s_n}{s_k}\right) = \frac{1}{2}\left(\frac{0{,}0385}{0{,}0108} + \frac{0{,}0108}{0{,}0385}\right) = 1{,}92;$$

der Höchstwert des Leitungsfaktors ergibt sich nach Gl. (368) mit

$$\frac{J_{k_i}}{J_\mu} = \frac{\dfrac{U_1}{x_1 + x_2}}{J_\mu} = \frac{\dfrac{3460}{3{,}19 + 2{,}58}}{35{,}3} = 17 \quad \text{zu} \quad \cos \varphi_{\max} = \frac{\dfrac{J_{k_i}}{J_\mu} - 1}{\dfrac{J_{k_i}}{J_\mu} + 1} = 0{,}89.$$

Die Verluste

Die Ohmschen Verluste der Ständerwicklung beim Nennbetrieb (bezogen auf 75°C) sind

$$V_{\omega_1} = m \cdot J_{1_n}^2 \cdot r_1 = 3 \cdot 169^2 \cdot 0{,}204 \cdot 10^{-3} = 17{,}5 \text{ kW},$$

die der Läuferwicklung

$$V_{\omega_2} = m_2 \cdot J_{2_n}'^2 \cdot r_2' = 3 \cdot 1065^2 \cdot 0{,}00485 \cdot 10^{-3} = 16{,}5 \text{ kW};$$

die *zusätzlichen Verluste* im Kupfer (und in den Konstruktionsteilen) werden entsprechend den deutschen Verbandsnormalien zu 0,5% der Nennleistung angenommen, d. h. zu

$$V_{\text{Zus}} = 0{,}005 \cdot N_n = 0{,}005 \cdot 1500 = 7{,}5 \text{ kW}.$$

Das Ständerblechpaket besteht aus 0,5 mm starken Blechen mit der Verlustziffer $v_{10} = 2$ W/kg[1], so daß — mit Berücksichtigung der mitt-

---

[1] Laut Tab. 2 ist hierfür $\sigma_H = 2{,}92$, $\sigma_W = 8{,}64$ [vgl. Gl. (77)].

leren Zahninduktion $B_{z_{1_m}} = 12\,600$ Gauß und der Jochinduktion $B_{j_1} = 13\,700$ Gauß —

$$v_{z_1} = 2\left(\frac{12\,600}{10\,000}\right)^2 \cdot 1{,}1 = 3{,}5 \text{ W/kg} \quad \text{und}$$

$$v_{j_1} = 2\left(\frac{13\,700}{10\,000}\right)^2 = 3{,}75 \text{ W/kg}$$

ist. Das Zahneisengewicht ist (mit γ in kg/dm³, l, D_i, h_n, b_n in cm)

$$G_{z_1} = \gamma \cdot k_e \cdot l \left\{\frac{\pi}{4}\left[(D_i + 2h_{n_1})^2 - D_i^2\right] - N_1 \cdot h_{n_1} \cdot b_{n_1}\right\} \cdot 10^{-3}$$

$$= 7{,}7 \cdot 0{,}91 \cdot 52 \left\{\frac{\pi}{4}[85^2 - 65^2] - 72 \cdot 10 \cdot 1{,}5\right\} \cdot 10^{-3} = 468 \text{ kg},$$

das Jocheisengewicht

$$G_{j_1} = \gamma \cdot k_e \cdot l \left\{\frac{\pi}{4}[D_a^2 - (D_i + 2h_{n_1})^2]\right\} \cdot 10^{-3}$$

$$= 7{,}7 \cdot 0{,}91 \cdot 52 \left\{\frac{\pi}{4}[105^2 - 85^2]\right\} \cdot 10^{-3} = 1090 \text{ kg};$$

die *Eisenverluste* im Ständerblechpaket (Grundverluste) ergeben sich daher nach Gl. (80) und (81) mit den Faktoren $k = 1{,}3$ bzw. $k_j = 1{,}3$ zu

$$V_{z_1} = v_{z_1} \cdot G_{z_1} \cdot k = 3{,}5 \cdot 468 \cdot 1{,}3 \cdot 10^{-3} = 2{,}13 \text{ kW},$$

$$V_{j_1} = v_{j_1} \cdot G_{j_1} \cdot k_j = 3{,}75 \cdot 1090 \cdot 1{,}3 \cdot 10^{-3} = 5{,}32 \text{ kW}.$$

Die Eisenverluste im Läuferblechpaket (Grundverluste) sind wegen der geringen Ummagnetisierungsfrequenz (gleich der Schlupffrequenz) vernachlässigbar klein; es genügt daher, 0,5 mm starke Läuferbleche mit der Verlustziffer $v_{10} = 3{,}6$ W/kg zu verwenden. Die Oberflächen- und Pulsationsverluste im Läuferblechpaket müssen dagegen berücksichtigt werden, wobei das Zahneisengewicht

$$G_{z_2} = \gamma \cdot k_e \cdot l \left\{\frac{\pi}{4}[d_a^2 - (d_a - 2h_{n_2})^2] - N_2 \cdot h_{n_2} \cdot b_{n_2}\right\} \cdot 10^{-3}$$

$$= 7{,}7 \cdot 0{,}91 \cdot 52 \left\{\frac{\pi}{4}[64{,}5^2 - 52{,}5^2] - 60 \cdot 6 \cdot 1{,}35\right\} \cdot 10^{-3} = 225 \text{ kg}$$

zugrunde gelegt wird.

Nach Gl. (83) sind die *Oberflächenverluste im Ständereisen*

$$V_{o_1} = \frac{k_0}{2}\left(\frac{N_2 \cdot n}{10^4}\right)^{1{,}5} \cdot \left(\frac{\tau_{n_2} \cdot \beta_2' \cdot k_{c_2} \cdot B_L}{10^3}\right)^2 \cdot \pi D_i \frac{\tau_{n_1} - s_{n_1}}{\tau_{n_2}} \cdot l_1$$

$$= \frac{2{,}5}{2}\left(\frac{60 \cdot 1500}{10^4}\right)^{1{,}5} \cdot \left(\frac{3{,}38 \cdot 0{,}205 \cdot 1{,}08 \cdot 6900}{10^3}\right)^2 \cdot \pi \cdot 0{,}65$$

$$\times \frac{2{,}84 - 1{,}5}{2{,}84} \cdot 52 = 460 \text{ W}$$

mit $\beta_2' = 0{,}205$ aus Abb. 32 für $\frac{s_{n_2}}{\delta} = \frac{7}{2{,}5} = 2{,}8$;

die *Oberflächenverluste im Läufereisen* sind

$$V_{O_2} = \frac{k_0}{2}\left(\frac{N_1 \cdot n}{10^4}\right)^{1,5} \cdot \left(\frac{\tau_{n_1} \cdot \beta_1' \cdot k_{c_1} \cdot B_L}{10^3}\right)^2 \cdot \pi\, d_a \frac{\tau_{n_2} - s_{n_2}}{\tau_{n_1}} \cdot l_2$$

$$= \frac{2,5}{2}\left(\frac{72 \cdot 1500}{10^4}\right)^{1,5} \cdot \left(\frac{2,84 \cdot 0,25 \cdot 1,405 \cdot 6900}{10^3}\right)^2 \cdot \pi \cdot 0,645$$

$$\times \frac{3,38 - 0,7}{3,38} \cdot 52 = 1800 \text{ W}$$

mit $\beta_1' = 0{,}25$ aus Abb. 32 für $\dfrac{s_{n_1}'}{\delta} = \dfrac{8,6}{2,5} = 3{,}45$ und mit

$$s_{n_1}' = \frac{b_n}{3}\left(1 + 0{,}5 \frac{\tau_{n_1}}{b_{z_1} + x \cdot \delta}\right) = \frac{15}{3}\left(1 + 0{,}5 \frac{2{,}84}{1{,}34 + 2{,}5 \cdot 0{,}25}\right) = 8{,}6$$

nach Gl. (87), wobei $x = 2{,}5$ aus der Abb. 33 für $\dfrac{s_{n_1}}{\delta} = \dfrac{15}{2{,}5} = 6$ entnommen wird.

Nach Gl. (84) sind die *Pulsationsverluste im Ständereisen*

$$V_{P_1} = \frac{k_P}{2} \cdot \frac{\sigma_w}{36}\left(0{,}5 \frac{N_2 \cdot n}{10^4} \cdot \frac{B_{P_1}}{10^3}\right)^2 \cdot G_{z_1}$$

$$= \frac{2{,}0}{2} \cdot \frac{8{,}64}{36}\left(0{,}5 \frac{60 \cdot 1500}{10^4} \cdot \frac{555}{10^3}\right)^2 \cdot 468 = 705 \text{ W}$$

mit $B_{P_1} = \dfrac{\gamma_2 \cdot \delta}{2 \cdot \tau_{n_1}} \cdot B_{2_{1_m}} = \dfrac{1{,}005 \cdot 0{,}25}{2 \cdot 2{,}84} \cdot 12\,600 = 555$ Gauß nach Gl. (85),

die *Pulsationsverluste im Läufereisen*

$$V_{P_2} = \frac{k_P}{2} \cdot \frac{\sigma_w}{36}\left(0{,}5 \frac{N_1 \cdot n}{10^4} \cdot \frac{B_{P_2}}{10^3}\right)^2 \cdot G_{z_2} = \frac{2{,}0}{2} \cdot \frac{19{,}2}{36}\left(0{,}5 \frac{72 \cdot 1500}{10^4} \cdot \frac{795}{10^3}\right)^2$$

$$\times 225 = 2220 \text{ W}$$

mit $B_{P_2} = \dfrac{\gamma_1' \cdot \delta}{2\tau_{n_2}} \cdot B_{z_{2_m}} = \dfrac{1{,}405 \cdot 0{,}25}{2 \cdot 3{,}38} \cdot 15\,300 = 795$ Gauß,

$$\gamma_1' = \frac{\left(\dfrac{s_{n_1}'}{\delta}\right)^2}{5 + \left(\dfrac{s_{n_1}'}{\delta}\right)} = \frac{\left(\dfrac{8{,}6}{2{,}5}\right)^2}{5 + \left(\dfrac{8{,}6}{2{,}5}\right)} = 1{,}405 \quad \text{und} \quad \sigma_W = 19{,}2 \text{ nach Tab. 2.}$$

Die Oberflächen- und Pulsationsverluste betragen also *insgesamt* einschl. eines Sicherheitszuschlages von 10%

$$V_{O+P} = (460 + 1800 + 705 + 2220) \cdot 1{,}1 \cdot 10^{-3} = 5{,}7 \text{ kW};$$

aus der Abb. 34a wird für $\dfrac{s_n}{\delta}\tau_n = \dfrac{15 \cdot 2{,}84}{2{,}5} = 17$ cm der Zuschlagsfaktor $k_v = 1{,}74$ entnommen, womit sich der Näherungswert

$$V_{O+P} = (k_v - 1)(V_{z_1} + V_{j_1}) = 0{,}74 \cdot 7{,}45 = 5{,}5 \text{ kW}$$

ergibt.

Anmerkung. Die Eisenverluste (im Ständerjoch und in den Ständerzähnen) einschl. der Oberflächen- und Zahnpulsationsverluste sind $V_{Fe} + V_{O+P} = 7{,}45 + 5{,}7 = 13{,}15$ kW. Bestimmt man die Eisenverluste in den Ständerzähnen mitsamt den Oberflächen- und Pulsationsverlusten nach der Näherungsgleichung[1] $(V_{z_1} + V_{O+P}) = k' \cdot V_{z_1} \cdot k_c^2$, so ergeben sich — wenn man bei der Ausführung mit 0,5 mm starken 2-Wattblechen im Ständer und 0,5 mm starken 3,6-Wattbleche im *Schleifring*läufer $k' = 1{,}65$ annimmt — die gesamten Eisenverluste $V_{Fe} + V_{O+P} = V_{j_1} + (V_{z_1} + V_{O+P}) = 5{,}32 + 1{,}65 \cdot 2{,}13 \cdot 1{,}52^2 = 13{,}45$ kW. Da nur die Zahnpulsationsverluste von der Blechsorte abhängig sind und die Pulsationsverluste im Ständereisen wesentlich geringer als die im Läufer sind, ist bei gleichbleibender Läuferausführung der Faktor k' nur in geringem Maße von der Blechsorte im Ständer abhängig; beim *Käfig*läufer ist $k' = 2{,}1$ zu setzen.

Wirkungsgrad. Die Gesamtverluste beim Nennbetrieb ergeben sich aus den Einzelverlusten

Ohmsche Verluste der Ständerwicklung	$V_{\omega_1} = 17{,}5$ kW
Ohmsche Verluste der Läuferwicklung	$V_{\omega_2} = 16{,}5$ kW
Zusatzverluste	$V_{Zus} = 7{,}5$ kW
Eisenverluste (Grundverluste) im Ständerblechpaket (Zähne + Joch)	$V_{Fe} = 7{,}45$ kW
Oberflächen- und Pulsationsverluste im Ständer- und Läuferblechpaket	$V_{O+P} = 5{,}7$ kW
Luft- und Lagerreibungsverluste	$V_R = 11{,}9$ kW
Gesamtverluste	66,55 kW

Der Wirkungsgrad beim Nennbetrieb ist daher

$$\eta_n = \frac{N_n}{N_n + \sum V_{erl}} \cdot 100 = \frac{1500}{1500 + 66{,}55} \cdot 100 = 95{,}7\%$$

gegenüber $\eta_{angen} = 95\%$; auf eine Korrektur von N_{s_n} bzw. J_{1_n} wird verzichtet, da die Abweichungen der errechneten Werte von η_n und $\cos \varphi_{1_n}$ gegenüber den angenommenen Werten sich praktisch aufheben. Die Wirkkomponente des Leerlaufstromes ist

$$J_{o_w} \frac{V_{Fe} + V_{O+P} + V_R}{m_1 \cdot U_1} = \frac{24{,}25 \cdot 10^3}{3 \cdot 3460} = 2{,}335 \text{ A},$$

der Leerlaufstrom daher

$$J_0 = \sqrt{J_\mu^2 + J_{o_w}^2} = \sqrt{35{,}3^2 + 2{,}335^2} = 35{,}4 \text{ A}$$

und der Leistungsfaktor im Leerlauf

$$\cos \varphi_{1_o} = \frac{J_{o_w}}{J_0} = \frac{2{,}335}{35{,}4} = 0{,}066.$$

---

[1] Vgl. NÜRNBERG: Die Asynchronmaschine, Kap. 31.

Abb. 127 zeigt das aus den Werten $J_k = 606$ A, $J_0 = 35{,}4$ A, $\cos \varphi_k = 0{,}0717$, $\cos \varphi_0 = 0{,}066$ gezeichnete einfache HEYLAND-Kreisdiagramm des Motors, dem der Leistungsfaktor beim Nennbetrieb

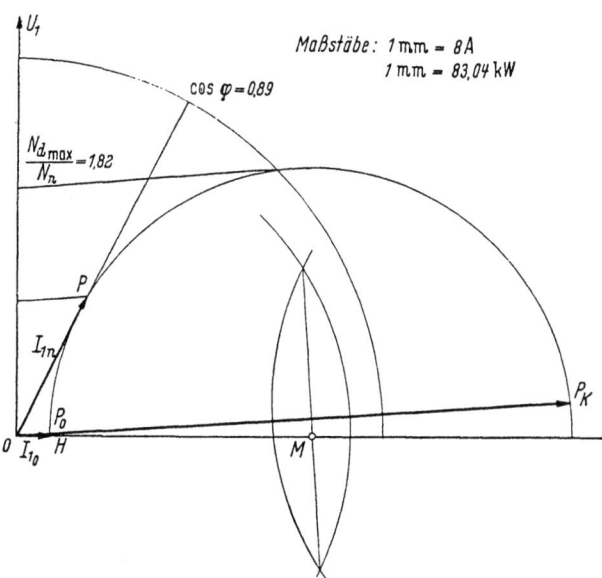

Abb. 127. Kreisdiagramm des Motors mit Schleifringläufer

$\cos \varphi_{1_n} = 0{,}89$ und die Überlastbarkeit $\dfrac{N_k}{N_n} = 1{,}82$ entnommen werden; da $\dfrac{M_k}{M_n} = \dfrac{N_k}{N_n} \dfrac{1-s_n}{1-s_k}$ ist, entspricht dem Wert $\dfrac{N_k}{N_n} = 1{,}82$ der Wert $\dfrac{M_k}{M_n} = 1{,}82 \dfrac{1 - 0{,}0108}{1 - 0{,}0385} = 1{,}87$.

2. Beispiel der Berechnung eines Drehstrommotors mit Hochstabläufer

Der im Kap. III B 1 berechnete Drehstrommotor für 1500 kW, 6000 V, 50 Hz, 1500 U/min synchron soll statt des Schleifringläufers einen Hochstabläufer erhalten. Es werden $N_2 = 2p \cdot q_2'^{*} \cdot m_1 = 4 \cdot 4^5/_6 \cdot 3 = 58$ Nuten mit je einem Stab gewählt; die Nutteilung am Läuferaußendurchmesser ist

$$\tau_{n_2} = \frac{\pi \cdot d_a}{N_2} = \frac{\pi \cdot 64{,}5}{58} = 3{,}49 \text{ cm}.$$

---

* q_2' = Anzahl der Nuten je Pol und Strang, wenn drei Stränge vorhanden wären.

Die je Stab (bzw. je Strang) induzierte EMK ist nach Gl. (405)

$$E'_{St} = E'_2 = U_1 \frac{1}{1+\tau_1} \cdot \frac{\frac{1}{2} \cdot 1}{w_1 \cdot \xi_1} = 3460 \cdot 0{,}975 \cdot \frac{\frac{1}{2} \cdot 1}{132 \cdot 0{,}9235} = 13{,}85 \text{ V}.$$

Werden die Luft- und Lagerreibungsverluste hier mit $V_R = k_R \cdot D_i \times L \cdot v^2 \cdot 10^{-3} = 11{,}1$ kW eingesetzt, und werden die Zahnpulsations- und Oberflächenverluste zu 0,5% der Nennleistung, d. h. zu $V_{O+P} = 7{,}5$ kW angenommen, während für den Nennschlupf der Wert $s_n = 0{,}012$ angenommen und der Spannungsabfall bei Belastung sowie der sekundäre Phasenverschiebungswinkel durch $(1-\varepsilon) \cdot \cos \psi_2 = 0{,}935$ berücksichtigt werden, so ergibt sich nach Gl. (406) der Läuferstrom je Stab beim Nennbetrieb zu

$$\frac{J'_{2_n}}{p} = \frac{\frac{N_n + V_R + V_{O+P}}{1 - s_n} \cdot 10^3}{Z_2 \cdot E'_2 \cdot (1-\varepsilon) \cdot \cos \psi_2} = \frac{\frac{1500 + 11 + 7{,}5}{0{,}988} \cdot 10^3}{58 \cdot 13{,}85 \cdot 0{,}945 \cdot 0{,}99} = 2040 \text{ A}$$

und der Ringstrom nach Gl. (407 c) zu

$$J'_R = \frac{Z_2}{2\pi \cdot p} \cdot J'_{St} = \frac{58}{2\pi \cdot 2} \cdot 2040 = 9430 \text{ A}.$$

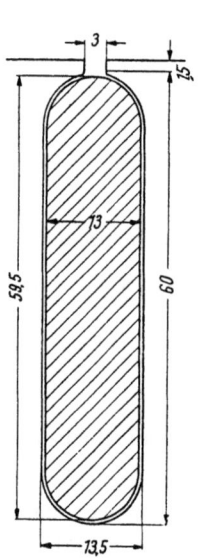

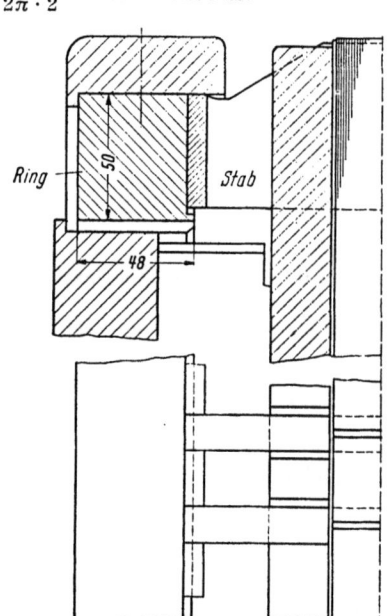

Abb. 128. Läufernut (Hochstabläufer)

Abb. 129. Stab-Ring-Verbindung des Hochstabkäfigs

In die halbgeschlossenen Ovalnuten mit den Abmessungen 13,5 mm mal 60 mm (Abb. 128) werden blanke Messingstäbe mit den Abmessungen 13 mm mal 59,5 mm eingeschoben, die auf jeder Seite durch Kupferringe mit einem Querschnitt von 2400 mm² verbunden werden (Abb. 129);

bei dem Stabquerschnitt von $q_{St} = 738$ mm² ist die Stromdichte in den Stäben $s_{St} = \frac{2040}{738} = 2,77$ A/mm², während die Stromdichte in den Ringen $s_R = \frac{9430}{2400} = 3,95$ A/mm beträgt.

Mit den angegebenen Nutabmessungen wird als scheinbare Zahninduktion an der engsten Stelle der Zähne der Wert

$$B_{Z_{2_f}} = \frac{l_i}{k_e \cdot l} \cdot \frac{\tau_{n_2}}{b_{z_{2_f}}} \cdot B_L = \frac{52,95}{0,91 \cdot 52} \cdot \frac{3,49}{2,9 - 1,35} \cdot 6900 = 17400 \text{ Gauß}$$

ermittelt, der innerhalb der normalen Beanspruchungen liegt. Die Jochhöhe ist bei den gegebenen Nutabmessungen und bei dem Innendurchmesser $d_i = 28$ cm (gleich dem des Schleifringläufers) $h_{j_2} = \frac{52,2 - 28}{2}$ = 12,1 cm, die Jochinduktion daher

$$B_{j_2} = \frac{\frac{\Phi}{2}}{k_e \cdot l \cdot h_{j_2}} = \frac{\frac{12,65 \cdot 10^6}{2}}{0,91 \cdot 52 \cdot 12,1} = 11000 \text{ Gauß}.$$

Wird als Stablänge $l_{St} = 0,6 + 2 \cdot 0,06 = 0,72$ m und als Leitfähigkeit des Messings $\chi = 15,5 \frac{m}{mm^2 \cdot Ohm}$ (bei 20 °C) eingesetzt, so ist — ohne Berücksichtigung der Stromverdrängung — bei 75 °C der Stabwiderstand

$$R_{St} = \frac{l_{St}}{\chi_{St} \cdot q_{St}} = \frac{0,72}{\frac{15,5}{1,1} \cdot 738} = 0,692 \cdot 10^{-4} \text{ Ohm},$$

der Ringwiderstand

$$R_R = \frac{\frac{\pi d_R}{Z_2}}{\chi_R \cdot q_R} = \frac{0,0315}{\frac{56}{1,215} \cdot 2400} = 0,00285 \cdot 10^{-4} \text{ Ohm},$$

der Ohmsche Widerstand je Strang nach Gl. (408) daher

$$r_2' = \frac{1}{p}\left[R_{St} + \left(\frac{Z_2}{2\pi p}\right)^2 \cdot 2 R_R\right] = \frac{1}{2}\left[0,692 + \left(\frac{58}{4\pi}\right)^2 \cdot 0,0057\right] \cdot 10^{-4}$$
$$= 0,4065 \cdot 10^{-4} \text{ Ohm}.$$

Das Gewicht aller Stäbe bzw. der beiden Ringe ist

$$G_{St} = \gamma \cdot Z_2 \cdot l_{St} \cdot q_{St} \cdot 10^{-3} = 8,9 \cdot 58 \cdot 0,72 \cdot 738 \cdot 10^{-3} = 274 \text{ kg},$$
$$G_R = 2\gamma \cdot \pi d_R \cdot q_R \cdot 10^{-3} = 2 \cdot 8,9 \cdot \pi \cdot 0,582 \cdot 2400 \cdot 10^{-3} = 78,5 \text{ kg}.$$

Berechnung des Magnetisierungsstromes. Außer den bereits angegebenen Induktionen im Läufer ergeben sich mit den Zahnbreiten

$$b_{z_{2_k}} = 34 - 13,5 = 20,5 \text{ mm} \quad \text{und} \quad b_{z_{2_m}} = 31,5 - 13,5 = 18 \text{ mm}$$

noch die Zahninduktionen

$$B_{z_{2_k}} = \frac{l_i}{k_e \cdot l} \cdot \frac{\tau_{n_2}}{b_{z_{2_k}}} \cdot B_L = \frac{52{,}95}{0{,}91 \cdot 52} \cdot \frac{3{,}49}{2{,}05} \cdot 6900 = 13150 \text{ Gauß},$$

$$B_{z_{2_m}} = \frac{l_i}{k_e \cdot l} \cdot \frac{\tau_{n_2}}{b_{z_{2_m}}} \cdot B_L = \frac{52{,}95}{0{,}91 \cdot 52} \cdot \frac{3{,}49}{1{,}8} \cdot 6900 = 14950 \text{ Gauß}.$$

Für diese Zahninduktionen entnimmt man den Magnetisierungskurven der Abb. 119 (für 3,6 Wattbleche) die zugehörigen Feldstärken

$$H_{z_{2_k}} = 7, \quad H_{z_{2_m}} = 18{,}5, \quad H_{z_{2_f}} = 91,$$

denen nach der SIMPSONschen Regel Gl. (26) die mittlere Feldstärke (in A/cm)

$$H_{z_2} = \frac{1}{6}(H_{z_{2_k}} + 4 H_{z_{2_m}} + H_{z_{2_f}}) = \frac{1}{6}(7 + 4 \cdot 18{,}5 + 91) = 28{,}7 \text{ A/cm}$$

entspricht; die magnetische *Teilspannung an den Läuferzähnen* ist daher nach Gl. (433)

$$2 V_{z_2} = 2 l_{z_2} \cdot H_{z_2} = 2 \cdot 0{,}615 \cdot 28{,}7 = 354 \text{ A}.$$

Der CARTERsche Faktor für den Läufer ergibt sich nach den Gln. (19), (20), (21) zu

$$k_{c_2} = \frac{\tau_{n_2}}{\tau_{n_2} - \gamma_2 \cdot \delta} = \frac{3{,}49}{3{,}49 - 0{,}232 \cdot 0{,}25} = 1{,}017$$

$$\text{mit} \quad \gamma_2 = \frac{\left(\frac{s_{n_2}}{\delta}\right)^2}{5 + \left(\frac{s_{n_2}}{\delta}\right)} = \frac{\left(\frac{3}{2{,}5}\right)^2}{5 + \left(\frac{3}{2{,}5}\right)} = 0{,}232,$$

während der CARTERsche Faktor für den Ständer (wie beim Motor mit Schleifringläufer) $k_{c_1} = 1{,}405$ ist; es ist daher

$$k_c = k_{c_1} \cdot k_{c_2} = 1{,}405 \cdot 1{,}017 = 1{,}43$$

und die *magnetische Spannung am Luftspalt* ist

$$2 V_L = 1{,}6 \cdot k_c \cdot \delta \cdot B_L = 1{,}6 \cdot 1{,}43 \cdot 0{,}25 \cdot 6900 = 3950 \text{ A}.$$

Als Sättigungsfaktor ergibt sich nach Gl. (9)

$$k_s = \frac{2 V_L + 2 V_{z_1} + 2 V_{z_2}}{2 V_L} = \frac{3950 + 336 + 354}{3950} = \frac{4640}{3950} = 1{,}175$$

(auf die geringfügigen Korrekturen, die sich aus der Abweichung von $k_s = 1{,}175$ gegenüber dem zunächst angenommenen Wert $k_s = 1{,}2$ ergeben, wird verzichtet).

Der Jochinduktion $B_{j_2} = 11000$ Gauß entspricht die Feldstärke

$$H_{j_2} = 4{,}7 \text{ A/cm},$$

und als mittleren Kraftlinienweg errechnet man nach Gl. (29) den Wert

$$l_{j_2} = k_{A_2} \cdot \tau_{p n_2} = 0{,}7 \cdot \frac{\pi \cdot 52{,}2}{4} = 0{,}7 \cdot 41 = 28{,}7 \text{ cm},$$

wobei k_{A_2} den Schaulinien der Abb. 10 als Ordinate zu

$$\frac{h_{j_2}}{\tau_{p n_2}} = \frac{12{,}1}{41} = 0{,}295$$

entnommen wird; die *magnetische Teilspannung am Läuferjoch* ist nach Gl. (433) daher

$$V_{j_2} = l_{j_2} \cdot H_{j_2} = 28{,}7 \cdot 4{,}7 = 135 \text{ A}.$$

Die Summe der magnetischen Teilspannungen ist

$$\Sigma V = 2 V_L + 2 V_{z_1} + 2 V_{z_2} + V_{j_1} + V_{j_2}$$
$$= 4640 + 675 = 5315 \text{ A} \quad (\sim 5400 \text{ A})$$

und der Magnetisierungsstrom nach Gl. (376)

$$J_\mu = \frac{p \cdot \Sigma V}{0{,}9 \cdot m_1 \cdot w_1 \xi_1} = \frac{2 \cdot 5400}{0{,}9 \cdot 3 \cdot 132 \cdot 0{,}9235} = 32{,}9 \text{ A} \quad (= 19{,}4\% \text{ v. } 169 \text{ A}).$$

Der Streublindwiderstand der Läuferwicklung. Die Streuleitfähigkeit der Nut je cm ist nach Gl. (48)

$$\lambda_{n_2} = \frac{h_{\text{st}} - b_{\text{st}}}{3 b_n} + 0{,}623 + \frac{h_4}{s_n} = \frac{4{,}65}{3 \cdot 1{,}35} + 0{,}623 + \frac{1{,}5}{3} = 2{,}26,$$

die Streuleitfähigkeit für die effektive Eisenlänge $l_{n_2} = 58{,}32$ cm (wie beim Schleifringläufer), daher

$$\Lambda_{N_2} = l_{n_2} \cdot \lambda_{n_2} = 58{,}32 \cdot 2{,}26 = 132 \quad [\text{vgl. Gl. (51)}].$$

Mit den in der Abb. 129 angegebenen Abmessungen und mit den Bezeichnungen entsprechend Abb. 25 und 27 ergibt sich

$$x = \sqrt{\left(h + m - \frac{l_{\text{st}} + 2 \cdot \frac{b_R}{2} - L}{2}\right)^2 + \left(\frac{D_{\text{Nutmitte}} - d_{\text{Nutmitte}}}{2}\right)^2}$$
$$= \sqrt{\left(7{,}75 + 19 - \frac{72 + 4{,}8 - 60}{2}\right)^2 + \left(\frac{76 - 58{,}2}{2}\right)^2}$$
$$= \sqrt{18{,}35^2 + 8{,}9^2} = 20{,}35 \text{ cm},$$

und $y = 0{,}223 \, (b_r + h_r) = 0{,}223 \, (4{,}8 + 5) = 2{,}18$ cm; den Werten $\frac{\tau_p}{x} = \frac{51}{20{,}35} = 2{,}51$ und $\frac{x}{y} = \frac{20{,}35}{2{,}18} = 9{,}35$ entsprechend wird aus der Abb. 26 der Wert $g_s \approx 0{,}3$ entnommen, so daß nach Gl. (69) die der Stirnstreuung entsprechende Streuleitfähigkeit

$$\Lambda_{s_2} = \frac{Z_2}{2 p \cdot m_1} \cdot \tau_p \cdot g_s = \frac{58}{4 \cdot 3} \cdot 51 \cdot 0{,}3 = 74$$

ist.

Für die doppelt verkettete Streuung wird aus der Abb. 29 für $\frac{Z_2}{2p} = \frac{58}{4} = 14,5$ der Wert $k_2 = 0,0038^1$ entnommen; nach Gl. (74) ist daher

$$\varLambda_{d_2} = \frac{Z_2}{2p \cdot m_1} \cdot \frac{m_1}{\pi^2} \cdot \frac{\tau_p \cdot l_i}{k_c \cdot k_s \cdot \delta} \cdot k_2 = \frac{58}{4 \cdot 3} \cdot \frac{3}{\pi^2} \cdot \frac{51 \cdot 52,95}{1,43 \cdot 1,175 \cdot 0,25} \cdot 0,0038 = 35,8.$$

Der gesamte Streublindwiderstand der Käfigwicklung ist daher nach Gln. (51), (68), (73) (bezogen auf die Netzfrequenz)

$$x_2' = 1,6\,\pi^2 \cdot \frac{f}{2p}(\varLambda_{N_2} + \varLambda_{s_2} + \varLambda_{d_2}) \cdot 10^{-8}$$

$$= 1,6\,\pi^2 \cdot \frac{50}{4}(132 + 74 + 36) \cdot 10^{-8} = 4,75 \cdot 10^{-4}\,\text{Ohm}.$$

Mit Berücksichtigung des Faktors zur Reduktion der Widerstände auf den Primärkreis nach Gl. (411)

$$\frac{m_1 \cdot (w_1\,\xi_1)^2}{\frac{Z_2}{p} \cdot \left(\frac{1}{2} \cdot 1\right)^2} = 2 \cdot \frac{4 \cdot 3 \cdot (132 \cdot 0,9235)^2}{58} = 7150$$

ist der auf den Primärkreis reduzierte Streublindwiderstand der Käfigwicklung

$$x_2 = 7150 \cdot 4,75 \cdot 10^{-4} = 2,94\,\text{Ohm},$$

der auf den Primärkreis reduzierte Ohmsche Widerstand der Käfigwicklung

$$r_2 = 7150 \cdot 0,4065 \cdot 10^{-4} = 0,25\,\text{Ohm}.$$

Berechnung des Anlaufstromes. Zur Berücksichtigung der Stromverdrängung des Hochstabes (wobei der Ovalstab wie ein Rechteckstab gleicher Höhe angesehen werde) werden für

$$\xi = 2\pi h \sqrt{\frac{b_L}{b_n} \cdot \frac{s \cdot f_1}{\varrho \cdot 10^5}} = 2\pi \cdot 5{,}95 \sqrt{\frac{13}{13{,}5} \cdot \frac{50 \cdot 15{,}5}{1{,}1 \cdot 10^5}} = 3{,}08 \quad (\text{für} \quad s = 1)$$

nach Gl. (234) der Abb. 66 die Werte $K_w = 3,08$ und $K_i = 0,5$ entnommen, so daß der Ohmsche Widerstand je Strang nach Gl. (235)

$$r_2' = \frac{1}{p}\left[K_w \cdot R_{\text{St}} \cdot \frac{l}{l_{\text{St}}} + R_{\text{St}}\left(1 - \frac{l}{l_{\text{St}}}\right) + \left(\frac{Z_2}{2\pi p}\right)^2 \cdot 2R_R\right]$$

$$= \frac{1}{2}\left[3{,}08 \cdot 0{,}692 \cdot \left(\frac{52}{72}\right) + 0{,}692\left(\frac{20}{72}\right) + \left(\frac{58}{4\pi}\right)^2 \cdot 0{,}0057\right] \cdot 10^{-4}$$

$$= 0{,}927 \cdot 10^{-4}$$

bzw.

$$r_2 = 7150 \cdot 0,927 \cdot 10^{-4} = 0,58\,\text{Ohm}$$

---

[1] Näherungsweise ist nach Kap. I B 3 c.

$$k_2 \approx \frac{1}{3}\left(\frac{p\,\pi}{Z_2}\right)^2 = \frac{\pi^2}{3}\left(\frac{1}{29}\right)^2 = 0{,}00391$$

ist, der Streublindwiderstand je Strang nach Gl. (236)

$$x'_2 = 1,6\,\pi^2 \cdot \frac{f}{2p}\left\{l_n\left[K_i\left(\frac{h_{St}-b_{St}}{3b_n}+0,623\right)+\frac{h_4}{s_n}\right]+A_{s_2}+A_{d_2}\right\}\cdot 10^{-8}$$

$$= 1,6\,\pi^2 \cdot \frac{50}{4}\left\{58,32\left[0,5\left(\frac{4,6}{3\cdot 1,35}+0,623\right)+0,5\right]+74+36\right\}\cdot 10^{-8}$$

$$= 3,75 \cdot 10^{-4}\text{ Ohm}$$

bzw. $x_2 = 7150 \cdot 3,75 \cdot 10^{-4}$
$= 2,31$[1]; in der Abb. 130 sind die Werte von r_2 und x_2 in Abhängigkeit vom Schlupf s als Schaulinien dargestellt. Der Hauptblindwiderstand je Strang ist

$$x_\mu = \frac{U_1 - J_\mu x_1}{J_\mu}$$

$$= \frac{3460 - 32,9 \cdot 3,19}{32,9}$$

$$= 102 \text{ Ohm}[2],$$

daher sind die Streufaktoren

$$\tau_1 = \frac{x_1}{x_\mu} = \frac{3,19}{102} = 0,0312,$$

$$\tau_2 = \frac{x_2}{x_\mu} = \frac{2,31}{102} = 0,0227.$$

Für $s = 1$ ergeben sich daher nach Gln. (197), (198), (199), 200) die Werte

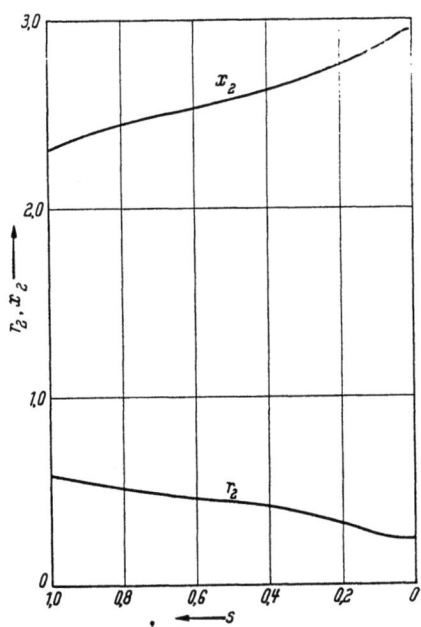

Abb. 130. r_2 und x_2 in Abhängigkeit vom Schlupf s

$$f = 1 + \tau_2 = 1,0227, \qquad h = \frac{-\frac{r_2}{s}}{x_\mu} = \frac{-0,58}{102} = -0,0057,$$

$$p = r_1(1+\tau_2) + \frac{r_2}{s}(1+\tau_1) = 0,204 \cdot 1,0227 + 0,58 \cdot 1,0312$$

$$= 0,209 + 0,6 = 0,809,$$

$$q = x_1 + x_2(1+\tau_1) - \frac{r_1 \cdot \frac{r_2}{s}}{x_\mu} = 3,19 + 2,31 \cdot 1,0312 - 0,204 \cdot 0,0057$$

$$= 5,575 - 0,00116 = 5,574.$$

---

[1] Es ist $\dfrac{x_2 \cdot J_{1_n}}{U_1} \cdot 100 = \dfrac{2,31 \cdot 169}{3460} \cdot 100 = 11,3\%$.

[2] Durch die Werte $k_c = 1,43$ und $k_s = 1,175$ gegenüber $k_c = 1,52$ und $k_s = 1,215$ beim SL wird zwar der Wert A_{d_1} um etwa 10% vergrößert, der Wert x_1 aber nur um etwa 1%!

172 Die Asynchronmaschine

Der Anzugsstrom ist daher nach Gl. (201)

$$J_a = J_{1_{(s=1)}} = U_1 \sqrt{\frac{f^2 + h^2}{p^2 + q^2}} = \frac{3460 \cdot 1{,}0227}{\sqrt{0{,}809^2 + 5{,}574^2}}$$

$$= 630 \text{ A} \quad \text{bzw.} \quad \frac{J_a}{J_{1_n}} = \frac{630}{169} = 3{,}73,$$

und der zugehörige Leistungsfaktor ergibt sich mit

$$\tan \varphi_a = \frac{fq - hp}{fp + hq} = \frac{1{,}0227 \cdot 5{,}574 + 0{,}0057 \cdot 0{,}809}{1{,}0227 \cdot 0{,}809 - 0{,}0057 \cdot 5{,}574} = 7{,}17 \quad [\text{nach Gl. (195)}]$$

zu

$$\cos \varphi_a = \frac{1}{\sqrt{1 + \tan^2 \varphi_a}} = \frac{1}{\sqrt{1 + 7{,}17^2}} = 0{,}138.$$

Das Anzugsmoment ist nach Gl. (209)

$$M_a = M_{s=1} = m_1 U_1^2 \cdot \frac{\frac{r_2}{s}}{p^2 + q^2} \cdot \frac{0{,}975}{n_s}$$

$$= 3 \cdot 3460^2 \cdot \frac{0{,}58}{31{,}705} \cdot \frac{0{,}975}{1500} = 428 \text{ mkg}$$

bzw. $\frac{M_a}{M_n} = \frac{428}{985} = 0{,}435$; die Toleranz für den Anzugsstrom und das Anzugsmoment beträgt nach den „Regeln für elektrische Maschinen" ± 20%.

Anmerkung. Anschließend werden wiederum die *Nennbetriebsdaten* kontrolliert; der Nennbetriebsschlupf ist nach Gl. (398)

$$s_n = \frac{V_{Cu_2}}{N_d} = \frac{J_2' \cdot r_2'}{E_2'(1-\varepsilon) \cdot \cos \psi_2} = \frac{4080 \cdot 0{,}4065 \cdot 10^{-4}}{13{,}85 \cdot 0{,}945 \cdot 0{,}99} = 0{,}0128, \text{ wobei } (1-\varepsilon)$$

$$= 0{,}945 \text{ und } \cos \psi_2 = 0{,}99$$

angenommen worden ist; diesem Schlupfwert entspricht die Nenndrehzahl 1482 U/min.

Nach Gln. (197), (198), (199), (200) ist für $s_n = 0{,}0128$

$$f = 1 + \frac{x_2}{x_\mu} = 1 + \frac{2{,}94}{102} = 1{,}0288, \quad \frac{r_2}{s} = \frac{0{,}25}{0{,}0128} = 19{,}5,$$

$$h = \frac{-\frac{r_2}{s}}{x_\mu} = \frac{-19{,}5}{102} = -0{,}191,$$

$$p = r_1(1 + \tau_2) + \frac{r_2}{s}(1 + \tau_2) = 0{,}204 \cdot 1{,}0288 + 19{,}5 \cdot 1{,}0312 = 20{,}3,$$

$$q = x_1 + x_2(1 + \tau_1) - \frac{r_1 \frac{r_2}{s}}{x_\mu} = 3{,}19 + 2{,}94 \cdot 1{,}0312 - 0{,}204 \cdot 0{,}191 = 6{,}18,$$

Berechnung eines Drehstrommotors mit Hochstabläufer 173

und daher nach Gln. (201), (202)

$$J_{1n} = J_{1_{s=0,0128}} = U_1 \sqrt{\frac{f^2 + h^2}{p^2 + q^2}} = 3460 \sqrt{\frac{1,0288^2 + 0,191^2}{20,3^2 + 6,18^2}} = 170 \text{ A},$$

$$J_{2_{s=0,0128}} = U_1 \sqrt{\frac{1}{p^2 + q^2}} = 163 \text{ A}, \quad J'_{2_{s=0,0128}} = \frac{163}{0,0396} = 4115 \text{ A}$$

$\left(\text{wobei } 0,0396 = \frac{m_2 \cdot w_2 \, \xi_2}{m_1 \cdot w_1 \, \xi_1} \text{ der Faktor zur Reduktion der Ströme auf den Primärkreis ist}\right).$

Nach Gl. (209) ist

$$M_{s=0,0128} = m_1 \cdot U_1^2 \frac{\frac{r_2}{s}}{p^2 + q^2} \cdot \frac{0,975}{n_s} = 3 \cdot 3460^2 \cdot \frac{19,5}{450,3} \cdot \frac{0,975}{1500} = 1010 \text{ mkg}$$

und nach Gl. (195)

$$\tan \varphi_{1_{s=0,1028}} = \frac{fq - hp}{fp + hq} = \frac{1,0288 \cdot 6,18 + 0,19 \cdot 20,3}{1,0288 \cdot 20,3 - 0,19 \cdot 6,18} = 0,518,$$

so daß der Leistungsfaktor $\cos \varphi_1 = \dfrac{1}{\sqrt{1 + \tan^2 \varphi_1}} = 0,89$ ist; ferner ist

$$\tan \psi_2 = \frac{s\, x_2}{r_2} = \frac{0,0128 \cdot 2,94}{0,25} = 0,151, \text{ daher } \cos \psi_2 = 0,988$$

und nach Gl. (204)

$$\frac{E_2}{U_1} = x_\mu \sqrt{\frac{(f-1)^2 + h^2}{p^2 + q^2}} = 102 \frac{0,191}{21,25} = 0,917,$$

$$\text{daher } (1-\varepsilon) \frac{\frac{E_2}{U_1}}{\frac{1}{1+\tau_1}} = \frac{0,917}{0,975} = 0,94.$$

Der Kippschlupf ist nach Gl. (210a) $s_k = \dfrac{r_2(1+\tau_1)}{x_1 + x_2(1+\tau_1)} = 0,0413$
und das auf das Nenndrehmoment bezogene Kippmoment (für $r_1 = 0$)

$$\frac{M_k}{M_n} = \frac{1}{2}\left(\frac{s_k}{s_n} + \frac{s_n}{s_k}\right) = \frac{1}{2}\left(\frac{0,0413}{0,0128} + \frac{0,0128}{0,0413}\right) = 1,77;$$

der Höchstwert des Leistungsfaktors ergibt sich nach Gl. (368) zu $\cos \varphi_{1_{max}} = 0,9$.

Die Verluste

Die *Ohmschen Verluste* der Läuferwicklung beim Nennbetrieb sind

$$V_{Cu_2} = m_2 \cdot J'^2_{2_n} \cdot r'_2 = \frac{58}{2} \cdot 3980^2 \cdot 0,4065 \cdot 10^{-4} \cdot 10^{-3} = 18,7 \text{ kW}.$$

Nach Gl. (83) sind die *Oberflächenverluste im Ständereisen*

$$V_{O_1} = \frac{k_0}{2}\left(\frac{N_2 \cdot n}{10^4}\right)^{1,5} \cdot \left(\frac{\tau_{n_2} \cdot \beta_2' \cdot k_{c_2} \cdot B_L}{10^3}\right)^2 \cdot \pi\, D_i \frac{\tau_{n_1} - s_{n_1}}{\tau_{n_1}} \cdot l_1$$

$$= \frac{2,5}{2}\left(\frac{58 \cdot 1500}{10^4}\right)^{1,5}\left(\frac{3,49 \cdot 0,07 \cdot 1,017 \cdot 6900}{10^3}\right)^2 \cdot \pi \cdot 0,65 \frac{2,84 - 1,5}{2,84} \cdot 0,52$$

$$= 47,5 \text{ W}$$

mit $\beta_2' = 0,07$ aus Abb. 32 für $\frac{s_{n_2}}{\delta} = \frac{3}{2,5} = 1,2$;

die *Oberflächenverluste im Läufereisen* sind

$$V_{O_2} = \frac{k_0}{2}\left(\frac{N_1 \cdot n}{10^4}\right)^{1,5}\left(\frac{\tau_{n_1} \cdot \beta_1' \cdot k_{c_1} \cdot B_L}{10^3}\right)^2 \cdot \pi\, d_a \frac{\tau_{n_2} - s_{n_2}}{\tau_{n_2}} \cdot l_2$$

$$= \frac{2,5}{2}\left(\frac{72 \cdot 1500}{10^4}\right)^{1,5}\left(\frac{2,84 \cdot 0,25 \cdot 1,405 \cdot 6900}{10^3}\right)^2 \cdot \pi \cdot 0,645 \frac{3,49 - 0,3}{3,49} \cdot 0,52$$

$$= 2050 \text{ W}$$

mit $\beta_1' = 0,25$ aus Abb. 32 für $\frac{s_{n_1}}{\delta} = \frac{8,6}{2,5} = 3,45$.

Das Zahneisengewicht im Läufer ist

$$G_{Z_2} = \gamma \cdot k_e \cdot l\left\{\frac{\pi}{4}[d_a^2 - (d_a - 2h_{n_2})^2] - N_2 \cdot h_{n_2} \cdot b_{n_2}\right\} \cdot 10^{-3}$$

$$= 7,7 \cdot 0,91 \cdot 52$$

$$\times \left\{\frac{\pi}{4}[64,5^2 - 52,2^2] - 58\left(\frac{\pi}{4} \cdot 1,4^2 + 1,35 \cdot 4,6 + 0,3 \cdot 0,15\right)\right\}$$

$$= 245,5 \text{ kg}.$$

Nach Gl. (84) sind die *Pulsationsverluste im Ständereisen*

$$V_{P_1} = \frac{k_P}{2} \cdot \frac{\sigma_W}{36}\left(0,5 \frac{N_2 \cdot n}{10^4} \cdot \frac{B_{P_1}}{10^3}\right)^2 \cdot G_{Z_1} = \frac{2,0}{2} \cdot \frac{8,64}{36}\left(0,5 \cdot \frac{58 \cdot 1500}{10^4} \cdot \frac{129}{10^3}\right)^2 \cdot 468$$

$$= 35,5 \text{ W}$$

mit $B_{P_1} = \frac{\gamma_2 \cdot \delta}{2\tau_{n_1}} \cdot B_{Z_m} = \frac{0,232 \cdot 0,25}{2 \cdot 2,89} \cdot 12600 = 129$ Gauß nach Gl. (85);

die *Pulsationsverluste im Läufereisen*

$$V_{P_2} = \frac{k_P}{2} \cdot \frac{\sigma_W}{36}\left(0,5 \frac{N_1 \cdot n}{10^4} \cdot \frac{B_{P_2}}{10^3}\right)^2 \cdot G_{Z_2} = \frac{2,0}{2} \cdot \frac{19,2}{36}\left(0,5 \cdot \frac{72 \cdot 1500}{10^4} \cdot \frac{755}{10^3}\right)^2 \cdot 245,5$$

$$= 2180 \text{ W}$$

mit $B_{P_2} = \frac{\gamma_1' \cdot \delta}{2\tau_{n_2}} \cdot B_{Z_2 m} = \frac{1,405 \cdot 0,25}{2 \cdot 3,49} \cdot 14950 = 755$ Gauß.

Insgesamt betragen die Oberflächen- und Pulsationsverluste — einschl. eines Sicherheitszuschlages von 10% und eines weiteren Zuschlages von 30% zur Berücksichtigung der durch das Eintreiben der blanken Stäbe in die Nuten des Blechpaketes bedingten zusätzlichen Verluste —

$$V_{O+P} = (47,5 + 2050 + 35,5 + 2180) \cdot 1,1 \cdot 1,3 \cdot 10^{-3} = 6,15 \text{ kW};$$

aus der Abb. 34 wird für $\frac{s_n}{\delta}\tau_n = 17$ cm der Zuschlagsfaktor $k_v = 1,94$
entnommen, so daß sich der Näherungswert

$$V_{O+P} = (k_v - 1)(V_{Z_1} + V_{j_1})$$
$$= 0,94 \cdot 7,45 = 7 \text{ kW}$$

ergibt.

Anmerkung. Die Eisenverluste (im Ständerjoch und in den Ständerzähnen) einschl. der Oberflächen- und Zahnpulsationsverluste sind $V_{Fe} + V_{O+P} = 7,45 + 6,15 = 13,6$ kW; nach der Näherungsgleichung $(V_{Z_1} + V_{O+P}) = k' \cdot V_{Z_1} \cdot k_c^2$ — wobei für die Ausführung mit 0,5 mm starken 2-Wellblechen im Ständer und 0,5 mm starken 3,6-Wellblechen im *Kurzschluß*läufer $k' = 2,1$ einzusetzen ist — ergibt sich für die gesamten Eisenverluste $V_{Fe} + V_{O+P} = V_{j_1} + (V_{Z_1} + V_{O+P}) = 5,32 + 2,1 \cdot 2,13 \cdot 1,43^2 = 14,5$ kW.

Wirkungsgrad. Die Gesamtverluste beim Nennbetrieb ergeben sich aus den Einzelverlusten

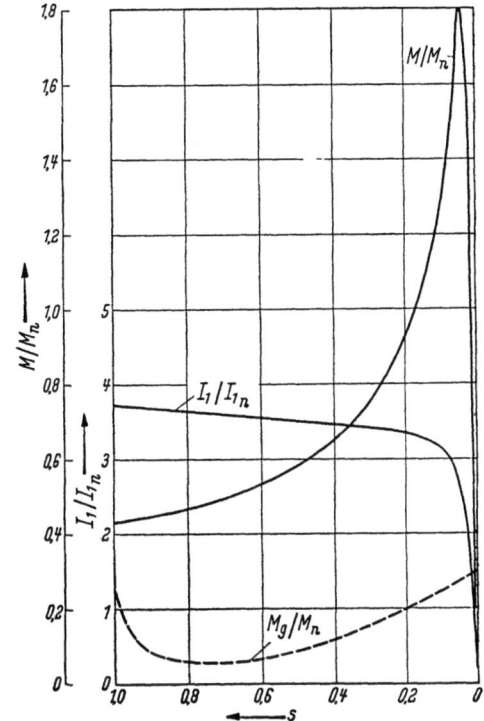

Abb. 131. $\frac{J_1}{J_{1n}}$, $\frac{M}{M_n}$ und $\frac{M_g}{M_n}$ in Abhängigkeit vom Schlupf s

Ohmsche Verluste der Ständerwicklung	$V_{Cu_1} = 17,5$ kW
Ohmsche Verluste der Käfigwicklung	$V_{Cu_2} = 19,8$ kW
Zusatzverluste	$V_{Zus} = 7,5$ kW
Eisenverluste (Grundverluste) im Ständerblechpaket (Zähne + Joch)	$V_{Fe} = 7,45$ kW
Oberflächen- und Pulsationsverluste im Ständer- und Läuferblechpaket	$V_{O+P} = 6,15$ kW
Luft- und Lagerreibungsverluste	$V_R = 11,1$ kW
Gesamtverluste	69,5 kW

Der Wirkungsgrad beim Nennbetrieb ist daher

$$\eta_n = \frac{N_n}{N_n + \sum V_{erl}} = \frac{1500}{1500 + 69,5} \cdot 100 = 95,5\%$$

(gegenüber $\eta_{n_{angen}} = 95\%$).

Die Anlaufdauer und die Anlaufwärme. In der Abb. 131 sind die errechneten Werte $\frac{J_1}{J_{1n}}$ und $\frac{M}{M_n}$ in Abhängigkeit vom Schlupf s als Schaulinien dargestellt; es ist zu bemerken, daß bei der Berechnung dieser Werte die *Abhängigkeit der Streublindwiderstände vom Strom*[1], die insbesondere bei hohen Strömen (für $s = s_k$ bis $s = 1$) ins Gewicht fällt, nicht berücksichtigt worden ist. Als Schaulinie wurde auch das Gegenmoment des vom Motor angetriebenen Kompressors dargestellt. Trägt man die Werte

$$\frac{1}{\frac{M}{M_n} - \frac{M_g}{M_n}} \quad \text{bzw.} \quad \frac{s \cdot \frac{M}{M_n}}{\frac{M}{M_n} - \frac{M_g}{M_n}}$$

in Abhängigkeit vom Schlupf s auf (Abb. 132) und bestimmt — unter Berücksichtigung des Flächenmaßstabes (im Beispiel ist $1 \text{ cm}^2 = 0{,}2 \cdot 0{,}4 = 0{,}08$) — die Flächen, die von den obengenannten Schaulinien, der Abszissenachse und den den Schlupfwerten $s = 1$ bzw. $s = s_n$ entsprechenden Ordinaten eingeschlossen werden, so ergibt sich mit $GD^2 = 2700$ kgm² (für Motor + Kompressor), $M_n = 985$ mkg und

$$T_A = \frac{GD^2 \cdot n_d}{375 \cdot M_n} = \frac{2700 \cdot 1500}{375 \cdot 985}$$

$= 11$ s [nach Gl. (290a)]

$$A_{2_0} = \frac{GD^2 \cdot n_d^2}{730 \cdot 10^3} = \frac{2700 \cdot 1500^2}{730 \cdot 10^3}$$

$= 8325$ kWs [nach Gl. 291a])

entsprechend den Gln. (288), (289):

die Anlaufdauer

$$t_A = T_A \int_{s=1}^{s=s_n} \frac{ds}{\frac{M}{M_n} - \frac{M_g}{M_n}}$$

$= 11 \, [\text{Fläche}]_{s=1}^{s=s_n}$

$= 11 \cdot \dfrac{99{,}765}{4} \cdot 0{,}08 = 21{,}95$ s,

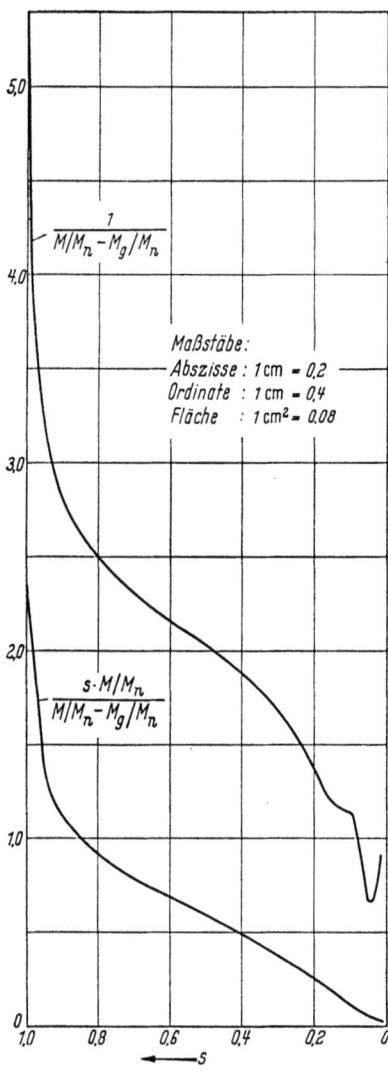

Abb. 132. Zur Ermittlung der Anlaufdauer und der Anlaufwärme

---

[1] Vgl. RICHTER: IV. Bd., Abschn. B 6b und MÖLLER: ETZ 1932, S. 861.

die Anlaufwärme $A_2 = 2A_{2_0} \displaystyle\int_{s=1}^{s=s_n} \dfrac{s \cdot \dfrac{M}{M_n} \cdot ds}{\dfrac{M}{M_n} - \dfrac{M_g}{M_n}} = 2 \cdot 8325\ [\text{Fläche}]_{s=1}^{s=s_n}$

$$= 16650 \cdot \dfrac{31{,}825}{4} \cdot 0{,}08 = 10598\ \text{kWs};$$

die mittlere Übertemperatur der Käfigstäbe ist dabei mit $c = 380$ Ws/°C · kg und $G_2 = 274$ kg für die Messingstäbe entsprechend der Gl. (294)

$$\vartheta = \dfrac{A_2 \cdot 10^3}{c \cdot G_2} = \dfrac{10600 \cdot 10^3}{380 \cdot 274} = 102\ °\text{C}.$$

Den angegebenen Werten der Anlaufdauer und der Anlaufwärme würde ein mittleres Beschleunigungsmoment $\dfrac{M_{b_m}}{M_n} = 0{,}5$ und ein mittleres

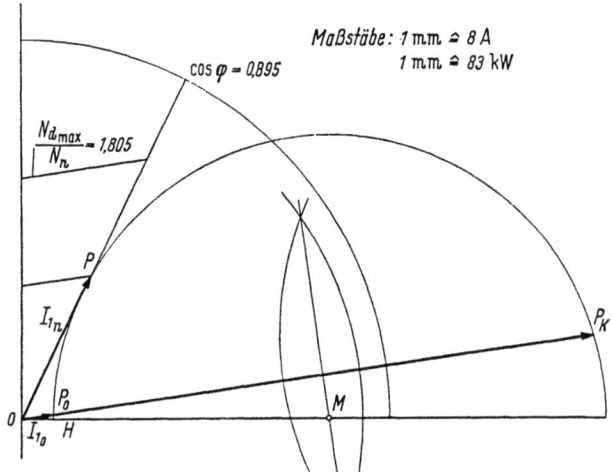

Abb. 133. Kreisdiagramm des Motors mit Hochstabkäfigläufer

Motordrehmoment $\dfrac{M_m}{M_n} = 0{,}65$ entsprechen; denn mit diesen Werten ergibt sich nach Gln. (292) bzw. (293)

$$t'_A \approx T_A \dfrac{1}{\dfrac{M_{b_m}}{M_n}} = \dfrac{11}{0{,}5} = 22\ \text{s} \quad \text{bzw.} \quad A'_2 = A_{2_0} \dfrac{\dfrac{M_m}{M_n}}{\dfrac{M_{b_m}}{M_n}}$$

$$= 8325 \cdot \dfrac{0{,}65}{0{,}5} = 10700\ \text{kWs}.$$

Abb. 133 zeigt das HEYLAND-Kreisdiagramm des Motors.

12 Klamt, Elektrische Maschinen

3. Beispiel der Berechnung eines Drehstrommotors mit Doppelkäfigläufer

Im folgenden wird für einen Drehstrommotor für 100 kW, 500 VΔ, 50 Hz, 1500 U/min synchron mit gegebenem Ständer ein Doppelkäfigläufer für bestimmte Anzugsverhältnisse entworfen und die unter Berücksichtigung des Kap. II D 2 sich ergebende Ausführung mit der von NÜRNBERG[1] in seinen Berechnungsbeispielen angegebenen verglichen.

Daten und Abmessungen des Ständers. Bohrungsdurchmesser $D_i = 315$ mm, Ankerlänge $L = l = 220$ mm, Nutenzahl $N_1 = 2p\, m_1 q_1 = 4 \cdot 3 \cdot 5 = 60$, Luftspalt $\delta = 0{,}8$ mm, Sehnung der Wicklung $\dfrac{s}{\tau_p} = \dfrac{13}{15}$, Windungen je Strang $w_1 = 90$, Wicklungsfaktor $\xi_1 = \xi_{z_1} \cdot \xi_{s_1} = 0{,}936$, Ohmscher Widerstand je Strang $r_1 = 0{,}218$ Ohm, Streublindwiderstand je Strang $x_1 = 0{,}72$ Ohm[2].

Bei Annahme von $\eta_n = 0{,}91$ und $\cos \varphi_{1_n} = 0{,}88$ ist

$$N_{s_n} = \frac{100}{0{,}91 \cdot 0{,}88} = 124{,}5 \text{ kVA}, \quad J_{1_{n\text{Strang}}} = \frac{124{,}5 \cdot 10^3}{3 \cdot 500} = 83 \text{ A},$$

$$J_{1_{n\text{Netz}}} = 83 \cdot \sqrt{3} = 144 \text{ A};$$

Magnetisierungsstrom $J_\mu = 18$ A $(= 21{,}7\%$ von $J_{1_n} = 83$ A).

Doppelkäfigläufer. Gewählt wurden $N_2 = 2p \cdot m_1 \cdot q_2' = 4 \cdot 3 \cdot 4 = 48$ Doppelnuten, die Nutteilung am Läuferaußendurchmesser ist daher $\tau_{n_2} = \dfrac{\pi \cdot d_a}{N_2} = \dfrac{\pi \cdot 31{,}34}{48} = 2{,}05$ cm. Die je Stab induzierte EMK ist nach Gl. (405)

$$E'_{\text{St}} = E'_2 = \frac{U_1}{1 + \tau_1} \cdot \frac{\frac{1}{2} \cdot 1}{w_1 \xi_1} = \frac{500}{1{,}025} \cdot \frac{\frac{1}{2} \cdot 1}{90 \cdot 0{,}936} = 2{,}9 \text{ V}.$$

Mit den Reibungsverlusten $V_R = 0{,}71$ kW, mit den Zahnpulsations- und Oberflächenverlusten $V_{O+P} = 0{,}905 - 0{,}17 = 0{,}735$ kW und mit dem Nennschlupf $s_n = 0{,}027$[3] ergibt sich nach Gl. (406) der Läuferstrom je Strang beim Nennbetrieb zu

$$J'_{2_n} = p \frac{\dfrac{N_n + V_R + V_{O+P}}{1 - s_n}}{Z_2 \cdot E'_2 (1 - \varepsilon) \cdot \cos \psi_2} = 2 \frac{100 + 0{,}71 + 0{,}735}{48 \cdot 2{,}9 \cdot 0{,}94 \cdot 0{,}98 \cdot 0{,}973} = 1625 \text{ A}.$$

---

[1] NÜRNBERG: Die Asynchronmaschine. Abschn. 88.

[2] Es ist $\dfrac{x_1 \cdot J_{1_n}}{U_1} \cdot 100 = \dfrac{0{,}72 \cdot 83}{500} \cdot 100 = 11{,}95\%$.

[3] Für vierpolige stark ausgenutzte Motoren für Dauerbetrieb gibt RICHTER (IV. Bd., Kap. O 2) etwa die folgenden Werte an:

N_n	10	30	50	100	250	500	kW
s_n	4,25	3,5	3,2	2,5	2	1,8	%

(Vgl. auch SCHUISKY: Elektromotoren. Kap. V B 1).

Dem Schlupfwert $s_n = 0,027$ entsprechen nach Gl. (398c) die relativen Ohmschen Verluste in der Käfigwicklung

$$\frac{V_{Cu_2}}{N_n} = \left(1 + \frac{V_R + V_{0+P}}{N_n}\right)\frac{s_n}{1-s_n} = \left(1 + \frac{1,445}{100}\right)\frac{0,027}{0,973} = 0,0282;$$

den Verlusten $V_{Cu_2} = 0,0282 \cdot 100 = 2,82$ kW entspricht also der Ohmsche Widerstand

$$R'_{2_n} = \frac{V_{Cu_2}}{m_2 \cdot J'^2_{2_n}} = \frac{2,82 \cdot 10^3}{\frac{48}{2} \cdot 1625^2} = 0,445 \cdot 10^{-4} \text{ Ohm},$$

und unter Berücksichtigung des Faktors zur Reduktion der Widerstände auf den Primärkreis nach Gl. (411)

$$\frac{m_1 \cdot (w_1\,\xi_1)^2}{\frac{Z_2}{p}\left(\frac{1}{2}\cdot 1\right)^2} = 2\frac{4\cdot 3\cdot (90\cdot 0,936)^2}{48} = 3548$$

der Ohmsche Widerstand $R_{2_n} = 3548 \cdot 0,445 \cdot 10^{-4} = 0,158$ Ohm (dieser Wert ergibt sich auch aus der Näherungsgleichung (257a), wenn darin $c_r = 0,925$ gesetzt wird:

$$R_{2_n} = \frac{V_{w_2}}{m_1(c_r \cdot J_{1_n})^2} = \frac{2,82 \cdot 10^3}{3\,(0,925 \cdot 83)^2} = 0,158 \text{ Ohm.}\Big)$$

Die Eigenreaktanz ist $x_\mu = \frac{E_1}{J_\mu} = \frac{500 \cdot 0,975}{18} = 27,1$ Ohm, der primäre HEYLANDsche Streufaktor ist daher $\tau_1 = \frac{x_1}{x_\mu} = \frac{0,72}{27,1} = 0,0265$; mit $\tan \varphi_{1_n} = 0,539$ (entsprechend $\cos \varphi_{1_n} = 0,88$) ergibt sich nach Gl. (258a)

$$x_{2_n} = X_{2_n} + x_{2_d}$$
$$\approx \frac{1}{1+3\tau_1}\left[\left(\frac{R_{2_n}}{s_n}\right)\tan \varphi_{1_n} - \frac{1}{x_\mu}\left(\frac{R_{2_n}}{s_n}\right)^2(1+\tau_1) - x_1 + r_1 \cdot \tan \varphi_{1_n}\right]$$
$$= \frac{1}{1,08}\left[\left(\frac{0,158}{0,027}\right)0,539 - \frac{1}{27,1}\left(\frac{0,158}{0,027}\right)^2 \cdot 1,0265 - 0,72 + 0,218 \cdot 0,539\right]$$
$$= 1,16$$

und mit $x_{2_d} = 0,265$ (doppelt verkettete Streuung der Käfigwicklung)

$$X_{2_n} = x_{2_n} - x_{2_d} = 1,16 - 0,265 = 0,895.$$

Für r_a, r_l, x_l gilt somit nach Gln. (252a), (251a), (254a)

$$r_a = 0,158\left(1 + \frac{r_a}{r_l}\right), \quad r_l = 0,158\frac{1 + \frac{r_a}{r_l}}{\frac{r_a}{r_l}},$$

$$x_l = \frac{0,895}{1,07}\left(\frac{1 + \frac{r_a}{r_l}}{\frac{r_a}{r_l}}\right)^2 = 0,835\left(\frac{1 + \frac{r_a}{r_l}}{\frac{r_a}{r_l}}\right)^2;$$

diese Werte sind in der Abb. 134 in Abhängigkeit von $k = \dfrac{r_a}{r_l}$ als Schaulinien dargestellt. Unabhängig von $\dfrac{r_a}{r_l}$ sind die Streureaktanzen x_a und x_{al}, für welche die Werte $x_a = 0{,}2$ (mit Berücksichtigung der Stirnstreuung) und $x_{al} = 0{,}2$ den weiteren Berechnungen zugrunde gelegt werden. Mit den genannten Werten von r_a, x_a, r_l, x_l, x_{al} werden nunmehr in Abhängigkeit von $\dfrac{r_a}{r_l}$ die kombinierten Widerstände R_2^* und X_2^* nach Gln. (241) bis (246) für den Schlupf $s = 1$ und anschließend die relativen Werte des Anzugsstromes $\left(\dfrac{J_{1a}}{J_{1n}}\right)$ und des Anzugsdrehmomentes $\left(\dfrac{M_a}{M_n}\right)$ nach Gln. (201) bzw. (209) ermittelt; die (zweckmäßigerweise tabellarisch errechneten) Werte R_2, X_2 bzw. $\dfrac{J_{1a}}{J_{1n}}$, $\dfrac{M_a}{M_n}$ sind in der Abb. 135 bzw. Abb. 136 in Abhängigkeit von $\dfrac{r_a}{r_l}$ als Schaulinien dargestellt.

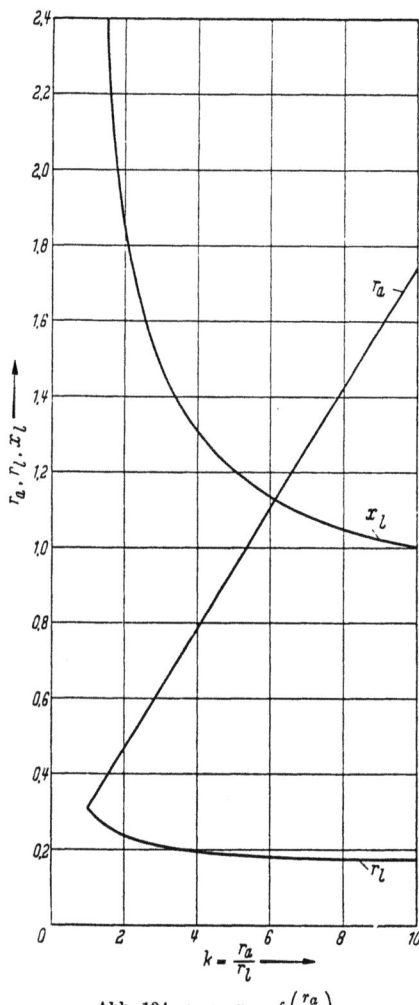

Abb. 134. r_a, r_l, $x_l = f\left(\dfrac{r_a}{r_l}\right)$

Verlangt ist ein Anzugsdrehmoment gleich dem 1,1fachen Nenndrehmoment bei einem Anzugstrom, der höchstens gleich dem 3,5fachen

* Für $c_x' \approx \dfrac{x_1}{x_l - x_{al}} = \dfrac{1{,}11}{0{,}91} = 1{,}22$, $R_{2n} = 0{,}158$, $X_{2n} = 0{,}895$, $\dfrac{\frac{X_{2n}}{c_x'}}{R_{2n}} = 4{,}645$

ergibt sich für

$\dfrac{r_l}{r_a} = 0{,}154$ $\left(\text{bzw.} \dfrac{r_a}{r_l} = 6{,}5\right)$ nach Gl. (259a) bzw. (260a): $\dfrac{R_2}{R_{2n}} = 3{,}2$, $\dfrac{X_2}{X_{2n}} = 0{,}66$

(vgl. auch Abb. 70a und 70b), daher $R_2 = 3{,}2 \cdot 0{,}158 = 0{,}505$, $X_2 = 0{,}66 \cdot 0{,}895 = 0{,}59$.

Nennstrom sein soll[1]. Bei der Wahl des Wertes von $\frac{r_a}{r_l}$, der den geforderten Anzugsverhältnissen entspricht, sind möglichst die Erfahrungen hinsichtlich der Übereinstimmung der bei Motoren mit Doppelkäfigläufern errechneten und gemessenen Werte des Anzugsstromes und des Anzugsdrehmomentes zu berücksichtigen. Wird (nach NÜRNBERG) $\frac{r_a}{r_l} = 6{,}5$ gewählt, so sind die folgenden Ohmschen Widerstände und Streureaktanzen auszuführen:

$r_a = 0{,}158\,(1 + 6{,}5)$
$\quad = 1{,}185,$

$r_l = 0{,}158 \cdot \dfrac{7{,}5}{6{,}5} = 0{,}182,$

$x_l = 0{,}835 \left(\dfrac{7{,}5}{6{,}5}\right)^2 = 1{,}11,$

$x_l - x_{al}$
$\quad = 1{,}11 - 0{,}2 = 0{,}91$

bzw. — unter Berücksichtigung des Faktors zur Reduktion der Widerstände vom Sekundärkreis auf den Primärkreis —

$r'_a = \dfrac{1{,}185}{3548} = 3{,}34 \cdot 10^{-4},$

$r'_l = \dfrac{0{,}182}{3548} = 0{,}515 \cdot 10^{-4},$

$x'_l - x'_{al} = \dfrac{0{,}91}{3548}$
$\quad = 2{,}565 \cdot 10^{-4}.$

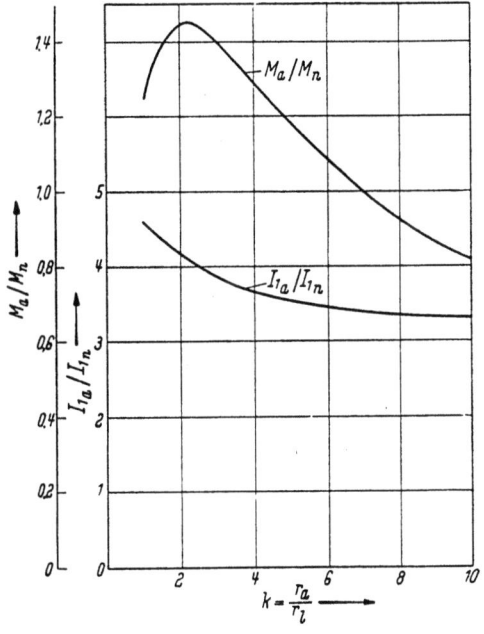

Abb. 135. $R_{2a},\ X_{2a} = f\left(\dfrac{r_a}{r_l}\right)$

Abb. 136. $\dfrac{J_{1a}}{J_{1n}},\ \dfrac{M_a}{M_n} = f\left(\dfrac{r_a}{r_l}\right)$

---

[1] Gütegrad $\dfrac{\frac{M_a}{M_n}}{\frac{J_{1a}}{J_{1n}}} = \dfrac{1{,}1}{3{,}5} = 0{,}314.$

Die Asynchronmaschine

Obige Werte gelten *je Strang* im Sekundärkreis, *je Stab* ist daher

$$p\,r'_a = 6{,}68 \cdot 10^{-4}, \quad p\,r'_l = 1{,}03 \cdot 10^{-4}, \quad p(x'_l - x'_{al}) = 5{,}13 \cdot 10^{-4};$$

diese Werte entsprechen praktisch den von Nürnberg[1] angegebenen Werten für r_0, r_u, x_u.

Anmerkung. Im folgenden werden die Nennbetriebsdaten kontrolliert. Nach Gln. (241) bis (246) ist für $s_n = 0{,}027$

$a = r_a^2 + s_n^2(x_l - x_{al})^2 = 0{,}182^2 + 0{,}027^2 \cdot 0{,}91^2 = 0{,}0341,$

$b = r_a^2 + s_n^2(x_a - x_{al})^2 = 1{,}185^2 = 1{,}405, \quad c = (r_a + r_l)^2 = 1{,}368^2 = 1{,}88,$

$d = s_n^2[(x_a - x_{al})^2 + (x_l - x_{al})^2] = 0{,}027^2 \cdot 0{,}91^2 = 0{,}000605,$ daher

$$r_{2n} = R_{2n} = \frac{r_a \cdot a + r_l \cdot b}{c + d} = \frac{1{,}185 \cdot 0{,}0341 + 0{,}182 \cdot 1{,}405}{1{,}88 + 0{,}000605} = 0{,}158\,\text{Ohm};$$

$X_{2n} = 0{,}88, \quad x_{2n} = X_{2n} + x_{2d} = 0{,}88 + 0{,}265 = 1{,}145\,\text{Ohm};$

daher ist nach Gln. (197) bis (202) und (204) bzw. (195)

$$f = 1 + \frac{x_2}{x_\mu} = 1 + \frac{1{,}145}{27{,}1} = 1{,}0422, \quad h = \frac{-\frac{r_2}{s_n}}{x_\mu} = \frac{-\frac{0{,}158}{0{,}027}}{27{,}1} = -0{,}216,$$

$$p = r_1(1 + \tau_2) + \frac{r_2}{s_n}(1 + \tau_1) = 0{,}218 \cdot 1{,}0422 + \frac{0{,}158}{0{,}027} \cdot 1{,}0265 = 6{,}234,$$

$$q = x_1 + x_2(1 + \tau_1) - \frac{r_1 \cdot \frac{r_2}{s_n}}{x_\mu} = 0{,}72 + 1{,}145 \cdot 1{,}0265 - 0{,}218 \cdot 0{,}216 = 1{,}848,$$

$$J_{1n} = U_1\sqrt{\frac{f^2 + h^2}{p^2 + q^2}} = 500\sqrt{\frac{1{,}0422^2 + 0{,}216^2}{1{,}234^2 + 1{,}848^2}} = 81{,}75\,\text{A},$$

$$J_{2n} = U_1\sqrt{\frac{1}{p^2 + q^2}} = \frac{500}{6{,}5} = 77, \quad J'_{2n} = \frac{77}{0{,}0475} = 1621\,\text{A},$$

$\left(\text{wobei } \dfrac{m_1 \cdot (w_1\,\xi_1)}{\dfrac{Z_2}{p} \cdot \left(\dfrac{1}{2} \cdot 1\right)} = 2\,\dfrac{2 \cdot 3 \cdot (90 \cdot 0{,}936)}{48} = \dfrac{1}{0{,}0475}\right.$ der Faktor zur Reduktion des Läuferstromes auf den Primärkreis ist$\bigg)$,

$$\tan\varphi_{1_n} = \frac{f\,q - h\,p}{f\,p + h\,q} = \frac{1{,}0422 \cdot 1{,}848 + 0{,}216 \cdot 6{,}234}{1{,}0422 \cdot 6{,}234 - 0{,}216 \cdot 1{,}848} = 0{,}537,$$

$$\cos\varphi_{1_n} \doteq 0{,}881.$$

Aus den Einzelverlusten (beim Nennbetrieb)

Ohmsche Verluste der Ständerwicklung	4,5 kW
Ohmsche Verluste der Käfigwicklung	2,82 kW
Zusatzverluste (0,005 · 100 kW)	0,5 kW
Eisenverluste im Ständerblechpaket	1,56 kW
Oberflächen- und Pulsationsverluste	
Luft- und Lagerreibungsverluste	0,71 kW
ergeben sich die Gesamtverluste zu	10,09 kW;

---

[1] s. Fußn. 1 S. 164

der Wirkungsgrad ist daher $\eta_n = \frac{100}{110,09} = 0,91$; Abb. 137 zeigt das Spannungs- und Stromdiagramm beim Nennbetrieb; hierin ist

$U_1 = 500$ V, $J_1 \cdot r_1 = 18,1$ V, $J_1 \cdot x_1 = 59,8$ V,
$E_1 = 459$ V, $s_n \cdot E_2 = 12,35$ V, $J_2 \cdot r_{2_n} = 12,2$ V,
$J_2 \cdot s_n \cdot x_{2_n} = 2,3$ V, $J_1 = 83$ A, $J_2 = 77$ A,
$J_\mu = 18$ A.

IV. Die Schenkelpol-Synchronmaschine für Drehstrom

A. Der Entwurf und die Bemessung

1. Die Ausnutzungsziffer und die Bestimmung der Hauptabmessungen

Der Ausgangspunkt zur Bestimmung der Hauptabmessungen der Synchronmaschine ist wie bei der Asynchronmaschine die Scheinleistung im Nennbetrieb $N_{s_n} = \frac{N_n}{\eta_n \cdot \cos\varphi_n}$ in Verbindung mit der Ausnutzungsziffer C nach Gl. (382). Durchschnittswerte von C — die bei gleicher Polleistung mit zunehmender Polzahl größer werden — sind in der Abb. 138 in Abhängigkeit von der Polleistung bei verschiedenen Polzahlen angegeben. Sie gelten für den Betrieb bei $\cos\varphi = 0,8$, normale Spannungen (> 5000 V) und 50 Hz ($\pm$ 20%) und setzen eine einlagige Erregerwicklung voraus. Für den Betrieb bei $\cos\varphi = 1,0$ erhöht sich der Wert von C um etwa 5%; die mit Rücksicht auf eine vorgeschriebene Erregerspannung etwa erforderliche Ausführung einer mehrlagigen Erregerwicklung hat eine Herabsetzung der Ausnutzungsziffer zur Folge.

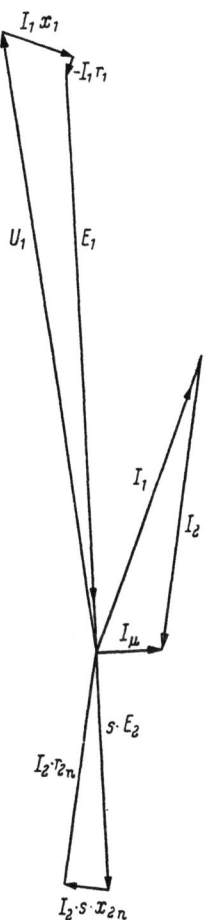

Abb. 137. Spannungs- und Stromdiagramm des Motors mit Doppelkäfigläufer

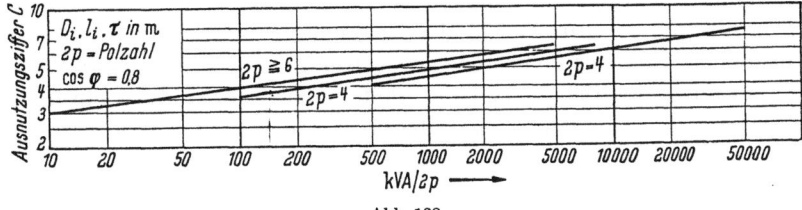

Abb. 138

Die Wahl des Bohrungsdurchmessers D_i $\left(D_i = \dfrac{2p \cdot \tau_p}{\pi} \cdot 10^{-2} \text{ in m}\right)$ ist sowohl von der der Bauform der Maschine — mit *Rund-* oder *Lang-*polen — als auch von der auftretenden Überdrehzahl (Durchgangsdrehzahl bei Generatoren für Antrieb durch Wasserkraftmaschinen)[1] und den dabei mechanisch zulässigen Umfangsgeschwindigkeiten abhängig. Die Polteilung τ_p (cm) hängt ebenso wie die Ausnutzungsziffer C in starkem Maße von der Polleistung ab; unter Zugrundelegung einer Durchgangsdrehzahl von 180% der Nenndrehzahl und einer zulässigen

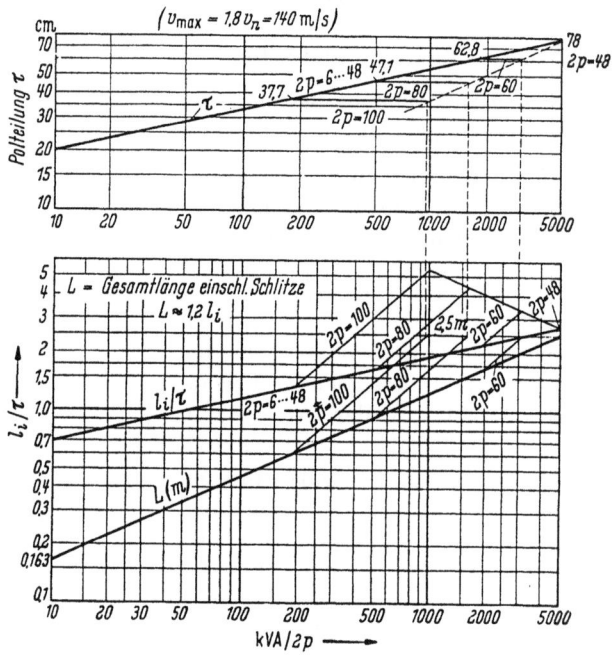

Abb. 138—140. Ausnützungsziffer C, Polteilung τ_p und Quotient $\dfrac{l_i}{\tau_p}$ in Abhängigkeit von $\dfrac{\text{kVA}}{2p}$ bei Synchronmaschinen mit ausgeprägten Polen (nach RZIHA)

höchsten Umfangsgeschwindigkeit von 140 m/s (bei der Durchgangsdrehzahl) gültige Mittelwerte der Polteilung sind in der Abb. 139 in Abhängigkeit von der Polleistung angegeben. Nach Festlegung der Werte der Ausnutzungsziffer C und der Polteilung τ_p (bzw. des Bohrungsdurchmessers D_i) entsprechend der Polleistung ergibt sich aus der

---

[1] Vgl. Regeln für elektrische Maschinen, VDE 0530/3.59, § 67, Tafel 15.

Gl. (382) die Ankerlänge l_i (m). Bei Maschinen mit Rundpolen (deren Ausführung bei nicht zu großen Leistungen besonders wirtschaftlich ist) ist das Verhältnis $\frac{l_i}{\tau_p} = 0{,}6$ bis $0{,}7$, bei Maschinen mit Langpolen schwankt es in weiten Grenzen und ist in Abhängigkeit von der Polleistung in der Abb. 140 dargestellt.

Mit Rücksicht auf die Durchbiegung des Läufers und Gehäuses sowie auf die Montage wird bei Maschinen normaler Länge der Luftspalt zu $\delta = (0{,}010$ bis $0{,}018) \tau_p$ gewählt.

2. Die magnetischen und elektrischen Beanspruchungen

Das der Ausnutzungsziffer C proportionale Produkt $B_L \cdot A_1$ [s. Gl. (382a)] wird man so zerlegen, daß bei einer möglichst hoch gewählten Luftspaltinduktion der Strombelag mit Rücksicht auf die Kurzschlußfestigkeit der Maschine einen Mindestwert nicht unterschreitet. Für die Luftspaltinduktion B_L kommen je nach Polteilung und Polzahl Werte zwischen 7000 und 10000 Gauß (und darüber) in Betracht, für den Ständerstrombelag A_1 (mit zunehmender Leistung) Werte von etwa 300 bis zu 650 A/cm.

Bei Schenkelpolgeneratoren für 50 Hz und den Betrieb bei $\cos \varphi = 0{,}8$ gelten die folgenden Werte als normale Beanspruchungen:

10 bis 12000 Gauß im (ungeschwächten) Ständerjoch[1],
15 „ 17000 „ in der Zahnmitte der Ständerzähne,
13 „ 15000 „ im Polschaft,
10 „ 12000 „ im Läuferjoch, geblecht oder Stahlguß,
5 „ 7000 „ im Läuferjoch bei Gußeisen.

Aus konstruktiven Gründen wird die Ständerjochhöhe etwa gleich der Nuthöhe ausgeführt; der Polradjochquerschnitt wird oft mit Rücksicht auf das verlangte Schwungmoment reichlich bemessen; aus diesen Gründen werden daher häufig die angegebenen Werte für die Ständer- bzw. Läuferinduktion wesentlich unterschritten.

Die Stromdichte in der Ständerwicklung ist mit $s_1 = 3$ bis 5 A/mm² sehr von dem Verhältnis $\frac{l_i}{\tau_p}$, von der Länge der Blechteilpakete und von der Stärke der Isolation bei den verschiedenen Spannungsstufen abhängig; bei vielpoligen Maschinen wird zur Erzielung eines besseren Wirkungsgrades die Stromdichte oft kleiner gewählt als es mit Rück-

---
[1] Siehe hierzu Kap. III A 4.

sicht auf die Erwärmung zulässig wäre. Beim Entwurf der Erregerwicklung (deren Wärmeabgabezahl sich nur wenig mit der Polteilung und Polzahl ändert) geht man von der spezifischen Oberflächenbelastung aus, für die bei einlagigen Wicklungen Werte bis zu 200 W/m² · °C erreicht werden, bei mehrlagigen Wicklungen Werte von 80 bis zu 120 W/m² · °C. Zur Bestimmung der Kühlziffer w hat sich die folgende Formel praktisch bewährt:

$$w = w_0 \cdot \sqrt{\frac{v}{h_w}} \; [\text{W/m}^2 \cdot °\text{C}], \qquad (434)$$

wobei v die Umfangsgeschwindigkeit in m/s und h_w die bewickelte Polschafthöhe in cm bezeichnet; bei einlagigen Wicklungen ist $w_0 = 60$ bis 70, bei mehrlagigen Wicklungen $w_0 = 35$ bis 50 zu setzen.

Ist N_v (kW) die abzuführende Verlustleistung (ohne Lagerreibungsverluste), Δt (°C) die zulässige Übertemperatur in der Maschine, so wird als Kühlluftmenge

$$Q = \frac{2{,}5 \cdot N_v}{\Delta t} \left[\frac{\text{m}^3}{\text{s}}\right] \qquad (435)$$

gewählt. (Erwärmung der Kühlluft hierbei etwa $1/3$ der zulässigen Übertemperatur der Maschine.)

3. Die Ständerwicklung und die Ständernutung

a) Die induzierte EMK der Wechselstromwicklung. Für den Effektivwert der je Strang der Ständerwicklung mit w_1 Windungen vom Polfluß Φ induzierten EMK gilt nach Gl. (387) $E_1 = 4 \cdot f_B \cdot f_1 \cdot w_1 \cdot \xi_1 \cdot \Phi \cdot 10^{-8}$ mit $\Phi = B_L \cdot \alpha_i \cdot \tau_p \cdot l_i$ aus Gl. (430); die Werte von f_B und α_i sind den Abb. 5 und 6 zu entnehmen. Bezeichnet B_1 die Amplitude der Grundwelle der Felddichte im Luftspalt und $\Phi_1 = B_1 \cdot \frac{2}{\pi} \cdot \tau_p \cdot l_i$ den ihr entsprechenden Kraftfluß, so ergibt sich unter Berücksichtigung des Quotienten $\beta = \frac{B_L}{B_1}$ und des Produktes $\varphi = \alpha_i \cdot \beta = \frac{2}{\pi} \cdot \frac{1{,}11}{f_B}$ [s. Gl. (11)]

$$\Phi = B_1 \cdot \beta \cdot \alpha_i \cdot \tau_p \cdot l_i = B_1 \cdot \varphi \cdot \tau_p \cdot l_i = \frac{\varphi}{\frac{2}{\pi}} \cdot \Phi_1, \qquad (436), (436\text{a}), (436\text{b})$$

mithin für die induzierte EMK

$$E_1 = 4{,}44 \cdot f_1 \cdot w_1 \cdot \xi_1 \cdot \Phi_1 \cdot 10^{-8}. \qquad (437)$$

In den Abb. 141 und 142 sind die aus Feldbildern ermittelten Werte von β und φ bei Rechteck- bzw. Sinuspolen in Abhängigkeit von $\frac{b}{\tau_p}$ als

Schaulinien dargestellt; sie gelten für einen mittleren Luftspalt $\delta = (0{,}015 \text{ bis } 0{,}025) \times \tau_p$.

b) Die Streureaktanzspannungen. Für die Nutenstreuung und die Zahnkopfstreuung gelten die in den Gln. (60a) und (74a) angegebenen Leitwertzahlen λ_n und λ_k; die zugehörige Reaktanzspannung (V) ist

$$E_{n+k} = J_1 \cdot x_{n+k}$$
$$= J_1 \cdot 1{,}6\,\pi^2 \cdot f_1$$
$$\times \frac{w_1^2}{p} \cdot \frac{l_n}{q}(\lambda_n + \lambda_k) \cdot 10^{-8}. \qquad (438)$$

Für die Spulenkopfstreuung gilt bei Synchronmaschinen mit Zweischichtwicklung im *synchronen Betrieb* (wenn also der Ständerwicklung außer der entfernter liegenden Erregerwicklung nur die *stromlose* Dämpferwicklung gegenüberliegt) nach Gl. (66) der Leitwert $\varLambda_s = 0{,}43 \cdot l_s \cdot \xi_s^2$ mit der Spulenkopflänge l_s (cm) nach Gl. (67); die zugehörige Reaktanzspannung (V) ist

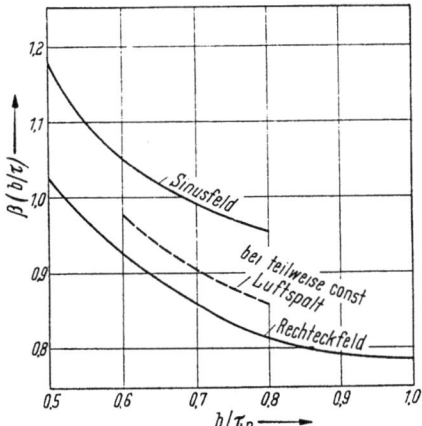

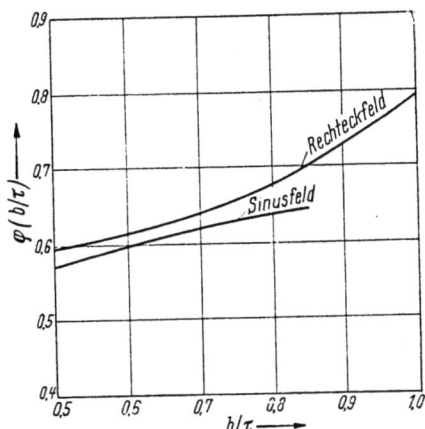

Abb. 141 u. 142. Feldfaktoren β und φ in Abhängigkeit von $\frac{b}{\tau_p}$ bei Schenkelpolmaschinen (nach RZIHA)

$$E_s = J_1\, x_s = J_1 \cdot 1{,}6\,\pi^2 \cdot f_1 \cdot \frac{w_1^2}{p} \cdot \varLambda_s \cdot 10^{-8}. \qquad (439)$$

Bezogen auf die Nennspannung $U_1 \approx E_1 = 4{,}44 \cdot f_1 \cdot w_1 \cdot \xi_1 \cdot \Phi_1 \cdot 10^{-8}$ [entsprechend Gl. (437)] ergeben sich mit $A_1 = \dfrac{J_1 \cdot 2 m_1 \cdot w_1}{\pi D_i}$ und $q_1 = \dfrac{\pi D_i}{2p \cdot m_1 \cdot \tau_{n_1}}$ die relativen Streureaktanzspannungen

$$\frac{E_{n+k}}{U_1} \approx 5{,}6 \cdot \frac{\tau_{n_1}}{\tau_p} \cdot \frac{\lambda_n + \lambda_k}{\xi_1} \cdot \frac{A_1}{B_1}, \qquad (438\text{a})$$

$$\frac{E_s}{U_1} = 5{,}6 \cdot \frac{\tau_{n_1}}{\tau_p} \cdot q_1 \frac{\varLambda_s}{l_i \cdot \xi_1} \cdot \frac{A_1}{B_1}, \qquad (439\text{a})$$

wobei τ_{n_1} (cm) die Ständernutteilung bezeichnet.

Bei herausgenommenem Läufer kommt zu den Streuspannungen $\frac{E_{n+k}}{U_1}$ und $\frac{E_s}{U_1}$ noch die der Bohrungsstreuung entsprechende Streuspannung $\frac{E_B}{U_1} = 1{,}76 \cdot \xi_1 \cdot \frac{A_1}{B_1}$ nach Gl. (345) hinzu.

c) Die Wicklung und die Nutung. Die vielpoligen Schenkelpolgeneratoren werden fast ausschließlich mit zweischichtigen Bruchlochwicklungen ausgeführt, nur Maschinen kleinerer Leistung mitunter noch mit ein- oder zweischichtigen Ganzlochwicklungen.

α) Die Ganzlochwicklungen. Zum Entwurf einer Wechselstromwicklung wird vielfach der Nutenstern (bzw. Spulenseitenstern) benutzt, dessen Strahlen die Amplituden der in den Leitern der einzelnen Nuten erregten Spannungen darstellen. Da dem Raumwinkel zwischen den Mitten zweier aufeinanderfolgender ungleichnamiger Pole 180° entsprechen und innerhalb dieses Winkels zwischen zwei Polmitten $\frac{N}{2p}$ Nuten liegen, so sind die Wechselspannungen der Leiter benachbarter Nuten um den Winkel

$$\alpha = \frac{p}{N} \cdot 360° \qquad (440)$$

in der Phase verschoben. Benachbarte Strahlen sind um den Winkel $\alpha' = \frac{360°}{N}$ gegeneinander verdreht, wenn der Bruch $\frac{p}{N}$ teilerfremd ist, und um den Winkel

$$\alpha' = \frac{t}{N} \cdot 360°, \qquad (441)$$

wenn t der größte gemeinsame Teiler dieses Bruches ist.

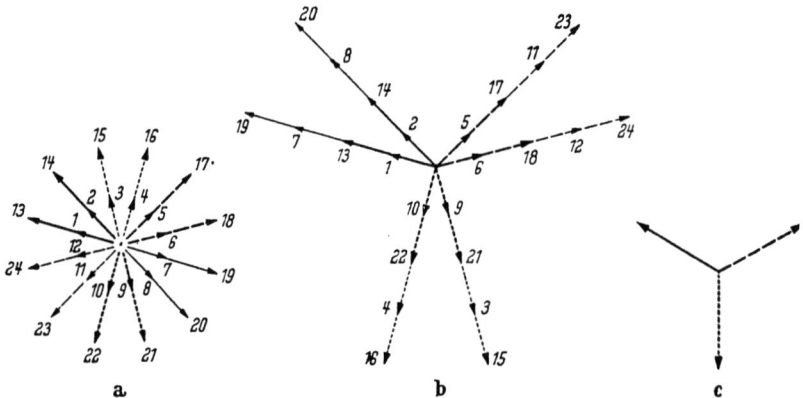

Abb. 143 a—c. a) Nutenstern einer Dreiphasenwicklung mit 24 Nuten für 4 Pole; b) Stern der Einzelspannungen; c) Strangspannungen (nach BÖDEFELD-SEQUENZ)

Bei einer Wicklung mit m Wicklungssträngen ist die Zahl der Spulen — und somit der Strahlen — je Wicklungsstrang

$$\gamma = \frac{N}{2m}, \quad (442)$$

da zu jeder Spule zwei um möglichst 180° in der Phase verschobene Spulenseiten (positive und negative), also zwei Nuten gehören. Abb. 143a zeigt den Nutenstern für eine einschichtige vierpolige ($2p = 4$) Dreiphasenwicklung ($m = 3$) mit $q = 2$ Nuten je Pol und Strang; die Nutenzahl ist $N = 2p \cdot m \cdot q = 24$, ferner ist $\gamma = \frac{N}{2m} = 4$, $\alpha = \frac{p}{N} \cdot 360° = 30°$,

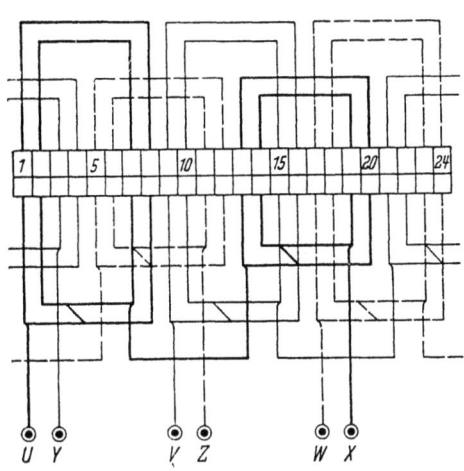

Abb. 144. Zweietagenwicklung mit 24 Nuten für 4 Pole

$\alpha' = \frac{t}{N} \cdot 360° = 30°$. In der Abb. 143b sind die Spannungen der positiven und negativen Spulenseiten zusammengesetzt; Abb. 143c zeigt den Stern der Strangspannungen. Eine der verschiedenen möglichen Schaltungsarten dieser Wicklung — und zwar als Zweietagenwicklung mit ungleichartigen Spulen — ist in der Abb. 144 wiedergegeben.

Bei einer *zweischichtigen* Wechselstromwicklung ordnet man nur die oberschichtigen Spulenseiten nach dem Nutenstern den Wicklungssträngen zu und vereinigt jede oberschichtige Spulenseite mit einer (um eine gewünschte Spulenweite von ihr entfernten) unterschichtigen Spulen-

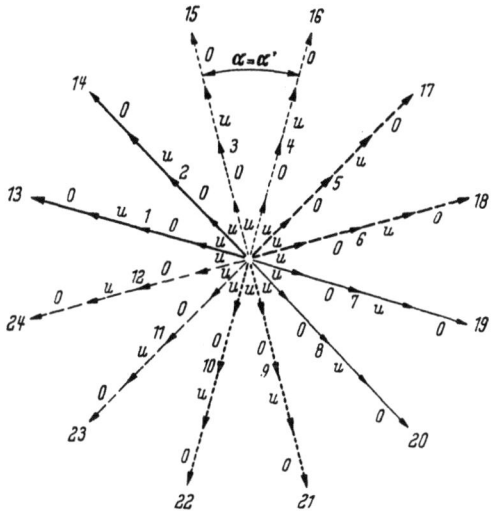

Abb. 145. Spulenseitenstern für eine dreiphasige Zweischichtwicklung mit Durchmesserspulen mit 24 Nuten für 4 Pole (nach BÖDEFELD-SEQUENZ)

seite zu Spulen gleicher Weite; bei *Durchmesser*wicklungen ist die Spulenweite gleich der Polteilung, bei *gesehnten* Wicklungen kleiner (oder größer) als diese. Die Abb. 145 und 146 zeigen den Spulen-

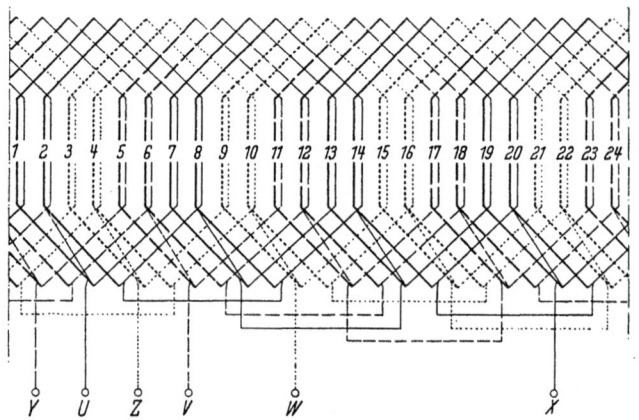

Abb. 146. Dreiphasige Zweischichtwicklung mit Durchmesserspulen mit 24 Nuten für 4 Pole (nach BÖDEFELD-SEQUENZ)

seitenstern bzw. den Schaltungsplan einer zweischichtigen Dreiphasenwicklung mit Durchmesserspulen, die aus der dreiphasigen, vierpoligen Einschichtwicklung mit 24 Nuten — deren Nutenstern in der Abb.143a dargestellt ist — entsteht, wenn jede oberschichtige Spulenseite mit einer um eine Polteilung gegen sie verschobenen unterschichtigen Spulenseite verbunden wird. Werden die oberschichtigen Spulenseiten mit einer unterschichtigen Spulenseite verbunden, die gegen sie um weniger oder mehr als eine Polteilung verschoben ist, so entsteht eine Dreiphasenwicklung mit gesehnten Spulen; die Abb. 147 und 148 zeigen z. B. den Spulenseitenstern und den Schaltungsplan der bereits genannten drei-

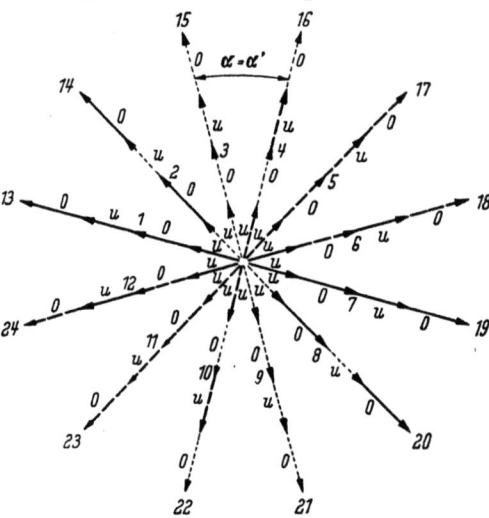

Abb. 147. Spulenseitenstern für eine dreiphasige Zweischichtwicklung mit Sehnenspulen (Spulenweite = $^5/_6$ Polteilung) mit 24 Nuten für 4 Pole (nach BÖDEFELD-SEQUENZ)

phasigen, vierpoligen Zweischichtwicklung mit 24 Nuten bei $^5/_6$ Sehnung (Spulenweite = $^5/_6$ der Polteilung).

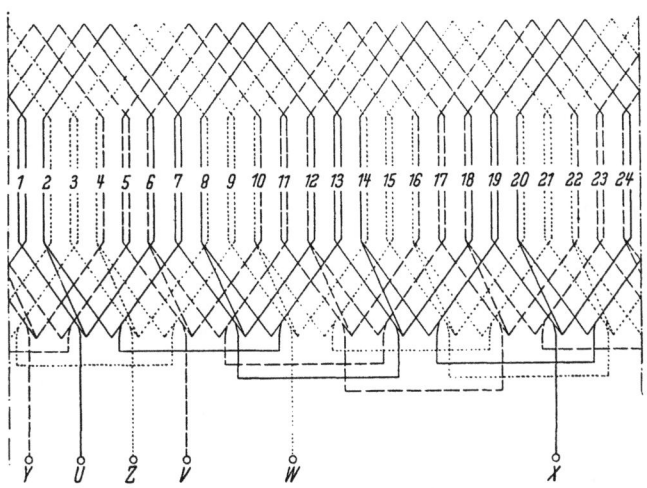

Abb. 148. Dreiphasige Zweischichtwicklung mit Sehnenspulen (Spulenweite = $^5/_6$ Polteilung) mit 24 Nuten für 4 Pole (nach BÖDEFELD-SEQUENZ)

Die Wicklungsfaktoren der einschichtigen bzw. der ungesehnten oder gesehnten zweischichtigen Ganzlochwicklungen werden nach Gln. (388), (389a) und (390) bestimmt

β) Die Bruchlochwicklungen. Wechselstromwicklungen, bei denen die Zahl der Nuten je Pol und Phase $q = \dfrac{N}{2pm}$ ein Bruch ist (Bruchlochwicklung), werden nach den gleichen Regeln wie die Wicklungen mit ganzzahligen q-Werten (Ganzlochwicklungen) ausgemittelt. Solche Bruchlochwicklungen sind nur ausführbar, wenn die folgenden Bedingungen erfüllt sind: Es muß

$$\gamma = \frac{N}{2m} \quad \text{eine ganze Zahl} \tag{443}$$

sein, und es muß der Phasenverschiebungswinkel $\dfrac{360°}{m}$ zwischen den m Wicklungssträngen ein ganzzahliges Vielfaches des Phasenwinkels α' zwischen benachbarten Strahlen des Nutensterns sein, d. h. es muß $\dfrac{360°}{m} = g_z \cdot \alpha' = g_z \cdot \dfrac{t}{N} \cdot 360°$, also

$$\frac{N}{t \cdot m} = g_z \quad \text{eine ganze Zahl} \tag{444}$$

sein.

Die Abb. 149 und 150 zeigen den Nutenstern bzw. den Schaltungsplan einer einschichtigen zehnpoligen Dreiphasenwicklung mit $q = \dfrac{4}{5}$

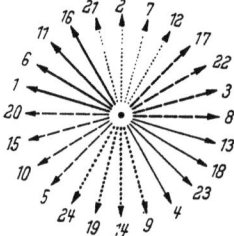

Abb. 149. Nutenstern einer Dreiphasenwicklung mit 24 Nuten für 10 Pole (Bruchlochwicklung mit $q = {}^4/_5$) (nach BÖDEFELD-SEQUENZ)

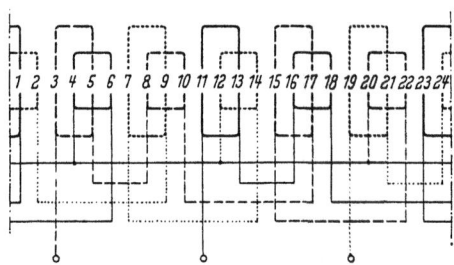

Abb. 150. Schaltbild der Wicklung nach Abb. 149 mit Reihenschaltung der Spulen im Strang und Sternschaltung der Wicklungsstränge (nach BÖDEFELD-SEQUENZ)

Nuten je Pol und Strang; die Nutenzahl ist $N = 2p \cdot m \cdot q = 24$, ferner ist $\gamma = \dfrac{N}{2m} = 4$, $\dfrac{N}{t \cdot m} = 8$ $\left(t = 1 \text{ bei } \dfrac{p}{N} = \dfrac{5}{24}\right)$, $\alpha = \dfrac{p}{N} \cdot 360° = 75°$, $\alpha' = \dfrac{t}{N} \cdot 360° = 15°$.

Die Abb. 151 und 152 zeigen den Nutenstern bzw. den Schaltungsplan einer einschichtigen vierpoligen Dreiphasenwicklung mit $q = 2^1/_2$ Nuten je Pol und Strang; die Nutenzahl ist

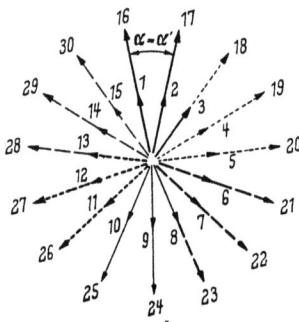

Abb. 151. Nutenstern einer Drehstrom-Bruchlochwicklung mit 30 Nuten für 4 Pole ($q = 2^1/_2$) (nach SEQUENZ)

$N = 2p\, m\, q = 30$, ferner ist $\gamma = \dfrac{N}{2m} = 5$, $\dfrac{N}{t \cdot m} = 5 \left(t = 2 \text{ bei } \dfrac{p}{N} = \dfrac{2}{30}\right)$, $\alpha = \dfrac{p}{N} \cdot 360° = 24°$, $\alpha' = \dfrac{t}{N} \cdot 360° = 24°$.

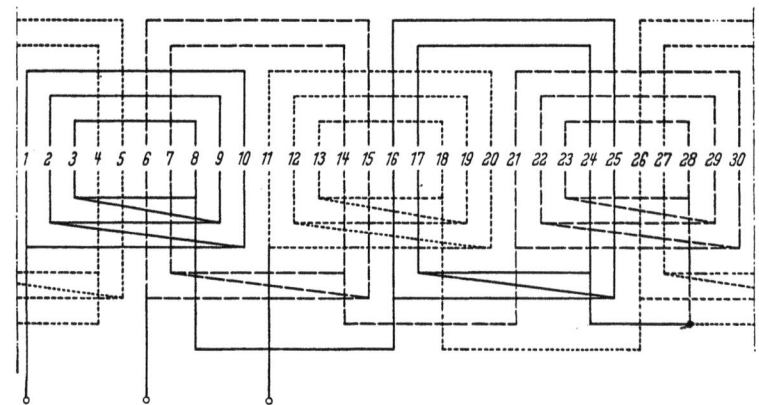

Abb. 152. Schaltbild einer Drehstrom-Bruchlochwicklung mit 30 Nuten für 4 Pole ($q = 2^1/_2$) (nach SEQUENZ)

Der Entwurf und die Bemessung 193

Die symmetrischen Bruchlochwicklungen mit $t=1$ bzw. mit $t=2$ und γ ungeradzahlig werden als *Urwicklungen* bezeichnet. Aus diesen Urwicklungen können alle übrigen symmetrischen Bruchlochwicklungen durch Multiplikation der Nutenzahl N und der Polpaarzahl p mit dem Faktor t' abgeleitet werden, wobei die Nutenzahl je Pol und Strang $q = \dfrac{N}{2pm}$ die gleiche bleibt. Die so entstehenden Wicklungen sind eine t'-fache Wiederholung der Urwicklungen; bei ungeradzahliger Spulenzahl je Strang γ können t' Wicklungszweige, bei geradzahliger Spulenzahl je Strang $2t'$ Wicklungszweige parallel geschaltet werden. Für eine gegebene Bruchlochwicklung mit $q = \dfrac{N'}{2p' \cdot m}$ Nuten je Pol und Strang ergibt sich t' als der größte Teiler des Bruches $\dfrac{\frac{N'}{2}}{p'}$ und als die t'-fache Wiederholung der Urwicklung mit gleichfalls q Nuten je Pol und Strang, wobei $q = \dfrac{N}{2pm}$, $N = \dfrac{N'}{t'}$ und $p = \dfrac{p'}{t'}$ ist. Ist z. B. eine einschichtige sechzehnpolige Dreiphasen-Bruchlochwicklung mit $q = 2^1/_2$ Nuten je Pol und Strang — d. h. $N' = 2p' \cdot m \cdot q = 120$ Nuten — gegeben, so ist $t' = 4$ der größte Teiler des Bruches $\dfrac{60}{8}$ und die t'-fache Wiederholung der Urwicklung mit gleichfalls $q = 2^1/_2$ Nuten je Pol und Strang, wobei $N = \dfrac{N'}{t'} = 30$ und $p = \dfrac{p'}{t'} = 2$ ist.

Bei *zweischichtiger* Ausführung der Bruchlochwicklungen geht die für die Ausführbarkeit einschichtiger Bruchlochwicklungen gültige Bedingung „$\gamma = \dfrac{N}{2m}$ eine ganze Zahl" über in die Bedingung: es muß

$$\gamma = \frac{N}{m} \text{ eine ganze Zahl} \qquad (445)$$

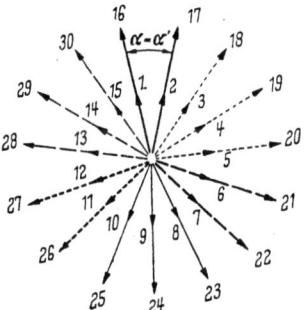

Abb. 153. Spulenstern einer zweischichtigen Drehstrom-Bruchlochwicklung mit 30 Nuten für 4 Pole (nach SEQUENZ)

sein (da die Zahl der oberschichtigen positiven Spulenseiten *nicht* unbedingt gleich der Zahl der oberschichtigen negativen Spulenseiten in einem Wicklungsstrang sein muß); hieraus folgt, daß die Zahl der wählbaren Nutenzahlen bei gegebener Polzahl größer ist.

Die angegebene Bedingung ist aber bereits erfüllt, wenn die auch für zweischichtige Bruchlochwicklungen gültige Bedingung „$\dfrac{N}{t \cdot m} = g_z$ eine ganze Zahl" [s. Gl. (444)] erfüllt ist. Die Abb. 153 und 154 zeigen den Spulenseitenstern und den Schaltungsplan einer vierpoligen Drei-

13 Klamt, Elektrische Maschinen

phasen-Bruchlochwicklung mit $q = 2^1/_2$ Nuten je Pol und Strang, diesmal bei zweischichtiger Ausführung; die Nutenzahl ist $N = 2\,p\,m\,q = 30$, ferner ist $\frac{N}{m} = 10$, $\frac{N}{t \cdot m} = 5$ $\left(t = 2 \text{ bei } \frac{p}{N} = \frac{2}{30} \right)$.

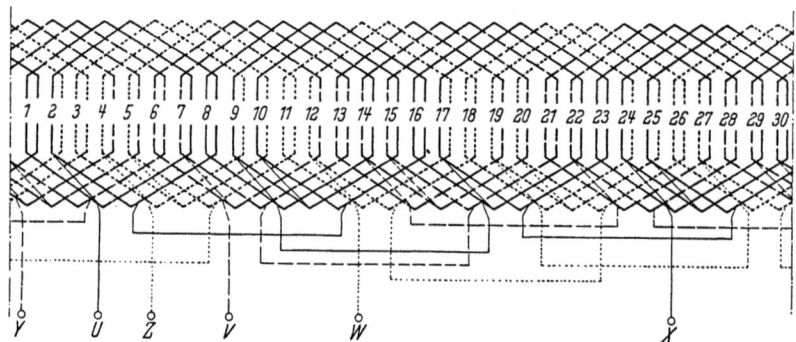

Abb. 154. Schaltplan einer zweischichtigen Drehstrom-Bruchlochwicklung mit 30 Nuten für 4 Pole mit Sehnenspulen (nach SEQUENZ)

Die Wicklungsfaktoren der einschichtigen und zweischichtigen Bruchlochwicklungen werden wiederum nach Gl. (388), (389a) und (390) bestimmt, jedoch ist in der Gl. (389a) „$n \cdot q$" statt „q" zu setzen, so daß also der Wicklungsfaktor einer Bruchlochwicklung

$$\xi_\nu = \sin \nu \frac{\pi}{2} \cdot \frac{s}{\tau} \cdot \frac{\sin \nu \frac{\pi}{2} \cdot \frac{1}{m}}{n\,q \cdot \sin \nu \frac{\pi}{2} \frac{1}{n\,q\,m}} \qquad (446)$$

ist; hierbei ergibt sich n aus $q = g + \frac{z}{n}$ (g ganze Zahl).

Bei Generatoren für eine niedrige Betriebsspannung und bei Generatoren für eine sehr große Leistung, die geringe Leiterzahlen je Nut und

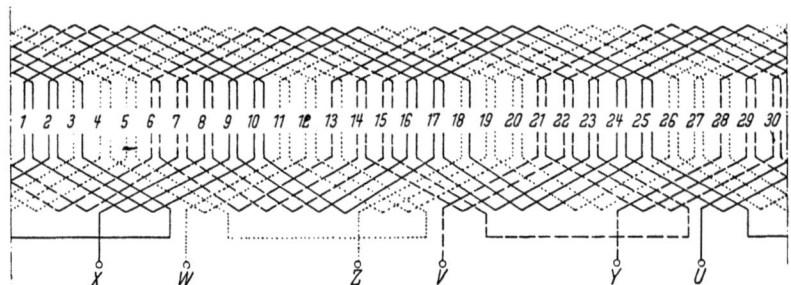

Abb. 155. Zweischichtige Drehstrom-Stabwicklung mit 30 Nuten für 4 Pole mit Umkehrbügel (nach SEQUENZ)

hohe Stromstärken bedingen, zieht man mit Rücksicht auf die Betriebssicherheit und einen einfachen Wicklungsaufbau die Ausführung der

Wicklung als *Stab*wicklung der Ausführung als mehrfach parallelgeschaltete Spulenwicklung vor und strebt hierbei möglichst eine *Zweistab*wicklung (mit Massivstäben oder verdrillten Teilleiterstäben) an. Der Entwurf einer Stabwicklung unterscheidet sich grundsätzlich nicht von dem einer Zweischichtwicklung, jedoch führt der Wunsch nach einer möglichst geringen Zahl von Schaltverbindungen bei vielpoligen Maschinen zu *Wellen*wicklungen. Die Stabwellenwicklungen werden wie die Schleifenwicklungen als Bruchlochwicklungen ausgeführt. Die Abb. 155 zeigt den Schaltungsplan einer vierpoligen Dreiphasen-Bruchlochwicklung mit $q = 2^1/_2$ Nuten je Pol und Strang ($N = 2\,p\,m\,q = 30$) in der Ausführung als Zweistabwellenwicklung.

Anmerkung. Die Ausführbarkeit einschichtiger Dreiphasen-Bruchlochwicklungen mit $\eta = 3 g'_z$ (g'_z ganze Zahl) *unbewickelten Nuten* bei insgesamt $N = 6\gamma + \eta$ Nuten bedingt, daß die Nutenzahl je Pol und Strang $Q = \dfrac{N}{6p}$ eine gebrochene Zahl, $\gamma = \dfrac{N - \eta}{6}$ eine ganze Zahl und $\dfrac{N}{3t}$ ebenfalls eine ganze Zahl ist. Die Abb. 156 und

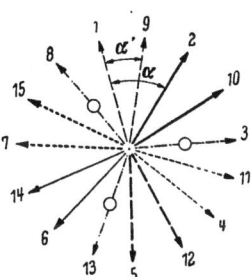

Abb. 156. Nutenstern einer Drehstrom-Bruchlochwicklung mit 15 Nuten, von denen drei unbewickelt sind, für 4 Pole ($Q = 1^1/_4$, $q = 1$) (nach SEQUENZ)

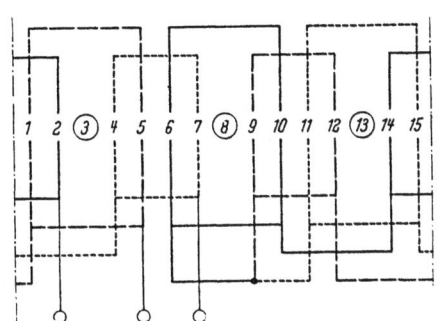

Abb. 157. Schaltbild einer Drehstrom-Bruchlochwicklung mit 15 Nuten, von denen drei unbewickelt sind, für 4 Pole ($Q = 1^1/_4$, $q = 1$) (nach SEQUENZ)

157 zeigen den Nutenstern und den Schaltungsplan einer einschichtigen, vierpoligen Dreiphasen-Bruchlochwicklung mit $\eta = 3$ unbewickelten Nuten bei insgesamt 15 Nuten; es ist $Q = \dfrac{N}{6p} = 1^1/_4$, $q = \dfrac{N-\eta}{6p} = 1$, $\gamma = \dfrac{N-\eta}{6} = 2$, $\dfrac{N}{3t} = 5$ $\left(t = 1 \text{ bei } \dfrac{p}{N} = \dfrac{2}{15}\right)$.

Für den Wicklungsfaktor solcher Wicklungen gilt die Gleichung

$$\xi_\nu = \frac{\sin \nu \dfrac{\pi}{6} \cdot \dfrac{2\gamma}{2\gamma + 1}}{2\gamma \cdot \sin \nu \dfrac{\pi}{6} \cdot \dfrac{1}{2\gamma + 1}} ; \qquad (447)$$

in der Tab. 15 sind für einige Nutenzahlen (bei drei unbewickelten Nuten und $t = 1$) die Wicklungsfaktoren der Wellen mit ungerader Ordnungszahl zusammengestellt.

Tabelle 15. *Wicklungsfaktoren der dreiphasigen Bruchlochwicklungen mit 3 unbewickelten Nuten und $t = 1$*

N	$\nu = 1$	$\nu = 3$	$\nu = 5$	$\nu = 7$	$\nu = 9$	$\nu = 11$
9	0,985	0,866	0,643	0,342	0	0,342
15	0,973	0,769	0,433	0,078	0,182	0,272
21	0,968	0,730	0,357	0	0,209	0,222
27	0,965	0,709	0,317	0,037	0,216	0,192
39	0,962	0,688	0,277	0,072	0,220	0,160
63	0,959	0,667	0,243	0,098	0,219	0,133
123	0,957	0,652	0,217	0,119	0,216	0,111
∞	0,955	0,637	0,191	0,136	0,212	0,088

γ) *Das Wicklungsersatzbild.* An Stelle des Nutensternes benutzt man zum Entwurf von Bruchlochwicklungen mit Vorteil ein Wicklungsersatzbild, bei dem die vielpolige Wicklung $\left(\text{mit } q = g + \frac{z}{n} \text{ je Pol und Strang}\right)$ auf eine zweipolige Ersatzwicklung reduziert wird; in dieses Ersatzbild müssen bei gerader Zahl n die Nuten von n Polteilungen eingetragen werden, bei ungerader Zahl n die Nuten von $2n$ Polteilungen.

In der Abb. 158a ist der Entwurf einer zweischichtigen, achtpoligen Dreiphasen-Bruchlochwicklung mit $q = 1^1/_8$ Nuten je Pol und Strang ($N = 2pmq = 27$) durchgeführt. Auf eine Polteilung kommen $3^1/_3$ Nutenteilungen, die in das Nutenschema der acht untereinander gezeichneten Polteilungen eingetragen werden. Durch Zusammenschieben der Nuten der 8 Polteilungen entsteht die Ersatzwicklung mit allen 27 Nuten, ihre Unterteilung in drei gleiche Abschnitte ergibt die Verteilung der in der Oberschicht liegenden Spulenseiten auf die drei Wicklungsstränge; die in der Unterschicht liegenden Spulenseiten sind um die Spulenweite gegenüber den Spulenseiten in der Oberschicht versetzt. Zur richtigen Zusammenschaltung der Einzelspulen unterteilt man die aus der Ersatzwicklung ermittelte Nutenbesetzung in die auf die ungeradzahligen Polteilungen (I) und die auf die geradzahligen Polteilungen (II) entfallenden Einzelspulen; die Einzelspulen der geradzahligen Polteilungen werden dann entgegengesetzt geschaltet (Abb. 158b) und die Gruppen I und II zu dem Schaltungsplan eines Stranges zusammengefügt (Abb. 158c).

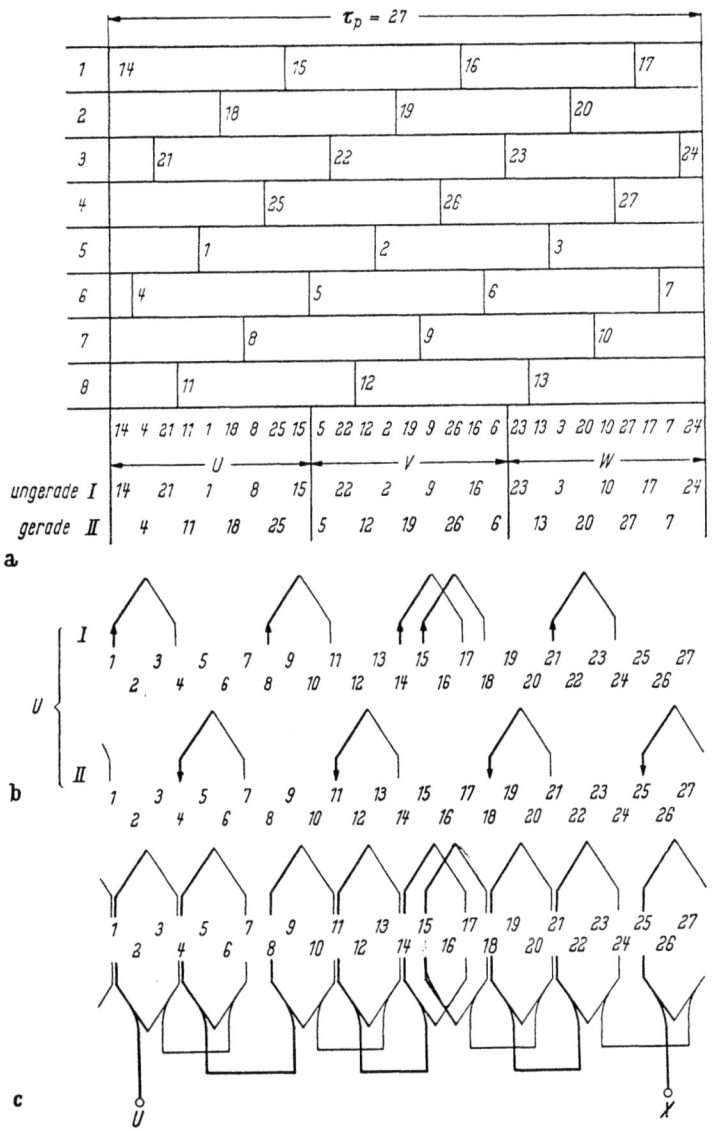

Abb. 158a—c. Wicklungsentwurf einer zweischichtigen Bruchlochwicklung

4. Die Erregerwicklung

Bezeichnet $\frac{w_e}{p}$ die Windungszahl eines Polpaares, l_l die mittlere Leiterlänge (m), q_e den Leiterquerschnitt (mm²), ϱ_t den spezifischen Widerstand des Wicklungsmaterials in betriebswarmem Zustand $\left(\frac{\text{Ohm} \cdot \text{mm}^2}{\text{m}}\right)$, so ist der Ohmsche Widerstand r_e der Erregerwicklung (bei Reihenschaltung aller Pole)

$$r_e = \frac{w_e \cdot 2 l_l}{q_e} \cdot \varrho_t; \qquad (448)$$

die Erregerspannung e_2 beim Erregerstrom i_2 ist

$$e_2 = i_2 \cdot r. \qquad (449)$$

Da die Erregerdurchflutung

$$\Theta_{1_{g\text{Kreis}}} = \frac{w_e}{p} \cdot i_2 \qquad (450)$$

ist, ergibt sich aus den Gln. (448) bis (450) der erforderliche Leiterquerschnitt

$$q_e = p \cdot \Theta_{1_{g\text{Kreis}}} \cdot \frac{2 l_l}{e_2} \cdot \varrho_t; \qquad (451)$$

man wird die Erregerspannung möglichst so wählen, daß die Erregerwicklung als *einlagige* Wicklung (also mit höherer spezifischer Oberflächenbelastung) ausgeführt werden kann. Als Wickelhöhe h_w (cm) einlagiger Erregerwicklungen können bei vielpoligen Maschinen zunächst die folgenden Werte zugrunde gelegt werden:

bei $\tau_p = 10 \quad 20 \quad 30 \quad 40 \quad 50 \quad 60 \quad 70 \quad 80$ cm

$h_w = 6 \quad 9{,}5 \quad 13 \quad 16 \quad 18{,}5 \quad 21 \quad 23{,}5 \quad 26$ cm;

für sechspolige Maschinen sind diese h_w-Werte mit etwa 0,75, für vierpolige Maschinen mit etwa 0,6 zu multiplizieren.

5. Die Erregerdurchflutung

a) Die Erregerdurchflutung bei Leerlauf. Während mit dem aus der Gl. (387) sich ergebenden Wert des Kraftflusses Φ die magnetische Spannung am Luftspalt und an den Zähnen bzw. am Joch des induzierten Teiles der Maschine zu berechnen ist, muß zur Bestimmung der magnetischen Spannung an den Polen und am Joch des Polrades der Polkernfluß

$$\Phi_k = \Phi + \Phi_s \qquad (452)$$

ermittelt werden, der sich von Φ um den Polstreufluß Φ_s unterscheidet.

Bezeichnet V_x die magnetische Spannung und Λ_x die magnetische Leitfähigkeit zwischen zwei streuenden Flächen, so ist der Streufluß $\Phi_{sx} = V_x \cdot \Lambda_x$; ist $b_x \cdot l_x$ der mittlere Querschnitt sämtlicher den Streufluß Φ_{sx} bildenden Kraftröhren und a_x ihre mittlere Länge, so ist $\Lambda_x = \dfrac{b_x \cdot l_x}{0,8 \cdot a_x}$. Die magnetische Spannung V_x ist im vorliegenden Falle nicht für alle Kraftröhren gleich, sondern sie ist am Joch fast gleich Null, nimmt nach dem Polschuh hin zu und erreicht dort den Höchstwert $V_s = 2 V_l + 2 V_{z_1} + V_{j_1}$. Im folgenden wird der Streufluß Φ_s als Summe von vier Einzelflüssen unter Verwendung der in der Abb. 159 (vgl. Abb. 94, S. 110) angegebenen Abmessungen ermittelt.

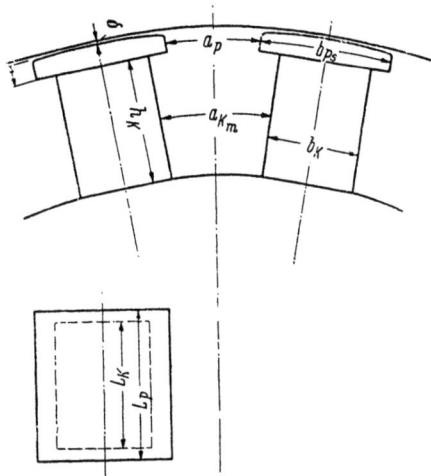

Abb. 159. Zur Ermittlung der Streuleitfähigkeit der Pole bei Synchronmaschinen mit Einzelpolen (nach LIWSCHITZ)

α) *Streufluß zwischen den inneren Flächen der Polschuhe:*

$$\Phi_{s_1} = V_s \frac{L_p \cdot h_{p_m}}{0,8 \cdot a_p} \quad \text{mit} \quad h_{p_m} = \frac{h_p + h'_p}{2}. \qquad (453), (454)$$

β) *Streufluß zwischen den äußeren Flächen der Polschuhe:*

$$\Phi_{s_2} = 2 \int_{y=0}^{y=\frac{1}{2} b_{p_s}} \frac{V_s \cdot h_{p_m}}{0,8 (a_p + \pi y)} dy = 2 V_s h_{p_m} \frac{2,3}{0,8 \pi} \lg\left(1 + \frac{\pi}{2} \frac{b_{p_s}}{a_p}\right) \quad (455), (455a)$$

$$\approx V_s \cdot h_{p_m} \cdot 2 \lg\left(1 + \frac{\pi}{2} \frac{b_{p_s}}{a_p}\right). \qquad (455b)$$

γ) *Streufluß zwischen den inneren Flächen der Polkerne.* Bei gleichmäßiger Verteilung der Erregerwicklung längs des Poles steigt die magnetische Spannung vom Joch zum Polschuh geradlinig an, so daß als magnetische Spannung der Mittelwert $\dfrac{1}{2} \cdot V_s$ in Betracht kommt; es ist

$$\Phi_{s_3} = \frac{1}{2} V_s \frac{L_k h_k}{0,8 \cdot a_{k_m}}. \qquad (456)$$

δ) *Streufluß zwischen den äußeren Flächen der Polkerne:*

$$\Phi_{s_4} = \frac{2V_s}{2} h_k \frac{2,3}{0,8\pi} \lg\left(1 + \frac{\pi}{2} \frac{b_n}{a_{k_m}}\right) \approx V_s \cdot h_k \lg\left(1 + \frac{\pi}{2} \cdot \frac{b_k}{a_{k_m}}\right).$$
(457), (457a)

Der gesamte Streufluß Φ_s für beide Polseiten ist

$$\Phi_s = 2(\Phi_{s_1} + \Phi_{s_2} + \Phi_{s_3} + \Phi_{s_4}) = 2V_s(\Lambda_p + \Lambda_k), \qquad (458)$$

wobei Λ_p die magnetische Leitfähigkeit zwischen den Polschuhflächen

$$\Lambda_p = \frac{L_p\left(h_p' + \frac{\delta_{\max}}{2}\right)}{0,8 \cdot a_p} + 2h_{p_m} \lg\left(1 + \frac{\pi}{2} \frac{b_{p_s}}{a_p}\right) \qquad (459)$$

und Λ_k die magnetische Leitfähigkeit zwischen den Polkernflächen

$$\Lambda_k = \frac{1}{2} \frac{L_k \cdot h_k}{0,8 \cdot a_{k_m}} + h_k \lg\left(1 + \frac{\pi}{2} \frac{b_k}{a_{k_m}}\right) \qquad (460)$$

ist [vgl. hierzu Gl. (350) bis (354); es ist $\Lambda_p' = 2\Lambda_p$, $\Lambda_k' \approx 2 \cdot \frac{2}{3} \cdot \Lambda_k$].

Anmerkung. Bei Rundpolen verwandelt man zur Berechnung der Leitfähigkeiten den kreisförmigen Querschnitt in ein flächengleiches Quadrat. Bei Maschinen mit wenigen Polen, bei denen auch Streulinien von den Polen zum Joch verlaufen, ist eine Kontrolle der berechneten magnetischen Leitfähigkeiten aus dem Feldbild zweckmäßig. Brauchbare Näherungsgleichungen für die Leitfähigkeiten sind

$$\Lambda_p = 1{,}25 \left(h_k + \frac{2}{3}\delta_{\max}\right)\left(0{,}77 + \frac{L_p + 0{,}23\, b_{p_s}}{a_p}\right), \qquad (459\text{a})$$

$$\Lambda_k = 1{,}25 \cdot \frac{h_k}{2}\left(0{,}77 + \frac{L_k + 0{,}23\, b_k}{a_{k_m}}\right). \qquad (460\text{a})$$

Da die magnetische Spannung am Pol nur einen geringen Teil der Gesamtspannung ΣV ausmacht, kann darauf verzichtet werden, ähnlich wie beim Zahnstreufluß der Asynchronmaschine den Polfluß $\Phi_k = \Phi + \Phi_s$ für die verschiedenen Teile des Poles verschieden groß anzunehmen. Dem Polkernfluß Φ_k entspricht die Polkerninduktion

$$B_k = \frac{\Phi_k}{q_k} \qquad (461)$$

mit q_k als Polkernquerschnitt; als Weglänge im Pol wird $l_k = h_k' + h_p$ eingesetzt, so daß die magnetische Spannung am Pol

$$V_k = l_k \cdot H_k \qquad (462)$$

ist. Die Induktionen in den einzelnen Teilen des Umlaufweges sind also:

$$B_L = \frac{\Phi}{\alpha_i \cdot \tau_p \cdot l_i} \qquad \text{nach Gl. (430)},$$

$$B_{z_1} = \frac{l_i}{k_e \cdot l} \cdot \frac{\tau_{n_1}}{b_{z_1}} \cdot B_L \quad \text{und} \quad B_{j_1} = \frac{\frac{\Phi}{2}}{k_e \cdot l \cdot h_{j_1}} \qquad \text{nach Gl. (431)},$$

$$B_k = \frac{\Phi_k}{q_k} \quad \text{nach Gl. (461)} \quad \text{und} \quad B_{j_2} = \frac{\frac{\Phi}{2}}{q_{j_2}}; \qquad (463)$$

die zugehörigen magnetischen Teilspannungen sind:

$2V_L = 1,6 \cdot k_c \cdot \delta \cdot B_L$ \hfill nach Gl. (432),

$2V_{z_1} = 2l_{z_1} \cdot H_{z_1}$ und $V_{j_1} = l_{j_1} \cdot H_{j_1}$ \hfill nach Gl. (433),

$2V_k = 2l_k \cdot H_k$ nach Gl. (462) und $V_{j_2} = l_{j_2} \cdot H_{j_2}$. \hfill (464)

Die Summe der magnetischen Spannungen für den geschlossenen Umlaufweg $\Sigma V = V_L + V_{z_1} + V_{j_1} + V_{z_1} + V_L + V_k + V_{j_2} + V_k$ erfordert die Erregerdurchflutung $\frac{w_e}{p} \cdot i_2$ [s. Gl. (450)].

Es ist zweckmäßig, außer der magnetischen Kennlinie für den gesamten Umlaufweg (Leerlaufkennlinie) auch die magnetischen Kennlinien

$$\Phi = f(2V_L + 2V_{z_1} + V_{j_1}), \quad \Phi_k = f(2V_k + V_{j_2}), \quad \Phi_s = f(V_s)$$

zu bestimmen.

b) Die Erregerdurchflutung bei Belastung. Um die Ankerrückwirkung bei der Schenkelpolmaschine zu erfassen, wird die Ankerdurchflutungskurve mit der Amplitude $\Theta_1 = 0,45\, m_1 \frac{w_1 \cdot \xi_1}{p} \cdot J_1$ in zwei Komponenten zerlegt, deren eine — die Anker-Längsdurchflutung — ihre Amplitude $\Theta_1 \sin \psi$ in der Polmitte hat, während die andere — die Anker-Quer-

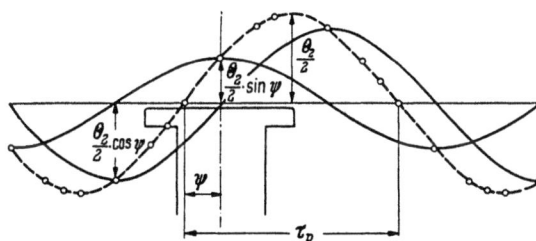

Abb. 160. Zerlegung der Durchflutungskurve des Ankers einer Synchronmaschine mit Einzelpolen in Ankerlängs- und Ankerquerdurchflutung (nach LIWSCHITZ)

durchflutung — ihre Amplitude $\Phi_1 \cdot \cos \psi$ in der Pollückenmitte hat (Abb. 160). Die beiden Feldkurven sind wegen der Pollücke nicht sinusförmig, das Ankerlängsfeld und das Ankerquerfeld werden daher zur Ermittlung der Grundwelle in eine FOURIERsche Reihe zerlegt. Bei konstantem Luftspalt ist die Feldstärke unter dem Pol proportional der Durchflutung; unter Fortlassung des Proportionalitätsfaktors wird im folgenden mit der Durchflutung selbst gerechnet.

α) *Rechteckpole.* Wird der Koordinatenanfangspunkt, von dem aus x gerechnet wird, in die Pollückenmitte gelegt und

$$\frac{b}{\tau_p} = \alpha \tag{465}$$

gesetzt, so ist das Ankerlängsfeld (Abb. 161) von $x = 0$ bis $x = (1-\alpha) \cdot \frac{\pi}{2}$ und von $x = (1+\alpha)\frac{\pi}{2}$ bis $x = \pi$ gleich Null angenommen.

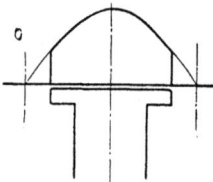

Abb. 161. Ankerlängsfeld einer Synchronmaschine mit Einzelpolen (nach LIWSCHITZ)

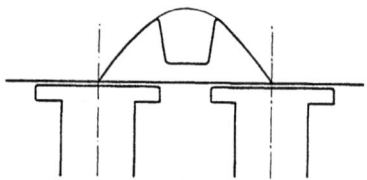

Abb. 162. Ankerquerfeld einer Synchronmaschine mit Einzelpolen (nach LIWSCHITZ)

Von $x = (1-\alpha)\frac{\pi}{2}$ bis $x = (1+\alpha)\frac{\pi}{2}$ ist die Feldstärke proportional $\Theta_1 \cdot \sin \psi \cdot \sin x$ bzw. $-\Theta_1 \cdot \sin \psi \cdot \sin x$, daher A_l als Amplitude der Grundwelle der *wirksamen* Ankerlängsdurchflutung

$$A_l = \frac{2}{\pi}\Theta_1 \sin\psi \int_{(1-\alpha)\frac{\pi}{2}}^{(1+\alpha)\frac{\pi}{2}} \sin^2 x \cdot dx = \Theta_1 \cdot \sin\psi \cdot \frac{\alpha\pi + \sin\alpha\pi}{\pi}.$$

(466), (466a)

Das Ankerquerfeld (Abb. 162) hat in der Pollücke eine Einsattelung; es werde eine konstante Feldstärke gleich $\frac{1}{6}$ der Amplitude angenommen. Von $x = (1-\alpha)\frac{\pi}{2}$ bis $x = (1+\alpha)\frac{\pi}{2}$ ist die Feldstärke proportional $\Theta_1 \cdot \cos\psi \cdot \cos x$ bzw. $-\Theta_1 \cdot \cos\psi \cdot \cos x$, daher A_q als Amplitude der Grundwelle der *wirksamen* Ankerquerdurchflutung

$$A_q = \frac{2}{\pi} Q_1 \cos\psi \left[\int_0^{(1-\alpha)\frac{\pi}{2}} \frac{1}{6} \cdot \cos x \cdot dx + \int_{(1-\alpha)\frac{\pi}{2}}^{(1+\alpha)\frac{\pi}{2}} \cos^2 x \cdot dx - \int_{(1+\alpha)\frac{\pi}{2}}^{\pi} \frac{1}{6} \cos x \cdot dx \right] \quad (467)$$

$$= Q_1 \cdot \cos\psi \, \frac{\alpha\pi - \sin\alpha\pi + \frac{2}{3} \cdot \cos\alpha\frac{\pi}{2}}{\pi}. \quad (467\text{a})$$

Der Entwurf und die Bemessung

Zur Bestimmung der vom Ankerlängsfeld und vom Ankerquerfeld in der Ankerwicklung induzierten EMKe aus der Leerlaufkennlinie werden A_l und A_q auf die Ampliude der Grundwelle der Erregerdurchflutung bezogen.

Die Durchflutungskurve der *Erregerwicklung* hat die Form eines Rechtecks mit der Höhe $\Theta_2 = \frac{1}{2} \cdot \frac{w_e}{p} \cdot i_2$; bei konstantem Luftspalt ist die Feldstärke unter dem Pol der Durchflutung proportional, und die Feldkurve hat ebenfalls die Form eines Rechtecks. Für die Amplitude der Grundwelle gilt

$$A_2 = \frac{2}{\pi} \Theta_2 \int_{(1-\alpha)\frac{\pi}{2}}^{(1+\alpha)\frac{\pi}{2}} \sin x \cdot d\alpha = \frac{4}{\pi} \Theta_2 \cdot \sin \alpha \frac{\pi}{2}. \quad (468), (468a)$$

Die Ankerlängsdurchflutung ist daher

$$\Theta_{a_l} = \Theta_2 \cdot \frac{A_l}{A_2} = \Theta_1 \cdot \sin \psi \cdot \frac{\alpha\pi + \sin \alpha\pi}{4 \cdot \sin \alpha \frac{\pi}{2}} = \Theta_1 \cdot \sin \psi \cdot c_l, \quad (469), (469a), (469b)$$

die Ankerquerdurchflutung

$$\Theta_{a_q} = \Theta_2 \cdot \frac{A_q}{A_2} = \Theta_1 \cdot \cos \psi \cdot \frac{\alpha\pi - \sin \alpha\pi + \frac{2}{3} \cdot \cos \alpha \frac{\pi}{2}}{4 \cdot \sin \alpha \frac{\pi}{2}} = \Theta_1 \cdot \cos \psi \cdot c_q;$$

$$(470), (470a), (470b)$$

hierbei ist

$$c_l = \frac{\alpha\pi + \sin \alpha\pi}{4 \cdot \sin \alpha \frac{\pi}{2}} \quad \text{bzw.} \quad c_q = \frac{\alpha\pi - \sin \alpha\pi + \frac{2}{3} \cdot \cos \alpha \frac{\pi}{2}}{4 \cdot \sin \alpha \frac{\pi}{2}}. \quad (471), (472)$$

β) *Sinuspole.* Ist der Luftspalt nicht konstant, sondern (wenn der Koordinatenanfangspunkt in die Pol*lücken*mitte gelegt wird)

$$\delta_x = \frac{\delta_{\text{Mitte}}}{\cos \frac{\pi}{\tau_p}\left(x - \frac{\pi}{2}\right)},$$

so ergibt sich als Amplitude der Grundwelle der *wirksamen* Ankerlängsdurchflutung

$$A_l = \frac{2}{\pi} \Theta_1 \cdot \sin \psi \int_{(1-\alpha)\frac{\pi}{2}}^{(1+\alpha)\frac{\pi}{2}} \sin^3 x \cdot dx = \Theta_1 \cdot \sin \psi \frac{\frac{4}{3} \cdot \sin \alpha \frac{\pi}{2}\left(\cos^2 \alpha \frac{\pi}{2} + 2\right)}{\pi}$$

$$(473), (473a)$$

und als Amplitude A_q der Grundwelle der *wirksamen* Ankerquerdurchflutung

$$A_q = \frac{2}{\pi} \Theta_1 \cdot \cos \psi \left[\int_0^{(1-\alpha)\frac{\pi}{2}} \frac{1}{6} \cos x \cdot \sin x \cdot dx \right.$$

$$\left. + \int_{(1-\alpha)\frac{\pi}{2}}^{(1+\alpha)\frac{\pi}{2}} \cos^2 x \cdot \sin \alpha \cdot dx - \int_{(1+\alpha)\frac{\pi}{2}}^{\pi} \frac{1}{6} \cdot \cos x \sin x \cdot dx \right] \quad (474)$$

$$= \Theta_1 \cdot \cos \psi \cdot \frac{4}{3} \frac{\sin^3 \alpha \frac{\pi}{2} + \frac{1}{4} \cdot \cos^2 \alpha \frac{\pi}{2}}{\pi}. \quad (474\mathrm{a})$$

Für die Amplitude der Grundwelle der Durchflutungskurve der Erregerwicklung gilt hier

$$A_2 = \frac{2}{\pi} \Theta_2 \int_{(1-\alpha)\frac{\pi}{2}}^{(1+\alpha)\frac{\pi}{2}} \sin^2 x \cdot dx = \frac{1}{\pi} \Theta_2 (\alpha \pi + \sin \alpha \pi); \quad (475), (475\mathrm{a})$$

daher ist die Ankerlängsdurchflutung

$$\Theta_{a_l} = \Theta_2 \cdot \frac{A_l}{A_2} = \Theta_1 \cdot \sin \psi \cdot \frac{4}{3} \cdot \frac{\sin \alpha \frac{\pi}{2} \left(\cos^2 \alpha \frac{\pi}{2} + 2 \right)}{\alpha \pi + \sin \alpha \pi} = \Theta_1 \cdot \sin \psi \cdot c_l$$

$$(476) \ (476\mathrm{a}), (476\mathrm{b})$$

und die Ankerquerdurchflutung

$$\Theta_{a_q} = \Theta_2 \cdot \frac{A_q}{A_2} = \Theta_1 \cdot \cos \psi \cdot \frac{4}{3} \cdot \frac{\sin^3 \alpha \frac{\pi}{2} + \frac{1}{4} \cdot \cos^2 \alpha \frac{\pi}{2}}{\alpha \pi + \sin \alpha \pi} = \Theta_1 \cdot \cos \psi \cdot c_q$$

$$(477), (477\mathrm{a}), (477\mathrm{b})$$

mit

$$c_l = \frac{4}{3} \frac{\sin \alpha \frac{\pi}{2} \left(\cos^2 \alpha \frac{\pi}{2} + 2 \right)}{\alpha \pi + \sin \alpha \pi} \quad \text{bzw.} \quad c_q = \frac{4}{3} \frac{\sin^3 \alpha \frac{\pi}{2} + \frac{1}{4} \cos^2 \alpha \frac{\pi}{2}}{\alpha \pi + \sin \alpha \pi}.$$

$$(478), (479)$$

In der Abb. 163 und 164 sind in Abhängigkeit von $\alpha = \frac{b}{\tau_p}$ aus Feldbildern ermittelte Werte für c_l und c_q als Schaulinien dargestellt[1].

---

[1] vgl. WIESEMAN, Graphical determination of magnetic fields, Trans. AJEE 1927, S. 141/148

Der Entwurf und die Bemessung

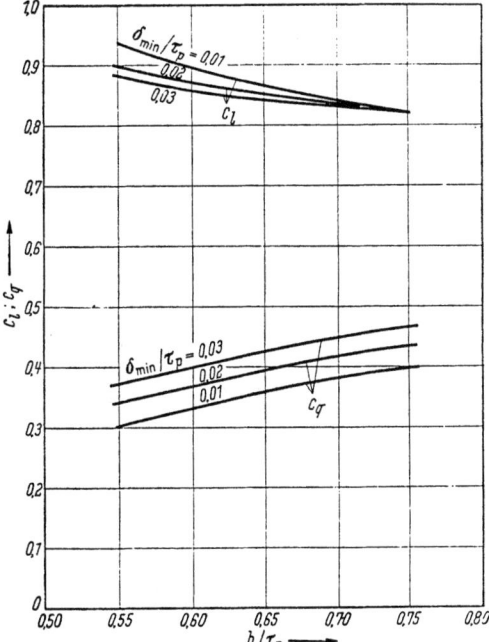

Abb. 163 bei Rechteckpolen

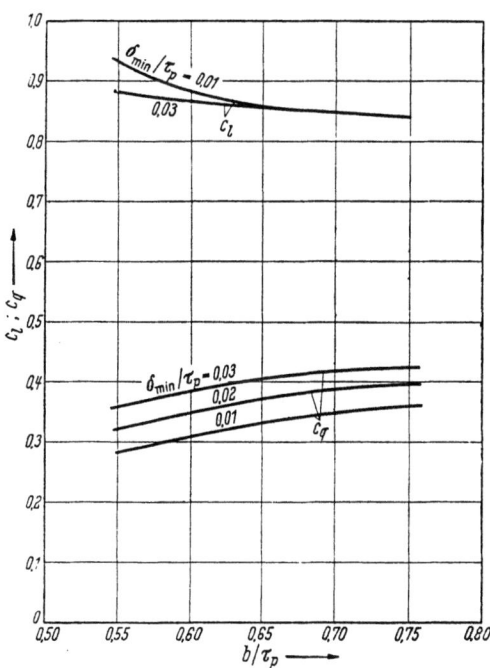

Abb. 164 bei Sinuspolen

Abb. 163 u. 164. Faktoren c_l und c_q bei Synchronmaschinen mit Einzelpolen in Abhängigkeit von $\frac{b}{\tau_p}$

206   Die Schenkelpol-Synchronmaschine für Drehstrom

1. Anmerkung. Berücksichtigt man, daß

$$\Theta_1 = 0{,}45 \cdot m_1 \cdot \frac{w_1 \xi_1}{p} \cdot J_1 = \frac{\sqrt{2}}{\pi} A_1 \cdot \tau_p \cdot \xi_1 \quad \text{und} \quad \Theta_2 = \frac{1}{2} \cdot \frac{w_e}{p} \cdot i_2 = \frac{1}{2} A_2 \cdot \tau_p$$

(480), (480a) (481), (481a)

ist, so ist bei *Rechteckpolen* nach Gl. (466a) und (468a)

$$\frac{A_l}{A_2} = \frac{\Theta_1 \cdot \sin \psi}{\Theta_2} \cdot \frac{\alpha \pi + \sin \alpha \pi}{4 \cdot \sin \alpha \frac{\pi}{2}} = \gamma_l \cdot \frac{A_1}{A_2} \cdot \sin \psi \quad (482), (482a)$$

mit

$$\gamma_l = \frac{2 \cdot \sqrt{2}}{\pi} \cdot \xi_1 \cdot \frac{\alpha \pi + \sin \alpha \pi}{4 \cdot \sin \alpha \frac{\pi}{2}} = 0{,}9 \cdot \xi_1 \cdot c_l, \quad (483), (483a)$$

bei *Sinuspolen* nach Gl. (473a) und Gl. (475a)

$$\frac{A_l}{A_2} = \frac{\Theta_1 \cdot \sin \psi}{\Theta_2} \cdot \frac{4}{3} \cdot \frac{\sin \alpha \frac{\pi}{2} \left(\cos^2 \alpha \frac{\pi}{2} + 2\right)}{\alpha \pi + \sin \alpha \pi} = \gamma_l \cdot \frac{A_1}{A_2} \cdot \sin \psi \quad (484), (484a)$$

mit

$$\gamma_l = \frac{2 \cdot \sqrt{2}}{\pi} \cdot \xi_1 \cdot \frac{4}{3} \cdot \frac{\sin \alpha \frac{\pi}{2} \left(\cos^2 x \frac{\pi}{2} + 2\right)}{\alpha \pi + \sin \alpha \pi} = 0{,}9 \cdot \xi_1 \cdot c_l. \quad (485), (485a)$$

In der Abb. 93 (S. 110) sind die aus aufgenommenen Feldbildern ermittelten Werte von γ_l in Abhängigkeit von $\alpha = \frac{b}{\tau_p}$ für Rechteck- und Sinuspole und bezogen auf den Wicklungsfaktor $\xi_1 = \frac{3}{\pi} = 0{,}955$ als Schaulinien dargestellt; sie weichen von den Werten nach Gl. (483) und (485), die den Zusammenhang mit den früher angegebenen c_l-Werten erkennen lassen, etwas ab.

2. Anmerkung. Der wirksamen Ankerlängsdurchflutung nach den Gln. (466a) und (473a) bzw. der wirksamen Ankerquerdurchflutung nach den Gln. (467a) und (474a) entspricht die relative Längsfeldreaktanzspannung

$$\frac{E_l}{U_1} = \frac{E_a}{U_1} \cdot \frac{\alpha \pi + \sin \alpha \pi}{\pi} \quad \text{bzw.} \quad \frac{E_a}{U_1} \cdot \frac{4}{3} \cdot \frac{\sin \alpha \frac{\pi}{2} \left(\cos^2 x \frac{\pi}{2} + 2\right)}{\pi}$$

(486), (487)

und die relative Querfeldreaktanzspannung

$$\frac{E_q}{U_1} = \frac{E_a}{U_1} \cdot \frac{\alpha \pi - \sin \alpha \pi + \frac{2}{3} \cos \alpha \frac{\pi}{2}}{\pi}$$

$$\text{bzw.} \quad \frac{E_a}{U_1} \cdot \frac{4}{3} \cdot \frac{\sin^3 x \frac{\pi}{2} + \frac{1}{4} \cos^2 \alpha \frac{\pi}{2}}{\pi}, \quad (488), (489)$$

wobei

$$\frac{E_a}{U_1} = 0{,}4 \mid \overline{2} \cdot \xi_1 \cdot \frac{\tau_p}{\delta'} \cdot \frac{A_1}{B_1} \quad (490)$$

(bei Vernachlässigung der Eisensättigung im magnetischen Kreis) ist.

γ) *Das Spannungs- und Durchflutungsdiagramm.* In der Abb. 165 für generatorischen Betrieb bezeichnet e_q die der Ankerquerdurchflutung $c_q \cdot \Theta_{1\,\text{Kreis}} \cdot \cos \psi$ und e_{q_0} die der Durchflutung $c_q \cdot \Theta_{1\,\text{Kreis}}$ entsprechende

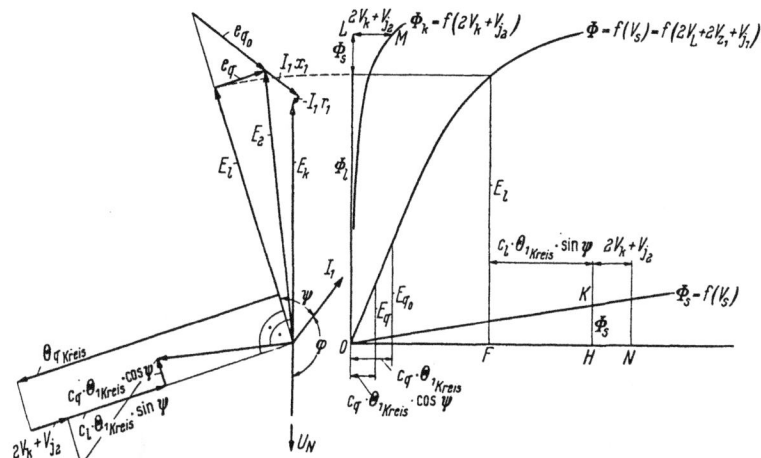

Abb. 165. Spannungs- und Durchflutungsdiagramm der Synchronmaschine mit Einzelpolen (bei generatorischem Betrieb) zur Ermittlung der Erregerdurchflutung

EMK; E_l ist die vom resultierenden Längsfluß Φ_l in der Ankerwicklung induzierte EMK (während e_l der Ankerdurchflutung $c_l \cdot \Theta_{1\,\text{Kreis}} \cdot \sin \psi$ und e_{l_0} der Durchflutung $c_l \cdot \Theta_{1\,\text{Kreis}}$ entspricht).

Bei der Leerlaufkennlinie $\Phi = f(\sum V)$ ist der Polstreufluß $\Phi_s = 2 V_s (\Lambda_p + \Lambda_k)$ nach Gl. (458) mit der Durchflutung berechnet, die der Summe der magnetischen Spannungen am Luftspalt, an den Zähnen und am Ankerjoch entspricht ($V_s = 2 V_L + 2 V_{z_1} + V_{j_1}$). Die Ankerdurchflutung erfordert aber eine Erhöhung der Erregerdurchflutung und damit des Polstreuflusses, die wie folgt berücksichtigt werden kann (Abb. 165):

Man trägt die früher genannten magnetischen Teilkennlinien $\Phi = f(V_s)$, $\Phi_k = f(2 V_k + V_{j_2})$, $\Phi_s = f(V_s)$ auf und ermittelt nacheinander:

aus der Kennlinie $\Phi = f(V_s)$ die dem Fluß Φ_l entsprechende Durchflutung $\overline{OF}$,

aus der Kennlinie $\Phi_s = f(V_s)$ den der Durchflutung $\overline{OF} + c_l \cdot \Theta_{1\,\text{Kreis}} \sin \psi = \overline{OG}$ entsprechenden Polstreufluß $\overline{HK}$,

aus der Kennlinie $\Phi_k = f(2 V_k + V_{j_2})$ die dem Gesamtfluß $\Phi_k = \Phi_l + \Phi_s$ entsprechende Durchflutung $\overline{LM}$;

die gesamte erforderliche Erregerdurchflutung ist $\overline{OH} + \overline{LM} = \overline{ON}$.

208   Die Schenkelpol-Synchronmaschine für Drehstrom

1. Anmerkung. Eine einfache graphische Methode zur Bestimmung des Erregerstromes bei Belastung ist die nach den schwedischen Normalien, eine weitere die nach den amerikanischen Normalien; beide sind im Abschn. II c des Buches NÜRNBERG: „Die Prüfung elektrischer Maschinen", beschrieben.

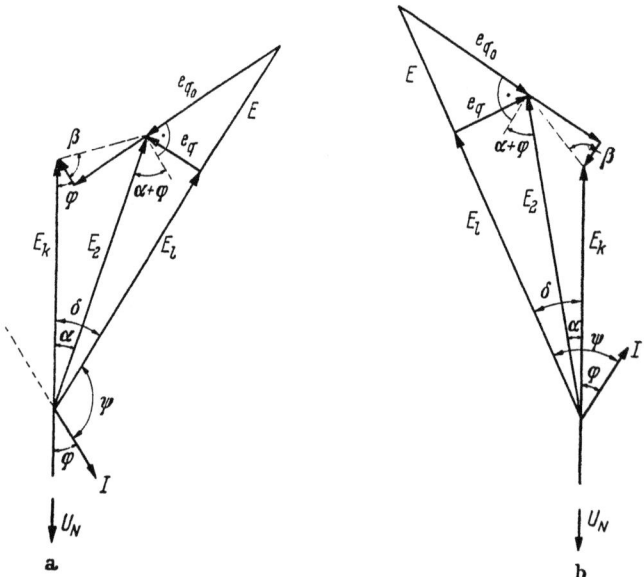

Abb. 166a u. b. Spannungsdiagramme der Synchronmaschine mit Einzelpolen (a) bei motorischem und (b) bei generatorischem Betrieb

2. Anmerkung. Aus den geometrischen Beziehungen im Spannungsdiagramm für den motorischen bzw. für den generatorischen Betrieb (Abb. 166a und 166b) ergibt sich

für den motorischen Betrieb: $\tan \beta = \dfrac{x_1}{r_1}$,

$$E_2^2 = E_k^2 + J_1^2(r_1^2 + x_1^2) - 2 E_k \cdot J_1 \sqrt{r_1^2 + x_1^2} \cdot \cos(\varphi + \beta),$$

$$\sin \alpha = \frac{J_1 \sqrt{r_1^2 + x_1^2}}{E_2} \cdot \sin(\varphi + \beta),$$

$$E^2 = E_2^2 + e_{q_0}^2 - 2 E_2 \cdot e_{q_0} \cdot \cos[90 + (\alpha + \varphi)],$$

$$\sin(\delta - \alpha) = \frac{e_{q_0}}{E} \cdot \sin[90 + (\alpha + \varphi)],$$

$$e_q = E_2 \cdot \sin(\delta - \alpha), \quad E_l = E_2 \cdot \cos(\delta - \alpha), \quad \psi = 180 - (\varphi + \delta);$$

für den *generatorischen* Betrieb: $\tan \beta = \dfrac{x_1}{r_1}$,

$$E_2^2 = E_k^2 + J_1^2(r_1^2 + x_1^2) - 2E_k \cdot J_1 \sqrt{r_1^2 + x_1^2} \cdot \cos[\varphi + (180 - \beta)],$$

$$\sin \alpha = \frac{J_1 \sqrt{r_1^2 + x_1^2}}{E_2} \sin[\varphi + (180 - \beta)],$$

$$E^2 = E_2^2 + e_{q_0}^2 - 2E_2 \cdot e_{q_0} \cdot \cos[90 + (\alpha + \varphi)],$$

$$\sin(\delta - \alpha) = \frac{e_{q_0}}{E_2} \sin[90 + (\alpha + \varphi)],$$

$$e_q = E_2 \cdot \sin(\delta - \alpha), \quad E_l = E_2 \cdot \cos(\delta - \alpha), \quad \psi = \varphi + \delta.$$

B. Berechnungsbeispiele

1. Beispiel der Berechnung eines Kompressor-Synchronmotors

Nenndaten: 4000 kW, $\cos \varphi = 0{,}9$[1], 5000 V, 50 Hz, 125 U/min synchron.

Wird der Wirkungsgrad zunächst zu $\eta = 0{,}965$[1] angenommen, so ist die Scheinleistung

$$N_{s_n} = \frac{N_n}{\eta_n \cdot \cos \varphi_n} = \frac{4000}{0{,}965 \cdot 0{,}9} = 4605 \text{ kVA}$$

und der Nennstrom

$$J_{1_n} = \frac{N_{s_n}}{U_n \cdot \sqrt{3}} = \frac{4605 \cdot 10^3}{5000 \cdot \sqrt{3}} = 532 \text{ A};$$

die Polpaarzahl ergibt sich aus der Drehzahl $n_s = 125$ U/min und der Frequenz $f_1 = 50$ Hz zu $p = \dfrac{60 \cdot f_1}{n_s} = \dfrac{60 \cdot 50}{125} = 24$.

Hauptabmessungen. Mit Rücksicht auf ein verlangtes Schwungmoment wird der Bohrungsdurchmesser zu

$$D_i = 4{,}5 \text{ m} \quad \text{und somit} \quad \tau_p = \frac{\pi D_i}{2p} = \frac{\pi \cdot 450}{48} = 29{,}45 \text{ cm}$$

gewählt. Dem Wert $\dfrac{N_{s_n}}{2p} = \dfrac{4600}{48} = 96$ entspricht nach der (für Maschinen mit $\cos \varphi = 0{,}8$ gültigen) Abb. 138 etwa die Ausnutzungsziffer $C = 4 \dfrac{\text{kW} \cdot \text{min}}{\text{m}^3}$, so daß für die Maschine mit $\cos \varphi = 0{,}9$ die Ausnutzungsziffer $C = 4{,}4 \dfrac{\text{kW} \cdot \text{min}}{\text{m}^3}$ gewählt werden kann; nach Gl. (382) ergibt sich mit diesem Wert die ideelle Ankerlänge

$$l_i = \frac{N_{s_n}}{D_i^2 \cdot n_s \cdot C} = \frac{4605}{4{,}5^2 \cdot 125 \cdot 4{,}2} = 0{,}435 \text{ m}.$$

---

[1] Da der Leistungsfaktor des Synchronmotors durch entsprechende Erregung in weiten Grenzen eingestellt werden kann, wird zur Leistungsfaktorverbesserung der ganzen Anlage meistens ein voreilender Wert verlangt. — Insbesondere die langsamlaufenden Synchronmotoren haben einen höheren Wirkungsgrad als die Asynchronmotoren; der Unterschied beträgt etwa 1 bis 2%.

Die Eisenlänge wird zu $l = 405$ mm mit $n_s = 7$ Kühlschlitzen ($l_s = 10$ mm) ausgeführt, so daß die gesamte Ankerlänge

$$L = l + n_s \cdot l_s = 405 + 7 \cdot 10 = 475 \text{ mm}$$

ist. Die Luftspaltbreite wird zu

$$\delta = 0{,}02 \cdot \tau_p = 0{,}02 \cdot 29{,}45 = 0{,}589 \text{ cm} \approx 0{,}6 \text{ cm}$$

gewählt. Der Abb. 8 wird für $\delta = 6$ mm der Wert $l'_s \approx 2{,}5$ mm entnommen; nach Gl. (15) ist daher

$$l_i = L - n_s \cdot l'_s = 475 - 7 \cdot 2{,}5 = 457{,}5 \text{ mm};$$

mit diesem Wert ergibt sich nach Gl. (382) die Ausnutzungsziffer

$$C = \frac{N_{sn}}{D_i^2 \cdot l_i \cdot n_s} = \frac{4605}{4{,}5^2 \cdot 0{,}4575 \cdot 125} = 3{,}97 \frac{\text{kW} \cdot \text{min}}{\text{m}^3}.$$

Ständerwicklung. Es wird eine $\frac{6}{7{,}5}$ gesehnte Zweischichtwicklung in offenen Nuten mit $q_1 = g + \frac{z}{n} = 2 + \frac{1}{2} = 2{,}5$ Nuten je Pol und Strang, d. h. mit insgesamt

$$N_1 = 2p \cdot q_1 \cdot m_1 = 48 \cdot 2{,}5 \cdot 3 = 360 \text{ Nuten}$$

ausgeführt (Abb. 167); die Nutteilung an der Bohrung ist

$$\tau_{n_1} = \frac{\pi D_i}{N_1} = 3{,}93 \text{ cm}.$$

Der Wicklungsfaktor der Grundwelle ist nach Gl. (446)

$$\xi_1 = \sin\frac{\pi}{2} \cdot \frac{s}{\tau_p} \cdot \frac{\sin\frac{\pi}{2} \cdot \frac{1}{m}}{n \cdot q_1 \cdot \sin\frac{\pi}{2} \cdot \frac{1}{n \cdot q_1 \cdot m}} =$$

$$= \sin\frac{\pi}{2} \cdot \frac{6}{7{,}5} \cdot \frac{\sin\frac{\pi}{2} \cdot \frac{1}{3}}{2 \cdot 2{,}5 \cdot \sin\frac{\pi}{2} \cdot \frac{1}{2 \cdot 2{,}5 \cdot 3}}$$

$$= \sin 72° \cdot \frac{\sin 30°}{5 \cdot \sin 6°} = 0{,}951 \cdot 0{,}957 = 0{,}91.$$

Der Polschuhbogen der zur Unterdrückung der Nutungsoberwellen[1] um eine Ständernutteilung geschrägten Pole wird zu $b = 0{,}75 \cdot \tau_p$ angenommen; bei dem nur teilweise konstanten Luftspalt[2] ist für $\frac{b}{\tau_p} = 0{,}75$

---

[1] Vgl. SEQUENZ: Die Wicklungen elektrischer Maschinen. 1. Bd., Kap. III 10b und RZIHA-GENTHE: 2. Teil, Kap. C Ib 1.

[2]

Bei dem Polwinkel x (in elektr. Grad)	30°	45°	60°	67,5°	75°
ist der Luftspalt δ (in mm)	6	6,9	8,5	10	15

nach Abb. 6 $f_B = \approx 1{,}07$, $\alpha_i = 0{,}745$, während nach Abb. 142 $\varphi = 0{,}655$ und nach Abb. 141 (gestrichelte Schaulinie) $\beta = 0{,}88$ ist [aus Gl. (11) folgt

$$\varphi = \frac{2}{\pi} \cdot \frac{1{,}11}{f_B} = \frac{2}{\pi} \cdot \frac{1{,}11}{1{,}07} = 0{,}66,$$

$$\alpha_i = \frac{\varphi}{\beta} = \frac{0{,}66}{0{,}88} = 0{,}75].$$

Mit $B_1 = 8300$ Gauß bzw. $B_L = \beta \cdot B_1 = 0{,}88 \cdot 8300 = 7300$ Gauß ergibt sich nach Gl. (436)

$$\Phi = B_L \cdot \alpha_i \cdot \tau_p \cdot l_i$$
$$= 7300 \cdot 0{,}75 \cdot 29{,}45 \cdot 45{,}75$$
$$= 7{,}4 \cdot 10^6 \text{ Maxwell}$$

bzw. nach Gl. (436b)

$$\Phi_1 = \frac{\frac{2}{\pi}}{\varphi} \cdot \Phi = \frac{\frac{2}{\pi}}{0{,}66} \cdot 7{,}4 \cdot 10^6$$
$$= 7{,}14 \cdot 10^6 \text{ Maxwell};$$

aus Gl. (437) folgt daher

$$w_1 = \frac{E_1 \cdot 10^8}{4{,}44 \cdot f_1 \cdot \xi_1 \cdot \Phi_1}$$
$$= \frac{2890 \cdot 10^8}{4{,}44 \cdot 50 \cdot 0{,}91 \cdot 7{,}14 \cdot 10^6}$$
$$= 200 \text{ Wdg./Strang}.$$

Die gesamte Leiterzahl (für alle drei Stränge) ist $z_1 = 2 m_1 w_1 = 2 \cdot 3 \cdot 200 = 1200$ Leiter, der primäre Strombelag daher

$$A_1 = \frac{z_1 \cdot J_{1n}}{\pi \cdot D_i} = \frac{1200 \cdot 532}{\pi \cdot 450}$$
$$= 451{,}5 \text{ A/cm}.$$

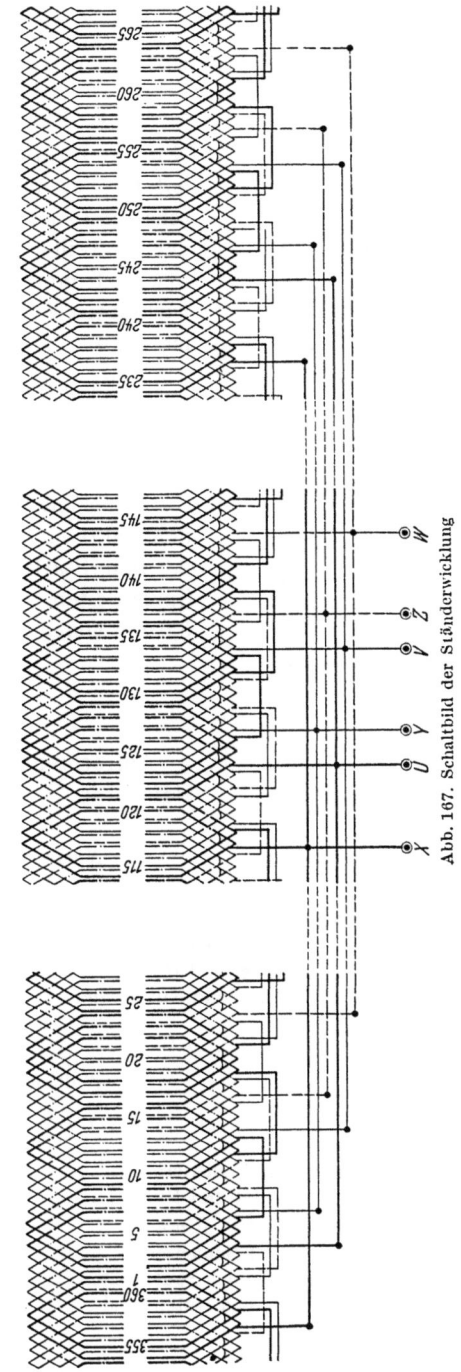

Abb. 167. Schaltbild der Ständerwicklung

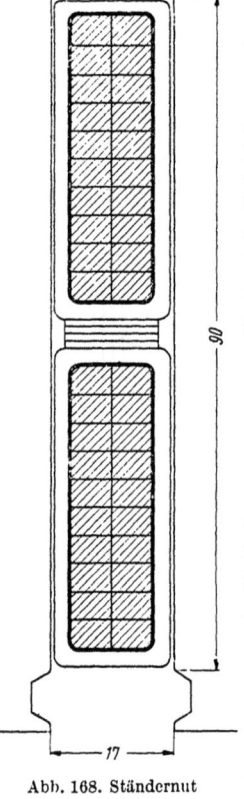

Abb. 168. Ständernut

Bei $N_1 = 360$ Nuten ist die Anzahl der wirksamen Leiter je Nut $z_{n_1} = \frac{z_1}{N_1} = \frac{1200}{360} = 3\frac{1}{3}$; ausgeführt werden $2 \cdot 5$ Leiter je Nut zu 2 Teilleitern nebeneinander und 2 Teilleitern übereinander und eine dreifache Parallelschaltung der Wicklung. Die Abmessungen der Cu-Teilleiter sind 5,0 mm × 3,1 mm blank bzw. 5,6 mm × 3,7 mm isoliert; bei einem wirksamen Teilleiterquerschnitt von 15,2 mm² ist somit

die Stromdichte

$$s_1 = \frac{532}{3 \cdot 4 \cdot 15{,}2} = 2{,}91 \text{ A/mm}^2.$$

Die asphaltierte Wicklung wird gegenüber dem aktiven Eisen durch eine Hülse von 2,0 mm Stärke isoliert, während die beiden Spulenseiten durch eine Zwischenlage von 3,0 mm voneinander getrennt werden (Abb. 168).

Aufrechnung der Nutbreite und der Nuttiefe:

Nutbreite

Hülse	$2 \times 2{,}0 =$	4,0 mm
isolierte Teilleiter	$2 \times 5{,}6 =$	11,2 mm
Asphalt zwischen den Teilleitern	$1 \times 0{,}2 =$	0,2 mm
„ „ Leiter und Hülse	$2 \times 0{,}55 =$	1,1 mm
Spiel „ Hülse und Nutenwand	$2 \times 0{,}25 =$	0,5 mm
		17,0 mm

Nuttiefe

Hülse	$2 \times 2{,}0 =$	4,0 mm
isolierte Teilleiter	$10 \times 3{,}7 =$	37,0 mm
Asphalt zwischen den Teilleitern	$9 \times 0{,}1 =$	0,9 mm
„ „ Leiter und Hülse	$2 \times 0{,}6 =$	1,2 mm
für 1 Spulenseite		43,1 mm
„ 2 Spulenseiten		86,2 mm
Zwischenlage zwischen den Spulenseiten		3,0 mm
Spiel zwischen Hülse und Nutenwand		0,6 mm
		89,8 mm

Bei den ausgeführten Nutabmessungen 17 mm mal 90 (98) mm ergibt sich die scheinbare Zahninduktion am Zahnkopf nach Gl. (431) zu

$$B_{z_{1_k}} = \frac{l_i}{k_e \cdot l} \cdot \frac{\tau_{n_1}}{b_{z_{1_k}}} \cdot B_L = \frac{0{,}4575}{0{,}91 \cdot 0{,}405} \cdot \frac{3{,}93}{3{,}93 - 1{,}7} \cdot 7300 = 16\,000 \text{ Gauß};$$

die spezifische Nutbelastung (bezogen auf 75 °C) ergibt sich nach Gl. (385) zu

$$v_{sp} = \frac{A_1 \cdot s_1 \cdot \tau_{n_1}}{\chi_t \cdot U_{\text{Nut}_1}} = \frac{451{,}5 \cdot 2{,}91 \cdot 3{,}93}{46\,(2 \cdot 9{,}0 + 1{,}7)} = 5{,}7 \text{ W/dm}^2.$$

Als mittlere Leiterlänge ergibt sich nach Gl. (392)

$$l_{l_1} = L + a + b + 2c + \frac{Z \cdot \tau_{nm}}{\sqrt{1 - \left(\frac{b_L + d}{\tau_{nm}}\right)^2}} + \left(r + \frac{h_{sp}}{2}\right)\pi + 4$$

$$= 47{,}5 + 5{,}5 + 4{,}0 + 2 \cdot 2{,}5 + \frac{6 \cdot 4}{\sqrt{1 - \left(\frac{1{,}7 + 0{,}5}{4}\right)^2}} + \left(2{,}5 + \frac{4{,}5}{2}\right)\pi + 4$$

$$= 47{,}5 + 14{,}5 + 28{,}9 + 15 + 4 = 109{,}9 \text{ cm } (\sim 110 \text{ cm}).$$

Die Gesamtlänge der $3 \cdot 2 \cdot 2 \cdot 1200 = 14\,400$ Teilleiter ist

$$L_1 = 14\,400 \cdot 1{,}1 = 15\,840 \text{ m},$$

ihr Gewicht daher (mit γ in kg/dm³, L_1 in m, q_1 in mm²)

$$G_1 = \gamma \cdot L_1 \cdot q_1 \cdot 10^{-3} = 8{,}9 \cdot 15\,840 \cdot 15{,}2 \cdot 10^{-3} = 2145 \text{ kg};$$

der Ohmsche Widerstand (der dreifach parallelgeschalteten Wicklung) je Strang bei 75 °C ist

$$r_1 = \frac{1}{3} \frac{\frac{z_1}{m} \cdot l_{l_1}}{\chi_t \cdot q_1} = \frac{1}{3} \frac{\frac{1200}{3} \cdot 1{,}1}{\frac{56}{1{,}215} \cdot 4 \cdot 15{,}2} = 0{,}051 \text{ Ohm}.$$

Außendurchmesser des Ständers. Um die Jochhöhe der großen Nuthöhe anzupassen (s. S. 185) wird eine Jochinduktion $B_{j_1} = 10\,000$ Gauß zugrunde gelegt; mit diesem Wert ergibt sich nach Gl. (431) die Jochhöhe zu

$$h_{j_1} = \frac{\frac{\Phi}{2}}{k_e \cdot l \cdot B_{j_1}} = \frac{\frac{7{,}4 \cdot 10^6}{2}}{0{,}91 \cdot 0{,}405 \cdot 10\,000} = 10 \text{ cm}.$$

Wird $h_{j_1} = 10{,}2$ cm ausgeführt, so ist der Außendurchmesser des Ständers

$$D_a = D_i + 2h_{n_1} + 2h_{j_1} = 4{,}5 + 2 \cdot 0{,}098 + 2 \cdot 0{,}102 = 4{,}9 \text{ m}.$$

Polabmessungen. Wird der Polstreufluß zunächst zu 25% des Luftspaltflusses geschätzt, so ist der Fluß im Polkern

$$\Phi_k = 1{,}25 \cdot \Phi = 1{,}25 \cdot 7{,}4 \cdot 10^6 = 9{,}25 \cdot 10^6,$$

und der erforderliche Polkernquerschnitt ergibt sich bei Zugrundelegung einer Polkerninduktion $B_k = 13\,000$ Gauß nach Gl. (31) zu

$$q_k = \frac{\Phi_k}{B_k} = \frac{9{,}25 \cdot 10^6}{13\,000} = 711{,}5 \text{ cm}^2.$$

Diesem Querschnitt entspricht bei einer axialen Pollänge $L_k = L_p = 50$ cm — unter Berücksichtigung des Füllfaktors 0,98 für die 1 mm starken Polbleche und einer (für die Ausführung der Erregerwicklung zweckmäßigen) Abschrägung des Polkernquerschnittes an den Stirnseiten — die Polkernbreite

$$b_k = \frac{q_k + 2 \cdot 3^2}{0{,}98 \cdot L_k} = \frac{711{,}5 + 18}{0{,}98 \cdot 50} = 14{,}9 \text{ cm};$$

ausgeführt wird $b_k = 15$ cm (Abb. 169). Die Polschuhhöhe (in der Polmitte) wird mit Rücksicht auf die für den Anlauf des Motors erforderliche Käfigwicklung in den Polschuhen zu $h_p = 5$ cm $= 0{,}017 \cdot \tau_p$ gewählt; die Polschuhbreite ergibt sich aus $\dfrac{b}{\tau_p} = 0{,}75$ zu

$$b = 0{,}75 \cdot \tau_p = 0{,}75 \cdot 29{,}45 = 22 \text{ cm}.$$

Als Wickelhöhe werde $h_w = 15$ cm vorgesehen; die gesamte Polkernhöhe einschließlich der Höhe der Isolation gegen das Eisen und der Druckrahmenhöhe ist $h_k = 18$ cm.

Läuferjoch. Bei einem Jochquerschnitt von $65 \times 13 = 845$ cm² des gußeisernen Polrades beträgt die Jochinduktion

$$B_{j_2} = \frac{\dfrac{\Phi_k}{2}}{q_{j_2}} = \frac{\dfrac{9{,}25 \cdot 10^6}{2}}{845} = 5500 \text{ Gauß}.$$

Leerlaufkennlinie. Der Zahnbreite in der Zahnmitte

$$b_{z_{1m}} = \frac{\pi \cdot 460}{360} - 17 = 23{,}1 \text{ mm}$$

entspricht die Zahninduktion

$$B_{z_{1m}} = \frac{l_i}{k_e \cdot l} \cdot \frac{\tau_{n_1}}{b_{z_{1m}}} \cdot B_L = \frac{0{,}4575}{0{,}91 \cdot 0{,}405} \cdot \frac{3{,}93}{2{,}31} \cdot 7300 = 15\,400 \text{ Gauß}$$

[scheinbare und wirkliche Zahninduktion sind hier praktisch gleich; s. Gl. (24) und (25)]; wird dieser Wert der Berechnung der *magnetischen Teilspannung* V_{z_1} *an den Zähnen* des Ständers zugrunde gelegt, so ergibt sich — unter Benutzung der Magnetisierungskurven der Abb. 119 — die zugehörige Feldstärke $H_{z_{1m}} = 30$ A/cm und daher

$$2V_{z_1} = 2l_{z_1} \cdot H_{z_1} = 2 \cdot 10 \cdot 30 = 600 \text{ A}.$$

Der CARTERsche Faktor für den Ständer[1] wird nach Gl. (19) und (20) mit

$$\gamma = \frac{\left(\frac{s_n}{\delta}\right)^2}{5 + \left(\frac{s_n}{\delta}\right)} = \frac{\left(\frac{17}{6}\right)^2}{5 + \left(\frac{17}{6}\right)} = 1{,}025$$

zu

$$k_c = \frac{\tau_n}{\tau_n - \gamma \cdot \delta} = \frac{3{,}93}{3{,}93 - 1{,}025 \cdot 0{,}6} = 1{,}19$$

ermittelt, so daß die *magnetische Spannung V_L am Luftspalt* nach Gl. (432)

$$2V_L = 1{,}6 \cdot k_c \cdot \delta \cdot B_L = 1{,}6 \cdot 1{,}19 \cdot 0{,}6 \cdot 7300 = 8350 \text{ A}$$

ist.

Aus den Magnetisierungskurven der Abb. 119 bzw. 119a wird entnommen:

Zu der Jochinduktion $B_{j_1} = 9800$ Gauß des Ständers
die Feldstärke $H_{j_1} = 5$ A/cm,
zu der Jochinduktion $B_{j_2} = 5500$ Gauß des Polrades
die Feldstärke $H_{j_2} = 27{,}5$ A/cm.

Der mittlere Kraftlinienweg im Ständerjoch ist nach Gl. (29)

$$l_{j_1} = k_{A_1} \cdot \tau_{p_{n_1}} = 0{,}85 \frac{\pi \cdot 470}{48} = 0{,}85 \cdot 30{,}75 = 26{,}1 \text{ cm},$$

wobei k_{A_1} den Schaulinien der Abb. 10 als die der Abszisse $\frac{h_{j_1}}{\tau_{p_{n_1}}} = \frac{10{,}2}{30{,}75} = 0{,}33$ zugehörige Ordinate entnommen wird; der mittlere Kraftlinienweg im Polradjoch wird mit τ_{p_2} als der Polteilung am Polschaftfuß zu

$$l_{j_2} = \tau_{p_2} = \frac{\pi \cdot 402{,}8}{48} = 26{,}35 \text{ cm}$$

bestimmt. Die *magnetische Teilspannung am Ständer- bzw. Polradjoch* ist daher nach Gl. (433)

$$V_{j_1} = l_{j_1} \cdot H_{j_1} = 26{,}1 \cdot 5 = \approx 130 \text{ A},$$
$$V_{j_2} = l_{j_2} \cdot H_{j_2} = 26{,}35 \cdot 27{,}5 = \approx 725 \text{ A}.$$

---

[1] Der CARTERsche Faktor für den Läufer

$$k_{c_2} = \frac{\tau_{n_2}}{\tau_{n_2} - \gamma \cdot \delta} = \frac{3{,}4}{3{,}4 - 0{,}021 \cdot 0{,}6} = 1{,}004$$

wird vernachlässigt.

Mit den Abmessungen der Pole nach Abb. 169 ergibt sich die magnetische Leitfähigkeit zwischen den Polschuhflächen nach Gl. (459) zu

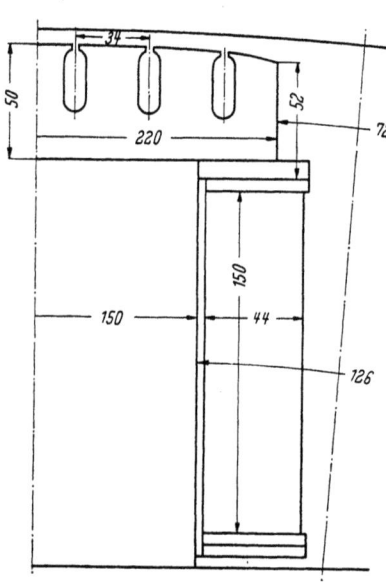

Abb. 169. Polabmessungen

$$\Lambda_p = \frac{L_p \left(h'_p + \frac{\delta_{\max}}{2}\right)}{0{,}8 \cdot a_p}$$
$$+ 2 h_{p_m} \cdot \lg \left(1 + \frac{\pi}{2} \cdot \frac{b_{ps}}{a_p}\right)$$
$$= \frac{50\,(5{,}2 + 0{,}5)}{0{,}8 \cdot 7{,}2}$$
$$+ 2 \cdot 5{,}1 \lg \left(1 + \frac{\pi}{2} \cdot \frac{22}{7{,}2}\right) = 57{,}3$$

und die magnetische Leitfähigkeit zwischen den Polkernflächen nach Gl. (460) zu

$$\Lambda_k = \frac{1}{2} \frac{L_k \cdot h_k}{0{,}8 \cdot a_{k_m}}$$
$$+ h_k \cdot \lg \left(1 + \frac{\pi}{2} \cdot \frac{b_k}{a_{k_m}}\right)$$
$$= \frac{1}{2} \cdot \frac{50 \cdot 15{,}5}{0{,}8 \cdot 12{,}6}$$
$$+ 15{,}5 \lg \left(1 + \frac{\pi}{2} \cdot \frac{15}{12{,}6}\right) = 45{,}6;$$

der gesamte Streufluß Φ_s für beide Polseiten ist daher mit

$$V_s = 2 V_L + 2 V_{z_1} + V_{j_1} = 8350 + 600 + 130 = 9080 \text{ A}$$

nach Gl. (458)

$$\Phi_s = 2 V_s (\Lambda_p + \Lambda_k) = 2 \cdot 9030\,(57{,}3 + 45{,}6) = 1{,}86 \cdot 10^6 \text{ Maxwell}$$
$$= 25{,}1\% \text{ des Luftspaltflusses } \Phi \text{ (geschätzt waren 25\%).}$$

Dem Fluß $\Phi_k = \Phi + \Phi_s = (7{,}4 + 1{,}86) \cdot 10^6 = 9{,}26 \cdot 10^6$ Maxwell entspricht bei dem Polkernquerschnitt

$$q_k = (L_k \cdot b_k - 2 \cdot 0{,}3^2) \cdot 0{,}98 = (50 \cdot 15 - 2 \cdot 0{,}3^2)\,0{,}98 = 717 \text{ cm}^2$$

die Polkerninduktion $B_k^* = \dfrac{\Phi_k}{q_k} = \dfrac{9{,}26 \cdot 10^6}{717} = 12\,900$ Gauß und dieser die Feldstärke $H_k \approx 13$ A (s. Abb. 119a); bei der Weglänge

$$l_k = h'_k + h_p = 18 + 5 = 23 \text{ cm}$$

---

* Insbesondere bei Synchronmotoren mit Anlaufkäfig ist nachzuprüfen, ob die Abweichung der Polschuhinduktion von der Polschaftinduktion vernachlässigbar ist.

ist daher *die magnetische Spannung an den Polen*

$$2V_k = 2l_k \cdot H_k = 2 \cdot 23 \cdot 13 = 600 \text{ A}.$$

Die Summe der magnetischen Spannungen für den geschlossenen Umlaufweg ist somit bei der Nennspannung

$$\sum V = 2V_L + 2V_{z_1} + V_{j_1} + 2V_k + V_{j_2} = V_s + (2V_k + V_{j_2})$$
$$= 9080 + (600 + 725) = 9080 + 1325 = 10\,405 \text{ A};$$

in Abhängigkeit von der EMK E ergibt die Durchrechnung folgende Werte:

$\frac{E}{E_n}$	80%	90%	100%	115%	125%	
Φ	$5{,}92 \cdot 10^6$	$6{,}66 \cdot 10^6$	$7{,}4 \cdot 10^6$	$8{,}51 \cdot 10^6$	$9{,}25 \cdot 10^6$	Maxwell
Φ_s	$1{,}43 \cdot 10^6$	$1{,}62 \cdot 10^6$	$1{,}86 \cdot 10^6$	$2{,}49 \cdot 10^6$	$3{,}12 \cdot 10^6$	Maxwell
Φ_k	$7{,}35 \cdot 10^6$	$8{,}28 \cdot 10^6$	$9{,}26 \cdot 10^6$	$11{,}0 \cdot 10^6$	$12{,}37 \cdot 10^6$	Maxwell
V_s	6935	7865	9080	12070	15160	A
$2V_k + V_{j_2}$	845	1005	1325	2465	5490	A
$\sum V$	7780	8870	10405	14535	20650	A

In der Abb. 170 sind die Kennlinien $\Phi = f(\sum V)$,

$\Phi = f(V_s)$, $\Phi = f(2V_L)$, $\Phi_k = f(2V_k + V_{j_2})$ und $\Phi_s = f(V_s)$

dargestellt.

Streublindwiderstand der Ständerwicklung. Der Sehnung $\frac{s}{\tau_p} = \frac{6}{7{,}5} = 0{,}8$ entsprechen nach Abb. 22 die Korrekturfaktoren

$$k_L = 0{,}88 \quad \text{und} \quad k_N = 0{,}85;$$

die Streuleitfähigkeit der Nut je cm ist daher mit den Abmessungen der Ständernut nach Abb. 168 entsprechend der Gl. (60a)

$$\lambda_{n_1} = k_L \cdot \frac{h_1}{3b_n} + k_N \frac{h_2}{b_n} = 0{,}88 \frac{8{,}4}{3 \cdot 1{,}7} + 0{,}85 \cdot \frac{1{,}03}{1{,}7} = 1{,}965.$$

Die effektive Eisenlänge ergibt sich nach Gl. (45) und aus der Schaulinie a der Abb. 8 (für $b_n = 1{,}7$) zu

$$l_{n_1} = L - \sum l''_s = 47{,}5 - 7 \cdot 0{,}17 = 46{,}31 \text{ cm},$$

die Streuleitfähigkeit der Ständernut ist somit

$$\Lambda_{N_1} = l_{n_1} \cdot \frac{\lambda_{n_1}}{q_1} = 46{,}31 \cdot \frac{1{,}965}{2{,}5} = 36{,}4.$$

Die Streuleitfähigkeit des Spulenkopfes ist mit

$$l_s = l_l - L = 109{,}9 - 47{,}5 = 62{,}4 \text{ cm}$$

218 Die Schenkelpol-Synchronmaschine für Drehstrom

nach Gl. (67) und mit $\xi_{s1} = 0{,}951$ entsprechend Gl. (66)
$$\Lambda_{s_1} = 0{,}43 \cdot l_s \cdot \xi_{s_1}^2 = 0{,}43 \cdot 62{,}4 \cdot 0{,}951^2 = 24{,}3.$$

Für die Streuleitfähigkeit des Zahnkopfes je cm ergibt mit $s_n = b_n = 1{,}7$ cm und $\delta = 0{,}6$ cm nach Gl. (74')

$$\lambda_k = \frac{5 \cdot \dfrac{\delta}{s_n}}{5 + 4 \cdot \dfrac{\delta}{s_n}} \cdot \frac{b}{\tau_p} = \frac{5 \cdot \dfrac{0{,}6}{1{,}7}}{5 + 4 \dfrac{0{,}6}{1{,}7}} \cdot 0{,}75 = 0{,}206,$$

so daß die Streuleitfähigkeit

$$\Lambda_k = l_i \cdot \frac{\lambda_k}{q_1} = 45{,}75 \cdot \frac{0{,}206}{2{,}5} = 3{,}8$$

ist. Der gesamte Streublindwiderstand ist somit nach Gl. (60), (61), (73')

$$x_1 = 1{,}6 \cdot \pi^2 \cdot f_1 \cdot \frac{w_1^2}{p} (\Lambda_{N_1} + \Lambda_{s_1} + \Lambda_{k_1}) \cdot 10^{-8}$$

$$= 1{,}6 \cdot \pi^2 \cdot 50 \cdot \frac{200^2}{24} (36{,}4 + 24{,}3 + 3{,}8) \cdot 10^{-8} = 0{,}85 \text{ Ohm},$$

und es ist

$$\frac{x_1 \cdot J_{1n}}{U_1} \cdot 100 = \frac{0{,}85 \cdot 532}{2890} \cdot 100 = 15{,}65\%.$$

Anmerkung. Die relative Streureaktanzspannung der Nut- und Zahnkopfstreuung $\dfrac{E_{n+k}}{U_1}$ und die Streureaktanzspannung der Spulenkopfstreuung $\dfrac{E_s}{U_1}$ ist nach Gl. (438) bzw. (439)

$$\frac{E_{n+k}}{U_1} = \frac{x_1 \cdot J_{1n}}{U_1} \cdot \frac{\Lambda_{n_1} + \Lambda_{k_1}}{\sum \Lambda} = 0{,}1565 \cdot \frac{36{,}4 + 3{,}8}{36{,}4 + 24{,}3 + 3{,}8} = 0{,}0975,$$

$$\frac{E_s}{U_1} = \frac{x_1 \cdot J_{1n}}{U_1} \cdot \frac{\Lambda_s}{\sum \Lambda} = 0{,}1565 \cdot \frac{24{,}3}{64{,}5} = 0{,}059.$$

Diese Werte ergeben sich auch mit $A_1 = 451{,}5$ A/cm, $B_1 = 8300$ Gauß, $\tau_{n_1} = 3{,}93$ cm, $\tau_p = 29{,}45$ cm, $\xi_1 = 0{,}91$, $q_1 = 2{,}5$, $l_i = 45{,}75$ nach Gl. (438a) bzw. Gl. (439a):

$$\frac{E_{n+k}}{U_1} \approx 5{,}6 \cdot \frac{\tau_{n_1}}{\tau_p} \cdot \frac{\lambda_n + \lambda_k}{\xi_1} \cdot \frac{A_1}{B_1} = 5{,}6 \cdot \frac{3{,}93}{29{,}45} \cdot \frac{2{,}17}{0{,}91} \cdot \frac{451{,}5}{8300} = 0{,}0975,$$

$$\frac{E_s}{U_1} = 5{,}6 \cdot \frac{\tau_{n_1}}{\tau_p} \cdot q_1 \cdot \frac{\Lambda_s}{l_i \cdot \xi_1} \cdot \frac{A_1}{B_1} = 5{,}6 \cdot \frac{3{,}93}{29{,}45} \cdot 2{,}5 \cdot \frac{24{,}3}{45{,}75 \cdot 0{,}91} \cdot \frac{451{,}5}{8300} = 0{,}059.$$

Die der Bohrungsstreuung entsprechende Streuspannung ergibt sich nach Gl. (345) zu

$$\frac{E_B}{U_1} = 1{,}76 \cdot \xi_1 \cdot \frac{A_1}{B_1} = 1{,}76 \cdot 0{,}91 \cdot \frac{451{,}5}{8300} = 0{,}087;$$

daher ist $\left(\dfrac{E_{n+k}}{U_1} + \dfrac{E_s}{U_1} + \dfrac{E_B}{U_1}\right) \cdot 100 = 9{,}75 + 5{,}9 + 8{,}7 = 24{,}35\%.$

Das Spannungsdiagramm bei Nennlast. Die Ankerdurchflutung für einen vollständigen magnetischen Kreis (für ein Polpaar) ist

$$\Theta_{1\text{Kreis}} = 0{,}9 \cdot m_1 \cdot \frac{w_1 \xi_1}{p} \cdot J_1 = 0{,}9 \cdot 3 \cdot \frac{200 \cdot 0{,}91}{24} \cdot 532 = 10\,900 \text{ A}.$$

Den Schaulinien der Abb. 163 werden für $\frac{b}{\tau_p} = 0{,}75$ und $\frac{\delta}{\tau_p} = 0{,}02$ die Werte $c_l = 0{,}82$ und $c_q = 0{,}435$ entnommen, so daß

$$c_l \cdot \Theta_{1\text{Kreis}} = 0{,}82 \cdot 10\,900 = 8940 \text{ A},$$

$$c_q \cdot \Theta_{1\text{Kreis}} = 0{,}435 \cdot 10\,900 = 4740 \text{ A}$$

ist. Der Durchflutung $c_q \cdot \Theta_{1\text{Kreis}}$ entspricht in der Leerlaufkennlinie der Abb. 170 die Spannung

$$e_{q_0} = \frac{3{,}7}{7{,}4} \cdot 2890 = 1445 \text{ V}$$

bzw. $\frac{e_{q_0}}{U_1} \cdot 100 = 50\%$;

den Werten $x_1 = 0{,}85$ des induktiven Widerstandes und $r_1 = 0{,}051$ des Ohmschen Widerstandes je Strang der Ständerwicklung entsprechen die Spannungsabfälle $\frac{J_1 \cdot x_1}{U_1} \cdot 100 = 15{,}65\%$ (s. früher)

$$\frac{J_1 \cdot r_1}{U_1} \cdot 100 = \frac{532 \cdot 0{,}051}{2890} \cdot 100$$
$$= 0{,}94\%,$$

$$\frac{J_1 \sqrt{r_1^2 + x_1^2}}{U_1} \cdot 100 = 15{,}67\%.$$

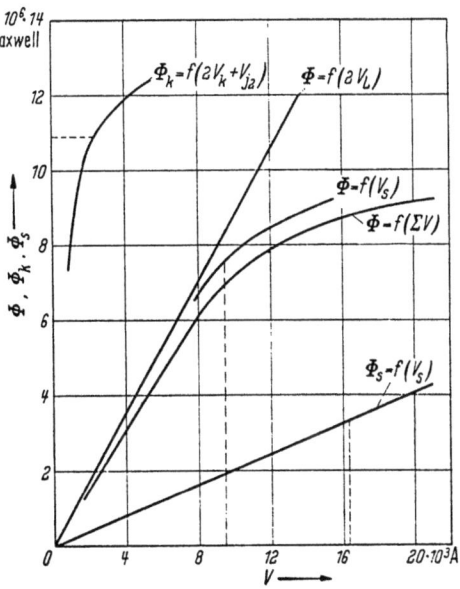

Abb. 170. Magnetische Kennlinien

Aus den Spannungen

$$\frac{E_k}{U_1} \cdot 100 = 100\%, \quad \frac{J_1 \cdot r_1}{U_1} \cdot 100 = 0{,}94\%,$$

$$\frac{J_1 \cdot x_1}{U_1} \cdot 100 = 15{,}65\%, \quad \frac{e_{q_0}}{U_1} \cdot 100 = 50\%$$

kann — unter Berücksichtigung des dem Leistungsfaktor $\cos \varphi = 0{,}9$ bei motorischem Betrieb entsprechenden Winkels $\varphi = 25° 50'$ — das Spannungsdiagramm der Abb. 171 konstruiert werden.

Eine Kontrolle mit den in der 2. Anmerkung auf S. 208 angegebenen Gleichungen für den motorischen Betrieb ist empfehlenswert; hiernach

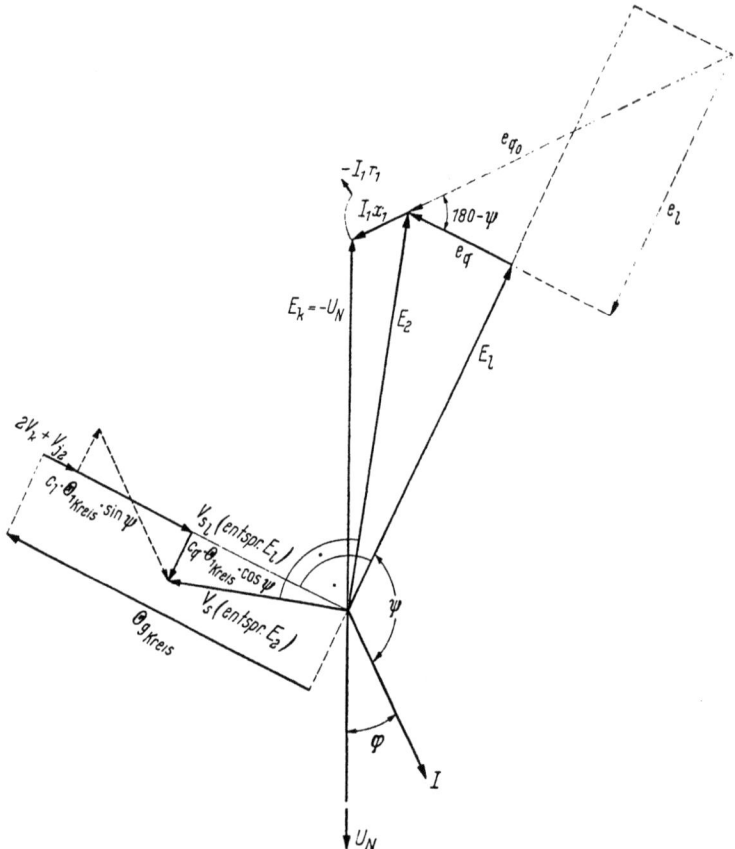

Abb. 171. Spannungs- und Durchflutungsdiagramm bei motorischem Betrieb

ergeben sich — mit $\beta = 86° 34'$ entsprechend $\tan \beta = \dfrac{x_1}{r_1} = \dfrac{0{,}85}{0{,}051}$ $= 16{,}65$ — die folgenden prozentualen Spannungen bzw. Winkel:

$$\left(\frac{E_2}{U_1} \cdot 100\right)^2 = \left(\frac{E_k}{U_1} \cdot 100\right)^2 + \left(\frac{J_1\sqrt{r_1^2 + x_1^2}}{U_1} \cdot 100\right)^2$$

$$- 2\left(\frac{E_k}{U_1} \cdot 100\right)\left(\frac{J_1\sqrt{r_1^2 + x_1^2}}{U_1} \cdot 100\right) \cdot \cos(\varphi + \beta)$$

$$= 100^2 + 15{,}67^2 - 2 \cdot 100 \cdot 15{,}67 \cdot \cos 112° 24' = 11440,$$

$$\sin \alpha = \frac{J_1\sqrt{r_1^2 + x_1^2}}{E_2} \cdot \sin(\varphi + \beta) = \frac{15{,}67}{107} \cdot \sin 112° 24' = 0{,}1355,$$

$$\frac{E_2}{U_1} \cdot 100 = 107\%, \alpha = 7° 47',$$

$$\left(\frac{E}{U_1} \cdot 100\right)^2 = \left(\frac{E_2}{U_1} \cdot 100\right)^2 + \left(\frac{e_{q_0}}{U_1} \cdot 100\right)^2$$

$$- 2\left(\frac{E_2}{U_1} \cdot 100\right)\left(\frac{e_{q_0}}{U_1} \cdot 100\right) \cdot \cos[90 + (\alpha + \varphi)]$$

$$= 107^2 + 50^2 - 2 \cdot 107 \cdot 50 \cdot \cos 123° 37' = 19860,$$

$$\sin(\delta - \alpha) = \frac{e_{q_0}}{E} \cdot \sin[90 + (\alpha + \varphi)] = \frac{50}{141} \cdot \sin 123° 37' = 0{,}2955,$$

$$\left(\frac{E}{U_1} 100\right) = 141\%, \ (\delta - \alpha) = 17° 12',$$

$$\left(\frac{e_{q_0}}{U_1} \cdot 100\right) = \left(\frac{E_2}{U_1} \cdot 100\right) \cdot \sin(\delta - \alpha) = 107 \cdot \sin 17° 12' = 31{,}5\%,$$

$$\left(\frac{E_l}{U_1} \cdot 100\right) = \left(\frac{E_2}{U_1} \cdot 100\right) \cdot \cos(\delta - \alpha) = 107 \cdot \cos 17° 12' = 102{,}2\%,$$

$$\psi = 180 - (\varphi + \delta) = 180 - (25° 50' + 24° 59') = 129° 11'.$$

Die erforderliche Erregerdurchflutung bei Belastung. Der Längsfeldspannung $E_l = 1{,}022 \cdot 2890 = 1955$ V bzw. dem Längsfeldfluß $\Phi_l = 1{,}022 \cdot 7{,}4 \cdot 10^6 = 7{,}56 \cdot 10^6$ Maxwell entspricht in der Schaulinie $\Phi = f(V_s)$ der Abb. 170 die magnetische Spannung $V_{s_l} = 9400$ A; die wirksame Ankerlängsfelddurchflutung ist

$$c_l \cdot \Theta_{1_{\text{Kreis}}} \cdot \sin \psi = 8940 \cdot \sin 129° 11' = 6940 \text{ A}.$$

Der Summe

$$V_{s_l} + c_l \Theta_{1_{\text{Kreis}}} \cdot \sin \psi = 9400 + 6940 = 16340 \text{ A}$$

ist entsprechend der Schaulinie $\Phi_s = f(V_s)$ der Abb. 170 der Streufluß $\Phi_s = 3{,}35 \cdot 10^6$ Maxwell zugeordnet, so daß der Fluß im Pol

$$\Phi_k = \Phi_l + \Phi_s = (7{,}56 + 3{,}35) \cdot 10^6 = 10{,}91 \cdot 10^6 \text{ Maxwell}$$

ist. Diesem Fluß ist entsprechend der Schaulinie $\Phi_k = f(2V_k + V_{j_2})$ die magnetische Spannung $2V_k + V_{j_2} = 2300$ A zugeordnet; mithin ist die erforderliche Erregerdurchflutung bei Nennlast

$$\Theta_{1g_{\text{Kreis}}} = V_{s_l} + c_l \cdot \Theta_{1_{\text{Kreis}}} \cdot \sin \psi + (2V_k + V_{j_2})$$
$$= 16340 + 2300 = 18640 \text{ A},$$

bzw. bei einem Zuschlag von 10% $\Theta_{1g_{\text{Kreis}}} = 20500$ A.

Bei der graphischen Näherungsmethode (Abb. 172) zur Bestimmung der erforderlichen Erregerdurchflutung wird (unter Vernachlässigung des Ohmschen Spannungsabfalles $J_1 \cdot r_1$) das Spannungsdreieck E_k, $J_1 x_1$, E_2

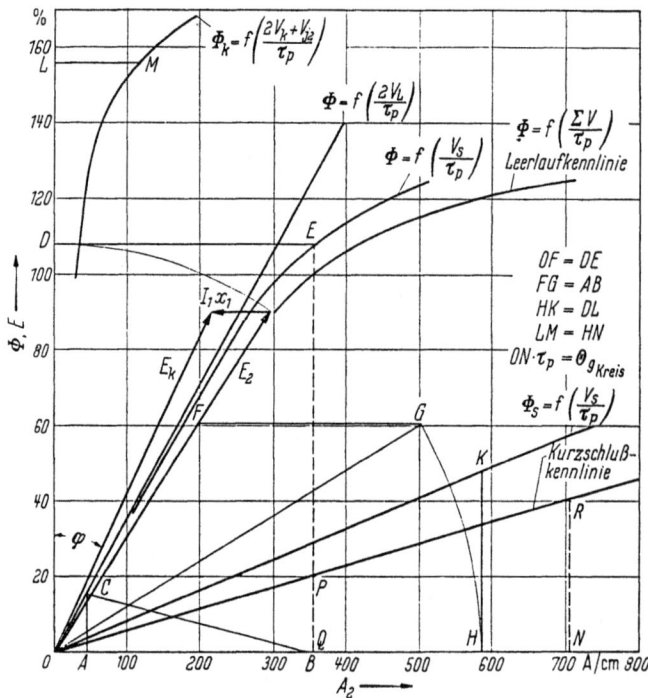

Abb. 172. Magnetische Kennlinien

(prozentuale Werte) der Abb. 171 um den Winkel φ gegenüber der Ordinatenachse gedreht in das Schaulinienblatt eingezeichnet, in dem die *prozentualen* Werte

$$\Phi = f\left(\frac{\Sigma V}{\tau_p}\right), \quad \Phi = f\left(\frac{V_s}{\tau_p}\right), \quad \Phi = f\left(\frac{2 V_L}{\tau_p}\right),$$

$$\Phi_s = f\left(\frac{V_s}{\tau_p}\right), \quad \Phi_k = f\left(\frac{2 V_k + V_{j2}}{\tau_p}\right)$$

in Abhängigkeit von der Durchflutung $A_2 = \dfrac{\Sigma V}{\tau_p}$ in A/cm dargestellt sind.

Hierin ist

$$\overline{AB} = \gamma_l \cdot A_1 \cdot \frac{\xi_1}{\frac{3}{\pi}} = 0{,}7 \cdot 451{,}5 \cdot \frac{0{,}91}{0{,}955} = 302{,}5 \text{ A/cm},$$

wobei $\gamma_l = 0{,}7$ der Schaulinie der Abb. 93 für $\dfrac{b}{\tau_p} = 0{,}75$ entnommen wird,

$E_2 = \overline{OD}$,

$\overline{DE}$ Durchflutung entsprechend E_2 (also *nicht* entsprechend E_1!)

$\overline{DE} = \overline{OF},\ \overline{AB} = \overline{FG},\ \overline{OG} = \overline{OH},\ \overline{HK} = \overline{DL},\ \overline{LM} = \overline{HN}$,

$\overline{ON} = 705$ A/cm,

d. h. die erforderliche Erregerdurchflutung ist

$$\Theta_{1g\text{Kreis}} = A_2 \cdot \tau_p = 705 \cdot 29{,}45 = 20\,765\ \text{A}, \quad \text{d. h.} \sim 21\,000\ \text{A}.$$

Erregerwicklung. Mit den Polabmessungen nach Abb. 169 und bei der (zunächst angenommenen) Leiterbreite der einlagigen Erregerwicklung von 44 mm ergibt sich die mittlere Leiterlänge zu

$$l_l = 50 - 2 \cdot 3 + \left(\frac{4{,}4}{2} + 0{,}3 + 4{,}3\right) + 2\,\frac{15 - 2 \cdot 4{,}3}{2} = 71{,}8\ \text{cm} = 0{,}72\ \text{m};$$

der erforderliche Leiterquerschnitt ist daher nach Gl. (451) bei einer Erregerspannung $e_2 = 220 \cdot 0{,}95$ V (5% Spannungsabfall in den Zuleitungen)

$$q_e = p \cdot \Theta_{1g\text{Kreis}} \cdot \frac{2l_l}{e_2} \cdot \varrho_t = 24 \cdot 21\,000 \cdot \frac{2 \cdot 0{,}72}{220 \cdot 0{,}95} \cdot \frac{1}{46} = 75{,}5\ \text{mm}^2,$$

wobei $\varrho_t = \varrho_0\,[1 + \alpha'\,(t - 20)] = \dfrac{1}{46}$ der Temperatur $t = 75°$ entspricht.

Die Leiterhöhe ergibt sich daher bei der Leiterbreite von 44 mm zu $\dfrac{75{,}5/0{,}965}{44} \approx 1{,}8$ mm und die Zahl der Windungen je Pol bei einer nutzbaren Wickelhöhe von 150 mm zu

$$\frac{w_e}{p} = \frac{150}{1{,}8 + 0{,}25} - 1 = 72\ \text{Windungen},$$

wenn die Isolation zwischen den einzelnen Lagen der Erregerwicklung zu 0,2 mm, das Arbeitsspiel je Leiter zu 0,05 mm und eine tote Windung je Pol angenommen wird.

Der Erregerstrom ergibt sich nach Gl. (450) zu

$$i_2 = \frac{\Theta_{1g\text{Kreis}}}{\dfrac{w_e}{p}} = \frac{21\,000}{144} = 146\ \text{A},$$

der Ohmsche Widerstand der Erregerwicklung nach Gl. (448) zu

$$r_e = \frac{w_e \cdot 2l_l}{q_e} \cdot \varrho_t = \frac{24 \cdot 144 \cdot 2 \cdot 0{,}72}{76{,}4^*} \cdot \frac{1}{46} = 1{,}42\ \text{Ohm bei } 75\,°\text{C},$$

---

* entsprechend $1{,}8 \cdot 44 \cdot 0{,}965$ mm².

die Erregerleistung (beim Nennbetrieb) zu
$$e_2 \cdot i_2 = 220 \cdot 0{,}95 \cdot 146 \cdot 10^{-3} = 30{,}5 \text{ kW}.$$

Die gesamte Windungslänge der Erregerwicklung ist
$$L = w_e \cdot 2l_l = 24 \cdot 144 \cdot 2 \cdot 0{,}72 = 5000 \text{ m},$$
das Gewicht daher
$$G_{\text{Cu}} = \gamma \cdot L \cdot q_e \cdot 10^{-3} = 8{,}9 \cdot 5000 \cdot 76{,}4 \cdot 10^{-3} = 3400 \text{ kg}.$$

Die wärmeabgebende Oberfläche der Erregerwicklung auf den $2p = 48$ Polen ist mit den Polabmessungen nach Abb. 169
$$O = 48 \cdot 15 \cdot 2 \left[50 - 2 \cdot 3 + \pi (4{,}4 + 0{,}3 + 4{,}3) + 2 \frac{15 - 2 \cdot 4{,}3}{2} \right] \cdot 10^{-4}$$
$$= 11{,}3 \text{ m}^2;$$
bei einer Kühlziffer
$$w_k^1 = 60 \cdot \sqrt{\frac{\tau_p}{h_w}} = 60 \sqrt{\frac{29{,}45}{15}} = 84 \text{ W/m}^2 \cdot {}^\circ\text{C}$$
ergibt sich die Erwärmung der Erregerwicklung zu
$$\Delta t_e = \frac{e_2 \cdot i_2}{O \cdot w_k} = \frac{30{,}5 \cdot 10^3}{11{,}3 \cdot 84} = 32{,}1 \,{}^\circ\text{C}$$
(vgl. hierzu Kap. IV B 5).

Die Verluste

Die *Ohmschen Verluste* der Ständerwicklung beim Nennbetrieb (bezogen auf 75 °C) sind
$$V_{\text{Cu}_1} = m_1 \cdot J_{1_n}^2 \cdot r_1 = 3 \cdot 532^2 \cdot 0{,}051 \cdot 10^{-3} = 43{,}3 \text{ kW}.$$

Die *zusätzlichen Verluste* infolge der Ausgleichsströme zwischen den einzelnen Teilleitern und die mittleren zusätzlichen Verluste in den Teilleitern infolge der Stromverdrängung werden im Abschnitt „Vorausberechnung der Ständererwärmung bei Nennbetrieb" (S. 241) zu
$$V_{\text{Zus}_1} + V_{\text{Zus}_2} = 1{,}1 + 3{,}6 = 4{,}7 \text{ kW}$$
ermittelt. Die zusätzlichen Verluste im Stirnraum können etwa entsprechend den Werten der Schaulinie b der Abb. 173 abgeschätzt werden; hiernach ist für
$$\frac{A_1 \cdot \tau_p^{1,5}}{\delta} = \frac{451{,}5 \cdot 29{,}45^{1,5}}{0{,}6} = 12{,}05 \cdot 10^4$$
$$V_{\text{Zus}_{St}} = \pi \cdot D_i \cdot v_{\text{Zus}} \cdot 10^{-3} = \pi \cdot 450 \cdot 6 \cdot 10^{-3} = 8{,}5 \text{ kW}.$$

---

[1] $w_k = w_0 \sqrt{\dfrac{\tau_p}{h_w}}$ (τ_p in cm) ergibt sich für $f = 50$ Hz aus Gl. (434) mit Berücksichtigung von $v = \dfrac{\pi D_i \cdot n_s}{60}$, $n_s = \dfrac{60 \cdot f}{p}$, $\tau_p = \dfrac{\pi D_i}{2p}$.

Die zusätzlichen Verluste insgesamt sind also

$$V_{Zus} = V_{Zus_1} + V_{Zus_2} + V_{Zus_{St}} = 4{,}7 + 8{,}5 = 13{,}2 \text{ kW}.$$

Das Ständerblechpaket besteht aus 0,5 mm starken Blechen mit der Verlustziffer $v_{10} = 2$ W/kg, so daß bei der mittleren Zahninduktion $B_{z_{1_m}} = 15\,400$ Gauß und der Jochinduktion $B_{j_1} = 9800$ Gauß

$$v_{z_1} = 2 \left(\frac{15\,400}{10\,000}\right)^2 = 4{,}74 \text{ W/kg} \quad \text{und} \quad v_{j_1} = 2 \left(\frac{9800}{10\,000}\right)^2 = 1{,}92 \text{ W/kg}$$

ist. Das Zahneisengewicht ist

$$\begin{aligned}
G_{z_1} &= \gamma \cdot k_e \cdot l \left\{ \frac{\pi}{4} [(D_i + 2h_{n_1}) - D_i^2] - N_1 \cdot h_{n_1} \cdot b_{n_1} \right\} \cdot 10^{-3} \\
&= 7{,}7 \cdot 0{,}91 \cdot 40{,}5 \left\{ \frac{\pi}{4} (469{,}6^2 - 450^2) \right. \\
&\quad \left. - 360 \cdot 9{,}8 \cdot 1{,}7 \right\} \cdot 10^{-3} = 2310 \text{ kg},
\end{aligned}$$

das Jocheisengewicht

$$\begin{aligned}
G_{j_1} &= \gamma \cdot k_e \cdot l \left\{ \frac{\pi}{4} [D_a^2 - (D_i + 2h_{n_1})^2] \right\} \cdot 10^{-3} \\
&= 7{,}7 \cdot 0{,}91 \cdot 40{,}5 \left\{ \frac{\pi}{4} [490^2 - 469{,}6^2] \right\} \\
&\quad \cdot 10^{-3} = 4370 \text{ kg};
\end{aligned}$$

die *Eisenverluste* im Ständerblechpaket (Grundverluste) sind daher nach Gl. (80) und (81) mit den Faktoren $k = 1{,}3$ bzw. $k_j = 2{,}1$

$$V_{Z_1} = v_{z_1} \cdot G_{z_1} \cdot k = 4{,}74 \cdot 2310 \cdot 1{,}3 \cdot 10^{-3}$$
$$= 14{,}2 \text{ kW},$$

$$V_{j_1} = v_{j_1} \cdot G_{j_1} \cdot k_j = 1{,}92 \cdot 4370 \cdot 2{,}1 \cdot 10^{-3}$$
$$= 17{,}6 \text{ kW}.$$

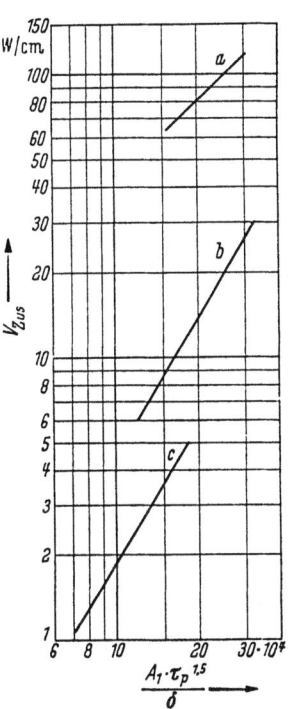

Abb. 173. Zur angenäherten Bestimmung der Stirnraumverluste von Synchronmaschinen mit Einzelpolen (nach LIWSCHITZ). *a* Große Maschinen mit Druckplatten, schwerer Versteifung und Sammelringen; *b* mittlere Maschinen mit Druckfingern und leichter Versteifung; *c* kleinere Maschinen mit zusammengeschweißten Endblechen, ohne Versteifung

Die zusätzlichen Eisenverluste werden näherungsweise aus der Schaulinie der Abb. 35 ermittelt:

Für $\dfrac{s_n}{\delta} \cdot \dfrac{\tau_n}{\delta} = \dfrac{1{,}7}{0{,}6} \cdot \dfrac{3{,}93}{0{,}6} = 18{,}6$ ist der Zuschlagsfaktor (mit $v_{10} \approx 10$ W/kg) $k_{Fe} = 1 + X \dfrac{3{,}0}{v_{10}} = 1 + 0{,}8 \cdot \dfrac{3{,}0}{10} = 1{,}24$. Für $\dfrac{s_n}{\delta} = \dfrac{1{,}7}{0{,}6} = 2{,}83$ und $\dfrac{b}{\tau_p} = 0{,}75$ ergibt sich (aus Abb. 34c) für Sinuslamellen der

Faktor $c = 0{,}475$; für den nur teilweise konstanten Luftspalt wird $c' = \dfrac{c + \dfrac{b}{\tau_p}}{2} = \dfrac{0{,}475 + 0{,}75}{2} = 0{,}6125$ angenommen, so daß die *zusätzlichen Eisenverluste*

$$V_{Zus} = \frac{k_{Fe} - 1}{c'} (V_{z_1} + V_{j_1}) = \frac{0{,}24}{0{,}6125} (14{,}2 + 17{,}6) \approx 0{,}4 \cdot 31{,}8 = 12{,}7 \text{ kW}$$

betragen. Aus Abb. 34b ergibt sich für $\dfrac{s_n}{\delta} \tau_n = \dfrac{1{,}7}{0{,}6} \cdot 3{,}93 = 11{,}15$ $k_v = 1{,}16$, daher

$$V_{Zus} = \frac{k_v - 1}{c'} (V_{z_1} + V_{j_1}) = \frac{0{,}16}{0{,}6125} \cdot 31{,}8 \approx 8{,}3 \text{ kW};$$

im Mittel wird somit $V_{Zus} = \dfrac{12{,}7 + 8{,}3}{2} = 10{,}5$ kW angenommen.

Der Umfangsgeschwindigkeit $v = 29{,}45$ m/s entspricht in der Abb. 38 der Wert $k_R = 6$ bzw. $10{,}2 \ \dfrac{\text{kW}}{\text{m}^2 \cdot \left(\dfrac{\text{m}}{\text{s}}\right)^2}$ für Langpolmaschinen geschlossener bzw. offener Bauart; im vorliegenden Falle wird der mittlere Wert $k_R = 8 \ \dfrac{\text{kW}}{\text{m}^2 \left(\dfrac{\text{m}}{\text{s}}\right)^2}$ gewählt, so daß die *Reibungsverluste*

$$V_R = k_R \cdot D_i \cdot L \cdot v^2 = 8 \cdot 4{,}5 \cdot 0{,}475 \cdot 29{,}45^2 = 14{,}8 \text{ kW}$$

sind.

Wirkungsgrad und Überlastbarkeit. Die Gesamtverluste beim Nennbetrieb ergeben sich aus den Einzelverlusten:

Ohmsche Verluste in der Ständerwicklung	$V_{Cu_1} = $ 43,3 kW
Zusatzverluste	$V_{Zus} = $ 13,2 kW
Erregerverluste (einschl. Verluste in den Zuleitungen) . . .	$V_{Cu_2} = $ 32,1 kW
Eisenverluste (Grundverluste) im Ständerblechpaket (Zähne und Joch)	$V_{Fe} = $ 31,8 kW
Zusätzliche Eisenverluste	$V_{Fe_{Zus}} = $ 10,5 kW
Luft- und Lagerreibungsverluste	$V_R = $ 14,8 kW
Gesamtverluste	$\sum V_{erl} = $ 145,7 kW

Der Wirkungsgrad beim Nennbetrieb ist daher

$$\eta_n = \frac{N_n}{N_n + \sum V_{erl}} \cdot 100 = \frac{4000}{4000 + 146} \cdot 100 = 96{,}5\%.$$

Bezeichnet $\sum V$ (in kW) die Summe der abzuführenden Verluste (für welche ohne großen Fehler die Summe aller Verluste gesetzt werden kann), $c = 1{,}1 \ \dfrac{\text{kWs}}{\text{m}^3 \cdot {}^\circ\text{C}}$ die spezifische Wärme der Luft, ϑ_L (in °C) die

Erwärmung der Luft, die erfahrungsgemäß mit etwa 20°C angenommen werden kann, so ist die erforderliche Kühlluftmenge

$$Q^* = \frac{\sum V}{c \cdot \vartheta_L} = \frac{\sum V}{1{,}1 \cdot 20} = 0{,}04545 \cdot \sum V \text{ m}^3/\text{s}.$$

Bei einer mittleren Erwärmung der Ständerwicklung um 55° kann erfahrungsgemäß die Kühlluftmenge zu

$$Q = \frac{55 \cdot 0{,}04545 \cdot \sum V}{\vartheta} \approx \frac{2{,}5 \cdot \sum V}{\vartheta} \frac{\text{m}^3}{\text{s}}$$

angenommen werden, wobei ϑ als der wirkliche Wert der Ständererwärmung einzusetzen ist. Im vorhergehenden Beispiel ist demnach bei einer Erwärmung der Ständerwicklung um $\vartheta = 50$ °C die Kühlluftmenge

$$Q = \frac{2{,}5 \cdot 146}{50} = 7{,}3 \text{ m}^3/\text{s}$$

erforderlich.

Es ist zweckmäßig, die Kennlinien der Abb. 172 noch durch die *Kurzschlußkennlinie* $J_k = f(A_2)$ zu ergänzen:

$\overline{AC}$ entspricht der prozentualen Ständerstreuspannung

$$\frac{J_1 \cdot x_1}{U_1} \cdot 100 = 15{,}65\%,$$

$\overline{AB}$ der Ankerdurchflutung

$$\gamma_l \cdot A_1 \cdot \frac{\xi_1}{\frac{3}{\pi}} = 302{,}5 \text{ A/cm}.$$

Der Durchflutung $\overline{OB}$ entspricht

der Kurzschlußstrom $\quad J_k = J_n$, d. h.

das Kurzschlußverhältnis $\frac{J_k}{J_n} = 1$;

das Leerlaufkurzschlußverhältnis bei Nennspannung ergibt sich

zu $\overline{PQ} = \frac{J_{k_0}}{J_n} = 1{,}02,$

das Nennlastkurzschlußverhältnis bei Nennspannung

zu $\overline{RN} = \frac{J_k}{J_n} = 2$. Nach der Gleichung[2]

$$\frac{M_{\text{Kipp}}}{M_n} \approx \sqrt{1 + \left(\frac{J_{k_0}}{J_n} \cdot \frac{1}{\cos \varphi} + \tan \varphi\right)^2}$$

ergibt sich die Überlastbarkeit zu $\frac{M_k}{M_n} \approx 1{,}9$.

---

[*] Vgl. W. SCHUISKY: Elektromotoren. Wien: Springer 1951, S. 332 und RZIHA-GENTHE: Starkstromtechnik. 2. Teil, 6. Abschn. C X, S. 499.

[2] Vgl. NÜRNBERG: Prüfung elektrischer Maschinen, S. 177.

Anmerkung. Bei den Synchronmotoren, die eine Neigung zum Pendeln haben und bei denen der Übergang in einen anderen Überlastungszustand mit den Pendelungen verknüpft ist, muß zwischen der *statischen* und der *dynamischen Überlastbarkeit* unterschieden werden[1]. Für die statische Drehmomentüberlastbarkeit der Synchronmotoren gilt die Angabe „1,5" der Tafel 8 des § 40 VDE 0530/3.59.

Zu beachten ist, daß in den Fällen, wo ein Synchronmotor von einem Generator etwa gleich großer Leistung gespeist wird (wie z. B. bei turbo- oder dieselelektrischen Schiffsschraubenantrieben), das Kippmoment wegen des großen Spannungsabfalles im Generator und Motor erheblich zurückgeht. Bezeichnen k_1 und k_2 die Überlastbarkeit des Motors allein bzw. des Generators allein, so ist bei der Erregung entsprechend $\cos \varphi = 1$ die resultierende Überlastbarkeit der Anordnung nur noch

$$k = \frac{k_1 \, k_2}{\sqrt{k_1^2 - 1} + \sqrt{k_2^2 - 1}} \, .^2$$

2. Entwurf des Anlaufkäfigs und Vorausberechnung der Anlaufverhältnisse

Die Nutteilung der Anlaufkäfignuten wird in der Regel bis zu etwa 15% abweichend von der Ständernutteilung ausgeführt und zunächst als Gesamtquerschnitt aller Käfigstäbe ein Wert von etwa 30%[3] des Gesamtquerschnittes aller Ständerwicklungsleiter zugrunde gelegt. Gewählt werden im vorliegenden Falle 6 Stäbe je Pol mit einem

$$\text{Stabquerschnitt} \quad q_{St} = 9{,}5 \cdot 18 + \frac{\pi}{4} \cdot 9{,}5^2 = 242 \text{ mm}^2$$

$$\text{bei einer Nutteilung} \quad \tau_{n_z} = 34 \text{ mm} \quad (86{,}5\% \text{ v. } 39{,}3 \text{ mm});$$

der Gesamtquerschnitt aller Käfigstäbe beträgt mit $48 \cdot 6 \cdot 242 = 69696$ mm² 31,8% vom Gesamtquerschnitt $3600 \cdot 4 \cdot 15{,}2 = 218800$ mm² aller Ständerwicklungsleiter. Bei der gewählten Polschuhbreite von $b_p = 220$ mm und der Nutbreite $b_n = 9{,}8$ mm beträgt die Durchtrittsbreite für den Polfluß $220 - 6 \cdot 9{,}8 = 161{,}2$ mm gegenüber der Polschaftbreite $b_k = 150$ mm. Dem Querschnitt $6 \cdot 242 = 1452$ mm der 6 Stäbe jedes Poles angepaßt wird der Querschnitt der Cu-Ringe zu

$$q_R = 600 \text{ mm}^2 \; \left(82{,}6\% \text{ von } \frac{1452}{2} \text{ mm}^2 \right) \text{ gewählt. Zur Bestimmung des}$$

Stabmaterials ist eine Vorausberechnung der Anlaufverhältnisse erforderlich.

Streublindwiderstand der Ständerwicklung. Für den *asynchronen* Betriebszustand des Synchronmotors ist der Streublindwiderstand der

---

[1] Vgl. SCHUISKY: Elektromotoren. Kap. X C 1b und 2 bzw. RZIHA-GENTHE: 2. Teil, Kap. C VIh.
[2] Vgl. SCHUISKY: Elektromotoren. Kap. X C 1b; ferner LONGLEY: The Calculation of Alternator Swing Curves. Trans. A I E E Vol. 49, S. 1129/1151.
[3] Für die Dämpferwicklung von Generatoren 20—30 %.

Ständerwicklung wie für einen Asynchronmotor zu bestimmen, d. h. insbesondere die Streuleitfähigkeit des Spulenkopfes nach Gl. (64) und (65); sie ist mit

$$m = \frac{Z \cdot \tau_{n_m}}{2\sqrt{1-\left(\frac{b_L+d}{\tau_{n_m}}\right)^2}} \cdot \frac{b_L+d}{\tau_{n_m}} = \frac{6 \cdot 4}{2\sqrt{1-\left(\frac{1,7+0,5}{4}\right)^2}} \left(\frac{1,7+0,5}{4}\right)$$

$$= 7{,}94 \text{ cm}$$

nach Gl. (65), mit $h = \frac{a+b+2c}{2} = \frac{5{,}5+4+2\cdot 2{,}5}{2} = 7{,}25$ cm und $\xi_{s_1} = 0{,}951$ entsprechend Gl. (64)

$$\Lambda_{s_1} = 1{,}13 \cdot \xi_{s_1}^2 (h + 0{,}5 \text{ m}) = 1{,}13 \cdot 0{,}951^2 (7{,}25 + 0{,}5 \cdot 7{,}94) = 11{,}4.$$

Der gesamte Streublindwiderstand (für den asynchronen Betriebszustand) ist daher

$$x_{1as} = 1{,}6\pi^2 \cdot f_1 \cdot \frac{w_1^2}{p}(\Lambda_{N_1} + \Lambda_{s_1} + \Lambda_{k_1}) \cdot 10^{-8}$$

$$= 1{,}6\pi^2 \cdot 50 \cdot \frac{200^2}{24}(36{,}4 + 11{,}4 + 3{,}8) \cdot 10^{-8} = 0{,}68 \text{ Ohm},$$

und es ist

$$\frac{x_{1as} \cdot J_{1n}}{U_1} \cdot 100 = \frac{0{,}68 \cdot 532}{2890} \cdot 100 = 12{,}5\%.$$

Anmerkung. Die Leitfähigkeit der doppelt verketteten Streuung würde sich mit $K_1 = 0{,}0034$ für $q_1' = 5$ und $\frac{s}{\tau_p} = 0{,}8$ nach Gl. (71) zu

$$\Lambda_{d_1} = \tau_p \cdot l_i \cdot \frac{m}{\pi^2} \frac{1}{k_c \cdot k_s \cdot \delta} K_1 \cdot \frac{b}{\tau_p}$$

$$= 29{,}45 \cdot 45{,}75 \cdot \frac{3}{\pi^2} \frac{1}{1{,}19 \cdot 1{,}072 \cdot 0{,}6} \cdot 0{,}0034 \cdot 0{,}75 = 1{,}37$$

ergeben.

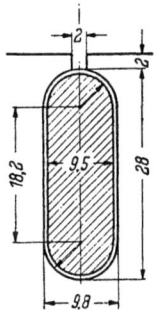

Abb. 174. Nut des Anlaufkäfigs

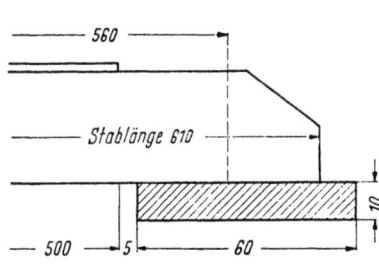

Abb. 175. Stab-Ring-Verbindung des Anlaufkäfigs

Ohmsche und induktive Widerstände der Käfigwicklung. Für die einphasigen Ersatzwicklungen der Käfigwicklung — nämlich für die *Längsfeldwicklung* und die *Querfeldwicklung* mit den in Reihe geschalteten Käfigstäben (s. a. S. 85) — ergeben sich mit den Abmessungen der Nuten in den Polschuhen (Abb. 174), der Stäbe und der Stab-Ring-

Verbindung (Abb. 175) die folgenden Ohmschen und induktiven Widerstände (bezogen auf den Sekundärteil):

Mit
$$l' = 0{,}56 \text{ m}, \quad q_{St} = 242 \text{ mm}^2, \quad q_R = 600 \text{ mm}^2,$$
$$l_{k_l} = \frac{N_P}{2} \cdot \tau_{n_m} = \frac{6}{2} \cdot 0{,}03376 = 0{,}101 \text{ m},$$
$$l_{k_q} = \tau'_p - \frac{N_P}{2} \cdot \tau_{n_m} = 0{,}2915 - 0{,}101 = 0{,}1905 \text{ m}$$

ist
$$r_{d'_l} = 2p \cdot N_P \left(\frac{l'}{\chi_{St} \cdot q_{St}} + \frac{l_{k_l}}{\chi_R \cdot q_R}\right) = 48{,}6 \left(\frac{0{,}56}{\chi_{St} \cdot 242} + \frac{0{,}101}{56 \cdot 600}\right)$$
$$= \approx \frac{6664}{\chi_{St}} \cdot 10^{-4} \text{ Ohm},$$
$$r_{d'_q} = 2p \cdot N_P \left(\frac{l'}{\chi_{St} \cdot q_{St}} + \frac{l_{k_q}}{\chi_R \cdot q_R}\right) = 48{,}6 \left(\frac{0{,}56}{\chi_{St} \cdot 242} + \frac{0{,}1905}{56 \cdot 600}\right)$$
$$= \approx \frac{6664}{\chi_{St}} \cdot 10^{-4} \text{ Ohm};$$

mit
$$\Lambda_N = \left[\frac{N_P - 2}{N_P} \cdot L_p + \frac{2}{N_P}(L_p - 2 \cdot 3)\right]\left(\frac{h_{St} - b_{St}}{3 b_n} + 0{,}623 + \frac{h_4}{s_n}\right)$$
$$= \left[\frac{4}{6} \cdot 50 + \frac{2}{6} \cdot 44\right]\left(\frac{18}{3 \cdot 9{,}8} + 0{,}623 + \frac{2}{2}\right) = 107{,}3,$$
$$\Lambda_{s_l} = N_P \cdot 0{,}335 \left(0{,}36 \cdot l_{k_l} + 2A + 2\frac{l''}{4}\right)$$
$$= 6 \cdot 0{,}335 \left(0{,}36 \cdot 10{,}1 + 2 \cdot 0{,}5 + 2\frac{5}{4}\right) = 14{,}4,$$
$$\Lambda_{s_q} = N_P \cdot 0{,}355 \left(0{,}36 \cdot l_{k_q} + 2A + 2\frac{l''}{4}\right)$$
$$= 6 \cdot 0{,}335 \left(0{,}36 \cdot 19{,}05 + 2 \cdot 0{,}5 + 2\frac{5}{4}\right) = 20{,}8,$$
$$\Lambda_{d_l} = \Lambda_{d_q} = \frac{1}{\pi^2} \frac{\tau_p \cdot l_i}{k_c \cdot k_s \cdot \delta} \cdot \sum \left(\frac{1}{2N_P \cdot \nu \pm 1}\right)^2 \cdot N_P \cdot \frac{b}{\tau_p}$$
$$= \frac{1}{\pi^2} \frac{29{,}45 \cdot 45{,}75}{1{,}19 \cdot 1{,}072 \cdot 0{,}6} \, 0{,}011 \cdot 6 \cdot 0{,}75 = 8{,}9$$

$\left[\text{hierbei entspricht } \sum \left(\frac{1}{2N_P \cdot \nu \pm 1}\right)^2 \text{dem Wert } N'_P = \frac{\tau'_p}{\tau_{n_m}} = 8{,}63\right]$

ist
$$x_{d'_l} = 1{,}6 \pi^2 \cdot f \cdot N_P \cdot p \cdot (\Lambda_N + \Lambda_{s_l} + \Lambda_{d_l}) \cdot 10^{-8}$$
$$= 1{,}6 \pi^2 \cdot 50 \cdot 6 \cdot 24 \cdot (107{,}3 + 14{,}4 + 8{,}9) \cdot 10^{-8} = 0{,}148,$$
$$x_{d_q} = 1{,}6 \pi^2 \cdot f \cdot N_P \cdot p \cdot (\Lambda_N + \Lambda_{s_q} + \Lambda_{d_q}) \cdot 10^{-8}$$
$$= 1{,}6 \pi^2 \cdot 50 \cdot 6 \cdot 24 \, (107{,}3 + 20{,}8 + 8{,}9) \cdot 10^{-8} = 0{,}156.$$

Die effektiven Windungszahlen sind nach Gl. (296) und (297)

$$w_{d_l} = 2p \frac{\sin^2\left(\frac{N_P}{4} \cdot \frac{\tau_{n_2}}{\tau_p} \cdot \pi\right)}{\sin\left(\frac{1}{2} \frac{\tau_{n_2}}{\tau_p} \pi\right)} = 48 \frac{\sin^2\left(\frac{6}{4} \cdot 20{,}8°\right)}{\sin\left(\frac{1}{2} \cdot 20{,}8°\right)} = 71{,}3,$$

$$w_{d_q} = 2p \frac{\sin\left(\frac{N_P}{2} \cdot \frac{\tau_{n_2}}{\tau_p} \pi\right)}{2 \cdot \sin\left(\frac{1}{2} \cdot \frac{\tau_{n_2}}{\tau_p} \pi\right)} = 48 \frac{\sin\left(\frac{6}{2} \cdot 20{,}8°\right)}{2 \cdot \sin\left(\frac{1}{2} \cdot 20{,}8°\right)} = 117{,}8$$

(vgl. hierzu Abb. 79 und Abb. 80), so daß die auf den Ständerkreis unter Berücksichtigung der Umrechnungsfaktoren bezogenen Ohmschen und induktiven Widerstände sind:

$$r_{d_l} = \frac{m_1}{2} \left(\frac{w_1 \xi_1}{w_{d_l}}\right)^2 \cdot r'_{d_l} = \frac{3}{2} \left(\frac{200 \cdot 0{,}91}{71{,}3}\right)^2 \cdot \frac{6664}{\chi_{St}} \cdot 10^{-4} = \frac{6{,}5}{\chi_{St}} \text{Ohm,}$$

$$r_{d_q} = \frac{m_1}{2} \left(\frac{w_1 \xi_1}{w_{d_q}}\right)^2 \cdot r'_{d_q} = \frac{3}{2} \left(\frac{200 \cdot 0{,}91}{117{,}8}\right)^2 \cdot \frac{6664}{\chi_{St}} \cdot 10^{-4} = \frac{2{,}39}{\chi_{St}} \text{Ohm,}$$

$$x_{d_l} = \frac{m_1}{2} \left(\frac{w_1 \xi_1}{w_{d_l}}\right)^2 \cdot x'_{d_l} = 9{,}75 \cdot 0{,}148 = 1{,}44 \text{ Ohm} \left(= 26{,}5\% \text{ von } \frac{U_1}{J_{1_n}}\right),$$

$$x_{d_q} = \frac{m_1}{2} \left(\frac{w_1 \xi_1}{w_{d_q}}\right)^2 \cdot x'_{d_q} = 3{,}58 \cdot 0{,}156 = 0{,}56 \text{ Ohm} \left(= 10{,}3\% \text{ von } \frac{U_1}{J_{1_n}}\right).$$

Induktiver und Ohmscher Widerstand der Erregerwicklung. Für den induktiven Widerstand der Erregerwicklung ergibt sich mit den Polabmessungen (Abb. 169) nach Gl. (355)

$$x'_e = 1{,}6 \pi^2 \cdot f \cdot \frac{w_e^2}{p} L_p \cdot 10^{-8}$$

$$\times \left\{\left(\frac{h_{p_m}}{a_p} + \frac{h'}{a'} + \frac{h_w}{\frac{3}{c_u} \cdot a_0}\right) + \frac{1}{4}\left[\frac{4(L_p - L) + 2h_w + 0{,}5 b_k}{L_p}\right]\right\}$$

$$= 1{,}6 \pi^2 \cdot 50 \cdot \frac{(24 \cdot 144)^2}{24} \cdot 50 \cdot 10^{-8}$$

$$\times \left\{\left(\frac{51}{72} + \frac{10}{39} + \frac{150}{\frac{3}{1{,}04} \cdot 136}\right) + \frac{1}{4}\left[\frac{4(500 - 475) + 2 \cdot 150 + 0{,}5 \cdot 150}{500}\right]\right\}$$

$$= 312{,}5;$$

der auf den Ständerkreis unter Berücksichtigung des Umrechnungsfaktors [s. S. 111, Gl. (355a)] bezogene induktive Widerstand ist daher

$$x_e = \frac{m_1}{\sin\left(\frac{b}{\tau_p} \frac{\pi}{2}\right)} \left(\frac{w_1 \xi_1}{w_e}\right)^2 \cdot x'_e = \frac{3}{\sin 67{,}5°} \left(\frac{200 \cdot 0{,}91}{3456}\right)^2 \cdot 312{,}5$$

$$= 2{,}815 \text{ Ohm} \left(= 51{,}9\% \text{ von } \frac{U_1}{J_{1_n}}\right).$$

Der auf den Ständerkreis bezogene Ohmsche Widerstand (bei 75 °C) der Erregerwicklung einschließlich eines — zunächst angenommenen — zusätzlichen Anlaufwiderstandes vom 5fachen Wert des Erregerwiderstandes ist

$$r_e + r_{Zus} = \frac{m_1}{\sin\left(\frac{b}{\tau_p} \cdot \frac{\pi}{2}\right)} \left(\frac{w_1 \xi_1}{w_e}\right)^2 (r'_e + r'_{Zus}) = 0{,}009 \,(1{,}42 + 7{,}1)$$

$$= 0{,}077 \text{ Ohm.}$$

Längsfeld- und Querfeld-Eigenreaktanz. Der früher (Spannungsdiagramm bei Nennlast) ermittelten Spannung $\frac{E_l}{U_1} \cdot 100 = 102{,}2\%$ und der Spannung $\frac{e_q}{U_1} \cdot 100 = \frac{e_{q_0}}{U_1} \cdot 100 \cdot \cos \psi = 50 \cdot \cos 129° \, 11' = 31{,}5\%$ entspricht in der Kennlinie $\Phi = f\left(\frac{V_s}{\tau_p}\right)$ der Abb. 172 die Durchflutung

$$\Theta_l = 320 \cdot 29{,}45 = 9400 \text{ A} \quad \text{bzw.} \quad \Theta_q = 90 \cdot 29{,}45 = 2650 \text{ A}$$

und somit der Magnetisierungsstrom

$$J_{\mu l} = \frac{p \cdot \Theta_l}{c_l \cdot 0{,}9 \, m_1 \cdot w_1 \, \xi_1} = \frac{24 \cdot 9400}{0{,}82 \cdot 0{,}9 \cdot 3 \cdot 200 \cdot 0{,}91} = 557 \text{ A}$$

bzw.

$$J_{\mu q} = \frac{p \cdot \Theta_q}{c_q \cdot 0{,}9 \cdot m_1 \cdot w_1 \, \xi_1} = \frac{24 \cdot 2650}{0{,}435 \cdot 0{,}9 \cdot 3 \cdot 200 \cdot 0{,}91} = 296{,}5 \text{ A.}$$

Daher ist

die Längsfeld-Eigenreaktanz $\quad x_l = \dfrac{E_l}{J_{\mu l}} = \dfrac{2890 \cdot 1{,}022}{557} = 5{,}29\,\Omega,$

die Querfeld-Eigenreaktanz $\quad x_q = \dfrac{e_q}{J_{\mu q}} = \dfrac{2890 \cdot 0{,}315}{296{,}5} = 3{,}07\,\Omega;$

die entsprechenden HEYLANDschen Streufaktoren sind

$$\tau_{1_l} = \frac{x_1}{x_l} = \frac{0{,}68}{5{,}29} = 0{,}1285, \quad \tau_{1_q} = \frac{x_1}{x_q} = \frac{0{,}68}{3{,}07} = 0{,}2215.$$

Anlaufverhältnisse. Mit den bisher bestimmten Widerständen (in Ohm)

$$r_1 = 0{,}051 \quad r_{d_l} = \frac{6{,}5}{\chi_{St}} \quad r_{d_q} = \frac{2{,}39}{\chi_{St}} \quad r_e + r_{Zus} = 0{,}077$$

$$x_{1_{as}} = 0{,}68 \quad x_{d_l} = 1{,}44 \quad x_{d_q} = 0{,}56 \quad x_e = 2{,}815$$

$$x_l = 5{,}29 \quad x_q = 3{,}07$$

werden — am besten tabellarisch — in Abhängigkeit von verschieden gewählten Werten χ_{St} für den Läuferstillstand ($s = 1$) das Anzugsdrehmoment M_a und der Anzugsstrom J_{1_a} nach Gl. (300) bis (309) errechnet; in der Abb. 176 sind die auf die Nennbetriebswerte M_n bzw. J_{1_n} bezogenen

Werte $\frac{M_a}{M_n}$ und $\frac{J_{1a}}{J_{1n}}$ als Schaulinien dargestellt. Diese Darstellungsweise empfiehlt sich, um — entsprechend den gewünschten Anzugsverhältnissen — über das Material der Käfigstäbe zu entscheiden; im vorliegenden Falle wird ein Material mit der Leitfähigkeit $\chi_{St} = 8$ gewählt entsprechend $\frac{M_a}{M_n} = 0{,}78$, $\frac{J_{1a}}{J_{1n}} = 4$.

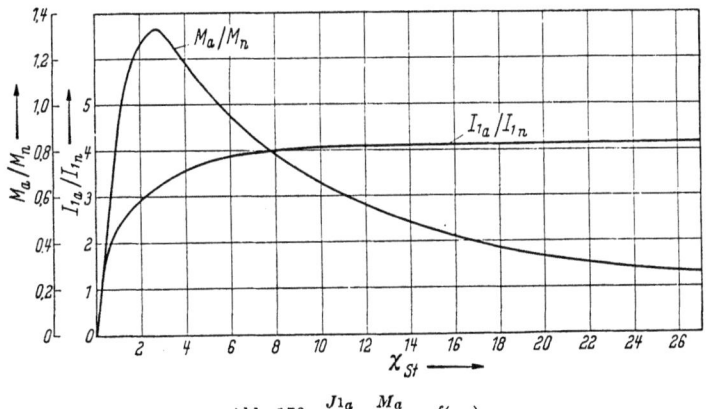

Abb. 176. $\frac{J_{1a}}{J_{1n}}, \frac{M_a}{M_n} = f(\chi_{St})$

Nun muß noch geprüft werden, ob das dem Intrittfallschlupf entsprechende Intrittfalldrehmoment (s. a. S. 88, Anm.) bei dieser Leitfähigkeit ausreichend ist. Der Intrittfallschlupf ergibt sich bei einem Gesamtschwungmoment (Kompressor+Motorläufer) von $GD^2 = 900$ tm² und einer Kippleistung von $N_k = 2 \cdot 4600 = 9200$ kVA zu

$$s_i = \frac{8{,}06}{n_s}\sqrt{\frac{N_k}{f \cdot GD^2}} = \frac{8{,}06}{125}\sqrt{\frac{9200}{50 \cdot 900}} = 0{,}0292.$$

Es ist zweckmäßig, die Berechnung des Intrittfalldrehmomentes bei diesem Schlupfwert unter Zugrundelegung verschiedener Werte des Anlaufwiderstandes r_{Zus} durchzuführen. Die Schaulinie $\frac{M_i}{M_n}$ der Abb. 177 zeigt, daß bei dem zunächst angenommenen Anlaufwiderstand vom 5fachen Wert des Er-

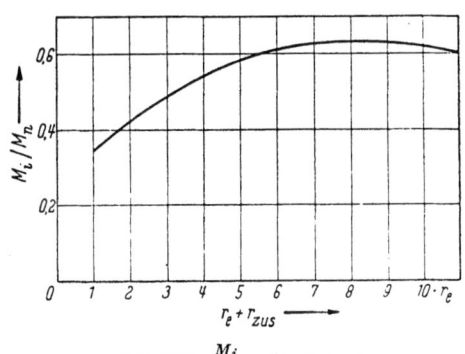

Abb. 177. $\frac{M_i}{M_n} = f(r_e + r_{Zus})$

regerwiderstandes (d. h. $r_e + r_{\text{Zus}} = 6 \cdot r_e$) fast der Höchstwert des Intrittfalldrehmomentes erzielt wird, der weit über dem Wert des Kompressorgegenmomentes liegt.

In der Abb. 178 ist schließlich als Ergebnis der Berechnung des Motordrehmomentes in Abhängigkeit vom Schlupf (bei $\chi_{\text{St}} = 8$ und $r_e + r_{\text{Zus}} = 0{,}077$) nach Gl. (300) bis (309) die Schaulinie $\frac{M}{M_n}$ (stark ausgezogen) aufgetragen. Um den Einfluß der Erregerwicklung insbesondere

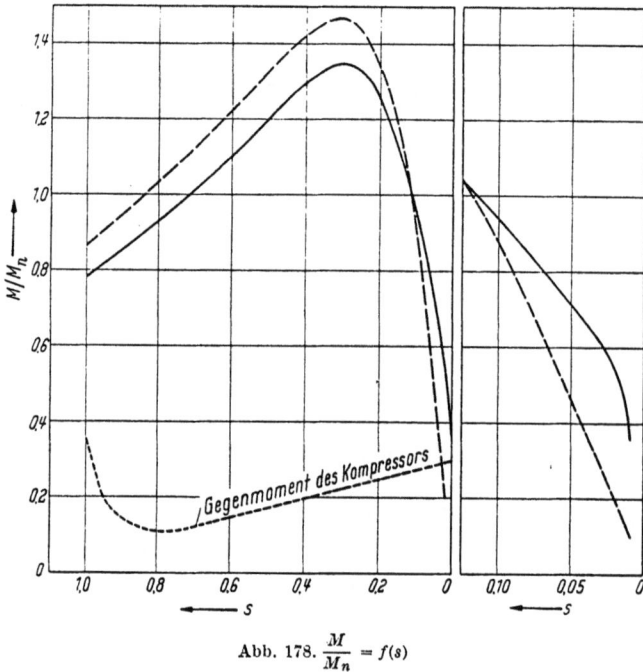

Abb. 178. $\frac{M}{M_n} = f(s)$

im Bereich kleiner Schlupfwerte zu zeigen, wurde auch das bei offener Erregerwicklung auftretende Motordrehmoment ermittelt und als Schaulinie (gestrichelt) dargestellt; die punktiert wiedergegebene Schaulinie zeigt das Gegenmoment des Kompressors bei entlastetem Anlauf.

Die Berechnung der Anlaufverhältnisse wird zweckmäßigerweise ergänzt durch die Bestimmung der *Anlaufdauer* und der *Anlaufwärme* unter Berücksichtigung der gewählten Anlaufmethode (s. a. Kap. II F).

1. Anmerkung. Um Vergleichswerte mit anderen ausgeführten Maschinen zu erhalten, empfiehlt es sich, sämtliche Widerstandswerte auf den Wert $\frac{U_1}{J_{1n}}$ zu be-

Entwurf des Anlaufkäfigs 235

ziehen und die Anlaufverhältnisse aus den Gleichungen

$$\frac{M}{M_n} = \frac{\frac{1}{2}}{\eta_n \cdot \cos\varphi_n} \left\{ \frac{\frac{\mathfrak{r}_{2l}}{s}}{\left[\mathfrak{r}_1 + (1+\tau_{1l})\frac{\mathfrak{r}_{2l}}{s}\right]^2 + \left[\mathfrak{x}_1 + (1+\tau_{1l})\mathfrak{x}_{2l}\right]^2} \right.$$

$$\left. + \frac{\frac{\mathfrak{r}_{2q}}{s}}{\left[\mathfrak{r}_1 + (1+\tau_{1q})\frac{\mathfrak{r}_{2q}}{s}\right]^2 + \left[\mathfrak{x}_1 + (1+\tau_{1q})\mathfrak{x}_{2q}\right]^2} \right\} \quad \text{und}$$

$$\frac{J_1}{J_{1_n}} = \frac{1}{2} \left\{ \sqrt{\frac{\left(1+\frac{\mathfrak{x}_{2l}}{\mathfrak{x}_l}\right)^2 + \left(-\frac{\frac{\mathfrak{r}_{2l}}{s}}{\mathfrak{x}_l}\right)^2}{\left[\mathfrak{r}_1 + (1+\tau_{1l})\frac{\mathfrak{r}_{2l}}{s}\right]^2 + \left[\mathfrak{x}_1 + (1+\tau_{1l})\mathfrak{x}_{2l}\right]^2}} \right.$$

$$\left. + \sqrt{\frac{\left(1+\frac{\mathfrak{x}_{2q}}{\mathfrak{x}_q}\right)^2 + \left(-\frac{\frac{\mathfrak{r}_{2q}}{s}}{\mathfrak{x}_q}\right)^2}{\left[\mathfrak{r}_1 + (1+\tau_{1q})\frac{\mathfrak{r}_{2q}}{s}\right]^2 + \left[\mathfrak{x}_1 + (1+\tau_{1q})\mathfrak{x}_{2q}\right]^2}} \right\}$$

zu errechnen, wobei die deutschen Buchstaben die entsprechenden Relativwerte der Widerstände bezeichnen.

2. *Anmerkung.* Der dem Nenndrehmoment M_n entsprechende Nennschlupf s_n kann bei Synchron*generatoren* mit Dämpferwicklung zur Beurteilung der Güte der Dämpfung dienen. Kennzeichnende Werte für s_n sind im „Formel- und Tabellenbuch" (für Starkstrom-Ingenieure) der SSW-AG S. 258, Tab. 105 angegeben; hiernach ist

für Generatoren mit lamellierten Polschuhen

    ohne Dämpferwicklung: $s_n = 1{,}25 \div 0{,}5$

    mit Längsfelddämpfung: $s_n = 0{,}083 \div 0{,}072$

    mit Querfelddämpfung: $s_n = 0{,}04 \div 0{,}0286$

    mit voller Dämpfung: $s_n = 0{,}03 \div 0{,}025$

für Generatoren mit massiven Polschuhen

    ohne Laschenverbindung: $s_n = 0{,}33 \div 0{,}25$

    mit Laschenverbindung: $s_n = 0{,}25 \div 0{,}2$

3. Berechnung der Drehmomenten- und Stromschwankungen des Verdichterantriebes

Die Berechnung wird für den Fall des bereits behandelten 4000-kW-Synchronmotors zur Beurteilung seiner Brauchbarkeit als Antriebsmotor eines *vorhandenen* Verdichters durchgeführt. Die auftretenden

Tangentialdrucke sind in der Abb. 179 in Abhängigkeit vom Kurbelweg $\pi \cdot h$ ($h =$ Hub) dargestellt; als mittlerer Tangentialdruck ergibt sich bei Vollastbetrieb[1] der Wert $T_m = 37{,}5 \cdot 10^3$ kg. Die Zerlegung des

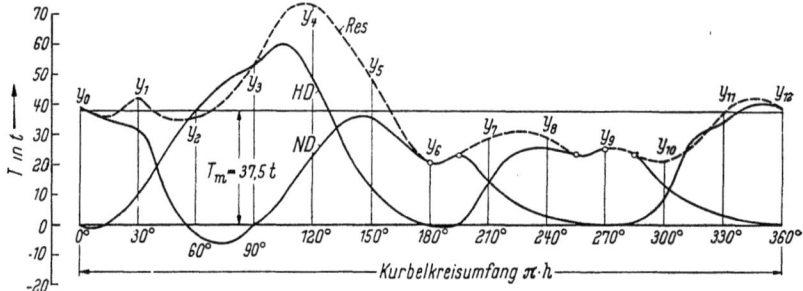

Abb. 179. Drehmomentenverlauf des Kompressors

periodisch sich ändernden Teiles der Tangentialdruck-Kennlinie durch die harmonische Analyse in Harmonische der Ordnungszahl ν ergibt nach der angewandten Methode (Teilung des Kurbelweges auf der Abszissenachse in 12 gleiche Abschnitte mit den Ordinaten $y_0, y_1, \ldots, y_{11}$ in mm) die folgenden — der FOURIERschen Reihe [Gl. (311)]

$$\sum C_\nu \cdot \sin(\nu \omega_r t + \alpha_\nu) = \sum A_\nu \cdot \cos(\nu \omega_r t) + \sum B_\nu \cdot \sin(\nu \omega_r t)$$

entsprechenden — Werte $A_\nu, B_\nu, C_\nu = \sqrt{A_\nu^2 + B_\nu^2}$ und $\arctan \dfrac{A_\nu}{B_\nu} = \alpha_\nu$:

$A_1 = -0{,}52$ $\quad B_1 = +15{,}2$ $\quad C_1 = 15{,}2$ $\quad \alpha_1 = 358°\ 2'$
$A_2 = -3{,}2$ $\quad B_2 = -6{,}5$ $\quad C_2 = 7{,}3$ $\quad \alpha_2 = 206°$
$A_3 = +10{,}5$ $\quad B_3 = -0{,}43$ $\quad C_3 = 10{,}5$ $\quad \alpha_3 = 92°\ 20'$
$A_4 = -3{,}06$ $\quad B_4 = +2{,}05$ $\quad C_4 = 3{,}7$ $\quad \alpha_4 = 304°\ 12'$
$A_5 = -0{,}98$ $\quad B_5 = -1{,}75$ $\quad C_5 = 2$ $\quad \alpha_5 = 209°\ 10'$

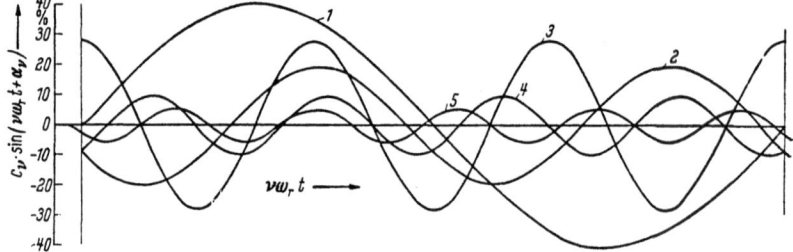

Abb. 180. Verlauf der einzelnen Harmonischen

(vgl. Tab. 16). Die Werte $c_\nu \cdot \sin(\nu \omega_r t + \alpha_\nu) = \left(\dfrac{100}{T_m}\right) \cdot C_\nu \cdot \sin(\nu \omega_r t + \alpha_\nu)$ sind in der Abb. 180 in Abhängigkeit von $\nu \omega_r t$ dargestellt (T_m ist hierbei der Wert des mittleren Tangentialdruckes in mm).

---

[1] Da bei *Teillast*betrieb andere und u. U. ausgeprägte Harmonische auftreten können, ist auch für diesen Betrieb eine Ermittlung der Stromschwankungen anzuraten.

Tabelle 16. Zerlegung der Drehkraftkurve in Harmonische (harmonische Analyse)

	y_m +	y_m −	$\cos(m\cdot 30°)$	$y_m \cos(m\cdot 30°)$ +	$y_m \cos(m\cdot 30°)$ −	$\sin(m\cdot 30°)$	$y_m \sin(m\cdot 30°)$ +	$y_m \sin(m\cdot 30°)$ −	$\cos(m\cdot 60°)$	$y_m \cos(m\cdot 60°)$ +	$y_m \cos(m\cdot 60°)$ −	$\sin(m\cdot 60°)$	$y_m \sin(m\cdot 60°)$ +	$y_m \sin(m\cdot 60°)$ −	$\cos(m\cdot 90°)$	$y_m \cos(m\cdot 90°)$ +	$y_m \cos(m\cdot 90°)$ −	$\sin(m\cdot 90°)$	$y_m \sin(m\cdot 90°)$ +	$y_m \sin(m\cdot 90°)$ −
y_0	1,65		1	1,65		0			1	1,65		0			1	1,65		0		
y_1	4,35		$\tfrac{1}{2}\sqrt{3}$	3,77		$\tfrac{1}{2}$	2,18		$\tfrac{1}{2}$	2,18		$\tfrac{1}{2}\sqrt{3}$	3,77		0			1	4,35	
y_2		1,95	$\tfrac{1}{2}$		0,98	$\tfrac{1}{2}\sqrt{3}$		1,69	$-\tfrac{1}{2}$		0,98	$\tfrac{1}{2}\sqrt{3}$		1,69	-1		1,95	0		
y_3	15,65		0			1	15,65		-1		15,65	0			0			-1		15,65
y_4	35,45		$-\tfrac{1}{2}$		17,73	$\tfrac{1}{2}\sqrt{3}$	30,75		$-\tfrac{1}{2}$		17,73	$-\tfrac{1}{2}\sqrt{3}$		30,75	1	35,45		0		
y_5	11,35		$-\tfrac{1}{2}\sqrt{3}$		9,83	$\tfrac{1}{2}$	5,68		1	5,68		$-\tfrac{1}{2}\sqrt{3}$		9,83	0			1	11,35	
y_6		16,35	-1	16,35		0			1		16,35	0			-1		16,35	0		
y_7		9,05	$-\tfrac{1}{2}\sqrt{3}$	7,83		$-\tfrac{1}{2}$	4,53		$\tfrac{1}{2}$		4,53	$-\tfrac{1}{2}\sqrt{3}$	7,83		0			-1	9,05	
y_8		8,85	$-\tfrac{1}{2}$	4,43		$-\tfrac{1}{2}\sqrt{3}$	$\sqrt{3}$ 7,67		$-\tfrac{1}{2}$	4,43		$\tfrac{1}{2}\sqrt{3}$		7,67	1		8,85	0		
y_9		12,15	0			-1		12,15	-1	12,15		0			0			1		12,15
y_{10}		16,45	$\tfrac{1}{2}$		8,23	$-\tfrac{1}{2}\sqrt{3}$		$\sqrt{3}$ 14,25	$-\tfrac{1}{2}$		8,23	$\tfrac{1}{2}\sqrt{3}$	14,25		-1		16,45	0		
y_{11}		0,45	$\tfrac{1}{2}\sqrt{3}$		0,39	$-\tfrac{1}{2}$		0,23	$\tfrac{1}{2}$		0,23	$-\tfrac{1}{2}\sqrt{3}$	0,39		0			-1	0,45	
Σ	68,45	65,25		34,03	37,16		93,09	1,69		35,30	54,49		18,41	57,77		71,85	8,85		25,20	27,80
	$12A_0$ 3,2			$6A_1$ 3,13			$6B_1$ 91,4			$6A_2$ 19,19			$6B_2$ 39,36			$6A_3$ 63			$6B_3$ 2,6	
	A_0 0,267			A_1 0,52			B_1 15,23			A_2 3,2			B_2 6,56			A_3 10,5			B_3 0,43	

[1] $T_m = 37{,}35\ t$ zugrunde gelegt!

Dem mittleren Tangentialdruck $T_m = 37,5 \cdot 10^3$ kg entspricht bei dem Hub $h = 1,0$ m die mittlere indizierte Leistung (in kW)

$$N_{i_m} = \frac{T_m \cdot h \cdot n_s}{1950} = \frac{37,5 \cdot 10^3 \cdot 1,0 \cdot 125}{1950} = 2400 \text{ kW},$$

die eine Motorleistung $N_M = \dfrac{N_{i_m}}{\eta_{\text{Verd}}} \approx \dfrac{2400}{0,88} = 2730$ kW erfordert; diese wird bei dem Leistungsfaktor $\cos \varphi \approx 0,75$ abgegeben, wenn die für den (normalen) Betrieb des Motors mit 4000 kW und $\cos \varphi = 0,9$ ermittelte Erregung beibehalten wird.

Für den Fall, daß der Widerstand der Käfigwicklung verhältnismäßig groß ist — was mit Rücksicht auf günstige Anlaufverhältnisse bei Synchronmotoren (durch die Wahl von Käfigstäben geringer elektrischer Leitfähigkeit) die Regel ist — und wegen der Vernachlässigbarkeit des Ohmschen Widerstandes der Erregerwicklung gegenüber ihrem Streublindwiderstand kann die *synchronisierende Leistung*[1] der Synchronmotoren zu

$$N_{SL} = m_1 U_1 J_1 \left\{ \frac{E_k(E_l + e_l)}{e_{l_0} + J_1 x_1} \cos \delta + \frac{E_k^2(e_{l_0} - e_{q_0})}{(e_{l_0} + J_1 x_1)(e_{l_0} + J_1 x_1)} \cos 2\delta \right.$$
$$\left. + \frac{E_k^2 \cdot e}{(e_{l_0} + J_1 x_1)[(e_{l_0} + J_1 x_1) - e]} \cdot \sin^2 \delta \right\}$$

mit $e = \dfrac{e_{l_0}^2}{e_{l_0} + J_1 x_e}$ angenommen werden, wobei die Bezeichnungen des Spannungsdiagrammes der Abb. 171 zugrunde gelegt sind. Dem obengenannten Betrieb des Motors mit 2730 kW und $\cos \varphi = 0,75$ entsprechen die folgenden Winkel und prozentualen Spannungen (s. a. S. 208, Anm.):

$\varphi = 41° 24'$ $\alpha = 5° 25'$, $(\delta - \alpha) = 11° 30'$, $\delta = 16° 55'$ $\psi = 121° 41'$

$E_k = 100\%$ $e_{l_0} = 81\%$ $e_l = e_{l_0} \cdot \sin \psi = 69\%$ $e_{q_0} = 41\%$

$E_l = 105\%$ $J_1 x_1 = 12,85\%$ $J_1 x_e = 51,9\%$.

Mit

$$e = \frac{e_l^2}{e_{l_0} + J_1 x_e} = \frac{81^2}{81 + 51,9} = 45,9\%$$

ergibt sich daher die auf die Scheinleistung von 3770 kVA (entsprechend 2730 kW, $\cos \varphi = 0,75$) bezogene (relative) synchronisierende Leistung zu

$$\frac{N_{SL}}{N_s} = \frac{1,0 (1,05 + 0,69)}{0,81 + 0,129} \cdot \cos 16° 55' + \frac{1,0^2 (0,81 - 0,41)}{0,939 (0,41 + 0,129)} \cdot \cos 33° 50'$$
$$+ \frac{0,495}{0,939 (0,939 - 0,495)} \cdot \sin^2 16° 55' = 2,43,$$

die auf die Scheinleistung von 4605 kVA (entsprechend 4000 kW, $\cos \varphi = 0,9$) bezogene (relative) synchronisierende Leistung zu

---

[1] Vgl. DOHERTY u. NICKLE: Trans. A. I. E. E. Vol. 46, S. 1.

$\dfrac{N_{sL}}{N_{s_n}} = 0{,}82 \cdot 2{,}43 = 1{,}99$; diesem Wert entspricht das auf das Nenndrehmoment bezogene *synchronisierende Drehmoment*

$$\frac{S}{M_n} = \frac{N_{sL}}{N_{s_n}} \cdot \frac{1}{\eta_n \cdot \cos\varphi_n} = 2{,}29.$$

Die *Nennanlaufdauer* des Motors beträgt bei einem eingebauten Schwungmoment $GD^2 = 1000 \cdot 10^3$ kgm^2 und dem Nenndrehmoment
$$M_n = \frac{4000 \cdot 10^3}{125} \cdot 0{,}975 = 31\,200 \text{ mkg}$$
$$T_a = \frac{GD^2 \cdot n_s}{375 \cdot M_n} = \frac{1000 \cdot 10^3 \cdot 125}{375 \cdot 31\,200} = 10{,}7 \text{ s};$$

daher ist nach Gl. (318) mit $\omega_d = \dfrac{2\pi p n_s}{60} = 314$

$$z = T_a \cdot \frac{\omega_d}{p} \cdot \frac{1}{p \cdot \dfrac{S}{M_n}} = 10{,}7 \frac{314}{24} \cdot \frac{1}{24 \cdot 2{,}29} = 2{,}56.$$

Für die Harmonischen der 1., 2. und 3. Ordnung ergeben sich nach Gl. (317) die Reduktionsfaktoren

$$\zeta_{\nu=1} = -0{,}641, \quad \zeta_{\nu=2} = -0{,}108, \quad \zeta_{\nu=3} = -0{,}0455$$

und die weiteren Werte[1]

$\zeta_1 c_1 = -26\% \quad \zeta_1 c_1 \cdot \sin\alpha_1 = +0{,}895 \quad \zeta_1 c_1 \cos\alpha_1 \cdot = -26$

$\zeta_2 c_2 = -2{,}11\% \quad \zeta_2 c_2 \cdot \sin\alpha_2 = +0{,}925 \quad \zeta_2 c_2 \cdot \cos\alpha_2 = +1{,}895$

$\zeta_3 c_3 = -1{,}27\% \quad \zeta_3 c_3 \cdot \sin\alpha_3 = -1{,}27 \quad \zeta_3 c_3 \cdot \cos\alpha_3 = +0{,}0525;$

die Werte $\zeta_\nu \cdot c_\nu \sin\alpha_\nu$ und $\zeta_\nu c_\nu \cdot \cos\alpha_\nu$ dienen dazu, die *reduzierten* Harmonischen nach einem Syntheseverfahren zusammenzusetzen (vgl. Tab. 17). In der Abb. 181 sind außer den Werten $\zeta_\nu c_\nu \cdot \sin(\nu \omega_r t + \alpha_\nu)$ die nach diesem Verfahren sich ergebenden Ordinaten $y'_0, y'_1, \ldots, y'_{11}$

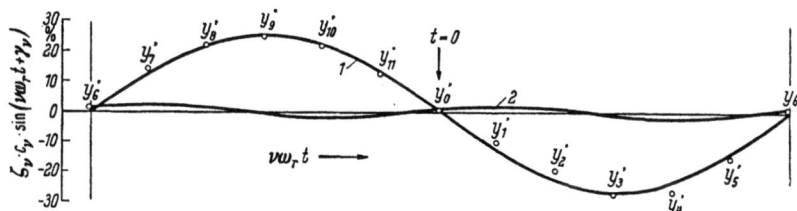

Abb. 181. Verlauf der „verstärkten" Harmonischen

aufgetragen; die Verbindungslinie ihrer Endpunkte stellt die Resultierende der reduzierten Harmonischen dar. Als Höchst- bzw. Niedrigstwert wird der Abb. 181 entnommen:

$$\sum (\zeta_\nu \cdot c_\nu)_{\max} = +25{,}5\%, \quad \sum (\zeta_\nu \cdot c_\nu)_{\min} = -27\%.$$

---

[1] Da die Werte $\zeta_\nu \cdot c_\nu$, welche die Amplituden der *reduzierten* Harmonischen darstellen, mit zunehmender Ordnungszahl stark abnehmen, genügt es, nur die Werte bis zur 3. Harmonischen zu berücksichtigen.

240 Die Schenkelpol-Synchronmaschine für Drehstrom

Tabelle 17. *Zusammenfügung der „verstärkten" Harmonischen (harmonische Synthese)*

Diesen Drehmomentenschwankung entspricht bei konstanter Erregung (s. oben) die Leistungsaufnahme

von 4180 kVA bei $\cos \varphi = \approx 0{,}85$ bzw.

von 3390 kVA bei $\cos \varphi = \approx 0{,}61$,

und somit die Stromschwankungen von $+10{,}9\%$ bzw. $-10{,}1\%$ (bezogen auf die Leistungsaufnahme von 3770 kVA bei $\cos \varphi \approx 0{,}75$).

4. Vorausberechnung der Ständererwärmung bei Nennbetrieb

Die Eisenverluste des Motors sind $V_{\text{Fe}} = 32$ kW, daher die Verluste je Einzelblechpaket $V'_{\text{Fe}} = \dfrac{32 \cdot 10^3}{8} = 4000$ W; die Ohmschen Verluste bei Nennstrom — bezogen auf 20 °C — sind $V_W = V_{\text{Cu}} = \dfrac{43{,}3 \cdot 10^3}{1{,}22} = 35\,400$ W.

Die zusätzlichen Verluste infolge der Ausgleichsströme zwischen den einzelnen Teilleitern sind nach Gl. (94a)

$$V_{\text{Zus}_1} = \frac{0{,}007}{[1 + \alpha'(t-20)]^2} \left(\frac{\chi}{\chi_{c_u}}\right)^2 \cdot \left(\frac{f}{50}\right)^2 \cdot \left(\frac{l}{l_l} r \frac{n^2 \cdot h_l^2}{m}\right)^2 \cdot V_W$$

$$= 0{,}007 \left[\left(\frac{40{,}5}{109{,}9}\right)\left(\frac{1{,}07}{1{,}7} \cdot \frac{0{,}37}{0{,}31}\right) \frac{20^2 \cdot 0{,}31^2}{5}\right]^2 \cdot 35\,400 = 1100 \text{ W},$$

die mittleren zusätzlichen Verluste in den Teilleitern infolge der Stromverdrängung nach Gl. (95)

$$V_{\text{Zus}_2} = \frac{0{,}15}{[1 + \alpha'(t-20)]^2} \left(\frac{\chi}{\chi_{c_u}}\right)^2 \cdot \left(\frac{f}{50}\right)^2 \cdot (r\,n\,h_l)^2 \cdot V_W$$

$$= 0{,}15 \, (0{,}752 \cdot 20 \cdot 0{,}31)^2 \cdot 35\,400 = 3600 \text{ W};$$

daher ist (für $t = 20$ °C)

$$V_{\text{Zus}} = V_{\text{Zus}_1} + V_{\text{Zus}_2} = 1100 + 3600 = 4700 \text{ W}.$$

Der Querschnitt der beiden Spulenseiten einer Nut (ohne Hülse) ist $f = 2\,(0{,}0125 \cdot 0{,}0391) = 9{,}78 \cdot 10^{-4}$ m², während ihr Umfang (in Mitte Hülse gerechnet) $u = 2 \cdot 0{,}0145 + 4 \cdot 0{,}0411 = 0{,}1934$ m² ist; mit der mittleren Leiterlänge $l_l = L + L_1 = 0{,}475 + 0{,}624 = 1{,}099$ m und der Nutenzahl $N = 360$ ergeben sich daher für die spezifischen Kupferverluste

in den Spulenköpfen $v_{10} = \dfrac{V_{c_u} \cdot \dfrac{L_1}{l_l}}{N \cdot f \cdot L_1}$

$$= \frac{35\,400 \cdot \dfrac{0{,}624}{1{,}099}}{360 \cdot 9{,}78 \cdot 10^{-4} \cdot 0{,}624} = 91\,500 \text{ W/m}^2,$$

in dem im Eisen
liegenden Spulenteil
$$v_{20} = \frac{V_{c_u}\frac{L}{l_t} + V_{Zus}}{N \cdot f \cdot L}$$

$$= \frac{35400 \cdot \frac{0{,}475}{1{,}099} + 4700}{360 \cdot 9{,}78 \cdot 10^{-4} \cdot 0{,}475} = 120000 \text{W/m}^2.$$

Der Berechnung der *resultierenden Wärmeleitfähigkeit* der Spulenkopf- und der Nutisolation werden die folgenden Isolationsschichtendicken δ (vom Wicklungskupfer nach außen fortschreitend) zugrunde gelegt:

In den Spulenköpfen

0,3 mm Papier + Baumwolle, 0,55 mm Asphalt,
3×0,5 mm E-Band, 2×0,1 mm + 1×0,3 mm Asphalt,
insgesamt 2,85 mm;

in den Nuten

0,3 mm Papier + Band, 0,55 mm Asphalt,
2,0 mm Hülse, 0,25 mm Luft,
insgesamt 3,1 mm.

Als Wärmeleitfähigkeiten λ werden zugrunde gelegt (vgl. Zusammenstellung im Kap. I D 1)

0,14 W/m °C für Papier und E-Band,
0,24 W/m °C für Baumwolle,
0,7 W/m °C für Asphalt,
0,24 W/m °C für Mikartithülse,
0,028 W/m °C für Luft.

Nach Gl. (110) ist alsdann die resultierende totale Wärmeleitfähigkeit

$$\lambda_t = \frac{1}{\frac{\delta_1}{\lambda_1} + \frac{\delta_2}{\lambda_2} + \cdots}$$

in den Spulenköpfen

$$\lambda_{t_1} = \frac{1}{\frac{0{,}002}{0{,}14} + \frac{0{,}0001}{0{,}24} + \frac{0{,}00055}{0{,}7} + 3\frac{0{,}0005}{0{,}14} + 2\frac{0{,}0001}{0{,}7} + \frac{0{,}0003}{0{,}7}} = 71 \text{W/m}^2 \,°\text{C},$$

in den Nuten

$$\lambda_{t_2} = \frac{1}{\frac{0{,}0002}{0{,}14} + \frac{0{,}0001}{0{,}24} + \frac{0{,}00055}{0{,}7} + \frac{0{,}002}{0{,}24} + \frac{0{,}00025}{0{,}028}} = 50{,}25 \text{W/m}^2 \,°\text{C};$$

die resultierende spezifische Wärmeleitfähigkeit $\lambda_s = \lambda_t (\delta_1 + \delta_2 + \cdots)$ ist daher

in den Spulenköpfen: $\lambda_{s_1} = 71 \cdot 0{,}00285 = 0{,}202 \text{ W/m} \cdot °\text{C}$,

in den Nuten: $\lambda_{s_2} = 50 \cdot 0{,}0031 = 0{,}155 \text{ W/m} \cdot °\text{C}$.

Die Wärmeleitfähigkeit des Kupfers wird mit $\lambda_1 = 380$ W/m · °C und die des Eisenbleches mit $\lambda_q = 1$ W/m · °C zugrunde gelegt.

Die Umfangsgeschwindigkeit des Polrades ist $v_L = \dfrac{\pi D n}{60} = \dfrac{\pi \cdot 4{,}5 \cdot 125}{60}$ $= 29{,}45$ m/s; diesem Wert entspricht nach Abb. 47 die (auf den Bohrungsumfang πD bezogene) Luftmenge je Maschinenseite $\dfrac{Q}{\pi D} = 0{,}4 \,\dfrac{m^2}{s}$, so daß $Q = 0{,}4 \cdot \pi \cdot D = 0{,}4 \cdot \pi \cdot 4{,}5 = 5{,}65 \,\dfrac{m^3}{s}$ ist; es wird mit dem Wert $Q = 5$ m³/s weiter gerechnet.

Der in den 7 Kühlschlitzen und an den beiden Endstegen zur Verfügung stehende Luftquerschnitt ist

$$f = f_s + f_{st} = 1{,}155 \text{ m}^2$$

mit

$f_s = (\pi D - N b_n) \cdot l_s \cdot n_s = (\pi \cdot 4{,}5 - 360 \cdot 0{,}017) \cdot 0{,}07 = 0{,}56 \text{ m}^2$,

$f_{St} = \pi D' \cdot l_{\text{Endst}} \cdot 2 = \pi \cdot 4{,}72 \cdot 0{,}02 \cdot 2 = 0{,}595 \text{ m}^2$;

die Luftgeschwindigkeit in diesen Querschnitten sei gleich, und ist daher

$v_k = \dfrac{Q}{f} = \dfrac{5}{1{,}155} = 4{,}33$ m/s.

Dieser Luftgeschwindigkeit entspricht nach Abb. 45 [Schaulinie entspr. Gl. (122)] die Wärmeabgabeziffer des radial gekühlten Blechpaketes $\alpha_m = \alpha_s = 37$ W/m² °C bei einer Kanalbreite von 1 cm und einer Kanallänge von 20 cm[1].

Die Luftgeschwindigkeit an den Spulenköpfen wird zu 10% der Umfangsgeschwindigkeit, d. h. zu $v_{sp} = 0{,}1 \cdot 29{,}45 = 2{,}95$ m/s angenommen. Diesem Wert entspricht nach Abb. 47a die Wärmeabgabeziffer der Spulenköpfe $\alpha_1 = 32{,}5$ W/m² · °C, während dem Werte $v_k = 4{,}33$ m/s die Wärmeabgabeziffer der Wicklung in den Kühlschlitzen $\alpha_2 = 41{,}5$ W/m² · °C entspricht.

Die wärmeabgebenden Flächen eines Einzelblechpaketes sind die beiden Seitenflächen F_s und die innere Mantelfläche F_m; es ist mit

$l' = \dfrac{l}{n_s + 1}$

$F_s = 2 \left[\dfrac{\pi}{4} (D_a^2 - D^2) - N \cdot b_n \cdot h_n \right]$

$= 2 \left[\dfrac{\pi}{4} (4{,}9^2 - 4{,}5^2) - 360 \cdot 0{,}017 \cdot 0{,}098 \right] = 4{,}7 \text{ m}^2$,

$F_m = (\pi D - N \cdot b_n) \cdot l' = (\pi \cdot 4{,}5 - 360 \cdot 0{,}017) \dfrac{0{,}405}{8} = 0{,}405 \text{ m}^2$.

---

[1] Diese Werte sind hier eingehalten, es ist

$$l_s = 1 \text{ cm}, \quad \dfrac{D_a - D}{2} = \dfrac{490 - 450}{2} = 20 \text{ cm}.$$

Mit

$$\alpha_{r_1} = \frac{\alpha_1 \cdot \frac{\lambda_1}{\delta_1}}{\alpha_1 + \frac{\lambda_1}{\delta_1}} = \frac{32{,}5 \cdot \frac{0{,}202}{0{,}00285}}{32{,}5 + \frac{0{,}202}{0{,}00285}} = 22{,}3 \text{ W/m}^2 \cdot {}^\circ\text{C}$$

für die Spulenköpfe ergibt sich nach Gl. (138) und (139)

$$a_1^2 = \frac{1}{\lambda_1}\left(\frac{u_1 \cdot \alpha_{r_1}}{f_1} - v_{10} \cdot \alpha'\right) = \frac{1}{380}\left(\frac{0{,}1934 \cdot 22{,}3}{9{,}78 \cdot 10^{-4}} - 91\,500 \cdot 0{,}004\right) = 10{,}65,$$

$a_1 = 3{,}25,$

$$b_1 = \frac{1}{\lambda_1}\left(\frac{u_1 \cdot \alpha_{r_1}}{f_1} \vartheta_{L_1} + v_{10}\right) = \frac{1}{380}(4415 \cdot 0 + 91\,500) = 240{,}5,$$

wenn berücksichtigt wird, daß die Spulenköpfe mit Frischluft ($\vartheta_{L_1} = 0$) gekühlt werden.

Die wärmeabgebenden Flächen des im Ständer liegenden Spulenteiles sind

$$F = u_2 \cdot l' \cdot N = 0{,}1934 \cdot 0{,}0507 \cdot 360 = 3{,}53 \text{ m}^2 \text{ (je Einzelpaket)}.$$

$$F_H = u_2 \cdot b_s \cdot N = 0{,}1934 \cdot 0{,}01 \cdot 360 = 0{,}695 \text{ m}^2 \text{ (je Kühlschlitz)}.$$

Mit

$$\alpha_{Fe} = \frac{\lambda_2}{\delta_2} = \frac{0{,}155}{0{,}0031} = 50{,}25 \text{ W/m}^2 \,{}^\circ\text{C},$$

$$\alpha_{r_2} = \frac{\alpha_2 \cdot \frac{\lambda_2}{\delta_2}}{\alpha_2 + \frac{\lambda_2}{\delta_2}} = \frac{41{,}5 \cdot 50{,}25}{41{,}5 + 50{,}25} = 22{,}7 \text{ W/m}^2\,{}^\circ\text{C},$$

$$\alpha_q = \frac{6 \cdot \lambda_q}{l'} = \frac{6 \cdot 1{,}0}{0{,}0507} = 118{,}35 \text{ W/m}^2\,{}^\circ\text{C}$$

folgt aus den Gln. (152), (153), (154)

$$c_1 = \alpha_s \cdot F_s + \alpha_m \cdot F_m \cdot d = 37 \cdot 4{,}7 + 37 \cdot 0{,}405 \cdot 1{,}31 = 193{,}55 \text{ W/}{}^\circ\text{C},$$

$$c_2 = \alpha_{Fe} \cdot F \cdot d = 50{,}25 \cdot 1{,}31 = 231{,}9 \text{ W/}{}^\circ\text{C}, \quad d = 1 + \frac{\alpha_s}{\alpha_q} = 1{,}31,$$

$$\frac{c_1}{c_1 + c_2} = \frac{193{,}55}{425{,}45} = 0{,}455, \quad \frac{d}{c_1 + c_2} = \frac{1{,}31}{425{,}45} = 0{,}00308.$$

Aus den Gln. (159) und (160) ergibt sich daher

$$a_2^2 = \frac{1}{\lambda_1}\left(\frac{u_2}{f} \frac{\alpha_{r_2} \cdot F_H + \alpha_{Fe} \cdot F \frac{c_1}{c_1+c_2}}{F + F_H} - v_{20} \cdot \alpha'\right)$$

$$= \frac{1}{380}\left(\frac{0{,}1934}{9{,}78 \cdot 10^4} \frac{22{,}7 \cdot 0{,}695 + 50{,}25 \cdot 3{,}53 \cdot 0{,}455}{3{,}53 + 0{,}695} - 120\,000 \cdot 0{,}04\right) = 10{,}6,$$

$$b_2 = \frac{1}{\lambda_1}\left(\frac{u_2}{f} \frac{\alpha_{r_2} \cdot F_H + \alpha_{Fe} F \frac{c_1}{c_1+c_2}}{F + F_H} \vartheta_{L_2} + \frac{u_2}{f} \frac{\alpha_{Fe} F \frac{dV'_{Fe}}{c_1+c_2}}{F + F_H} + v_{20}\right)$$

$$= \frac{1}{380}\left(4515 \cdot 10 + \frac{0{,}1984}{9{,}78 \cdot 10^{-4}} \frac{177 \cdot 0{,}00308 \cdot 4000}{4{,}225} + 120\,000\right) = 704,$$

Vorausberechnung der Ständererwärmung bei Nennbetrieb 245

wenn die Vorerwärmung der Luft im Läufer zu $\vartheta_{L_2} = 10°$ angenommen wird.

Nach Gl. (168) ist

$$e = a_1 \sinh a_1 \frac{L_1}{2} \cdot \cosh a_2 \frac{L}{2} + a_2 \sinh a_2 \frac{L}{2} \cdot \cosh a_1 \frac{L_1}{2}$$

$$= 3{,}25 \cdot \sinh 3{,}25 \frac{0{,}624}{2} \cdot \cosh 3{,}25 \frac{0{,}475}{2}$$

$$+ 3{,}25 \sinh 3{,}25 \frac{0{,}475}{2} \cdot \cosh 3{,}25 \frac{0{,}624}{2}$$

$$= 3{,}25 \cdot 1{,}197 \cdot 1{,}313 + 3{,}25 \cdot 0{,}851 \cdot 1{,}156 = 9{,}422;$$

die Integrationskonstanten sind nach Gl. (166) und (167)

$$2 A_1 = -\left(\frac{b_1}{a_1^2} - \frac{b_2}{a_2^2}\right) \frac{a_2}{e} \cdot \sinh a_2 \cdot \frac{L}{2}$$

$$= -\left(\frac{240{,}5}{10{,}65} - \frac{704}{10{,}6}\right) \frac{3{,}25}{9{,}422} \cdot 0{,}851 = 12{,}86,$$

$$2 A_2 = \left(\frac{b_1}{a_1^2} - \frac{b_2}{a_2^2}\right) \frac{a_1}{e} \cdot \sinh a_1 \cdot \frac{L_1}{2} = (22{,}6 - 66{,}4) \frac{3{,}25}{9{,}422} \cdot 1{,}197 = -18{,}09.$$

Aus den Gln. (169), (170), (171a), (172), (173) und (146) ergeben sich die folgenden Übertemperaturen:

$\vartheta_{\min} = 2 A_1 + \frac{b_1}{a_1^2} = 12{,}86 + 22{,}6 = 35{,}46\,°\text{C}$ Wicklung in Spulenkopfmitte,

$\vartheta_{\max} = 2 A_2 + \frac{b_2}{a_2^2} = 18{,}09 + 66{,}4 = 48{,}31\,°\text{C}$ Wicklung in Maschinenmitte,

$$\vartheta_{\text{mittel}} = \frac{2}{L + L_1} \left(\frac{2 A_1}{a_1} \sinh a_1 \frac{L_1}{2} + \frac{b_1 L_1}{2 a_1^2} + \frac{2 A_2}{a_2} \sinh a_2 \frac{L}{2} + \frac{b_2 L}{2 a_2^2}\right)$$

$$= \frac{2}{1{,}099} \frac{12{,}86}{3{,}25} 1{,}197 + \frac{240{,}5 \cdot 0{,}624}{2 \cdot 10{,}65} - \frac{18{,}09}{3{,}25} \cdot 0{,}851$$

$$+ \frac{704 \cdot 0{,}475}{2 \cdot 196} = 41{,}5\,°\text{C};$$

mittlere Übertemperatur des mittleren Eisenpaketes

$$\vartheta_{\text{Fe}} = \vartheta_{L_2} + \frac{d}{c_1 + c_2} [\alpha_{\text{Fe}} \cdot F (\vartheta_m - \vartheta_{L_2}) + V'_{\text{Fe}}]$$

$$= 10 + 0{,}00308 \,[50{,}25 \cdot 3{,}53 \,(48{,}3 - 10) + 4000]$$

$$= 10 + 33{,}2 = 43{,}2\,°\text{C},$$

mittlere Übertemperatur an den Seitenflächen dieses Eisenpaketes

$$\vartheta_s = \vartheta_{L_2} + \frac{1}{c_1 + c_2} [\alpha_{\text{Fe}} F (\vartheta_m - \vartheta_{L_2}) + V'_{\text{Fe}}]$$

$$= 10 + 0{,}00231 \cdot 10779 = 35{,}3\,°\text{C};$$

höchste Übertemperatur des mittleren Eisenpaketes

$$\vartheta_{\text{Fe max}} = 1{,}5 \cdot \vartheta_{\text{Fe}} - 0{,}5 \vartheta_s = 1{,}5 \cdot 43{,}2 - 0{,}5 \cdot 35{,}3 = 47{,}2\,°\text{C}.$$

Für die symmetrisch zur Mitte ($x_1 = 0$) verlaufende Schaulinie der Übertemperatur des Spulenkopfes gilt nach Gl. (140)

$$\vartheta = 2A_1 \cosh a_1 x_1 + \frac{b_1}{a_1^2} \quad \left(x_1 = 0 \cdots \frac{L_1}{2}\right),$$

für die symmetrisch zur Maschinenmitte ($x_1 = 0$) verlaufende Schaulinie der Übertemperatur des im Ständer liegenden Spulenteiles gilt nach Gl. (161)

$$\vartheta = 2A_2 \cdot \cosh a_2 x_2 + \frac{b_2}{a_2^2} \quad \left(x_2 = 0 \cdots \frac{L}{2}\right).$$

Somit ergeben sich für verschiedene Werte von x_1 bzw. x_2 die folgenden Übertemperaturen

in dem im Ständer liegenden Spulenteil:						im Spulenkopf:				
Paket	4.	3.	2.	1.			$\frac{L_1}{2} =$	$\frac{3L_1}{8} =$	$\frac{L_1}{4} =$	$0 =$
x_2	0,03	0,091	0,152	0,212	m	x_1	0,312	0,234	0,156	0	m
ϑ	48,3	47,5	46,05	43,8	°C	ϑ	42,65	39,35	37,15	35,45	°C

Paket	4.	3.	2.	1.	
ϑ_{Fe}	43,25	42,8	42	40,75	mittlere Übertemperatur der Einzelpakete
ϑ_s	35,3	34,95	34,35	33,45	mittlere Übertemperatur an den Seitenflächen dieser Pakete
$\vartheta_{Fe_{max}}$	47,2	46,7	45,8	44,5	höchste Übertemperatur der Einzelpakete

In der Abb. 182 sind diese Werte als Schaulinien dargestellt.

Zur Veranschaulichung des Wärmeaustausches zwischen Wicklung und Eisen sowie der Wärmeabgabe an die Luft ist eine Wärmebilanz zweckmäßig. Es ist

a) die von der Oberfläche der Spulenköpfe an die Luft abgegebene Wärmemenge (mit $\vartheta_{L_1} = 0$)

$W_1 = \alpha_{r_1} \cdot L_1 \cdot u_1$
$\quad \times N(\vartheta_m - \vartheta_{L_1})$
$\quad = 22{,}3 \cdot 0{,}624 \cdot 0{,}1934$
$\quad \times 360\,(38{,}3 - 0)$
$\quad = 37\,150\,\text{W};$

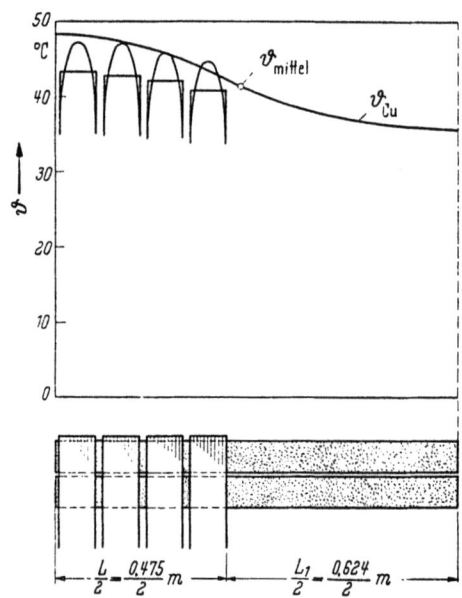

Abb. 182. Temperaturverteilung in der Ständerwicklung und im Ständereisen

b) die innerhalb der $(n_s + 1)$ Blechpakete von den Spulenoberflächen F an das aktive Eisen abgeführte Wärmemenge [s. Gl. (141)]

$$W_{Fe} = \alpha_{Fe} \cdot F(\vartheta_{max} - \vartheta_{Fe})(n_s + 1)$$
$$= 50{,}25 \cdot 3{,}53 \,(48{,}3 - 43{,}2) \cdot 8 = 7400 \text{ W};$$

c) die von den Oberflächen F_s der Seitenwände der $(n_s + 1)$ Blechpakete an die Luft abgegebene Wärmemenge [s. Gl. (142)]

$$W_s = \alpha_s \cdot F_s(\vartheta_s - \vartheta_{L_2})(n_s + 1) = 37 \cdot 4{,}7\,(35{,}3 - 10) \cdot 8 = 35\,350 \text{ W};$$

d) die von der inneren Mantelfläche F_m der $(n_s + 1)$ Blechpakete an die Luft abgegebene Wärmemenge [s. Gl. (143)],

$$W_m = \alpha_m \cdot F_m(\vartheta_{Fe} - \vartheta_{L_2})(n_s + 1) = 37 \cdot 0{,}405\,(43{,}2 - 10) \cdot 8 = 4000 \text{ W};$$

e) die innerhalb der n_s Kühlschlitze von der Spulenoberfläche F_H an die Luft abgegebene Wärmemenge

$$W_L = \alpha_{r_2} \cdot F_H(\vartheta - \vartheta_{L_2}) \cdot n_s = 22{,}7 \cdot 0{,}695\,(48{,}3 - 10) \cdot 7 = 4250 \text{ W}.$$

Die Wicklungsverluste im Spulenkopf bei $\vartheta_{mittel} = 41{,}5\,°C$ betragen

$$V_{Cu_1} = 35\,400 \cdot 1{,}16 \cdot \frac{0{,}624}{1{,}099} = 23\,300 \text{ W},$$

die Wicklungsverluste für den im Ständer liegenden Nutenteil

$$V_{Cu_2} = 35\,400 \cdot 1{,}16 \cdot \frac{0{,}475}{1{,}099} + 1{,}16 \cdot 4700 = 23\,200 \text{ W}.$$

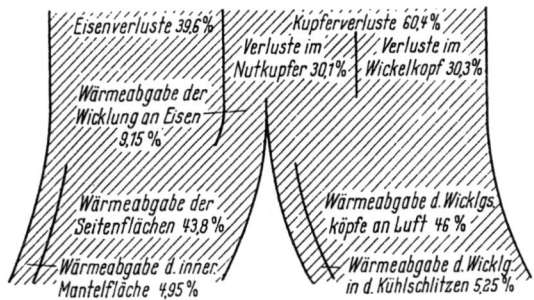

$W_1' = 46\%$, $W_{Fe}' = 9{,}15\%$, $W_s' = 43{,}8\%$, $W_m' = 4{,}95\%$, $W_L' = 5{,}25\%$

Abb. 183. Wärmebilanz

In der Abb. 183 sind die oben angegebenen Wärmemengen wie auch die Eisen- und Wicklungsverluste — und zwar bezogen auf die Summe dieser Verluste — bildlich dargestellt $\left(\text{z. B. } W_1' = \dfrac{W_1}{V_{Fe} + V_{Cu}}\right)$.

248   Die Schenkelpol-Synchronmaschine für Drehstrom

5. Vorausberechnung der Erwärmung der Erregerwicklung bei Nennbetrieb

Die Ohmschen Verluste (bei Nennbetrieb) — bezogen auf 20 °C — sind

$$V_{Cu} = \frac{30{,}5 \cdot 10^3}{1{,}22} = 25\,000 \text{ W}.$$

Aus der Abb. 169 ergibt sich der für die Luft zur Verfügung stehende mittlere freie Durchschnittsquerschnitt des Läufers zu

$$F_L = 2p \cdot b_m \cdot L_p = 48 \cdot 0{,}126 - 2\,(0{,}044 + 0{,}003) \cdot 0{,}5 = 0{,}77 \text{ m}^2,$$

während die freie Eintrittsfläche des Ständerblechpaketes

$$F_{St} = (\pi D - N b_n)\,b_s \cdot n_s = (4{,}5 - 360 \cdot 0{,}017)\,0{,}01 \cdot 7 = 0{,}56 \text{ m}^2$$

ist.

Die mittlere Luftgeschwindigkeit in den Kühlschlitzen des Ständers wurde bei der Vorausberechnung der Ständererwärmung zu $v_k = 4{,}33$ m/s ermittelt, die hindurchgehende Luftmenge ist somit

$$Q_k = v_k \cdot F_{St} = 4{,}33 \cdot 0{,}56 = 2{,}425 \text{ m}^3/\text{s},$$

die Luftgeschwindigkeit an den Flanken der Erregerwicklung ist daher

$$v_{Fl} = \frac{Q_k}{F_L} = \frac{2{,}425}{0{,}77} = 3{,}15 \text{ m/s}.$$

Dieser Luftgeschwindigkeit entspricht nach Abb. 48 die Wärmeabgabeziffer für einlagige Blankpolwicklungen $\alpha_{Fl} = 36$ W/m² °C.

Der Spulenquerschnitt ist $f = 0{,}150 \cdot 0{,}044 = 0{,}0066$ m², während der Umfang — da nur die äußere Spulenoberfläche Wärme abführt — $u = 0{,}15$ m ist.

Wird als Luftgeschwindigkeit an den Stirnflächen die Umfangsgeschwindigkeit des Polrades $v_L = 29{,}45$ m/s angenommen, so entspricht diesem Wert nach Abb. 47a (gestrichelte Schaulinie) etwa die Wärmeabgabeziffer $\alpha_{Stirn} = 160$ W/m² °C.

Die spezifischen Kupferverluste (bezogen auf 20 °C) sind bei der mittleren Windungslänge

$$2l_l = 2\left(l_{l_{Fl}} + l_{l_{Stirn}}\right) = 2 \cdot [(0{,}5 - 2 \cdot 0{,}03) + 0{,}28] = 2 \cdot 0{,}72 = 1{,}44 \text{ m}$$

$$v_0 = \frac{V_{Cu}}{f \cdot 2p \cdot 2l_l} = \frac{25\,000}{0{,}0066 \cdot 48 \cdot 1{,}44} = 54\,850 \text{ W/m}^2.$$

Somit ergibt sich nach Gl. (138) und (139)

$$a_{\text{Stirn}}^2 = \frac{1}{\lambda}\left(\frac{u}{f}\alpha_{\text{Stirn}} - v_0 \cdot \alpha'\right)$$

$$= \frac{1}{380}\left(\frac{0{,}15}{0{,}0066}\, 160 - 54\,850 \cdot 0{,}004\right) = 9{,}0,$$

$$a_{Fl}^2 = \frac{1}{\lambda}\left(\frac{u}{f}\alpha_{Fl} - v_0\,\alpha'\right)$$

$$= \frac{1}{380}\left(\frac{0{,}15}{0{,}0066}\, 36 - 54\,850 \cdot 0{,}004\right) = 1{,}58,$$

$$b_{\text{Stirn}} = b_{Fl} = \frac{1}{\lambda} \cdot v_0 = \frac{54\,850}{380} = 144{,}5.$$

Nach Gl. (168) ist

$$e = a_{St} \cdot \sinh a_{St}\frac{l_{St}}{2} \cdot \cosh a_{Fl}\frac{l_{lFl}}{2} + a_{Fl} \cdot \sinh a_{Fl}\frac{l_{lFl}}{2} \cdot \cosh a_{St} \cdot \frac{l_{lSt}}{2}$$

$$= 3 \cdot \sinh 3 \cdot \frac{0{,}28}{2} \cdot \cosh 1{,}26 \cdot \frac{0{,}44}{2} + 1{,}26 \cdot \sinh 1{,}26 \cdot \frac{0{,}44}{2} \cdot \cosh 3 \cdot \frac{0{,}28}{2}$$

$$= 3 \cdot 0{,}4325 \cdot 1{,}0385 + 1{,}26 \cdot 0{,}2805 \cdot 1{,}0895 = 1{,}7325;$$

die Integrationskonstanten sind nach Gl. (166) und (167)

$$2A_{St} = -\left(\frac{b}{a_{St}^2} - \frac{b}{a_{Fl}^2}\right)\frac{a_{Fl}}{e} \cdot \sinh a_{Fl} \cdot \frac{l_{lFl}}{2}$$

$$= -\left(\frac{144{,}5}{9} - \frac{144{,}5}{1{,}58}\right)\frac{1{,}26}{1{,}732} \cdot 0{,}2805 = 16{,}85,$$

$$2A_{Fl} = \left(\frac{b}{a_{St}^2} - \frac{b}{a_{Fl}^2}\right)\frac{a_{St}}{e} \cdot \sinh a_{St} \cdot \frac{l_{lSt}}{2}$$

$$= (16{,}05 - 91{,}5)\frac{3}{1{,}7325} \cdot 0{,}4325 = -61{,}75.$$

Aus der Gl. (171a) ergibt sich somit die Übertemperatur

$$\vartheta_{\text{mittel}} = \frac{2}{l_l}\left(\frac{2A_{St}}{a_{St}} \cdot \sinh a_{St}\frac{l_{lSt}}{2} + \frac{b \cdot l_{lSt}}{2a_{St}^2} + \frac{2A_{Fl}}{a_{Fl}} \cdot \sinh a_{Fl}\frac{l_{lFl}}{2} + \frac{b \cdot l_{lFl}}{2a_{Fl}^2}\right)$$

$$= \frac{2}{0{,}72}\left(\frac{16{,}85}{3}\, 0{,}4325 + \frac{144{,}5 \cdot 0{,}28}{2 \cdot 9} - \frac{61{,}75}{1{,}26} \cdot 0{,}2805 + \frac{144{,}5 \cdot 0{,}44}{2 \cdot 1{,}58}\right)$$

$$= 30{,}8°.$$

6. Reaktanzen eines Synchron-Schenkelpolgenerators

Als Beispiel für die Berechnung der Reaktanzen wird eine sechspolige Blindleistungsmaschine für 55 MVA, 18 kV gewählt, deren Kennlinien in der Abb. 184 dargestellt sind.

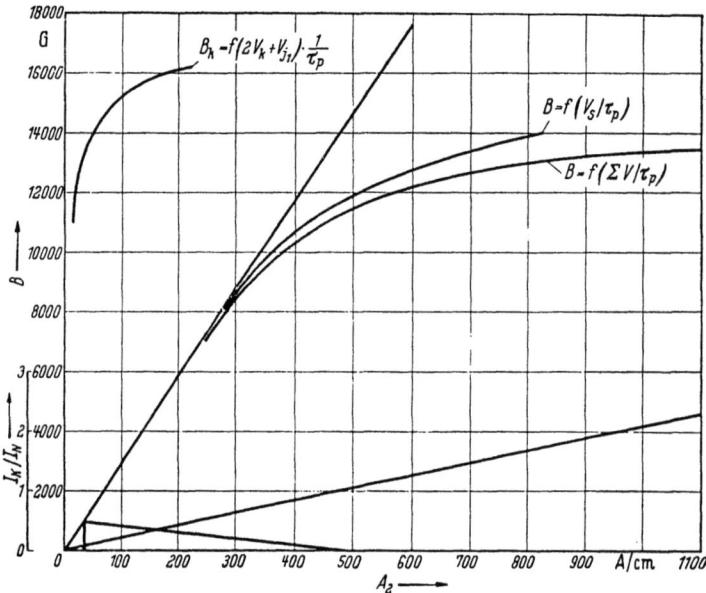

Abb. 184. Magnetische Kennlinien

Mit

$$A_g = \gamma \frac{\xi_1}{\frac{3}{\pi}} \cdot A_1 = 0{,}705 \cdot 0{,}966 \cdot 639 = 435 \text{ A/cm},$$

$$A_l = 329 \text{ A/cm} \quad \text{und} \quad \frac{C_q}{C_l} = \frac{c_q}{c_l} = 0{,}6$$

ist nach Gl. (342), (342b), (343a)

$$X_{h_d} = \frac{A_g}{A_l} = 1{,}322, \quad X_{h_q} = X_{h_d} \cdot \frac{C_q}{C_l} = 0{,}793,$$

so daß sich nach Gl. (342b) und Gl. (343) mit $X_{1_\sigma} = 0{,}105$ die *synchronen Reaktanzen*

$$X_d = X_{1_\sigma} + X_{h_d} = 1{,}43, \quad X_q = X_{1_\sigma} + X_{h_q} = 0{,}9$$

ergeben; der Wert X_d entspricht dem Umkehrwert des Leerlaufkurzschlußverhältnisses (ungesättigt) $\frac{J_{ko}}{J_\mu} = 0{,}702$ [s. Gl. (342a)].

Mit $\Lambda'_{\text{korr}} = \Lambda' \left(1 + \dfrac{2}{p}\right) = 945$, $l = 230$ cm und $B = 9690$ Gauß ist nach Gl. (348)

$$X_{2\sigma} = 1{,}65 \cdot \xi_1 \cdot \gamma \cdot \frac{\Lambda'_{\text{korr}}}{l} \cdot \frac{A_1}{B_1} = 0{,}29,$$

so daß sich nach Gl. (346) und Gl. (347) die *transienten Reaktanzen*

$$X'_d = X_{1\sigma} + \frac{1}{\dfrac{1}{X_{h_d}} + \dfrac{1}{X_{2\sigma}}} = 0{,}345, \quad X'_q = X_q = 0{,}9$$

ergeben.

Als Dämpferwicklung sind je Pol $N_P = 12$ Stäbe vorgesehen; mit $\Lambda_D = L_k \cdot \lambda_D = 380$ ist nach Gl. (358)

$$X_{3\sigma} = 5{,}6 \cdot \xi_1 \cdot \frac{\dfrac{\Lambda_D}{N_P}}{l} \cdot \frac{A_1}{B_1} = 0{,}047,$$

so daß sich nach Gl. (356) und Gl. (357) die *subtransienten Reaktanzen*

$$X''_d = X_{1\sigma} + \frac{1}{\dfrac{1}{X_{h_d}} + \dfrac{1}{X_{2\sigma}} + \dfrac{1}{X_{3\sigma}}} = 0{,}144,$$

$$X''_q = X_{1\sigma} + \frac{1}{\dfrac{1}{X_{h_q}} + \dfrac{1}{X_{3\sigma}}} = 0{,}148$$

ergeben.

Für die *Inversreaktanz* kann nach Gl. (359) der Wert

$$X_2 = \frac{1}{2}(X''_d + X''_q) = 0{,}146,$$

für die *Nullreaktanz* nach Gl. (360) der Wert

$$X_0 = 0{,}8 \cdot X_{1\sigma} = 0{,}085$$

gesetzt werden.

Mit $r'_e = 0{,}185$ Ohm und $w_e = 67 \cdot 6$ Windungen der Erregerwicklung ist nach Gl. (362) der auf den Ständerkreis bezogene Ohmsche Widerstand der Erregerwicklung

$$R_e = \frac{\pi}{12} \cdot \frac{10^8}{f \cdot \dfrac{w_e^2}{p}} \cdot \xi_1 \cdot \gamma \cdot \frac{A_1}{l \cdot B_1} = 0{,}00034;$$

für die *Leerlaufzeitkonstante* T'_{d_0} und die *transiente Zeitkonstante* T'_d ergeben sich daher nach Gl. (361) und Gl. (363) die Werte

$$T'_{d_0} = \frac{X_{h_d} + X_{2\sigma}}{\omega \cdot R_e} = 15{,}2 \text{ s}, \quad T'_d = T'_{d_0} \cdot \frac{X'_d}{X_d} = 3{,}67 \text{ s}.$$

Mit $r'_{St} = 1{,}64 \cdot 10^{-4}$ Ohm ist nach Gl. (366) der auf den Ständerkreis bezogene Ohmsche Widerstand der Dämpferstäbe

$$R_D = \frac{\sqrt{2}}{2} \cdot \frac{10^8}{N_P \cdot f} \cdot \xi_1 \cdot \frac{A_1}{l \cdot B_1} = 0{,}0051;$$

für die *subtransienten Zeitkonstanten* T_d'' und T_q'' ergeben sich daher nach Gl. (364) und Gl. (365) die Werte

$$T_d'' = \frac{X_{3\sigma} + \dfrac{1}{\dfrac{1}{X_{hd}} + \dfrac{1}{X_{1\sigma}} + \dfrac{1}{X_{2\sigma}}}}{\omega \cdot R_D} = 0{,}0745 \text{ s},$$

$$T_q'' = \frac{X_{3\sigma} + \dfrac{1}{\dfrac{1}{X_{hq}} + \dfrac{1}{X_{1\sigma}}}}{\omega \cdot R_D} = 0{,}087 \text{ s}.$$

Mit $R_1 = \dfrac{V_{cu_1}}{N_n} = 0{,}00316$ ergibt sich nach Gl. (367) die *Zeitkonstante des Gleichstromgliedes* zu

$$T_g = \frac{X_2}{\omega R_1} = 0{,}147 \text{ s}.$$

Die *Zeitkonstanten für den zweipoligen Kurzschluß* sind

$$T_{d_K}' = T_d' \frac{1 + \dfrac{X_2}{X_d'}}{1 + \dfrac{X_2}{X_d}} = 4{,}75 \text{ s}, \quad T_{d_K}'' = T_d'' \frac{1 + \dfrac{X_2}{X_d''}}{1 + \dfrac{X_2}{X_d'}} = 0{,}1055 \text{ s},$$

$$T_{q_K}'' = T_q'' \frac{1 + \dfrac{X_2}{X_q''}}{1 + \dfrac{X_2}{X_q'}} = 0{,}1485 \text{ s}.$$

V. Die elektrische Schlupfkupplung
(insbesondere für Dieselschiffsantriebe)

A. Zweck, Aufbau, Arbeitsweise und Vorzüge

1. Die Bedeutung für den Dieselschiffsantrieb

Elektrische Schlupfkupplungen wurden bisher fast ausschließlich für Schiffsantriebe mit Dieselmotoren verwendet. Für diese Schiffsantriebe gibt es drei in der Praxis gebräuchliche Arten:

den *direkten Antrieb* wobei die Schräuben durch direkt mit der Schraubenwelle verbundene (langsamlaufende) Dieselmotoren angetrieben werden;

den *indirekten Antrieb mit Untersetzungsgetriebe* zwischen Schraubenwelle und Dieselmotor;

den *indirekten Antrieb unter Verwendung von Generatoren*, die von Dieselmotoren angetrieben werden und zur Speisung der die Schraubenwelle antreibenden Propellermotoren dienen (dieselelektrischer Antrieb).

Während bei weitaus der größten Zahl der vorhandenen Schiffe mit Dieselmotoren der direkte Antrieb verwendet wird, ist in neuerer Zeit doch deutlich das Bestreben zur Verwendung indirekter Antriebe zur Ausnutzung der Vorteile — nämlich des geringeren Gewichtes und des geringeren Raumbedarfes — moderner schnellaufender Dieselmotoren festzustellen, und zwar wird hier dem dieselelektrischen Antrieb in den meisten Fällen der indirekte Antrieb unter Verwendung eines Untersetzungsgetriebes vorgezogen.

Bei diesen (indirekten) Dieselantrieben ergeben sich Schwierigkeiten für die Getriebeanordnung vor allem[1], weil das Drehmoment des Dieselmotors wegen der periodisch wechselnden Größe der am Kurbelzapfen angreifenden Tangentialkraft ungleichmäßig ist. Wenn die aus der Drehkraftlinie ersichtliche Impulszahl zufällig gleich einer Eigenschwingungszahl ist, liegt Resonanz zwischen beiden vor, und die Drehschwingungen können sich zu einer für den Antrieb gefährlichen Höhe aufschaukeln, als deren Folgen Wellenbrüche, starke Getriebegeräusche (infolge des Abhebens der Zähne der Getrieberäder), starke vorzeitige Abnutzung der Zähne und Zahnbrüche auftreten können.

Anmerkung. Die Drehkraftlinien der Mehrzylindermotoren erhält man, indem man die Drehkraftlinien der einzelnen Zylinder unter Beachtung ihrer aus den Kurbelstellungen folgenden Phasenverschiebungen übereinander legt und die Ordinaten addiert. So ergibt sich als Drehkraftlinie eines Sechszylinder-Viertaktmotors eine periodische Funktion, die — über dem abgewickelten Umfang des Kurbelkreises aufgetragen — drei starke Wellen aufweist, denen kleinere Wellen überlagert sind (Abb. 185). Bei Sechszylinder-Zweitaktmotoren treten in der Haupt-

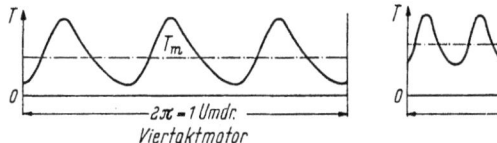
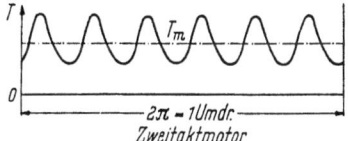

Abb. 185. Drehkraftlinie eines Sechszylinder-Viertaktmotors und eines Sechszylinder-Zweitaktmotors (nach SASS)

sache sechs Wellen von kleinerer Amplitude auf. Die Amplituden werden von der strichpunktierten Mittellinie T_m aus gemessen; ist n die Drehzahl des Motors in Umdrehungen je Minute, so ist in den gezeigten Beispielen die Zahl der Impulse je Minute $3n$ bzw. $6n$.

Als ein wirksames Mittel zur Überwindung dieser Schwierigkeiten für die Getriebeanordnung hat sich außer elastischen mechanischen Kupplungen verschiedener Arten und neben der hydraulischen Kupplung vielfach die *elektrische Schlupfkupplung* bewährt.

---

[1] Der Schwingungserregung durch das ungleichörmige Dieselmotor-Drehmoment kann sich noch eine von den ungleichförmigen Strömungsverhältnissen am Propeller herrührende Schwingungserregung ungünstig überlagern, deren Frequenz von der Wellendrehzahl und der Anzahl der Propellerflügel abhängt.

2. Der Aufbau und die Arbeitsweise

Die elektrische Schlupfkupplung (irreführend bisweilen auch als „magnetelektrische Kupplung" bezeichnet) muß von elektrisch betätigten Kupplungen irgendwelcher Art unterschieden werden. Sie besteht (Abb. 186) aus zwei konzentrisch umlaufenden, mechanisch nicht mit-

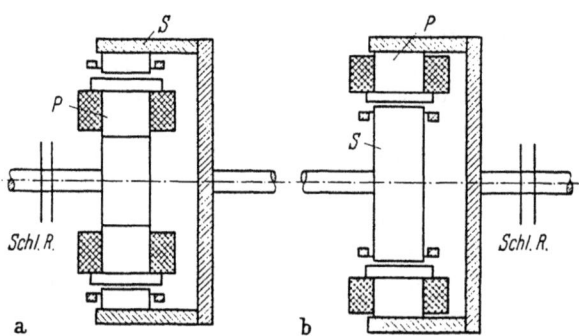

Abb. 186. a) Innenpolkupplung. b) Außenpolkupplung. *P* Primärteil mit gleichstromerregtem Polsystem; *S* Sekundärteil mit Kurzschlußkäfig; *Schl. R.* Schleifringe für den Erregerstrom

einander verbundenen Teilen, dem gleichstromerregten Polrad P (mit Innen- oder Außenpolen) und dem Käfiganker S, der dem einer Asynchronmaschine gleicht. In den Käfigstäben werden bei einer Relativbewegung beider Kupplungshälften Ströme induziert, die zusammen mit dem Drehfeld des umlaufenden Polrades Drehmomente entwickeln, die an beiden Kupplungshälften angreifen, so daß die eine Kupplungshälfte von der schneller laufenden, angetriebenen mitgenommen wird (wobei gleichgültig ist, welche der beiden Hälften angetrieben wird). Es empfiehlt sich, die elektrische Schlupfkupplung als eine Asynchronmaschine zu betrachten, die primär mit konstantem Strom betrieben wird; das konstant erregte, das Drehfeld erzeugende Polrad ist hierbei mit dem Ständer der Asynchronmaschine zu vergleichen[1]. Wird angenommen, daß das Polrad angetrieben wird und der Käfiganker schlüpft, dann ist der Erregerfluß der gleiche wie bei der Asynchronmaschine: Von der durch die Antriebsmaschine zugeführten Leistung N_d (Drehfeldleistung) wird der Betrag $(1-s)N_d$ abzüglich der Luftreibungsverluste an die Ankerwelle abgegeben, während der Betrag $s \cdot N_d$ als elektrische Leistung (Schlupfleistung) im Kurzschlußkäfig verbraucht

---

[1] Daher kommt die besonders im ausländischen Schrifttum gebräuchliche Bezeichnung „Primärteil" für das Polrad und „Sekundärteil" für den Käfiganker.

wird (Abb. 187). Hierbei ist der Schlupf s die auf die Drehzahl n_d (Drehfelddrehzahl) des Polrades bezogene Differenz zwischen dieser Drehzahl und

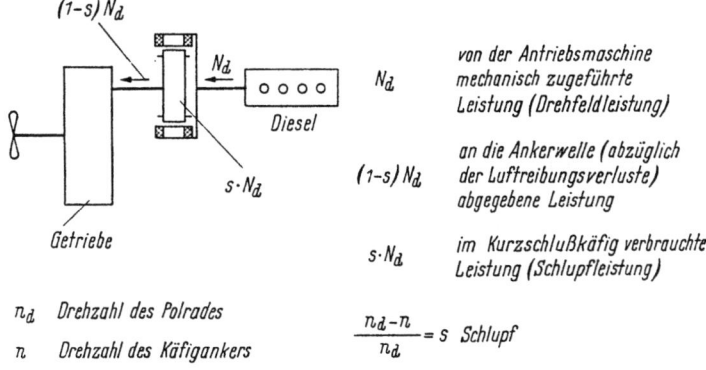

Abb. 187. Leistungsfluß in der elektr. Schlupfkupplung

der Drehzahl des Käfigankers. Als Schlupf s_n beim Nennbetrieb, bei dem das Nenndrehmoment M_n übertragen wird, wählt man — je nach der zu übertragenden Leistung und Drehzahl — einen Wert von 0,5 bis 1,5%. Zu den entsprechenden Schlupfverlusten kommen noch die Erregerverluste von etwa gleicher Größe und die Luftreibungsverluste, so daß der Wirkungsgrad der Schlupfkupplung bei Nennbetrieb etwa 97 bis 98% beträgt. Die Polzahl wird in der Regel so gewählt, daß beim Schlupf von 100% die Ankerfrequenz 50 Hz beträgt; in manchen Fällen kann die Wahl einer anderen Polzahl günstigere Abmessungen und Gewichte ergeben oder z. B. in Hinsicht auf vorhandene Schnitte wirtschaftlicher sein.

3. Die Drehmomentkennlinien

Für den Verlauf des Drehmomentes einer elektrischen Schlupfkupplung in Abhängigkeit vom Schlupf gelten die gleichen Verhältnisse und Möglichkeiten wie bei dem Verlauf des Drehmomentes eines Asynchronmotors vom Schlupf; je nach der Art der Ausführung des Käfigankers — wozu alle auch beim Asynchronmotor bekannten Arten von Stromverdrängungsankern gehören — können verschiedene Charakteristiken erreicht werden. Da aber die Kupplung als eine mit konstantem *Strom* betriebene Asynchronmaschine anzusehen ist, so wird — im Vergleich zu den Verhältnissen beim normalen mit konstanter *Spannung* betriebenen Asynchronmotor — der Fluß beim Anstieg der Belastung mehr geschwächt, d. h. der Drehmomentabfall ist größer als beim Asynchronmotor.

Anmerkung. Für das Verhältnis der Drehfeldleistung N_d zur Kippdrehfeldleistung N_{d_k} gilt beim gewöhnlichen Asynchronmotor für konstante Spannung (s. a. S. 63) ,wie bei dem für konstanten Strom (bei Vernachlässigung der Stromverdrängung in den Käfigstäben und des Ohmschen Widerstandes der Ständerwicklung)

$$\frac{N_d}{N_{d_k}} = \frac{2}{\frac{s_k}{s} + \frac{s}{s_k}}. \qquad (491)$$

Der Kippschlupf des gewöhnlichen Asynchronmotors für konstante Spannung ist $\left(\text{bei Vernachlässigung des Streufaktors } \tau_1 = \frac{x_1}{x_\mu}\right)$

$$s_{k_{Sp}} = \frac{r_2}{x_1 + x_2} \quad \text{[vgl. Gl. (210a)]}, \qquad (492)$$

für den Kippschlupf des Asynchronmotors für konstanten Strom ergibt sich

$$s_{k_{St}} = \frac{r_2}{x_2 + x_\mu}; \qquad (493)$$

da $x_\mu > x_1$ ist, ist $s_{k_{St}}$ sicher geringer als $s_{k_{Sp}}$. Werden nun die Werte $\frac{N_d}{N_{d_k}}$ unter Berücksichtigung der Gl. (492) und (493) für den Kippschlupf s_k in Abhängigkeit von der Drehzahldifferenz $n_d - n$ bzw. vom Schlupf s aufgetragen — wie dies in der Abb. 188 für die Werte $s_{k_{Sp}} = 0{,}02$ und $s_{k_{St}} = 0{,}016/0{,}010/0{,}0067$ [d. h.

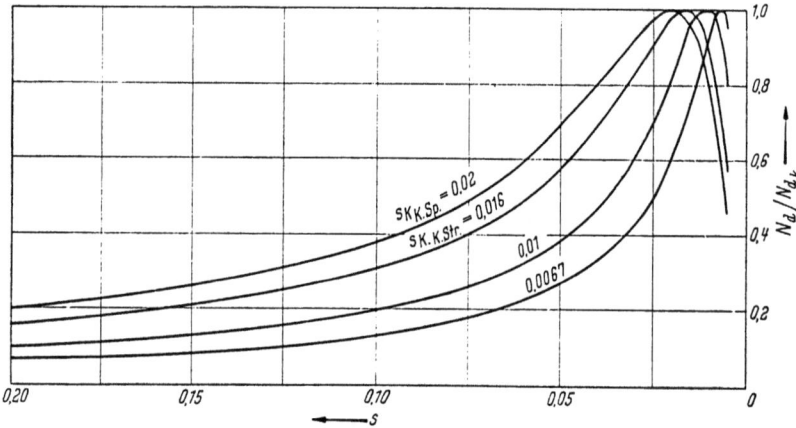

Abb. 188. Auf die Kippleistung bezogene Drehfeldleistung in Abhängigkeit vom Schlupf

$= (0{,}8/0{,}5/0{,}33) \cdot s_{k_{Sp}}$] geschehen ist, so ist ersichtlich, daß der Drehmomentabfall bei der elektrischen Schlupfkupplung gegenüber dem beim Asynchronmotor um so größer ist, je kleiner $s_{k_{St}}$ gegenüber $s_{k_{Sp}}$ ist, d. h. je größer x_μ gegenüber x_1 ist.

In der Abb. 189 ist für das Beispiel einer elektrischen Schlupfkupplung für 1840 kW bei 250 U/min mit Hochstabkäfiganker der Verlauf des Kupplungsdrehmomentes M, des Sekundärstromes J_2 und des Flusses Φ — bezogen auf die entsprechenden Werte (M_n, J_{2_n}, Φ_n) beim Nennbetrieb — in Abhängigkeit von der Drehzahldifferenz ($n_d - n$) und bei konstanter Erregung des Polrades aufgetragen. Der Nennbetriebsschlupf beträgt 1,35% (d. h. es ist $n_d - n = 250 \cdot 0,0135 = 3,375$ U/min), das Kippmoment wird bei etwa 5% Schlupf (d. h. bei $n_d - n = 250 \cdot 0,05 = 12,5$ U/min) erreicht und beträgt das 2,5fache des Nenndrehmomentes. Übersteigt das Gegenmoment der Schraube aus irgendeinem Grunde diesen Wert, so kommt die Schraube zum Stillstand, und das Drehmoment der Kupplung geht auf den Wert bei 100% Schlupf (d. h. bei $n_d - n = 250$ U/min) zurück, das hier gleich dem 0,2fachen des Nenndrehmomentes ist. Die Begrenzung des von der Kupplung übertragenen Drehmomentes durch das Kippmoment bewahrt also das Getriebe und den Dieselmotor vor Schäden bei

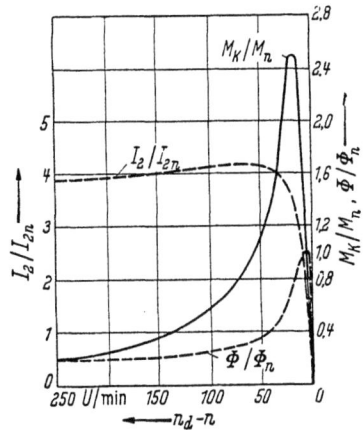

Abb. 189. Kennlinien einer elektrischen Schlupfkupplung mit Hochstabkäfig

Blockierung der Schraube; dieser Schutz des Antriebes muß als ein wesentlicher Vorteil der elektrischen Schlupfkupplung bezeichnet werden.

Anmerkung. Bei elektrischen Schlupfkupplungen für den Schiffsantrieb ist es zweckmäßig, den Verlauf des Drehmomentes in Abhängigkeit von der Drehzahl*differenz* anzugeben. Das entspricht der Darstellung beim Asynchronmotor in Abhängigkeit vom Schlupf. Bei diesem ist mit der Frequenzkonstanz und damit mit der gleichbleibenden Drehzahl des Drehfeldes der Übergang auf den Schlupf eindeutig. Die elektrische Schlupfkupplung für den Schiffsantrieb wird aber bei verschiedenen Drehzahlen des Primärteiles betrieben, also auch mit verschiedenen Drehzahlen des Drehfeldes, so daß der Schlupfwert nicht mehr so kennzeichnend ist wie beim Asynchronmotor. Übrigens wird im englischen Schrifttum der Drehzahlunterschied $n_d - n$ mit „slip", der Schlupf aber mit „percentage slip" bezeichnet.

Den kennzeichnenden Verlauf des Drehmomentes einer elektrischen Schlupfkupplung mit einem Doppelkäfiganker zeigt Abb. 190; die Schaulinien betreffen eine ausgeführte Schlupfkupplung für 1550 kW bei 275 U/min. Das Kippmoment ist bei voller Erregung gleich dem 1,35fachen des Nenndrehmomentes, bei etwa 80% der vollen Erregung gleich dem Nenndrehmoment; das Drehmoment bei 100% Schlupf (d. h. bei $n_d - n = 275$ U/min) ist gleich dem 0,78fachen des Nenndrehmomentes und kommt mit $\frac{M}{M_n} = 0,68$ bei $s = 1,4$ ($n_d - n = 1,4 \cdot 275 = 385$ U/min) dem in den A. I. E. E.-Empfehlungen „Electric Installations on Shipboard" für elektrische Schlupfkupplungen empfohlenen Wert (0,7faches Nenndrehmoment bei 140% Schlupf) sehr nahe.

258   Die elektrische Schlupfkupplung

Ein großes Anlaufmoment (trotz eines kleinen Nennbetriebsschlupfes) kann auch erzielt werden, wenn statt der Käfigwicklung eine Mehrphasenwicklung verwendet wird und — wie beim Asynchronmotor mit Schleif-

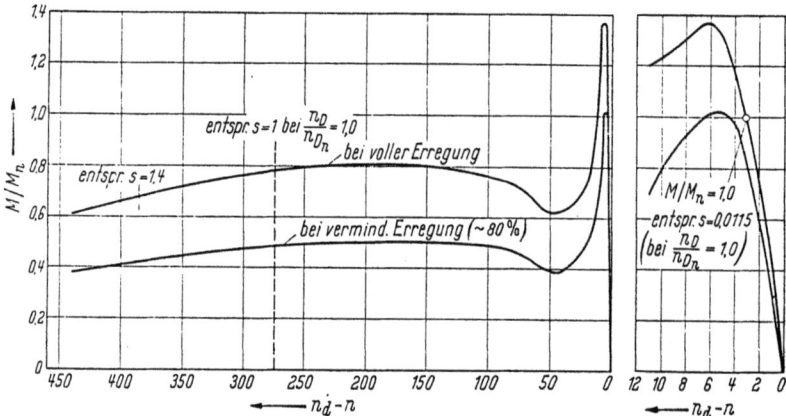

Abb. 190. Drehmomenten-Kennlinie der Schlupfkupplung in Abhängigkeit von der Drehzahldifferenz der Kupplungshälften

ringläufer — der Ohmsche Widerstand durch Zuschalten von äußeren Widerständen über Schleifringe vergrößert wird. Eine solche Kupplung kann im Hafenbetrieb als Generator zur Speisung von Ladepumpen bei Tankern oder von Ladewinden bei Frachtern verwendet werden; hierbei wird die Schraubenwelle mit der Ankerhälfte festgebremst und die (mit einer Dämpferwicklung zu versehende) Polhälfte vom Dieselmotor angetrieben.

Bei jeder Ausführungsform kann das Drehmoment durch Vergrößern der Erregung erhöht, durch Vermindern der Erregung verkleinert werden; von dieser Möglichkeit wird insbesondere bei Umsteuervorgängen Gebrauch gemacht.

Anmerkung. Durch Änderung der Erregung der elektrischen Schlupfkupplung wird bei *gleichbleibendem Belastungsdrehmoment* die Drehzahl geändert (diese Regelungsart entspricht dem Verfahren beim Asynchronmotor, die Drehzahl bzw. den Schlupf durch Änderung der zugeführten Klemmenspannung zu ändern). Diese Möglichkeit führt immer wieder zu Vorschlägen, *regelbare* elektrische Schlupfkupplungen — und zwar für andere Zwecke als für den Diesel-Schiffsantrieb — z. B. bei Kesselspeisepumpen- oder Lüfterantrieben zu verwenden. Hierbei wird meist übersehen, daß die dem Belastungsdrehmoment und dem Schlupf proportionale Schlupfleistung als Wärme in der Ankerwicklung abgeführt werden muß, was — je nach der verlangten Drehmoment-Drehzahl-Kennlinie, d. h. je nach der Größe der Schlupfverluste — eine entsprechende Vergrößerung des Kupplungsmodelles erfordert, welche die Wirtschaftlichkeit dieser Ausführung in Frage stellt.

Nimmt man an, daß das Drehmoment von Speisepumpen und Lüftern sich quadratisch mit der Drehzahl ändert, so tritt die größte Schlupfleistung bei einem Schlupf $s = 1 - \dfrac{n}{n_d} = 0{,}333$ $\left(\text{entsprechend } \dfrac{n}{n_d} = 0{,}667\right)$ auf und ist gleich $(s \cdot N_d)_{max} = 0{,}667^2 \cdot 0{,}333 \cdot N_n = 0{,}148 \cdot N_n$, wobei N_n die Nennleistung bedeutet. Da man Pumpen und Lüfter bei jeder Drehzahl im Dauerbetrieb fahren können muß, ist die angegebene größte Schlupfleistung für die Dimensionierung der Kupplung maßgebend.

4. Das Umsteuern der Schiffsschraube

Um die Schraube umzusteuern, d. h. um ihre Drehrichtung zu ändern, muß die Verbindung zwischen Dieselmotor und Schraube durch Abschalten der Erregung der Schlupfkupplung gelöst, der antreibende Dieselmotor zum Stillstand gebracht und in der entgegengesetzten Drehrichtung bis zur Umsteuerdrehzahl (Manövrierdrehzahl) wieder hochgefahren werden. Durch Einschaltung der Erregung der Schlupfkupplung wird alsdann die Verbindung zwischen Dieselmotor und Schraube wiederhergestellt und die Schraube von ihrer Leerlaufdrehzahl (s. S. 97) aus bis zum Stillstand und anschließend zum Umlauf in der entgegengesetzten Drehrichtung gebracht (Abb. 191). In der Abb. 192

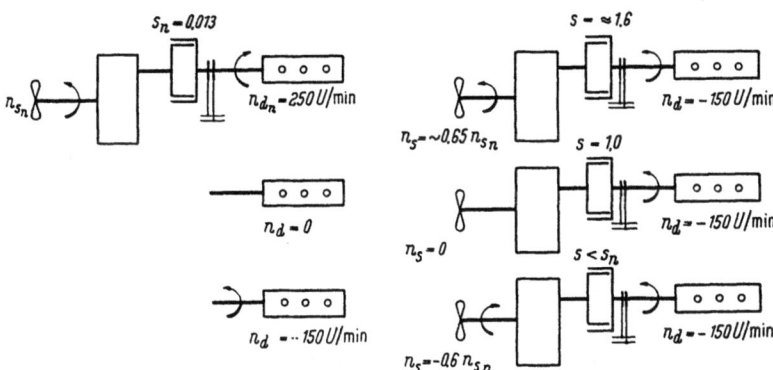

Abb. 191. Umsteuern der Schraube

sind die Drehmomentkennlinien einer Schiffsschraube[1], d. h. die Schraubendrehmomente in Abhängigkeit von der Drehzahl und bei verschiedenen Schiffsgeschwindigkeiten, dargestellt; außerdem ist das Drehmoment der elektrischen Schlupfkupplung mit Doppelkäfiganker nach Abb. 190 — und zwar bei verminderter Erregung — in Abhängigkeit

---

[1] Sie werden mitunter — in Erinnerung an den US-Admiral ROBINSON, der vor Jahrzehnten erstmalig experimentell solche Kennlinien an einem Kriegsschiff aufgenommen hat — „ROBINSON-Kurven" genannt.

von der Drehzahl eingetragen. Es ist ersichtlich, daß das Umsteuern der Schraube um so schneller erfolgt, je geringer die Geschwindigkeit des Schiffes zu Beginn des Umsteuervorganges ist. Es ist auch klar, daß

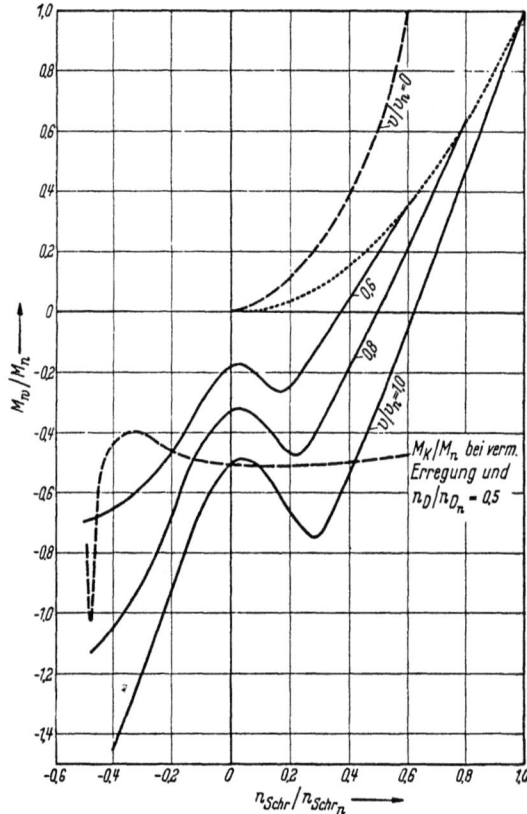

Abb. 192. Drehmomenten-Kennlinien der Schiffsschraube in Abhängigkeit von der Schraubendrehzahl

ein schnelleres Umsteuern der Schraube bei einem größeren Kupplungsdrehmoment erfolgt, wie es z. B. bei voller Erregung verfügbar wäre; bei voller Erregung würde aber das Kippmoment den antreibenden Dieselmotor abwürgen. Es liegt nahe, die Möglichkeit der Drehmomentenveränderung durch Änderung der Erregung mit dem Ziele einer Verkürzung der Umsteuerzeit auszunutzen und die Erregung drehzahl- oder zeitabhängig zu verändern; ob der Vorteil einer kürzeren Umsteuerzeit auf Kosten der bei konstant gehaltener Erregung offensichtlich einfacheren Anlage ins Gewicht fällt, muß von Fall zu Fall entschieden werden.

Wie bei den Propellermotoren eines elektrischen Schraubenantriebes mit Drehstromübertragung (dieselelektrischer Antrieb) wird auch bei der elektrischen Schlupfkupplung die elektrische Arbeit, die den sowohl beim Nennbetrieb als auch beim Umsteuern auftretenden Schlupfverlusten entspricht, im Kurzschlußkäfig in Wärme umgesetzt. Ein beträchtlicher Teil der in den blank in den Nuten angeordneten Käfigstäben erzeugten Wärmemenge wird schon während des Umsteuerns an das Eisen abgeführt; hierfür ist das mehr oder weniger satte Anliegen der Stäbe am Eisen maßgebend. Es ist zu betonen, daß die auftretenden Erwärmungen jedenfalls ebenso beherrscht werden können wie bei der Käfigwicklung des Synchronmotors elektrischer Schraubenantriebe mit Drehstromübertragung[1].

5. Die Abschaltbarkeit

Die *Abschaltbarkeit* der elektrischen Schlupfkupplung fügt dem wesentlichen und ursprünglich beabsichtigten Vorzug der Dämpfung der von den Dieselmotoren herrührenden Wechseldrehmomente den weiteren hinzu, daß der zugehörige Motor schnell ab- und zugeschaltet werden kann. Hierdurch wird z. B. bei der in der Abb. 193 dargestellten Anordnung von Dieselmotor, Kupplung und Getriebe erreicht, daß bei verminderter Schiffsgeschwindigkeit durch Abschalten einzelner Motoren und Vollbelastung der übrigen eine wirtschaftliche Fahrt möglich ist. Ferner sind Manöver beim An- und Ablegen und bei Revierfahrten unter größter Schonung des Antriebes möglich, indem das Getriebe wahlweise mit einem voraus- oder einem zurücklaufenden Dieselmotor

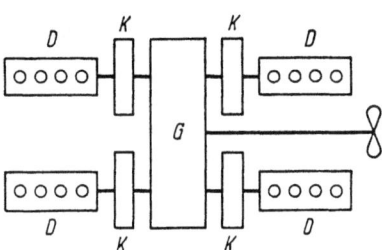

Abb. 193. Indirekter Schiffsschraubenantrieb.
D Dieselmotor; *G* Getriebe; *K* Kupplung

gekuppelt wird; ein etwa ausgefallener Dieselmotor kann ohne Stilllegen des Schiffes wieder instandgesetzt werden. Ferner können die auf ein gemeinsames Getriebe arbeitenden Dieselmotoren — nach dem üblichen Anlassen des ersten mittels Preßluft — über die Kupplung

---

[1] Die Abführung der beim Umsteuern im Käfig erzeugten Wärmemenge ist nicht nur eine konstruktive Frage, sondern ein grundsätzliches Problem insofern, als nur die Erfahrung ergibt, wie oft, in welchen Zeitabständen und von welcher Schiffsgeschwindigkeit aus umgesteuert wird (die Schiffsart wird hierbei ebenso bedeutungsvoll sein wie die Schiffsroute); die Vorausberechnung der Käfigerwärmung (unter Berücksichtigung der Wärmeabgabe an das aktive Eisen) ist aber nur möglich, wenn die Zahl und Art der Umsteuervorgänge bekannt ist.

hochgefahren werden, wodurch der Bedarf an Anlaßluft an Bord verringert werden kann.

Eine der verschiedenen durch die Abschaltbarkeit der elektrischen Schlupfkupplung gegebenen Möglichkeiten ist die mehrfach ausgeführte „Vater-und-Sohn"-Anlage für Fischtrawler (Abb. 194). Hier arbeiten ein Dieselmotor größerer Leistung — der Vater — und ein zweiter Dieselmotor etwa halber Leistung — der Sohn — über elektrische Schlupfkupplungen auf das Getriebe. Zwischen dem Sohn-Dieselmotor und der zugehörigen Schlupfkupplung ist ein Generator zur Speisung des Fischnetzwindenmotors angeordnet; die Generatorwelle ist verstärkt ausgeführt und kann die gesamte Leistung des Sohn-Dieselmotors zur Schlupfkupplung durchgeben.

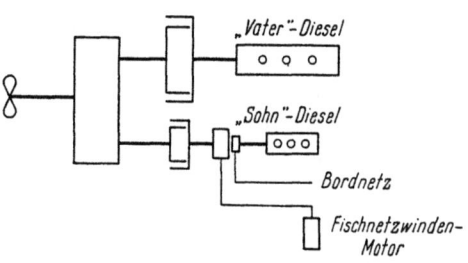

Abb. 194. Vater-und-Sohn-Anlage für Fischtrawler

B. Richtlinien für den Entwurf

1. Analytische Beziehungen

Aus der Theorie der Asynchronmaschine sind die folgenden Beziehungen bekannt [vgl. Gl. (205), (206), (207)]:

$$N_d = N_d(1-s) + N_d \cdot s = N_{\text{mech}} + N_{\text{el}},$$
$$N_{\text{mech}} = N + V_R + V_{0+P} \approx N,$$
$$N_{\text{el}} = V_W = m_2 \cdot J_2^2 \cdot R_2 \cdot 10^{-3},$$

woraus — bei Ausführung der Ankerwicklung als Käfigwicklung — folgt:

$$J_2 = \sqrt{\frac{\frac{s}{1-s} \cdot N \cdot 10^3}{\frac{Z_2}{p} \cdot R_2}} = \sqrt{\frac{p \cdot \frac{N_n \cdot 10^3}{1-s_n}}{Z_2 \cdot R_2} \cdot \frac{M}{M_n} \cdot s \cdot \frac{n_d}{n_{d_n}}}. \qquad (494), (494\text{a})$$

Hierin ist:

N_d Drehfeldleistung in kW,

s Schlupf $\left(s = 1 - \dfrac{n}{n_d}\right)$,

N mechanische Leistung der Kupplung in kW $\left(N = \dfrac{M \cdot n}{10^3 \cdot 0{,}975}\right)$,

M Drehmoment der Kupplung in mkg,

Richtlinien für den Entwurf

n Drehzahl des (z. B. eine Schiffsschraube) antreibenden sekundären Teiles der Kupplung in U/min,

n_d Drehzahl des Drehfeldes = Drehzahl des (z. B. von einem Dieselmotor) angetriebenen primären Teiles der Kupplung in U/min,

p Polpaarzahl,

V_R Reibungsverluste in kW   ⎫
V_{O+P} Oberflächen- und Pulsationsverluste ⎬ vernachlässigt

V_W Wicklungsverluste in der Ankerwicklung in kW,

m_2 Phasenzahl der Ankerwicklung $\left(m_2 = \dfrac{Z_2}{p}\text{ bei Käfigwicklung}\right)$,

Z_2 Stabzahl der Käfigwicklung,

J_2 Phasenstrom der Ankerwicklung,

R_2 Ohmscher Widerstand je Phase der Ankerwicklung in Ohm (der Zeiger „n" bedeutet für diese wie auch die folgenden Bezeichnungen die Werte bei Nennbetrieb).

Ferner ist

$$s \cdot E_2 = 4{,}44 \cdot f_2 \cdot w_2 \cdot \Phi_2 \cdot 10^{-8} = J_2 \sqrt{R_2^2 + (s\, X_2)^2}, \qquad (495), (495\mathrm{a})$$

wobei ist

E_2 Spannung je Phase der Ankerwicklung,

f_2 Ankerfrequenz $\left(f_2 = s \cdot f_1 = s \cdot \dfrac{p \cdot n_d}{60}\right)$,

w_2 Windungszahl je Phase der Ankerwicklung $\left(w_2 = \dfrac{1}{2}\text{ bei Käfigwicklung}\right)$,

Φ_2 Fluß je Pol in Maxwell,

X_2 induktiver Widerstand je Phase der Ankerwicklung (bei f_1 Hz) in Ohm.

Geht man vom Nennbetrieb $\left(\text{d. h. }\dfrac{M}{M_n} = 1,\ s = s_n,\ n_d = n_{d_n}\right)$ aus, so ist

$$J_{2_n} = \sqrt{\dfrac{p \cdot \dfrac{N_n \cdot 10^3}{1 - s_n}}{Z_2 \cdot R_{2_n}} \cdot s_n},\quad s \cdot E_{2_n} = J_{2_n}\sqrt{R_{2_n}^2 + (s_n\, X_{2_n})^2} \approx J_{2_n} \cdot R_{2_n},$$
$$(496), (497)$$

$$E_{2_n} = 4{,}44 \cdot f_1 \cdot \dfrac{1}{2} \cdot \Phi_{2_n} \cdot 10^{-8} \qquad \text{(bei Käfigwicklung).} \qquad (498)$$

Durch die gewählten Abmessungen[1] der Kupplung und die zugelassenen Induktionen ist Φ_{2_n} und somit E_{2_n} gegeben; aus Gl. (496) und (497) folgt

$$R_{2_n} = \dfrac{Z_2 \cdot E_{2_n}^2}{p \cdot \dfrac{N_n \cdot 10^3}{1 - s_n}} \cdot s_n \quad \text{und} \quad J_{2_n} = \dfrac{p \cdot \dfrac{N_n \cdot 10^3}{1 - s_n}}{E_{2_n} \cdot Z_2}; \qquad (499), (500)$$

---

[1] Bei Kupplungen großer Leistung ist insbesondere die Wahl des Außendurchmessers der äußeren Kupplungshälfte durch die Schiffsabmessungen begrenzt.

bei Ausführung der Ankerwicklung als Mehrphasenwicklung mit m_2 Phasen ist

$$J_{2_n} = \sqrt{\frac{\dfrac{N_n \cdot 10^3}{1-s_n}}{m_2 \cdot R_2} \cdot s_n} \quad \text{bzw.} \quad J_{2_n} = \frac{\dfrac{N_n \cdot 10^3}{1-s_n}}{E_{2_n} \cdot m_2} \quad \text{und}$$

$$E_{2_n} = 4{,}44 \cdot f_1 \cdot w_2 \cdot \Phi_{2_n} \cdot 10^{-8}.$$

2. Die Wahl des Nennbetriebsschlupfes und des Luftspaltes

Bei der Wahl des Nennbetriebsschlupfes s_n ist zu beachten, daß von einem bestimmten (dem Kippmoment entsprechenden) Schlupfwert ab die zur Erzielung des Nenndrehmomentes erforderliche Erregerdurchflutung mit abnehmendem Schlupf schnell zunimmt, wie aus der für ein bestimmtes Beispiel wiedergegebenen Abb. 195 und 196 ersichtlich ist. Für einen guten Entwurf der elektrischen Schlupfkupplung ist nicht ein möglichst niedriger, aber u. U. nur durch eine große Erregerleistung erreichbarer Wert des Nennbetriebsschlupfes, sondern ein möglichst hoher Wirkungsgrad ausschlaggebend (die Luftreibungsverluste können zu etwa 5 bis 7% der Summe aus den Erreger- und Ankerwicklungsverlusten angenommen werden).

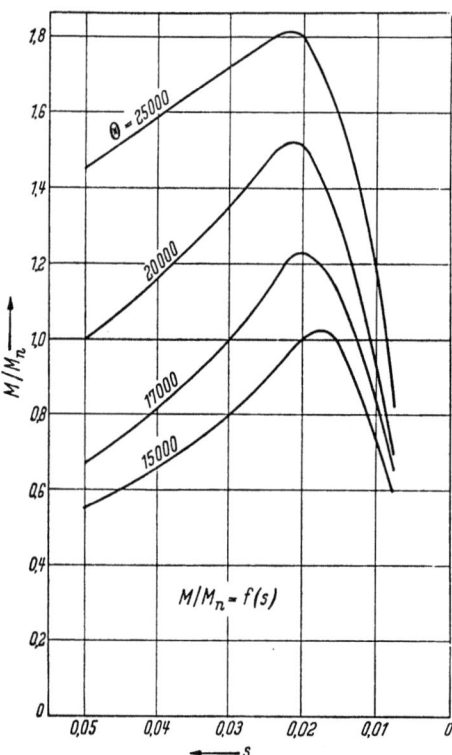

Abb. 195. $\dfrac{M}{M_n} = f(s)$ bei verschiedenen Werten der Erregung

Bei der Wahl der Größe des Luftspaltes δ ist zu bedenken, daß der einseitige magnetische Zug — der auftritt, wenn infolge einer Lagerungenauigkeit oder einer ungenauen Ausrichtung die eine Kupplungshälfte innerhalb der anderen nicht konzentrisch angeordnet ist — die Luftspaltunsymmetrie wegen der nur einseitigen Lagerung der Kupplungshälften leichter verstärken wird, als dies bei einer gewöhnlichen

Synchronmaschine (mit zweiseitig gelagertem Läufer) möglich ist. Der Luftspalt muß also von vornherein möglichst groß gewählt werden, d. h.

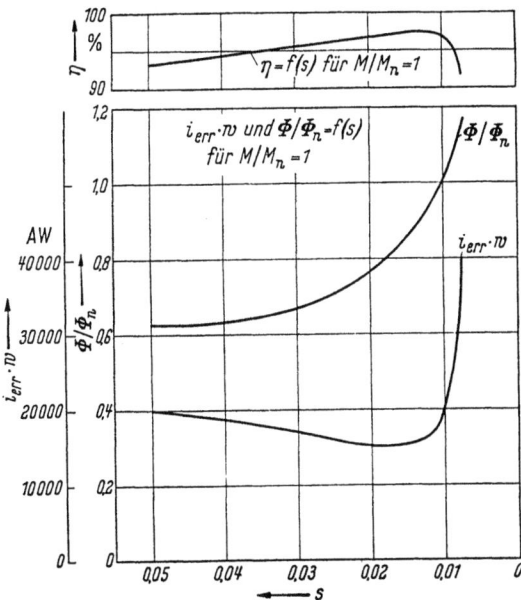

Abb. 196. Zur Wahl des Nennbetriebsschlupfes

so weit es mit Rücksicht auf den Verlauf der Drehmomentenkennlinie und der für den Nennbetrieb und das Umsteuern erforderlichen Erregung vertretbar ist; bei großen Kupplungen wird ein Luftspalt von etwa 6 mm als ausreichend erachtet.

3. Die Bestimmung der Schwingungsdämpfung

In praktischen Fällen kann ohne wesentliche Genauigkeitsminderung das System Dieselmotor — elektrische Schlupfkupplung — Schiffsschraube als *Dreimassensystem* mit den Massenträgheitsmomenten (in cm kg s²)

Θ_1 für den Dieselmotor und die eine Kupplungshälfte,

Θ_2 für die andere Kupplungshälfte,

Θ_3 für die Schiffsschraube (einschl. des mitgerissenen Wassers),

mit den entsprechenden Drehwinkeln φ_1, φ_2, φ_3 und mit der Drehsteifigkeit c_{23} (in cm kg) der Schraubenwelle dargestellt werden (Abb. 197).

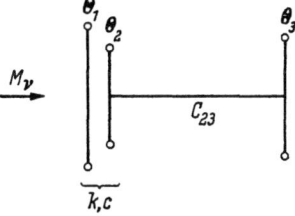

Abb. 197. Dreimassensystem: Dieselmotor — elektr. Schlupfkupplung — Schiffsschraube

Für dieses Dreimassensystem gelten — bei konstantem Gegenmoment und ohne Berücksichtigung der infolge der ungleichförmigen Strömungsverhältnisse am Propeller möglichen Schwingungserregung — die Bewegungs-Differentialgleichungen (die Punkte über $\varphi_1, \varphi_2, \varphi_3$ deuten die Differentiation nach der Zeit an):

$$\left.\begin{aligned}&\Theta_1 \ddot{\varphi}_1 + k(\dot{\varphi}_1 - \dot{\varphi}_2) + c(\varphi_1 - \varphi_2) = M_\nu \cdot \sin \nu\, \omega_m \cdot t, \\ &\Theta_2 \ddot{\varphi}_2 - k(\dot{\varphi}_1 - \dot{\varphi}_2) - c(\varphi_1 - \varphi_2) + c_{23}(\varphi_2 - \varphi_3) = 0, \\ &\Theta_3 \cdot \ddot{\varphi}_3 - c_{23}(\varphi_2 - \varphi_3) = 0.\end{aligned}\right\} \quad (501)$$

Hierin bezeichnet

k den der dämpfenden Drehmomentenkomponente der Schlupfkupplung[1] entsprechenden Dämpfungskoeffizienten (in cm kg s),

c den der elastischen Drehmomentenkomponente der Schlupfkupplung[1] entsprechenden Elastizitätskoeffizienten (in cm kg),

M_ν das dem mittleren Drehmoment M_m überlagerte pulsierende Drehmoment des Dieselmotors (in cm kg).

Aus den Gln. (501) folgt

$$\left.\begin{aligned}&(\ddot{\varphi}_1 - \ddot{\varphi}_2) + k\left(\frac{1}{\Theta_1} + \frac{1}{\Theta_2}\right)(\dot{\varphi}_1 - \dot{\varphi}_2) + c\left(\frac{1}{\Theta_1} + \frac{1}{\Theta_2}\right)(\varphi_1 - \varphi_2) \\ &\quad - \frac{c_{23}}{\Theta_2}(\varphi_2 - \varphi_3) = \frac{M_\nu}{\Theta_2} \cdot \sin \nu\, \omega_m \cdot t, \\ &(\ddot{\varphi}_2 - \ddot{\varphi}_3) - \frac{k}{\Theta_2}(\dot{\varphi}_1 - \dot{\varphi}_2) - \frac{c}{\Theta_2}(\varphi_1 - \varphi_2) \\ &\quad + c_{23}\left(\frac{1}{\Theta_2} + \frac{1}{\Theta_3}\right)(\varphi_2 - \varphi_3) = 0.\end{aligned}\right\} \quad (502)$$

Charakteristische Frequenzen sind die Eigenfrequenz ω_{e_s} des Sekundärteiles des Systems und die Eigenfrequenz $\omega_{e_{123}}$ des ganzen Systems bei starrer Kopplung

$$\omega_{e_s} = \sqrt{c_{23} \frac{\Theta_2 + \Theta_3}{\Theta_2 \cdot \Theta_3}}, \quad \omega_{e_{123}} = \sqrt{c_{23} \frac{\Theta_1 + \Theta_2 + \Theta_3}{(\Theta_1 + \Theta_2)\Theta_3}}. \quad (503), (504)$$

Mit den Abkürzungen

$$c_1 = \frac{\nu\, \omega_m \cdot k}{\Theta_{12}}\left[(\nu\, \omega_m)^2 - \omega_{e_{123}}^2\right], \quad \frac{1}{\Theta_{12}} = \frac{1}{\Theta_1} + \frac{1}{\Theta_2},$$

$$c_2 = (\nu\, \omega_m)^2 \left[(\nu\, \omega_m)^2 - \omega_{e_s}^2\right] - \frac{c}{\Theta_{12}}\left[(\nu\, \omega_m)^2 - \omega_{e_{123}}^2\right],$$

$$A = \frac{\nu\, \omega_m \cdot k}{\Theta_2} \cdot c_1 - \frac{c}{\Theta_2} c_2, \quad B = -\frac{\nu\, \omega_m \cdot k}{\Theta_2} c_2 - \frac{c}{\Theta_2} c_1$$

---

[1] Siehe hierzu: ANDRIOLA, Elektric Slip-Couplings for use with Diesel-Engines, Trans. of the ASME, 1941, S. 567 ff.

ergeben sich aus den Gln. (502) für den eingeschwungenen Zustand die Gleichungen

$$
\begin{aligned}
\varphi_1 - \varphi_2 &= -\frac{M_\nu}{\Theta_1} \frac{(\nu\omega_m)^2 - \omega_{e_s}^2}{c_1^2 + c_2^2}(c_2 \sin \nu\omega_m t + c_1 \cos \nu\omega_m t), \\
\varphi_2 - \varphi_3 &= -\frac{M_\nu}{\Theta_1} \cdot \frac{1}{c_1^2 + c_2^2}(A \cdot \sin \nu\omega_m t + B \cdot \cos \nu\omega_m t), \\
\varphi_1 &= -\frac{M_\nu}{\Theta_1} \cdot \frac{1}{c_1^2 + c_2^2}\left(\left\{c_2\left[(\nu\omega_m)^2 - \omega_{e_s}^2\right]\right.\right. \\
&\quad + A\left[1 - \frac{\frac{c_{23}}{\Theta_3}}{(\nu\omega_m)^2}\right]\right\} \cdot \sin \nu\omega_m \cdot t + \left\{c_1\left[(\nu\omega_m)^2 - \omega_{e_s}^2\right]\right. \\
&\quad + B\left[1 - \frac{\frac{c_{23}}{\Theta_3}}{(\nu\omega_m)^2}\right]\right\} \cdot \cos \nu\omega_m \cdot t\bigg), \\
\varphi_2 &= -\frac{M_\nu}{\Theta_1} \cdot \frac{1}{c_1^2 + c_2^2}\left\{A\left[1 - \frac{\frac{c_{23}}{\Theta_3}}{(\nu\omega_m)^2}\right] \cdot \sin \nu\omega_m t\right. \\
&\quad + B\left[1 - \frac{\frac{c_{23}}{\Theta_3}}{(\nu\omega_m)^2}\right] \cdot \cos \nu\omega_m t\bigg\}, \\
\varphi_3 &= \frac{M_\nu}{\Theta_1} \cdot \frac{1}{c_1^2 + c_2^2}\left[A\frac{\frac{c_{23}}{\Theta_3}}{(\nu\omega_m)^2} \cdot \sin \nu\omega_m t\right. \\
&\quad + B\frac{\frac{c_{23}}{\Theta_3}}{(\nu\omega_m)^2} \cdot \cos \nu\omega_m t\bigg], \\
(\varphi_1 - \varphi_2)_{\max} &= \frac{M_\nu}{\Theta_1} \frac{(\nu\omega_m)^2 - \omega_{e_s}^2}{\sqrt{c_1^2 + c_2^2}}, \\
(\varphi_2 - \varphi_3)_{\max} &= \frac{M_\nu}{\Theta_1} \sqrt{\frac{\left(\frac{\nu\omega_m \cdot k}{\Theta_2}\right)^2 + \left(\frac{c}{\Theta_2}\right)^2}{c_1^2 + c_2^2}}.
\end{aligned} \quad (505)
$$

Die auf das Pendeldrehmoment M_ν des Dieselmotors bezogene Wechseldrehmoment-Amplitude in der Schlupfkupplung bzw. im Sekundärteil des Systems ist daher

$$\frac{M_{12}}{M_\nu} \sqrt{\left(\frac{M_{12k}}{M_\nu}\right)^2 + \left(\frac{M_{12c}}{M_\nu}\right)^2}, \quad \frac{M_{23}}{M_\nu} = c_{23}(\varphi_2 - \varphi_3)_{\max}, \qquad (506), (507)$$

wobei $\dfrac{M_{12k}}{M_\nu} = \nu\omega_m k(\varphi_1 - \varphi_2)_{\max}, \quad \dfrac{M_{12c}}{M_\nu} = c(\varphi_1 - \varphi_2)_{\max},$ (508), (509)

$$k = \left(\frac{M_n}{\omega_{m_n} \cdot s_n}\right) \frac{r_{2n} \cdot r_2}{r_2^2 + \left(\dfrac{f_p}{f_{1n}} x_2\right)^2}, \quad \frac{c}{\nu\omega_m} = \frac{\dfrac{f_p}{f_{1n}} \cdot x_2}{r_2} \cdot k \qquad (510), (511)$$

ist und die folgenden Bezeichnungen[1] gelten

r_2 Ohmscher Widerstand je Phase der Käfigwicklung in Ohm unter Berücksichtigung der Widerstandsvermehrung,

x_2 induktiver Widerstand je Phase der Käfigwicklung in Ohm unter Berücksichtigung der Induktivitätsverminderung,

M Drehmoment der Schlupfkupplung in cmkg,

n_1, n_2 Drehzahl der treibenden bzw. der angetriebenen Kupplungshälfte $\left(s = \dfrac{n_1 - n_2}{n_1}\right.$ Schlupf bei stationärem Betrieb$\left.\right)$,

$\omega_m = 2\pi f_p$ Pendel-Kreisfrequenz in s^{-1},

$f_p = \dfrac{n_1 \cdot \nu}{60}$ Pendelfrequenz in Hz $\left(\text{bei Viertaktmotoren } \nu = \dfrac{z}{2},\text{ bei Zweitaktmotoren } \nu = z, z \text{ Zylinderzahl}\right)$,

$f_1 = \dfrac{p \cdot n_1}{60}$ der Drehzahl n_1 entsprechende Frequenz in Hz.

Anmerkung. Wird die Schlupfkupplung für sich allein betrachtet (Abb. 198), so ergibt sich aus den beiden Bewegungs-Differentialgleichungen

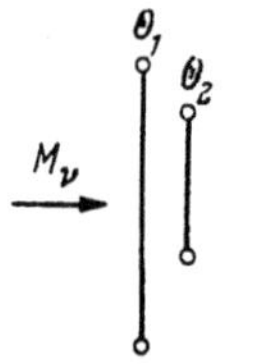

$$\Theta_1 \ddot{\varphi}_1 + k(\dot{\varphi}_1 - \dot{\varphi}_2) + c(\varphi_1 - \varphi_2) = M_\nu \cdot \sin \nu \omega_m \cdot t,$$
$$\Theta_2 \ddot{\varphi}_2 - k(\dot{\varphi}_1 - \dot{\varphi}_2) - c(\varphi_1 - \varphi_2) = 0 \quad (512)$$

die Gleichung

$$(\varphi_1 - \varphi_2)_{\max} = \dfrac{M_\nu}{\Theta_1} \cdot \dfrac{1}{\sqrt{\left[(\nu \omega_m)^2 - c\dfrac{\Theta_1 + \Theta_2}{\Theta_1 \Theta_2}\right]^2 + \left(\nu \omega_m \cdot k \cdot \dfrac{\Theta_1 + \Theta_2}{\Theta_1 \Theta_2}\right)^2}}; \quad (513)$$

Abb. 198. Zweimassensystem: Dieselmotor — elektr. Schlupfkupplung

die auf das Pendeldrehmoment des Dieselmotors bezogenen Wechseldrehmoment-Amplituden in der Schlupfkupplung ergeben sich entsprechend Gl. (508) und (509).

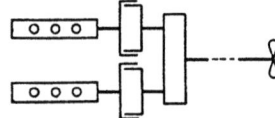

Abb. 199. Indirekter Schiffsschraubenantrieb durch zwei Dieselmotoren über zwei elektrische Schlupfkupplungen und ein Getriebe

Zahlenbeispiel. Zwei Achtzylinder-Viertakt-Dieselmotoren treiben über zwei elektrische Schlupfkupplungen — je für 1550 kW, 275 U/min — und ein Untersetzungsgetriebe die Schiffsschraubenwelle an (Abb. 199).

$\Theta_1 = 2(53500 + 6200) = 119400$ cmkgs^2,

$\Theta_2 = 2 \cdot 15300 + 8200 = 38800$ cmkgs^2,

$\Theta_{12} = \dfrac{\Theta_1 \cdot \Theta_2}{\Theta_1 + \Theta_2} = 29300$ cmkgs^2,

$\Theta_3 = \dfrac{160000}{2{,}62^2} = 23200$ cmkgs^2, $\quad\left.\begin{array}{l}\\\\\end{array}\right\}$ bezogen auf die Ritzelwelle

$c_{23} = \dfrac{1635 \cdot 10^3}{2{,}62^2} = 238 \cdot 10^5$ cmkg,

$M_n = 550000$ cmkg, $\quad s_n = 0{,}013, \quad \omega_{m_n} = \dfrac{2\pi \cdot n_{1_n}}{60} = 28{,}8$ s^{-1},

$\omega_{e_{1,1}} = 34{,}3$ s^{-1}, $\quad \omega_{e_s} = 40{,}5$ s^{-1}, $\quad \nu \omega_{m_n} = \dfrac{z}{2} \cdot \omega_{m_n} = 115{,}2$ s^{-1}.

---

[1] Der Zeiger „n" bedeutet die Werte beim Nennbetrieb der Schlupfkupplung.

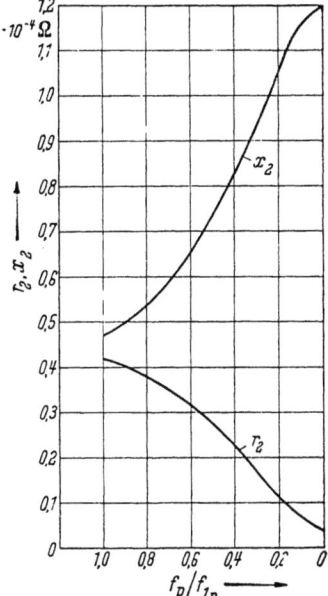

Abb. 200. r_2 und x_2 als „kombinierte" Widerstände des Doppelkäfigs der elektrischen Schlupfkupplung

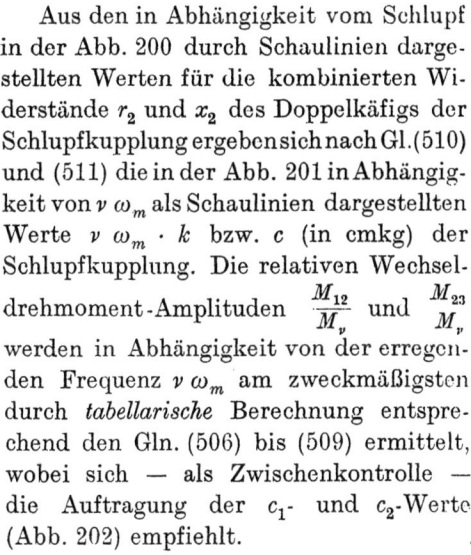

Abb. 201. $\nu \omega_m \cdot k$ und c in Abhängigkeit von $\nu \omega_m$

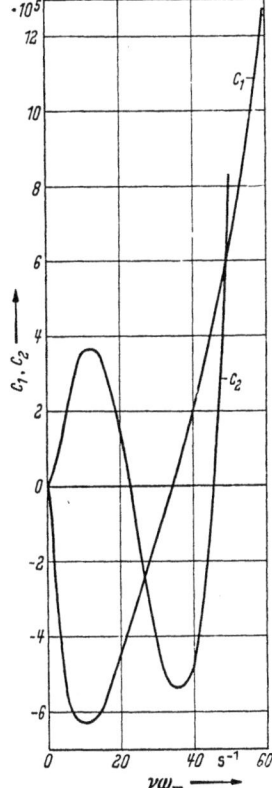

Abb. 202. c_1 und c_2 in Abhängigkeit von $\nu \omega_m$

Aus den in Abhängigkeit vom Schlupf in der Abb. 200 durch Schaulinien dargestellten Werten für die kombinierten Widerstände r_2 und x_2 des Doppelkäfigs der Schlupfkupplung ergeben sich nach Gl. (510) und (511) die in der Abb. 201 in Abhängigkeit von $\nu \omega_m$ als Schaulinien dargestellten Werte $\nu \omega_m \cdot k$ bzw. c (in cmkg) der Schlupfkupplung. Die relativen Wechseldrehmoment-Amplituden $\frac{M_{12}}{M_\nu}$ und $\frac{M_{23}}{M_\nu}$ werden in Abhängigkeit von der erregenden Frequenz $\nu \omega_m$ am zweckmäßigsten durch *tabellarische* Berechnung entsprechend den Gln. (506) bis (509) ermittelt, wobei sich — als Zwischenkontrolle — die Auftragung der c_1- und c_2-Werte (Abb. 202) empfiehlt.

Anmerkung. c_1 ist gleich Null für $\nu\,\omega_m = \omega_{e_{123}}$, c_2 ist gleich Null für

$$(\nu\,\omega_m)^2\,[(\nu\,\omega_m)^2 - \omega_{e_s}^2] = \frac{c}{\Theta_{12}}\,[(\nu\,\omega_m)^2 - \omega_{123}^2], \tag{514}$$

d. h. für

$$(\nu\,\omega_m)^2 = \frac{1}{2}\left(\omega_{e_s}^2 + \frac{c}{\Theta_{12}}\right) \pm \sqrt{\frac{1}{4}\left(\omega_{e_s}^2 + \frac{c}{\Theta_{12}}\right)^2 - \frac{c}{\Theta_{12}}\cdot\omega_{e_{123}}^3}. \tag{515}$$

Mit den Werten des Zahlenbeispiels ist $c_1 = 0$ für $\nu\,\omega_m = 34{,}3$, $c_2 = 0$ für $\nu\,\omega_m = 22{,}5$ bzw. $45{,}5\ \text{s}^{-1}$. Die letzteren beiden Werte ergeben sich, wenn man (da ja c selbst von $\nu\,\omega_m$ abhängig ist) zunächst verschiedene Werte von $\nu\,\omega_m$ annimmt, die diesen $\nu\,\omega_m$-Werten entsprechenden c-Werte der Abb. 201 entnimmt und in die Gl. (515) einsetzt und die hiernach errechneten $\nu\,\omega_m$-Werte mit den angenommenen vergleicht; dieses Verfahren ist zu wiederholen, bis die angenommenen und die nach Gl. (515) berechneten $\nu\,\omega_m$-Werte übereinstimmen.

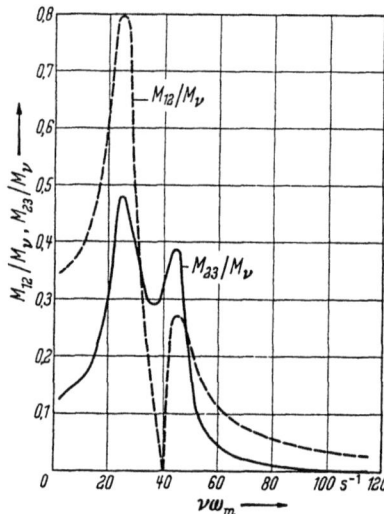

Abb. 203. Relative Drehmomente $\dfrac{M_{12}}{M_\nu}$ und $\dfrac{M_{23}}{M_\nu}$ in Abhängigkeit von $\nu\,\omega_m$

In der Abb. 203 sind die Werte $\dfrac{M_{12}}{M_\nu}$ und $\dfrac{M_{23}}{M_\nu}$ als Schaulinien dargestellt; man ersieht, daß das für die Beurteilung der Güte der elektrischen Schlupfkupplung hinsichtlich der Dämpfung der pulsierenden Drehmomente maßgebende relative Wechseldrehmoment $\dfrac{M_{23}}{M_\nu}$ nach zwei Hochwerten (die in jedem Falle ermittelt werden müssen) schnell auf sehr kleine Werte abfällt und für den Nennbetrieb ($\nu\,\omega_m = \nu\,\omega_{m_n} = 115{,}2\ \text{s}^{-1}$) *praktisch vernachlässigbar ist.* In der Abb. 204 ist das Vektordiagramm der Drehwinkel φ_1, φ_2, φ_3 und der Drehmomente M_ν, $\Theta_1\ddot{\varphi}_1$, $\Theta_2\ddot{\varphi}_2$, $\Theta_3\ddot{\varphi}_3$, $k(\dot{\varphi}_1 - \dot{\varphi}_2)$, $c(\varphi_1 - \varphi_2)$, $c_{23}(\varphi_2 - \varphi_3)$ für den Fall $\nu\,\omega_m = \omega_{e_{123}} = 34{,}3\ \text{s}^{-1}$ dargestellt; dieses Diagramm bestätigt auch die durch die drei Gln. (501)

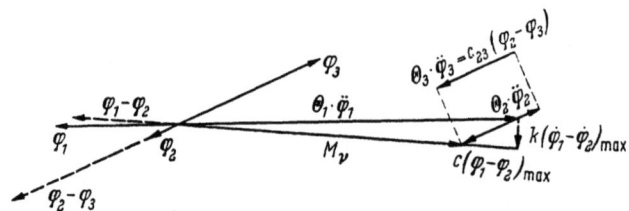

Abb. 204. Vektordiagramm der Drehmomente und Drehwinkel

gegebenen Beziehungen, insbesondere die aus der Summation der drei Gleichungen folgende Beziehung $M_\nu \cdot \sin \nu \, \omega_m \cdot t = \Theta_1 \ddot{\varphi}_1 + \Theta_2 \ddot{\varphi}_2 + \Theta_3 \ddot{\varphi}_3$.

C. Berechnungsbeispiel

Im folgenden wird der Entwurf einer Dieselschiff-Schlupfkupplung für 1920 kW, 275 U/min (6800 mkg) angegeben; sie wird als Außenpolkupplung mit $2p = 24$ Polen und Hochstäben im Käfiganker ausgeführt.

Hauptabmessungen. Um einen vorhandenen Läuferschnitt eines Asynchronmotors verwenden zu können, wird der Außendurchmesser des Käfigankers zu

$d_a = 1,6$ m und somit

$\tau_p = \dfrac{\pi \cdot 160}{24} = 20,95$ cm

gewählt. Die Eisenlänge wird zu $l = 260$ mm mit $n_s = 3$ Kühlschlitzen ($l_s = 10$ mm) gewählt, so daß die gesamte Ankerlänge

$L = l + n_s \cdot l_s$

$= 260 + 3 \cdot 10 = 290$ mm

ist; bei einer Luftspaltbreite von $\delta = 6$ mm ergibt sich nach Gl. (15) — und unter Benutzung der Abb. 8 (Schaulinie b) — die ideelle Ankerlänge

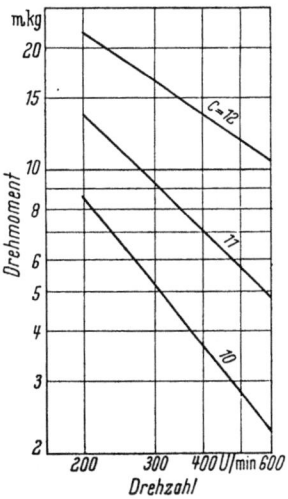

Abb. 205. Ausnutzungsziffer C für elektrische Schlupfkupplungen in Abhängigkeit von der Drehzahl

$l_i = L - n_s \cdot l_s' = 290 - 3 \cdot 2,5 = 282,5$ mm.

Die Ausnutzungsziffer ist somit nach Gl. (382)

$$C = \frac{1920}{1,6^2 \cdot 275 \cdot 0,2825} = 9,65 \frac{\text{kW} \cdot \text{min}}{\text{m}^3}$$

(vgl. Abb. 205).

Käfigwicklung. Wir gehen vom Nennbetrieb $\left(\dfrac{M}{M_n} = 1, \, s = s_n\right)$ aus. Die Luftspaltinduktion werde zu $B_{L_n} = 11\,000$ Gauß gewählt; bei dem Wert $\beta = 0,855$ entsprechend $\dfrac{b}{\tau_p} = 0,75$ (vgl. Abb. 141) ist daher

$B_{1n} = \dfrac{B_{L_n}}{\beta} = 12\,900$ Gauß und

$\Phi_{2n} = B_{1n} \cdot \dfrac{2}{\pi} \cdot \tau_p \cdot l_i = 12\,900 \cdot 0,637 \cdot 20,95 \cdot 28,25 = 4,88 \cdot 10^6$ Maxwell.

Mit $f_1 = \dfrac{p \cdot n_d}{60} = \dfrac{12 \cdot 275}{60} = 55$ ergibt sich nach Gl. (498)

$E_2 = 4,44 \cdot f_1 \cdot \dfrac{1}{2} \cdot \Phi_{2n} \cdot 10^{-8} = 4,44 \cdot 55 \cdot \dfrac{1}{2} \cdot 4,88 \cdot 10^6 \cdot 10^{-8} = 5,95$ V, und mit der gewählten Stabzahl $Z_2 = 100$ und dem gewählten Nennschlupf $s_n = 0,022$ nach Gl. (499) bzw. (500)

$$R_{2_n} = \frac{Z_2 \cdot E_{2n}^2}{p \cdot \frac{N_n \cdot 10^3}{1-s_n}} \cdot s_n = \frac{100 \cdot 5,95^2}{12 \cdot \frac{1920 \cdot 10^3}{0,978}} \cdot 0,022 = 0,033 \cdot 10^{-4} \text{ Ohm},$$

$$J_{2_n} = \frac{p \cdot \frac{N_n \cdot 10^3}{1-s_n}}{E_{2n} \cdot Z_2} = 39500 \text{ A} \left(\text{Stabstrom } J_{2_{nSt}} = \frac{J_{2n}}{p} = 3290 \text{ A} \right).$$

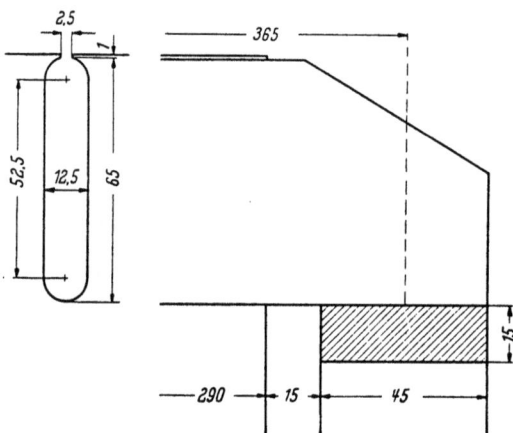

Abb. 206. Nut des Hochstabkäfigs und Stab-Ring-Verbindung

Die *Messing*stäbe des Kurzschlußkäfigs werden in halbgeschlossenen Ovalnuten angeordnet und mit den *Kupfer*-Kurzschlußringen verbunden (Abb. 206); der Stabquerschnitt beträgt $q_{St} = \frac{\pi}{4} \cdot 12^2 + 12 \cdot 52,5 = 743 \text{ mm}^2$, während der Ringquerschnitt mit $q_R = 15 \cdot 45 = 675 \text{ mm}^2$ ausgeführt werde. Der Ohmsche Widerstand je Stab — einschl. der zugehörigen Ringanteile — ist daher

$$R_{2_{nSt}} = \frac{0,365 \cdot 1,1}{15,5 \cdot 743} + \frac{\left(\frac{100}{24 \cdot \pi}\right)^2 2,4 \cdot 0,042}{56 \cdot 675}$$

$$= (0,349 + 0,047) \cdot 10^{-4} = 0,396 \cdot 10^{-4} \text{ Ohm},$$

der Ohmsche Widerstand je Strang daher [vgl. Gl. (408)]

$$R_{2_n} = \frac{R_{2_{nSt}}}{p} = \frac{0,396 \cdot 10^{-4}}{12} = 0,033 \cdot 10^{-4} \text{ Ohm (wie oben!)}.$$

Das Gewicht aller Stäbe bzw. der beiden Ringe ist

$$G_{St} = \gamma \cdot Z_2 \cdot l_{St} \cdot q_{St} \cdot 10^{-3} = 8,9 \cdot 100 \cdot 0,41 \cdot 743 \cdot 10^{-3} = 272 \text{ kg},$$

$$G_R = 2\gamma \cdot \pi \cdot d_R \cdot q_R \cdot 10^{-3} = 2 \cdot 8,9 \cdot \pi \cdot 1,453 \cdot 675 \cdot 10^{-3} = 55 \text{ kg}.$$

Die mittlere Zahninduktion ergibt sich bei den gewählten Nutabmessungen nach Gl. (431) zu

$$B_{z_{2m}} = \frac{l_i}{k_e \cdot l} \cdot \frac{\tau_{n_2}}{b_{z_{2m}}} \cdot B_L = \frac{28,25}{0,98 \cdot 26} \cdot \frac{50,2}{35,65} \cdot 11000 = 17100 \text{ Gauß}.$$

Berechnungsbeispiel

Innendurchmesser des Läufers. Gegeben ist der Innendurchmesser $d_i = 1,3$ m; die Jochhöhe beträgt daher

$$h_{j_2} = \frac{1}{2} \cdot [160 - 2(0,1 + 6,5) - 130] = 8,4 \text{ cm},$$

die Jochinduktion ist nach Gl. (431)

$$B_{j_2} = \frac{\frac{1}{2} \Phi_n}{k_e \cdot l \cdot h_{j_2}} = \frac{\frac{1}{2} \cdot 5,02 \cdot 10^6}{0,98 \cdot 26 \cdot 8,4} = 11\,700 \text{ Gauß}.$$

Hierbei ist

$$\Phi_n = \frac{\varphi}{\frac{2}{\pi}} \cdot \Phi_{2n} = \frac{0,655}{0,637} \cdot 4,88 \cdot 10^6 = 5,02 \cdot 10^6 \text{ Maxwell}$$

mit $\varphi = 0,655$ entsprechend $\frac{b}{\tau_p} = 0,75$ (vgl. Abb. 142).

Polabmessungen. Wird der Polstreufluß zunächst zu 20% des Luftspaltflusses angenommen, so ist der Fluß im Polkern

$$\Phi_{k_n} = 1,2 \cdot \Phi_n = 1,2 \cdot 5,02 \cdot 10^6$$
$$= 6 \cdot 10^6 \text{ Maxwell}.$$

Läßt man für die massiven Pole eine Polkerninduktion von $B_k = 17\,000$ Gauß zu, so ergibt sich der erforderliche Polkernquerschnitt

$$q_k = \frac{\Phi_k}{B_k} = \frac{6 \cdot 10^6}{17\,000} = 353 \text{ cm}^2.$$

Gestaltet man die Polkern- bzw. Polschuhabmessungen entsprechend der Abb. 207, d. h. führt man insbesondere

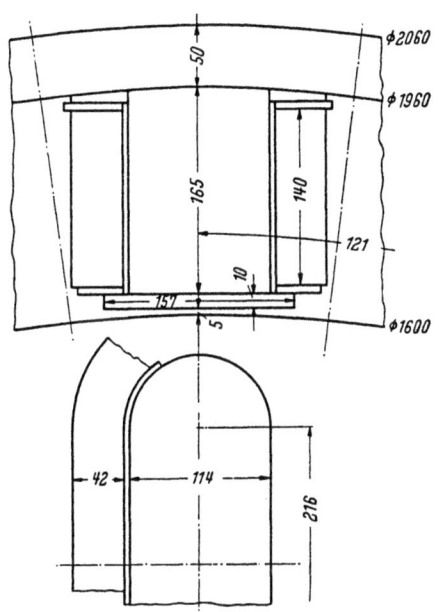

Abb. 207. Polabmessungen

die Polkernbreite $b_k = 11,4$ cm,

den Polkernquerschnitt $q_k = \frac{\pi}{4} \cdot 11,4^2 + 11,4 \cdot 21,6 = 348 \text{ cm}^2$,

die äquivalente Polkernlänge $L_k = \frac{348}{11,4} = 30,5$ cm und

die Polschuhbreite $b = 0,75 \cdot \tau_p = 0,75 \cdot 20,95 = 15,7$ cm

18 Klamt, Elektrische Maschinen

aus, so ergibt sich die magnetische Leitfähigkeit zwischen den Polschuhflächen nach Gl. (459) zu

$$A_p = \frac{30{,}5 \cdot 1{,}4}{0{,}8 \cdot 5{,}5} + 2 \cdot 1{,}0 \lg\left(1 + \frac{\pi}{2} \cdot \frac{15{,}7}{5{,}5}\right) = 9{,}7 + 1{,}5 = 11{,}2,$$

und die magnetische Leitfähigkeit zwischen den Polkernflächen nach Gl. (460) zu

$$A_k = \frac{1}{2} \cdot \frac{30{,}5 \cdot 1{,}5}{0{,}8 \cdot 12{,}1} + 15 \lg\left(1 + \frac{\pi}{2} \cdot \frac{11{,}4}{12{,}1}\right) = 23{,}6 + 5{,}9 = 29{,}5;$$

der gesamte Streufluß Φ_s für beide Polflächen ist daher

$$\Phi_s = 2 V_s (A_p + A_k) = 82 \cdot V_s \text{ Maxwell}.$$

Polradaußendurchmesser. Es wird der Durchmesser — entsprechend einer Jochhöhe $h_{j_1} = 5$ cm — zu

$$D_a = 1{,}6 + 2 (0{,}006 + 0{,}01 + 0{,}164) + 2 \cdot 0{,}05$$
$$= 1{,}96 + 2 \cdot 0{,}05 = 2{,}06 \text{ m}$$

gewählt; die Jochinduktion ist daher bei einer Jochbreite von $1{,}105 \cdot l'$ $= 1{,}105 (21{,}6 + 11{,}4) = 36{,}5$ cm nach Gl. (431)

$$B_{j_1} = \frac{\frac{1}{2}\Phi_k}{1{,}105 \cdot l' \cdot h_{j_1}} = \frac{\frac{1}{2} \cdot 6 \cdot 10^6}{36{,}5 \cdot 5} = 16\,400 \text{ Gauß},$$

wobei der Faktor 1,105 die Querschnittsverminderung durch die Kühlöffnungen berücksichtigt.

Magnetische Kennlinie. Der CARTERsche Faktor ist mit $k_c = 1{,}005$ vernachlässigbar, so daß die *magnetische Teilspannung am Luftspalt* nach Gl. (432)

$$2 V_L = 1{,}6 \cdot k_c \cdot \delta \cdot B_L = 1{,}6 \cdot 0{,}6 \cdot B_L = 0{,}96 \cdot B_L \text{ [A]}$$

bzw.

$$\frac{2 V_L}{\tau_p} = \frac{0{,}96}{20{,}95} \cdot B_L = 0{,}046 \cdot B_L \text{ [A/cm]}$$

ist. Mit $2 \cdot l_{z_2} = 13$ cm und $H_{z_{2m}}$ entsprechend $B_{z_{2m}} = 1{,}56 \cdot B_L$ ergibt sich die *magnetische Teilspannung an den Zähnen* zu

$$2 V_{z_2} = 2 l_{z_2} \cdot H_{z_{2m}} = 13 \cdot H_{z_m} \text{ [A]}$$

bzw. $\dfrac{2 V_{z_2}}{\tau_p} = \dfrac{13}{20{,}95} \cdot H_{z_{2m}} = 0{,}62 \cdot H_{z_{2m}}$ [A/cm],

während mit $l_{j_2} \approx \dfrac{\pi(d_a - 2 l_{z_1})}{2p} = \dfrac{\pi \cdot 147}{24} = 19{,}2$ cm und H_{j_2} entsprechend $B_{j_2} = \dfrac{11\,700}{11\,000} \cdot B_L = 1{,}06 \cdot B_L$ die *magnetische Teilspannung am Käfigankerjoch*

$$V_{j_2} = l_{j_2} \cdot H_{j_2} = 19{,}2 \cdot H_{j_2} \text{ [A]} \quad \text{bzw.} \quad \frac{V_{j_2}}{\tau_p} = \frac{19{,}2}{20{,}95} \cdot H_{j_2} = 0{,}915 \cdot H_{j_2} \text{ [A/cm]}$$

ist. Ferner ist
$$\Phi = \frac{5{,}62 \cdot 10^6}{11\,000} \cdot B_L, \quad \Phi_s = 82 \cdot V_s = 82\,(2V_L + 2V_{z_2} + V_{j_2});$$

mit $l_k = 16{,}5$ cm und H_k entsprechend $B_k = \dfrac{\Phi_k}{q_k} = \dfrac{\Phi + \Phi_s}{348}$ ist die *magnetische Teilspannung an den Polen*

$$2V_k = 2l_k \cdot H_k = 33 \cdot H_k \ [\text{A}] \ \text{bzw.} \ \frac{2V_k}{\tau_p} = \frac{33}{20{,}95} \cdot H_k = 1{,}57 \cdot H_k\,[\text{A/cm}],$$

während mit

$$l_{j_1} = \frac{\pi(D_a - 2h_{j_1})}{2p}$$
$$= \frac{\pi \cdot 196}{24} = 25{,}7 \text{ cm}$$

und H_{j_1} entsprechend

$$B_{j_1} = \frac{\frac{1}{2}\Phi_k}{1{,}1 \cdot 33{,}5} = \frac{\Phi_k}{363}$$

die *magnetische Teilspannung am Polradjoch*

$$V_{j_1} = l_{j_1} \cdot H_{j_1}$$
$$= 25{,}7 \cdot H_{j_1}\,[\text{A}] \ \text{bzw.}$$
$$\frac{V_{j_1}}{\tau_p} = \frac{25{,}7}{20{,}95} \cdot H_{j_1}$$
$$= 1{,}23 \cdot H_{j_1}\,[\text{A/cm}]$$

ist.

In der Abb. 208 sind die Kennlinien

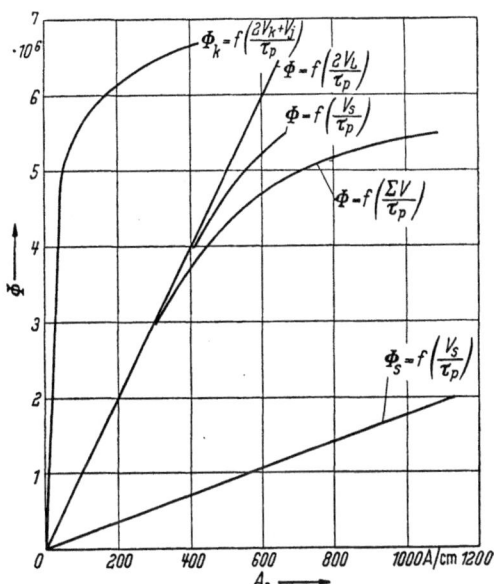

Abb. 208. Magnetische Kennlinien

$$\Phi = f\!\left(\frac{\Sigma V}{\tau_p}\right),\ \Phi = f\!\left(\frac{V_s}{\tau_p}\right),\ \Phi = f\!\left(\frac{2V_L}{\tau_p}\right),\ \Phi_k = f\!\left(\frac{2V_k + V_{j_1}}{\tau_p}\right),\quad \Phi_s = f\!\left(\frac{V_s}{\tau_p}\right)$$

dargestellt.

Anmerkung. Für $B_L = 11\,000$ Gauß (entsprechend dem Nennbetrieb) ist mit $H_{z_{2m}} = 80$ A/cm entsprechend $B_{z_{2m}} = 17\,100$ Gauß und mit $H_{j_2} = 5{,}5$ A/cm entsprechend $B_{j_2} = 11\,700$ Gauß (s. Abb. 119): $\dfrac{2V_{z_1}}{\tau_p} \cdot H_{z_{2m}} = 0{,}62 \cdot 80 = 49{,}5$ A/cm und $\dfrac{V_{j_1}}{\tau_p} = 0{,}915 \cdot 5{,}5 = 5$ A/cm, ferner $\dfrac{2V_L}{\tau_p} = 0{,}046 \cdot 11\,000 = 505$ A/cm, daher $\dfrac{V_s}{\tau_p} = 560$ A/cm; somit ergibt sich der Streufluß $\Phi_s = 82 \cdot V_s = 82 \cdot 560 \cdot 20{,}95 = 0{,}96 \cdot 10^6$ Maxwell, und es ist $\dfrac{\Phi_s}{\Phi} \cdot 100 = \dfrac{0{,}96}{5{,}02} \cdot 100 = 19{,}1\%$ (angenommen 20%).

Streublindwiderstand der Käfigwicklung. Die Streuleitfähigkeit der Nut ist nach Gl. (49) mit

$$l_{n_2} = L - \Sigma\, l_s'' = 29 - 3 \cdot 0{,}6 = 27{,}2 \text{ cm} \qquad (l_s'' \text{ entspr. } s_{n_2} = 0{,}25 \text{ cm}$$
$$\text{aus Abb. 8)}$$

$$\Lambda_N = 27{,}2 \left[\left(0{,}623 + \frac{52{,}5}{3 \cdot 12{,}5}\right) + \frac{1}{2{,}5}\right] = 55 + 10{,}8 = 65{,}8,$$

die Streuleitfähigkeit des Zahnkopfes mit $l_i = 28{,}25$ cm und $\delta = 0{,}6$ cm [vgl. Gl. (74′)]

$$\Lambda_k = 28{,}25 \cdot \frac{5 \cdot \dfrac{0{,}6}{0{,}25}}{5 + 4 \cdot \dfrac{0{,}6}{0{,}25}} \cdot 0{,}75 = 17{,}4,$$

daher $\Lambda_N + \Lambda_k = 83{,}2$. Für die Streuleitfähigkeit der Stab—Ringverbindung wird ein Zuschlag von 22,5% angenommen, so daß sich als gesamter Streublindwiderstand (bezogen auf 55 Hz)

$$X_2 = 1{,}6\,\pi^2 \cdot \frac{f_1}{2p} (\Lambda_N + \Lambda_k) \cdot 1{,}225 \cdot 10^{-8}$$

$$= 1{,}6\,\pi^2 \cdot \frac{55}{24} \cdot 83{,}2 \cdot 1{,}225 \cdot 10^{-8} = 0{,}37 \cdot 10^{-4} \text{ Ohm}$$

ergibt; beim Nennschlupf $s_n = 0{,}022$ ist daher

$$s \cdot X_2 = 0{,}022 \cdot 0{,}37 \cdot 10^{-4} = 0{,}00815 \cdot 10^{-4} \text{ Ohm}.$$

Spannungsdiagramm bei Nennbetrieb ($s = s_n$). Die Ankerdurchflutung für einen vollständigen magnetischen Kreis (für ein Polpaar) ist mit

$$m_2 = \frac{Z_2}{p} = \frac{100}{12} = 8{,}33,\ w_2 = \frac{1}{2},\ \xi_2 = 1$$

$$\Theta_{2\text{Kreis}} = 0{,}9 \cdot m_2 \cdot \frac{w_2 \cdot \xi_2}{p} \cdot J_2 = 0{,}9 \cdot 8{,}33 \cdot \frac{1}{24} \cdot J_2$$

$$= 0{,}3125 \cdot 39500 = 12350\,\text{A}.$$

Den Werten $\dfrac{b}{\tau_p} = 0{,}75$ und $\dfrac{\delta}{\tau_p} = \dfrac{6}{209{,}5} = 0{,}0286$ entsprechen etwa die Werte $c_l = 0{,}82$, $c_q = 0{,}45$ (vgl. Abb. 163), so daß $c_l \cdot \Theta_{2\text{Kreis}} = 0{,}82 \cdot 12350 = 10130$, $c_q \cdot \Theta_{2\text{Kreis}} = 0{,}45 \cdot 12350 = 5550$ bzw.

$$\frac{c_l \cdot \Theta_{2\text{Kreis}}}{\tau_p} = \frac{101430}{20{,}95} = 484\,\text{A/cm}, \qquad \frac{c_q \cdot \Theta_{2\text{Kreis}}}{\tau_p} = \frac{5550}{20{,}95} = 265\,\text{A/cm}$$

ist; der Durchflutung $c_q \cdot \dfrac{\Theta_{2\text{Kreis}}}{\tau_p}$ entspricht in der magnetischen Kennlinie (Abb. 208) die Spannung $e_{q_0} = \dfrac{2{,}6}{5{,}02} \cdot 0{,}1345 = 0{,}07\,\text{V}$.

Berechnungsbeispiel

Anmerkung. Für den Nennschlupf ergab sich bei Vernachlässigung des Streublindwiderstandes der Käfigwicklung die Spannung $s \cdot E_2 = 0{,}022 \cdot 5{,}95 = 0{,}13$ V; mit Berücksichtigung des Streublindwiderstandes ist

$$s \cdot E_2 = J_2 \sqrt{R_2^2 + (s X_2)^2} = 39\,500 \cdot 10^{-4} \sqrt{0{,}033^2 + 0{,}008^2} = 39\,500 \cdot 0{,}034 \cdot 10^{-4}$$

$$= 0{,}1345 \text{ V}.$$

Aus den Spannungen

$$J_2 \cdot R_2 = 39\,500 \cdot 0{,}033 \cdot 10^{-4} = 0{,}13 \text{ V},$$

$$J_2 \cdot s X_2 = 39\,500 \cdot 0{,}008 \cdot 10^{-4} = 0{,}032 \text{ V}$$

und $e_{q_0} = 0{,}07$ V

kann das Spannungsdiagramm (für generatorischen Betrieb!) konstruiert werden (Abb. 209). Bei *sinngemäßer* Benutzung der in der 2. Anm. auf S. 209 angegebenen Gleichungen für den generatorischen Betrieb der Synchronmaschine mit ausgeprägten Polen ergibt sich mit $\beta = 13° \, 50'$ entsprechend

$$\tan \beta = \frac{0{,}00815}{0{,}033} = 0{,}247 \text{ und } \alpha = 0$$

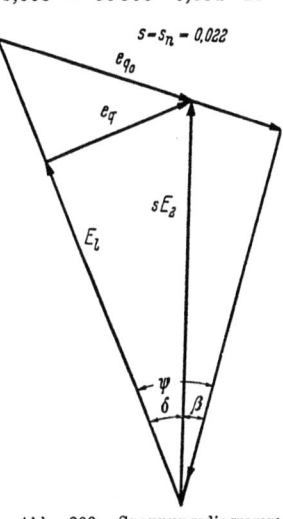

Abb. 209. Spannungsdiagramm für Nennbetrieb ($s = s_n$)

$$E^2 = (s E_2)^2 + e_{q_0}^2 - 2 (s E_2) \cdot e_{q_0} \cdot \cos(90 + \beta)$$

$$= 0{,}1345^2 + 0{,}07^2 - 2 \cdot 0{,}1345 \cdot 0{,}07 \cdot \cos 103° \, 50' = 0{,}0276,$$

$$E = 0{,}166 \text{ V},$$

$$\sin \delta = \frac{e_{q_0}}{E} \cdot \sin(90 + \beta) = \frac{0{,}07}{0{,}166} \cdot \sin 103° \, 50' = 0{,}41,$$

$$\delta = 24° \, 10',$$

$$e_q = (s E_2) \cdot \sin \delta = 0{,}055 \text{ V}, \quad E_l = (s \cdot E_2) \cdot \cos \delta = 0{,}123 \text{ V},$$

$$\psi = \beta + \delta = 38°.$$

Die erforderliche Erregerdurchflutung bei Nennbetrieb ($s = s_n$). Der Längsfeldspannung $E_l = 0{,}123$ V bzw. dem Längsfeldfluß

$$\Phi_l = \frac{0{,}123}{0{,}1345} \cdot 5{,}02 \cdot 10^6 = 4{,}55 \cdot 10^6 \text{ Maxwell}$$

entspricht in der Kennlinie $\Phi = f\left(\frac{V_s}{\tau_p}\right)$ der Abb. 208 die magnetische Spannung $\frac{V_{s_l}}{\tau_p} = 480$ A/cm; die wirksame Ankerlängsfelddurchflutung ist

$$\frac{c_l \cdot \Theta_{2\text{Kreis}} \cdot \sin \psi}{\tau_p} = 484 \cdot 0{,}615 = 298 \text{ A/cm}.$$

Der Summe

$$\frac{V_{s_l}}{\tau_p} + \frac{c_l \cdot \Theta_{2\text{Kreis}} \cdot \sin \psi}{\tau_p} = 480 + 298 = 778 \text{ A/cm}$$

ist entsprechend der Kennlinie $\Phi_s = f\left(\frac{V_s}{\tau_p}\right)$ der Abb. 208 der Streufluß $\Phi_s = 1{,}375 \cdot 10^6$ Maxwell zugeordnet, so daß der Fluß im Pol

$$\Phi_k = \Phi_l + \Phi_s = (4{,}55 + 1{,}375) \cdot 10^6 = 5{,}925 \cdot 10^6 \text{ Maxwell}$$

ist. Diesem Fluß ist entsprechend der Kennlinie $\Phi_k = f\left(\frac{2V_k + V_{j_1}}{\tau_p}\right)$ die magnetische Spannung $\frac{2V_k + V_{j_1}}{\tau_p} = 155$ zugeordnet; somit ist die erforderliche Erregerdurchflutung bei Nennbetrieb

$$\frac{\Theta_{2_g\text{Kreis}}}{\tau_p} = \frac{V_{s_l}}{\tau_p} + \frac{c_l \cdot \Theta_{2\text{Kreis}} \cdot \sin \psi}{\tau_p} + \frac{2V_k + V_{j_1}}{\tau_p} = 778 + 155 = 933 \text{ A/cm}$$

bzw. bei einem Zuschlag von 10% $\frac{\Theta_{2_g\text{Kreis}}}{\tau_p} = 1025$ A/cm.

Bevor die Daten für die Erregerwicklung festgelegt werden, muß ermittelt werden, welches Kupplungsdrehmoment sich bei dieser (dem Nennbetrieb entsprechenden) Erregerdurchflutung für den Schlupf $s = 1$ ergibt und ob das angestrebte „Kipp"drehmoment — in diesem Falle $\frac{M_k}{M_n} = 1{,}3$ — erreicht wird.

Drehmoment-, Strom- und Spannungsverhältnisse bei $s = 1$. Die numerische Nutentiefe ist mit den gegebenen Stab- und Nutabmessungen nach Gl. (234) in Abhängigkeit vom Schlupf

$$\xi = 2\pi h \sqrt{\frac{b_L}{b_n} \cdot \frac{s \cdot f_1}{\varrho \cdot 10^5}} = 2\pi \cdot 6{,}45 \sqrt{\frac{12}{12{,}5} \cdot \frac{14{,}1 \cdot 55}{10^5}} \cdot \sqrt{s} = 3{,}49 \cdot \sqrt{s}.$$

Ihrem Wert $\xi = 3{,}49$ beim Schlupf $s = 1$ entsprechen nach Abb. 66 die Faktoren $K_W = 3{,}5$ und $K_i = 0{,}43$, so daß sich der Ohmsche Widerstand nach Gl. (235) zu

$$R_2 = K_w \cdot R_{\text{St}} \cdot \frac{l}{l_{\text{St}}} + R_{\text{St}}\left(1 - \frac{l}{l_{\text{St}}}\right) + \left(\frac{Z_2}{2p\pi}\right)^2 \cdot 2R_R$$

$$= \left(3{,}5 \cdot \frac{0{,}349}{12} \cdot \frac{275}{365} + \frac{0{,}349}{12} \cdot \frac{90}{365} + \frac{0{,}047}{12}\right) \cdot 10^{-4} = 0{,}0875 \cdot 10^{-4} \text{ Ohm,}$$

der Streublindwiderstand nach Gl. (236) bzw. Gl. (49) zu

$$X_2 = 1{,}6\pi^2 \cdot \frac{f_1}{2p}\left\{K_i \cdot \left(l_n \frac{h_{\text{St}} - b_{\text{St}}}{3b_n} + 0{,}623\right) + l_n \frac{h_4}{s_n} + (\varLambda_\tau^1 + \varLambda_k)\right\} \cdot 10^{-8}$$

$$= 1{,}6\pi^2 \cdot \frac{55}{24}\{0{,}43 \cdot 55 + 10{,}8 + (18{,}8 + 17{,}4)\} \cdot 10^{-8} = 0{,}26 \cdot 10^{-4} \text{Ohm}$$

ergibt.

---

[1] $\varLambda_\tau = (1{,}225 - 1)(\varLambda_N + \varLambda_K)$

Für ein zunächst angenommenes Drehmoment $\frac{M}{M_n} = 0{,}2$ ist — $n_d = n_{d_n}$ vorausgesetzt — nach Gl. (494) der Strom je Strang beim Schlupf $s = 1$:

$$J_2 = \sqrt{\frac{p \cdot \dfrac{N_n \cdot 10^3}{1 - s_n}}{Z_2 \cdot R_2} \cdot \frac{M}{M_n} \cdot s \cdot \frac{n_d}{n_{d_n}}} = \sqrt{\frac{12 \cdot \dfrac{19\,200 \cdot 10^3}{0{,}978}}{100 \cdot R_2} \cdot \frac{M}{M_n} \cdot s}$$

$$= \sqrt{\frac{23{,}5 \cdot 10^4}{R_2} \cdot \frac{M}{M_n} \cdot s} = \sqrt{\frac{23{,}5 \cdot 10}{0{,}0875 \cdot 10^{-4}} \cdot 0{,}2 \cdot 1{,}0} = 73\,200 \text{ A}.$$

Diesem Strom entspricht nach Gl. (495a) die Spannung

$$s\,E_2 = J_2 \sqrt{R_2^2 + (s\,X_2)^2} = 73\,200 \cdot 10^{-4} \sqrt{0{,}0875^2 + 0{,}26^2} = 2{,}01 \text{ V}$$

und nach Gl. (495) der Fluß

$$\Phi_2 = \frac{s\,E_2 \cdot 10^8}{4{,}44 \cdot f_1 \cdot w_2} = \frac{s\,E_2 \cdot 10}{4{,}44 \cdot s \cdot 55 \cdot \dfrac{1}{2}} = 0{,}818 \cdot 10^6 \cdot s\,E_2 = 1{,}645 \cdot 10^6 \text{ Maxwell}$$

bzw. der Fluß

$$\Phi = \frac{\varphi}{\dfrac{2}{\pi}} \cdot \Phi_2 = 1{,}03 \cdot \Phi_2 = 1{,}7 \cdot 10^6 \text{ Maxwell}.$$

Die Ankerdurchflutung für einen vollständigen magnetischen Kreis ist

$$\Theta_{2\text{Kreis}} = 0{,}3125 \cdot J_2 = 0{,}3125 \cdot 73\,200 = 22\,850 \text{ A},$$

so daß

$$c_l \cdot \Theta_{2\text{Kreis}} = 0{,}82 \cdot 22\,850 = 18\,740 \text{ A},$$

$$c_q \cdot \Theta_{2\text{Kreis}} = 0{,}45 \cdot 22\,850 = 10\,290 \text{ A bzw.}$$

$$\frac{c_l \cdot \Theta_{2\text{Kreis}}}{\tau_p} = \frac{18\,740}{20{,}95} = 895 \text{ A/cm}, \quad \frac{c_q \cdot \Theta_{2\text{Kreis}}}{\tau_p} = \frac{10\,290}{20{,}95} = 490 \text{ A/cm}$$

ist; der Durchflutung $c_q \cdot \dfrac{\Theta_{2\text{Kreis}}}{\tau_p}$ entspricht in der magnetischen Kennlinie die Spannung $e_{q_0} = \dfrac{4{,}25}{1{,}7} \cdot 2{,}01 = 5{,}03$ V.

Bei sinngemäßer Benutzung der bereits erwähnten Gleichungen für den generatorischen Betrieb der Synchronmaschine ergibt sich mit $\beta = 71°\,24'$ entsprechend $\tan \beta = \dfrac{0{,}26}{0{,}0876} = 2{,}97$ und $\alpha = 0$

$$E^2 = (s\,E_2)^2 + e_{q_0}^2 - 2(s\,E_2) \cdot e_{q_0} \cdot \cos(90 + \beta)$$
$$= 2{,}01^2 + 5{,}03^2 - 2 \cdot 2{,}01 \cdot 5{,}03 \cdot \cos 161°\,24' = 48{,}5, \quad E = 6{,}95 \text{ V},$$

$$\sin \delta = \frac{e_{q_0}}{E} \cdot \sin(90 + \beta) = \frac{5{,}03}{6{,}95} \cdot \sin 161°\,24' = 0{,}231, \quad \delta = 13°\,18',$$

$$e_q = (s\,E_2) \sin \delta = 0{,}465 \text{ V}, \quad E_l = (s\,E_2) \cos \delta = 1{,}96 \text{ V},$$

$$\psi = \beta + \delta = 84°\,42'.$$

Weiterhin ergeben sich die Werte $\Phi_l = \dfrac{1,96}{2,01} \cdot 1,7 \cdot 10^6 = 1,66 \cdot 10^6$ Maxwell,

$$\dfrac{V_{s_l}}{\tau_p} = 165 \text{ A/cm}, \quad \dfrac{c_l \cdot \Theta_{2\text{Kreis}} \cdot \sin \psi}{\tau_p} = 895 \cdot 0,996 = 895 \text{ A/cm},$$

daher

$$\dfrac{V_{s_l}}{\tau_p} + \dfrac{c_l \cdot \Theta_{2\text{Kreis}} \cdot \sin \psi}{\tau_p} = 165 + 895 = 1060 \text{ A/cm}; \quad \Phi_s = 1,85 \cdot 10^6 \text{ Maxwell},$$

$$\Phi_k = \Phi_l + \Phi_s = (1,66 + 1,85) \cdot 10^6 = 3,51 \cdot 10^6 \text{ Maxwell}, \quad \text{daher } \dfrac{2 V_k + V_{j_1}}{\tau_p} = 30;$$

somit ist die erforderliche Erregung beim Schlupf $s = 1$

$$\dfrac{\Theta_{2_{\sigma\text{Kreis}}}}{\tau_p} = \dfrac{V_{s_l}}{\tau_p} + \dfrac{c_l \cdot \Theta_{2\text{Kreis}} \cdot \sin \psi}{\tau_p} + \dfrac{2 V_k + V_{j_1}}{\tau_p} = 1060 + 30 = 1090 \text{ A/cm}.$$

Bei der für den Nennbetrieb erforderlichen Erregerdurchflutung $\dfrac{\Theta_{2_{\sigma\text{Kreis}}}}{\tau_p} = 1025$ A/cm wird also das Kupplungsdrehmoment beim Schlupf $s = 1$ etwas geringer als $\dfrac{M}{M_n} = 0,2$ sein, und es muß zur Erzielung eines größeren, für das Umsteuern der Schraube erwünschten Drehmomentes eine entsprechende *Stoßerregung* vorgesehen werden.

Eine weitere Durchrechnung der Verhältnisse ergibt, daß bei einer Erregerdurchflutung $\dfrac{\Theta_{2_{\sigma\text{Kreis}}}}{\tau_p} \approx 1100$ A/cm das „Kipp"moment $\dfrac{M_k}{M_n} = 1,3$ bei $s \approx 0,035$ auftritt.

Erregerwicklung. Die mittlere Leiterlänge der Erregerwicklung ergibt sich bei einer Leiterbreite der einlagigen Erregerwicklung von 42 mm zu

$$l_l = \left[216 + \pi \left(\dfrac{114}{2} + 3 + \dfrac{42}{2} \right) \right] \cdot 10^{-3} = 0,47 \text{ m},$$

der erforderliche Leiterquerschnitt ist daher nach Gl. (451) bei einer Erregerspannung $e_2 = 110 \cdot 0,95$ (5% Spannungsabfall in den Zuleitungen)

$$q_e = p \cdot \Theta_{2_{\sigma\text{Kreis}}} \cdot \dfrac{2 l_l}{e_2} \cdot \varrho_t = 12 \cdot 1100 \cdot 20,95 \cdot \dfrac{2 \cdot 0,47}{110 \cdot 0,95} \cdot \dfrac{1}{40} = 63 \text{ mm}^2$$

$\left(\text{wobei } \varrho_t = \varrho_0 [1 + \alpha'(t - 20)] = \dfrac{1}{39,7} \text{ der Temperatur } t = 45 + 80 = 125° \text{ entspricht} \right)$. Die Leiterhöhe ergibt sich zu $\dfrac{\frac{63}{0,965}}{42} \approx 1,6$ mm und die Zahl der Windungen je Pol bei einer nutzbaren Wickelhöhe von 136 mm zu $\dfrac{w_e}{2p} = \dfrac{136}{1,6 + 0,33} - 1 = 69$ Wdg.

Der Erregerstrom ist nach Gl. (450)

$$i_2 = \frac{\Theta_{2g\,\text{Kreis}}}{\frac{w_e}{p}} = \frac{23100}{138} = 168 \text{ A},$$

der Ohmsche Widerstand nach Gl. (448)

$$r_e = \frac{12 \cdot 138 \cdot 2 \cdot 0{,}47}{65} \cdot \frac{1}{40} = 0{,}6 \text{ Ohm},$$

die Erregerleistung (einschl. der Verluste in den Zuleitungen)

$$e_2 \cdot i_2 \cdot 10^{-3} = 110 \cdot 168 \cdot 10^{-3} = 18{,}5 \text{ kW}.$$

Die gesamte Windungslänge ist

$$L = w'_e \cdot 2l_l = 12 \cdot 138 \cdot 2 \cdot 0{,}47 = 1560 \text{ m},$$

das Gewicht daher

$$G_{\text{Cu}} = \gamma \cdot L \cdot q_e = 8{,}9 \cdot 1560 \cdot 65 \cdot 10^{-3} = 905 \text{ kg}.$$

Mit der wärmeabgebenden Oberfläche

$$O = 24 \cdot 0{,}14 \left[2 \cdot 216 + 2\pi \left(\frac{114}{2} + 3 + 42 \right) \right] \cdot 10^{-3} = 3{,}6 \text{ m}^2$$

und der Kühlziffer $w_k = w_0 \sqrt{\frac{\tau_p}{h_w}} = 50 \sqrt{\frac{20{,}95}{14}} = 61$ ergibt sich die Erwärmung der Erregerwicklung zu

$$\Delta t = \frac{e_2 \cdot i_2}{O \cdot w_k} = \frac{18{,}5 \cdot 10^3}{3{,}6 \cdot 61} = 84 \text{ °C};$$

sie kann durch Anordnung von Kühlfahnen vermindert werden.

VI. Die Gleichstrommaschine

A. Der Entwurf und die Bemessung

1. Die Ausnutzungsziffer und die Bestimmung der Hauptabmessungen

a) **Die Ausnutzungsziffer und der Wirkungsgrad.** Um die Hauptabmessungen der Gleichstrommaschine zu bestimmen, geht man von der inneren Leistung $N_i = E \cdot J \cdot 10^{-3}$ (kW) aus. Die in der Ankerwicklung induzierte EMK ist

$$E = 4w \cdot \frac{p \cdot n}{60} \cdot \Phi \cdot 10^{-8}, \tag{516}$$

wobei

$w = \dfrac{\frac{z}{2}}{2a}$ die Windungszahl eines Ankerzweiges,

z die gesamte Anzahl der Ankerleiter,

$2a$ die Zahl der parallelen Ankerzweige,

p die Polpaarzahl,

n die Umdrehungszahl je Minute,

Φ der Fluß je Pol (in Maxwell)

ist. Ferner ist nach Gl. (380) $\Phi = \alpha_i \cdot \tau_p \cdot l_i \cdot B_L$; mit $\tau_p = \dfrac{\pi d_a}{2p}$ und

$A = \dfrac{\frac{z}{2a} \cdot J}{\pi d_a}$ ist daher (bei d_a und l_i in cm)

$$N_i = \frac{\pi^2}{60} \cdot 10^{-11} \cdot d_a^2 \cdot l_i \cdot n \cdot \alpha_i \cdot B_L \cdot A. \tag{517}$$

Aus Gl. (382) folgt die Ausnutzungsziffer

$$C = \frac{N_i}{d_a^2 \cdot l_i \cdot n} = \frac{\pi^2}{60} \cdot 10^{-5} \cdot \alpha_i \cdot B_L \cdot A \left[\frac{\text{kW} \cdot \text{min}}{\text{m}^3}\right]; \tag{518, 518a}$$

die Durchschnittswerte von C für normale Gleichstrommaschinen sind in Abhängigkeit vom Ankerdurchmesser d_a (cm) in der Abb. 210 als Schaulinien dargestellt.

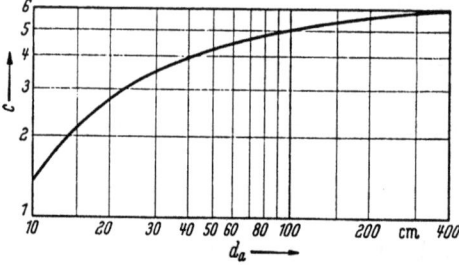

Abb. 210. Ausnutzungsziffer C für Gleichstrommaschinen in Abhängigkeit vom Ankerdurchmesser d_a

Die innere Leistung[1] — das Produkt aus der EMK bei Belastung und dem Ankerstrom — kann aus der Näherungsgleichung

$$N_i \approx \frac{1+\eta}{2\eta} \cdot N_n \tag{519}$$

bestimmt werden (N_n-Nennleistung, η Wirkungsgrad). Für offene Gleichstrommotoren von 0,25 kW bis 125 kW — und zwar für die Drehzahlen etwa 3000/2000/1500/1200/1000/750/600/500 U/min — sowie für offene, in der Drehzahl geregelte Gleichstrommotoren von 1,1 bis 80 kW — und zwar für die Regelbereiche 1 : 1,5/1 : 2/1 : 3 — sind früher (Juni 1923) die Werte des Wirkungsgrades bei Nennbetrieb durch DIN VDE 2000

---

[1] Sie liegt beim Generator um die Stromwärmeverluste im Ankerzweig und in der Erregerwicklung, beim Motor um die Eisen-, Reibungs- und Lüftungsverluste über der Nutzleistung.

bzw. 2001 festgelegt worden (vgl. Tab. 18 und 19); auch diese Normblätter (wie DIN VDE 2650 und 2651 für Drehstrommotoren) sind zurückgezogen und bisher nicht ersetzt worden. Für den ersten Entwurf kann der η-Wert in Abhängigkeit von der Leistung den Schaulinien der Abb. 211 entnommen werden.

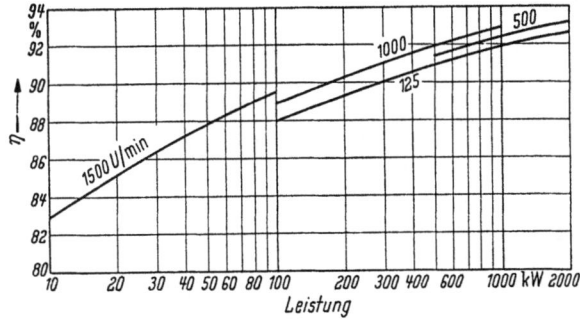

Abb. 211. Wirkungsgrad normaler Gleichstrommaschinen in Abhängigkeit von der Leistung

b) Der Ankerdurchmesser und die Ankerlänge. Aus den Gleichungen für den Strombelag $A = \dfrac{\frac{z}{2a} \cdot J}{\pi \cdot d_a}$ und für die mittlere Lamellenspannung ε_m (s. S. 289) folgt für den Ankerdurchmesser d_a die Gleichung

$$d_a = \frac{2}{\pi} \cdot \frac{p}{a} \cdot w_s \cdot \frac{U \cdot J}{\varepsilon_m \cdot A} \text{ [cm]}; \qquad (520)$$

aus den Gleichungen für die in der Ankerwicklung induzierte EMK E und für die Reaktanzspannung e_r (s. S. 297) ergibt sich für den Ankerdurchmesser d_a (cm) die Gleichung

$$d_a = \frac{\xi'}{15} \cdot \frac{30}{\pi} \cdot \frac{E}{U} \cdot \frac{w_s}{\alpha_i} \cdot \frac{U \cdot J}{e_r \cdot B_L} \text{ [cm]}. \qquad (521)$$

Grenzwerte für ε_m bzw. e_r sind in den entsprechenden Kapiteln angegeben; Angaben über A bzw. B_L folgen im Abschnitt über die magnetischen und elektrischen Beanspruchungen.

Nach Festlegung der Werte der Ausnutzungsziffer C und des Ankerdurchmessers d_a (cm) ergibt sich aus der Gl. (518) die Ankerlänge l_i (cm); mit dem etwa zulässigen Höchstwert der Lamellenspannung — $\varepsilon_{\max} \leq 30$ V — ist die Ankerlänge l_i gemäß der Gl. (523) durch den Wert $l_i = \dfrac{\varepsilon_{\max} \cdot 10^8}{2 \cdot \dfrac{p}{a} \cdot B_L \cdot v_a} \approx \dfrac{15 \cdot 10^4}{\dfrac{p}{a} \cdot \dfrac{B_L}{10^4} \cdot v_a}$ begrenzt.

c) **Die Polzahl, der Polbogen und der Hauptpolluftspalt.** In Abhängigkeit vom Ankerdurchmesser d_a ist in der Abb. 212* eine für normale Gleichstrommaschinen brauchbare Schaulinie zur Erleichterung der Wahl der Polpaarzahl p wiedergegeben.

Anmerkung. Bei der Wahl der Polzahl ist zu berücksichtigen: Infolge des bei größerer Polpaarzahl geringeren Flusses wird das Eisengewicht der Maschine geringer; infolge der bei größerer Polpaarzahl kleineren Polteilung und somit kürzerer Stirnverbindungen wird auch das Gewicht der Ankerwicklung geringer. Bei kleinerer Polteilung wird aber die Polstreuung größer und bedingt u. U. eine Verkleinerung des Polbogens und somit auch eine Verringerung der Ausnutzung der Maschine.

Die Wahl eines — mit Rücksicht auf eine hohe Ausnutzung der Maschine erstrebenswerten — großen Polbogens α_i kann eine zu große Polschuhstreuung und eine zu große Ankerrückwirkung (s. S. 303) ergeben; praktisch brauchbare Werte für

* Abb. 212 siehe S. 288

Tabelle 18. η bei normalen Gleichstrommotoren (DIN VDE 2000) Nennleistungen in kW, Drehzahlen (n) in Umdr./min, Wirkungsgrade (η) in %

Größe	n etwa 3000			n etwa 2000			n etwa 1500			n etwa 1000		
	Nennleistung		η	Nennleistung		η	Nennleistung		η	Nennleistung		η
	kW	PS etwa		kW	PS etwa	n	kW	PS etwa	n	kW	PS etwa	n
1	0,25	0,35	68	0,2	0,27	2000	67	0,125	0,17	1400	64	0,125	0,17	910	59
2	0,4	0,55	70	0,3	0,4	2000	69	0,2	0,27	1400	66	0,2	0,27	920	62
3	0,7	1	73	0,45	0,6	2000	71	0,33	0,45	1400	69	0,3	0,4	920	65
4	1	1,4	75	0,7	1	2000	74	0,5	0,7	1400	71	0,5	0,7	930	68
5	1,5	2	77	1,1	1,5	2000	76	0,8	1,1	1410	74	0,7	1	930	70
6	2,2	3	78	1,5	2	2000	77	1,1	1,5	1410	75	1	1,4	935	72
7	3	4	80	2,2	3	2000	79	1,5	2	1410	77	1,4	1,9	935	74
8	4	5,5	81	3	4	2000	80,5	2,2	3	1420	78	1,8	2,5	940	75
9	5,5	7,5	82	4	5,5	2000	81,5	3	4	1420	80	2,4	3,3	940	77
10				5,5	7,5	2000	82,5	4	5,5	1430	81	3,3	4,5	950	78
11				7,5	10	2000	83,5	5,5	7,5	1430	82	4,5	6	950	79,5
12				10	13,5	2000	84	7,5	10	1440	83	7	9,5	950	81,5
13								11	15	1440	84				

Der Entwurf und die Bemessung

Größe	n etwa 1500 Nennleistung kW	n etwa 1500 PS etwa	n etwa 1500 n	n etwa 1500 η	n etwa 1200 Nennleistung kW	n etwa 1200 PS etwa	n etwa 1200 n	n etwa 1200 η	n etwa 1000 Nennleistung kW	n etwa 1000 PS etwa	n etwa 1000 n	n etwa 1000 η	n etwa 750 Nennleistung kW	n etwa 750 PS etwa	n etwa 750 n	n etwa 750 η	n etwa 600 Nennleistung kW	n etwa 600 PS etwa	n etwa 600 n	n etwa 600 η	n etwa 500 Nennleistung kW	n etwa 500 PS etwa	n etwa 500 n	n etwa 500 η
14	17	23	1440	85,5	14	19	1150	84,5	11	15	950	83	7,5	10	700	81	6	8	550	78,5	4,5	6	460	75,5
15	23	31	1450	86,5	20	27	1150	86	15	20	950	84,5	11	15	700	82,5	8,5	11,5	550	80,5	6	8	460	77,5
16	32	43	1450	87,5	26	35	1160	87	22	30	960	86	15	20	710	84	12	16	560	82	8,5	11,5	460	79,5
17	45	61	1460	88	36	49	1160	88	30	40	960	87	22	30	710	85,5	16	21,5	560	83,5	12	16	465	81
18	64	87	1460	88,5	50	68	1160	88,5	40	55	965	88	30	40	715	86,5	22	30	565	85	17	23	470	82,5
19					64	87	1170	89	50	68	970	89	40	55	720	87,5	30	40	570	86	22	30	470	83,5
20					80	110	1170	89,5	64	87	970	89,5	50	68	720	88,5	40	55	570	87	30	40	470	85
21					100	136	1170	90	80	110	970	90	64	87	720	89	50	68	570	88	40	55	475	86
22									100	136	975	90,5	80	110	725	89,5	64	87	575	88,5	50	68	475	87
23									125	170	975	91	100	136	725	90	80	110	575	89	64	87	475	87,5

Spannung: Ausführungen über der gestrichelten Stufenlinie für 110 und 220 V, Ausführungen zwischen der gestrichelten und der ausgezogenen Stufenlinie für 110, 220 und 440 V, Ausführungen unter der ausgezogenen Stufenlinie für 220 und 440 V.
Leistung und Drehzahl: Bei den Größen 1÷13 sind sämtliche Leistungen und Drehzahlen festgesetzt.
Bei den Größen 14÷23 sind nur die Leistungen und Drehzahlen für die Spalten 1000 und 750 Undrehungen und nur bei 220 und 440 V festgesetzt. Alle übrigen Ausführungen gelten vorläufig nur als Richtlinien.
Die Drehzahl läßt sich durch Feldschwächung um 15% bei gleichbleibender Leistung erhöhen.
Ausführung mit Hilfswicklung zur Vermeidung des Durchgehens ist zulässig.
Wirkungsgrad: Die Wirkungsgrade gelten
für die Größen 1÷7 bei 110, 220 und 440 V,
für die Größen 8÷23 bei 220 und 440 V; bei 110 V sind die Wirkungsgrade um 1% niedriger.
Die Wirkungsgrade werden nach dem Einzelverlustverfahren bestimmt.
Toleranzen: Es gelten die in den REM angegebenen Toleranzen.

Tabelle 19. η bei regelbaren Gleichstrommotoren (DIN VDE 2001)
Nennleistungen in kW, Drehzahlen (n) Umdr./min, Wirkungsgrade (η) in %

Größe	Regelbereich 1:1,5			Regelbereich 1:2			Regelbereich 1:3		
	Nennleistung		n	η	Nennleistung		n	η	Nennleistung		n	η
	kW	PS etwa			kW	PS etwa			kW	PS etwa		
9	1,1 1,8 3	1,5 2,5 4	670÷1005 940÷1410 1420÷2130	71 75 80	1,1 1,8	1,5 2,5	670÷1340 940÷1880	71 75	1,1	1,5	670÷2010	71
10	1,5 2,4 4	2 3,3 5,5	675÷1010 940÷1410 1430÷2145	74 77 81	1,5 2,4	2 3,3	675÷1350 940÷1880	74 77	1,5	2	675÷2025	74
11	2 3,3 5,5	2,7 4,5 7,5	675÷1010 950÷1425 1430÷2145	76 78 82	2 3,3	2,7 4,5	675÷1350 950÷1900	76 78	2	2,7	675÷2025	76
12	3 4,5 7,5	4 6 10	680÷1020 950÷1425 1440÷2160	78 79,5 83	3 4,5	4 6	680÷1360 950÷1900	78 79,5	3	4	680÷2040	78
13	4,5 7 11	6 9,4 15	685÷1030 950÷1425 1440÷2160	79 81,5 84	4,5 7	6 9,5	685÷1370 950÷1900	79 81,5	4,5	6	685÷2055	79
14	4,5 6 7,5 11 14	6 8 10 15 19	460÷690 550÷825 700÷1050 950÷1425 1150÷1725	75,5 78,5 81 83 84,5	4,5 6 7,5	6 8 10	460÷920 550÷1100 700÷1400	75,5 78,5 81	4,5 6	6 8	460÷1380 550÷1650	75,5 78,5
15	6 8,5 11 15 20	8 11,5 15 20 27	460÷690 550÷825 700÷1050 950÷1425 1150÷1725	77,5 80,5 82,5 84,5 86	6 8,5 11	8 11,5 15	460÷920 550÷1100 700÷1400	77,5 80,5 82,5	6 8,5	8 11,5	460÷1380 550÷1650	77,5 80,5
16	8,5 12 15 22 26	11,5 16 20 30 35	460÷690 560÷840 710÷1065 960÷1440 1160÷1740	79,5 82 84 86 87	8,5 12 15	11,5 16 20	460÷920 560÷1120 710÷1420	79,5 82 84	8,5 12	11,5 16	460÷1380 560÷1680	79,5 82

Der Entwurf und die Bemessung

17	12 16 22 30	16 21,5 30 40	465÷ 705 560÷ 840 710÷1065 960÷1440	81 83,5 85,5 87	12 16 22	16 21,5 30	465÷ 930 560÷1120 710÷1420	81 83,5 85,5	12	16	465÷1395	81
18	17 22 30 40	23 30 40 55	470÷ 705 565÷ 850 715÷1070 965÷1450	82,5 85 86,5 88	17 22 30	23 30 40	470÷ 940 565÷1130 715÷1430	82,5 85 86,5	17	23	470÷1410	82,5
19	15 22 30 40	20 30 40 55	350÷ 525 470÷ 705 570÷ 855 720÷1080	79 83,5 86 87,5	15 22 30	20 30 40	350÷ 700 470÷ 940 570÷1140	79 83,5 86	15	20	350÷1050	79
20	20 30 40 50	27 40 55 68	350÷ 525 470÷ 705 570÷ 855 720÷1080	80 85 87 88,5	20 30 40	27 40 55	350÷ 700 470÷ 940 570÷1140	80 85 87	20	27	350÷1050	80
21	26 40 50 64	35 55 68 87	350÷ 525 475÷ 710 570÷ 855 720÷1080	81 86 88 89	26 40 50	35 55 68	350÷ 700 475÷ 950 570÷1140	81 86 88	26	35	350÷1050	81
22	25 50 64	34 68 87	285÷ 430 475÷ 710 575÷ 860	81 87 88,5	25 50	34 68	285÷ 570 475÷ 950	81 87	25	34	285÷ 855	81
23	32 64 80	43 87 110	285÷ 430 475÷ 710 575÷ 860	82 87,5 89	32 64	43 87	286÷ 570 475÷ 960	82 87,5	32	43	285÷ 855	82

Spannung: Die senkrecht gedruckten Ausführungen für 110, 220 und 440 V. Die *kursiv* gedruckten Ausführungen nur für 220 und 440 V.
Leistung und Drehzahl: Bei den Größen 9 ÷ 13 sind sämtliche Leistungen und Drehzahlen festgesetzt.
Bei den Größen 14 ÷ 23 sind nur die Leistungen und Drehzahlen für untere Drehzahlen von etwa 1000 und 750 und nur bei 220 und 440 V festgesetzt.
Alle übrigen Ausführungen gelten vorläufig nur als Richtlinien.
Ausführung mit Hilfswicklung zur Vermeidung des Durchgehens ist zulässig.
Wirkungsgrad: Die Wirkungsgrade gelten für die mittlere Drehzahl des jeweiligen Regelbereiches und für 220 und 440 V; bei 110 V sind die Wirkungsgrade um 1% niedriger.
Die Wirkungsgrade werden nach dem Einzelverlustverfahren bestimmt.
Toleranzen: Es gelten die in den REM angegebenen Toleranzen.

das Verhältnis $\alpha_i = \dfrac{b}{\tau_p}$ sind

bei Maschinen mit Wendepolen $\quad \alpha_i = 0{,}6 \div 0{,}7$,
bei Maschinen ohne Wendepole $\quad \alpha_i = 0{,}65 \div 0{,}75$.

Die Luftspaltbreite der Gleichstrommaschinen *ohne Kompensationswicklung* wird durch den Grad der Feldverzerrung unter den Polschuhen (als Folge der Rückwirkung des Ankerfeldes) bestimmt; man wählt

bei Maschinen (ohne Kompensationswicklung) mit Wendepolen

den Luftspalt $\delta \approx 0{,}5 \cdot \dfrac{A \cdot \tau_p}{B_L}$ [cm],

bei Maschinen (ohne Kompensationswicklung) ohne Wendepole einen um etwa 30% höheren Wert.

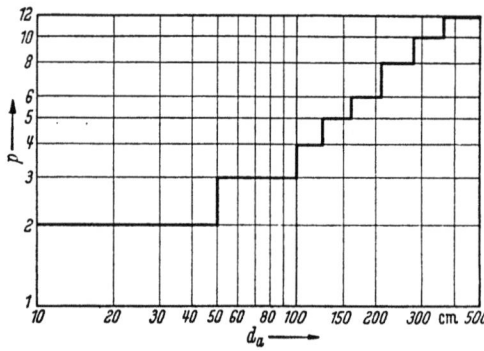

Abb. 212. Polpaarzahl p normaler Gleichstrommaschinen in Abhängigkeit vom Ankerdurchmesser d_a (nach LIWSCHITZ)

Da bei Gleichstrommaschinen *mit Kompensationswicklung* keine wesentliche Feldverzerrung auftritt, wird die Luftspaltbreite nur mit Rücksicht auf die Oberflächen- und Pulsationsverluste und auf genügende Betriebssicherheit beim Lauf zu $\delta \approx (0{,}01$ bis $0{,}015) \cdot \tau_p$ (cm) gewählt.

d) Die Kommutatorabmessungen und die Lamellenspannung. α) *Der Kommutatordurchmesser und die Kommutatorlänge.* Zur Erzielung einer möglichst kleinen Reaktanzspannung e_r muß die Anzahl der Windungen w_s in jeder der $2u$ Spulenseiten einer Nut des Ankers möglichst klein gehalten werden. Da die gesamte Ankerwindungszahl durch die Anker-EMK gegeben ist, wird dies erreicht durch eine möglichst große Anzahl $k = \dfrac{\frac{z}{2}}{w_s}$ der Kommutatorlamellen. Bei gegebenem Kommutatordurchmesser d_k ist

$$k_{\max} = \frac{\pi \cdot d_k}{\tau_{k\min}}, \tag{522}$$

wobei für den Mindestwert der Lamellenteilung $\tau_{k\min}$ je nach dem Ankerdurchmesser die folgenden Werte gelten

für $d_a = 20$ bis 50 $\qquad \tau_{k\min} = 0{,}3$ bis $0{,}45$ cm,
für $d_a > 50$ cm $\qquad \tau_{k\min} = 0{,}45$ bis $0{,}6$ cm.

Der Kommutatordurchmesser d_k ist beschränkt durch die aus mechanischen Gründen (und zur Gewährleistung eines ruhigen Laufes der Bürsten) höchstens zulässige Kommutator-Umfangsgeschwindigkeit $v_k = \dfrac{\pi \cdot d_k \cdot n}{60} \leq 40\ \dfrac{\text{m}}{\text{s}}$; höhere Werte erfordern teure Schrumpfring-Konstruktionen.

Die Kommutatorlänge $l_k > z_h \cdot l_h$ ist durch die Anzahl der Halter je Bolzen z_h und ihre axiale Länge l_h gegeben und vom Bolzenstrom $\dfrac{J}{p} = z_h \cdot q_b \cdot s_b$ abhängig (q_b Bürstenquerschnitt, s_b Bürstenstromdichte). Die zulässige Erwärmung $\vartheta_k = \dfrac{V_k}{\alpha_k \cdot O_k} \leq 60°$ muß in jedem Falle aus den Verlusten V_k (Watt), der Kühlfläche O_k (m²) und der Wärmeabgabeziffer $\alpha_k \left(\dfrac{\text{Watt}}{\text{m}^2 \cdot °\text{C}}\right)$ kontrolliert werden; die von der Belüftungsart und der Kommutator-Umfangsgeschwindigkeit $v_k \left(\dfrac{\text{m}}{\text{s}}\right)$ abhängige Wärmeabgabeziffer α_k kann hierbei den Schaulinien der Abb. 50 (s. S. 49) entnommen werden.

Bei zu großer Länge l_k ($l_k > 40$ cm) wird der Kommutator in zwei Felder unterteilt, die durch Kupferfahnen (zwischen denen die Kühlluft hindurchtritt) miteinander verbunden sind; bei Strömen $\dfrac{J}{p} > 1000$ A werden zwei Kommutatoren vorgesehen.

β) *Die Lamellenspannung.* Die zwischen zwei benachbarten Kommutatorlamellen auftretende Wechselspannung, die Lamellenspannung ε, darf einen bestimmten Wert nicht überschreiten, da sonst von Bürste zu Bürste ein Überschlag eintritt und der entstehende Lichtbogen den Kommutator und den Bürstenapparat beschädigt. Bei der Ankerumfangsgeschwindigkeit v_a (cm/s) ist der größte Wert dieser Lamellenspannung (für $w_s = 1$)

$$\varepsilon_{\max} = \frac{z}{k} \cdot \frac{p}{a} \cdot B_L \cdot l_i \cdot v_a \cdot 10^{-8}\ [\text{V}], \qquad (523)$$

wobei $\dfrac{z}{k} \cdot \dfrac{p}{a}$ die Leiterzahl zwischen zwei benachbarten Lamellen, B_L (Gauß) den Größtwert der Induktion im Leerlauf, l_i die ideelle Ankerlänge (cm) bezeichnet. Die mittlere Lamellenspannung ergibt sich zu

$$\varepsilon_m \approx \frac{2p \cdot U}{k}\ [\text{V}] \qquad (524)$$

und soll sein: bei kompensierten Maschinen ≤ 20 V, bei nicht kompensierten Maschinen ≤ 15 V, da bei diesen die durch die Ankerrückwirkung hervorgerufene Feldverzerrung zu größeren Kraftliniendichten an den Polspitzen und somit zu größeren örtlichen Lamellenspannungen führt. Aus Gl. (524) folgt mit $U \approx E = \dfrac{z}{a} \cdot p \cdot \dfrac{n}{60} \cdot \Phi \cdot 10^{-8}$ und $k = \dfrac{z}{2}$ (bei

$w_s = 1$) als Grenzbedingung für die Zahl der parallelen Zweige

$$2a \leqq \frac{p^2 \cdot n \cdot \Phi \cdot 10^{-6}}{750 \cdot \varepsilon_m}, \qquad (525)$$

mit

$$A = \frac{\frac{z}{2a} \cdot J}{\pi \cdot d_a} = \frac{\frac{z}{2a} \cdot J}{v_a \cdot \frac{60}{n}} \quad (v_a \text{ in cm/s})$$

die Grenzleistung

$$U \cdot J \leqq 30 \cdot \frac{v_a}{n} \cdot \frac{a}{p} \cdot \varepsilon_m \cdot A \text{ [W]}. \qquad (526)$$

2. Die magnetischen und elektrischen Beanspruchungen

Auch bei der Gleichstrommaschine wird man das der Ausnutzungsziffer C proportionale Produkt $B_L \cdot A$ so zerlegen, daß der Strombelag A — mit Rücksicht auf eine kupferarme (also billige) Ausführung der Maschine und auf eine kleine Reaktanzspannung — möglichst klein wird. Je nach dem Ankerdurchmesser kommen

für die *Luftspaltinduktion* Werte zwischen 5000 und 7000 Gauß (bei kleinen Maschinen) bzw. zwischen 7000 und 11000 Gauß (bei mittleren und großen Maschinen),

für den *Strombelag* Werte zwischen 200 und 300 A/cm (bei kleinen Maschinen) bzw. zwischen 300 und 550 A/cm (bei mittleren und großen Maschinen) in Betracht. Als normale Beanspruchungen in den einzelnen Teilen des magnetischen Weges können die folgenden Werte gelten:

  10 bis 15000 Gauß im Ankerkern,
  18 „ 25000 „ in den Ankerzähnen,
  12 „ 16000 „ im Polschenkel,
  14 „ 18000 „ in den Polzähnen,
  11 „ 15000 „ im Ständerjoch (Stahlguß),
   5 „ 7000 „ im Ständerjoch (Grauguß).

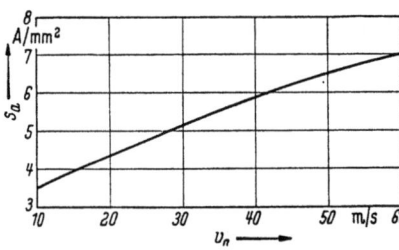

Abb. 213. Stromdichte im Anker in Abhängigkeit von der Umfangsgeschwindigkeit

Bei Maschinen mit Wendepolen ist zu beachten, daß die magnetischen Beanspruchungen im Ankerkern und im Ständerjoch klein gehalten werden müssen (s. S. 300). Werte für die Stromdichte s_a (A/mm²) in der Ankerwicklung können in Abhängigkeit von der Ankerumfangsgeschwindigkeit v_a (m/s) der Schaulinie der Abb. 213 entnommen werden; für die übrigen — nicht bewegten — Wicklungen sind nur geringere Werte zulässig (s. S. 302, 303, 305).

3. Die Ankerwicklung und die Ankernutung

Die N Nuten des Ankers einer Gleichstrommaschine werden in der Regel mit $k = N \cdot u$ Spulen in der Art einer Zweischichtwicklung belegt, wobei in jeder Nut $2u$ Spulenseiten zu je w_s Windungen in zwei Schichten übereinanderliegen; jede Spule ist mit einem der $k = \dfrac{\frac{z}{2}}{w_s}$ Lamellen des Kommutators verbunden $\left(\dfrac{z}{2}\right.$ Gesamtzahl der Ankerwindungen$\left.\right)$. Für die Schaltung der Spulen zu einer Ankerwicklung und für ihren Anschluß an die Segmente des Kommutators (Stromwenders) ist bei gegebener Polzahl $2p$ die — je nach der Spannung und der Stromstärke der Maschine — zweckmäßigste Zahl $2a$ paralleler Ankerzweige maßgebend. Zur Herleitung einer Ankerwicklung mit $2a$ parallelen Zweigen dient vornehmlich der *Spulen(spannungs)stern*, aus dessen Zeigern ein a-mal umlaufendes *Spannungsvieleck* zu bilden ist; auf seine Darstellung kann verzichtet werden, wenn die *Wicklungsregeln* beachtet werden.

a) Die Wicklungsregeln. Werden eine obere Spulenseite, die darunter liegende Spulenseite und das mit der oberen Spulenseite verbundene Kommutatorsegment mit der gleichen Ziffer gekennzeichnet, so ergänzen sich bei fortlaufender Numerierung der *Wicklungsschritt* y_1 auf der A-Seite (Verbindung von Oberstab x mit Unterstab $x + y_1$) und der *Schaltschritt* y_2 auf der B-Seite (Verbindung von Unterstab $x + y_1$ mit Oberstab $x + y_1 \pm y_2$) zum *Gesamt-* oder *Kommutatorschritt* $y = y_1 \pm y_2$; eine Spule mit $y_1 = \dfrac{k}{2p}$ wird als *Durchmesserspule*, eine Spule mit $y_1 \lessgtr \dfrac{k}{2p}$ als *Sehnenspule* bezeichnet.

Wellenwicklung. Bei Ausführung des Schaltschrittes im Zählsinne vorwärts ($y = y_1 + y_2$) ergibt sich eine Wellenwicklung. Wählt man $y = \dfrac{k \mp a}{p}$, so erhält man eine a-gängige Wellenwicklung mit $2a$ parallelen Zweigen; ist t_G der gemeinsame Teiler zwischen y und a, so zerfällt die Wicklung in t_G getrennte (einfach geschlossene) Wicklungsabschnitte und wird als t_G-fach geschlossen bezeichnet. Die Wicklung mit $y = \dfrac{k-a}{p}$ wird als *ungekreuzt*, die mit $y = \dfrac{k+a}{p}$ als *gekreuzt* bezeichnet, da in diesem Falle nach einem Umlauf um den Anker das Ausgangssegment gekreuzt wird.

Schleifenwicklung. Wird der Schaltschritt im Zählsinne rückwärts ausgeführt ($y = y_1 - y_2$), ergibt sich eine Schleifenwicklung. Wählt man $y = \pm m$, so erhält man eine m-gängige Wicklung mit $2a$ parallelen Zweigen, die t_G-fach geschlossen ist, wenn t_G der gemeinsame Teiler zwischen m und k ist. Die Wicklung mit $y = +m$ wird als *ungekreuzt*,

292 Die Gleichstrommaschine

Tabelle 20. *Ausführbarkeit von Wellenwicklungen.* (U. RZIHA, *Starkstromtechnik, 2. Teil*)

$p=2$	3	4	5	6	7	8	9	10	12
$a=1$	$u=3,5$	3,5	2,3,4	5	2,3,4,5	3,5	2,4,5	3	5
$a=2$	—	3,5	—	2,4,5	—	3,5	2,4,5	2,3,4	5
$a=3$	—	—	—	3,5	—	—	—	—	3,5
$a=4$	—	—	—	—	—	3,5	—	—	2,4,5

die mit $-m$ als *gekreuzt* bezeichnet, da in diesem Falle Anfang und Ende der Schleife sich kreuzen.

b) Die Symmetriebedingungen. Um die Folgen ungleichmäßiger Stromverteilung auf die $2a$ parallelen Ankerzweige — nämlich zusätzliche Verluste infolge innerer Ausgleichsströme, Bürstenfeuer, Überschläge — zu vermeiden, müssen die folgenden Bedingungen erfüllt sein:

Bei *Wellenwicklungen* $\left(y = \dfrac{k \mp a}{p}\right)$ müssen die Quotienten

$$\frac{k}{a}, \quad \frac{N}{a}, \quad \frac{p}{a} \quad \text{eine ganze Zahl} \quad (527)$$

sein. Die Wahl der Spulenzahl $k = N \cdot u$ ist durch die Abhängigkeit des Kommutatorschrittes y von der Spulen- und Polzahl eingeschränkt; aus der Bedingung

$$\frac{N}{a} = \frac{\dfrac{p \cdot y}{a} \pm 1}{u} \quad \text{eine ganze Zahl} \quad (528)$$

ergeben sich für einfach geschlossene ($t_G = 1$) symmetrische Wellenwicklungen mit $a \leq 4$, $u = 2 \ldots 5$ die in der Tab. 20 zusammengestellten Ausführungsmöglichkeiten.

Bei *Schleifenwicklungen* ($y = \pm m$) müssen die Quotienten

$$\frac{k}{a}, \quad \frac{N}{p} \quad \text{eine ganze Zahl} \quad (529)$$

sein; bei $u = 1$ kann der Quotient $\dfrac{N}{p}$ gerade oder ungerade sein, bei $u > 1$ ist ein ungerader Quotient $\dfrac{N}{p}$ mit Rücksicht auf die Kommutierung vorzuziehen.

Zum Ausgleich der trotz symmetrischer Anordnung der Wicklung noch möglichen Ausführungsunsymmetrien (infolge ungleicher Polflüsse oder ungleicher Widerstände der Lötstellen) verbindet man aus dem Spannungsvieleck ermittelte Punkte der Ankerwicklung mit (theoretisch) gleichem Potential durch *Ausgleichsleitungen*, über die nunmehr die Ausgleichsströme fließen.

c) **Das Spannungsvieleck.** Durch vektorielle Addition der Spannungen der hintereinander geschalteten Spulen wird das Spannungsvieleck gewonnen. Die Spulenspannung ist von der Spulenweite η (in Nuten gemessen) abhängig; sie hat ihren größten Wert e_d bei $\eta_d = \dfrac{N}{2p}$ und ist für ein beliebiges η gleich $e = e_d \cdot \sin \dfrac{\eta}{\eta_d} \cdot \dfrac{\pi}{2}$. Bei ganzzahligem $\dfrac{y_1}{u}$ haben alle Spulen einer Nut die gleiche Weite $\eta = \dfrac{y_1}{u} = \dfrac{N}{2p}$ und die gleiche Spannung e; im Spulen(spannungs)stern ist der Phasenwinkel zwischen ihren Spannungen $\alpha = \dfrac{2\pi}{\frac{N}{p}}$. Bei nicht ganzzahligem $\dfrac{y_1}{u}$ haben die u Spulen einer Nut die verschiedenen Weiten η_k und $\eta_l = \eta_k + 1$ und die verschiedenen[1] Spannungen e_k und e_l; im Spulen(spannungs)stern ist der Phasenwinkel zwischen ihren Spannungen $\alpha = \dfrac{\pi}{\frac{N}{p}}$. Spulen mit verschiedenen Werten ergeben eine *Treppenwicklung*, die bevorzugt ausgeführt wird, weil sie eine kleinere Stromwendespannung ergibt.

Ist t der gemeinsame Teiler zwischen $2N$ und p, so ist $\dfrac{2N}{t}$ die Zahl der Spannungsvektoren, während $n = \dfrac{\frac{2N}{t}}{t_a}$ die Eckenzahl der t_G Spannungsvielecke ist.

d) **Wicklungsbeispiele.** α) Ungekreuzte, zweigängige, zweifach geschlossene, rechtsgängige *Schleifen*-Treppenwicklung mit 42 Spulen in 21 Nuten für 6 Pole und 12 parallele Zweige (Abb. 214, 215, 216)

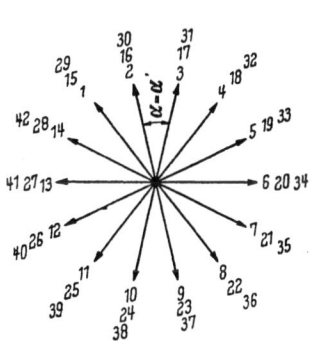 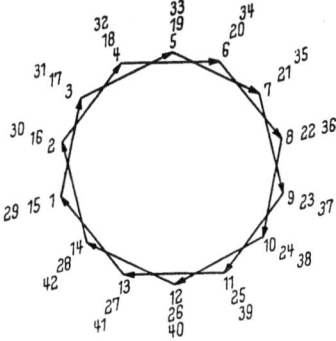

Abb. 214 u. 215. Spulenstern und Spannungsvieleck einer sechspoligen Schleifen-Treppenwicklung mit 12 parallelen Zweigen (nach SEQUENZ)

---

[1] Sofern nicht $\eta_k = \dfrac{N}{2p} - \dfrac{1}{2}$ und $\eta_l = \dfrac{N}{2p} + \dfrac{1}{2}$ ist.

Die Gleichstrommaschine

$$2p = 6, \quad 2a = 12, \quad u = 2, \quad N = 21, \quad k = 42,$$
$$y_1 = 7, \quad y_2 = 5, \quad y = 7 - 5 = 2 = m \text{ (daher zweigängig)},$$

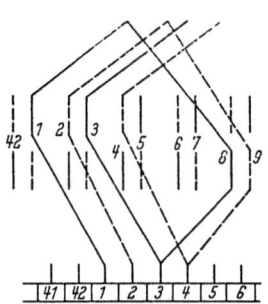

```
Plan  1   3   5   7   9   11  13  15  17  19  21  23  25  27  29
      8   10  12  14  16  18  20  22  24  25  23  30  32  34
                              29  31  33  35  37  39  41  7
                              36  38  40  42  2   4   6

      2   4   6   8   10  12  14  16  18  20  22  24  26  28  30
      9   11  13  15  17  19  21  23  25  27  29  31  33  35
                              30  32  34  36  38  40  42  2
                              37  39  41  1   3   5   7
```

Abb. 216. Schaltplan zur Wicklung nach Abb. 215 (nach SEQUENZ)

gem. Teiler zwischen k und m ist $t_G = 2$ (daher zweifach geschlossen),

$$\eta_d = \frac{N}{2p} = 3\frac{1}{2}, \quad \eta_k = 3, \quad e_k = e_d \cdot \sin\frac{3}{3{,}5} \cdot \frac{\pi}{2} = 0{,}975 \cdot e_d,$$

$$\eta_l = 4, \quad e_l = e_d \cdot \sin\frac{4}{3{,}5} \cdot \frac{\pi}{2} = 0{,}975 \cdot e_d,$$

gem. Teiler zwischen $2N$ und p ist $t = 3$, daher ergeben $\frac{2N}{t} = 14$ Spannungsvektoren $t_G = 2$ Spannungsvielecke mit je $n = \dfrac{\frac{2N}{t}}{t_G} = 7$ Ecken

$$\left(\alpha = \frac{\pi}{\frac{N}{p}} = \frac{\pi}{7}\right).$$

Schaltplan

Oberstab ...	1	3	5	7	9	11	13	15	17	19	21	23	25	27
Unterstab ...	8	10	12	14	16	18	20	22	24	26	28	30	32	
Oberstab ...	27	29	31	33	35	37	39	41	1	} Umlauf a				
Unterstab ...	34	36	38	40	42	2	4	6						
Oberstab ...	2	4	6	8	10	12	14	16	18	20	22	24	26	28
Unterstab ...	9	11	13	15	17	19	21	23	25	27	29	31	33	
Oberstab ...	28	30	32	34	36	38	40	42	2	} Umlauf b				
Unterstab ...	35	37	39	41	1	3	5	7						

β) Ungekreuzte, zweigängige, einfach geschlossene, linksgängige *Wellen*-Treppenwicklung mit 36 Spulen in 12 Nuten für vier Pole und vier parallele Zweige (Abb. 217, 218).

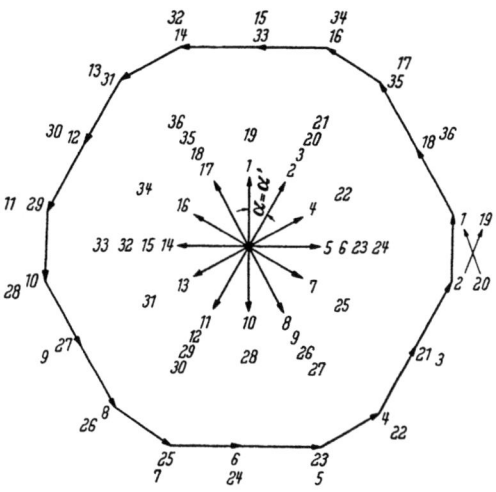

$2p = 4$, $2a = 4$,

$u = 3$, $N = 12$, $k = 36$,

$y_1 = 8$, $y_2 = 9$,

$y = y_1 + y_2 = 17$

$= \dfrac{k-a}{p}$ ($a = 2$, daher zweigängig),

gem. Teiler zwischen y und a ist $t_G = 1$ (daher einfach geschlossen),

Abb. 217. Spulenstern und Spannungsvieleck einer vierpoligen Wellen-Treppenwicklung mit 4 parallelen Zweigen (nach SEQUENZ)

$$\eta_d = \frac{N}{2p} = 3, \quad \eta_k = 2, \quad e_k = e_d \cdot \sin\frac{2}{3}\cdot\frac{\pi}{2} = 0{,}866 \cdot e_d,$$

$$\eta_l = 3, \quad e_l = e_d \cdot \sin\frac{\pi}{2} = e_d,$$

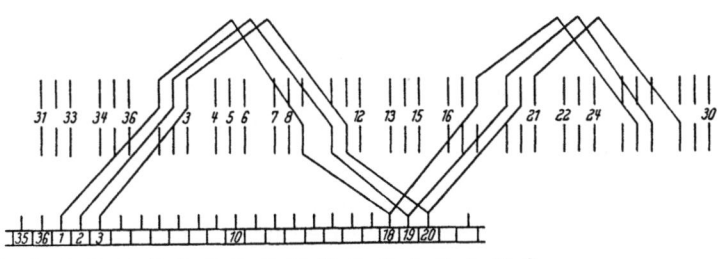

Abb. 218. Schaltplan zur Wicklung nach Abb. 217 (nach SEQUENZ)

gem. Teiler zwischen $2N$ und p ist $t = 2$, daher ergeben $\dfrac{2N}{t} = 12$ Spannungsvektoren $t_G = 1$ Spannungsvieleck mit $n = \dfrac{\frac{2N}{t}}{t_G} = 12$ Ecken $\left(\alpha = \dfrac{\pi}{\frac{N}{p}} = \dfrac{\pi}{6}\right)$.

Schaltplan

Oberstab	1	18	35	16	33	14	31	12	29	10	27	8	25
Unterstab		9	26	7	24	5	22	3	20	1	18	35	16
Oberstab	25	6	23	4	21	2	19	36	17	34	15	32	13
Unterstab		33	14	31	12	29	10	27	8	25	6	23	4
Oberstab	13	30	11	28	9	26	7	24	5	22	3	20	1
Unterstab		21	2	19	36	17	34	15	32	13	30	11	28

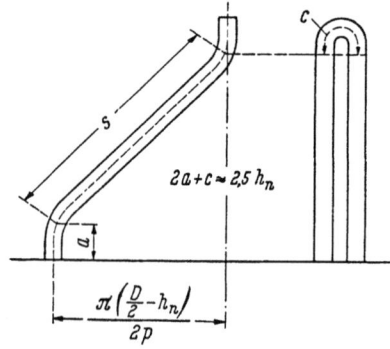

Abb. 219. Zur Bestimmung der mittleren Leiterlänge der Ankerwicklung von Gleichstrommaschinen

e) **Die mittlere Leiterlänge, die Isolierung und die Nuttiefe.** Für die mittlere Leiterlänge der Ankerwicklung gilt näherungsweise die Gleichung $l_l = 2\dfrac{d_a}{p} + L + 3$ (cm), genauere Ergebnisse ergibt die Gleichung

$$l_l = L + 2s + (2a + c) \text{ [cm]}, \qquad (530)$$

wobei

$$2s = \dfrac{\dfrac{\pi(d_a - 2h_n)}{2p}}{\sqrt{1 - \left(\dfrac{b_n}{\tau_{n\min}}\right)^2}} \quad \text{und} \quad (2a+c) \approx 2{,}5 \cdot h_n \qquad (531)$$

ist (s. Abb. 219).

Die Ankerleiter werden gegeneinander und gemeinsam gegen das Eisen isoliert. Der Isolationsauftrag der einzelnen Leiter hängt von der Größe des Leiterquerschnittes und der Art der Isolation ab; für die Isolation des oberen und des unteren Leiterbündels gegeneinander und gegen die Nutwand sind (ausschließlich des Isolationsauftrages der

Tabelle 21. *Isolationsabzüge δ_b und δ_t in mm*
(lt. Rziha, Starkstromtechnik, 2. Teil)

Wicklungsart	Spulenseiten je Nut ($2 \times u$)		Abzug für Betriebsspannung		
			$100 \div 500$ V	$501 \div 800$ V	$801 \div 1200$ V
Schablone aus Rund- und Flachdraht	beliebig	$\delta_b =$	1,8	2	2,2
	beliebig	$\delta_t =$	3,5	4,5	5,5
Stabwicklung ($w = 1$)	2×1		1,8	2,2	2,4
	2×2		2,6	3,0	3,2
	2×3	δ_b	3,0	3,4	3,6
	2×4		3,5	3,9	4,1
	2×5		4,1	4,5	4,7
mit Bandagen	beliebig	δ_t	4	5	6
mit Nutkeil (k)	beliebig		$k+5$	$k+6$	$k+7$

Der Entwurf und die Bemessung

einzelnen Leiter) etwa die in der Tab. 21 angegebenen Isolationsabzüge in der Nutbreite bzw. in der Nuttiefe erforderlich. Bei größeren Maschinen werden die Leiter in den offenen Nuten durch Keile gehalten, bei kleineren Maschinen durch möglichst dünndrähtige und möglichst unmagnetische Bandagen.

Das Streben nach einer möglichst hohen Ausnutzung unter Vermeidung einer zu großen Streuung (einer zu großen Reaktanzspannung) und einer zu großen magnetischen Beanspruchung in den Ankerzähnen beschränkt die Nuttiefe h_n bei gegebenem Ankerdurchmesser d_a auf etwa die in der Abb. 220 als Schaulinie dargestellten Werte.

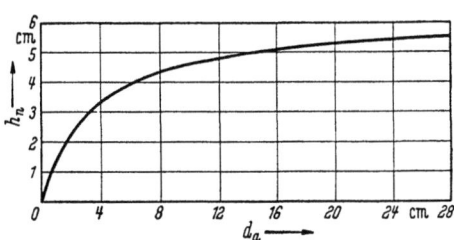

Abb. 220. Nuttiefe h_n in Abhängigkeit vom Ankerdurchmesser d_a

4. Die Wendepolwicklung und der magnetische Wendepolkreis

a) Die Reaktanzspannung. Unter Annahme einer linearen (gleichmäßigen) Stromwendung ergibt sich für die Reaktanzspannung — d. h. für die während der Kurzschlußdauer T_k in der kurzgeschlossenen Spule induzierte EMK der Selbstinduktion (in Volt) die Gleichung

$$e_r = 0{,}4\,\pi^2 \cdot \frac{J}{a} \cdot \frac{d_k}{b_i} \cdot \frac{n}{60} \cdot w_s^2 \,[4u' \cdot l_i(\lambda_i + \lambda_z) + 2\beta \cdot l_s \cdot \lambda_s] \cdot 10^{-8}, \quad (532)$$

wobei ist

d_k der Kommutatordurchmesser,

$b_i = b - j + \left(1 - \dfrac{a}{p}\right)\tau_k$ die ideelle Bürstenbreite,

b die Bürstenbreite, j die Dicke der Lamellenisolation, $\tau_k = \dfrac{\pi \cdot d_k}{k}$ die Lamellenteilung, $\beta = \dfrac{b_i}{\tau_k}$ die Bürstenbedeckung,

$4u' = f(u, \varepsilon, \beta)$ die Anzahl der Spulenseiten, die während der Stromwendung durchschnittlich in deren beiden Nuten kommutieren (s. Tab. 22),

$2u$ die Anzahl der Spulenseiten je Nut,

$\varepsilon = \left|\dfrac{k}{2p} - y_1\right|$ die Sehnung der Wicklung,

l_i die ideelle Ankereisenlänge (in cm),

l_s die Länge der Stirnverbindung (in cm),

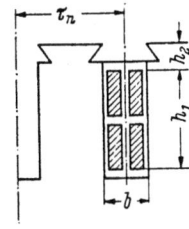

Abb. 221. Nutabmessungen der Ankernut bei Gleichstrommaschinen

$\lambda_i = \dfrac{\dfrac{h_1}{3} + h_2}{b_n}$ der Streuleitwert der Nut (s. Abb. 221),

$\lambda_z \approx \dfrac{\tau_n - b}{2\,\delta_w} + 0{,}3$ der Streuleitwert des Zahnkopfes (s. Abb. 221),

λ_s 0,3 $\cdots$ 0,6 der Streuleitwert der Stirnverbindung.

Tabelle 22. *Anzahl der Spulenseiten, die während der Stromwendung einer Spule durchschnittlich in deren beiden Nuten kommutieren*

β	$u=1$ für $\varepsilon =$			$u=2$ für $\varepsilon =$					$u=3$ für $\varepsilon =$	
	0	0,5	1,0	0	0,5	1,0	2,0	3,0	0	0,5
1,0	4,0	3,0	2,0	4,0	3,5	3,0	2,0	2,0	4,0	3,67
1,5	4,0	3,33	2,67	5,33	4,66	4,33	3,0	2,67	5,77	5,11
2,0	4,0	3,5	3,0	6,0	5,5	3,5	3,5	3,0	6,67	6,33
2,5	4,0	3,6	3,2	6,4	6,0	5,6	4,2	3,4	7,73	7,33
3,0	4,0	3,67	3,33	6,67	6,33	6,0	4,67	3,67	8,44	8,11
3,5	4,0	3,72	3,43	6,86	6,57	6,29	5,14	4,14	8,95	8,67
4,0	4,0	3,75	3,5	7,0	6,75	6,5	5,5	4,5	9,33	9,08
5,0	4,0	3,8	3,6	7,2	7,0	6,8	6,0	5,2	9,87	9,67
6,0	4,0	3,83	3,67	7,33	7,17	7,0	6,33	5,67	10,22	10,06

β	$u=3$ für $\varepsilon =$				$u=4$ für $\varepsilon =$					
	1,0	1,5	2,0	3,0	0	0,5	1,0	2,0	3,0	4,0
1,0	3,33	3,0	2,67	2,0	4,0	3,75	3,5	3,0	2,5	2,0
1,5	5,11	4,22	4,0	3,11	6,0	5,33	5,5	4,67	3,9	3,17
2,0	6,0	5,33	4,66	3,67	7,0	6,75	6,5	5,5	4,65	3,75
2,5	7,07	6,27	5,73	4,53	8,4	8,0	7,9	6,8	5,75	4,7
3,0	7,78	7,11	6,41	5,11	9,33	9,08	8,84	7,67	6,45	5,33
3,5	8,38	7,72	7,14	5,81	10,29	10,0	9,79	8,64	7,35	6,14
4,0	8,83	8,25	7,67	6,33	11,0	10,75	10,5	9,38	8,1	6,75
5,0	9,47	9,0	8,53	7,33	12,0	11,8	11,55	10,6	9,25	8,0
6,0	9,89	9,5	9,11	8,11	12,67	12,5	12,28	11,5	10,35	9,08

β	$u=5$ für $\varepsilon =$				$u=6$ für $\varepsilon =$				
	0	0,5	1,25	2,5	3,75	0	0,5	1,0	2,0	3,0
1,0	4,0	3,8	3,5	3,1	2,6	4,0	3,83	3,67	3,33	3,0
1,5	6,13	5,47	5,33	4,3	3,5	6,22	5,56	5,89	5,33	4,78
2,0	7,2	7,0	6,6	5,65	4,65	7,33	7,17	7,0	6,33	5,67
2,5	8,8	8,4	8,16	6,8	5,7	9,07	8,67	8,73	8,0	7,13
3,0	9,87	9,67	9,23	7,9	6,65	10,22	10,06	9,89	9,11	8,11
3,5	11,09	10,8	10,4	9,1	7,9	11,62	11,34	11,29	10,48	9,38
4,0	12,0	11,8	11,65	10,1	8,6	12,67	12,5	12,33	11,5	10,33
5,0	13,6	13,4	12,88	11,6	10,0	14,67	14,5	14,33	13,47	12,27
6,0	14,67	14,5	14,11	12,8	11,3	16,22	16,06	15,89	15,06	13,89

Mit $\beta = \dfrac{b_i}{\tau_k}$, $\tau_k = \dfrac{\pi \cdot d_k}{k}$, $k = \dfrac{\frac{z}{2}}{w_s}$ ergibt sich aus der Gl. (532)

$e_r = \dfrac{\xi'}{15} \cdot w_s \cdot \dfrac{z}{2} \cdot \dfrac{J}{2a} \cdot l_i \cdot n \cdot 10^{-8}$, wenn $\xi' = 0,2\,\pi \left[\dfrac{4u'}{\beta}(\lambda_i + \lambda_s) + 2\dfrac{l_s}{l_i}\lambda_s \right]$

gesetzt wird; hieraus folgt (für Durchmesserwicklungen) mit

$$A = \dfrac{\frac{z}{2a} \cdot J}{\pi \cdot d_a} = \dfrac{\frac{z}{2a} \cdot J}{v_a \cdot \frac{n}{60}}$$

$$e_r = 2w_s \cdot \xi' \cdot l_i \cdot A \cdot v_a \cdot 10^{-8} \ (\text{V}). \tag{533}$$

Diese Gleichung ist identisch mit der von PICHELMAYER für die mittlere Reaktanzspannung angegebenen Formel; in dieser ist ξ' die *Hobartsche Induktivitätszahl* mit Werten zwischen 4 und 8, und zwar ist

für kleinere Maschinen mit $w_s > 1$ . . . . $\xi' = 6 \div 7$,
,, mittlere   ,,   ,, $w_s = 1$ . . . . $\xi' = 4{,}5 \div 6$,
,, große, langsamlaufende Maschinen mit kleiner Eisenlänge . $\xi' = 5 \div 8$,
,,   ,,   ,,   ,,   ,, großer Eisenlänge . $\xi' = 4 \div 5$,
,,   ,, , schnellaufende   ,, ... $\xi' = 4 \div 5$.

Führt man die ,,Kommutierungszahl'' $c = w_s \cdot \dfrac{z}{2} \cdot \dfrac{J}{2a} \cdot l_i \cdot n \cdot 10^{-7}$

ein, so ergibt sich die mittlere Reaktanzspannung zu $e_r = \dfrac{\xi'}{150} \cdot c$.

Die Größe der Reaktanzspannung ist ein Maßstab für die Schwierigkeit der Kommutierung; als obere Grenze für Dauerbetrieb gilt

bei unkompensierten Maschinen $e_r \leqq 5$ V,

bei kompensierten Maschinen $e_r \leqq 8$ V,

bei stoßweiser Überlastung dürfen diese Werte überschritten werden.

Aus den Gleichungen $E = \dfrac{p}{a} \cdot z \cdot \dfrac{n}{60} \cdot \Phi \cdot 10^{-8}$,

$$\Phi = \alpha_i \cdot \tau_p \cdot l_i \cdot B_L, \quad \tau_p = \dfrac{\pi \cdot d_a}{2p}, \quad v_a = \dfrac{\pi \cdot d_a \cdot n}{60},$$

$e_r = \dfrac{\xi'}{15} \cdot w_s \cdot \dfrac{z}{2} \cdot \dfrac{J}{2a} \cdot l_i \cdot n \cdot 10^{-8}$ ergibt sich die Grenzleistung

$$U \cdot J = \dfrac{30}{\xi'} \cdot \dfrac{v_a}{w_s} \cdot \dfrac{U}{E} \cdot \alpha_i \cdot e_r \cdot B_L. \tag{534}$$

b) Die Stromwendespannung und der Wendepolfluß. Die mittlere Reaktanzspannung e_r kann durch eine gleich große und entgegengesetzt gerichtete Stromwendespannung e_w aufgehoben werden, die vom Wendefeld B_{L_w} in der kommutierenden Spule induziert wird; es ist (für Durchmesserwicklungen)

$$e_w = 2 B_{L_w} \cdot l_i \cdot w_s \cdot v_a \cdot 10^{-8}. \tag{535}$$

Aus den Gln. (533) und (535) ergibt sich (bei $l = l_w$) die in der Wendezone erforderliche Induktion

$$B_{L_w} = \xi' \cdot A; \tag{536}$$

der Wendepolfluß im Luftspalt ist

$$\Phi_w = B_{L_w} \cdot l_i \cdot b_{w_i}. \tag{537}$$

Während die Polschuhlänge L_w ($= l_w + n_s \cdot b_s'$) der Wendepole gewöhnlich gleich der Polschuhlänge L_P der Hauptpole gewählt wird, muß die ideelle Polschuhbreite b_{w_i} der Breite b_{wz} der Wendezone entsprechen,

d. h. der Breite desjenigen Teiles des Ankerumfanges, innerhalb dessen die kommutierenden Leiter liegen; für b_{wz} gilt die Gleichung

$$b_{wz} = \left[b - j + \left(u - \frac{a}{p} + \varepsilon\right)\tau_k\right]\frac{d_a}{d_k}. \quad (538)$$

Um bei allen Belastungen die erforderliche Proportionalität zwischen dem Wendefeld und dem Ankerstrom zu sichern, müssen die magnetischen Beanspruchungen in den Eisenwegen des Wendepolkreises klein gehalten werden; zur Wahrung dieser — durch die dämpfende Wirkung von Wirbelströmen im massiven Eisen gefährdeten — Proportionalität auch bei plötzlichen Belastungsänderungen werden die Wendepole mitunter aus geblättertem Eisen ausgeführt. Bei Bemessung des Wendepolkernquerschnittes ist darauf Rücksicht zu nehmen, daß der aus dem Nutzfluß Φ_w und dem Streufluß Φ_{w_s} bestehende Gesamtfluß Φ_{w_k} oft ein Vielfaches des Nutzflusses ist; der Streukoeffizient, der beim Hauptpol etwa 1,05 bis 1,25 beträgt, ist beim Wendepol kompensierter Maschinen etwa 2 bis 3, beim Wendepol nicht kompensierter Maschinen etwa 3 bis 5. Zu beachten ist auch, daß der Hauptpolfluß und der Wendepolfluß sich im Ständerjoch und im Anker überlagern, und zwar subtrahieren sich die Flüsse in den Quadranten I und III einer zweipoligen Maschine, während sie sich in den Quadranten II und IV addieren (Abb. 222; Polfolge: in der Drehrichtung folgt auf einen Hauptpol beim Generator ein ungleichnamiger, beim Motor ein gleichnamiger Wendepol).

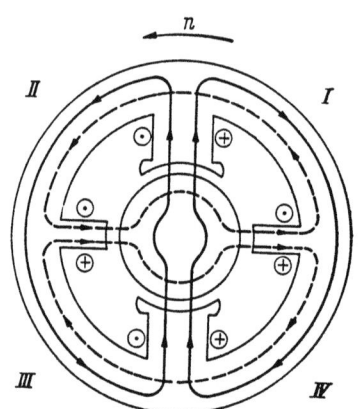

Abb. 222. Zur Bestimmung der Durchflutung des Wendepols bei Gleichstrommaschinen (nach LIWSCHITZ)

c) **Die Wendepolerregung und die Windungszahl je Polpaar.** α) *Bei unkompensierten Maschinen.* Bezeichnet — bezogen auf einen magnetischen Kreis — Θ_w die Durchflutung der mit der Ankerwicklung in Reihe geschalteten Wendepolwicklung, $\frac{w_w}{p}$ die Anzahl der Windungen je Polpaar, J den Ankerstrom, so ist

$$\Theta_w = \frac{w_w}{p} \cdot J. \quad (539)$$

Diese Erregerdurchflutung hat nicht nur das zur Erzeugung der Stromwendespannung e_w notwendige Wendefeld zu erzeugen, sondern auch das von der Ankerdurchflutung

$$\Theta_a = A \cdot \tau_p = \frac{\frac{z}{2}}{p} \cdot \frac{J}{2a} \qquad (540)$$

bewirkte Querfeld in der Wendezone aufzuheben.

Bezeichnet $\sum H \cdot l_{\mathrm{Fe}}$ die Summe der magnetischen Spannungen des Eisenweges, δ_w den Wendepolluftspalt, so ist

$$\Theta_w = \sum H \cdot l_{\mathrm{Fe}} + 1{,}6 \cdot B_w \cdot \delta_w + \Theta_a, \qquad (541)$$

daher

$$\sum H \cdot l_{\mathrm{Fe}} + 1{,}6 \cdot B_w \cdot \delta_w = \Theta_w - \Theta_a = (\vartheta - 1)\,\Theta_a, \qquad (542)$$

mit

$$\vartheta = \frac{\Theta_w}{\Theta_a}; \qquad (543)$$

die relative Wendepoldurchflutung ϑ liegt praktisch zwischen den Werten 1,1 bis 1,4.

Anmerkung. Die Gl. (541) gilt nur für die Stromwendezeit $T = 0$ bzw. $b_{wz} = 0$; bei linearer Stromwendung ändert der Strombelag A ebenfalls linear in der Stromwendezone b_{wz}, so daß entsprechend der Abb. 223 mit

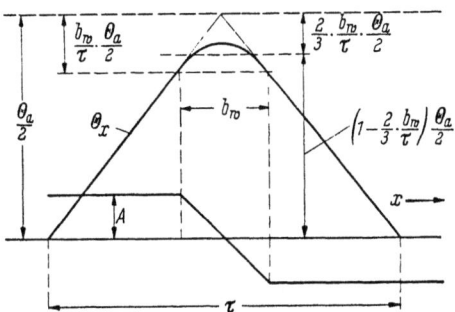

Abb. 223. Ankerfeld in der Wendezone (nach RZIHA)

$$\sum H \cdot l_{\mathrm{Fe}} + 1{,}6 \cdot B_w \cdot \delta_w \approx \left[(\vartheta - 1) + \frac{2}{3}\frac{b_{wz}}{\tau_p}\right] \Theta_a \qquad (542\,\mathrm{a})$$

zu rechnen ist.

Die Windungszahl je Polpaar ergibt sich zu

$$\frac{w_w}{p} = \frac{\Theta_w}{J} = \frac{\vartheta \cdot \Theta_a}{J} = \frac{d \cdot \frac{z}{2}}{p \cdot 2a}. \qquad (544),\ (544\,\mathrm{a}),\ (544\,\mathrm{b})$$

β) *Bei kompensierten Maschinen.* Hier übernehmen die Durchflutungen der Wendepol- und der Kompensationswicklung gemeinsam die Rolle der Wendepolwicklung bei den unkompensierten Maschinen. Bezeichnet — bezogen auf einen magnetischen Kreis — Θ_k die Durchflutung der Kompensationswicklung, $\frac{w_k}{p}$ die Anzahl der Windungen je Polpaar, so ist

$$\Theta'_w = \Theta_w + \Theta_k = \left(\frac{w_w}{p} + \frac{w_k}{p}\right) \cdot J = \sum H \cdot l_{\mathrm{Fe}} + 1{,}6 \cdot B_w \cdot \delta_w + \Theta_a;$$

$$(545),\ (545\,\mathrm{a}),\ (545\,\mathrm{b})$$

da die Durchflutung der Kompensationswicklung

$$\Theta_k = \frac{w_k}{p} \cdot J = \frac{b}{\tau_p} \cdot \Theta_a = \frac{b}{\tau_p} \cdot A \cdot \tau_p \qquad (546), (546\text{a}), (546\text{b})$$

ist, so folgt

$$\Theta_w = \Sigma H \cdot l_{\text{Fe}} + 1{,}6 \cdot B_w \cdot \delta_w + \left(1 - \frac{b}{\tau_p}\right) \Theta_a. \qquad (547)$$

Die Windungszahl je Polpaar der Wendepolwicklung ergibt sich — da entsprechend Gl. (546a) $\frac{w_k}{p} = \frac{b}{\tau_p} \cdot \frac{\frac{z}{2}}{p \cdot 2a}$ ist — zu

$$\frac{w_w}{p} = \frac{\Theta'_w}{J} = \frac{\vartheta \Theta_a}{J} - \frac{w_k}{p} = \frac{\left(\vartheta - \frac{b}{\tau_p}\right) \cdot \frac{z}{2}}{p \cdot 2a}. \qquad (548)\ (548\text{a}), (548\text{b})$$

Bei mittleren und großen Maschinen werden die wenigen sich ergebenden Windungen aus blankem Flachkupfer ausgeführt; die Stromdichte kann (wegen der gegenüber der Hauptpolwicklung besseren Abkühlungsverhältnisse) 2,5 bis 4 A/mm² betragen.

d) Der Wendepolluftspalt. Aus den Gln. (535), (540), (542b) ergibt sich bei Vernachlässigung der Eisenwege für den Wendepolluftspalt δ_w die Gleichung

$$\delta_w = k' \frac{(\vartheta - 1) + \frac{2}{3} \cdot \frac{b_{wz}}{\tau_p}}{1{,}6 \cdot e_w} \cdot A \cdot \tau_p \cdot 2l_w \cdot w_s \cdot v_a \cdot 10^{-8} \ [\text{m}]. \qquad (549)$$

Hierin soll der Faktor k' die Abnahme der Induktion B_w von der Mitte der Wendezone aus nach beiden Seiten hin berücksichtigen; es gelten für ihn die in der Tab. 23 zusammengestellten Werte.

Tabelle 23. *Verkleinerungsfaktor k'*

$\frac{b_{wz}}{b_{wp}}$	1,0	1,2	1,4	1,6	1,8	2,0	
k'	0,91	0,9	0,88	0,86	0,835	0,82	für $\frac{\delta_w}{b_{wp}} = 1{,}0$
k'	0,98	0,93	0,885	0,825	0,765	0,71	für $\frac{\delta_w}{b_{wp}} = 0{,}2$

Die Größe des Wendepolluftspaltes beträgt bei kleinen Maschinen etwa 2 bis 4 mm, bei mittleren Maschinen 4 bis 10 mm und bei großen Maschinen 10 bis 30 mm.

5. Die Hauptpolwicklung

Aus der in bekannter Weise und unter Berücksichtigung des Streukoeffizienten für die Polzähne (1,05 bis 1,1) bzw. für die Polschenkel (1,15 bis 1,25) ermittelten Erregerdurchflutung Θ_{Kreis} des magnetischen Kreises der Hauptpole — die für verschiedene Werte des Flusses bzw. der Spannung der magnetischen Kennlinie (Leerlaufkennlinie) entnommen werden kann — ergibt sich die Windungszahl je Polpaar bei der Reihenschlußerregung mit dem Ankerstrom J zu

$$\frac{w_e}{p} = \frac{\Theta_{\text{Kreis}}}{J} \qquad (550)$$

bei der Nebenschlußerregung mit dem Erregerstrom i_e zu

$$\frac{w_e}{p} = \frac{\Theta_{\text{Kreis}}}{i_e} ; \qquad (550\text{a})$$

aus $r_e = \frac{w_e \cdot 2 l_l}{q_e} \cdot \varrho_t$, $e_e = i_e \cdot r_e = \frac{\Theta_{\text{Kreis}}}{w_e} \cdot r_e$ ergibt sich — wie bei der Erregerwicklung der Synchronmaschine [s. Gl. (451)] — der erforderliche Leiterquerschnitt $q_2 = p \cdot \Theta_{\text{Kreis}} \cdot \frac{2 l_l}{e_e} \cdot \varrho_t$ (Leiterquerschnitt q_2 in mm², mittlere Leiterlänge l_l in m, ϱ_t spez. Widerstand des Wicklungsmaterials in betriebswarmem Zustand in $\frac{\text{Ohm} \cdot \text{mm}^2}{\text{m}}$, e_e verfügbare Erregerspannung in V). Die Stromdichte der Reihenschlußerregerwicklung kann zu 2 bis 4 A/mm², die der Nebenschlußerregerwicklung zu 1,5 bis 3 A/mm² angesetzt werden.

6. Die Ankerrückwirkung und die Kompensationswicklung

a) Die Ankerrückwirkung. Die durch die Rückwirkung des Ankerstromes auf das Hauptfeld bewirkte Feldverzerrung unter dem Polschuh, d. h. die Feldschwächung unter der einen und die Feldverstärkung unter der anderen Polhälfte, bedingt zur Aufrechterhaltung des Flusses eine Vergrößerung der Erregerdurchflutung, da die Schwächung größer als die Verstärkung ist. Zur Bestimmung dieser zusätzlichen Erregerdurchflutung genügen Näherungsverfahren wie das im folgenden angegebene.

Man trägt die Luftspaltinduktion B_L in Abhängigkeit von der magnetischen Spannung $2 V_L + 2 V_z + V_a$ (für 2 Pole) auf (Abb. 224); $EF = B_L$ sei die Induktion bei Nennspannung ohne Berücksichtigung der Ankerrückwirkung (also im Leerlauf). Stehen die Bürsten in der Neutralen, so verstärkt die Ankerrückwirkung die Erregung unter der einen Polhälfte (eines Poles) um $\frac{1}{2} \cdot \frac{b}{\tau_p} \cdot A \cdot \tau_p$ und schwächt sie unter der anderen Polhälfte (eines Poles) um $\frac{1}{2} \cdot \frac{b}{\tau_p} \cdot A \cdot \tau_p$. Die Luftspaltinduktion wird infolgedessen auf $B_{L\max} = BC'$ erhöht bzw. auf $B_{L\min} = AD'$ vermindert und das dem Fluß Φ proportionale Rechteck $ABCD$ zur Fläche $ABC'D'$ verzerrt; das dieser Fläche flächengleiche Rechteck $ABC''D''$ hat die Höhe $B'_L = EF'$. Der Fluß wird also im Verhältnis $\dfrac{B'_L}{B_L}$ geschwächt, und es ist zur Aufrechterhaltung des ursprünglichen Flusses der Mehraufwand $\varDelta\Theta$ erforderlich. Werden die Bürsten um den Bogen s (gemessen am Ankeranfang) aus der Mitte der Pollücke im Sinne einer Feldschwächung verschoben, so ist der Mehraufwand $\varDelta\Theta'$ erforderlich.

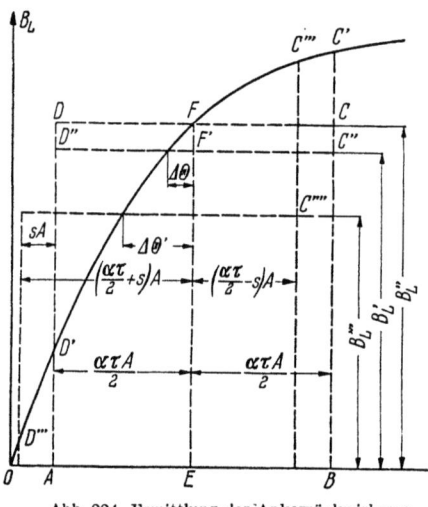

Abb. 224. Ermittlung der Ankerrückwirkung (nach RZIHA)

Eine Vergrößerung der Erregerdurchflutung bei Belastung ist nicht erforderlich, wenn die Ankerdurchflutung durch eine Kompensationswicklung aufgehoben wird.

Anmerkung. Die Bürstenverschiebung gegen die Drehrichtung wirkt beim Generator feldverstärkend $\left(\dfrac{\Theta_p}{2} + s \cdot A\right)$, beim Motor feldschwächend $\left(\dfrac{\Theta_p}{2} - s \cdot A\right)$; die Bürstenverschiebung in der Drehrichtung wirkt umgekehrt.

b) Die Kompensationswicklung. Die wesentlichste Aufgabe der mit der Ankerwicklung in Reihe geschalteten und in den Kompensationsnuten der Hauptpolschuhe angeordneten Kompensationswicklung ist die Verhinderung der durch die Ankerrückwirkung drohenden Feldverzerrung; darüber hinaus entlastet sie die Wendepolwicklung, was insbesondere bei großen Langsamläufern mit knappem Raum für die Wendepolwicklung bedeutsam ist.

Der Strombelag der Kompensationswicklung

$$A_k = \frac{2w_k \cdot J}{\dfrac{b}{\tau_p} \cdot \pi d_a} \tag{551}$$

muß gleich (und entgegengesetzt gerichtet) dem Ankerstrombelag
$$A = \frac{\frac{z}{2a} \cdot J}{\pi\, d_a}$$
sein; die Windungszahl $\frac{w_k}{p}$ je Polpaar ist also

$$\frac{w_k}{p} = \frac{b}{\tau_p} \cdot \frac{\frac{z}{2}}{p \cdot 2a}. \tag{552}$$

Die Stromdichte in den Kompensationsstäben kann bei Langsamläufern etwa 2,5 A/mm² betragen, bei Schnelläufern (und besonders gut belüfteten Maschinen) bis zu 4 A/mm². Der Isolationsauftrag beträgt bei Stäben bis zu 120 cm Länge 3,0 mm in der Breite bzw. 3,5 mm in der Höhe, bei längeren Stäben 3,5 bzw. 4,0 mm. Zur Herabminderung der durch die Nutung entstehenden Feldpulsationen und zur Vermeidung magnetischer Geräusche ist es zweckmäßig, die Nutteilungen der Anker- und der Kompensationswicklung um mindestens 10% verschieden auszuführen.

Anmerkung. Bei einer Gruppen-Parallelschaltung der Kompensationswicklung (wie auch der Wendepolwicklung) ist — zur Vermeidung einer Magnetisierung der Welle und zur Vermeidung von Lagerströmen — darauf zu achten, daß die Ströme in den Verbindungsleitungen der Zweige in entgegengesetzten Richtungen um die Welle fließen.

Schlußbemerkung zum Abschn. VI A. Zur Frage der Auslegung der *durch Feldschwächung regelbaren Gleichstrommotoren* ist zu bemerken: Da für die Größe des Motors das größte Drehmoment bzw. der größte Strom maßgebend ist, unterscheidet sich der Entwurf dieser Motoren nicht von demjenigen „normaler" Motoren. Die Berücksichtigung ihrer besonderen Erwärmungsverhältnisse — insbesondere bei den niedrigen Drehzahlen — erfolgt in der Praxis unter Benutzung der Erfahrungswerte an ausgeführten Maschinen. Auch die Entscheidung über die Verwendung oder Nichtverwendung einer Kompensationswicklung bei den regelbaren Motoren hängt von Erfahrungen (insbesondere hinsichtlich des noch zulässigen Höchstwertes der Lamellenspannung) ab.[1]

B. Berechnungsbeispiel

Durchlaufender Walzmotor für 600 kW, 440 V, 1465 A, 400/1000 U/min

Hauptabmessungen des Ankers. Bei einem zunächst angenommenen Wirkungsgrad $\eta = 0,92$ (vgl. Abb. 211) ergibt sich bei der Nennleistung $N_n = 600$ kW und der Klemmenspannung $U = 440$ V der Ankerstrom zu

$$J = \frac{N_n \cdot 10^3}{\eta \cdot U} = \frac{600 \cdot 10^3}{0,92 \cdot 440} = 1480 \text{ A}.$$

---

[1] Vgl. hierzu: R. RICHTER: Elektrische Maschinen. Bd. I, Kap. III D 1 c. — BÖDEFELD-SEQUENZ: Elektrische Maschinen. Kap. VI G 1 b. — RZIHA GENTHE: Starkstromtechnik. 2. Teil, 6. Abschn., Kap. A VII c und A V b, c. — W. SCHUISKY: Elektromotoren. Kap. XI D 3.

Nimmt man einen Spannungsabfall von 5% an, so ist die EMK bei Belastung $E = 440 - 22 = 418$ V, die innere Leistung ist daher

$$N_i = E \cdot J \cdot 10^{-3} = 418 \cdot 1480 \cdot 10^{-3} = 619 \text{ kW}$$

und liegt somit nur um $\approx 3\%$ über der Nennleistung.

Für $p = a$ und $w_s = 1$ ergibt sich bei Annahme einer mittleren Lamellenspannung $\varepsilon_m = 10$ V und eines Ankerstrombelages $A = 400$ A/cm nach Gl. (520) der Ankerdurchmesser

$$d_a = \frac{2}{\pi} \cdot \frac{p}{a} \cdot w_s \cdot \frac{U \cdot J}{\varepsilon_m \cdot A} = \frac{2}{\pi} \cdot 1 \cdot \frac{440 \cdot 1480}{10 \cdot 400} = 103{,}7 \text{ cm},$$

während sich mit $\alpha = 0{,}75$ und $\xi' = 4$ bei Annahme einer Reaktanzspannung $e_r = 5{,}5$ V und einer Luftspaltinduktion $B_L = 4000$ Gauß (bei 1000 U/min) nach Gl. (521) der Ankerdurchmesser

$$d_a = \frac{\xi'}{15} \cdot \frac{30}{\pi} \cdot \frac{E}{U} \cdot \frac{w_s}{\alpha} \cdot \frac{U \cdot J}{e_r \cdot B_L} = \frac{8}{\pi} \cdot \frac{418}{440} \cdot \frac{1}{0{,}75} \cdot \frac{440 \cdot 1480}{5{,}5 \cdot 4000} = 95{,}5 \text{ cm}$$

ergibt; gewählt wird

$$d_a = 100 \text{ cm}.$$

Diesem Durchmesser entspricht nach Abb. 210 die Ausnutzungsziffer $C = 5 \frac{\text{kW} \cdot \text{min}}{\text{m}^3}$, und aus der Gl. (518) folgt daher die ideelle Ankerlänge

$$l_i = \frac{N_i}{d_a^2 \cdot C \cdot n} = \frac{619}{1^2 \cdot 5 \cdot 400} = 0{,}3095 \text{ m}.$$

Die Eisenlänge wird zu $l = 280$ mm mit $n_s = 4$ Kühlschlitzen ($l_s = 10$ mm) ausgeführt, so daß die gesamte Ankerlänge

$$L = l + n_s \cdot l_s = 280 + 4 \cdot 10 = 320 \text{ mm}$$

ist. Als Polpaarzahl wird $p = 3$ gewählt (vgl. Abb. 212), so daß die Polteilung bei dem gewählten Ankerdurchmesser

$$\tau_p = \frac{\pi d_a}{2p} = \frac{\pi \cdot 100}{6} = 52{,}3 \text{ cm}$$

beträgt. Wird die Luftspaltbreite $\delta_p = 5$ mm ($\delta_p \approx 0{,}01 \cdot \tau_p$) ausgeführt, so ist mit dem der Abb. 8 für $\delta_p = 5$ mm entnommenen Wert $l_s' \approx 3$ mm nach Gl. (15)

$$l_i = L - \Sigma l_s' = 320 - 4 \cdot 3 = 308 \text{ mm};$$

der Fluß je Pol ist daher nach Gl. (380) bei der Luftspaltinduktion $B_L = 10\,000$ (bei 400 U/min)

$$\Phi = B_L \cdot \alpha_i \tau_p \cdot l_i = 10\,000 \cdot 0{,}75 \cdot 52{,}3 \cdot 30{,}8 = 12{,}1 \cdot 10^6 \text{ Maxwell}.$$

Berechnungsbeispiel

Anmerkung. Dem Ankerdurchmesser $d_a = 100$ cm entspricht die Ankerumfangsgeschwindigkeit $v_a = \dfrac{\pi d_a \cdot n}{60} = \dfrac{\pi \cdot 100 \cdot 400}{60} = 2093$ cm/s bei 400 U/min; für einen größten Wert der Lamellenspannung $\varepsilon_{max} = 30$ V ergibt sich als Grenze für die ideelle Ankerlänge aus Gl. (523) mit $B_L = 10000$ der Wert

$$l_i = \frac{\varepsilon_{max} \cdot 10^8}{2 \cdot \dfrac{p}{a} \cdot B_L \cdot v_a} = \frac{30 \cdot 10^8}{2 \cdot \dfrac{3}{3} \cdot 10000 \cdot 2093} = 72 \text{ cm}.$$

Ankerwicklung. Die induzierte EMK E eines Motors ist um die Summe aus den Ohmschen Spannungsabfällen in den Wicklungen und dem Spannungsabfall unter den Bürsten geringer als die Klemmenspannung U; bei Annahme eines gesamten Spannungsabfalles von 5% der Klemmenspannung ist daher die induzierte EMK $E = 0{,}95 \cdot U$

$$E = 0{,}95 \cdot U = 0{,}95 \cdot 440 = 418 \text{ V}.$$

Die Windungszahl eines Ankerzweiges folgt aus Gl. (516) zu

$$w = \frac{\dfrac{z}{2}}{2a} = \frac{E \cdot 10^8}{4 \cdot \dfrac{p\,n}{60} \cdot \Phi} = \frac{418 \cdot 10^8}{4 \cdot \dfrac{3 \cdot 400}{60} \cdot 12{,}1 \cdot 10^6} = 43{,}2$$

so daß die in Reihe zu schaltende Leiterzahl eines Ankerzweiges $\dfrac{z}{2a} \approx 86$ beträgt. Gewählt wird eine *ungekreuzte Schleifen-Treppenwicklung* mit $a = 3$; die gesamte Leiterzahl ist daher $z = 2 \cdot 3 \cdot 86 = 516$ und die

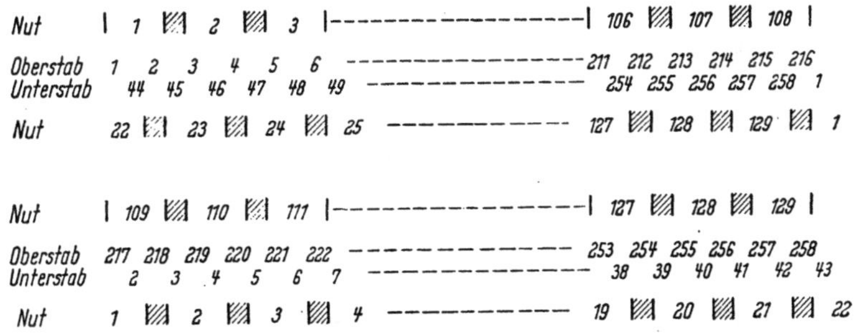

Nut		1		2		3		----------------		106		107		108	
Oberstab	1	2	3	4	5	6	----------------	211	212	213	214	215	216
Unterstab	44	45	46	47	48	49	----------------	254	255	256	257	258	1
Nut	22		23		24		25	------------	127		128		129		1

Nut		109		110		111		----------------		127		128		129	
Oberstab	217	218	219	220	221	222	------------	253	254	255	256	257	258
Unterstab	2	3	4	5	6	7	------------	38	39	40	41	42	43
Nut	1		2		3		4	------------	19		20		21		22

Abb. 225. Schaltbild der Ankerwicklung

gesamte Windungszahl der Ankerwicklung $\dfrac{z}{2} = \dfrac{516}{2} = 258$; die Zahl der Kommutatorlamellen ergibt sich mit $w_s = 1$ zu $k = \dfrac{\dfrac{z}{2}}{w_s} = 258$, die Nutenzahl mit $u = 2$ zu $N = \dfrac{k}{u} = \dfrac{258}{2} = 129$. Bei dem Wicklungsschritt $y_1 = 43$ und dem Schaltschritt $y_2 = 42$ ergibt sich der Schaltplan nach Abb. 225.

Anmerkung. Da $y = y_1 - y_2 = 1 = m$ ist und sich der gemeinsame Teiler zwischen k und m somit zu $t_G = 1$ ergibt, ist die Wicklung eingängig und einfach geschlossen. Die Spulenweite ist $\eta_d = \dfrac{N}{2p} = \dfrac{129}{6} = 21{,}5$, daher $\eta_k = 21$, $\eta_l = 22$; die Spulenspannung ist $e_k = e_d \cdot \sin \dfrac{21}{21{,}5} \cdot \dfrac{\pi}{2} = e_d \cdot \sin 88°$, $e_l = e_d \cdot \sin \dfrac{22}{21{,}5} \cdot \dfrac{\pi}{2}$ $= e_d \cdot \sin 92°$. Der gemeinsame Teiler zwischen $2N$ und p ist $t = 3$, daher ergeben $\dfrac{2N}{t} = 86$ Spannungsvektoren $\left(\alpha = \dfrac{\pi}{\frac{N}{p}} = \dfrac{\pi}{43} \right)$ ein ($t_G = 1!$) Spannungsvieleck mit $n = \dfrac{\frac{2N}{t}}{t_G} = 86$ Ecken. Die Symmetriebedingungen sind mit $\dfrac{k}{a} = \dfrac{258}{3} = 86 =$ ganze Zahl und $\dfrac{N}{p} = \dfrac{129}{3} = 43 =$ ganze Zahl eingehalten.

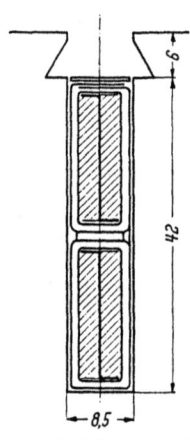

Abb. 226. Ankernut

Die Ankernutteilung ist mit $d_a = 100$ cm

$$\tau_n = \dfrac{\pi d_a}{N} = \dfrac{\pi \cdot 100}{129} = 2{,}43 \text{ cm}.$$

Es werden je Nut 2×2 Cu-Stäbe mit den Abmessungen[1]

3 mm mal 15 mm blank ($q_0 \approx 45$ mm²)

für die Oberstäbe,

3 mm mal 22 mm blank ($q_u \approx 66$ mm²)

für die Unterstäbe

ausgeführt; mit Berücksichtigung der Nutenabzüge entsprechend der Tab. 21 — nämlich 2,5 mm in der Nutbreite und 5 mm + 6 mm (Keil) in der Nuttiefe — ergeben sich die Nutabmessungen (vgl. Abb. 226):

Nutbreite $\qquad b_n = 2 \cdot 3 + 2{,}5 = 8{,}5$ mm,

Nuttiefe $\qquad h_n = 15 + 22 + 5 + 6 = 48$ mm
(einschl. Keilhöhe).

Mit diesen Nutabmessungen wird die scheinbare Zahninduktion am Zahnfluß kontrolliert; der nach Gl. (431) mit $B_L = 10\,000$ Gauß errechnete Wert

$$B'_{zf} = \dfrac{l_i}{k_e \cdot l} \cdot \dfrac{\tau_n}{b_{zf}} \cdot B_L = \dfrac{30{,}8}{0{,}94 \cdot 28} \cdot \dfrac{2{,}43}{13{,}5} \cdot 10\,000 = 21\,100 \text{ Gauß}$$

---

[1] Die Unterstäbe werden wegen der größeren zusätzlichen Verluste durch Wirbelströme mit größerem Querschnitt ausgeführt.

liegt innerhalb der auf S. 290 als normale Beanspruchungen genannten Werte. Der Strombelag ist

$$A = \frac{\frac{z}{2a} \cdot J}{\pi \cdot d_a} = \frac{86 \cdot 1480}{\pi \cdot 100} = 405 \text{ A/cm},$$

die Stromdichte im Oberstab $s_o = \dfrac{\frac{J}{2a}}{q_0} = \dfrac{\frac{1480}{6}}{45} = 5{,}48 \text{ A/mm}^2$,

die Stromdichte im Unterstab $s_u = \dfrac{\frac{J}{2a}}{q_u} = \dfrac{246{,}7}{66} = 3{,}74 \text{ A/mm}^2$.

Die mittlere Leiterlänge ergibt sich mit

$$2s = \frac{\frac{\pi(d_a - 2h_n)}{2p}}{\sqrt{1 - \left(\frac{b_n}{\tau_{n_{\min}}}\right)^2}} = \frac{\frac{\pi(100 - 2 \cdot 4{,}8)}{6}}{\sqrt{1 - \left(\frac{0{,}85}{2{,}2}\right)^2}} = 51{,}5 \text{ cm}$$

nach Gl. (531) zu

$$l_{l_a} = L + 2s + 2{,}5 \cdot h_n = 32 + 51{,}5 + 2{,}5 \cdot 4{,}8 = 95{,}5 \text{ cm}$$

nach Gl. (530). Die Gesamtlänge der $z = 516$ Cu-Stäbe ist

$$L_a = 516 \cdot 0{,}955 = 493 \text{ m},$$

ihr Gewicht daher

$$G = \gamma \cdot L_a \cdot \frac{q_0 + q_u}{2} \cdot 10^{-3} = 8{,}9 \cdot 493 \cdot \frac{45 + 66}{2} \cdot 10^{-3} = 244 \text{ kg};$$

der Ohmsche Widerstand bei 20 °C ist

$$r_a = \frac{\frac{L_a}{2}}{(2a)^2 \cdot \chi}\left(\frac{1}{q_0} + \frac{1}{q_u}\right) = \frac{\frac{493}{2}}{6^2 \cdot 56}\left(\frac{1}{45} + \frac{1}{66}\right) = 0{,}00457 \text{ Ohm}.$$

Innendurchmesser des Läufers. Bei der zunächst angenommenen Ankerjochinduktion $B_{j_a} = 12000$ Gauß ergibt sich nach Gl. (431) die Jochhöhe zu

$$h_{j_a} = \frac{\frac{\Phi}{2}}{k_e \cdot l \cdot B_{j_a}} = \frac{\frac{12{,}1 \cdot 10^6}{2}}{0{,}94 \cdot 28 \cdot 12000} = 19{,}2 \text{ cm};$$

sie wird beibehalten, und der Innendurchmesser des Läufers ist daher

$$d_i = d_a - 2(h_n + h_{j_a}) = 100 - 2(4{,}8 + 19{,}2) = 52 \text{ cm}.$$

Kommutator. Bei dem Mindestwert der Lamellenteilung $\tau_{k_{\min}} = 0{,}65$ cm und der Lamellenzahl $k = k_{\max} = 258$ ergibt sich aus Gl. (522) der Kommutatordurchmesser $d_k = \dfrac{1}{\pi} \cdot k_{\max} \cdot \tau_{k_{\min}} = \dfrac{1}{\pi} \cdot 258 \cdot 0{,}65$
$= 53{,}4$ cm; gewählt wird

$$d_k = 60 \text{ cm}.$$

Die Lamellenteilung ist somit $\tau_k = \dfrac{\pi\, d_k}{k} = \dfrac{\pi \cdot 600}{258} = 7{,}3$ mm, die Lamellenbreite — bei 1 mm Glimmerisolation zwischen den Lamellen — $b_k = 6{,}3$ mm. Die Umfangsgeschwindigkeit ist bei 400 U/min bzw. 1000 U/min

$$v_k = \frac{\pi \cdot d_k \cdot n}{60} = \frac{\pi \cdot 0{,}6 \cdot 400}{60} = 12{,}56 \text{ m/s} \quad \text{bzw.} \quad \frac{\pi \cdot 0{,}6 \cdot 1000}{60} = 31{,}4 \text{ m/s}.$$

Bei einer Bürstenstromdichte von $s_b = 8$ A/cm² ergibt sich die erforderliche Schleiffläche für alle Bürsten einer Polarität zu $\dfrac{J}{s_b} = \dfrac{1480}{8} = 185$ cm². Die Bürstenbreite wird zu $b_b = 16$ mm ($b_b = 2{,}2 \cdot \tau_k$) gewählt; entsprechend der Polzahl $2p = 6$ werden 6 Bürstenbolzen vorgesehen und auf jedem Bolzen $z_h = 6$ Bürstenhalter mit je 2 Bürsten angeordnet. Die erforderliche axiale Länge einer Bürste ist daher $l_b = \dfrac{185}{1{,}6 \cdot 3 \cdot 6 \cdot 2} = 3{,}21$ cm; gewählt wird $l_b = 32$ mm und — unter Berücksichtigung der axialen Bürstenhalterlänge l_h, des Abstandes der Halter voneinander und der Bürstenversetzung gegeneinander — eine Kommutatorlänge von

$$l_k = 2 \cdot 140 = 280 \text{ mm}.$$

Die Bürstenreibungsverluste ergeben sich mit $F_b = 6 \cdot 6 \cdot 2 \cdot 1{,}6 \cdot 3{,}2 = 368$ cm², $p_b = 0{,}2$ kg/m², $\mu_b = 0{,}2$, $v_k = 12{,}56$ m/s (entspr. 400 U/min) nach Gl. (90) zu

$$V_B = 9{,}81 \cdot F_b \cdot p_b \cdot \mu_b \cdot v_k = 9{,}81 \cdot 368 \cdot 0{,}2 \cdot 0{,}2 \cdot 12{,}56 = 1820 \text{ W},$$

die Bürstenübergangsverluste nach Gl. (104) zu

$$V_{B_{üb}} = u_b \cdot J = 2 \cdot 1{,}0 \cdot 1480 = 2960 \text{ W},$$

so daß die gesamten Kommutatorverluste

$$V_B + V_{B_{üb}} = 1820 + 2960 = 4780 \text{ W}$$

betragen. Zur Einhaltung der (zulässigen) Erwärmung $\vartheta_k = \dfrac{V_k}{\alpha_k \cdot O_k} = 60°$ ist bei der Kühlfläche

$$O_k = \pi \cdot d_k \cdot l_k = \pi \cdot 0{,}6 \cdot 0{,}28 = 0{,}528 \text{ m}^2$$

die Wärmeabgabeziffer

$$\alpha_k = \frac{V_k}{\vartheta_k \cdot O_k} = \frac{4780}{60 \cdot 0{,}528} = 151 \text{ W/m}^2 \cdot °\text{C}$$

erforderlich; dieser Wert wird entsprechend der Schaulinie a der Abb. 50 sicher erreicht.

Die mittlere Lamellenspannung ist nach Gl. (524)

$$\varepsilon_m = \frac{2p \cdot U}{k} = \frac{6 \cdot 440}{258} = 10{,}2 \text{ V},$$

während sich die höchste Lamellenspannung nach Gl. (523) für $B_L = 10\,000$ Gauß und $v_a = 2093$ cm/s (entsprechend $n = 400$ U/min) zu

$$\varepsilon_{\max} = \frac{z}{k} \cdot \frac{p}{a} \cdot B_L \cdot l_i \cdot v_a \cdot 10^{-8}$$

$$= \frac{526}{258} \cdot \frac{3}{3} \cdot 10\,000 \cdot 30{,}8 \cdot 2093 \cdot 10^{-8} = 12{,}9 \text{ V}$$

ergibt.

Magnetische Kennlinie des Hauptpolkreises. Dem Fluß

$$\Phi = B_L \cdot \alpha_i \cdot \tau_p \cdot l_i = 0{,}75 \cdot 52{,}3 \cdot 30{,}8 \cdot B_L = 1210 \cdot B_L$$

entspricht die Jochinduktion im Ankerblechpaket (0,5-mm-Bleche)

$$B_{ja} = \frac{\frac{\Phi}{2}}{k_e \cdot l \cdot h_{ja}} = \frac{\frac{12010}{2} \cdot B_L}{0{,}94 \cdot 28 \cdot 19{,}2} = 1{,}2 \cdot B_L,$$

bei $B_L = 10\,000$ Gauß also $B_{ja} = 12\,000$ Gauß; ihr ist die Feldstärke $H_{ja} = 7$ A/cm zugeordnet (vgl. Abb. 119, Bleche mit < 3 W/kg). Als mittlerer Kraftlinienweg im Ankerjoch wird hier die dem mittleren Jochdurchmesser entsprechende Polteilung $\tau_p = \dfrac{\pi \frac{90{,}4 + 52}{2}}{6} = 37{,}3$ cm angenommen; die *magnetische Teilspannung am Ankerjoch* ist daher

$$V_{ja} = l_{ja} \cdot H_{ja} = 37{,}3 \cdot 7 = 260 \text{ A}.$$

Die scheinbare Zahninduktion ist

$$B'_z = \frac{l_i}{k_e \cdot l} \cdot \frac{\tau_n}{b_z} \cdot B_L = \frac{30{,}8}{0{,}94 \cdot 28} \cdot \frac{\tau_n}{b_z} \cdot B_L = 1{,}17 \cdot \frac{\tau_n}{b_z} \cdot B_L,$$

und zwar

am Zahnkopf mit $\dfrac{\tau_n}{b_{zk}} = 1{,}54$ $\quad B'_{zk} = 1{,}17 \cdot 1{,}54 \cdot B_L = 1{,}8 \cdot B_L,$

in Zahnmitte mit $\dfrac{\tau_n}{b_{zm}} = 1{,}66$ $\quad B'_{zm} = 1{,}17 \cdot 1{,}66 \cdot B_L = 1{,}95 \cdot B_L,$

am Zahnfluß mit $\dfrac{\tau_n}{b_{zf}} = 1{,}8$ $\quad B'_{zf} = 1{,}17 \cdot 1{,}8 \cdot B_L = 2{,}11 \cdot B_L.$

Die wirklichen Zahninduktionen nach Gl. (24)

$$B_z = B'_z - 0{,}4\,\pi \cdot k_z \cdot H_z \quad \text{mit} \quad k_z = \frac{\tau_n - k_e \cdot b_z}{k_e \cdot b_z} \text{ nach Gl. (25)}$$

sind daher

am Zahnkopf mit $k_{zk} = 0{,}635$ $\quad B_{zk} = 1{,}8 \cdot B_L - 0{,}8 \cdot H_{zk},$

in Zahnmitte mit $k_{zm} = 0{,}68$ $\quad B_{zm} = 1{,}95 \cdot B_L - 0{,}855 \cdot H_{zm},$

am Zahnfluß mit $k_{zf} = 0{,}735$ $\quad B_{zf} = 2{,}11 \cdot B_L - 0{,}925 \cdot H_{zf}$

bzw. — bei $B_L = 10\,000$ Gauß und bei Ermittlung der zugehörigen Feldstärken aus den Magnetisierungskurven der Abb. 119 —

am Zahnkopf mit $H_{z_k} = 125$ A/cm

$$B_{z_k} = 18\,000 - 0{,}8 \cdot 125 = 17\,900 \text{ Gauß},$$

in Zahnmitte mit $H_{z_m} = 230$ A/cm

$$B_{z_m} = 19\,500 - 0{,}855 \cdot 230 = 19\,300 \text{ Gauß},$$

am Zahnfluß mit $H_{z_f} = 490$ A/cm

$$B_{z_f} = 21\,100 - 0{,}925 \cdot 490 = 20\,650 \text{ Gauß}.$$

Als mittlere Feldstärke ergibt sich nach der SIMPSONschen Regel entsprechend Gl. (26)

$$H_z = \frac{1}{6}\left(H_{z_k} + 4H_{z_m} + H_{z_f}\right) = \frac{1}{6}(125 + 4 \cdot 230 + 490) = 256 \text{ A/cm};$$

die *magnetische Teilspannung an den Zähnen* ist daher

$$2V_z = 2l_z \cdot H_z = 2 \cdot 4{,}8 \cdot 256 = 2460 \text{ A}.$$

Der CARTERsche Faktor wird nach Gl. (19) und Gl. (20) mit

$$\gamma = \frac{\left(\frac{s_n}{\delta}\right)^2}{5 + \left(\frac{s_n}{\delta}\right)} = \frac{\left(\frac{8,5}{5}\right)^2}{5 + \left(\frac{8,5}{5}\right)} = 0{,}43$$

zu

$$k_c = \frac{\tau_n}{\tau_n - \gamma \cdot \delta} = \frac{24{,}3}{24{,}3 - 0{,}43 \cdot 0{,}5} = 1{,}01$$

ermittelt, so daß die *magnetische Spannung am Luftspalt* nach Gl. (432)

$$2V_L = 1{,}6 \cdot k_c \cdot \delta \cdot B_L = 1{,}6 \cdot 1{,}01 \cdot 0{,}5 \cdot B_L = 8080 \text{ A}$$

ist.

Wird der Streufluß zwischen den Polkernen zu $0{,}15 \cdot \Phi$ angenommen, so ist der durch die Hauptpole (die Polkerne) gehende Fluß (beim Nennbetrieb mit 400 U/min, $B_L = 10\,000$ Gauß)

$$\Phi_k = \Phi + \Phi_s = 1{,}15 \cdot 1210 \cdot B_L = 1390 \cdot B_L = 13{,}9 \cdot 10^6 \text{ Maxwell}.$$

Bei der zunächst angenommenen Polkerninduktion $B_k = 14\,000$ Gauß[1] ist der erforderliche Polkernquerschnitt $q_k = \dfrac{\Phi_k}{B_k} = \dfrac{13{,}9 \cdot 10^6}{14\,000} = 990 \text{ cm}^2$ und — bei der axialen Pollänge $L_P = L = 320$ mm — die erforderliche Breite des Polblechpaketes (1,0-mm-Bleche) $b_k = \dfrac{q_k}{k_c \cdot L_p} = \dfrac{990}{0{,}97 \cdot 32} = 31{,}9$ cm; gewählt wird $b_k = 32$ cm.

---

[1] Die Induktion in den Polschuhen muß insbesondere dann nachgeprüft werden, wenn eine Kompensationswicklung vorgesehen ist; die Nachprüfung erfolgt nach Festlegung der Daten für diese Wicklung.

Die Wahl der „Polhöhe" — d. h. des Maßes vom Polsitz bis zur Polschuhoberfläche — kann nur durch Vergleich der beabsichtigten Ausführung mit bereits ausgeführten Maschinen erleichtert werden. Im vorliegenden Falle wird als Summe aus der Wickelhöhe, der Dicke der

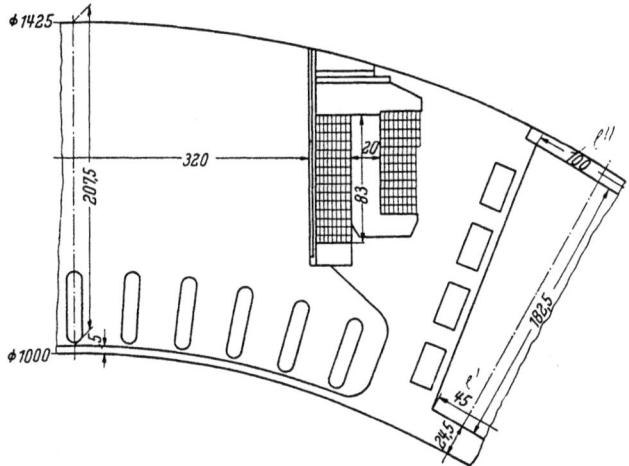

Abb. 227. Polabmessungen (Haupt- und Wendepol)

Isolation an den Spulenenden, der Polschuhhöhe und eines Zuschlages zur Berücksichtigung der Krümmung des Polsitzes $l_k = 207{,}5$ mm gewählt (Abb. 227). Der Polkerninduktion $B_k = 14100$ Gauß ist die Feldstärke $H_k = 18$ A/cm zugeordnet, so daß die *magnetische Spannung an den Hauptpolen*

$$2V_k = 2l_k \cdot H_k = 2 \cdot 20{,}75 \cdot 18 = 747 \text{ A}$$

ist.

Der innere Jochdurchmesser ergibt sich zu

$$D_i = d_a + 2\delta + 2l_k = 100 + 2 \cdot 0{,}5 + 2 \cdot 20{,}75 = 142{,}5 \text{ cm}.$$

Wird im Joch zunächst eine Induktion von $B_j = 12500$ Gauß angenommen, so ist der erforderliche Jochquerschnitt

$$q_j = \frac{\frac{\Phi_k}{2}}{B_j} = \frac{\frac{13{,}9 \cdot 10^6}{2}}{12000} = 555 \text{ cm}^2$$

und — bei der gewählten axialen Jochlänge $L_j = L_P +$ Breite der Erregerspule $= 320 + 2 \cdot \frac{50}{2} = 370$ mm — die erforderliche Jochhöhe $h_j = \frac{q_j}{k_e \cdot L_j} = \frac{555}{0{,}97 \cdot 37} = 15{,}5$ cm; gewählt wird $h_j = 15$ cm, so daß $B_j = 12900$ Gauß ist. Diesem Wert ist die Feldstärke $H_j = 12{,}3$ A/cm zugeordnet. Als mittlerer Kraftlinienweg wird hier die dem mittleren Jochdurchmesser entsprechende Polteilung $\tau_p = \dfrac{\pi \dfrac{142{,}5 + 172{,}5}{2}}{6} = 82{,}5$ cm angenommen; die *magnetische Teilspannung am Jochring* ist somit

$$V_j = l_j \cdot H_j = 82{,}5 \cdot 12{,}3 = 1013 \text{ A}.$$

Der äußere Jochdurchmesser ergibt sich zu

$$D_a = D_i + 2h_j = 142{,}5 + 2 \cdot 15 = 172{,}5 \text{ cm}.$$

Die Summe der magnetischen Spannungen für den geschlossenen Umlaufweg bei Leerlauf (entsprechend $B_L = 10\,000$ Gauß) ist

$$\Sigma V = 2V_L + 2V_z + V_{j_a} + 2V_k + V_j$$
$$= 8080 + 2460 + 260 + 747 + 1013 = 12560 \text{ A}$$

bzw. einschließlich eines Zuschlages von 5%: $\Sigma V = 13\,200$ A.

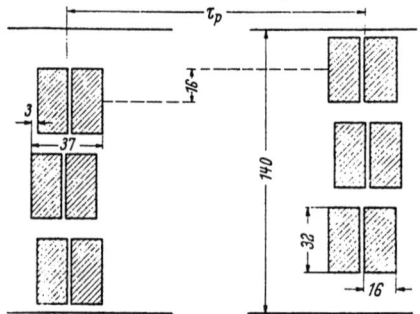

Abb. 228. Schema der Bürstenanordnung

Durch Berechnung der Summe der magnetischen Spannungen für verschiedene Werte von B_L kann die *Leerlaufkennlinie* des Motors ermittelt werden.

Abmessungen der Wendepole. Die Bürstenbreite zweier Bürsten unter Berücksichtigung einer „Staffelung" von 3 mm und eines Abstandes von 2 mm (Abb. 228) ist $b = 16 + 2 + 16 + 3 = 37$ mm. Mit $u = 2$ Stäben, $j = 1$ mm (Isolation zwischen den Lamellen), $a = p = 3$,

$$\varepsilon = \frac{k}{2p} - y_1 = \frac{258}{6} - 43 = 0$$

$$\tau_k = \frac{\pi\, d_k}{k} = \frac{\pi \cdot 600}{258} = 7{,}3 \text{ mm}, \quad \frac{d_a}{d_k} = \frac{1000}{600} = 1{,}67$$

ergibt sich die Wendezonenbreite nach Gl. (538) zu

$$b_{wz} = \left[b - j + \left(u - \frac{a}{p} + \varepsilon \right) \tau_k \right] \frac{d_a}{d_k}$$
$$= [37 - 1 + (2 - 1) \cdot 7{,}3]\, 1{,}67 = 72{,}3 \text{ mm}.$$

Die Breite des Wendepolkopfes wird zu

$$b_{pw} = b_{w_k} \approx b_{w_z} - 0{,}6 \cdot b_L = 72{,}3 - 0{,}6 \cdot 45 \approx 45 \text{ mm}$$

ausgeführt, wobei b_L der Abstand zwischen dem Wendepolkopf und der Hauptpolschuhkante ist. Die ideelle Wendepollänge bei einer zunächst angenommenen Luftspaltbreite von 24,5 mm ergibt sich zu

$$l_{wi} = L_w - \sum l'_s = 320 - 4 \cdot 1 = 316 \text{ mm}.$$

Wird die HOBARTsche Induktivitätszahl in diesem Falle zu $\xi' = 4$ angenommen, so ist die Induktion im Wendepolluftspalt nach Gl. (536) beim Nennbetrieb

$$B_{l_w} = \xi' \cdot A = 4 \cdot 405 = 1620 \text{ Gauß},$$

so daß die Stromwendespannung nach Gl. (535)

$$e_w = 2 B_{L_w} \cdot l_{wi} \cdot w_s \cdot v_a \cdot 10^{-8}$$
$$= 2 \cdot 1620 \cdot 31,6 \cdot 1 \cdot 2093 \cdot 10^{-8} = 2,14 \text{ V}$$

ist [nach Gl. (533) ist die Reaktanzspannung $e_r = 2 w_s \cdot \xi' \cdot l_{wi} \cdot A \cdot v_a \cdot 10^{-8}$ $= 2 \cdot 1 \cdot 4 \cdot 31,6 \cdot 405 \cdot 2093 \cdot 10^{-8} = 2,14$ V entsprechend 400 U/min bzw. 5,35 V entsprechend 1000 U/min].

Der erforderliche Wendepolluftspalt ergibt sich (bei Vernachlässigung der Eisenwege) mit $\dfrac{b_{wz}}{\tau_p} = \dfrac{7,23}{52,3} = 0,138$ und $k' \approx 0,833$ $\left(\text{aus Tab. 23 entsprechend } \dfrac{b_{wz}}{b_{wp}} = \dfrac{7,23}{4,5} = 1,6 \text{ und } \dfrac{\delta_w}{b_{wp}} = \dfrac{2,45}{4,5} = 0,545\right)$ und mit dem zunächst angenommenen Wert $\vartheta = \dfrac{\Theta'_w}{\Theta_a} = 1,325$ [s. Gl. (543)] nach Gl. (549) zu

$$\delta_w = k \frac{(\vartheta - 1) + \dfrac{2}{3} \cdot \dfrac{b_{wz}}{\tau_p}}{1,6 \cdot e_w} \cdot A \cdot \tau_p \cdot 2 l_{wi} \cdot w_s \cdot v_a \cdot 10^{-8}$$

$$= 0,833 \, \frac{0,325 + \dfrac{2}{3} \cdot 0,138}{1,6 \cdot 2,14} \cdot 405 \cdot 52,3 \cdot 2 \cdot 31,6 \cdot 1 \cdot 2093 \cdot 10^{-8}$$

$$= 2,85 \text{ cm}.$$

Ausgeführt werde ein Luftspalt am Wendepolkopf von 24,5 mm und ein durch unmagnetische Blechunterlagen am Wendepolfuß gebildeter zusätzlicher Luftspalt von 4 mm. Um eine nachträgliche Korrektur des Wendepolluftspaltes zu ermöglichen, wird am Wendepolfuß noch eine magnetische Blechunterlage von 1,5 mm vorgesehen.

Die Wendepolhöhe ergibt sich somit zu

$$l_{k_w} = \frac{1}{2}[D_i - d_a - 2(\delta_w + 0,15)]$$
$$= \frac{1}{2}[142,5 - 100 - 2(2,85 + 0,15)] = 18,25 \text{ cm};$$

die Wendepolbreite (1,0-mm-Bleche) am Wendepolfuß wird zu $b_{w_f} = 100$ mm gewählt (vgl. Abb. 227).

Die *magnetische Spannung am Wendepolluftspalt* ist nach Gl. (432) mit Berücksichtigung des Faktors k' [s. Gl. (549)] und bei Vernachlässigung[1] des CARTERschen Faktors k_c

$$2V_{L_w} = k' \cdot 1{,}6 \cdot k_c \cdot \delta_w \cdot B_{L_w} = 0{,}833 \cdot 1{,}6 \cdot 2{,}85 \cdot 1620 = 6155 \text{ A}.$$

Nimmt man für die magnetischen Teilspannungen an den Zähnen, an den Wendepolen und an den Jochen einen Betrag von 10% der magnetischen Spannung am Wendepolluftspalt an, so ergibt sich als Durchflutung für einen geschlossenen Wendepolkreis der Wert

$$\Theta_w = 1{,}1 \cdot 2 V_{L_w} = 1{,}1 \cdot 6155 = 6770 \text{ A}.$$

Die Ankerdurchflutung je Polpaar ist

$$\Theta_a = A \cdot \tau_p = 405 \cdot 52{,}3 = 21180 \text{ A},$$

mithin die gesamte Wendepolkreisdurchflutung

$$\Theta'_w = \Theta_w + \Theta_a = 6770 + 21180 = 27950 \text{ A},$$

und es ist $\vartheta = \dfrac{\Theta'_w}{\Theta_a} = \dfrac{27950}{21180} = 1{,}32.$

Die erforderliche Windungszahl der Wendepolwicklung je Polpaar ist nach Gl. (548b)

$$\frac{w_w}{p} = \frac{\left(\vartheta - \dfrac{b}{\tau_p}\right)\dfrac{z}{2}}{p \cdot 2a} = \frac{(1{,}325 - 0{,}75)\, 258}{3 \cdot 6} = 8{,}25,$$

die der Kompensationswicklung je Polpaar nach Gl. (546a)

$$\frac{w_k}{p} = \frac{\dfrac{b}{\tau_p} \cdot \Theta_a}{J} = \frac{0{,}75 \cdot 21180}{1480} = 10{,}7.$$

Anmerkung. Der Wendepolluftspaltinduktion $B_{Lw} = 1620$ Gauß entspricht der Wendepolfluß im Luftspalt

$$\Phi_w = B_{L_w} \cdot l_{wi} \cdot b_{wz} = 1620 \cdot 31{,}6 \cdot 7{,}23 = 0{,}37 \cdot 10^6 \text{ Maxwell}.$$

Die mittlere Zahninduktion im Anker ist

$$B'_{z_{w_m}} = B_{z_{w_m}} = \frac{l_{wi}}{k_e \cdot l} \cdot \frac{\tau_n}{b} \cdot B_{L_w} = \frac{31{,}6}{0{,}94 \cdot 28} \cdot \frac{24{,}3}{14{,}65} 1620 = 3240,$$

die zugehörige Feldstärke $H_{z_m} \approx 1$ A/cm, daher die magnetische Spannung an den Zähnen

$$2V_z = 2 \cdot l_z \cdot H_{z_m} = 2 \cdot 4{,}8 \ 1 \approx 10 \text{ A}.$$

---

[1] Mit $\gamma = \dfrac{\left(\dfrac{8{,}5}{24{,}5}\right)^2}{5 + \left(\dfrac{8{,}5}{24{,}5}\right)} = 0{,}0225$ ist $k_c = \dfrac{24{,}3}{24{,}3 - 0{,}0225 \cdot 2{,}45} = \sim 1.$

Dem Fluß Φ_w allein entspricht die Ankerjochinduktion

$$B_{jaw} = \frac{\dfrac{\Phi_w}{2}}{k_e \cdot l \cdot h_{ja}} = \frac{0{,}185 \cdot 10^6}{0{,}94 \cdot 28 \cdot 19{,}2} = 370 \text{ Gauß}.$$

Als resultierende Induktion im Ankerjoch unter Berücksichtigung der Überlagerung mit dem Hauptfluß ergibt sich
für die Quadranten I, III:

$$B_{ja} - B_{jaw} = 12000 - 370 \approx 11600 \quad \text{mit} \quad H'_{ja} = 6{,}6 \text{ A/cm},$$

für die Quadranten II, IV:

$$B_{ja} + B_{jaw} = 12000 + 370 \approx 12400 \quad \text{mit} \quad H''_{ja} = 7{,}6 \text{ A/cm};$$

die mittlere Feldstärke ist daher $H_{jaw} = \dfrac{1}{2}\,[(7{,}6 - 7) + (7 - 6{,}6)] = 0{,}5$ A/cm
und die magnetische Spannung am Ankerjoch

$$V_{jaw} = t_{ja} \cdot H_{jaw} = 37{,}3 \cdot 0{,}5 \approx 19 \text{ A}.$$

Der Fluß Φ_{w_k} durch den Wendepol ist um den Streufluß Φ_{w_s} zwischen den Wendepolen größer als der Wendepolluftspaltfluß; wird $\Phi_{w_s} = 1{,}5 \cdot \Phi_w$ angenommen, so ist

$$\Phi_{w_k} = \Phi_w + \Phi_{w_s} = 2{,}5\,\Phi_w = 2{,}5 \cdot 0{,}37 \cdot 10^6 = 0{,}925 \cdot 10^6 \text{ Maxwell}.$$

Die zugehörige mittlere Wendepolinduktion im mittleren Wendepolquerschnitt $\left(\text{mittlere Wendepolbreite } b_{wm} = \dfrac{100 + 45}{2} = 72{,}5 \text{ mm}\right)$ ist

$$B_{wk} = \frac{\Phi_{w_k}}{k_e \cdot l_w \cdot h_{w_m}} = \frac{0{,}925 \cdot 10^6}{0{,}97 \cdot 32 \cdot 7{,}25} = 4100 \text{ Gauß};$$

mit $H_{wk} = 2{,}25$ A/cm ergibt sich daher die magnetische Spannung an den Wendepolen zu

$$2\,V_{wk} = 2\,l_{wk} \cdot H_{wk} = 2 \cdot 18{,}25 \cdot 2{,}25 = 82 \text{ A}.$$

Dem Fluß Φ_{w_k} allein entspricht die Jochringinduktion

$$B_j = \frac{\dfrac{\Phi_{w_k}}{2}}{k_e \cdot L_j \cdot h_j} = \frac{0{,}463 \cdot 10}{0{,}97 \cdot 37 \cdot 15} = 865 \text{ Gauß}.$$

Unter Berücksichtigung der Überlagerung mit dem Hauptfluß ergibt sich
für die Quadranten I, III:

$$B_j - B_{jw} = 12900 - 865 \approx 12000 \quad \text{mit} \quad H_j = 10 \text{ A/cm},$$

für die Quadranten II, IV:

$$B_j + B_{jw} = 12900 + 865 \approx 13800 \quad \text{mit} \quad H_j = 17 \text{ A/cm};$$

die mittlere Feldstärke ist daher

$$H_{jw} = \frac{1}{2}\,[(17 - 12{,}5) + (12{,}5 - 10)] = 3{,}5 \text{ A/cm}$$

und die magnetische Spannung am Jochring ist

$$V_{jw} = l_j \cdot H_{jw} = 81 \cdot 3{,}5 = 284 \text{ A}.$$

318　Die Gleichstrommaschine

Als Summe der magnetischen Teilspannungen an den Ankerzähnen, an den Wendepolen und an den Jochen ergibt sich somit der Wert

$$2V_{z_w} + V_{j a_w} + 2V_{w_k} + V_{j_w} = 10 + 19 + 82 + 284 = 395 \text{ A},$$

das sind etwa 6,5% von $2V_{L_w} = 6155$ A.

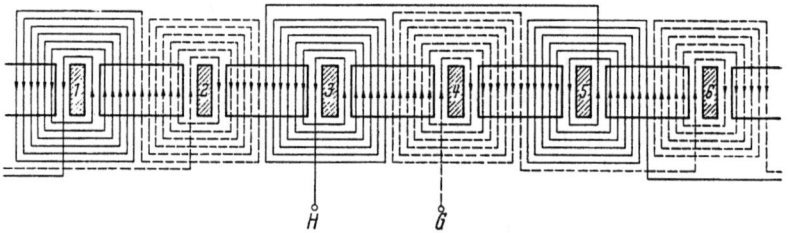

Abb. 229. Schaltbild der Kompensationswicklung

Die *Wendepolwicklung* wird mit $\frac{w_w}{p} = 8$ Wdg./Polpaar ausgeführt. Bei einer Stromdichte von $s_w = 3{,}3$ A/mm² ist der erforderliche Querschnitt $q_w = \frac{J}{s_w} = \frac{1480}{3{,}3} = 448$ mm²; gewählt werden die Abmessungen 16 mm mal 28 mm blank.

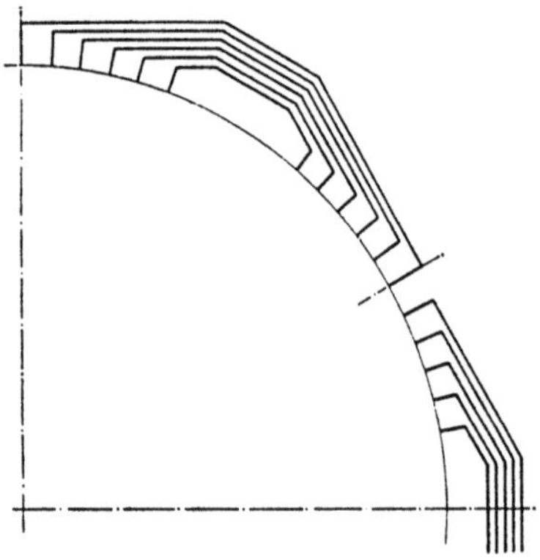

Die mittlere Leiterlänge ergibt sich nach Abb. 227 zu

$$l_{l_w} = 32 + \pi \left(\frac{10 + 4{,}5}{2} + 0{,}5 + \frac{1{,}6}{2}\right)$$
$$= 47{,}5 \text{ cm};$$

die Gesamtlänge der Wendepolwicklung ist daher

$$L_w = \frac{w_w}{p} \cdot 2l_{l_w}$$
$$= 3 \cdot 8 \cdot 2 \cdot 0{,}475 = 22{,}8 \text{ m},$$

ihr Gewicht

Abb. 230. Anordnung der Kompensationswicklung

$$G_w = \gamma \cdot L_w \cdot q_w \cdot 10^{-3}$$
$$= 8{,}9 \cdot 22{,}8 \cdot 448 \cdot 10^{-3} = 91 \text{ kg},$$

der Ohmsche Widerstand bei 20 °C

$$r_w = \frac{L_w}{\chi \cdot q_w} = \frac{22{,}8}{56 \cdot 448} = 0{,}0009 \text{ Ohm}.$$

Die *Kompensationswicklung* wird mit $\frac{w_k}{p} = 11$ Wdg./Polpaar, d. h. mit 11 Stäben je Pol ausgeführt. Wird die Stromdichte $s_k = 4{,}6$ A/mm² zugrunde gelegt, so ist der erforderliche Querschnitt $q_{k_{St}} = \frac{J}{s_k} = \frac{1480}{4{,}6} = 322$ mm²; gewählt werden die Abmessungen 7,5 mm mal 44,5 mm blank für die Ovalstäbe bzw. 6 mm mal 80 mm ($q_{k_B} = 480$ mm²) für die Verbindungsbügel (Abb. 229 und 230).

Die mittlere Leiterlänge ergibt sich zu

$$l_{l_k} = \left(l_{\text{Stab}} - 2\frac{b_{\text{Zwinge}}}{2}\right) + \tau_p' = 68 - \frac{2 \cdot 8}{2} + \frac{\pi \cdot 123}{6} = 124{,}5 \text{ cm};$$

die Gesamtlänge der Kompensationswicklung ist also

$$L_k = p \cdot \frac{w_k}{p} \cdot 2l_{l_k} = 3 \cdot 11 \cdot 2 \cdot 1{,}245 = 82{,}2 \text{ m},$$

ihr Gewicht

$$G_k = \gamma (L_{k_{St}} \cdot q_{k_{St}} + L_{k_B} \cdot q_{k_B}) \cdot 10^{-3}$$
$$= 8{,}9 \left(82{,}2 \cdot \frac{0{,}68}{1{,}245} \cdot 322 + 82{,}2 \cdot \frac{0{,}645}{1{,}245} \cdot 480\right) \cdot 10^{-3} = 310 \text{ kg},$$

der Ohmsche Widerstand bei 20 °C

$$r_k = \frac{L_{k_{St}}}{\chi \cdot q_{k_{St}}} + \frac{L_{k_B}}{\chi \cdot q_{k_B}} = \frac{39{,}6}{56 \cdot 322} + \frac{42{,}6}{56 \cdot 480} = 0{,}0046 \text{ Ohm}.$$

Die Abmessungen der Kompensationsnuten werden unter Berücksichtigung der Stabisolation (Mikartit) gewählt:

Nutbreite $7{,}5 + 3{,}0 = 10{,}5$ mm, Nuthöhe $44{,}5 + 3{,}5 = 48$ mm (Abb. 231). Da der Polbogen $\frac{b}{\tau_p} \cdot \tau_p = 0{,}75 \cdot \frac{\pi \cdot 101}{6} = 39{,}65$ cm ist, so bleiben nach Abzug von 11 Nutbreiten — d. h. $11 \cdot 1{,}05 = 11{,}55$ cm — noch $39{,}65 - 11{,}55 = 28{,}1$ cm für den Durchtritt des Flusses $\Phi = 1210 \cdot B_L = 12{,}1 \cdot 10^6$ Maxwell; die Polschuhinduktion ist somit $B_p = \frac{12{,}1 \cdot 10^6}{0{,}97 \cdot 32 \cdot 28} = 13875$ Gauß, also praktisch gleich der Polkerninduktion (s. S. 313).

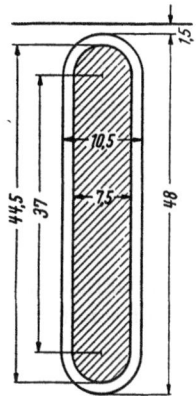

Abb. 231. Kompensationsnut

Mit den Polabmessungen nach Abb. 227 und einer (zunächst angenommenen) Breite der *Erregerwicklung* von 70 mm ergibt sich die mittlere Leiterlänge zu

$$l_{l_e} = 2(32 - 2 \cdot 1{,}5) + \pi \left(1{,}5 + 0{,}4 + \frac{7}{2}\right) = 75 \text{ cm};$$

der erforderliche Leiterquerschnitt ist dabei nach Gl. (451) bei der früher errechneten Erregerdurchflutung $\Sigma V = 13200$ A und bei einer Erregerspannung $e = 110 \cdot 0{,}95$ V (5% Spannungsabfall in den Zuleitungen)

$$q_e = p \cdot \Sigma V \cdot \frac{2l_{l_e}}{e} \cdot \varrho_t = 3 \cdot 13200 \cdot \frac{2 \cdot 0{,}75}{110 \cdot 0{,}95} \cdot \frac{1}{46} = 12{,}2 \text{ mm}^2.$$

Es werden Cu-Leiter mit den Abmessungen 2,5 mm mal 5 mm blank bzw. 2,9 mm mal 5,4 mm isoliert (mit Glasseidenband) gewählt, die unter Zwischenschaltung eines Luftkanals von 20 mm Breite in der aus der Abb. 227 ersichtlichen Weise angeordnet werden; die Anzahl der Windungen je Pol ist $\frac{w_e}{2p} = 220$, nämlich $(8 \times 15) + (8 \times 12) + (1 \times 4)$.

Der Erregerstrom ergibt sich nach Gl. (450) zu

$$i_e = \frac{\Sigma V}{\frac{w_e}{p}} = \frac{13200}{2 \cdot 220} = 30 \text{ A},$$

der Ohmsche Widerstand nach Gl. (448) zu

$$r_e = \frac{w_e \cdot 2 l_{l_e}}{q_e} \cdot \varrho_t = \frac{6 \cdot 220 \cdot 2 \cdot 0{,}75}{12{,}2} \cdot \frac{1}{46} = 3{,}55 \text{ Ohm bei } 75\,°\text{C},$$

die Erregerleistung zu

$$e_e \cdot i_e \cdot 10^{-3} = 110 \cdot 0{,}95 \cdot 30 \cdot 10^{-3} = 3{,}15 \text{ kW}.$$

Die gesamte Wicklungslänge der Erregerwicklung ist

$$L_e = w_e \cdot 2 \cdot l_{l_e} = 6 \cdot 220 \cdot 2 \cdot 0{,}75 = 1980 \text{ m},$$

das Gewicht daher

$$G_e = \gamma \cdot L_e \cdot q_e \cdot 10^{-3} = 8{,}9 \cdot 1980 \cdot 12{,}2 \cdot 10^{-3} = 215 \text{ kg}.$$

Der Gesamtwiderstand der in Reihe geschalteten Ankerwicklung, Wendepolwicklung und Kompensationswicklung ist bei 75 °C

$$r = 1{,}215\,(r_{a_{20}} + r_{w_{20}} + r_{k_{20}})$$
$$= 1{,}215\,(0{,}00457 + 0{,}0009 + 0{,}0046) = 0{,}0123 \text{ Ohm};$$

einschließlich eines Spannungsabfalles von 2,8 V unter den Bürsten beträgt somit der gesamte Spannungsabfall bei $J = 1480$ A

$$e' = 1480 \cdot 0{,}0123 + 2{,}8 = 21 \text{ V (angenommen waren } 0{,}05 \cdot 440 = 22 \text{V)}.$$

Die *Wicklungsverluste* (ohne zusätzliche Verluste) betragen bei 75 °C

in der Ankerwicklung $\qquad V_{W_a} = 1480^2 \cdot 0{,}00555 = 12{,}2 \text{ kW},$
in der Wendepolwicklung $\qquad V_{W_w} = 1480^2 \cdot 0{,}0011 = 2{,}43 \text{ kW},$
in der Kompensationswicklung $\quad V_{W_k} = 1480^2 \cdot 0{,}0056 = 12{,}27 \text{ kW};$

insgesamt somit 26,9 kW.

Die *zusätzlichen Verluste* sind entsprechend § 61 der REM bei kompensierten Gleichstrommaschinen durch einen Betrag von 0,5 % der aufgenommenen Leistung (bei Motoren) zu berücksichtigen, d. h. es ist

$$V_{W\mathrm{Zus}} = 0{,}005 \cdot \frac{N}{\eta_{\mathrm{ang.}}} = 0{,}005 \cdot \frac{600}{0{,}92} \approx 3{,}3 \text{ kW}.$$

Berechnungsbeispiel

Anmerkung. Die infolge des Nutenquerfeldes in der Ankerwicklung auftretenden Stromverdrängungsverluste ergeben sich nach Gl. (98) mit

$$f = \frac{pn}{60} = \frac{3 \cdot 400}{60} = 20 \text{ Hz}, \quad \alpha = 2\pi \sqrt{\frac{b_L}{b_n} \cdot \frac{f}{\varrho \cdot 10^5}} = 2\pi \sqrt{\frac{2 \cdot 3}{8,5} \cdot \frac{20 \cdot 46}{10^5}} = 0,505,$$

$$h = \frac{1,5 + 2,2}{2} = 1,85 \text{ cm}, \quad \xi = \alpha \cdot h = 0,505 \cdot 1,85 = 0,935,$$

$$b_b = 16 + 2 + 16 + 3 = 37 \text{ mm}, \quad \tau_k = 7,3 \text{ mm}, \quad \frac{b_b}{\tau_k} = 5,05, \quad k = 258,$$

$$\gamma = \frac{31}{\xi^2} \cdot \frac{\dfrac{b_b}{\tau_k} + (u-1)}{\dfrac{k}{p}} = \frac{31}{0,935^2} \cdot \frac{5,05 + (2-1)}{\dfrac{258}{3}} = 2,5$$

zu

$$\frac{V'_{\text{Zus}}}{V_{W_a}} = \frac{l}{l_{la}} \cdot \frac{3\xi^2}{2+\gamma} = \frac{280}{955} \cdot \frac{3 \cdot 0,935^2}{2 + 2,5} = 0,1715,$$

$$V'_{\text{Zus}} = 0,1715 \cdot V_{W_a} = 0,1715 \cdot 12,2 = 2,09 \text{ kW}.$$

Die in den Ankerleitern durch den (bei hohen Zahnsättigungen in den Nutenraum eindringenden) Hauptfluß erzeugten Wirbelstromverluste ergeben sich nach Gl. (101) mit

$$c = 2,5, \quad h = 1,85 \text{ cm}, \quad B'_z = 20650 \text{ Gauß},$$

$$f = 20 \text{ Hz}, \quad q_o = 45 \text{ mm}^2, \quad q_u = 66 \text{ mm}^2, \quad \frac{2 q_o q_u}{q_o + q_u} = 53,3 \text{ mm}^2$$

zu

$$\frac{V''_{\text{Zus}}}{V_{W_a}} = \frac{l}{l_{la}} \left[\left(\frac{2 q_o q_u}{q_o + q_u} \right) c \cdot h \cdot \frac{1}{\varrho} \cdot f \left(\frac{B'_z}{1000} - 16 \right) \cdot 10^{-4} \right]^2 \cdot \frac{1}{\left(\dfrac{J}{2a} \right)^2}$$

$$= \frac{280}{955} [53,5 \cdot 2,5 \cdot 1,85 \cdot 46 \cdot 20 \, (20,65 - 16) \cdot 10^{-4}]^2 \cdot \frac{1}{\left(\dfrac{1480}{6} \right)^2} = 0,054,$$

$$V''_{\text{Zus}} = 0,054 \cdot V_{W_a} = 0,054 \cdot 12,2 = 0,66 \text{ kW}.$$

Daher ist $V'_{\text{Zus}} + V''_{\text{Zus}} = 2,09 + 0,66 = 2,75 \text{ kW} \left(= 0,42\% \text{ von } \dfrac{N}{\eta_{\text{ang}}} \right)$.

Das Ankerblechpaket besteht aus 0,5 mm starken Blechen mit der Verlustziffer 2 W/kg, so daß bei der Frequenz $f = \dfrac{pn}{60} = \dfrac{3 \cdot 400}{60} = 20$ Hz und der mittleren Zahninduktion $B_{Z_m} = 19300$ Gauß bzw. bei der Jochinduktion $B_j = 12900$ Gauß ist:

$$v_z \approx 2 \cdot \frac{20}{50} \left(\frac{19300}{10000} \right)^2 = 3 \text{ W/kg} \quad \text{bzw.} \quad v_j \approx 2 \cdot \frac{20}{50} \left(\frac{12900}{10000} \right)^2 = 1,35 \text{ W/kg}.$$

Das Zahneisengewicht ist

$$G_z = \gamma \cdot k_e \cdot l \left\{ \frac{\pi}{4} [d_a^2 - (d_a - 2h_n)^2] - N \cdot h_n \cdot b_n \right\} \cdot 10^{-3}$$

$$= 7,7 \cdot 0,94 \cdot 28 \left\{ \frac{\pi}{4} [100^2 - 90,4^2] - 129 \cdot 4,8 \cdot 0,85 \right\} \cdot 10^{-3} = 183 \text{ kg},$$

das Jocheisengewicht

$$G_j = \gamma \cdot k_e \cdot l \left\{ \frac{\pi}{4} \left[(d_a - 2h_n)^2 - d_i^2 \right] \right\} \cdot 10^{-3}$$

$$= 7{,}7 \cdot 0{,}94 \cdot 28 \left\{ \frac{\pi}{4} \left[90{,}4^2 - 52^2 \right] \right\} \cdot 10^{-3} = 870 \text{ kg};$$

die Eisenverluste im Ankerblechpaket (Grundverluste) sind daher nach Gl. (80) und (81) unter Berücksichtigung der Faktoren $k = 1{,}3$ bzw. $k_j = 1{,}4$ (bei $2p = 6$ Polen)

$$V_z = v_z \cdot G_z \cdot k = 3 \cdot 183 \cdot 1{,}3 \cdot 10^{-3} = 0{,}715 \text{ kW},$$

$$V_j = v_j \cdot G_j \cdot k_j = 1{,}35 \cdot 870 \cdot 1{,}4 \cdot 10^{-3} \cdot 10^{-3} = 1{,}645 \text{ kW}.$$

Die zusätzlichen Eisenverluste werden näherungsweise aus der Schaulinie der Abb. 35 ermittelt: für $\dfrac{b_n \cdot \vartheta_1}{\delta^2} = \dfrac{8{,}5 \cdot 24{,}3}{5^2} = 8{,}25$ ist der Zuschlagsfaktor $k_{Fe} = 1 + X \dfrac{3}{v_{10}} = 1 + 0{,}65 \cdot \dfrac{3}{5} \approx 1{,}4$, so daß die *gesamten Eisenverluste*

$$V_{Fe} = k_{Fe}(V_z + V_j) = 1{,}4 \, (0{,}715 + 1{,}645) = 3{,}3 \text{ kW}$$

betragen.

Die *Lager- und Luftreibungsverluste* werden entsprechend der Ankerumfangsgeschwindigkeit $v_a = \dfrac{\pi \cdot 1{,}0 \cdot 400}{60} = 20{,}93$ m/s aus der Schaulinie a (mit Lüfter) der Abb. 37 zu

$$V_R = \left(\frac{V_R}{N_n} \right) \cdot N_n = \frac{0{,}4}{100} \cdot 600 = 2{,}4 \text{ kW}$$

ermittelt.

Die *Bürstenreibungsverluste* bzw. die *Bürstenübergangsverluste* wurden früher zu (s. S. 310)

$$V_B \approx 1{,}8 \text{ kW} \quad \text{bzw.} \quad V_{B_{üb}} \approx 3 \text{ kW}$$

bestimmt.

Die Gesamtverluste ergeben sich aus den Einzelverlusten:

Wicklungsverluste . . . . $V_{W_a} + V_{W_w} + V_{W_k} = 26{,}9$ kW

Zusatzverluste . . . . $V_{W_z} = 3{,}3$ „

Eisenverluste (einschl. zusätzl. Verluste) . . . . $V_{Fe} = 3{,}3$ „

Luft- und Lagerreibungsverluste . . . . $V_R = 2{,}4$ „

Bürstenreibungsverluste und Bürstenübergangsverluste . $V_B + V_{B_{üb}} = 4{,}8$ „

Gesamtverluste . . . . $\Sigma V_{erl} = 40{,}7$ kW

Der Wirkungsgrad beim Nennbetrieb ist daher

$$\eta_n = \frac{N_n \cdot 100}{N_n + \Sigma V_{erl}} = \frac{600 \cdot 100}{600 + 40{,}7} = 93{,}6\%.$$

Die Nachrechnung der Erwärmung der Wicklungen und des Eisens kann in der gleichen Weise wie bei dem Berechnungsbeispiel einer Synchronmaschine (mit ausgeprägten Polen) erfolgen; sie kann aber nur als sinnvoll gelten, wenn hierbei auf die *Meßergebnisse* an ähnlich ausgeführten Maschinen zurückgegriffen werden kann.

VI a. Der Einankerumformer

Bei der Bemessung des Einankerumformers, dessen mechanischer Aufbau dem der Gleichstrommaschine ähnelt, ist besonders zu beachten, daß bei gleicher Leistung und gleichen Abmessungen die Ankerkupferverluste wesentlich geringer als die der entsprechenden Gleichstrommaschine sind. Bezeichnet J_g den Gleichstrom, J_{ph} den Strom je Phase, $J_{Sch} = 2 \cdot J_{ph} \cdot \sin \frac{\pi}{m}$ den Schleifringstrom, m die Phasenzahl, R den am Kommutator gemessenen Ankerwiderstand, so ergibt sich für die Stromwärmeverluste im Anker (bei Vernachlässigung des Winkels zwischen induzierter EMK und Klemmenspannung)

$$V_{Cu} = R \left(J_g^2 + 4 J_{Ph}^2 - \frac{8 \cdot \sqrt{2}}{\pi^2} \cdot m \cdot J_g \cdot J_{ph} \cdot \sin \frac{\pi}{m} \cdot \cos \varphi \right) \quad (553)$$

$$= R \left(J_g^2 + \frac{J_{Sch}^2}{\sin^2 \frac{\pi}{m}} - \frac{4 \cdot \sqrt{2}}{\pi^2} \cdot m \cdot J_g \cdot J_{Sch} \cdot \cos \varphi \right). \quad (553a)$$

Das Verhältnis dieser Verluste zu den Verlusten $J_g^2 \cdot R$ der Gleichstrommaschine gleicher Abmessungen und gleicher Leistung ist

$$v = 1 + \frac{8}{m^2 \cdot \sin^2 \frac{\pi}{m}} \cdot \frac{1}{\cos^2 \varphi} - \frac{16}{\pi^2}. \quad (554)$$

Bei gleichen Ankerkupferverlusten kann der Einankerumformer einen im Verhältnis $\frac{1}{\sqrt{v}}$ größeren Gleichstrom bzw. eine in diesem Verhältnis größere Leistung abgeben als die entsprechende Gleichstrommaschine; Zahlenwerte von v bzw. $\frac{1}{\sqrt{v}}$ sind in der Tab. 24 angegeben.

Tabelle 24. v, $\frac{1}{\sqrt{v}}$ *für verschiedene Werte des* $\cos \varphi$ *bei Einankerumformern*

Phasenzahl	v			$\frac{1}{\sqrt{v}}$		
	1	3	6	1	3	6
$\cos \varphi = 1{,}0$	1,38	0,56	0,27	0,85	1,33	1,93
0,9	1,85	0,84	0,48	0,73	1,09	1,45
0,8	2,51	1,23	0,77	0,63	0,9	1,14
0,7	3,46	1,8	1,19	0,54	0,74	0,91

Der Ohmsche Spannungsabfall des Einankerumformers ist $\sqrt{v} \cdot J_g \cdot R$, d. h. beim Mehrphasenumformer bedeutend geringer als der Ohmsche Spannungsabfall $J_g \cdot R$ der entsprechenden Gleichstrommaschine.

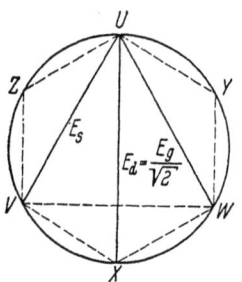

Abb. 232. Schleifringanschlüsse und Phasenspannungen beim Einankerumformer

1. Anmerkung. Zwischen dem der Ankerwicklung über Schleifringe zugeführten Wechselstrom und dem der gleichen Wicklung über den Kommutator entnommenen Gleichstrom wie auch zwischen der Wechsel- und der Gleichstromspannung besteht ein bestimmtes Verhältnis. Bei sinusförmiger Feldkurve verhält sich der Effektivwert der EMK (bei leerlaufendem Umformer gemessen an Schleifringen, die an zwei um 180° gegeneinander verschobenen Punkten angeschlossen sind), d. h. die Wechsel-EMK E_w eines Einphasenumformers (Abb. 232) zur Amplitude der in der Ankerwicklung vom Magnetfluß induzierten EMK (bei leerlaufendem Umformer gemessen an den in die neutrale Achse gerückten Kommutatorbürsten), d. h. zur Gleich-EMK E_g wie 1 : $\sqrt{2}$; bei mehrphasiger Speisung des Umformers ist

$$\frac{E_w}{E_g} = \frac{1}{\sqrt{2}} \cdot \sin \frac{\pi}{m} \qquad (555)$$

(m Phasenzahl, beim Einphasenumformer ist $m = 2$ zu setzen), also $\frac{E_w}{E_g} = 0{,}707/ 0{,}612/0{,}354$ bei $m = 2/3/6$ (diese Werte sind um 5 bis 8% zu erhöhen, um das Übersetzungsverhältnis $\frac{U_w}{U_g}$ der Spannungen des Umformers bei Belastung zu erhalten). Um die gewünschte Gleichspannung zu erhalten, muß in der Regel die Netzspannung durch einen Spannungstransformator auf den erforderlichen Wert der Schleifringspannung gebracht werden.

Wenn von den Verlusten im Umformer abgesehen wird, muß die durch das Produkt aus der Gleichspannung U_g und dem Gleichstrom J_g bestimmte abgegebene Gleichstromleistung gleich der zugeführten Wechselstromleistung sein:

$$U_g \cdot J_g = m \cdot U_w \cdot J_{ph} \cdot \cos \varphi, \qquad (556)$$

$$\frac{J_{ph}}{J_g} = \frac{U_g}{m \cdot U_w \cdot \cos \varphi} = \frac{\sqrt{2}}{m \cdot \sin \frac{\pi}{m} \cdot \cos \varphi} \quad \text{und} \quad \frac{J_{Sch}}{J_g} = \frac{2 \cdot \sqrt{2}}{m \cdot \cos \varphi}; \qquad (557), (558)$$

für den verlustlosen Umformer und $\cos \varphi = 1{,}0$ ist $\frac{J_{ph}}{J_g} = 0{,}707/0{,}543/0{,}472$ und $\frac{J_{Sch}}{J_g} = 1{,}415/0{,}943/0{,}472$ für $m = 2/3/6$.

Da der Einankerumformer wechselstromseitig als Synchronmotor arbeitet, ist seine Drehzahl bei der Netzfrequenz f (unabhängig von der Last) $n = \frac{60 \cdot f}{p}$; die Polpaarzahl p ist also durch die Beziehung $p = \frac{60 \cdot f}{n}$ bestimmt.

Während für die Luftspaltinduktion B_L des Einankerumformers etwa die gleichen Werte wie bei der Gleichstrommaschine angenommen werden können, kann der Gleichstrom-Strombelag bei kleineren Umformern bis zu 30%, bei großen Umformern bis zu 10% größer sein als bei den entsprechenden Gleichstrommaschinen. Die Ausnutzungsziffer ist bei kleineren Einankerumformern um etwa 20% höher als bei den entsprechenden Gleichstrommaschinen, und bei großen Umformern etwa gleich dem der entsprechenden Gleichstrommaschinen; der Wirkungsgrad der Einankerumformer liegt höher als derjenige der entsprechenden Gleichstrommaschinen.

Hinsichtlich der Stromwendung ist der Einankerumformer empfindlicher als die Gleichstrommaschine; für die mittlere Lamellenspannung gilt (mit Rücksicht auf die mögliche Feldverzerrung bei Laststößen) $\varepsilon_m \leq 16$ V. Zu den bei der Gleichstrommaschine zu fordernden Symmetriebedingungen für die Ankerwicklung kommt beim Einankerumformer die weitere Bedingung hinzu, daß zur Gewährleistung der Gleichheit der Phasenspannungen und Phasenwinkel die Anzahl der Windungen $w_{Ph} = \dfrac{\frac{z}{2}}{a \cdot m}$ zwischen zwei Schleifringanschlüssen gleich $\dfrac{c}{2}$ (c ganze Zahl) sein muß.

2. *Anmerkung.* Gleich der mit dem Namen Einankerumformer bezeichneten Maschine zur speziellen Umformung von Einphasen- oder Mehrphasenstrom in Gleichstrom formt auch der *synchrone Dreiphasen-Einphasenumformer* in nur einer Wicklung des Ankers elektrische Energie um; insbesondere dient er zur Umformung von Drehstrom in Einphasenstrom gleicher Frequenz oder zur Symmetrierung einphasiger Strombelastung auf ein Drehstromnetz. Während beim Einankerumformer die Gleichstromwicklung mit Rücksicht auf den erforderlichen Kommutator im Läufer untergebracht und der Wechselstrom über Schleifringe zugeführt werden muß, kann die des Phasenumformers im Ständer angeordnet werden; der Läufer ist der gleiche wie bei der Einphasen-Synchronmaschine und wird auch mit einer Dämpferwicklung versehen, die für den Selbstanlauf ausgenutzt werden kann. Die geschlossene Zweischichtwicklung wird in den Knotenpunkten 1, 3, 5 an das Drehstromnetz angeschlossen, in den Knotenpunkten 2, 5 wird der Einphasenstrom entnommen (Abb. 233).

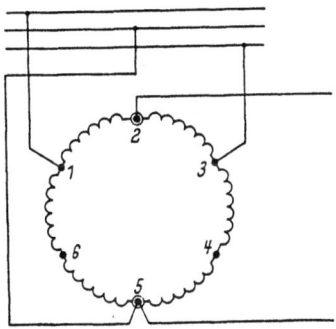

Abb. 233. Schaltung des synchronen Dreiphasen-Einphasenumformers mit geschlossener Zweischichtwicklung

Bezeichnen E_D und E_E die Phasenspannungen, J_D und $\dfrac{J_E}{2}$ die (inneren) Phasenströme bei Drehstrom bzw. Einphasenstrom, so ist

$$\frac{E_D}{E_E} = \frac{1}{2}\sqrt{3} \quad \text{und} \quad \frac{J_D}{\frac{J_E}{2}} = \frac{4}{3 \cdot \sqrt{3}} \cdot \frac{\cos\varphi_E}{\cos\varphi_D \cdot \eta}; \qquad (559), (560)$$

die gesamten Stromwärmeverluste in der Ankerwicklung mit dem Ohmschen Widerstand r_a sind

$$V_{\text{Cu}} = \left(\frac{J_E}{2}\right)^2 \cdot r_a \left[1 + \left(\frac{J_D}{\frac{J_E}{2}}\right)^2 - \frac{2}{3}\sqrt{3}\left(\frac{J_D}{\frac{J_E}{2}}\right)\cos(\psi_E - \psi_D)\right]. \qquad (561)$$

Schrifttum

(Bücher alphabetisch, Aufsätze zeitlich geordnet)

zu Kap. I A:

ARNOLD, E., u. J. L. LA COUR: Die Wechselstromtechnik, Bd. IV, Die synchronen Wechselstrommaschinen, Berlin: Springer 1923.
ARNOLD, E., u. J. L. LA COUR: Die Wechselstromtechnik, Bd. V / 1. Teil, Die Induktionsmaschinen, Berlin: Springer 1923.
RICHTER, R.: Elektr. Maschinen, Bd. 1, Allgemeine Berechnungselemente. Die Gleichstrommaschine, 2. Aufl., Berlin/Göttingen/Heidelberg: Springer 1951.
RICHTER, R.: Elektr. Maschinen, Bd. 2, Synchronmaschinen und Einankerumformer, 2. Aufl., Berlin/Göttingen/Heidelberg: Springer 1953.
RÜDENBERG, R.: Energie der Wirbelströme, Stuttgart: Enke 1906.

RICHTER, R.: Felderregerkurve und Feldkurve bei elektr. Maschinen. ETZ 1950, S. 618.
GYNT, S., u. W. SCHUISKY: Berechnung der magnetischen Spannung für Joch und Zähne. ETZ 1958, S. 780.

zu Kap. I B:

KITTLER, E., u. W. PETERSEN: Allgem. Elektrotechnik, Bd. III, Stuttgart: Enke 1910.
v. RZIHA, E.: Starkstromtechnik (herausgeg. v. GENTHE), 8. Aufl., Berlin: Ernst & Sohn 1952.

SATTLER, P. H., u. W. SCHUISKY: Über die zusätzliche Streuung durch Nutschrägung. E. u. M. 1951, S. 248.
KRON, A., u. K. BOPP: Beitrag zur praktischen Berechnung des Koeffizienten der doppeltverketteten Streuung. Arch. f. El. 1953, S. 136.
BEN URI, J.: Die Spaltstreuung elektr. Maschinen. E. u. M. 1957, S. 217.

zu Kap. I C:

NÜRNBERG, W.: Die Prüfung elektr. Maschinen, Berlin/Göttingen/Heidelberg: Springer 1959.

WALKER, J.H.: Eine Theorie der Oberflächenverluste in Induktionsmotoren. Ref. Z. f. E. 1950, S. 162.
ZAAR, G.: Zusätzliche Verluste, Eindringtiefe in massivem Eisen. E. u. M. 1953, S. 139.

zu Kap. I D:

BINDER, L.: Wärmeübergang, Lüftung und Kühlung elektr. Maschinen, Halle: Knapp 1911.
TEN BOSCH, M.: Die Wärmeübertragung, 3. Aufl., Berlin: Springer 1936.

ECKERT, E.: Technische Strahlungsrechnungen, VDI-Verlag 1937.
GRÖBER, H.: Die Grundgesetze der Wärmeleitung und des Wärmeüberganges, 3. Aufl., Berlin/Göttingen/Heidelberg: Springer 1955.
HESS, H.: Die Isolierstoffe elektr. Maschinen unter Berücksichtigung der Heimstoffe, Braunschweig: Vieweg 1942.
HÜTTE: Bd. IV A, 28. Aufl., Berlin: Ernst & Sohn 1957.
JUSTI, E.: Spez. Wärme, Enthalpie, Entropie und Dissoziation technischer Gase, Berlin: Springer 1938.
MERKEL, FR.: Die Grundlagen der Wärmeübertragung, Dresden u. Leipzig: Th. Steinkopff 1927.
NUSSELT, W.: Technische Thermodynamik, 2. Bd., Sammlung Göschen Nr. 1151, Berlin: de Gruyter 1944.
SCHACK, A.: Die industrielle Wärmeübertragung, 5. Aufl., Düsseldorf: Stahleisen 1957.
Werkstoffhandbuch Stahl u. Eisen, 3. Aufl., Düsseldorf: Stahleisen 1953.
VDI-Wärmeatlas, Düsseldorf: Deutscher Ing. Verlag 1954.

KLOSS, M.: Ersatzkurzprüfzeit für elektr. Maschinen. ETZ 1951, S. 233.
LEUKERT, W.: Wirkungsgrad und Modellausnutzung der wasserstoffgekühlten Maschinen. VDE-Fachber. 1951.
SCHUISKY, W.: Beitrag zur Ersatzkurzprüfzeit für elektr. Maschinen. ETZ 1952, S. 517.
CASER, R., u. K. LUTZ: Kühlungsverhältnisse und Erwärmung elektr. Maschinen. ETZ 1955, S. 392.
LIEBE, W.: Über das aerodynamische Verhalten elektr. Maschinen. Siem.-Zeitschr. 1957, S. 68.
HAK, J.: Grundgleichungen der inneren Kühlung. ETZ 1959, S. 44.

zu Kap. II:

BLOCH, O.: Die Ortskurven der graphischen Wechselstromtechnik, Zürich: Rascher & Co 1917.
CASPER, L.: Einführung in die komplexe Behandlung von Wechselstromaufgaben, Berlin: Springer 1929.
FRAENCKEL, A.: Theorie der Wechselströme, 3. Aufl., Berlin: Springer 1930.
HAUFFE, G.: Die symbolische Behandlung der Wechselströme, Berlin u. Leipzig: Göschen 1928.
OBERDORFER, G.: Das Rechnen mit symmetrischen Komponenten, Leipzig u. Berlin: Teubner 1929.
RING, H.: Die symbolische Methode zur Lösung von Wechselstromaufgaben, 2. Aufl., Berlin: Springer 1928.

PUTZ, W.: Der Hochlaufversuch beim Drehstrommotor und seine Fehlerquellen. Z. Elektrotechn. 1948, S. 29.
KÜBLER, E.: Wechselstromverdrängungen in den Hochstäben von Wechselstromläufermotoren in vektorieller Darstellung. Deutsche Elektrot. 1948, S. 182/184.
GIBBS, W.: Induction and synchronous motors with unlaminated rotors. J. I. E. E. 1948, Teil II, S. 411.
JASSE, E.: Beitrag zur Frage der günstigsten Stabhöhe bei Stromverdrängungsmotoren. Arch. f. El. 1949, S. 323.
LEUKERT, W.: Das Betriebsverhalten von asynchronen Schleifringankermotoren mit schlupfabhängiger Impedanz. ETZ 1950, S. 313.

RAYMUND, H.: Über schnellaufende Drehstrommotoren. Siem.-Zeitschr. 1951, S. 209.
REINHARDT, F.: Der Anlauf von Drehstromasynchronmotoren als Schaltvorgang. Arch. f. El. 1952, S. 113.
SCHUISKY, W.: Ständererwärmung von Kurzschlußläufermotoren. ETZ 1953, S. 238.
SCHUISKY, W.: Erwärmung der Stäbe eines Kurzschlußkäfigs beim Anlauf. Arch. f. El. 1953, S. 103.
SCHUISKY, W.: Temperaturverteilung im Hochstab beim Anlauf. E. u. M. 1953, S. 521.
STIER, F.: Das unsymmetrische Mehrphasensystem. ETZ 1953, S. 361.
NACKE, H.: Ersatzschaltung zur Ermittlung der Stromverdrängung in den Stäben von Wirbelstromläufermotoren. ETZ 1954, S. 760.
UNGER, F.: Erwärmung von Kurzschlußläufern. ETZ 1954, S. 332.
SCHUISKY, W.: Beitrag zur praktischen Berechnung der Erwärmung des Kurzschlußkäfigs beim Anlauf, Bremsen, Umkehren. E. u. M. 1955, S. 169.
KÜBLER, E.: Entwicklung des vollständigen Kreisdiagrammes der Asynchronmaschine. ETZ 1955, S. 464.
OBERMOSER, K.: Die Ableitung der Bedeutung des klassischen Käfigankermotors aus dem einfachen Heyland-Kreis. E. u. M. 1953, S. 505 u. 555.
BASTA, J.: Anlauf eines massiven Stahlzylinders im magnetischen Drehfeld. E. u. M. 1955, S. 222.
FRAUNBERGER, F.: Das Widerstandsdiagramm der Asynchronmaschine. ETZ 1957, S. 611.

zu Kap. III:

ALGER, P.: The Nature of Polyphase Induction Machines. N. Y.: Wiley and Sons 1951.
HEUBACH, J.: Der Drehstrommotor, 2. Aufl., Berlin: Springer 1923.
JORDAN, H.: Der geräuscharme Elektromotor, Essen: Girardet 1950.
MATTHIAS, A.: Isolierstoffe, VDE-Verlag 1930.
NÜRNBERG, W.: Die Asynchronmaschine, Berlin/Göttingen/Heidelberg: Springer 1952.
PUNGA, F., u. O. RAYDT: Drehstrommotoren mit Doppelkäfiganker und verwandte Konstruktionen, Berlin: Springer 1931.
RETZOW, U.: Die Eigenschaften elektrotechnischer Isoliermaterialien in graphischer Darstellung, Berlin: Springer 1927.
RICHTER, R.: Lehrbuch der Wicklungen elektr. Maschinen, Karlsruhe: Birkhäuser 1953.
RICHTER, R.: Elektrische Maschinen, Bd. IV, 2. Aufl., Berlin: Springer 1954.
SCHERING, H.: Die Isolierstoffe der Elektrotechnik, Berlin: Springer 1924.
SCHUISKY, W.: Elektromotoren, Wien: Springer 1951.
SCHUISKY, W.: Induktionsmaschinen, Wien: Springer 1957.
SCHWAIGER, A.: Elektrische Festigkeitslehre, 2. Aufl., Berlin: Springer 1925.
SEQUENZ, H.: Die Wicklungen elektrischer Maschinen, Wien: Springer, Bd. I 1950, Bd. II 1952, Bd. III 1954.

SCHUISKY, W.: Starting Losses in Windings of Double Squirreleage Motors. A. I. E. E. 1948, S. 325.
SCHUISKY, W.: Einige Beispiele für die Berechnung einer Maschinenreihe. E. u. M. 1950, S. 308.

Schrader, H.: Ermittlung der Stromortskurven bei Drehstrommotoren mit Stromverdrängungsläufern. ETZ 1950, S. 131.
Jordan, H.: Angenäherte Berechnung des magnetischen Geräusches von Käfigläufermotoren. ETZ 1950, S. 491.
Drehmann, A., u. L. Lenninger: Drehmomenteinsattelungen, Störtöne und Rüttelkräfte bei Kurzschlußläufermotoren als Folge unzweckmäßiger Läufernutenzahl. ETZ 1951, S. 435.
Jordan, H.: Über das magnetische Geräusch von Drehstromasynchronmaschinen. ETZ 1952, S. 623.
Höpp, A.: Die Nutenzahlen bei Käfigankermotoren. E. u. M. 1952, S. 364.
Kade, F., u. J. Klamt: Kurze oder lange Drehstrommotoren. ETZ 1952, S. 385.
Kade, F.: Die Wachstumsgesetze des Induktionsmotors. ETZ 1952, S. 629.
Zaar, G.: Die Asynchronmaschine mit ausgeprägten Polen. Diss. T. H. Graz 1953.
v. Dobbeler, C.: Anlaufstrom, Anzugsmoment und Kippmoment der Stromverdrängungsmotoren. E. u. M. 1954, S. 160.
Ben Uri, J.: Beitrag zur analytischen Behandlung des Induktionsmotors. E. u. M. 1954, S. 53, 85.
Schuisky, W.: Die magnetische Spannung längs des Ständer- und des Läuferjoches bei Induktionsmaschinen. Arch. f. El. 1956, S. 199.
Weh, H.: Über die Berechnung magnetischer Spannungen in hochgesättigten Jochen von Drehstrommaschinen. Arch. f. El. 1957, S. 77.

zu Kap. IV:

Bödefeld, Th., u. H. Sequenz: Elektr. Maschinen, 5. Aufl., Wien: Springer 1952.
Concordia, Ch.: Synchronous Machines, N. Y.: Wiley u. Sons 1951.
Grabner, A.: Elektrodynamische Starkstrommaschinen, Leipzig: Hirzel 1944.
Kovacs, K. P., u. J. Racz: Transiente Vorgänge in Wechselstrommaschinen, Budapest 1959.
Laible, Th.: Theorie der Synchronmaschine im nichtstationären Betrieb, Berlin/Göttingen/Heidelberg: Springer 1952.
Punga, F.: Vorlesungen über Elektromaschinenbau, Darmstadt 1931.
Richter, R.: Ankerwicklungen für Gleich- und Wechselstrommaschinen, Berlin: Springer 1920.
Rüdenberg, R.: Elektr. Schaltvorgänge, 4. Aufl., Berlin/Göttingen/Heidelberg: Springer 1953.

Rankin, A.: The direct- and quadrature-axis equivalent circuits of the synchronous machine. Trans. A. I. E. E. 1945, S. 861.
Rankin, A.: Per-unit impedances of synchronous machines. Trans. A. I. E. E. 1945, S. 569.
Kogen, G.: Der elektrische Antrieb von Turbokompressoren (zulässiges Schwungmoment bei Anlauf von Kurzschlußläufermotoren und Synchronmotoren). Bull. Oerlikon 1947, S. 1801.
Reinhardt, F.: Der Aufbau der Ortskurve für den asynchronen Anlauf von Synchronmotoren. Diss. T. H. Braunschweig 1948.
Jasse, E.: Theorie des Dämpferkäfigs von Einzelpolmaschinen. Arch. f. El. 1949, S. 233.
Schuisky, W.: Selbstanlauf eines Synchronmotors. Arch. f. El. 1950, S. 657.
Jasse, E.: Kritischer Schlupf von Synchronmaschinen. Arch. f. El. 1950, S. 31.
Hannakam, L.: Übergangsverhalten des Drehstrom-Schleifringläufers. Regelungstechnik 1959, S. 393, 421.

ZAAR, G.: Der asynchrone Anlauf von Synchronmotoren, insbesondere bei Antrieb von drehschwingungsfähigen Massensystemen. VDE-Buchreihe 3, S. 252, VDE-Verlag Berlin 1958.

zu Kap. V:

Marine-Engineering. N. Y.: The Society of Naval Architects and Marine Engineers 1944.

ZILBER, M. P.: Accouplements asynchrones. Application à la propulsion des navires. Rev. d'Electricité et de Mécanique (Alsthom, Paris) 1952, S. 1.

EICHHORN, H.: Die elektromagnetische Schlupfkupplung. AEG-Mitt. 1952, S. 71.

Electro-magnetic couplings and gearing. (Their employment in the „Surrey" with two 4500 hp Sulzer-engines.) The Motor Ship 1952, S. 220.

OTTO, A.: Elektrische Schlupfkupplungen. E. u. M. 1953, S. 339.

KLAMT, J.: Elektrische Schlupfkupplungen zum Antrieb von Schiffsschrauben. ETZ/B 6 1954, S. 273.

KLAMT, J.: Die Umsteuerverhältnisse bei elektrischen Doppelkäfig-Schlupfkupplungen. Schiffstechnik. Forsch.-H. f. Schiffbau und Schiffsmaschinenbau 1955, S. 235.

LEMCKE, G.: Magnetische Schlupfkupplungen für Schiffsantriebe. Jahrbuch der Schiffbautechn. Ges. 1955, S. 438.

BESTHORN, W.: Elektromagnetische Schlupfkupplungen im Schiffsmaschinenbau. BBC-Mitt. 1955, S. 79.

EICHHORN, H.: Die elektromagnetische Schlupfkupplung. Schiffstechnik 1955, S. 86.

MÜLLNER, F.: Die Schwingungsdämpfung der elektrischen Schlupfkupplung. Schiffstechnik. Forsch.-H. f. Schiffbau u. Schiffsmaschinenbau 1955, S. 130.

ALEXANDROW, N. N.: Das maximale Drehmoment der elektromagnetischen asynchronen Kupplung. Elektritschestwo 1956, H. 6.

BORRS, H.: Der indirekte Propellerantrieb mit elektromagnetischen Schlupfkupplungen. Schiff und Hafen 1957, S. 201.

EICHHORN, H.: Die elektromagnetische Schlupfkupplung. ZVDI 1957, S. 547.

HAGEDORN, G.: Die Dämpfung von Drehschwingungen durch die elektromagnetische Schlupfkupplung. Schiffstechnik 1958, S. 223.

LINDNER, H.: Elektromagnetische Schlupfkupplungen für den Schiffbau. Deutsche Elektrotechnik 1958, S. 395.

SITTNER, J.: Über die Theorie der elektromagnetischen Schlupfkupplung unter Berücksichtigung der spezifischen Eigenschaften ausgeprägter Pole. Deutsche Elektrotechnik 1958, S. 399.

EICHHORN, H.: Die Verwendung der elektromagnetischen Schlupfkupplung beim indirekten Schiffsabtrieb als Dämpfungsglied. Jahrb. d. Schiffbautechn. Ges. 1958, S. 67.

KLAMT, J.: Elektrische Schlupfkupplungen für Schiffsantriebe. Techn. Mitt. 1958, S. 388.

BENZ, W.: Kenngrößen elektromagnetischer Schlupfkupplungen für Schiffsmotorenanlagen. Schiff und Hafen 1959, S. 469.

LINDNER, H.: Induktionskupplungen im Schiffbau. Schiffbautechnik (Ost) 1959, S. 196.

EICHHORN, H.: Die elektromagnetische Schlupfkupplung als Arbeitsglied zwischen Dieselmotor und Schiffspropeller. MTZ 1959, S. 415.

KLAMT, J.: Die Schwingungsdämpfung der elektrischen Schlupfkupplung bei Diesel-Schiffsantrieben. Schiff und Hafen 1960, S. 5.
LEHMANN, S.: Der optimale Entwurf von Schlupfkupplungen mit dem elektronischen Digitalrechner. VDE-Buchreihe Bd. 5, 1960.

zu Kap. VI:

ARNOLD, E.: Die Gleichstrommaschine, 3. Aufl., Berlin: Springer, Bd. I 1919, Bd. II 1927.
DREYFUS, L.: Die Stromwendung großer Gleichstrommaschinen, Berlin: Springer 1929.
HEINRICH, W.: Das Bürstenproblem im Elektromaschinenbau, München u. Berlin: R. Oldenbourg 1930.
PICHELMAYER, K.: Dynamobau, Hirzel 1908.
RUMMEL, E.: Gleichstrommaschinen, Berlin: R. Klett 1930.

HÄRLIN, W.: Das Verhältnis von Nuthöhe zu Nutbreite bei Ankernuten mit parallelen Nutflanken. ETZ 1953, S. 651.
BOBEK, K., u. F. SPRENGEL: Konstruktion und Belüftung großer Gleichstrom-Walzmotoren. AEG-Mitt. 1954, S. 383.
FIEDLER, J.: Die Grenzleistungen großer Gleichstrommaschinen sowie Strombegrenzung und Kompoundierung von Umkehr-Walzmotoren. E. u. M. 1955, S. 557 u. 584.
NECHLEBA, F.: Neuzeitliche Gleichstrommaschinen kleiner Leistung. Siem.-Zeitschr. 1958, S. 92.

Anmerkung. Die *mechanische Konstruktionsberechnung* der elektrischen Maschinen ist ausgezeichnet behandelt im 1. Abschn., Kap. II C (K. SCHÖNFELDER) der Hütte, 28. Aufl., Bd. IV A, Elektrotechnik, Berlin: Ernst & Sohn 1957, S. 88 bis 208.

Sachverzeichnis

Abkühlungskurve eines homogenen Körpers 50
Abschaltbarkeit der elektrischen Schlupfkupplung 261
Abstand zwischen den Wicklungen im Spulenkopf 131
analytische Beziehungen bei elektrischen Schlupfkupplungen 262
Anfangsreaktanz 106
Anfangszeitkonstante 108
Anker-länge, ideelle 4
— -längsdurchflutung 201
— -längsfeld 201
— -nutung von Asynchronmaschinen 132
— — von Gleichstrommaschinen 291
— — von Synchronmaschinen 188
— -querdurchflutung 201
— -querfeld 201
— -reaktanz 105
— -rückwirkung 303
— -wicklung bei Gleichstrommaschinen 291
Anlauf-drehmoment und Anlaufstrom von Synchronmotoren 85
— -dauer und -wärme von Kurzschlußläufermotoren 82
Anzugsdrehmoment 71
Anzugsstrom 71
Arbeitsspiel bei Wechselstrom-Ständerwicklungen 132
— , Einfluß auf Erwärmung 58
Argument der komplexen Zahl 60
Asynchronmotor für konstanten Strom 254
Auflagedruck der Bürsten 29
Ausgleichsströme 31
Ausgleichsverbindungen 292
Ausnutzungsziffer, Definition 121
— der Asynchronmaschinen 123
— des Einankerumformers 325
— der Gleichstrommaschinen 281

Ausnutzungsziffer der Synchronmaschinen 183
Außenpolkupplung 254

Bearbeitungsfaktor zur Berücksichtigung zusätzlicher Eisenverluste 23
Betrag (absoluter) der komplexen Zahl 59
Blechpaketbreite, zulässige 58, 124
Blindkomponente des Leerlaufstromes 145
Blindwiderstände 10
BLONDELscher Streufaktor 10
Bremswärme 84
Bruchlochwicklung 191
Bürsten-bedeckung 297
— -breite 297
— -reibungsverluste 29
— -stromdichte 310
— -übergangsverluste 34

CARTERscher Faktor 5

Dämpfende Drehmomentenkomponente 266
Dämpferwicklung der Synchronmaschine 85
Dauerkurzschlußstrom 108
Dieselelektrischer Schiffsschraubenantrieb 100
Dieselschiffsantrieb 252
direkter Schiffsschraubenantrieb 252
Doppelkäfigläufer 70, 178
doppeltverkettete Streuung 17
Drehfeld-drehzahl 255, 263
— -leistung 254
Drehkraftkennlinien 253
Drehmoment-Kennlinien des Asynchronmotors mit Doppelkäfigläufer 181
— — der Schiffsschraube 260
— — der Schlupfkupplung 258

Sachverzeichnis

Drehmoment-Kennlinien des Synchronmotors 234
— -linie im HEYLANDkreis 146
— -schwankungen 90
Drehsteifigkeit 265
Drehwinkel 265
Drehzahldifferenz bei elektrischer Schlupfkupplung 257
Dreimassensystem 265
Dreiphasen-Einphasenumformer 325
Durchflutungsgesetz 2
Durchflutungskurve des Ankers einer Synchronmaschine mit Einzelpolen 201
— der Erregerwicklung einer Synchronmaschine mit Einzelpolen 203
— einer m-phasigen Wicklung 141
Durchlässigkeit (magnetische) 1
Durchmesserspule 291

Effektive Windungszahlen 85
Eigenreaktanz der Asynchronmaschine 179
Einankerumformer 323
Einschichtwicklung, Leiterlänge 130
—, Streuung 11, 15
einseitiger magnetischer Zug 125
Einzelpolspannung (magnetische) 7
Eisen-füllfaktor 6, 143
— -länge (effektive) zur Berechnung der Nutstreuung 12
— -sorten (Blechsorten) 23
— -verluste bei Belastung 33
— — im Leerlauf 22
elastische Drehmomentenkomponente 266
Emissionsverhältnis 42
Erregerdurchflutung bei Belastung 201
— im Leerlauf 198
Erregerwicklung, Bemessung, bei der Synchronmaschine 198
Erwärmungskurve eines homogenen Körpers 50
Erwärmungszeitkonstante 49
ESSONsche Zahl 122

Feld-dichte (magnetische) 1
— -erregerkurve der Wechselstromwicklungen 140
— -faktoren β und ψ der Synchronmaschine 186
— -kurve, Form 3
— -stärke (magnetische) 1

Feld-verzerrung bei Gleichstrommaschinen 303
Formfaktor der Feldkurve 4

Ganzlochwicklungen 137, 188
Gegenreaktanz 105
gegenseitige Induktivität 9
Geräusch bei Asynchronmaschinen 139
Gesamtstreuziffer 10
Gleichstrom-belag des Einankerumformers 323
— -zeitkonstante 108
graphische Zerlegung 103
GRASHOFsche Kennziffer 43
Grenzleistungen von Gleichstrommaschinen 290
Grundwelle 127, 140, 186
Güteverhältnis des Asynchronmotors mit KL 72

Harmonische Analyse 236
— Synthese 239
Haupt-blindwiderstand (Eigenreaktanz) 61
— -polwicklung von Gleichstrommaschinen 303
HEYLANDkreis 64, 145
HEYLANDscher Streufaktor 10
HOBARTsche Induktivitätszahl 299
Hochstabläufer 66
Höchstwert des Leistungsfaktors 118
Hülsen-stärke von Gleichstrom-Ankerwicklungen 296
— — von Wechselstrom-Ständerwicklungen 132
— -überstand 131
hydraulische Kupplung 253
Hysteresisverluste 22

Ideelle Ankerlänge 4
— Polbreite 2
indirekter Schiffsschraubenantrieb 252
Induktivität, gegenseitige 9
— des primären und sekundären Kreises 10
Induktivitätsverminderung 77
—, Faktor der 67
induzierte EMK der Wechselstromwicklung 127, 186
Innenpolkupplung 254
Intrittfallschlupf 88, 233
Isolation von Flachdrähten für Wechselstromwicklungen 132

Joch, Eisenverluste 23
— Überlagerung des Wendepolflusses im Joch bei Gleichstrommaschinen 300
Jochspannung, (magnetische) 7

Kapazität 59
Kennlinien der Schiffsschraube 97
Kippmoment der Asynchronmaschine 62
Kippschlupf — — 62
,,Kleben,, des Kurzschlußläufers 138
KLoss-Formel für Drehmoment 63
Kommutator-abmessungen 288
— -erwärmung 49
— -hintermaschine 65
Kompensationswicklung 304
—, Stromdichte 305
komplexe Zahlen zur Darstellung sinusförmiger Ströme und Spannungen 59
konjugiert komplexe Zahl 60
Konvektion 42
Kopplungsgrad 10
Korrekturfaktoren c_r, c_x 71
kritische Leiterhöhe 32
Kühlluftmenge 227
Kühlmittel (Luft, Wasserstoff u. a.) 58
Kühlziffer 186, 224
Kurzschluß-käfigwicklung, Streuung 16
— -kennlinie der Synchronmaschine 227
— -strom der Asynchronmaschine 145

Lager- und Luftreibungsverluste 27
Lamellen-spannung 289
— -teilung 288
— -zahl 288
Längsfeld bei Schenkelpolsynchronmaschinen 85
Läufer-durchflutung der Synchronmaschine 198
— -nutung beim Kurzschlußläufermotor 136
— — beim Schleifringläufermotor 134
— -strom der Asynchronmaschine 133, 135
— -wicklung der Asynchronmaschine 134, 136
Leerlauf-kurzschlußverhältnis 107
— -zeitkonstante 107
Leistungsfaktor von Asynchronmotoren 115, 125
— von Synchronmotoren 209

Leistungslinie im HEYLANDkreis 146
Leitfähigkeit, elektrische 136
Luft-abstand zwischen Einzelspulen 131
— - und Lagerreibungsverluste 27
— -schlitze (in den Blechpaketen) 5
— -spaltbreite von Asynchronmaschinen 125
— —, fiktive 5
— — von Gleichstrommaschinen 284
— — von Synchronmaschinen 185
— -spaltinduktion 126
— -spaltspannung (magnetische) 2

Magnetische und elektrische Beanspruchung von Asynchronmaschinen 126
— — — — von Gleichstrommaschinen 290
— — — — von Synchronmaschinen 185
magnetische Spannung am Joch 7
— — am Luftspalt 2
— — am Pol 7
— — am Zahn 6
magnetischer Fluß 1
Magnetisierungskurven von Eisenblechen und Gußeisen 144
Magnetisierungsstrom der Asynchronmaschine 61, 142
Massenträgheitsmoment 265
Massivläufer 80
Materialkonstanten von Eisenblechen 23
mittlerer Drehschub 122
Modul der komplexen Zahl 60

Nebenschlußerregung der Gleichstrommaschine 303
Nullreaktanz 105
NUSSELTsche Kennziffer 43
Nuten-querfeld 30
— -schrägung 21, 138
— -stern 188
Nut-streuung 11
— -tiefe des Läufers normaler Gleichstrommaschinen 297
Nutungsoberwelle 137

Oberfelder einer Dreiphasenwicklung 137
—, Ordnungszahl 137
Oberflächenverluste im Leerlauf 24

Sachverzeichnis

Ortskurve der Asynchronmaschine 63, 67
Ossannakreis 64

Pecletsche Kennziffer 43
Pol-bogenbreite 3
— -schuhform 3
— -teilung von Asynchronmaschinen 124
— — von Synchronmaschinen mit Einzelpolen 184
— -wicklung von Gleichstrommaschinen 303
— — von Synchronmaschinen mit Einzelpolen 198
— -zahl, Wahl bei der Gleichstrommaschine 284
Prandtlsche Kennziffer 43
pulsierendes Drehmoment des Dieselmotors 266

Querfeld bei Schenkelpolsynchronmaschinen 85

Reaktanzen für Ausgleichvorgänge 106
— für stationäre Vorgänge 105
— von Synchronmaschinen 105
Reaktanzspannung 297
Rechteckpole 3, 201
Reduktionsfaktor sekundärer Größen auf den Primärkreis 68, 87, 134, 135
— der Harmonischen 92, 239
reduzierte Blechstärke 23
— Leiterhöhe 32
Reibungsverluste 29
Reibungsziffer der Bürstensorte 29
Reihenschlußerregung der Gleichstrommaschine 303
Relativbewegung der Kupplungshälften 254
Relative Reaktanzen 107
— Streuspannung 120
Relativer Magnetisierungsstrom 120
Reynoldssche Kennziffer 43
,,Robinson,,-Kurven 259
Rückwirkung der Wirbelströme 22
Rückwirkungsfaktor 259
Rüttelkräfte bei Asynchronmotoren 139

Sättigungsfaktor 3
Schaltschritt 291
scheinbarer mittlerer Drehschub 122
Scheinwiderstand 59

Schiffsschraube, Drehmomentenkennlinien (Robinsonkurve) 97
—, Schubkennlinien der — 97
Schleichdrehzahl des Kurzschlußläufers 138
Schleifenwicklung 291
Schleifringanschlüsse beim Einankerumformer 324
Schlupf 61, 133, 135
— -frequenz 162
Schwingungsdämpfung der elektrischen Schlupfkupplung 265
Sehnenspule 291
Sehnungsfaktor 129
Selbstinduktivität 59
Simpsonsche Regel 7
Sinuspole 3, 203
Spannungsabfall normaler Asynchronmaschinen im Leerlauf 142
Spannungsdiagramm der Asynchronmaschine 145
— der Synchronmaschine mit Einzelpolen 207, 220
Spannungs-stern 188
— -vieleck 293
spezifischer Widerstand 29, 67, 80
Spulen-kopfstreuung 15
— -seitenstern 188
Ständer-nutung 132, 188
— -wicklung 130, 188
Stegstreuung 13
Stillstandsspannung 133, 135
Stirnraumverluste 34
Stoßkurzschluß-strom 108
— -verhältnis 108
— -Wechselstrom 108
Stoßreaktanz 106
Strahlung 41
Strahlungszahl 42
Streublindwiderstand(Streureaktanz)61
— der gegenseitigen Induktion 70
Streufaktor, Blondelscher 10
—, Heylandscher 10
Streufluß 10, 199
Streuleitfähigkeit der Pole 199
Streureaktanzspannungen 187
Streuung, Definition 8, 9
—, doppelt verkettete 17
—, Nut- 11
—, Spulenkopf- 15
—, Zahnkopf- 21
Streuziffer 10

Strom-belag im Ständer von Asynchronmaschinen 121
— — — — von Einankerumformern 323
— — — — von Synchronmaschinen 187
— dichte in Wicklungen von Asynchronmaschinen 126
— — — — von Gleichstrommaschinen 290
— — — — von Synchronmaschinen 185
— — -verteilung 75
— -schwankungen 93
— -verdrängungsfaktor 67
— -wendespannung 299
subtransitorische (subtransiente) Reaktanz 106
symmetriebedingungen 292
synchrone Drehmomente bei Asynchronmaschinen 138
— Reaktanz 105
synchronisierendes Drehmoment 239

Tangentialdruckdiagramm 236
Temperaturkoeffizient 30
transitorische (transiente) Reaktanz 106
Treppen-kurve 141
— -wicklung 293
turboelektrischer Schiffsschraubenantrieb 94
Turbogenerator-Kennlinien 96

Übergangsreaktanz 106
Übergangszeitkonstante 108
Überlagerung des Hauptpol- und Wendepolflusses bei Gleichstrommaschinen 300
Überlastungsfähigkeit von Asynchronmaschinen 118
Umlaufspannung (magnetische) 2
Ummagnetisierung, drehende, wechselnde 22
Umpressungsdicke 132
Umsteuern der Schiffsschraube 259
— von Synchronmotoren für Schiffsschrauben 93
unsymmetrisches Mehrphasensystem 101

„Vater- und Sohn"-Anlage 262
Vektordarstellung sinusförmiger Ströme und Spannungen 59

Verdrillung der Leiter 31
Verluste in den Eisenblechen 22
Verlustziffer 22

Wahl des Nennbetriebsschlupfes elektrischer Schlupfkupplungen 264
Wärme-abgabeziffer (Wärmeübergangszahl) 41
— -bilanz 246
— -kapazität 49
— -leitfähigkeit 35
— -übertragung durch Konvektion 42
— — durch Leitung 40
— — durch Strahlung 41
Wasserstoffkühlung 44, 58
Wellenwicklung 291
Wendefeld 300
Wendepol-erregung 300
— -fluß 299
— -kreis (magnetischer) 300
— -luftspalt 302
— -wicklung 301
— —, Stromdichte 302
Wendezone, Breite 300
Wicklungs-ersatzbild 196
— -faktor 127
— -regeln 291
— -schritt 291
— -verluste 29
Widerstands-operator 59
— -vermehrung 77
Windungsfluß 127
Wirbelstrom-erhitzer 80
— -verluste 22
Wirkkomponente des Leerlaufstromes 145
Wirkungsgrad von Asynchronmaschinen 115
— von Einankerumformern 325
— von Gleichstrommaschinen 283

Zahn-eisenverluste 23
— -kopfstreuung 21
— -pulsationsverluste 24
— -spannung (magnetische) 6
Zeitkonstanten von Synchronmaschinen 107
Zonenfaktor 128
zusätzliche Eisenverluste bei Last 33
— Wicklungsverluste 30
Zweietagenwicklung 189
Zweimassensystem 268
Zweischichtwicklung, Leiterlänge 130

MIX
Papier aus verantwortungsvollen Quellen
Paper from responsible sources
FSC® C105338

If you have any concerns about our products,
you can contact us on
ProductSafety@springernature.com

In case Publisher is established outside the EU,
the EU authorized representative is:
**Springer Nature Customer Service Center GmbH
Europaplatz 3, 69115 Heidelberg, Germany**

Printed by Libri Plureos GmbH
in Hamburg, Germany